AF557027

SAP® auf Hyperscaler-Clouds

SAP PRESS ist eine gemeinschaftliche Initiative von SAP SE und der Rheinwerk Verlag GmbH. Unser Ziel ist es, Ihnen als Anwendern qualifiziertes SAP-Wissen zur Verfügung zu stellen. SAP PRESS vereint das Know-how der SAP und die verlegerische Kompetenz von Rheinwerk. Die Bücher bieten Ihnen Expertenwissen zu technischen wie auch zu betriebswirtschaftlichen SAP-Themen.

Damit Sie nach weiteren Titeln Ihres Interessengebiets nicht lange suchen müssen, haben wir eine kleine Auswahl zusammengestellt.

Densborn et al.
Migration nach SAP S/4HANA
714 Seiten, 2023, geb.
ISBN 978-3-8362-9364-8
www.sap-press.de/5654

Holger Seubert
SAP Business Technology Platform. Einsatz, Services, Erfolgsfaktoren
371 Seiten, 2021
ISBN 978-3-8362-8594-0
www.sap-press.de/5384

Saueressig et al.
SAP S/4HANA Cloud. Funktionen, Nutzen, Erfolgsfaktoren
620 Seiten, 2022, geb.
ISBN 978-3-8362-8896-5
www.sap-press.de/5500

Teuber et al.
SAP Cloud ALM. Das umfassende Handbuch
652 Seiten, 2023, geb.
ISBN 978-3-8362-9464-5
www.sap-press.de/5686

Steffi Dünnebier, Uwe Zabel

SAP® auf Hyperscaler-Clouds

Liebe Leserin, lieber Leser,

vielen Dank, dass Sie sich für ein Buch von SAP PRESS entschieden haben.

Der Wechsel zu SAP S/4HANA ist für viele SAP-Kunden eines der größten IT-Projekt der letzten Jahre. Wenn dann gleichzeitig auch noch der Wechsel in die Cloud und insbesondere zu einem der großen Hyperscaler – AWS, Microsoft und Google – Teil der Roadmap ist, erhöht sich die Komplexität noch mehr.

Daher ist es gut, dass Sie in diesem Buch auf die gesammelte Erfahrung unseres Autorenteam zurückgreifen können. Steffi Dünnebier und Uwe Zabel geben Ihnen einen umfassen Überblick über die Besonderheiten beim Betrieb von SAP-Systemen in der Public Cloud. Sie lernen nicht nur, die Vorteile der einzelnen Anbieter kennen, sondern erhalten auch umfassende Hinweise zur Automatisierung und zum Ablauf der Migration.

Das Buch hat Ihnen gefallen, Sie haben Anregungen oder Kritik? Wir freuen uns über Anmerkungen, die uns helfen, unsere Bücher zu verbessern. Zögern Sie also nicht, sich bei mir zu melden.

Ihre Nicole Hohmann
Lektorat SAP PRESS

nicole.hohmann@rheinwerk-verlag.de
www.rheinwerk-verlag.de
Rheinwerk Verlag · Rheinwerkallee 4 · 53227 Bonn

Auf einen Blick

Wir hoffen, dass Sie Freude an diesem Buch haben und sich Ihre Erwartungen erfüllen. Ihre Anregungen und Kommentare sind uns jederzeit willkommen. Bitte bewerten Sie doch das Buch auf unserer Website unter **www.rheinwerk-verlag.de/feedback**.

An diesem Buch haben viele mitgewirkt, insbesondere:

Lektorat Nicole Hohmann
Korrektorat Annette Lennartz, Bonn
Herstellung Nadine Preyl
Typografie und Layout Vera Brauner
Einbandgestaltung Lisa Kirsch
Coverbild Shutterstock: 1539585524 © Markus Pfaff
Satz SatzPro, Krefeld
Druck Beltz Grafische Betriebe, Bad Langensalza

Dieses Buch wurde gesetzt aus der TheAntiquaB (9,35/13,7 pt) in FrameMaker.
Gedruckt wurde es mit mineralölfreien Farben auf chlorfrei gebleichtem, FSC®-zertifiziertem Offsetpapier (90 g/m²).
Hergestellt in Deutschland.

Bibliografische Information der Deutschen Nationalbibliothek:
Die Deutsche Nationalbibliothek verzeichnet diese Publikation in der Deutschen Nationalbibliografie; detaillierte bibliografische Daten sind im Internet über *http://dnb.dnb.de* abrufbar.

ISBN 978-3-8362-9239-9

1. Auflage 2023

Informationen zu unserem Verlag und Kontaktmöglichkeiten finden Sie auf unserer Verlagswebsite **www.rheinwerk-verlag.de**. Dort können Sie sich auch umfassend über unser aktuelles Programm informieren und unsere Bücher und E-Books bestellen.

Inhalt

4 Technische Grundlagen für die Nutzung eines IaaS-Angebots 177

5 Betrieb von Cloud-Infrastrukturen 215

Anhang 431

Einleitung

Liebe Leserinnen und Leser, wir freuen uns, dass Sie unser Buch in den Händen halten. Ganz gleich, ob Sie bereits über Vorkenntnisse im Bereich Hyperscaler und SAP verfügen oder einen Einstieg suchen: In diesem Buch möchten wir Ihnen einen verständlichen und praxisorientierten Einblick in das Thema geben.

Zielgruppe des Buches

Wenn Sie dieses Buch in den Händen halten, interessieren Sie sich wahrscheinlich – genau wie wir – für die Public Cloud und den Aufbau, die Migration, die Transformation und den Betrieb von SAP-Systemen in der Cloud. Spätestens wenn Sie sich mit der Umstellung auf SAP S/4HANA und der Migration in einen Public-Cloud-Service beschäftigen, ist es ratsam, sich Grundlagenwissen anzueignen oder Ihr Wissen zu vertiefen. In diesem Buch finden Sie den Erfahrungsschatz und die Best Practices, die wir in zusammen mehr als 40 Jahren im Bereich SAP und Hyperscaler-Clouds gesammelt haben.

Dieses Buch ist bewusst als Grundlagenwerk konzipiert. Wir versuchen, so viele Konzepte und Begriffe wie möglich zu erklären und die Hintergründe zu beschreiben. So finden Sie als Anfängerinnen und Anfänger alles, was Sie zum Einstieg in SAP-basierte Systeme und die Public Cloud benötigen, aber auch Fortgeschrittene können etwas für sich mitnehmen. Cloud-Expertinnen und -Experten lernen hier gleichermaßen etwas über SAP-Systeme und -Landschaften, um die Anforderungen solcher Systeme besser zu verstehen. Ebenso lernen auch SAP-Expertinnen und -Experten in diesem Buch die Grundlagen der Public Cloud und die wichtigsten Hyperscaler kennen, um zu verstehen, worauf sie bei ihrer Cloud-Journey achten müssen.

Inhalt und Aufbau dieses Buches

Wenn Sie sich bereits mit dem Thema Public Cloud beschäftigt haben, werden Sie wissen, dass ein Großteil der Leistungen und Services bei den großen Hyperscalern sehr ähnlich und an vielen Stellen austauschbar ist. Manchmal kommt es jedoch auf die feinen Unterschiede an. Diese zu kennen und auf dieser Basis entscheiden zu können, welche Services den Unterschied für Ihre Lösung ausmachen, ist ebenso wichtig wie die Fähigkeit, eine Ziellösung den eigenen Bedürfnissen anpassen zu können.

Wir zeigen Ihnen die Migrationsmethoden anhand von Beispielen und geben Ihnen praktische Tipps an die Hand. Auch müssen Sie in der Lage sein, Ihre Strategie für das Monitoring und das Backup Ihren Bedürfnissen anzupassen. Wir versuchen deshalb, Ihnen in diesem Buch eine solide Grundlage für diese Entscheidung zu geben und Ihnen dabei zu helfen, die Vor- und Nachteile gegeneinander abzuwägen.

Dieses Buch ist in acht Kapitel unterteilt, in denen wir uns mit den wichtigsten Hyperscalern und den Grundlagen des Public-Cloud-Betriebs beschäftigen. Die Kapitel und die darin behandelten Themen bauen logisch aufeinander auf, was Sie aber nicht davon abhalten soll, auch einzelne Kapitel zu überspringen und direkt mit den Themen zu beginnen, die Sie gerade am meisten interessieren, sei es die Wahl der richtigen Migrationsmethode oder seien es die Auswahlkriterien, um den richtigen Hyperscaler zu finden. Die einzelnen Kapitel sind in sich abgeschlossen und behandeln jeweils ein einzelnes Thema vollumfänglich. Sofern es weiterführende Informationen in einem anderen Kapitel gibt, geben wir Ihnen direkt im Text einen entsprechenden Hinweis.

In **Kapitel 1**, »Einführung«, lernen Sie die Cloud-Strategie von SAP SE kennen und erfahren, warum SAP neben der Herstellung von ERP-Software und anderen bekannten Lösungen auch selbst zum Cloud-Anbieter geworden ist. Wir beschreiben die wichtigsten Grundlagen zum Thema Public Cloud und schaffen so ein Grundverständnis dafür, wann und warum eine Migration zu einem Cloud-Anbieter sinnvoll ist und was Sie dabei hinsichtlich der Kosten beachten müssen.

In **Kapitel 2**, »Die wichtigsten Hyperscaler«, beschreiben wir die vier wichtigsten Hyperscaler, einschließlich eines Überblicks über ihre Geschichte. Darüber hinaus geben wir Ihnen Werkzeuge an die Hand, um den richtigen Cloud-Anbieter auszuwählen, sowie Hinweise auf mögliche Förderprogramme und Hilfsangebote der Hyperscaler, um Ihre Cloud-Migration zu unterstützen.

In **Kapitel 3**, »Verfügbarkeit von Cloud-Infrastrukturen«, stellen wir Ihnen Hochverfügbarkeitsszenarien und verschiedene Disaster-Recovery-Strategien vor. Sie erfahren auch, was eine automatisierte Bereitstellung damit zu tun hat.

In **Kapitel 4**, »Technische Grundlagen für die Nutzung eines IaaS-Angebots«, beschreiben wir die Grundlagen für die Architektur einer soliden Infrastruktur in der Public Cloud und warum eine Migration in den meisten Fällen sinnvoll ist. Wir erklären den Unterschied zwischen Single Instance,

Hochverfügbarkeit und Disaster Recovery und was dies mit der Near-Zero-Downtime zu tun hat. Außerdem erläutern wir die Systemvoraussetzungen für einen solchen Betrieb.

In **Kapitel 5**, »Betrieb von Cloud-Infrastrukturen«, erläutern wir Ihnen die Auswirkungen auf den reibungslosen Betrieb Ihrer SAP-Landschaft und Ihrer SAP-Anwendungen. Wir erklären Ihnen Lösungen für Monitoring, Reporting und Backup und was Sie bei Ihren Schnittstellen und in Bezug auf Sicherheit, Datenschutz und Datensicherheit beachten müssen.

In **Kapitel 6**, »Automatisierung«, erfahren Sie alle wichtigen Informationen über die Automatisierung von Infrastruktur- und Betriebsaufgaben. Wir erläutern native Tools der Hyperscaler sowie Tools von Drittanbietern und wie diese Ihnen das Leben erleichtern können.

In **Kapitel 7**, »Multi- und Hybrid-Cloud-Szenarien«, stellen wir Ihnen verschiedene Beispiele vor, wie Sie mit mehreren Providern in einem Multi-Cloud-Szenario sowie mit verschiedenen Technologien in einer Hybrid-Cloud-Umgebung umgehen. Lesen Sie, was zu beachten ist, wenn Sie eine hybride Struktur bevorzugen, und was sich beim Betrieb der neuen Plattform ändert, wenn Sie in die Cloud migrieren. Vermeiden Sie auch in Multi-Cloud-Umgebungen eine zu hohe Komplexität und achten Sie auf den richtigen Servicemix.

In **Kapitel 8**, »Der Weg in die Cloud«, stellen wir Ihnen verschiedene Migrationskonzepte vor und erläutern, warum ein Wandel in der Unternehmenskultur entscheidend ist, wenn Sie in die Public Cloud wachsen wollen. Wir schließen das Buch mit einem kurzen Überblick über die finanziellen Auswirkungen und deren Optimierung sowie über die Nachhaltigkeit von Public-Cloud-Services.

Am Ende dieses Buches finden Sie außerdem einen **Anhang** mit einem ausführlichen Glossar, in dem die wichtigsten Begriffe erklärt werden, und ein Literatur- und Quellenverzeichnis.

In hervorgehobenen Informationskästen sind in diesem Buch Inhalte zu finden, die wissenswert und hilfreich sind, aber etwas außerhalb der eigentlichen Erläuterung stehen. Damit Sie die Informationen in den Kästen sofort einordnen können, haben wir die Kästen mit Symbolen gekennzeichnet:

In Kästen, die mit diesem Symbol gekennzeichnet sind, finden Sie Informationen zu *weiterführenden Themen* oder wichtigen Inhalten, die Sie sich merken sollten.

[!] Dieses Symbol weist Sie auf *Besonderheiten* hin, die Sie beachten sollten. Es *warnt* Sie außerdem vor häufig gemachten Fehlern oder Problemen, die auftreten können.

[+] Mit diesem Symbol sind *Tipps* und *Hinweise* aus der Berufspraxis markiert, die praktische Empfehlungen geben, die Ihnen die Arbeit erleichtern können.

Hintergrundinformationen über das Autorenteam, zusätzliche Downloads und weiterführende Links finden Sie unter *https://zabu.cloud/SAP-Buch*.

Danksagung

An dieser Stelle möchten wir uns beim Rheinwerk Verlag und bei SAP PRESS für die Möglichkeit bedanken, dieses Buch schreiben zu können, insbesondere natürlich für die großartige Unterstützung während und vor allem auch nach dem Schreibprozess. Es war für uns beide eine neue Erfahrung, die wir rückblickend nur empfehlen können. Auch wenn wir den Zeitaufwand für die Erstellung eines solchen Werkes stark unterschätzt haben und der Entstehungsprozess zeitweise nervenaufreibend war, ist es ein unvergleichliches Gefühl, am Ende den vollständigen Text vor sich zu haben.

Unser besonderer Dank gilt unserem sehr geschätzten Kollegen Wolf Salewsky, der uns zu diesem Projekt angeregt und ermutigt hat. Ohne ihn wäre dieses Buch nicht zustande gekommen. Er hat den Kontakt zu SAP PRESS und zum Rheinwerk Verlag hergestellt und uns in den letzten Monaten mit Rat und Tat unterstützt.

Wir danken außerdem unseren Freundinnen und Freunden sowie Kolleginnen und Kollegen, die uns auf unserem Weg in vielfältiger Weise begleitet haben – sei es als Mentorinnen und Mentoren, die uns viel mentale Unterstützung gegeben haben, sei es als Sparringspartner, um Ideen, Informationen und Techniken noch einmal zu überprüfen und zum wiederholten Mal sicherzustellen, dass wir in diesem Buch nur richtige und wichtige Informationen vermitteln. Danke auch für die vielen Stunden, die Freundinnen und Freunde, Kolleginnen und Kollegen mit dem Probelesen verbracht haben, und für die vielen wertvollen Kommentare, Ratschläge und Rückmeldungen, die uns geholfen haben, dieses Buch noch ein bisschen runder zu machen.

Unser besonderer Dank gilt Dennis Knutti, Christoph Niessl und Brigitte Giefer. Sie haben mit viel Mühe und Zeitaufwand einzelne Kapitel gegengelesen und dieses Buch mit ihren Anregungen und Kommentaren sehr bereichert. Wir danken insbesondere unseren Familien, Partnern und Kindern für ihre unermüdliche Geduld mit uns während der ungeplant langen Zeit des Schreibens und dafür, dass sie so viele Stunden und Wochenenden auf uns verzichtet haben, um uns diesen Wunsch zu erfüllen. Danke auch dafür, dass sie uns so oft in dieser Zeit immer wieder zugehört haben, um zu prüfen, ob ein Satz gut klingt oder ein Absatz logisch und für Außenstehende verständlich erscheint.

Nicht zuletzt möchten wir uns aber auch bei dem bzw. der jeweils anderen bedanken. Dafür, dass wir den Mut hatten, dieses Buch zu schreiben, und dafür, dass wir es geschafft haben, uns immer wieder gegenseitig zu motivieren und uns kritisch zu hinterfragen und zu überprüfen. Diese doch sehr intensive Herausforderung mit all ihren Höhen und Tiefen hat uns manchmal an unsere Grenzen gebracht. Am Ende haben wir sie aber gemeinsam als Team gemeistert und alle Hindernisse aus dem Weg geräumt. Dabei sind wir teilweise über uns hinausgewachsen und haben Stärken entdeckt, von denen wir gar nicht wussten, dass wir sie haben.

Wir wünschen Ihnen viel Spaß mit diesem Buch und hoffen, es inspiriert Sie genauso, wie es uns inspiriert hat.

Steffi Dünnebier und **Uwe Zabel**

Kapitel 1
Einführung

In diesem Kapitel geben wir Ihnen eine Einführung in die Cloud-Strategie von SAP, die Bedeutung der Hyperscaler und die verschiedenen Abrechnungsmodelle.

Spätestens seit der Einführung der Cloud-Version von SAP S/4HANA ist erkennbar, dass SAP eine Cloud-Strategie verfolgt. Aber neben diesem allseits bekannten Beispiel gibt es auch weitere nicht so bekannte Produkte wie SAP Data Warehouse Cloud und SAP Analytics Cloud, die diese Strategie klar untermauern. Dabei stellt SAP es Ihnen frei, ob Sie auf die SAP-eigene Private Cloud setzen oder sich für die Dienste eines bekannten *Hyperscalers* entscheiden. Mit den größten vier Public-Cloud-Anbietern arbeitet SAP seit vielen Jahren sehr eng zusammen.

In diesem Kapitel möchten wir Ihnen zunächst einige Grundlagen für dieses Buch näherbringen. Nach einer kurzen Einführung in die Unternehmensgeschichte von SAP SE in Abschnitt 1.1, »SAPs Cloud-Strategie«, lernen Sie die Produktlandschaft kennen. Anschließend klären wir in Abschnitt 1.2, »Betriebs- und Servicemodelle für Cloud-Lösungen«, die Grundbegriffe der Public Cloud, bevor wir Ihnen das Basiswissen in Bezug auf die größten Hyperscaler und deren Public-Cloud-Angebote vermitteln. Dabei klären wir auch die wichtigsten Zusammenhänge und sprechen über Betriebs- und Servicemodelle. Warum es Ihnen Vorteile bringt, auf einen Hyperscaler zu setzen, erfahren Sie in Abschnitt 1.3, »Vorteile des Einsatzes von Hyperscalern«. Was Sie in Bezug auf die notwendige Infrastruktur wissen müssen, lernen Sie in Abschnitt 1.4, »Infrastruktur für SAP-Lösungen«. Welche Abrechnungsarten es gibt und was in Bezug auf die Cloud-Kosten zu beachten ist, lesen Sie dann in Abschnitt 1.5, »Abrechnungsmodelle«.

1.1 SAPs Cloud-Strategie

SAP ist Marktführer für Unternehmenssoftware

SAP SE ist einer der weltweit größten und führenden Hersteller und Anbieter von Software für Geschäftsprozesse und Datenverarbeitung. Das DAX-30-Unternehmen aus Walldorf in Deutschland, das im Jahr 1972 von den fünf Programmierern Dietmar Hopp, Klaus Tschira, Hans-Werner Hector, Hasso Plattner und Claus Wellenreuther gegründet wurde, hat laut dem SAP-Geschäftsbericht für das Jahr 2022 (*https://www.sap.com/docs/download/investors/2022/sap-2022-q4-statement.pdf*) heute einen Jahresumsatz von mehr als 30 Milliarden Euro und zählt mehr als 110.000 Mitarbeitende in ca. 157 Ländern. Die von SAP hergestellte *Enterprise-Resource-Planning-Software* (kurz ERP-Software) SAP R/3 und dessen aktueller Nachfolger SAP S/4HANA können ohne Zweifel als *der* Branchenstandard angesehen werden. SAP selbst gibt in diesem Geschäftsbericht an, dass 87 % des weltweiten Handelsvolumens von SAP-Kunden generiert wird. Damit ist klar, welchen Stellenwert SAPs Softwaresysteme in der Welt und somit im täglichen Handelsgeschehen haben. Für viele Unternehmen ist das eigene SAP-System das Rückgrat der Organisation, das das eigene Handeln beeinflusst. Es ist somit eines der wichtigsten Prozesssysteme und zugleich Informationsspeicher im modernen Wirtschaftsgeschehen.

Abdeckung aller Kernbereiche

Dabei umfasst ein solches ERP-System typischerweise mehrere Programme für alle Kerngeschäftsbereiche einer Organisation wie die Beschaffung, die Produktion, die Materialwirtschaft, den Vertrieb, das Marketing, das Finanzwesen oder das Personalwesen. SAP bietet aber auch die Möglichkeit, die operativen Geschäftsdaten z. B. mit Informationen zu Emotionen zu verbinden. Hierzu sammelt es etwa Informationen über das Kauferlebnis im eigenen Onlineshop oder generiert Informationen zum Kundenfeedback über das Contact-Management-System, das für das Kunden- und Partnermanagement genutzt wird. Alle diese Informationen aus den Systemen eines jeden Geschäftsbereichs von der Herstellung, der Logistik und dem Verkauf über die Finanzen, das Personalwesen, das Beziehungsmanagement bis hin zu Lieferanten, Partnern und Kunden werden dabei zentral vorgehalten und lassen sich mit dem hauseigenen *SAP-Business-Warehouse-System* punktgenau auswerten. Somit lassen sich Vorhersagen über die zukünftigen Geschäftsentwicklungen treffen. Insgesamt befinden sich im SAP-Produktportfolio mehr als 100 Lösungen, die jeden Geschäftsbereich eines modernen Unternehmens abdecken sollen.

Moderne Datenbankplattform SAP HANA

SAP war eines der ersten Unternehmen, das solche Standardlösungen für Unternehmen entwickelt hat. Die neue In-Memory-Technologie der letzten Datenbankgeneration *SAP HANA*, die die Grundlage für die aktuelle ERP-Version *SAP S/4HANA* bildet, ermöglicht die Verarbeitung von großen Datenmengen in Echtzeit. Weitere aktuelle Erweiterungen nutzen Technologien wie künstliche Intelligenz (kurz KI, engl. Artificial Intelligence, kurz AI) und Machine Learning (kurz ML). Der Vorteil von SAP-Softwarelösungen gegenüber denen anderer Hersteller ist, dass sie ein zentrales Datenmanagement besitzen und in allen Bereichen eines Unternehmens eingesetzt werden können. Auf diese Weise werden zum einen doppelte Datengenerierung und -haltung vermieden, was die IT-Kosten senkt. Zum anderen werden sogenannte Informationssilos abgebaut, weil die verschiedenen Abteilungen des Unternehmens Daten austauschen und weiterverarbeiten können. Die Konsequenz daraus sind intelligentere und effizientere Entscheidungen von Unternehmen jeder Größe.

1.1.1 SAPs ERP-System und die Business Suite

SAP Business Suite

Die SAP-ERP-Softwarepakete, wie das bekannte SAP R/3 oder dessen Nachfolger *SAP ERP Central Component* (kurz SAP ECC), sind in sogenannte Module eingeteilt. Das sind Programmbereiche, die eine bestimmte Aufgabe für einen bestimmten Unternehmensbereich erfüllen. Im Wesentlichen besteht das System dabei aus den Modulen FI (Finance) und CO (Controlling) für das Rechnungswesen, MM (Materials Management) und PP (Production Planning) für die Produktion, SD (Sales and Distribution) für die Logistik sowie HCM (Human Capital Management) für die Personalverwaltung. Neben diesen Kernmodulen gibt es noch andere Module und Erweiterungen. Zusammen ergeben sie das monolithische ERP-System von SAP. Ergänzt um weitere Softwarekomponenten wie SAP Customer Relationship Management (kurz SAP CRM), SAP Supply Chain Management (kurz SAP SCM) und SAP Supplier Relationship Management (kurz SAP SRM) sowie die 2010 entwickelte Datenbank SAP HANA wird daraus die *SAP Business Suite*. Die Business Suite vereint alle diese Komponenten und beinhaltet alle Funktionen, die ein modernes Unternehmen zur Verwaltung, Steuerung und Ausführung seiner Prozesse benötigt. Sie verbindet alle Unternehmensbereiche somit in einer zentralen intelligenten Suite.

[«]

Die Komponenten der SAP Business Suite im Überblick

Die Business Suite von SAP umfasst mehrere Komponenten, dazu gehören:

- SAP ERP
- SAP Customer Relationship Management (SAP CRM)
- SAP Supply Chain Management (SAP SCM)
- SAP Supplier Relationship Management (SAP SRM)

SAP S/4HANA

Die neueste Generation dieser SAP Business Suite ist seit 2015 *SAP Business Suite 4 SAP HANA*, kurz SAP S/4HANA. Besonders nutzerfreundlich und intuitiv bedienbar ist SAP S/4HANA dank der neuen rollenbasierten Oberfläche *SAP Fiori*. Während der Support für die Vorgängersysteme der SAP Business Suite 7, wie SAP ERP 6, SAP CRM 7, SAP SCM 7 und SAP SRM 7, im Jahr 2027 ausläuft, garantiert SAP die Wartung für SAP S/4HANA derzeit bis mindestens 2040.

Neben dem Grundsystem mit seinen Modulen, die dann von den Kunden noch selbst konfiguriert werden müssen, bietet SAP zahlreiche vorkonfigurierte Branchenlösungen an. Diese Branchenlösungen haben spezielle, bereits auf die Eigenheiten dieser Branchen vorkonfigurierte Systeme, die mehr oder weniger sofort einsetzbar sind. Diese Branchenlösungen sind z. B. für die Automobilbranche, das Gesundheitswesen, den Bankensektor, den Energiemarkt oder den öffentlichen Bereich erhältlich.

Die Einführung eines SAP-Systems ist oft sehr kostspielig

Die Zielgruppe dieser ERP-Systeme sind in der Regel große Mittelständler, Großunternehmen und Konzerne, da die Einführung eines solchen Systems in das Unternehmen sehr komplex und damit auch sehr kostspielig ist. Nicht nur ist die benötigte Infrastruktur für ein solches monolithisches System sehr umfangreich und damit kostenintensiv, auch sind die Installation und Konfiguration des Systems, um es den eigenen Bedürfnissen anzupassen, aufwendig. Da Installation und Konfiguration eines solchen Systems ein spezielles Wissen und Erfahrung voraussetzen, wird in der Regel ein von SAP zertifizierter Umsetzungspartner benötigt, der die Installation und Konfiguration des Systems begleitet oder gar vollständig für Sie übernimmt. Oft bieten solche Partner auch die Wartung und den Betrieb als Serviceleistung an. Daneben benötigen Sie bei der Einführung eines solchen SAP-Systems in Ihrem Unternehmen auch ein gutes Change Management als Begleitung, wenn es ein Erfolg werden soll. Mehr Informationen dazu, worauf Sie bei der Einführung achten müssen, finden Sie in Kapitel 8, »Der Weg in die Cloud«.

1.1.2 Strategiewechsel mit der neusten Generation

SAP S/4HANA

Mit SAP S/4HANA hat SAP nicht nur eine völlig neue Generation von Unternehmenssoftware geschaffen, sondern verfolgt damit auch eine ganz neue Strategie – und das sowohl im Hinblick auf die Datenbank als auch auf die Plattform.

Die vorherigen SAP-ERP-Systeme wie SAP R/3, SAP ECC oder SAP ERP 6.0 konnten je nach Strategie und bestehender Verträge mit einer ganzen Reihe von unterschiedlichen Datenbanksystemen betrieben werden. Diese Datenbanken müssen unabhängig vom SAP-ERP-System lizenziert und bereitgestellt werden. Möglich sind hierbei alle gängigen Produkte wie DB2,

Microsoft SQL, Oracle, Informix, Adabas, Sybase ASE und auch die von SAP entwickelte SAP MaxDB und SAP HANA. Welche Betriebssysteme – hier sind unter anderem verschiedene Unix-Derivate inklusive Linux, Windows Server, AS/400 und z/OS möglich – mit welcher zuvor beschriebenen Datenbank und welcher SAP-ERP-Softwareversion kombiniert werden können, lesen Sie im SAP Support Portal unter *http://support.sap.com/pam* nach. Grundsätzlich gilt, dass ein SAP auf Windows Server am besten mit einer Microsoft-SQL-Datenbank funktioniert und bei Verwendung von *SUSE Linux Enterprise Server* (kurz SLES) oder *Red Hat Enterprise Linux* (kurz RHEL) in der Regel eine Oracle DB oder DB2 zum Einsatz kommt.

SAP verfolgt seit der Einführung von SAP S/4HANA, wie der Name bereits andeutet, eine neue Strategie. Dieses Produkt kann ausschließlich mit der hauseigenen Datenbank HANA betrieben werden. Wenn Sie nun ein SAP-R/3- oder -ECC-System auf SAP S/4HANA migrieren möchten, das nicht schon auf SAP HANA läuft, führt der Weg zunächst nur über eine Konvertierung der Datenbank mit anschließendem Upgrade auf SAP S/4HANA. Es kann auch in einem Schritt die Datenbank während der Migration konvertiert werden. Das ist bei großen Systemen aber nicht ratsam. Auch dazu erfahren Sie mehr in Abschnitt 8.3, »Ablauf einer Migration«.

Plattformstrategie

Die zweite große Änderung in der Strategie von SAP ist die der Plattform. SAP S/4HANA kann klassisch mit einer On-Premise-Installation ins Unternehmen integriert werden. Es steht Ihnen jedoch ebenfalls auch als Cloud-Variante oder gar im hybriden Modus zur Verfügung. SAP verfolgt zudem eine sogenannte *Cloud-First-Strategie*, was bedeutet, dass neue Funktionen und Anwendungen zunächst Cloud-Kunden zugänglich gemacht werden. Seit 2012 investiert SAP stark in den Aufbau von Cloud-Angeboten. Begonnen hat das zunächst mit SAP HANA als Database as a Service (DBaaS).

1.1.3 Der Erfolgsfaktor Geschwindigkeit

Längst ist klar, dass es bei der Cloud-Strategie, unabhängig ob von SAP SE oder einem anderen Unternehmen, nicht mehr nur um Kosteneinsparungen geht, sondern um Geschwindigkeit. Im Wesentlichen hat der Einsatz von Public-Cloud-Lösungen drei Vorteile:

- sinkende Kosten
- Automatisierung
- Innovation

Sinkende Kosten

Durch das Bezahlmodell *Pay as you go* können Kosten eingespart werden, da nur nach tatsächlichem Verbrauch von Rechenleistung und Speicher abgerechnet wird. Es muss nicht eine bestimmte Menge an IT-Ressourcen vorgehalten werden, die in den kommenden drei oder fünf Jahren vermutlich benötigt wird. Ihre Serverkapazitäten müssen auch nicht übergroß dimensioniert sein, um dabei künftige Höhen in der Nutzung abfangen zu können. Sie können sofort starten, ohne lange auf Hardwarelieferungen warten oder diese dann zunächst in Ihrem Rechenzentrum noch provisionieren zu müssen, bevor die neuen Ressourcen zur Nutzung zur Verfügung stehen. Die benötigte Infrastruktur kann oft innerhalb von Minuten und mit ein wenig Geschick punktgenau und vollautomatisch skaliert werden. Mehr dazu lesen Sie in Abschnitt 1.5, »Abrechnungsmodelle«.

Automatisierung

Ein weiterer Vorteil ist die Automatisierung. Neue Infrastrukturkomponenten können innerhalb von Minuten bereitgestellt werden und sind sofort einsatzbereit. Das führt zu einer neuen Build-and-Destroy-Mentalität. Langfristige Planung entfällt, während die Flexibilität erhöht wird. Wenn etwas nicht funktioniert oder nicht Ihren Erwartungen entspricht, wird es gelöscht (Destroy) und mit geänderter Konfiguration noch einmal neu aufgebaut (Build). Dieses Vorgehen wird in der Regel durch Automatisierung unterstützt. Sogenannte *Infrastructure-as-Code-Systeme* (kurz IaC), wie z. B. Terraform, Ansible, Puppet oder SaltStack, werden genutzt, um eine neue Infrastrukturumgebung vollständig automatisiert aufzubauen. Hierzu wird die aus der Softwareentwicklung bekannte Technik *Continuous Integration and Continuous Development* (kurz CI/CD) eingesetzt. Es müssen lediglich einige Parameter neu gesetzt werden, und das System übernimmt alles Weitere. Auch stehen Ihnen Hyperscaler-Tools zur Verfügung, mit denen Sie Ihre Infrastruktur überwachen können. Wenn das System einen Fehler feststellt, wird der Fehler nach vorgegebenen Regeln automatisiert korrigiert, ohne dass Sie manuell eingreifen müssen. Diese Self-Healing-Mechanismen werden dabei in der Regel durch sogenannte *Desired State Configurations* und Workflow-Mechanismen gesteuert.

Innovation

Der dritte Vorteil ist die Möglichkeit, Innovationen schnell umzusetzen. Es werden praktisch jeden Monat immer wieder neue Services und Dienste von den Hyperscalern bereitgestellt. Meistens handelt es sich dabei um neue Platform-as-a-Service- und Software-as-a-Service-Dienste. Diese neuen, von den großen Public-Cloud-Providern bereitgestellten Services können mit nur einem Mausklick von Millionen Kunden weltweit eingesetzt werden. Es müssen nicht mehr alle Innovationen von jedem Unternehmen aufwendig im eigenen Rechenzentrum selbst bereitgestellt oder aktualisiert werden. Sie müssen nicht sorgfältig planen, ob diese neue Technologie oder der neue Service wirklich den erhofften Mehrwert bietet, bevor Sie die teilweise sehr hohen Investitionen tätigen. Bei Ihrem Public-Cloud-Provider buchen Sie den Dienst und testen ihn auf Herz und Nieren. Das spart Zeit und Geld, und zudem ist es Ihnen schneller und einfacher möglich, Neuerungen wie KI, ML oder Big-Data-Anwendungen in Ihre eigenen Geschäftsprozesse zu integrieren.

Alle diese Vorteile haben eines gemeinsam: Sie machen Ihre Prozesse schneller und ermöglichen, mit Ihren Produkten schneller an den Markt zu gehen (der sogenannte *Time to Market Advantage*) oder auf Veränderungen zu reagieren, wodurch sich die von Ihnen getätigten Investitionen schneller rentieren (der *Return on Investment*, kurz ROI).

Werden Sie mit der Cloud schneller als Ihre Konkurrenz!

Jetzt könnte man daraus schließen, dass Sie sich einen Wettbewerbsvorteil erarbeiten, wenn Sie Ihre Geschäftsanwendungen in die Cloud überführen. Das entspricht aber nicht ganz der Wahrheit, da Ihre Mitbewerber zeitgleich wohl ähnliche Schritte gehen. Sie sollten sich also frühzeitig mit den Möglichkeiten der Bereitstellung in der Cloud beschäftigen, wenn Sie schneller als Ihr Wettbewerb sein wollen.

1.1.4 SAP Business Technology Platform

Auch SAP hat erkannt, dass an der Public Cloud in Zukunft kein Weg mehr vorbeiführt. Schon seit 2010 arbeitet das Unternehmen daran, seinen Kunden bessere Tools aus der Cloud schneller zur Verfügung stellen zu können.

SAP HANA als cloudfähige Datenbank mit In-Memory-Technologie

Auf der SAP TechEd 2012 wurde die SAP NetWeaver Cloud als Teil des SAP-HANA-Cloud-Portfolios vorgestellt. SAP HANA Cloud war bis zu diesem Zeitpunkt lediglich als *Database as a Service* (kurz DBaaS) bekannt, wurde jedoch durch die SAP NetWeaver Cloud um Entwicklungstools und zusätzliche SAP-Services erweitert (siehe Abbildung 1.1). Den Kern bildete dabei der Datenbankservice SAP HANA mit der bis dahin weltweit einzigartigen In-Memory-Technologie, die SAP von 2008 bis 2010 in Zusammenarbeit mit dem Hasso-Plattner-Institut und der Stanford University entwickelt hat. Die SAP-NetWeaver-Cloud-Plattform war eine offene, standardisierte und modulare Platform-as-a-Service-Cloud. Sie wird als offen bezeichnet, weil sie mehrere offene Standards wie Java, Spring, Ruby on Rails und weitere Software Development Kits (kurz SDKs) unterstützte und diese mit standardisierten Applikationen von SAP kombinierte.

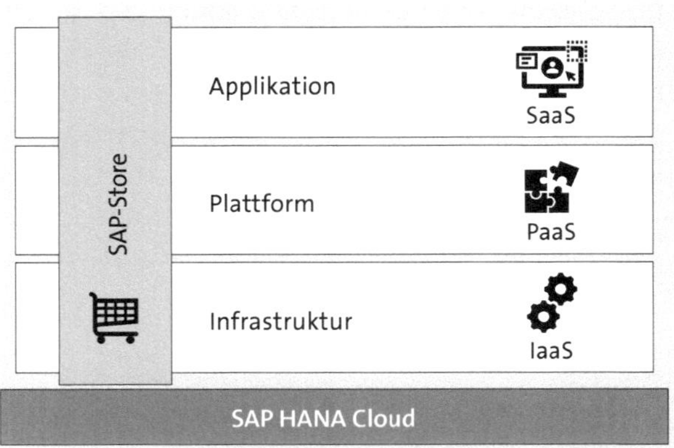

Abbildung 1.1 SAP NetWeaver Cloud (Quelle: SAP)

Weiterentwicklung der Cloud-Plattformen

Im Jahr 2013 wurde auf der Veranstaltung Sapphire Now bekannt gegeben, dass SAP die SAP HANA AppServices und die SAP HANA Database Services zusammen mit der SAP NetWeaver Cloud zu *SAP HANA Cloud Platform* zusammenfasst. SAP HANA Cloud Platform stellte ab diesem Zeitpunkt die zentrale Lösung aller Cloud-Tools für die Applikationsentwicklung von SAP dar. Ebenfalls Teil der SAP-HANA-Cloud-Strategie war der Service SAP HANA One. SAP HANA One wurde in enger Zusammenarbeit mit Amazon Web Services (kurz AWS) als erste skalierbare In-Memory-Datenbank entwickelt, die von einem Hyperscaler verfügbar gemacht wurde. SAP HANA One konnte direkt über den AWS Marketplace bezogen und bereitgestellt werden.

Im Februar 2017 wurde die SAP-HANA-Cloud-Plattform mit zusätzlichen Erweiterungen und neuen Funktionen, dem sogenannten Cloud Foundry Environment als Umgebung für die Applikationsentwicklung speziell für die Cloud, auf dem Mobile World Congress unter dem Namen *SAP Cloud Platform* vorgestellt.

SAP HANA als Cloud-Version

Ein Jahr später, im Jahr 2018, wurde SAP HANA 2.0 ins Portfolio aufgenommen. Dabei handelte es sich um eine Weiterentwicklung der SAP-HANA-Datenbankservices, die im Zuge der Cloud-First-Strategie vorangetrieben wurde. Das bedeutet, dass es sich um eine instanziierte Version handelte und kein Zugriff mehr auf das darunterliegende Linux-Betriebssystem (SLES oder RHEL) möglich war. SAP HANA 2.0 konnte zunächst nur auf Microsoft Azure gehostet werden. Während SAP HANA One bzw. SAP HANA Cloud Edition über AWS und Google Cloud Platform (kurz GCP) gehostet werden konnte. So gab es nun die Möglichkeit, SAP HANA über den Cloud-

Anbieter seiner Wahl als Cloud-Datenbank bzw. Database as a Service (kurz DBaaS) zu beziehen.

Auf der Sapphire Now 2019 wurde die Erweiterung der Cloud-Portfolios mit den beiden neuen Produkten SAP Analytics Cloud und SAP Data Warehouse Cloud angekündigt, die das Cloud-Portfolio ergänzen (siehe Abbildung 1.2). Diese Dienste stehen als SaaS-Lösungen bereit und können direkt über die SAP HANA Cloud Services bezogen und genutzt werden.

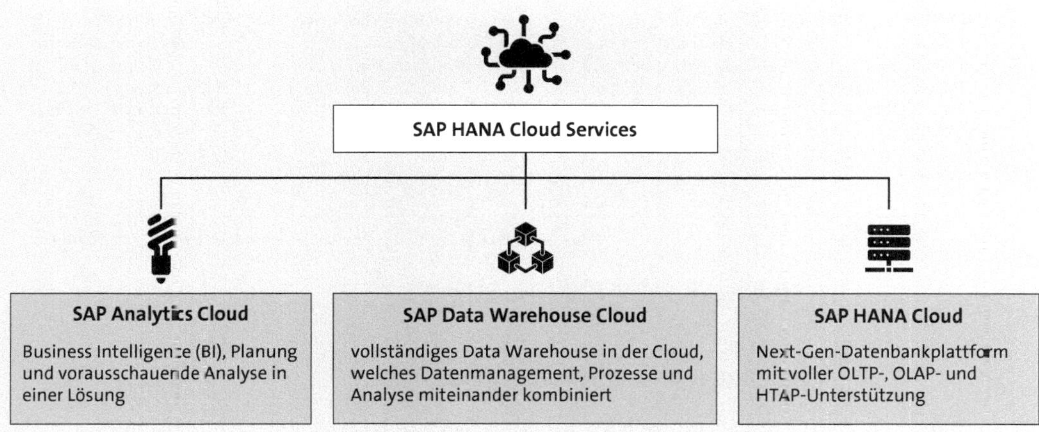

Abbildung 1.2 Portfolio der SAP HANA Cloud Services (Quelle: SAP)

SAP Business Technology Platform

Im Jahr 2021 wurden alle SAP-Cloud-Funktionen in der *SAP Business Technology Platform* (kurz SAP BTP) zusammengeführt und werden fortan nur noch unter diesem Namen bereitgestellt.

Die SAP BTP bietet SAP-Kunden eine zentrale digitale Cloud-Plattform, die neben dem SAP-HANA-Datenbankservice unterschiedliche Funktionen und Dienste bereitstellt. Dazu gehören unter anderem die intelligenten Technologien, wie z. B. Internet of Things (kurz IoT), künstliche Intelligenz oder Blockchain sowie Analysetools wie die SAP Analytics Cloud oder SAP BW/4HANA. Für die Applikationsentwicklung gibt es Tools zur Orchestrierung und Integration (siehe Abbildung 1.3). Diese und viele weitere Dienste werden sowohl von SAP als auch von Drittanbietern über den zentralen SAP Marketplace angeboten. Mithilfe der SAP BTP sollen Unternehmen so in die Lage versetzt werden, alle Tools, die sie benötigen, um eigene Prozesse und Applikationen zu entwerfen und umzusetzen sowie Erweiterungen zu erstellen und in das ERP-Kernsystem zu integrieren, direkt aus der SAP-Cloud zu beziehen.

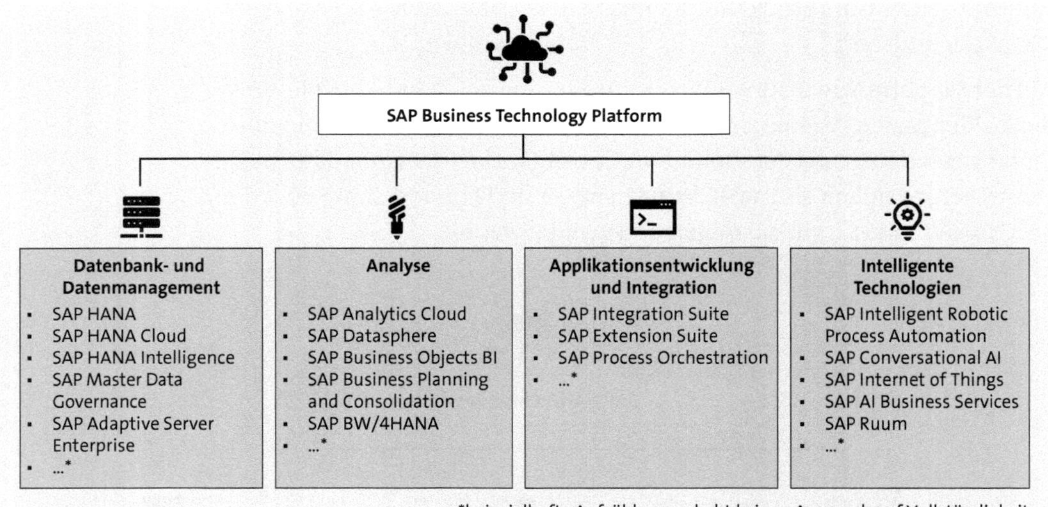

Abbildung 1.3 SAP BTP (Quelle: SAP)

1.1.5 SAP HANA Enterprise Cloud

Konkurrenz für die Hyperscaler

Auf der Sapphire Now im Jahr 2013 wurde neben der SAP HANA Cloud Platform auch die *SAP HANA Enterprise Cloud* als Managed Service für SAP-Applikationen vorgestellt. Dabei handelt sich um eine Infrastructure-as-a-Service-Private-Cloud-Lösung, bei der SAP seinen Kunden das eigene Rechenzentrum bereitstellt. SAP HANA Enterprise Cloud dient primär dazu, das SAP-Anwendungsportfolio der SAP-Kunden als Cloud-Service bereitstellen zu können. SAP-Kunden können in diesem Fall auf eine speziell für SAP-Systeme ausbalancierte Cloud zurückgreifen und Ihre SAP-Systeme dort installieren oder dorthin migrieren. Grundsätzlich können Nicht-SAP-Anwendungen ebenfalls dort genutzt werden. Primär hat es SAP mit diesem Angebot jedoch auf die eigenen Anwendungen abgesehen.

Infrastructure as a Service

Bei der Private-Cloud-Variante kümmert SAP sich um die Infrastruktur, deren Wartung und die Sicherheit der Systeme. Auf Wunsch übernimmt SAP auch das Management der Applikation und der Cloud-Services, also den Application Management Service (kurz AMS) und den Enterprise Cloud Managed Service (kurz EMS). Es gab jedoch auch die Möglichkeit, den Managed Service bei SAP einzukaufen und die Infrastruktur von einem Hyperscaler zu beziehen. Dies ist heute Teil von RISE with SAP geworden (siehe Abschnitt 2.7.5, »RISE with SAP«) und wird so nicht mehr angeboten. In Abbildung 1.4 sehen Sie die beiden ehemaligen Optionen zum Betrieb der Lösungen in der SAP HANA Enterprise Cloud.

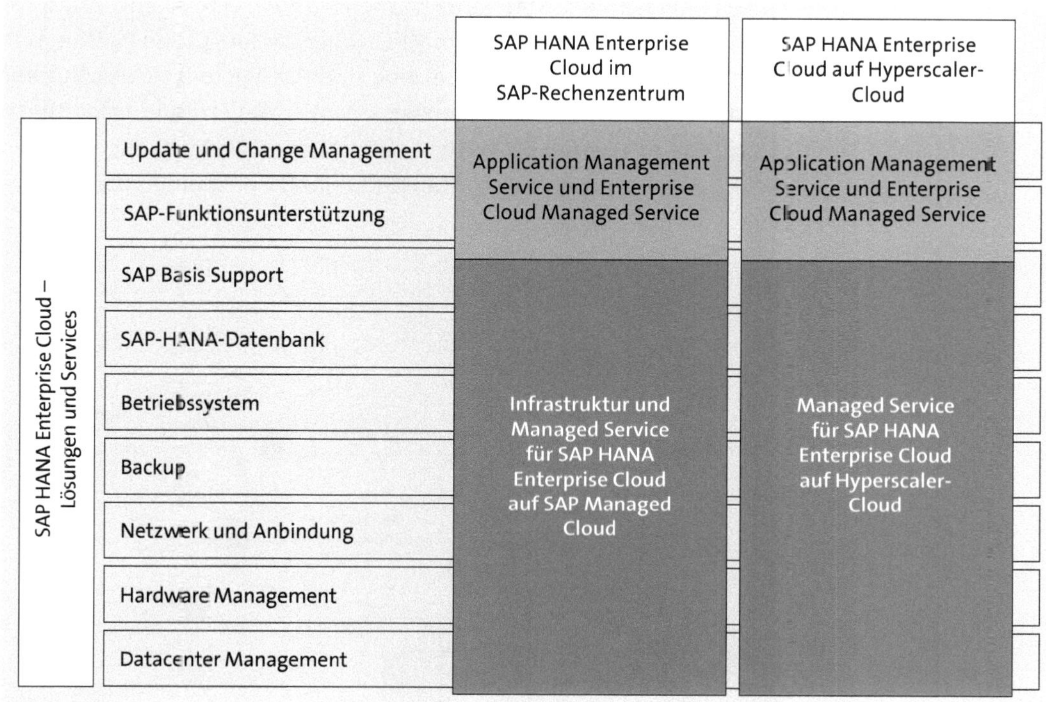

Abbildung 1.4 Angebot der SAP HANA Enterprise Cloud (Quelle: SAP)

Lizenziert wird die Enterprise Cloud über ein *Service Level Agreement* (kurz SLA) mit SAP oder über das Modell *Bring Your Own License* (kurz BYOL), wenn Sie bereits Verträge mit Ihrem Hyperscaler abgeschlossen haben.

Der Vorteil ist, dass Sie die Möglichkeit haben, Dienste wie SAP Ariba, SAP SuccessFactors, SAP Concur oder eben SAP S/4HANA direkt aus der SAP-Cloud zu beziehen, ohne eine eigene Infrastruktur bereithalten zu müssen oder sich darum zu kümmern. Mit diesem Angebot tritt SAP erstmals in direkte Konkurrenz zu den Hyperscalern. Trotz der Partnerschaften mit AWS, Microsoft und Google versucht SAP mit diesem Angebot, über das reine Softwareangebot hinaus auch die Infrastruktur und den Managed Service an seine Kunden zu verkaufen.

Ähnlich dem Aufbau eines Public-Cloud-Anbieters werden alle Kundenumgebungen auf einer großen, geteilten Hardwarelandschaft gehostet. SAP greift über einen gesicherten Zugang auf diese geteilte Infrastruktur zu, um die gebuchten Managed Services erbringen zu können. Wie in Abbildung 1.5 zu sehen ist, haben Sie als Kunde verschiedene Möglichkeiten, um Ihre eigene Infrastruktur mit der SAP HANA Enterprise Cloud zu verbinden.

Neben den üblichen VPN-Standards können Sie auch eine eigene Multiprotocol-Label-Switching-Leitung (kurz MPLS) oder das SAP Cloud Peering verwenden. SAP Cloud Peering ist dabei eine zuverlässige und sichere Verbindungsoption, die ein globales Netzwerk von SAP-Verbindungspartnern nutzt. SAP Cloud Peering ist hoch sicher, da der Datenverkehr über das Netzwerk des Telekommunikationsanbieters läuft und niemals über das öffentliche Internet gelangt.

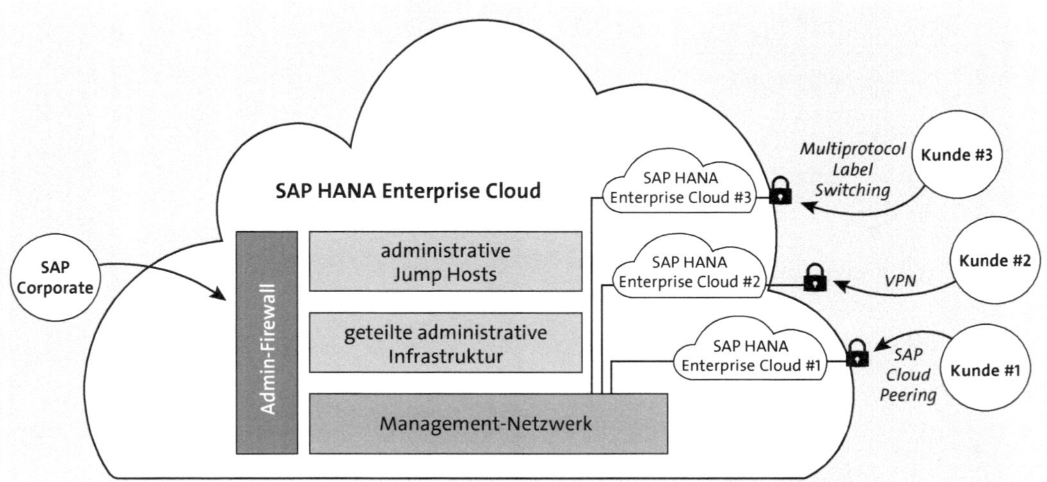

Abbildung 1.5 SAP HANA Enterprise Cloud (Quelle: SAP)

1.2 Betriebs- und Servicemodelle für Cloud-Lösungen

Wenn Sie den Begriff Cloud-Computing hören, haben Sie wahrscheinlich schon eine gewisse Vorstellung: Eine Applikation oder ein Service wird in einem entfernten Rechenzentrum ausgeführt. Auf diesen Service können Sie über eine Internetverbindung zugreifen und ihn nutzen. Es wird außer einem Netzwerk und einer stabilen Internetverbindung keine weitere eigene Infrastruktur wie ein Server, ein Speicher oder Ähnliches benötigt. Doch Cloud ist nicht gleich Cloud. Es gibt verschiedene Servicemodelle wie Infrastructure as a Service (kurz IaaS), Platform as a Service (kurz PaaS), Software as a Service (kurz SaaS) und verschiedene Betriebsmodelle wie Private und Public Cloud. In diesem Abschnitt stellen wir Ihnen die gängigen Modelle und deren Unterschiede vor.

1.2.1 Public und Private Cloud

Hyperscaler-Anbieter

Wenn wir über Cloud-Computing sprechen, dann hört man immer wieder Begriffe wie Hyperscaler, Public Cloud, Cloud-Anbieter und Serviceprovider. Man kann diese Begriffe mehr oder weniger synonym verwenden. Wenn von Hyperscalern gesprochen wird, sind in der Regel die drei weltweit größten Public-Cloud-Anbieter *Amazon Web Services* (kurz AWS), Microsoft mit der Cloud-Plattform *Azure* und Google mit der *Google Cloud Platform* gemeint. Manchmal zählt man noch die im asiatischen Raum weitverbreitete Plattform Alibaba und das Urgestein IBM dazu. Selbstverständlich gibt es noch eine ganze Reihe weiterer Public-Cloud-Anbieter bzw. Cloud-Serviceprovider. In Deutschland spielt z. B. Ionos als reine IaaS-Cloud eine noch kleine, aber wachsende Rolle, da es sich um ein deutsches und nicht wie bei den anderen Anbietern um ein US-Unternehmen handelt. Doch in der Regel spricht man über genau diese drei großen US-Anbieter, die zusammen immerhin etwa 75 % des Marktanteils ausmachen.

Public Cloud heißt öffentlich für jeden zugänglich

Public-Cloud-Anbieter sind Anbieter, bei denen die bereitgestellten Services z. B. über ein Webportal öffentlich zugänglich sind. Kunden müssen sich zwar ein Konto anlegen und Zahlungsinformationen für die Abrechnung der genutzten Dienste hinterlegen. Dennoch stehen diese Services grundsätzlich erst einmal jedem zur Verfügung. Die Plattform ist mandantenfähig, und es sind mehrere, in der Regel sehr viele, Kunden auf der gleichen Hardwareinfrastruktur untergebracht.

Von einer *Private Cloud* spricht man dagegen immer dann, wenn eine Cloud-Infrastruktur nur einem einzelnen Kunden, oder in manchen Fällen auch einigen wenigen oder bestimmten Kunden, zur Verfügung steht. Meistens ist damit also gemeint, dass sich ein Unternehmen in seinem eigenen oder in einem gemieteten Rechenzentrum seine eigene Cloud aufbaut und selbst nutzt. In vielen Fällen wird diese Private Cloud durch einen Partner aufgebaut und betrieben. Bei diesem Partner kann es sich auch um eine Tochterfirma handeln, z. B. weil die IT-Abteilung eines Unternehmens in eine separate Organisation abgespalten wurde. Es kann sich aber auch um ein IT-Beratungshaus handeln, das diese Dienste aus dem eigenen Rechenzentrum heraus gemäß den Bedürfnissen des Kunden aufbaut und betreibt.

Private Cloud heißt nur für einen bestimmten Nutzerkreis verfügbar

Es gibt Betreiber, die ebenfalls eine mehrmandantenfähige Infrastruktur anbieten, die sie aber nur einigen speziellen Kunden zur Verfügung stellen oder speziell den Bedürfnissen einzelner Kunden anpassen. Dennoch spricht man hier nicht von einer Public Cloud, da der Service nicht jedem Kunden öffentlich, etwa über ein Webportal, zur Verfügung steht.

[»]

Public Cloud vs. Private Cloud

Von einer Public Cloud spricht man immer dann, wenn die Cloud-Dienste grundsätzlich jedem öffentlich zur Verfügung stehen. Private Cloud bedeutet, dass der Zugang zu den Cloud-Diensten nur einem bestimmten eingeschränkten Personen- oder Kundenkreis zur Verfügung steht.

Die Nutzung von großen Hyperscalern kann für manche Unternehmen, die eventuell strenge behördliche Compliance-Standards und gewisse regulatorische Anforderungen erfüllen müssen oder speziellen Datenschutzanforderungen unterliegen, durchaus problematisch sein. Daher kann die Nutzung solcher Angebote für Unternehmen in öffentlicher Hand oder mit ihr in Verbindung stehende Unternehmen ausgeschlossen sein. Darüber hinaus entscheiden sich Unternehmen, die bereits viel Geld und Aufwand in eigene Infrastruktur investiert haben, häufig dafür, eine eigene private Cloud aufzubauen, um so ihre Investition nicht ungenutzt zu lassen. Der Betrieb einer solchen privaten Cloud-Infrastruktur ist jedoch aufwendig. Außerdem benötigen Ihre Mitarbeitenden, um eine solche komplexe Umgebung zu beherrschen, bestimmte Fähigkeiten, die unter Umständen heute noch gar nicht vorhanden sind. Da eine solche Umgebung in der Regel auch von außen jederzeit erreichbar sein soll, ergeben sich ganz neue Anforderungen an moderne Sicherheitsstandards, um sie zu schützen. Das reicht von physischer Sicherheit, wie z. B. dem Zutritt zum Gebäude, über entsprechende Firewalls und die Verschlüsselung von Daten bis hin zur Netzwerksicherheit und Cybersecurity (siehe Abschnitt 5.5, »Sicherheit«). Darüber hinaus müssen die Hardware und die Virtualisierungsschicht stets aktualisiert werden.

1.2.2 IaaS, PaaS und SaaS

Kosten sparen

Bei traditionellen privaten Rechenzentren oder Private Clouds sind die Eigentümer für das Management der Hardware, des Gebäudes, des Netzwerkes, der Anbindung und der Energie zuständig. Dabei richtet sich die Hardware jedoch nicht immer nach den aufgestellten Investitionsplänen des Unternehmens. Hardware kann ungeplant ausfallen, weil sie schlichtweg schadhaft wird oder veraltet ist, und muss regelmäßig ersetzt werden. Typische Zyklen für Hardwareerneuerung sind etwa drei oder fünf Jahre. Auch das Gebäude muss instand gehalten werden und es muss für ausreichend Energie wie Strom und Kühlung bzw. Abluft gesorgt sein, das Ganze im Idealfall auch noch redundant. Das heißt, Sie benötigen zwei Rechenzentren, die idealerweise einige Kilometer Entfernung zueinander haben, um regionale Risiken wie Erdbeben, Überschwemmung, Vulkanausbrüche, Stromausfall, Ausfall der Internetanbindung oder gar Vernichtung im Terror- oder Kriegsfall auszuschließen. Wollen Sie zur Vorbeugung dieser Risiken eine Georedundanz herstellen, dann empfiehlt das *Bundesamt für Sicherheit in der Informationstechnik* (kurz BSI) seit 2019, mindestens 200 km Abstand zwischen den Rechenzentren einzuhalten. Vor 2019 lautete die gängige Empfehlung mindestens 5 km Abstand zwischen den beiden redundanten Rechenzentren. Meist wurde von Expertinnen und Experten jedoch mindestens ein Abstand von 20 km empfohlen. Beide Rechenzentren sollten nahezu identisch aufgebaut und idealerweise mit zwei unabhängigen Internetzugängen und zwei unabhängigen Stromversorgungen ausgestattet sein. Der Aufbau einer solchen Architektur ist komplex. Auf der Hardware läuft dann die Virtualisierungsschicht, z. B. auf Microsoft Windows Hyper-V oder VMware vSphere, um nur die bekanntesten zu nennen. Hierauf werden virtualisierte Server erstellt und mit typischen Betriebssystemen wie Windows-Server- oder Linux-Server-Distributionen, wie z. B. SUSE Linux Enterprise Server (SLES) oder Red Hat Enterprise Linux (RHEL), als gängiger Standard betrieben.

Wenn Sie den Aufwand und die Kosten für den Betrieb Ihres Rechenzentrums sparen wollen und auf die Public Cloud setzen, sollten Sie mit den verschiedenen Servicemodellen vertraut sein.

Verantwortung geht auf den Anbieter über

IaaS steht für *Infrastructure as a Service* und bezeichnet die erste und grundlegendste Art, Cloud-Dienste zu nutzen. Wie der Name andeutet, mieten Sie dabei die Infrastruktur eines Serviceproviders. Dieser stellt Ihnen, wie in Abbildung 1.6 zu sehen, alle zuvor beschriebenen Dienste zur Verfügung und verwaltet den gesamten Bereich vom Gebäude über die Energie und Anbindung bis hin zur Hardware, zum Netzwerk und zur Virtualisierung. Der Serviceprovider stellt dabei sicher, dass die Infrastruktur zuverlässig und redundant zur Verfügung steht und von Ihnen genutzt werden kann. Ihre eigene Verantwortung beginnt erst beim Betriebssystem und bei allem, was im Stack darüber enthalten ist. Das betrifft die Runtime-Umgebung, die Middleware etc. Der Zugriff erfolgt typischerweise durch eine Side-to-Side-VPN-Verbindung zwischen Ihrem Netzwerk und dem virtuellen Netzwerk Ihres Accounts beim Serviceprovider.

Von diesem Modell profitieren Sie immer dann, wenn Sie kein eigenes Rechenzentrum haben und auch keines aufbauen wollen oder wenn Sie in Ihrer Cloud-Strategie festgelegt haben, dass Sie zunächst alle Ihre Ressourcen per Lift-and-Shift-Migration aus Ihrem Rechenzentrum heraus migrieren wollen oder sogar müssen. Ein guter Zeitpunkt für solche Migrationen ist z. B., wenn der nächste Investitionszyklus Ihrer Hardware ansteht. Weitere Migrationskonzepte beschreiben wir in Abschnitt 8.2, »Vergleich der Migrationsmethoden«.

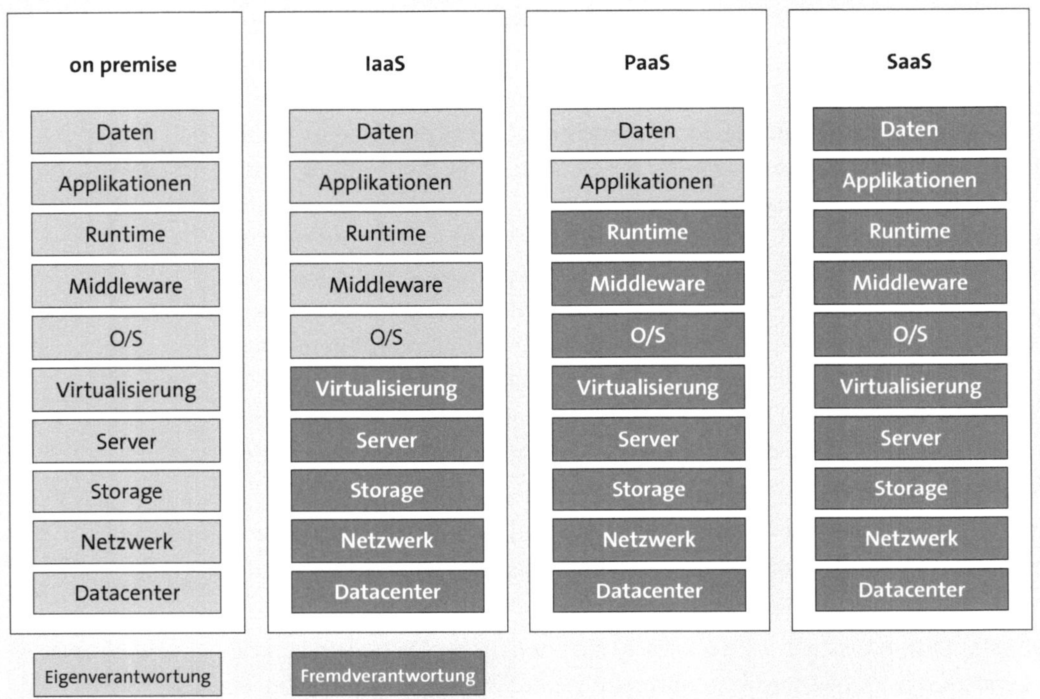

Abbildung 1.6 Verschiedene Servicemodelle im Vergleich

[»]

IaaS-Nutzung mit SAP

Grundsätzlich lassen sich die SAP-Anwendungen als IaaS auf dem Hyperscaler Ihrer Wahl betreiben, die Sie auch in Ihrem eigenen Rechenzentrum installieren können. Dazu gehören beispielsweise SAP ERP 6, SAP S/4HANA, SAP Business Warehouse, die SAP-Customer Experience-Suite und der SAP Solution Manager.

Durch solch einen Infrastrukturtausch entstehen auch Veränderungen an Ihrer Finanzstruktur. Weil Sie nur bezahlen, was Sie an Ressourcen auch tatsächlich verbraucht haben, ändert sich Ihr Cashflow. Große Einmalinvestitionen, die zu einem bestimmten Zeitpunkt, wie z. B. alle drei oder alle fünf Jahre, getätigt werden müssen, fallen nun weg. Zudem sind Ihre vom

Serviceprovider gemieteten Infrastrukturkomponenten keine Anlagegüter mehr, die über mehrere Jahre steuerlich abgeschrieben werden müssen (engl. *Capital Expenditures*, kurz CapEx), sondern operative Ausgaben (engl. *Operational Expenditures*, kurz OpEx). Das bedeutet, dass alle Infrastrukturkosten im selben Jahr vollständig steuerlich geltend gemacht werden können.

Sie können Ihr ERP-System statt auf der eigenen virtualisierten Hardware auch in einer virtuellen Umgebung einer Public Cloud wie AWS, Microsoft Azure, Google Cloud Platform, Alibaba oder aber in der SAP HANA Enterprise Cloud von SAP selbst installieren. In Kapitel 2, »Die wichtigsten Hyperscaler«, stellen wir Ihnen die einzelnen Anbieter genauer vor.

PaaS-Dienste

PaaS steht für *Platform as a Service* und bezeichnet die nächste Stufe der Cloud. Sie haben hier die Möglichkeit, bestimmte Dienste und Services direkt vom Serviceprovider zu beziehen, ohne sich Gedanken über das Betriebssystem, die Runtime oder die Middleware machen zu müssen. Bei diesem Modell werden viele Einzelkomponenten, die typischerweise innerhalb von Softwareanwendungen genutzt werden, auf einer Plattform gesammelt. Ein gutes Beispiel hierfür sind Datenbanken oder Webapplikationen. Wenn Sie eine Datenbank in Ihrem Rechenzentrum oder über einen IaaS-Dienst bereitstellen wollen, dann müssen Sie das Betriebssystem auf den virtuellen Maschinen managen und dort einen Datenbankserver installieren, der dann die Datenbank bereitstellen kann. Sie brauchen Speicherplatz und müssen sich um Redundanz und Updates genauso wie um regelmäßige Backups kümmern. Wenn Sie eine Datenbank als PaaS-Dienst beziehen, oft auch als *Database as a Service* (kurz *DBaaS*) bezeichnet, entfällt das Management von Betriebssystem, Datenbankserver und Speicher.

PaaS-Dienste von SAP

Die SAP Business Technology Platform (SAP BTP) ist eine PaaS-Plattform. Hier können Sie eigene SAP-Anwendungen erstellen und mit Ihrem SAP-System verbinden. Hier kann beispielsweise die Datenbank SAP HANA als PaaS-Service genutzt werden.

Sie können sich voll auf die Nutzung der Datenbank in Ihrer Anwendung konzentrieren. Das Gleiche gilt für Dienste, die Technologien wie Blockchain, KI und IoT verwenden. Sie nutzen den Dienst direkt in Ihrer Anwendung, anstatt sich um die Bereitstellung, die Updates und Co. kümmern zu müssen. Auch SAP bietet eine solche Plattform in Form der SAP BTP an. Gleichzeitig finden Sie in der SAP BTP auch die notwendigen Tools und

Laufzeitumgebungen, um Ihre Applikationen und Erweiterungen direkt zu erstellen und mit Ihrem Kernsystem zu verbinden.

Beispiele für SaaS-Services

SaaS steht für *Software as a Service* und bezeichnet Angebote von Applikationen, die Sie direkt buchen und nutzen können. Sie müssen sich nicht einmal mehr um die Pflege und Wartung der Software und der Datenhaltung selbst kümmern, sondern konsumieren ein fertiges Softwareprodukt, in der Regel direkt über das Internet, das vollständig vom Anbieter bereitgestellt und gewartet wird. Typischerweise wird solch ein Softwareangebot nach einem Abonnementmodell pro Nutzer abgerechnet. Oft können Sie die Anzahl der Lizenzen monatlich nach Ihrem Bedarf ändern, was diese Form der Abrechnung besonders flexibel macht. Beispiele für solche Dienste sind Microsoft 365 (zuvor Microsoft Office 365) oder Google Workspace. Auch die Atlassian Suite, Salesforce, Trello und Zoom gehören in diese Kategorie. SAP bietet entsprechende Dienste an. Zum Beispiel kann SAP S/4HANA als ERP-System vollständig aus der Cloud von SAP bezogen werden.

[»]

SaaS-Dienste von SAP

Zu den SaaS-Diensten von SAP zählen beispielsweise SAP S/4HANA Cloud, SAP Ariba, SAP SuccessFactors, SAP Concur oder die über die SAP BTP bezogenen Dienste SAP Datasphere und SAP Analytics Cloud.

1.3 Vorteile des Einsatzes von Hyperscalern

Warum Hyperscaler-Angebote nutzen?

Für viele große Organisationen stellt das SAP-ERP-System eine der wichtigsten, wenn nicht sogar die wichtigste Enterprise-Software dar, von der viele Geschäftsprozesse abhängig sind. Traditionelle On-Premise-Installationen von SAP R/3 bzw. SAP ECC sind in der Regel teuer, schwierig zu managen und aufwendig zu unterhalten. Neue Updates für ein solches monolithisches System einzuspielen, das unter Umständen noch über eine Reihe von Anpassungen und individuellen Erweiterungen verfügt, bereitet zuweilen immer wieder Kopfschmerzen. Ein solches SAP ERP bei einem Hyperscaler in der Cloud zu betreiben hat eine ganze Reihe von Vorteilen für die Organisation – unabhängig von deren Größe. Einige dieser Vorteile, wie etwa die Automatisierung, Einsparungen und schnelle Innovationen, haben wir bereits in Abschnitt 1.1.3, »Der Erfolgsfaktor Geschwindigkeit«, betrachtet. Doch es gibt noch weitere Vorteile bei einer Migration in die Cloud.

1.3.1 Vereinfachung

Wie schon angesprochen, ist Ihr SAP-System nach einer Migration in die Cloud nicht mehr von einem bestimmten Set an Hardware abhängig, das gut überwacht und vorsichtig an das jeweilige System angepasst werden muss, um sicherzustellen, dass Ihr System auch stabil und richtig funktioniert. Über Ihre Cloud-Provider haben Sie jederzeit Zugriff auf die neuesten Updates. So stellen Sie sicher, dass Ihre Applikationen und Ihre Infrastruktur jederzeit einwandfrei funktionieren. Es gibt für jedes Grundsystem vorgefertigte Deployments, die Sie praktisch mit wenigen Klicks ausführen können, um eine vollständige Infrastrukturlandschaft inklusive eines Grundsystems herzustellen. Schon nachdem Sie wenige Parameter eingegeben haben, kann es losgehen.

1.3.2 Stabilität

Die Vereinfachung der Infrastruktur bzw. der Umstand, dass Sie sich nicht mehr selbst um die Hardware kümmern müssen, was Ressourcen verschlingt, Geld kostet und nur wenig zusätzlichen Nutzen bringt, verschafft Ihnen freie Kapazitäten. Diese können Sie darauf verwenden, sich um die Applikation selbst zu kümmern, ohne die Notwendigkeit, vor Ort sein zu müssen. Mit der Modernisierung Ihrer Systeme realisieren Sie eine nachhaltige konsistente Umgebung ohne Ausfallzeiten. Durch die Skalierbarkeit des Hyperscalers lässt sich auch eine reduzierte Geschwindigkeit unter Last verhindern. Das bedeutet, dass das System auch bei plötzlichem und starkem Lastanstieg schnell und reaktiv bleibt. Das ist ein positiver Nebeneffekt des Umstiegs auf einen Hyperscaler. Gemeinsam mit SAP haben die Hyperscaler auch Referenzarchitekturen erstellt, die es Ihnen erleichtern, dieses Ziel zu erreichen. Das bringt Stabilität in Ihre Kernprozesse und Sicherheit für das Unternehmen.

1.3.3 Flexibilität

SAP-Systeme in der Cloud zu betreiben, gibt Ihnen mehr Flexibilität und Agilität. Sie können Ihre Systeme und Ihre Infrastruktur ganz leicht an geänderte Bedarfe anpassen oder gar ganz neue SAP-Projekte starten, ohne vorab Investitionen in die Infrastruktur tätigen zu müssen oder erst neue Hardware zu provisionieren. Sie können praktisch binnen Minuten die Infrastruktur geänderten Gegebenheiten anpassen oder ganz neu provisionieren, anstatt Wochen oder Monate auf die benötigten Kapazitäten zu warten.

Seit der Coronapandemie ist es schwieriger geworden, neue Hardware zu beschaffen. Kombiniert man diesen Vorteil nun mit der Automatisierung durch Infrastructure-as-Code-Methodiken (siehe Abschnitt 1.1.3, »Der Erfolgsfaktor Geschwindigkeit«), werden Sie insgesamt schneller und agiler.

1.3.4 Skalierbarkeit und Elastizität

Ein weiterer wichtiger Vorteil der Hyperscaler ist die Skalierbarkeit. Wenn die Infrastruktur Ihrer Systeme wachsen soll, wächst der Hyperscaler einfach mit. Sie können ein neues Projekt klein beginnen und bezahlen nur für die tatsächlich genutzten Kapazitäten. Wenn das Projekt wächst oder die Nutzung Ihres Systems mit der Zeit steigt, können Sie die Infrastruktur problemlos vertikal oder horizontal skalieren. Benötigte Kapazitäten müssen nicht mehr für das nächste Quartal, das nächste Jahr oder im schlimmsten Fall sogar für die nächsten fünf Jahre im Voraus kalkuliert werden. Änderungen oder Verbesserungen am System können so in kürzester Zeit einen Wertbeitrag generieren.

Gleichzeitig können Sie Systeme, die nicht kontinuierlich benötigt werden, wie z. B. Test- oder Integrationssysteme, je nach Bedarf hoch- und herunterskalieren. Durch automatisiertes Hoch- und Herunterfahren können Sie eventuell sogar von einem 24/7- zu einem 12/5-Betrieb übergehen und dadurch zusätzlich Kosten sparen.

1.3.5 Resilienz

Durch die Möglichkeiten, die Ihnen ein moderner Hyperscaler bietet, wird ein völlig neuer Standard in Bezug auf Backup, Disaster Recovery, Hochverfügbarkeit und Business Continuity erreicht. Die Sicherheit Ihrer Daten und die Verfügbarkeit Ihrer Systeme werden dadurch auf ein ganz neues Niveau gehoben. Die Möglichkeiten, ein System hoch verfügbar zu machen, ohne jegliche Ausfallzeit, ein jederzeit konsistentes Backup zur Verfügung zu haben und gleichzeitig eine in wenigen Minuten einsatzbereite Systemkopie viele hundert Kilometer entfernt von Ihrem primären System einsetzen zu können, sind eindrucksvoll. Gleichzeitig haben Sie die Option, Ihre Netzwerkanbindung auf mindestens zwei unterschiedliche und unabhängige Telekommunikationsanbieter zu verteilen. Mehr zu den Themen *Disaster Recovery* (kurz DR) und *High Availability* (kurz HA) in der Cloud finden Sie in Kapitel 3, »Verfügbarkeit von Cloud-Infrastrukturen«.

1.3.6 Sicherheit

Sicherheit ist zwar nicht erst seit gestern ein zentrales Thema der IT, aber sie wird von Jahr zu Jahr immer wichtiger. Die Menge an Cyberattacken und die dadurch verursachten Schäden werden jedes Jahr höher. Die zentrale Frage lautet daher, wie Sie es schaffen, Ihre Daten so abzusichern, dass das Risiko einer erfolgreichen Cyberattacke möglichst gering bleibt. Die größten Hyperscaler investieren jedes Jahr Milliarden in Cyberabwehr und damit in die Sicherheit Ihrer Systeme. Nur sehr wenige Rechenzentren auf dieser Welt sind besser abgesichert und überwacht als die der großen Hyperscaler. Selbstverständlich sind Sie weiterhin dafür verantwortlich, Ihre Umgebung oberhalb der Virtualisierungsschicht abzusichern. Aber auch hier gibt Ihnen der Hyperscaler Tools, Tipps und Best Practices an die Hand, um dies bestmöglich zu realisieren.

1.3.7 Globale Verfügbarkeit

Die globale Verfügbarkeit von Softwarediensten für Mitarbeitende ist mittlerweile keine Seltenheit mehr. Jeder und jede kann sich in der Regel mit seinem Notebook, einer Internetverbindung und einem VPN-Client von fast überall auf der Welt in das Firmennetzwerk einloggen und entsprechende Dienste nutzen und ausführen, genau so, als befände er oder sie sich im Büro. Dennoch haben das globale Netzwerk und die sich nahezu in jeder Region dieser Erde befindlichen Rechenzentren der Hyperscaler einen entscheidenden Vorteil gegenüber Ihrem Rechenzentrum.

Netzwerk des Hyperscalers nutzen

Die Rechenzentren von AWS, Microsoft und Google sind nicht nur rund um den Globus positioniert. Die Anbieter besitzen darüber hinaus auch ein weltumspannendes privates Glasfasernetzwerk, das alle diese Rechenzentren und Zugangspunkte miteinander verbindet. Am Beispiel von Microsoft Azure (siehe Abbildung 1.7) sehen Sie, dass ein Großteil des privaten Low-Latency-Hochgeschwindigkeitsnetzwerkes unter Wasser verlegt ist.

Das führt dazu, dass Sie sich nicht über einen zentralen Punkt, wie z. B. Ihren VPN-Einwahlknoten, in das Netzwerk einwählen und auf die Dienste zugreifen, sondern am nächstgelegenen Einwahlpunkt des Hyperscalers. Von dort aus nutzen Sie den entsprechenden Backbone des Hyperscalers, um auf Ihre Dienste zuzugreifen. Das verringert zum einen Ihre Latenz beim Zugriff auf die Daten und Dienste. Zum anderen haben Sie gerade als globale Organisation die Möglichkeit, Ihr System oder Ihre Anwendung mehrfach redundant in Regionen mit Nutzungsschwerpunkten zu deployen, womit Sie Ihren Nutzern und Nutzerinnen einen kurzen und direkten Weg zu Ihren Daten bieten. Mit bereitgestellten Tools wie Desired State Configuration sorgen Sie dafür, dass Sie nicht jedes System einzeln updaten und bearbeiten müssen. Hier sorgt der Hochgeschwindigkeits-Backbone der Hyperscaler für einen nahezu synchronen Abgleich der Daten, sogar zwischen den Regionen. Das sorgt für höhere Effizienz und geringeren Zeitbedarf beim Roll-out.

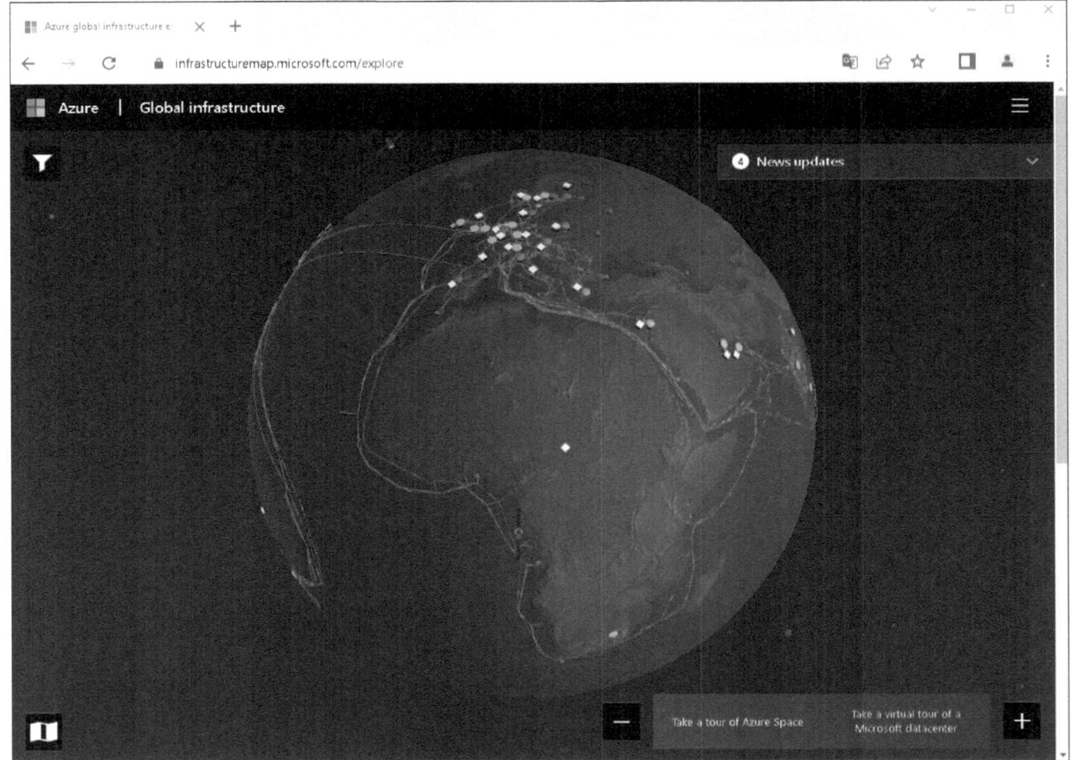

Abbildung 1.7 Globales Netzwerk von Microsoft Azure (Quelle: Microsoft Azure)

1.3.8 Cloudnative Dienste

Nachdem Sie Ihre Systeme in die Cloud migriert oder transformiert haben, können Sie weitere neue Cloud-Dienste, also PaaS-Services, nutzen und in Ihre bestehende Anwendungslandschaft integrieren. Die Integration von neuen cloudnativen Produkten und Diensten eröffnet Ihnen ganz neue Möglichkeiten – z. B. die Integration von IoT, ML, kognitiven Diensten für die Automatisierung und vielen weiteren in Ihre bestehenden Anwendungen. Mehr als 150 Dienste stehen Ihnen beim Hyperscaler Ihrer Wahl zur Verfügung, von denen Sie viele direkt in Ihre SAP-Anwendungslandschaft integrieren können. Ein beliebtes Beispiel ist die Nutzung des AWS-S3-Storage-Dienstes, um Datalakes für die Big-Data-Analyse zu erstellen.

1.3.9 Nachhaltigkeit

Public-Cloud-Dienste sind nachhaltiger

Nachhaltigkeit (engl. Sustainability) ist eines der neuen Trendwörter, vor allem in der IT-Branche. Aber das hat einen Grund: Laut einer Studie vom 10. September 2021 (Freitag et al. [2021]: The Real Climate and Transformative Impact of ICT: A Critique of Estimates, Trends, and Regulations) ist die weltweite IT-Landschaft für 3,9 % des globalen CO_2-Ausstoßes verantwortlich. Das ist mehr als durch den globalen Flugverkehr emittiert wird. Es besteht also dringender Handlungsbedarf. Die Hyperscaler arbeiten bereits seit vielen Jahren daran, ihre Rechenzentren so effizient wie möglich zu gestalten, und helfen Ihnen auf Ihrem Weg zur Verbesserung Ihres CO_2-Fußabdrucks. Laut einer von Microsoft in Auftrag gegebenen Studie von 2018 (siehe Abbildung 1.8) können mit einer Migration in die Cloud im Vergleich zu einem eigenen Rechenzentrum im allerbesten Fall sogar bis zu 98 % an CO_2 eingespart werden.

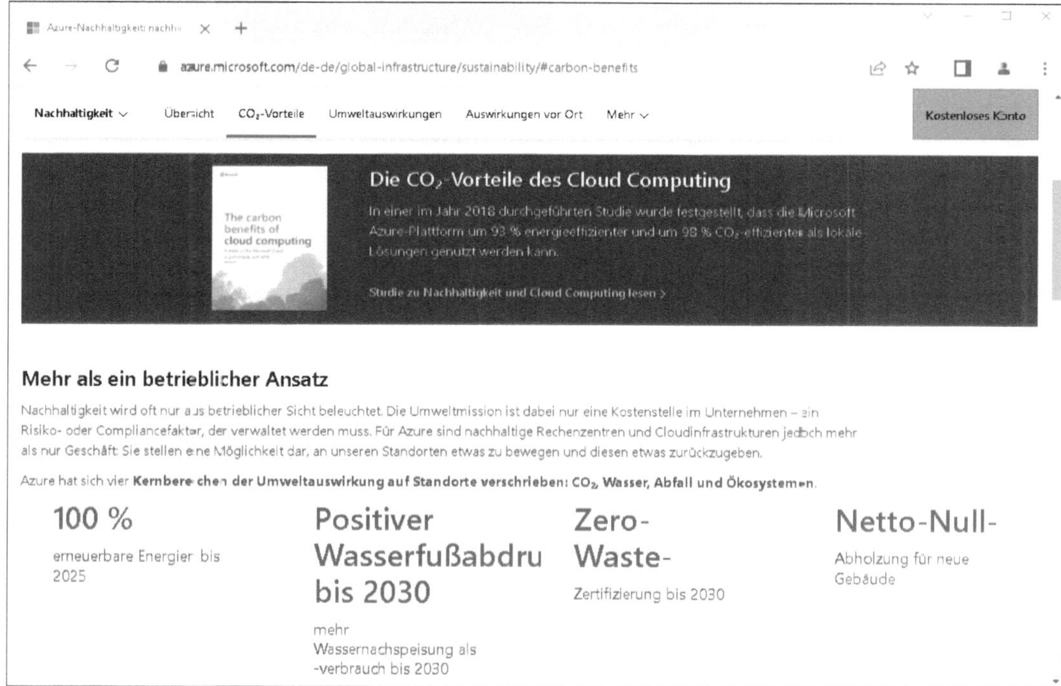

Abbildung 1.8 Nachhaltigkeit der Public Cloud (Quelle: Microsoft Azure)

1.4 Infrastruktur für SAP-Lösungen

Wenn Sie sich für eine Modernisierung Ihrer SAP-Landschaft entscheiden, müssen Sie sich Gedanken über die benötigte Infrastruktur für Ihr Zielsystem machen. Viele Unternehmen nutzen bereits einige Cloud-Ressourcen, haben jedoch noch keine vollumfänglich ausformulierte Cloud-Strategie. Das führt oft dazu, dass Projekte nicht vollständig in die System-IT integriert sind und auch der Aufbau der Infrastruktur in der Public Cloud keinem Plan folgt. Doch nur mit einer gezielten und strukturierten Nutzung der Public Cloud heben Sie wirklich alle Mehrwerte. Den Anfang machen Sie, indem Sie neben Ihrer Cloud-Strategie mit einer klar definierten Landing Zone auch die benötigten technischen Rahmenbedingungen betrachten und für die anstehende Migration die Anforderungen Ihrer Ziellandschaft klar definieren. Jedes System hat dabei eigene Anforderungen an die von Ihnen aufzubauende Zielinfrastruktur.

1.4.1 SAP-Systeme auf SAP HANA

Hohe Anforderungen an die Infrastruktur

Gerade bei Systemen, die auf der Datenbanktechnologie von SAP HANA aufsetzen, wie z. B. SAP BW/4HANA, SAP Analytics Hub oder eben SAP S/4HANA, muss die Infrastruktur gewisse Voraussetzungen erfüllen. Die In-Memory-Technologie von SAP HANA stellt sehr hohe Ansprüche an die Performance des Speichersystems und natürlich auch an die Größe des Arbeitsspeichers. Aus diesem Grund führt das System zu Beginn der Installation auch einige Checks durch, um zu überprüfen, ob die Infrastruktur den Anforderungen genügt. Die virtuelle Infrastruktur muss die Voraussetzungen der von Ihnen verwendeten SAP-HANA-Version erfüllen und von SAP zuvor zertifiziert worden sein. Glücklicherweise arbeitet SAP bereits seit Jahren mit den großen Hyperscalern zusammen, um genau das zu gewährleisten. So haben sowohl AWS, Microsoft Azure als auch Google Cloud Platform entsprechende VM-Typen speziell für SAP-Workloads im Portfolio.

Der SAP-HANA-Datenbankserver muss dabei über ausreichend RAM und CPU-Kerne verfügen, um für die Installation und die SAP-Zertifizierung infrage zu kommen.

[»]

Voraussetzungen für Hyperscaler

Weitere Informationen zu den notwendigen Voraussetzungen aufseiten der Hyperscaler für den Betrieb von SAP-Systemen finden Sie sowohl auf den Supportseiten von SAP als auch in den Dokumentationen der Hyperscaler:

- Microsoft Azure: *https://docs.microsoft.com/en-us/azure/virtual-machines/workloads/sap/get-started*
- AWS: *https://aws.amazon.com/de/quickstart/architecture/sap-hana/*
- Google Cloud Platform: *https://cloud.google.com/solutions/sap/docs/sap-hana-deployment-guide*

Auf der Webseite von SAP finden Sie die vollständige Liste der unterstützten Hardware für SAP-HANA-Installationen unter folgendem Link: *http://s-prs.de/v923901*.

Neben den Quickstart-Anleitungen, auf denen Sie die Verweise zu den zertifizierten Instanztypen finden, erhalten Sie auch entsprechende Verweise zu Referenzarchitekturen für SAP-HANA-Systeme. Oft lassen sich diese Referenzarchitekturen auch als One-Klick-Lösung finden und direkt ohne viel Aufwand in Ihrer Umgebung deployen.

In Abbildung 1.9 sehen Sie eine Referenzarchitektur von AWS für eine Einzelknotenarchitektur oder Single-Instance-Architektur einer SAP-HANA-Datenbank.

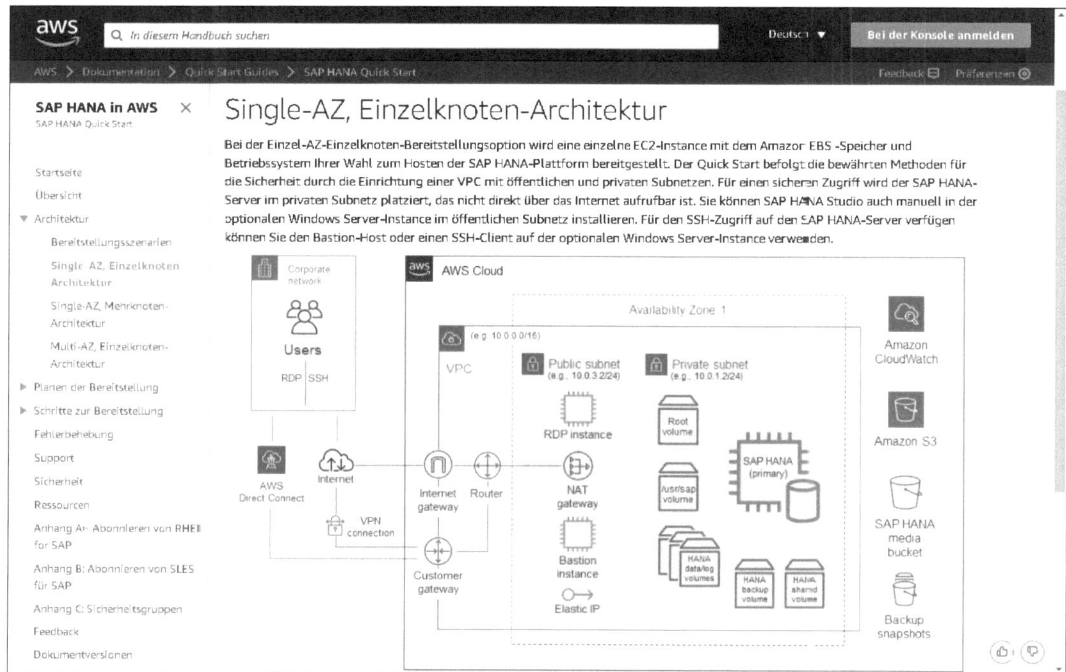

Abbildung 1.9 SAP-HANA-Referenzarchitektur (Quelle: AWS)

Diese Referenzarchitektur ist die einfachste und günstigste Variante. Hierbei wird lediglich ein Server für die SAP-HANA-Datenbank aufgebaut, und es gibt kein Fail-over-Cluster oder Disaster-Recovery-System in einer weiteren Zone oder Region.

Nur zertifizierte Linux-Distribution für SAP-HANA-Installation

Als Betriebssystem kann für SAP HANA ausschließlich eine Linux-Distribution verwendet werden. Diese muss entweder von SUSE (SLES) oder von Red Hat (RHEL) sein. Die OS-Version und die Patchstände sind von SAP penibel vorgegeben. Die unterstützten Versionen können bei SAP nachgelesen werden. Um die benötigten Module zu installieren und zu konfigurieren, wird ein tiefgreifendes Linux-Know-how vorausgesetzt. Auch hier gibt es entsprechende SAP-Hinweise zum Nachlesen der Anforderungen unter: *https://launchpad.support.sap.com/#/notes/2235581.*

Anforderungen an die Netzwerkarchitektur

An das *virtuelle Netzwerk* (kurz VNet) stellt die SAP-HANA-Datenbank ebenfalls ganz besondere Anforderungen. Der Applikationsserver und die Datenbankserver müssen mit einem schnellen Netzwerk miteinander verbunden sein, und auch für die Datenbankreplikation müssen die einzelnen Datenbanken über eine schnelle Verbindung verknüpft sein. Im Idealfall stehen diese im selben Subnetz. Die Hyperscaler empfehlen, in Ihren Referenzarchitekturen eine Hub-and-Spoke-Netzwerkarchitektur zu verwenden. Wie Sie in Abbildung 1.10 sehen, bedeutet das, dass der Zugang, wie z. B. das Gateway für die Express Route, und die Firewall sowie die Shared Services, wie z. B. Jump Boxes, Active Directory und DNS, in einem Hub VNet untergebracht sind. Von dort ausgehend wird für jedes System jeweils ein eigenes Spoke VNet aufgebaut, das vom Hub VNet dann jeweils mit einer eigenen Verbindung und separaten Firewall-Regeln angebunden wird. Um alle Funktionen von SAP HANA zu unterstützen, sind ebenfalls spezielle Konfigurationen wie Port-Freischaltungen in der Firewall notwendig.

Diesen Grundaufbau von Netzwerken und Zugängen in der Public Cloud nennt man *Landing Zone*. Um eine Landing Zone aufzubauen, müssen Netzwerke genau vorausgeplant werden, damit ein Zugriff auf alle Systeme später möglich ist. In der Regel umfasst die Grundstruktur einer Landing Zone noch mindestens ein Subnetz (Spoke VNet) für das Monitoring aller Workloads, ein Subnetz für die Managementfunktionen und ein Subnetz für die Security-Funktionen.

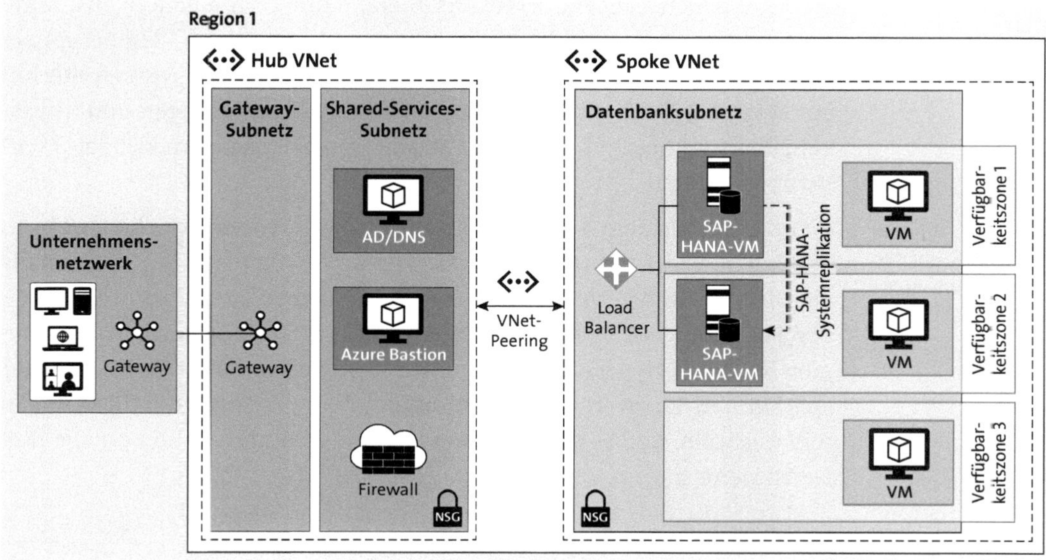

Abbildung 1.10 SAP-HANA-Umgebung mit High-Availability-Setup (Quelle: Microsoft Azure)

1.4.2 SAP S/4HANA

Durch die Möglichkeiten der Public Cloud können, wie bereits beschrieben, ganz neue Standards in Bezug auf Verfügbarkeit und Ausfallsicherheit eines SAP-S/4HANA-Systems gesetzt werden. In den meisten Regionen bieten alle Hyperscaler sogenannte Verfügbarkeitssets und Verfügbarkeitszonen an. Wenn Sie zwei Maschinen in einem Verfügbarkeitsset bereitstellen, dann garantiert Ihnen der Hyperscaler, dass mindestens eine dieser beiden Maschinen verfügbar sein wird. Diese werden dann so im Rechenzentrum des Anbieters verteilt, dass sie nicht auf der gleichen Hardware untergebracht werden. Sollte nun ein Serverrack wegen eines Updates nicht verfügbar sein, so ist sichergestellt, dass es nicht gleichzeitig mit dem Rack passiert, auf dem Ihre andere Maschine läuft. Bei einer Verfügbarkeitszone sind beide Maschinen auch auf verschiedene Rechenzentren in der gleichen Zone verteilt. In manchen Fällen ist das auch mit drei Zonen möglich. Sie können also Ihre SAP-Applikationsserver doppeln und in zwei Verfügbarkeitszonen Ihrer Region verteilen, um eine Ausfallsicherheit zu garantieren. Ein Load Balancer sorgt für die automatische Lastverteilung.

Der zweite Vorteil ist darüber hinaus, dass Sie Ihre Last im Normalbetrieb auf zwei oder drei Maschinen verteilen können, was zu besseren Benutzererlebnissen führt. Gleiches tun Sie mit der SAP-HANA-Datenbank und nutzen die synchrone Replikation, um beide Datenbanken auf demselben

Stand zu haben. Fällt ein Server aus, merken Ihre User davon nichts. Diese hoch verfügbare Architektur wird High-Availability-Setup (HA-Setup) genannt. Ein Nebeneffekt ist, dass Sie während Updates am System weiterhin ein zweites System verfügbar haben, also Ihre Erweiterungen und Anpassungen in Zukunft nahezu ohne Ausfallzeiten einspielen und Updates vornehmen können.

HA- und DR-Szenarien umsetzen

Wenn Sie neben dem regulären Backup und der zuvor beschriebenen Hochverfügbarkeit noch eins obendrauf setzen wollen, dann nutzen Sie ebenfalls ein Disaster-Recovery-Setup (DR-Setup). Replizieren Sie dazu eine Ihrer beiden HA-Zonen aus dem beschriebenen Setup zusätzlich in eine zweite Region bei Ihrem Hyperscaler. Fällt nun eine ganze Region bei Ihrem Anbieter aus, können Sie oft in wenigen Minuten in die zweite Region Ihres Anbieters wechseln, und es stehen Ihnen dort Ihr gesamtes Setup und alle Ihre Daten weiterhin zur Verfügung.

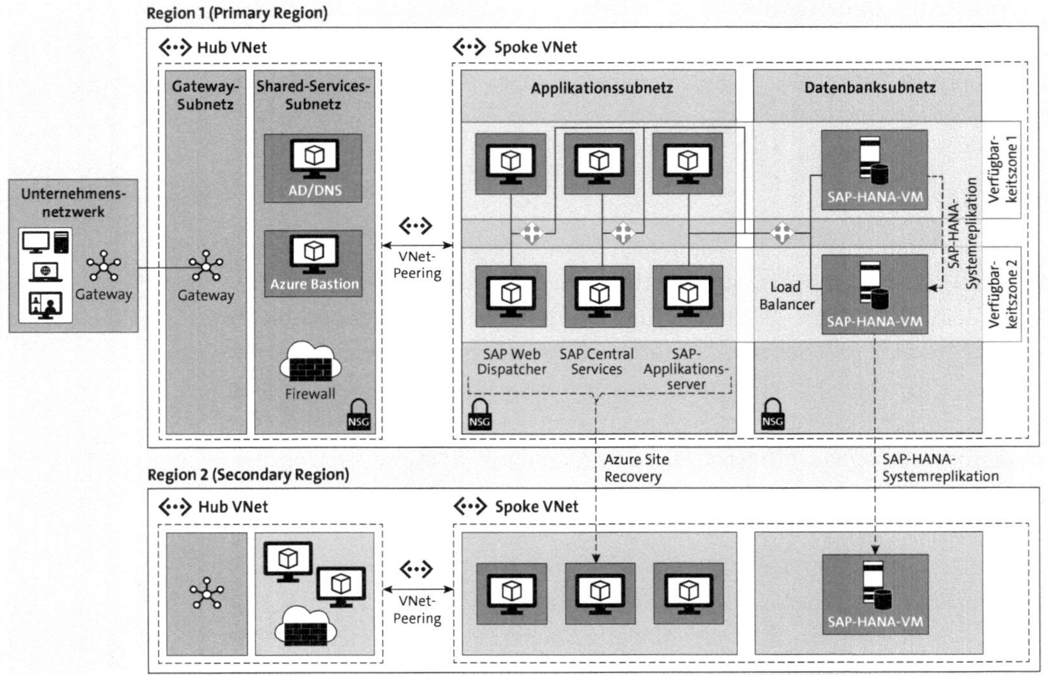

Abbildung 1.11 SAP-S/4HANA-Setup mit HA und DR (Quelle: Microsoft Azure)

Im Gegensatz zum Backup müssen Sie in diesen Szenarien auch nicht erst die Infrastruktur neu bereitstellen und anschließend das Backup einspielen, was mehrere Stunden, wenn nicht Tage dauern kann. Ein Beispiel für ein solches Szenario mit HA und DR sehen Sie in Abbildung 1.11.

1.4.3 Weitere SAP-Lösungen

Weitere Lösungen basieren ebenfalls auf SAP HANA

Es gibt eine Vielzahl von SAP-Lösungen, deren Architektur wir nicht einzeln im Detail erläutern wollen. Sie sollen aber nicht vollkommen ungenannt bleiben, damit Sie zumindest einen vollständigen Überblick haben. Lösungen wie SAP BW/4HANA, eine Businessanalyse- und Data-Warehouse-Lösung, oder SAP Customer Experience, wobei es sich um eine Customer-Relationship-Management-Lösung (kurz CRM-Lösung) handelt, basieren ebenfalls auf der SAP-HANA-Datenbank. Daher ist die notwendige Architektur auch ähnlich wie bei SAP S/4HANA.

SAP Intelligent Technologies

Für alle modernen Anwendungen und digitalen Innovationen gibt es die Intelligent Technologies der SAP BTP (siehe Abschnitt 1.1.4, »SAP Business Technology Platform«). Diese wurden vormals unter dem Namen SAP Leonardo angeboten. Mit den Intelligent Technologies der SAP BTP stellt SAP verschiedene Mikroservices und Anwendungen für das Internet der Dinge, KI und Prozessautomatisierung bereit. Weiterhin können die Intelligent Technologies für das maschinelle Lernen, Big-Data-Analysen, Analytik und Blockchain genutzt werden. Das Ziel der Intelligent Technologies ist es, Unternehmen und öffentliche Organisationen im Bereich ihrer ganzen digitalen Informationsstrategie mit modernen Technologien zu unterstützen.

SAP Ariba

SAP Ariba ist ein cloudbasierter Marktplatz für Business-to-Business-Transaktionen. Die Lösung hat von Haus aus viele Integrationsmöglichkeiten für andere Cloud-Lösungen, wie Sie in Abbildung 1.12 sehen.

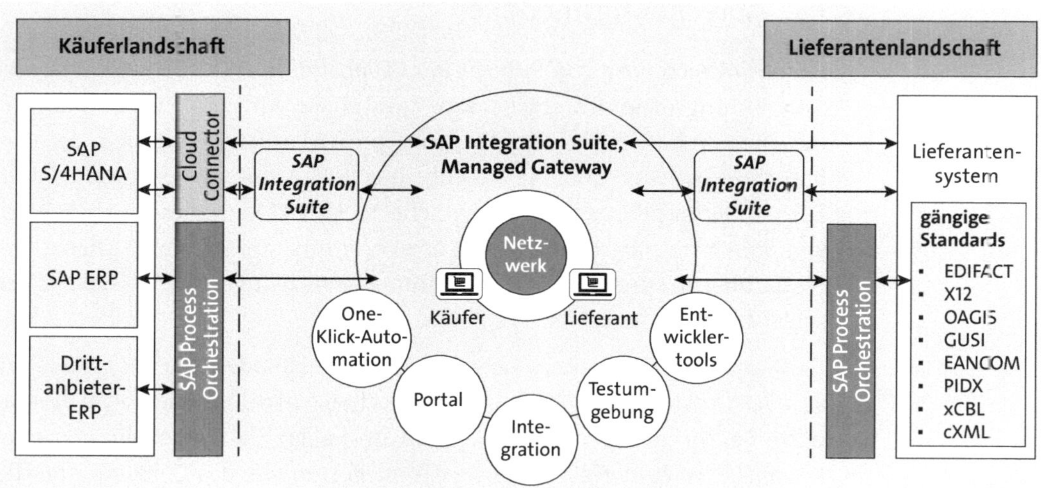

Abbildung 1.12 SAP Ariba (Quelle: SAP)

SAP Business Application Studio

Mit dem SAP Business Application Studio können Sie Applikationen designen und so Ihre SAP-Lösungen erweitern. Es wird in der Regel von Anwendungsentwicklerinnen und Anwendungsentwicklern im Rahmen ihrer Arbeit eingesetzt. Dabei bietet das SAP Business Application Studio eine vollwertige Softwareentwicklungsumgebung und bringt eine Integration für Git mit. Auch die Entwicklung für SAP HANA ist so ohne Weiteres möglich. Es können native Applikationen in SAP HANA entwickelt und ausgerollt oder analytische Modelle erstellt werden. Hierfür wird auf Modeling-Tools wie den SAP HANA Database Explorer zurückgegriffen. Den Entwicklerinnen und Entwicklern steht ebenfalls ein Support für Multitarget-Applikationen zur Verfügung.

SAP SuccessFactors

Eine Besonderheit stellt SAP SuccessFactors dar. Das einst eigenständige Unternehmen SuccessFactors wurde 2011 von SAP America Inc. aufgekauft und ist seit 2013 Teil des SAP-Cloud-Portfolios. SAP SuccessFactors ist eine vollständig cloudbasierte Human-Capital-Management-Software (kurz HCM) im Bereich der *Human Resources* (kurz HR). Das System ist ebenfalls in Module aufgeteilt. Darunter besonders zu nennen sind das Talentmanagement, Personalkernprozesse und die Personalplanung und Analyse. Mit dieser Lösung ist SAP ebenfalls ein absoluter Pionier und Marktführer. Mehr als 6.000 Kunden mit mehr als 32 Millionen Nutzerinnen und Nutzern kann SAP mit SAP SuccessFactors bereits verbuchen.

1.5 Abrechnungsmodelle

Bei der Abrechnung von Public-Cloud-Diensten muss man zwischen zwei Abrechnungsarten unterscheiden. Zum einen wird die Nutzung einzelner Dienste berechnet, also die genutzten virtuellen Maschinen, der verbrauchte Speicher und die Ausführung von Automatisierungsdiensten. Zum anderen gibt es unterschiedliche Möglichkeiten, diese zu bezahlen, also die Vertragsart. Hierbei lohnt es sich, einmal mit seinem IT-Dienstleister darüber zu sprechen, da die Rechnung nicht zwingend vom Hyperscaler selbst kommen muss.

Unterschiedliche Kostenmodelle

Ganz grundsätzlich unterscheidet sich das Preismodell eines Hyperscalers von dem Kostenmodell Ihres eigenen Rechenzentrums in der Regel dramatisch. Bei Ihrem eigenen Rechenzentrum haben Sie für gewöhnlich zwei Kostenarten. Zum einen die Investitionskosten wie das Gebäude und die Hardware. Zum anderen gibt es die Betriebskosten wie Strom, Versicherung, Internetanbindung und Arbeitskraft. Der größte Kostenblock sind hier in der Regel die Investitionskosten, die zu einem bestimmten Zeitpunkt für den Zeitraum von mindestes drei, meistens aber eher für den Zeitraum von fünf Jahren getätigt werden. Dabei planen Sie die mögliche Nutzung der kommenden Jahre anhand des Nutzungsverhaltens der letzten Jahre und Ihrer Planung für neue Dienste voraus, bestellen die Hardware und implementieren diese in Ihr Rechenzentrum. Sie bezahlen die gesamte Hardware, ob diese später genutzt wird oder nicht. Dieser Prozess allein benötigt schon viel Zeit, die Sie Geld in Form von Arbeitskraft kostet.

Bei dem Hyperscaler Ihrer Wahl ist das alles nicht notwendig. Sie brauchen keine oder nur eine geringe Vorausplanung und auch keine Vorauszahlung zu tätigen. Dafür unterscheidet sich die Preisstruktur derart, dass Sie nur die Komponenten bezahlen, die von Ihnen tatsächlich genutzt werden. Das nennt sich Pay-as-you-go-Modell oder Nutzungsmodell. Dieser Unterschied in der Kostenstruktur macht es Ihnen auch nicht gerade leicht, die beiden Welten miteinander zu vergleichen. Kostenarten wie Gebäude oder Strom sind implizit in die Einzelpreise der Komponenten Ihrer Hyperscaler mit eingerechnet, und auf der anderen Seite kommen neue Kostenarten wie Traffic hinzu, an die Sie bisher nicht gedacht haben. Je nach genutztem Service ist die Abrechnungseinheit unterschiedlich. Die häufigsten Abrechnungseinheiten lernen Sie im Folgenden kennen.

1.5.1 Abrechnung nach Zeiteinheit

Geld sparen mit einem 12/5-Betrieb statt 24/7

Die erste Art der Abrechnung ist die nach Zeiteinheit. Nehmen wir als Beispiel einmal eine virtuelle Maschine. Die hat in der Regel einen Preis pro Stunde. Die Maschinen werden nur so lange berechnet, wie diese auch tatsächlich genutzt werden. Wenn Sie eine Maschine herunterfahren, weil sie gerade nicht benötigt wird, sparen Sie direkt Kosten ein. Vermutlich wird die neue Herausforderung nun sein, einen Prozess zu implementieren, der dafür sorgt, dass nicht benötigte virtuelle Maschinen heruntergefahren werden und wieder zur Verfügung stehen, sobald sie gebraucht werden, was wiederum aufwendig sein kann. Wenn Sie aber einmal einen 24/7-Betrieb (168 Stunden) und einen 12/5-Betrieb (60 Stunden) einer Maschine vergleichen, dann kommen Sie auf eine Ersparnis von 64 %. Denken Sie dabei aber nicht unbedingt an Ihre wichtigen Produktivsysteme. Hier ergibt ein solches 12/5-Betriebsmodell meistens keinen Sinn. Sie haben in Ihrem Unternehmen jedoch garantiert eine ganze Reihe von Entwicklungs- und Testsystemen, die nicht dauerhaft gebraucht werden und die mit großer Wahrscheinlichkeit nachts oder am Wochenende abgeschaltet werden können. Eventuell brauchen Sie Ihr Testsystem nur für wenige Tage im Monat, nämlich am Ende eines Sprintzyklus der Softwareentwicklung. Nehmen wir an, es wird fünf Tage im Monat getestet und Sie fahren die Testressourcen die übrige Zeit herunter. Sie benötigen also nur fünf statt 30 Tage und sparen auf diese Weise sogar bis zu 83 % ein.

Für diese Möglichkeiten der Einsparung stellt Ihnen Ihr Hyperscaler auch Tools zur Automatisierung des Prozesses zur Verfügung. Sie können zum Hoch- und Herunterfahren von virtuellen Maschinen z. B. einen bestimmten Zeitbereich einstellen oder monitoren Ihre Maschinen und fahren sie herunter, wenn sie in einem Idle-Status sind.

Und was ist mit den Maschinen, die Sie 24/7 benötigen? Nun, auch hier sind Einsparungen möglich. Die Hyperscaler bieten Ihnen die Möglichkeit, solche Maschinen fest zu reservieren, also die Kapazität im Voraus zu buchen und dabei Geld zu sparen. Meistens bieten die Hyperscaler für diese *Reserved Instances* (kurz RI) bei AWS und Microsoft Azure bzw. *Committed Use Discounts* (kurz CUD) bei Google die Option, die Ressourcen für ein oder drei Jahre zu reservieren. Eine Vorauszahlung ist in vielen Fällen gar nicht mehr notwendig. Auch hier sind Einsparungen von bis zu 80 % möglich.

Instanzen im Voraus reservieren

Wenn Sie nun solche Ressourcen für drei Jahre im Voraus buchen, besteht zumindest latent das Risiko, dass diese Ressourcen während der Laufzeit nicht mehr benötigt werden, Sie diese aber weiterhin bezahlen müssen. Auch hierfür gibt es je nach Hyperscaler eine entsprechende Lösung.

Sie können Ihre reservierte virtuelle Maschine in eine andere umtauschen. Dabei wird zumeist die Restlaufzeit der zurückgegebenen Maschine erstattet und die volle Laufzeit der neuen Maschine neu berechnet. Das ist praktisch, wenn Sie im Laufe der Zeit feststellen, dass sich Ihre Anforderungen geändert haben und Sie eine andere Konfiguration benötigen, als zunächst geplant.

Wenn Sie die Maschine nicht mehr benötigen, aber auch keine andere wollen oder benötigen, können Sie diese auch anderweitig loswerden. AWS hat z. B. einen Marktplatz geschaffen, auf dem Sie Ihre nicht mehr benötigten, aber reservierten Instanzen an andere Kunden verkaufen können. Diese kaufen dann die Instanzen mit der Restlaufzeit von Ihnen ab, oft mit einem entsprechenden Discount, und nutzen sie bis zum Ende der ursprünglichen Reservierungszeit. Den Markplatz können Sie auch als Käufer verwenden und dort »gebrauchte« Instanzen mit einer Restlaufzeit zu einem rabattierten Preis kaufen.

Reserved Instances vorzeitig wieder abgeben

Bei Microsoft ist es ein wenig einfacher. Sie haben hier die Möglichkeit, die Reservierung vorzeitig zu beenden, und bezahlen dann lediglich eine Gebühr für die vorzeitige Kündigung. Diese entspricht laut den Bestimmungen von Microsoft Azure (siehe *http://s-prs.de/v923902*) derzeit 12 %. Zurzeit wird sie zwar noch nicht berechnet, laut Microsoft könnte sich dies in Zukunft aber ändern.

1.5.2 Abrechnung nach Datenmenge

Korrekte Speicherklasse wählen

Viele Ressourcen werden beim Hyperscaler allein nach der Menge der verbrauchten Daten abgerechnet. Ein häufiges Beispiel dafür ist die Abrechnung von Speicherplatz. Dieser ist in Klassen eingeteilt und reicht vom superschnellen und hoch verfügbaren, damit auch teuren Hot Storage oder SSD-Speicher bis hin zum Archive Storage, der typischerweise nicht sofort verfügbar ist und dafür auch wenig Geld kostet. Hier bietet die Nutzung von Ihrem Hyperscaler auch die Möglichkeit, direkt bei jedem Anwendungsfall zu entscheiden, welche Speicherklasse Sie benötigen, und auf diese Weise Ihre Kosten zu optimieren. Datenmengen wachsen über die Zeit, und daher werden auch die Speicherkosten über die Zeit steigen, dennoch gilt hier ebenso, dass Sie nur bezahlen, was auch genutzt wird, somit nur den tatsächlich belegten Speicher. Sie brauchen dabei nicht für die kommenden fünf Jahre vorauszuplanen und direkt von Anfang an einen groß dimensionierten Speicher zu kaufen, der, wenn er schon da ist, auch für Backups genutzt wird. Es gibt aber auch eine Reihe von PaaS-Services, die nach Datenmenge abgerechnet werden. Hierzu zählen z. B. die Datenbanken, Monitoringdienste und Media-Streamingdienste.

Achtung: Auch Traffic zwischen Netzwerken kostet Geld!

Was oft vergessen wird, ist der Traffic. In Ihrem eigenen Rechenzentrum ist Traffic kostenlos Wenn Sie das Netzwerkkabel einmal bezahlt haben, kümmert Sie nicht mehr, wie viele Daten dort hindurchfließen. Auch bei Ihrem Internetzugangsprovider zahlen Sie in der Regel eine Flatfee. Das ist bei Ihrem Hyperscaler wieder anders. Hier gilt eine allgemeine Regel: Daten in die Cloud sind kostenlos, Daten aus der Cloud heraus kosten Geld. Das gilt für zwei wesentliche Bereiche. Der Traffic aus der Cloud zu Ihnen und zu Ihrem Rechenzentrum bei hybriden Modellen kostet Geld, und Daten zwischen zwei virtuellen Netzwerken kosten ebenfalls Geld. Ganz besonders wenn sie sich nicht in der gleichen Region befinden. Am Beispiel Microsoft Azure können Sie Abbildung 1.13 entnehmen, dass Sie sogar zweimal für den Traffic bezahlen. Nämlich einmal 1 Cent pro Gigabyte, wenn er das eine VNet verlässt, und einmal 1 Cent pro Gigabyte, wenn er im anderen VNet in der gleichen Region ankommt. Teurer wird es, wenn Sie VNet-Peering zwischen zwei Regionen verwenden, z. B. für Ihre Disaster Recovery. Bedenken Sie, dass die Netzwerksegmentierung weiterhin eine Best Practice ist und auch wie schon zuvor im privaten Rechenzentrum durchgeführt werden sollte, um die Sicherheit zu erhöhen. Neu ist nur, dass es Sie nun Geld kosten wird.

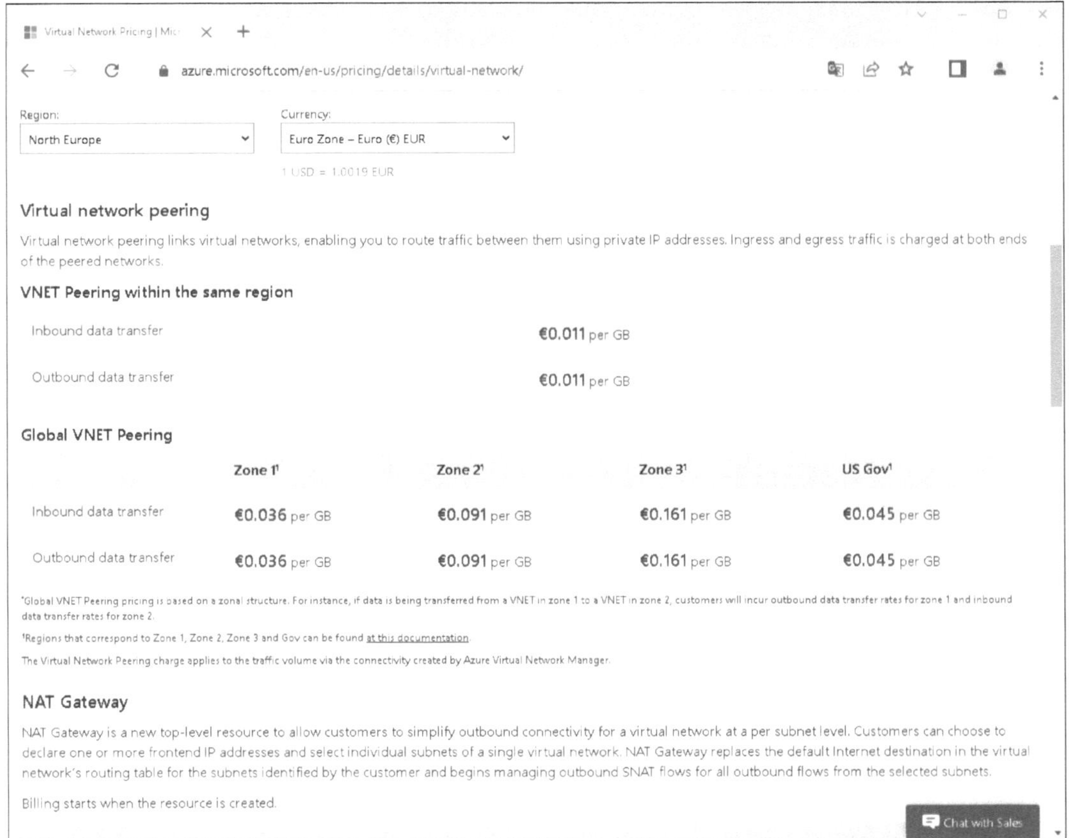

Abbildung 1.13 Kosten für VNet-Peering bei Microsoft Azure (Quelle: Microsoft Azure)

Daten und Anwendung gehören zusammen

Auch der Datenverkehr über ein virtuelles Gateway zu Ihnen, wenn Ihre Nutzerinnen und Nutzer die Daten und Anwendungen konsumieren oder Sie einen Abgleich mit Ihrem Rechenzentrum fahren, kostet Sie Geld. Um diese Kosten gering zu halten, gibt es eine einfache Grundregel: Daten und Anwendung gehören immer zusammen. Es ergibt keinen Sinn, die Datenbank von Ihrem ERP derart zu trennen, dass beide nicht im gleichen Netzwerk vorhanden sind oder sich nicht in der gleichen Region befinden. Weiterhin ergibt es auch keinen Sinn, die Anwendung zu einem Hyperscaler zu migrieren und die Datenbank on premise vorzuhalten. Bringen Sie Datenbank bzw. Speicher und Ihre Anwendung besser nahe zusammen, wenn das nicht ohnehin schon der Fall ist.

1.5.3 Abrechnung pro Ausführung

Viele Dienste werden von Ihrem Hyperscaler nach der Anzahl der Aufrufe oder Ausführungen abgerechnet. Das gilt z. B. für Workflow-Funktionen, für Serverless-Computing-Dienste und viele weitere Services hauptsächlich aus dem PaaS-Bereich. Es wird hier entsprechend nach Aufrufen bzw. nach Ausführungen gezahlt, nicht nach der Menge des verarbeiteten oder belegten Speichers und auch in der Regel nicht nach Zeiteinheit. Wird die Funktion aufgerufen oder der Workflow ausgeführt, weil einer seiner Trigger angesprochen wurde, so zahlen Sie für die Ausführung. Haben Sie eine Funktion, die oft ausgeführt wird, kann das entsprechend teuer werden. Gerade bei moderner Softwarearchitektur, die eben nicht monolithisch aufgebaut ist, sondern in Mikroprozesse zerlegt ist, die über einen Servicebus oder über Trigger wie Webhooks miteinander verbunden sind, kann man schnell den Überblick über die einzelnen Kostenfaktoren verlieren.

1.5.4 Abrechnung nach Nutzer

Abrechnung nach Benutzerin oder Benutzer

Die Abrechnungsvariante nach Nutzerinnen und Nutzern wird oft bei SaaS-Angeboten angewendet – beispielsweise bei Microsoft 365, Salesforce und vielen weiteren Software-as-a-Service-Angeboten. Dabei wird teilweise noch zwischen registrierten Usern, also denen, die das Recht zur Nutzung haben, und den Concurrent Usern unterschieden. Bei letzterem Modell wird nach der Anzahl der Benutzer abgerechnet, die gleichzeitig eingeloggt sein können. Diese Variante ist besonders für große Organisationen wichtig, die für sehr viele Nutzer den Zugang zu solcher Software ermöglichen, wohlwissend, dass immer nur eine bestimmte Anzahl an Nutzerinnen und Nutzern gleichzeitig diese Möglichkeiten in Anspruch nimmt. Es gibt noch eine dritte Variante, das ist die Online-User-Variante. Hier wird die Anzahl an Nutzerinnen und Nutzern abgerechnet, die zumindest einmal im entsprechenden Monat eingeloggt waren. Hier fallen z. B. in den meisten Abrechnungsmonaten Nutzerinnen und Nutzer aus der Berechnung heraus, die das Angebot zwar benötigen, jedoch nur sehr selten nutzen. So kann diese Software trotzdem zur Verfügung gestellt werden, aber es muss für solche Nutzerinnen und Nutzer nicht jeden Monat bezahlt werden, wenn das Angebot nicht genutzt wird. Die Abrechnung nach registrierten Nutzerinnen und Nutzern ist aber die häufigste Variante.

1.5.5 Abrechnung nach Stückzahl

Es gibt auch einige Services, die bei Ihrem Hyperscaler pro Stück abgerechnet werden. Zum Beispiel gibt es Hyperscaler, die eine Firewall nach der

Anzahl der eingestellten Policies und Routingregeln abrechnen. Im IoT-Bereich bezahlen Sie nach Anzahl des benötigten Hubs. Die Anbindung einer Azure Express Route, einer AWS Direct Connect oder Google Cloud Platform Cloud Connect bezahlen Sie ebenfalls pro Anbindung.

1.5.6 Kombinierte Abrechnungsarten

Bedauerlicherweise ist es mit den genannten Abrechnungsarten nicht vollständig getan. Es gibt nicht wenige Dienste, die zwei oder mehr Abrechnungsarten miteinander kombinieren. Häufig wird die Abrechnung pro Stunde und die Abrechnung nach Datenmenge kombiniert. Das macht die Preisgestaltung noch komplexer und die Vergleichbarkeit schwieriger.

1.5.7 Wichtige Vertragsarten

Wenn Sie einen Vertrag über die Nutzung von Public-Cloud-Services abschließen möchten, ist es wichtig, sich zunächst über die Optionen im Klaren zu sein.

Risiko einer Schatten-IT in Ihrem Unternehmen

Die einfachste und schnellste Art, mit der Public Cloud zu starten, ist die Option *Web Direct*. Dabei legen Sie sich in der Regel direkt über die Homepage des Anbieters ein Konto an, hinterlegen eine Kreditkarte und können direkt mit der Nutzung starten. Vom Aufrufen der Seite bis zum Zeitpunkt, an dem die erste virtuelle Maschine läuft, muss nicht einmal eine halbe Stunde vergehen. Die Registrierung ist einfach und das Anlegen des Kontos geht schnell. Alle verbrauchten Einheiten werden monatlich für den zurückliegenden Monat direkt auf der von Ihnen hinterlegten Kreditkarte belastet. Sie können sich die Rechnung im Internetportal des Anbieters ansehen und herunterladen. Für Privatleute und kleine Unternehmen ist dies der beste Weg, um in der Cloud zu starten und unkompliziert abzurechnen. Beachten Sie bei dieser Variante, dass der Registrierungsprozess wirklich so leicht ist, dass ihn jeder ausführen kann. Das kann dazu führen, dass Ihre Fachabteilungen, weil sie selbst mit Cloud starten wollen, auf diese Art und Weise eine Schatten-IT aufbauen, die dann auch nicht mehr von Ihrer IT betreut werden kann – entweder weil sie gar keinen Zugriff darauf hat oder weil diese Schatten-IT unter Umständen nicht Ihren Sicherheitsansprüchen genügt. Sie stellt also auch schnell ein Sicherheitsrisiko dar. Ein weiterer nicht unerheblicher Faktor ist die Tatsache, dass Sie diese Elemente und Umgebungen zu gegebener Zeit wieder einfangen und in Ihre Unternehmens-IT eingliedern müssen.

Schatten-IT ist kostspielig und birgt ein gewisses Risiko

Je nachdem, wie weit eine solche selbst aufgebaute Schattenumgebung fortgeschritten ist und über wie viele inzwischen unverzichtbare Funktionen und Daten sie verfügt, desto aufwendiger und damit teurer wird die Eingliederung in die bestehende Landschaft. Erst recht dann, wenn Sie irgendwann feststellen, dass Sie nicht einen Tenant bzw. Account bei Ihrem Hyperscaler haben, sondern durch den Aufbau mehrerer Schatten-Accounts gleich mit einer Vielzahl von Accounts konfrontiert sind. Um diesen Wildwuchs wieder in die richtigen Bahnen zu lenken, müssen Sie unter Umständen eine Tenant-zu-Tenant-Migration durchführen, die mitunter sehr aufwendig sein kann.

Da wir so etwas im Laufe unserer professionellen Karrieren schon sehr oft an sehr unterschiedlichen Stellen erlebt haben (nicht nur mit der Cloud, sondern auch mit Tools und Software jeder Art), raten wir Ihnen, immer ein offenes Ohr für die Bedarfe der Fachabteilungen zu haben und ihnen Dienste einfacher, aber kontrolliert über Ihre bestehenden Prozesse zur Verfügung zu stellen. Der Antriebsmotor für eine Schatten-IT ist Bequemlichkeit. Das beginnt bereits mit der Kommunikation der Belegschaft über Geschäftsangelegenheiten via nicht firmenverwaltete Messengerdienste wie SMS, WhatsApp, iMessage und Co., weil kein anderes Tool mit gleichen Funktionen zur Verfügung steht.

Cloud- und Managed-Service-Kosten gemeinsam abrechnen

Wenn Sie ein kleines oder mittleres Unternehmen sind und Ihre Infrastruktur und Ihre Applikationen bereits über einen IT-Partner, dem Sie vertrauen, einen sogenannten *Managed Service Provider* (kurz MSP) oder einen *Service Integrator* (kurz SI), verwalten lassen, dann kommt für Sie eventuell eine Abrechnung Ihrer Cloud-Rechnung über diesen Partner infrage. Fragen Sie bei Ihrem MSP oder SI des Vertrauens nach, ob er ebenfalls ein Cloud-Serviceprovider ist und die Abrechnung der Cloud-Ausgaben übernehmen kann. Der Cloud-Serviceprovider übernimmt dann in Ihrem Auftrag die Abrechnung mit dem Hyperscaler. Der Verwaltungsaufwand für die Abrechnung und das Zahlungsausfallrisiko liegen dann beim Partner und nicht mehr beim Hyperscaler. Dafür behält er eine entsprechende Marge ein. Wie viel dieser Marge Ihr Partner Ihnen als Rabatt auf den monatlichen Umsatz weiterreichen will, liegt an Ihrer Beziehung und Ihrem Verhandlungsgeschick. Ihr Vorteil liegt eher darin, dass Sie nur eine Rechnung erhalten – für die Cloud-Ausgaben und für den Managed Service von Ihrem Partner. Sie haben nur einen Ansprechpartner und damit klare Verantwortlichkeiten. Ihr MSP oder SI ist für die komplette Kette verantwortlich. Das macht es für Sie einfacher.

Rabatte und Zusatzleistungen verhandeln

Für größere Mittelständler und Großunternehmen ist keines der beiden genannten Modelle geeignet. Für sie kommt in der Regel nur ein *Enterprise Agreement* (kurz EA) infrage. Dabei handelt das Unternehmen direkt mit dem Hyperscaler einen Nutzungsvertrag bzw. eine Nutzungsvereinbarung aus. In der Regel garantieren Sie als Kunde dem Hyperscaler eine bestimmte Mindestnutzungsmenge pro Jahr für die kommenden drei oder fünf Jahre. Sie gehen also eine Abnahmeverpflichtung mit dem Hyperscaler ein und erhalten dafür im Gegenzug einen satten Rabatt auf Ihre Cloud-Ausgaben. Zusatzleistungen wie kostenlose Tage von einem Professional Service für Planung und Unterstützung oder ein Kundenservicekontingent, Trainingsstunden, Zugang zu exklusiven Features und Software Assurance können mitverhandelt werden. Sie können diese Vereinbarung über Ihre Cloud-Ausgaben auch mit weiteren Abnahmen kombinieren. Bei Microsoft z. B. können Sie gleich die notwendigen Serversoftwarelizenzen oder die Abnahme von Microsoft-Surface-Geräten mit in den Vertrag aufnehmen. Je mehr Volumen der Vertrag bekommt, desto größer ist in der Regel auch der Rabatt. Bis zu 45 % sind hier durchaus möglich. Meistens zahlen Sie hier entsprechend jährlich im Voraus. Aber auch quartalsweise oder monatliche Zahlungen sind möglich.

Kapitel 2
Die wichtigsten Hyperscaler

Die großen Hyperscaler und Public-Cloud-Anbieter sind Microsoft Azure, Google Cloud Platform, Amazon Web Services und Alibaba. Diese vier Anbieter haben viele Gemeinsamkeiten, aber es gibt auch Unterschiede. Bei der Wahl Ihres Cloud-Anbieters kommt es deshalb auf Ihre Bedürfnisse an.

In den ersten vier Abschnitten dieses Kapitels stellen wir Ihnen in die wichtigsten Hyperscaler vor, mit denen SAP zusammenarbeitet: Amazon Web Services, Microsoft, Google und Alibaba. Sie lernen jeweils deren Vor- und Nachteile sowie die wichtigsten Unterschiede und Besonderheiten kennen. In Abschnitt 2.5, »SAP als Cloud-Provider«, lernen Sie SAP als Cloud-Anbieter kennen. In Abschnitt 2.6, »Kriterien für die Auswahl eines Hyperscalers«, geben wir Ihnen Kriterien für die Auswahl eines für Ihre Anforderungen geeigneten Hyperscalers an die Hand und stellen Ihnen insbesondere die Unterschiede in den Abrechnungsmodellen der verschiedenen Dienste und Anbieter vor. Zuletzt erläutern wir Ihnen in Abschnitt 2.7, »Förderprogramme für die Einführung der Cloud-Lösungen«, welche Förder- und Einsparmöglichkeiten Sie bei Ihrer Cloud-Migration nutzen können.

2.1 Amazon Web Services

Amazon Web Services, in der Regel mit AWS abgekürzt, ist ein US-amerikanisches Cloud-Computing-Unternehmen, das im Jahr 2006 als Tochterunternehmen des bekannten amerikanischen Onlinehändlers Amazon gegründet wurde. Damals startete das Unternehmen damit, einfache Infrastrukturdienste als Cloud-Service (IaaS) anzubieten.

Elastic Compute Cloud

Die Idee dazu entstand Anfang der 2000er-Jahre. Zunächst und hauptsächlich wurden Instanzen unter dem Namen *Amazon Elastic Compute Cloud* (kurz EC2) entwickelt, um die wachsenden Bedürfnisse des Onlinehändlers selbst erfüllen zu können. Bei diesen Instanzen handelt es sich um virtuelle Server, die entweder mit einer Linux-Distribution oder einem Microsoft-Windows-Server-Betriebssystem betrieben werden können. Sie können mit unterschiedlichen Konfigurationen an virtuellen CPU-Kernen (kurz vCPU) und virtuellem Arbeitsspeicher (kurz vRAM) genutzt werden. Dabei definiert eine vCPU einen Teil oder Anteil der zugrunde liegenden physischen CPU des Host-Systems, die einer bestimmten virtuellen Maschine (kurz VM) zugewiesen ist. Analog dazu definiert der vRAM einer virtuellen Maschine dabei einen Teil oder Anteil des zugrunde liegenden physischen Arbeitsspeichers des Host-Systems.

Public Cloud ist dezentral

Der Gedanke, die dazu notwendige Infrastruktur als dezentrales System aufzubauen, bildete schließlich die Grundlage für die heute bekannte Public Cloud. AWS paarte die EC2-Instanzen bzw. die virtuellen Server, die auch *virtuelle Maschinen* (kurz VM) genannt werden, schließlich mit einem skalierbaren Speicherdienst. Dieser Speicherdienst ist heute als *Simple Storage Service* (kurz *S3*) bekannt. Diese Services von AWS gelten als erster öffentlich zugänglicher Cloud-Infrastrukturservice der Welt.

Seither wächst das Unternehmen AWS rasant und führt den Hyperscaler-Markt nach wie vor an. Im Jahr 2021 hat das Unternehmen aus Seattle einen Jahresumsatz von 62,2 Milliarden US-Dollar erzielt. Zum Vergleich waren es im Jahr 2013 gerade mal 3,1 Milliarden US-Dollar (siehe Abbildung 2.1).

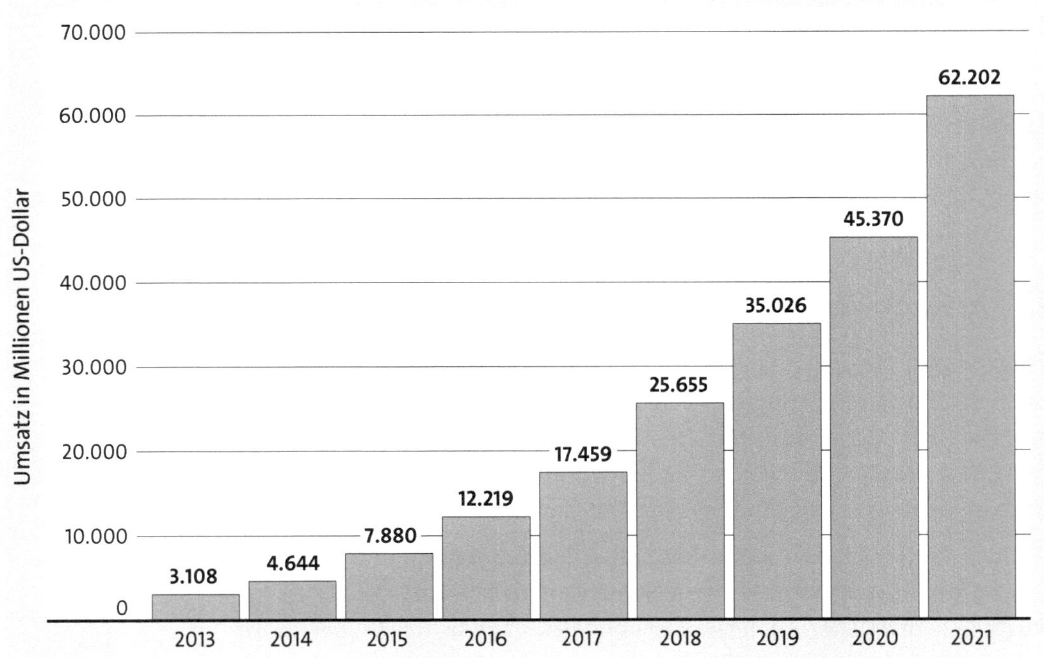

Abbildung 2.1 Jährliches Umsatzwachstum von AWS von 2013 bis 2021 (Quelle: Statista)

AWS hat 33 % Marktanteil

AWS ist mit einem Marktanteil von ca. 33 % derzeit wohl der populärste Anbieter von Public-Cloud-Services auf dem globalen Markt. Dennoch muss AWS sich auch weiterhin anstrengen, um seine Führungsposition zu verteidigen. Laut einer Studie der Synergy Research Group aus dem Jahr 2020[1] fällt das Wachstum von AWS inzwischen hinter dem Gesamtmarkt zurück. Das gibt dem derzeit größten Konkurrenten Microsoft die Chance, Marktanteile für sich zu gewinnen. Das Wachstum von Microsoft im Bereich der Cloud-Dienste liegt derzeit oberhalb der Wachstumsrate des Gesamtmarktes. Amazon Web Services bleibt jedoch zunächst weiterhin Marktführer. Als eine der größten Stärken des Unternehmens wird oft die Innovationskraft genannt.

AWS legt Berichten zufolge ein sehr hohes Tempo im Bereich der Entwicklung neuer Dienste und Services vor. Weiterhin kann man einen Vorteil gegenüber den anderen Hyperscalern darin sehen, dass AWS eigene Chips für die Serverhardware entwickelt und für die Hosts in seinen Rechenzentren verwendet. Diese Chips haben im Vergleich zu den Chips von Intel und AMD ein besseres Preis-Leistungs-Verhältnis.

2.1.1 Das Angebot von AWS

Mehr als 200 Dienste

Seit seinem Debüt im Jahr 2006 hat AWS sein Angebot sukzessive um weitere Dienste ergänzt. Heute bietet das Unternehmen mehr als 200 verschiedene Dienste aus den Bereichen IaaS und PaaS an. Diese reichen von Standardinfrastrukturlösungen wie Recheneinheiten, Speicher und Datenbanken bis hin zu neuen Technologien wie Machine Learning (kurz ML), künstliche Intelligenz, Big-Data-Analyse sowie das Internet of Things (kurz IoT) oder Blockchain. Seit 2016 investiert der Anbieter stark in den Bereich *Hybrid Cloud* und bietet Kunden somit eine gute Verbindung von Private Cloud und Public Cloud, um von den Vorteilen beider Welten gleichermaßen zu profitieren.

AWS Outpost und Systems Manager für die Hybrid Cloud

Angebote wie *AWS Outpost* bieten die Möglichkeit, eine vollständig verwaltete AWS-Infrastruktur für das eigene Rechenzentrum zu verwenden. So können die AWS-Dienste mit der geringen Latenz des eigenen Netzwerkes und der Rechenleistung der Public Cloud im eigenen Rechenzentrum ausgeführt werden. Mit dem *AWS Systems Manager* lassen sich die Ressourcen der Public Cloud und der Private Cloud an einem Ort zusammenführen und in einer übersichtlichen Verwaltungsoberfläche gemeinsam verwalten.

1 Quelle: Synergy Group: Incremental Growth in Cloud Spending Hits a New High while Amazon and Microsoft Maintain a Clear Lead, *https://www.srgresearch.com/articles/incremental-growth-cloud-spending-hits-new-high-while-amazon-and-microsoft-maintain-clear-lead-reno-nv-february-4-2020*)

Durch die Partnerschaft mit VMware ist der Service *VMware on AWS* entstanden, der es ermöglicht, VMware-basierte Services schnell, einfach und kostengünstig in einer einheitlichen Struktur eines *Software-defined Rechenzentrums* auszuführen und mit AWS-Services zu kombinieren. Der Begriff Software-defined Rechenzentrum beschreibt Rechenzentren, bei denen alle Elemente der Infrastruktur, wie Netzwerk, Speicher, CPU und Sicherheitselemente, vollständig virtualisiert und als Service bereitgestellt werden.

2.1.2 Aufbau der Rechenzentren

Das Angebot von AWS richtet sich grundsätzlich nicht an Privatpersonen, sondern an Geschäftskunden jeder Größe, auch wenn die Dienste grundsätzlich von allen genutzt werden können. Die Kunden von AWS können die Services weltweit über das Internet konsumieren. AWS hostet die Services dazu in derzeit 26 geografisch getrennten Rechenzentrumsregionen (siehe Abbildung 2.2).

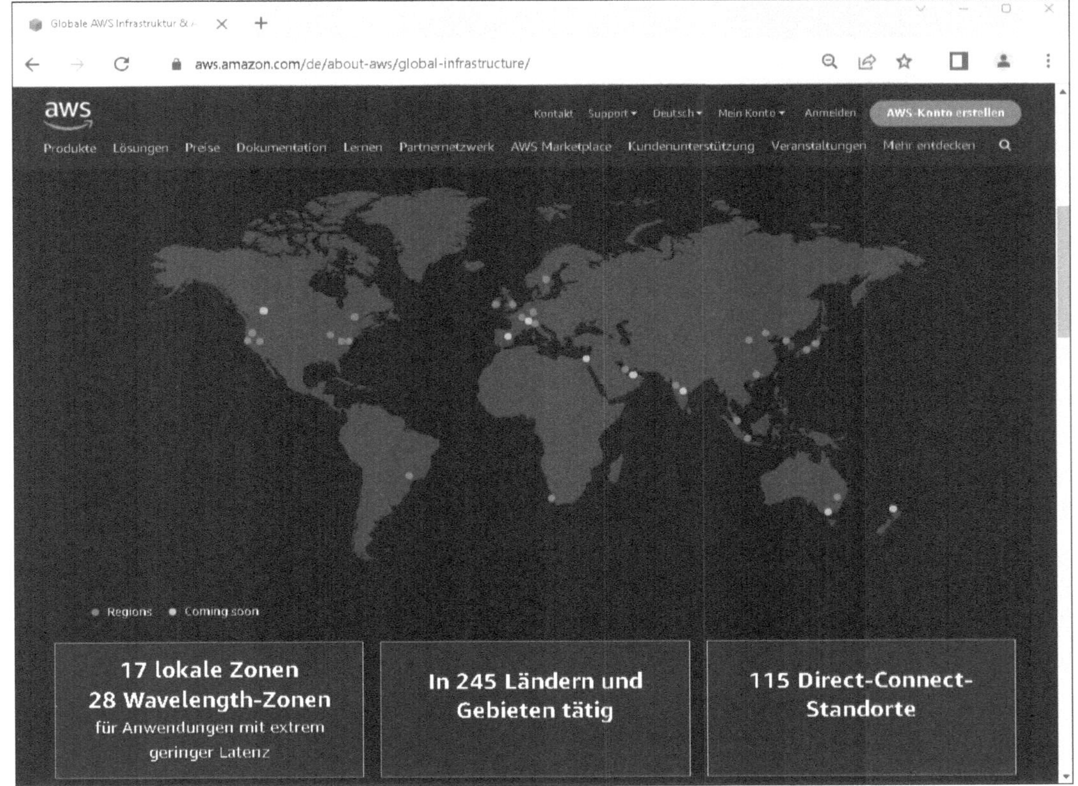

Abbildung 2.2 Geografische Rechenzentrumsregionen von AWS (Quelle: AWS)

Mindestens zwei Zonen pro Region

In jeder Region stehen mindestens zwei, oft auch drei isolierte Rechenzentren oder Standorte zur Verfügung, die als *Availability Zones* (kurz AZ) bezeichnet werden. Damit können Sie Ihre Ressourcen in jeder Region so verteilen, dass diese redundant auf die AZ verteilt werden. Bei AWS stehen derzeit insgesamt 84 Availability Zones, also einzelne und isolierte Rechenzentren, zur Verfügung. Diese können für Ihre Dienste zusammengefasst werden und garantieren so Hochverfügbarkeit und Ausfallsicherheit. Weitere acht Regionen mit insgesamt 32 neuen Availability Zones sind angekündigt.

Verbindung der Regionen durch privates Glasfasernetzwerk

Alle AWS-Rechenzentren und alle AWS-Regionen sind über ein eigenes, von AWS errichtetes privates Netzwerk miteinander verbunden. Dabei handelt es sich um ein hoch verfügbares globales Glasfasernetzwerk mit sehr geringer Latenz. Alle Daten, die durch das AWS Global Network fließen, werden mit modernsten Sicherheitsmethoden auf Hardwareebene verschlüsselt, bevor sie einen Standort verlassen. So wird sichergestellt, dass die Kundendaten immer unter der Kontrolle des Eigentümers bleiben.

Mit *AWS Wavelength* bietet der Hyperscaler sogar bestimmte Dienste und Services an, die sich im Rechenzentrum von bestimmten Mobilfunkprovidern befinden. Auf diese Weise können die Services in unmittelbarer Nähe zum 5G-Netz bereitgestellt werden und weisen eine Latenz von unter 10 Millisekunden auf. Gerade für mobile Anwendungen wie Spielestreamings, Livevideostreamings oder *Augmented-Reality-Anwendungen* kann das von entscheidender Bedeutung sein, um den hohen Ansprüchen mobiler Anwenderinnen und Anwender mit ihren Smartphones gerecht zu werden.

Skalierbarkeit

Eines der Grundmodelle von Public-Cloud-Anbietern ist die konzeptionell unendliche Skalierbarkeit. Da Anbieter wie AWS ihre Kapazitäten weltweit immer weiter ausbauen und in der Regel bereits vor dem Bedarf die entsprechenden Kapazitäten bereitstellen, können Kunden ihre benötigten Ressourcen ohne Limit und ohne Einmalinvestition quasi unendlich hochskalieren. Dabei ist es theoretisch unerheblich, ob sie ihre Kapazität sukzessive nach Bedarf erhöhen oder auf einen Schlag hunderttausend Server in wenigen Minuten erstellen und hochfahren. Tatsächlich ist uns bisher auch kein Fall bekannt, in dem AWS an einem oder mehreren Standorten von einem Engpass berichten musste und so nicht alle Kundenanforderungen bedienen konnte.

Im AWS Health Dashboard, das Sie unter dem Link *https://health.aws.amazon.com* aufrufen können, finden Sie jederzeit den Status eines jeden AWS-Service in jeder Region (siehe Abbildung 2.3). Hierbei können Sie auch zu einem bestimmten Punkt in den letzten zwölf Monaten zurückspringen, um zu schauen, ob ein Vorfall gegebenenfalls mit dem Ausfall eines AWS-Service zu tun haben könnte. Hierzu wählen Sie lediglich ein Datum sowie die Region und können nach einem bestimmten Dienst suchen oder direkt alle Dienste durchschauen. Wenn Sie möchten, können Sie sich auch per RSS-Feed über einzelne Dienste auf dem Laufenden halten.

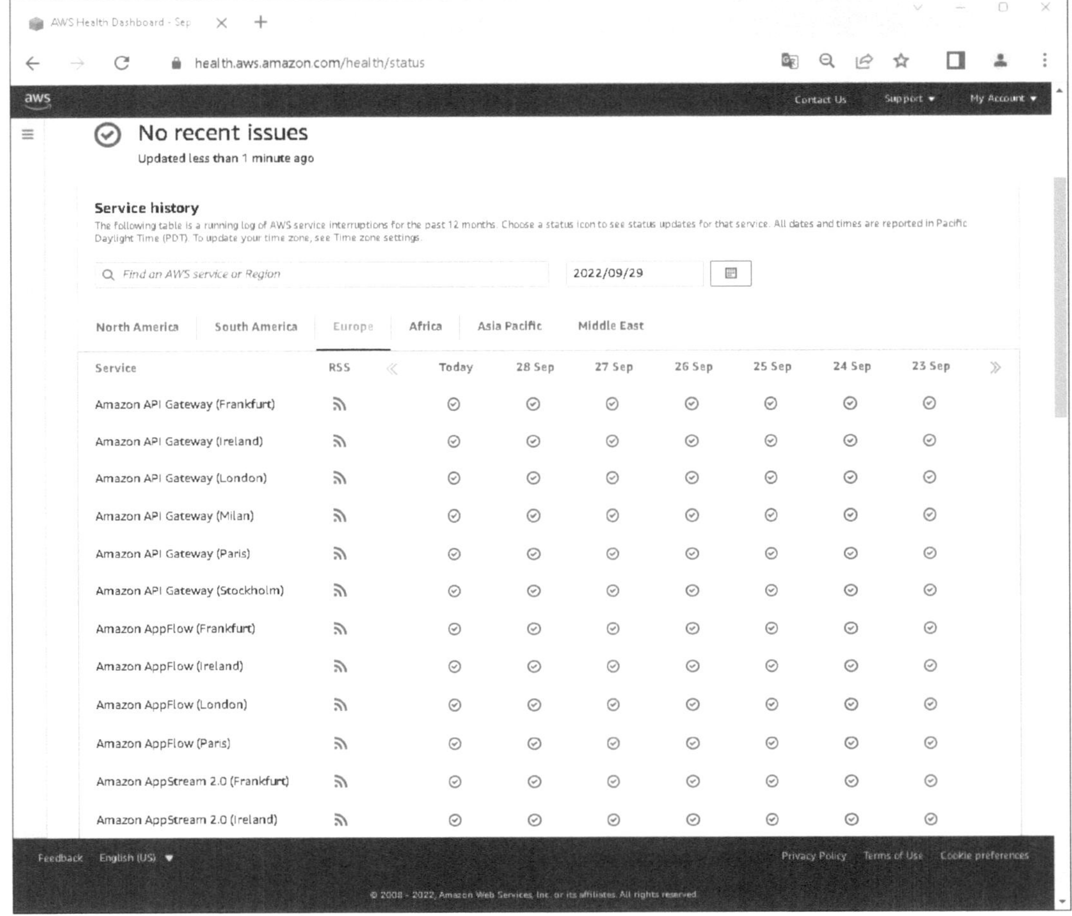

Abbildung 2.3 AWS Health Dashboard (Quelle: AWS)

2.1.3 Amazon Web Services für SAP-Systeme

Bereits 5.000 SAP-Kunden auf AWS

Laut der AWS-Homepage (Stand Juli 2023) haben sich bereits mehr als 5.000 SAP-Kunden für die AWS-Plattform entschieden. Diese Kunden setzen dabei auf die speziell für SAP-Systeme bereitgestellten Dienste von AWS und haben ihre SAP-Systeme und Datenbanken auf die EC2-Instanzen dieser Public Cloud migriert. Durch ihre Partnerschaft haben SAP und AWS bereits

2011 damit begonnen, gemeinsam ihre Dienste für die Public-Cloud-Plattform zu optimieren und Kunden dabei gemeinschaftlich zu unterstützen, SAP-Workloads auf AWS EC2 zu migrieren. Die Kunden profitieren hierbei neben einer indirekten Kostensenkung auch von angepassten Automatisierungen und höherer Ausfallsicherheit. AWS bietet sowohl speziell auf SAP angepasste als auch komplementäre Lösungen aus den Bereichen IoT, KI, Analytics und Machine Learning an.

Es ist grundsätzlich zunächst einmal unerheblich, ob Sie Ihre SAP-ERP-Systeme zur Senkung Ihrer Kosten in die Cloud verlagern möchten oder beim Wechseln in die Public Cloud auf das neueste SAP-S/4HANA-System migrieren wollen. Laut Website bietet AWS mehr als 200 angepasste Dienstleistungen zur Migration und Innovation Ihrer SAP-Systeme.

Mit dem Launch Wizard schnell Systeme bereitstellen

Weitere Vorteile bei einer Bereitstellung von SAP-Systemen in AWS sind z. B. der Service *AWS Launch Wizard*. Damit lassen sich nach Eingabe einiger weniger Details, wie z. B. der benötigten Performance und der Anzahl der gewünschten Nodes, automatisch produktionsfertige SAP-Anwendungen bereitstellen. Dabei zeigt der Launch Wizard vor dem letzten Okay eine Kostenschätzung für das gewünschte System und gibt den Nutzenden noch die Möglichkeit, die vorgeschlagene Konfiguration selbst anzupassen.

Bestehende Systeme können dagegen mittels Lift-and-Shift-Methode über den AWS-eigenen Migrationsdienst *AWS Application Migration Service* (kurz AWS MGN) in die Cloud verschoben werden (siehe Abbildung 2.4). Dazu wird ein kleiner Agent auf Ihrem Source-System installiert, der alle Daten in die Public Cloud repliziert. Nach Abschluss erfolgreicher Tests können Sie dann mit minimaler Ausfallzeit den Cut-over durchführen, also die Umstellung auf das neue System.

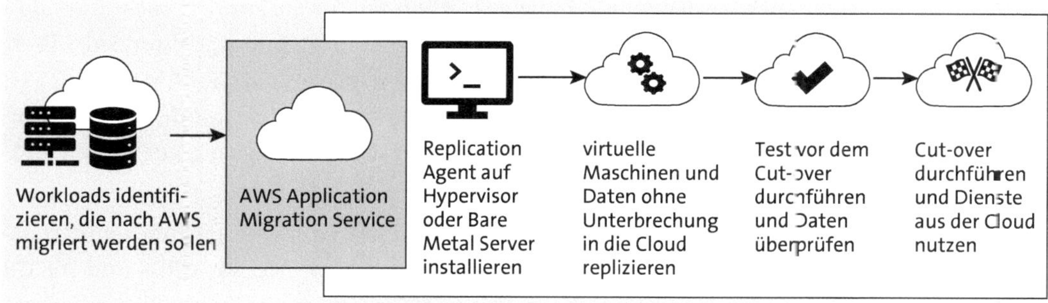

Abbildung 2.4 Darstellung des AWS Application Migration Service (Quelle: AWS)

Der Backup-Dienst *AWS Backint Agent* unterstützt ebenfalls SAP-HANA-Datenbanken. Damit wird es für Administratorinnen und Administratoren noch einfacher, SAP-HANA-Datenbanken auf dem AWS-S3-Storage-Dienst regelmäßig zu sichern und bei Bedarf über die SAP-HANA-eigene Konsole eine Wiederherstellung durchzuführen.

2.1.4 Zertifizierte Instanztypen

Bis zu 12 TB Speicher pro virtuelle Maschine

Damit ein in der Public Cloud betriebenes SAP-System von SAP weiterhin unterstützt wird und damit verbunden weiterhin allen gesetzlichen Rahmenbedingungen entspricht, ist es notwendig, dass die dazugehörende Infrastruktur von SAP zertifiziert ist. Aus diesem Grund gibt es bei AWS, wie auch bei den anderen Hyperscalern, die mit SAP zusammenarbeiten und SAP-Systeme unterstützen, speziell zertifizierte Instanzen. Das betrifft im Speziellen die Anforderungen für Systeme, die auf der SAP-HANA-Datenbank aufsetzen, aber auch Systeme wie SAP NetWeaver oder SAP Business One. Da SAP-Systeme unter Umständen sehr groß werden können, wie etwa am Beispiel der Deutschen Bahn erkennbar, reichen diese speziellen, zertifizierten Instanzen bei AWS von recht kleinen Maschinen mit nur zwei vCPUs und 4 GB Arbeitsspeicher bis hin zu extrem großen Maschinen mit 448 Kernen und 12 TB Arbeitsspeicher. Um noch größere Maschinen nutzen zu können, müssen Sie einen *Dedicated Host*, ein sogenanntes Bare-Metal-System, buchen und für drei Jahre reservieren. Dabei können die Kosten für eine einzelne dieser sehr großen Maschinen auf mehr als 67.000 US-Dollar pro Stunde (also auf ca. 589 Millionen US-Dollar pro Jahr) steigen. Dafür stehen Ihnen hier Maschinen mit bis zu 448 vCPUs und bis zu 24 TB Arbeitsspeicher zur Verfügung.

Die Gesamtleistung eines Systems für SAP wird dabei in *SAPS* angegeben. SAPS steht für *SAP Application Performance Standard*. Dabei handelt es sich um eine hardwareunabhängige Maßeinheit für die Performance eines SAP-Systems. Überraschenderweise hat die Instanz mit dem größten SAPS-Wert in der Liste von 480.600 SAPS bei 448 vCPUs nur 12 TB RAM, nicht 24 TB Arbeitsspeicher. Beachten Sie, dass gerade die ganz großen Bare-Metal-Maschinentypen nicht in allen AWS-Rechenzentrumsregionen zur Verfügung stehen.

Da die Suite SAP Business One für kleine und mittlere Unternehmen gedacht ist, ist die Maschine vom Typ r5.24xlarge mit 96 vCPUs und 768 GB RAM mit 138.770 SAPS für diese SAP-Systeme die maximal zertifizierte Größe.

In Tabelle 2.1 sehen Sie einen Auszug der für SAP HANA zertifizierten Instanztypen.

Instanzfamilie	Instanztyp	vCPU	vRAM in GB
x2iedn	x2iedn.xlarge	4	128
r6i	r6i.2xlarge	8	64
x2iedn	x2iedn.2xlarge	8	256
r6i	r6i.4xlarge	16	128
x2iedn	x2iedn.4xlarge	16	512
r6i	r6i.8xlarge	32	256
x2iedn	x2iedn.8xlarge	32	1.024
r6i	r6i.12xlarge	48	384
r6i	r6i.16xlarge	64	512
x2idn	x2idn.16xlarge	64	1.024
x2iedn	x2iedn.16xlarge	64	2.048
r6i	r6i.24xlarge	96	768
x2idn	x2idn.24xlarge	96	1.536
x2iedn	x2iedn.24xlarge	96	3.072
r6i	r6i.32xlarge	128	1.024
x2idn	x2idn.32xlarge	128	2.048
x2iedn	x2iedn.32xlarge	128	4.096
High Memory	u-3tb1.56xlarge	224	3.072
High Memory	u-6tb1.56xlarge	224	6.144
High Memory	u-6tb1.112xlarge	448	6.144
High Memory	u-6tb1.metal	448	6.144
High Memory	u-9tb1.112xlarge	448	9.216
High Memory	u-9tb1.metal	448	9.216
High Memory	u-12tb1.112xlarge	448	12.288
High Memory	u-12tb1.metal	448	12.288
High Memory	u-18tb1.metal	448	18.432
High Memory	u-24tb1.metal	448	24.576

Tabelle 2.1 Auszug der für SAP HANA zertifizierten Instanztypen bei AWS

2.1.5 Praxisbeispiele

Große deutsche Firmen setzen auf AWS

AWS hat auf seiner Webseite, die Sie unter der URL *https://aws.amazon.com/de/sap/case-studies* erreichen, ca. 90 Fallstudien von namhaften Unternehmen aufgelistet, wie z. B. der Deutschen Bahn, Zalando, Kelloggs, RWE, General Electric und vielen mehr. Alle diese Unternehmen haben ihre SAP-Landschaft ganz oder teilweise in die AWS-Cloud migriert und berichten dort sowohl über die erfolgreiche Umsetzung ihres Projekts als auch über die Vorteile, die ihnen die Migration zu AWS bietet.

260-TB-Datenbank auf 366 EC2-Instanzen

So schreibt die Deutsche Bahn auf der AWS-Website etwa davon, dass sie ihre 27 SAP-Anwendungen vollständig auf AWS migriert hat – darunter eine der größten europäischen SAP-Wartungsinstallationen mit 8.000 Benutzerinnen und Benutzern, die jährlich 2,2 Millionen Wartungsaufträge für 650.000 Züge und Busse verwalten. Alle Systeme zusammen wurden auf 366 AWS-EC2-Instanzen und insgesamt 260 TB *Amazon Elastic Block Store* (kurz Amazon EBS) migriert. Die Vorteile der Migration liegen für die Deutsche Bahn darin, dass sie nun innerhalb von Minuten neue Ressourcen bereitstellen kann. Durch die neu erworbene Elastizität, die die IT-Umgebung der Deutschen Bahn auf AWS nun bietet, lassen sich neue Anforderungen innerhalb von kürzester Zeit umsetzen. Die Deutsche Bahn nutzt nun moderne Continuous-Integration/Continuous-Delivery-Pipelines (kurz CI/CD-Pipelines) mit GitLab für die Weiterentwicklung ihrer Systeme. Darüber hinaus wird Ansible als *Infrastructure-as-Code-System* (kurz IaC-System) für die automatisierte Bereitstellung der Infrastruktur verwendet. Auf diese Weise konnte die Deutsche Bahn ihr Patching von dem Rhythmus alle drei Monate auf jede Woche umstellen und ist somit hoch agil. CI/CD ist ein Verfahren zur Softwareverteilung, das von Entwicklungsteams verwendet wird, um Codeänderungen häufiger und zuverlässiger bereitzustellen. CI/CD beinhaltet zwei sich ergänzende Vorgehensweisen, die beide stark auf Automatisierung setzen. Durch die höhere Leistung des Systems werden wichtige Berichte nun bis zu 20 % schneller verfügbar.

Bis zu 30 % Kosteneinsparung

Das Unternehmen Zalando schreibt unter anderem, dass es seine SAP-HANA-Datenbank um AWS-Data-Lake- und Analytics-Dienste erweitert hat. Auf diese Weise konnten bis zu 30 % der Kosten für SAP-Lizenzen eingespart werden. Weiterhin wurden Chatbots für die Mitarbeitenden entwickelt, die auf diese Analytics-Funktionen zugreifen können und den Mitarbeitenden Fragen zu Unternehmensabläufen beantworten.

GE Oil & Gas spricht darüber, dass sie mit ihrer Migration von 500 Anwendungen und mehr als 750 TB Daten bis zu 52 % ihrer Infrastrukturkosten eingespart haben.

Es gibt viele gute Beispiele, die für eine Migration von SAP-Systemen auf AWS sprechen. Auffallend ist, dass viele Berichte neben den zusätzlichen Funktionalitäten, den geringeren Kosten und der Zeitersparnis immer eines gemeinsam haben: Fast alle Unternehmen sprechen von einer höheren Flexibilität sowie einem geringeren Wartungsaufwand.

2.1.6 Kritik an AWS

Doch neben all den Vorteilen, die AWS seinen Kunden bietet, gibt es auch graue Wolken am Public-Cloud-Himmel. So ist AWS in der Vergangenheit immer mal wieder einiger Kritik ausgesetzt gewesen, z. B. in Bezug auf die Sicherheit. Der Oracle-Gründer Larry Ellison wies im Jahr 2018 auf der Open-World treffend darauf hin, dass der Code, den AWS zum Betrieb der Cloud benötigt, auf den gleichen Servern gehostet wird, auf denen AWS seine Kundenkonten und deren Daten speichert. Auf diese Weise, so Ellison, sei es sehr einfach, die Cloud zu hacken und so auf die Daten anderer Kunden zuzugreifen. Dies sei eine unglaublich große Schwachstelle der AWS-Cloud. Tatsächlich ist aber bisher noch kein Fall bekannt, in dem dies tatsächlich gelungen wäre.

AWS sperrt WikiLeaks

Im Jahr 2010 berichtete das Magazin t3n,[2] dass WikiLeaks sich etwas einfallen lassen musste, weil die Kapazitäten der eigenen Server bei der geplanten Veröffentlichung streng geheimer Depeschen aus US-Botschaften den wachsenden Zugriffszahlen nicht standhalten würden. Aus diesem Grund lagerte man die Website kurzerhand auf AWS aus. Doch schon nach kurzer Zeit musste AWS die Enthüllungsplattform WikiLeaks wieder von seinen Servern verbannen, nachdem der Druck der US-Regierung zu groß wurde. AWS erklärte später, dass WikiLeaks nicht aufgrund der Forderungen der US-Regierung abgeschaltet worden sei, sondern wegen Verstößen gegen die Nutzungsbedingungen der AWS-Services. Die Informationen der US-Diplomatinnen und US-Diplomaten, die WikiLeaks aus verschiedenen Quellen gesammelt hatte, seien nicht rechtmäßig in den Besitz von WikiLeaks gelangt. Die Nutzungsbestimmungen sehen jedoch vor, dass die Kunden die Rechte an den Inhalten besitzen müssen, die sie auf AWS speichern und verbreiten.

Probleme mit der Stromversorgung

Aber auch die Rechenzentren selbst sind manchmal betroffen. Im August 2011 führte ein Blitzeinschlag in ein irisches Rechenzentrum zum Ausfall mehrerer Dienste bei AWS und damit zum Ausfall einer Reihe von Online-

2 Quelle: Hedemann, Falk (2010): Amazon verbannt WikiLeaks von seinen Servern, *https://web.archive.org/web/20140530053422/http:/t3n.de/news/amazon-verbannt-wikileaks-seinen-servern-287881/*

diensten, die genau dieses Rechenzentrum nutzten. AWS selbst gibt jedoch an, seine Rechenzentren nach branchenüblichen Standards vor Stromausfällen zu schützen. Kurze Zeit später, im Juli 2012, trat ein ganz ähnlicher Fehler auf, der zwar zunächst von der Notstromversorgung aufgefangen wurde. Doch auch diese Notstromversorgung fiel wenig später aus und das Rechenzentrum stand erneut ohne Strom da. Im August 2013 kam es zu einem weiteren Stromausfall, dem z. B. Instagram zum Opfer fiel. Diese ständigen Ausfälle brachten AWS zeitweise in die Kritik, seine Sicherheitssysteme und Notfallmechanismen nicht ausreichend getestet zu haben.

Kritik an KI

Kritik erntet das Unternehmen auch für seine fortgeschrittene KI-Technologie. AWS bewirbt unter anderem seinen Gesichtserkennungsdienst damit, dass es sehr leicht möglich sei, bis zu 100 bekannte Personen gleichzeitig aus einer Menschenmasse zu identifizieren, ohne über Vorkenntnisse im Bereich künstlicher Intelligenz zu verfügen. Seit 2016 verkauft AWS diese Technik sehr erfolgreich der US-Polizei. Der Dienst *Recognition* hat dabei Zugriff auf eine ganze Reihe von Datenbanken verschiedener US-Behörden – und nicht nur auf das Strafregister. Viele US-Polizeibehörden und auch das FBI haben sowohl Ausweis- als auch Führerscheinfotos in ihre Datenbanken eingepflegt. Der Dienst Recognition wird beispielsweise dazu benutzt, um Verdächtige auf Bildern von Überwachungskameras schnell mit einer großen Fotodatenbank zu vergleichen. Das Heimatschutzministerium sucht auf diese Weise nach Menschen, die nach Ablauf ihres Visums das Land nicht verlassen haben. Nach Berichten soll die Nutzung des Dienstes in den USA in Zukunft noch viel weiter ausgebaut und gegebenenfalls direkt an Überwachungskameras und Bodycams angeschlossen werden. Bürgerrechtler werfen AWS vor, den Aufbau eines Überwachungsstaates zu unterstützen, und fordern den Konzern auf, diese Technik nicht weiter an die Regierung oder US-Polizeibehörden zu verkaufen. Da hilft es auch nicht, dass AWS im Jahr 2013 einen Auftrag in Höhe von 600 Millionen US-Dollar von der CIA erhalten hat, um eine neue private AWS-Cloud zu bauen. Diese möchte die CIA dafür nutzen, um schneller auf neue Bedrohungen zu reagieren und mehr Daten in gleicher Zeit zu verarbeiten.

US CLOUD Act kann in Europa ein Problem darstellen

Seit 2017 setzt auch die deutsche Bundespolizei die AWS-Cloud ein, um die Filme von Bodycams zu speichern und deren Inhalte auszuwerten. Der Datenschutzbeauftragte des Bundes befürchtet jedoch, dass die Daten in der Cloud nicht ausreichend geschützt sein könnten, da durch die Anwesenheit des *Clarifying Lawful Overseas Use of Data Acts* (kurz CLOUD Act) aus den USA ein Zugriff von US-Behörden auf diese Daten möglich ist. Das verstößt gegen geltendes deutsches Recht.

2.2 Microsoft

Größter Wettbewerber von AWS

Der größte Wettbewerber von AWS ist nicht etwa Oracle oder IBM, sondern Microsoft. Der mit einem Jahresumsatz von mehr als 168 Milliarden US-Dollar (2021) weltgrößte Softwarekonzern kündigte im Oktober 2008 seine Cloud-Computing-Plattform unter dem Codenamen Project Red Dog an. Knapp vier Jahre nach dem Start von AWS war es dann auch bei Microsoft so weit. Am 1. Februar 2010 konnten die ersten Cloud-Computing-Dienste von Microsoft unter dem Namen *Windows Azure*, später einfach *Microsoft Azure*, gebucht und genutzt werden. Doch auch wenn AWS noch den größten Marktanteil am weltweiten Public-Cloud-Umsatz für sich verbuchen kann und seinen Platz 1 seit vielen Jahren mit einem stabilen Marktanteil von um die 33 % verteidigt, so ist klar ersichtlich, dass Microsoft dagegen nicht nur einen sehr starken Platz 2 mit großem Vorsprung vor seinen Verfolgern Google, IBM und Co. für sich beanspruchen kann. Microsoft legt auch seit vielen Jahren das stärkste Wachstum unter allen Hyperscalern vor (siehe Abbildung 2.5).

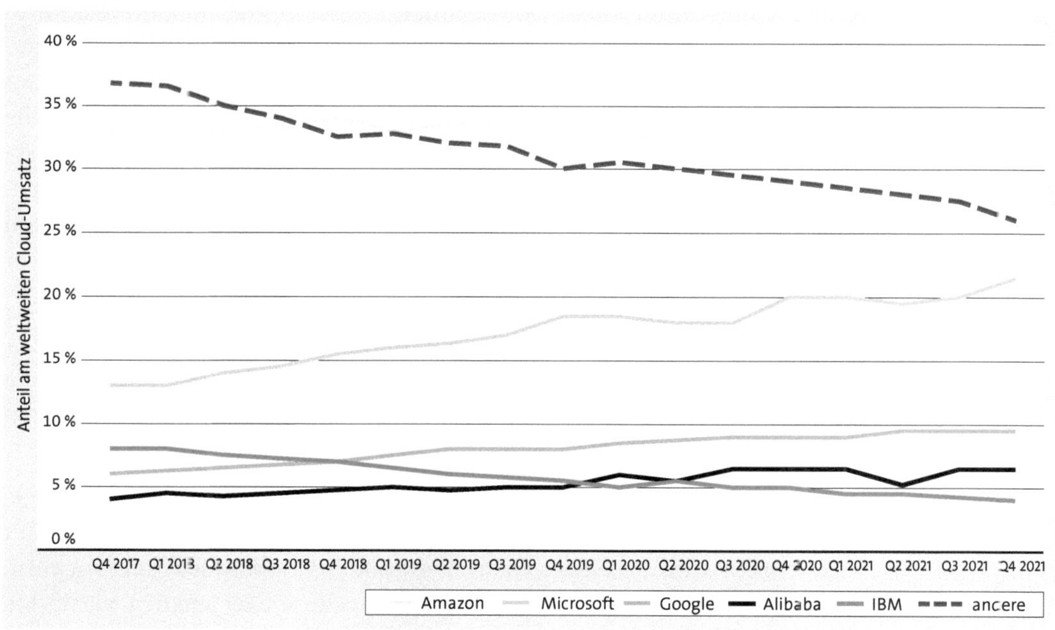

Abbildung 2.5 Anteil am weltweiten Cloud-Umsatz (Quelle: Synergy Research Group)

Microsoft hat das stärkste Cloud-Wachstum

So ist zu erwarten, dass Microsoft in nicht allzu ferner Zukunft Platz 1 für sich beanspruchen wird, wenn sein Wachstum weiterhin so kontinuierlich Jahr für Jahr anhält und das von AWS weiterhin stabil bleibt. Derzeit liegt der Marktanteil des weltweiten Cloud-Umsatzes von Microsoft bei knapp über 20 %. Bei gleichbleibender Wachstumsrate könnten Microsoft und AWS, gemessen am weltweiten Marktanteil, in vier bis fünf Jahren gleichauf sein. Dabei fällt auch auf, dass dieses sehr starke Wachstum bereits lange vor der Coronapandemie begonnen hat, auch wenn diese im Cloud-Markt ein wesentlicher Beschleuniger gewesen ist. Es ist also davon auszugehen, dass das Wachstum in naher Zukunft nicht wieder stagnieren wird.

2.2.1 Der Weg zum Cloud-Serviceprovider

Historie von Microsoft

Microsoft wurde am 4. April 1975 von Bill Gates und Paul Allen gegründet und machte sein Geschäft in den 1970er- und 1980er-Jahren hauptsächlich mit dem Verkauf von Softwarelizenzen. Dazu gehörten Desktop-Betriebssystemlizenzen wie MS-DOS und Microsoft Windows, Lizenzen für Anwendungssoftware wie Microsoft Office und Serverlizenzen wie Windows Server, Microsoft Exchange Server oder Microsoft SQL Server und viele weitere. Die Software gibt es in vielen verschiedenen Versionen und Varianten. In den 1990er- und frühen 2000er-Jahren kamen zahlreiche weitere Dienste wie die Spielelandschaft um XBOX, Windows Mobile für Smartphone und eine Reihe von Onlinediensten wie Microsoft Network (kurz MSN), ein Onlinenachrichtendienst, und Microsoft Hotmail, der E-Mail-Dienst für die private Nutzung, dazu. Microsoft war zwar weiterhin Marktführer bei Desktop-Betriebssystemen und Anwendungssoftware, verlor jedoch hauptsächlich auf dem Servermarkt Marktanteile an das Open-Source-Betriebssystem Linux. In diesem Bereich wurden zunehmend SUSE Linux Enterprise Server (SLES) und Red Hat Enterprise Linux (RHEL) populärer.

Daher unternahm Microsoft bereits unter dem früheren Vorstandschef Steve Ballmer (CEO von Microsoft von 2000 bis 2014) einen Kraftakt, um die sehr starke Abhängigkeit vom Verkauf der Softwarelizenzen und dem Windows-Betriebssystemgeschäft zu vermindern.

Er investierte Milliarden in die Entwicklung des ersten Public-Cloud-Angebots, das seitdem weiterhin mit Milliardeninvestitionen auch immer weiter ausgebaut wird und jedes Quartal ein hohes Umsatzwachstum ausweist. Ballmers Nachfolger Satya Nadella, der 2014 zum CEO aufstieg, verstärkte die Cloud-Investitionen zusätzlich noch einmal.

Zukauf wichtiger Cloud-Firmen

Er tätigte zudem wichtige Cloud-Übernahmen, wie etwa den im Jahr 2018 abgeschlossenen 7,5 Milliarden US-Dollar schweren Kauf der cloudbasierten Softwareentwicklungsplattform *GitHub*. All diese Aktivitäten treiben den Aktienkurs und Microsofts Börsenwert immer weiter nach oben, der mittlerweile (Stand September 2022) auf über 1,9 Billionen Euro geklettert ist.

2.2.2 Das Angebot von Microsoft

Das Angebot von Microsoft Azure ist ähnlich groß wie das Angebot von AWS oder anderen großen Hyperscalern. Es umfasst dabei mehr als 200 Dienste. Microsoft bietet sowohl verschiedene Services aus dem IaaS-Bereich, wie z. B. virtuelle Server mit unterschiedlichen Konfigurationen für jeden möglichen Bedarf und virtuelle Netzwerke, um die Komponenten untereinander zu vernetzen und an das firmeneigene Netzwerk anschließen zu können. Darüber hinaus existieren unterschiedliche Storage-Lösungen. Der größte Unterschied zu AWS oder Google Cloud Platform ist im weitesten Sinne, dass die Komponenten von der Logik her aus dem klassischen Rechenzentrumsbereich abgeleitet sind, in dem Microsoft seit jeher als Platzhirsch vertreten ist. Das bedeutet, dass Sie sich zum einen schnell in der Topologie zurechtfinden und zum anderen klassische Microsoft-Serverprodukte wie Microsoft SQL Server direkt vorkonfiguriert aus dem Marketplace beziehen können. Weiterhin gibt es von Microsoft den *Azure Virtual Desktop*, der eine vollständig fertige und direkt nutzbare virtuelle Desktop-Infrastruktur liefert, die mit wenigen Klicks für viele Benutzer ausgerollt werden kann. Das *Azure Active Directory* (kurz Azure AD) erinnert zwar nicht direkt an den Dienst *Active Directory* (kurz AD), kann aber leicht mit einem bestehenden lokalen AD verbunden werden. Wer vollständig in die Cloud wechseln möchte oder die Unternehmenssoftware direkt in der Public Cloud startet, kann von Anfang an mit einem Azure AD starten und Domain-Dienste direkt aus Azure bereitstellen.

Mehr als 200 Dienste bei Microsoft Azure

Für den hybriden Einsatz stellt Microsoft, ähnlich wie AWS mit Outpost, ebenfalls einen Dienst bereit, der *Azure Stack HCI* genannt wird (HCI steht hierbei für Hyperconverged Infrastructure).

Azure Stack HCI

Dabei handelt es sich um einen physischen Server, den Sie z. B. bei Dell oder HP kaufen können. Auf dieser Hardware ist die Microsoft-Azure-Plattform vorinstalliert. Sie können sich also in Form dieses Servers ein Stückchen Azure in Ihr eigenes Rechenzentrum stellen und mit Ihrem Microsoft-Azure-Account verknüpfen. Auf diese Weise können Sie sensible Daten lokal hosten oder Latenzprobleme bei bestimmten Anwendungen lösen, ohne auf die gewohnte Azure-Umgebung verzichten zu müssen.

Azure Arc

Für die Umsetzung einer Hybrid-Cloud bietet Azure zusätzlich die Dienste *Azure Arc* und *Microsoft Sentinel* an. Mit Azure Arc lassen sich alle Ihre virtuellen Maschinen, Datenbanken und Containerdienste, auch diejenigen, die nicht in Microsoft Azure, sondern on premise oder bei einem anderen Hyperscaler gehostet sind, über die Microsoft-Azure-Portaloberfläche managen. Dabei funktioniert die Integration so nahtlos, dass Sie keinen Unterschied im Management der Instanzen bemerken. Microsoft Sentinel ist ein Sicherheitsservice für das *Security Information and Event Management* (kurz SIEM) und die Sicherheitsanalyse, den Sie ähnlich wie Azure Arc auch für Instanzen nutzen können, die nicht auf Microsoft Azure gehostet werden.

Neben vielen weiteren Diensten im IaaS- und PaaS-Bereich, wie verschiedenen verwalteten Datenbanken, dem Azure Kubernetes Service (kurz AKS), Azure Cognitive Services, dem KI-Dienst von Microsoft, gibt es natürlich auch IoT-Dienste, Big-Data-Anwendungen und Serverless-Anwendungen wie Azure Functions und Azure Web Apps.

Tools für die Softwareentwicklung

Nicht erst durch den Zukauf von GitHub, aber dadurch bestimmt beschleunigt sind auf Azure auch eine ganze Reihe von Tools, wie z. B. Azure DevOps und Azure Pipelines speziell für Softwareentwickler entstanden. Diese sind auch bei Infrastrukturarchitektinnen und DevOps-Ingenieuren beliebt. Besonders dann, wenn es um die automatisierte Bereitstellung von Komponenten mittels Infrastructure as Code geht.

Microsoft legt Wert auf Sicherheit

Microsoft konzentriert sich darauf, ein hohes Maß an Sicherheit zu gewährleisten. So hat Microsoft für seine Public Cloud Azure mehr Zertifikate als jeder andere Hyperscaler. Im Microsoft Trust Center (siehe *https://www.microsoft.com/de-de/trust-center*) finden Sie neben einer Auflistung der erreichten Zertifizierungen auch viele Informationen darüber, wie Microsoft Ihre Daten und Ihre Anwendungen in der Public Cloud schützt. Dabei geht Microsoft unter anderem auch auf die geltenden Datenschutzrichtlinien (siehe *Datenschutz-Grundverordnung* kurz DSGVO) ein.

Neben dem IaaS- und PaaS-Angebot von Microsoft gibt es aber einen weiteren entscheidenden Vorteil gegenüber den anderen Hyperscalern, der sicherlich für das anhaltende Wachstum von Microsoft mitverantwortlich ist: das Ökosystem von Microsoft.

2.2.3 Das Microsoft-Ökosystem

Mit dem SaaS-Dienst Microsoft 365 zum Ökosystem

Nachdem im Jahr 2010 mit Windows Azure (später Microsoft Azure) die ersten Infrastrukturdienste wie virtuelle Server und virtuelle Netzwerke sowie Plattformdienste, wie z. B. SQL-Datenbanken, verfügbar waren, stellte Microsoft ein Jahr später, im Juni 2011, das Lösungspaket Microsoft 365 (damals noch unter dem Namen Microsoft Office 365) öffentlich vor. Mit den Diensten rund um Microsoft 365 hat Microsoft auch seine gerade bei Unternehmen aller Größen weitverbreitete Büroanwendung Microsoft Office – mit Programmen wie Outlook, Word, Excel, PowerPoint und Co. – um Online-Cloud-Dienste erweitert. Diese enthalten z. B. vollständig in der Cloud lauffähige Varianten der oben genannten Anwendungen, die über den Browser konsumiert werden, zusätzliche neue Cloud-Funktionen wie den Onlinespeicherplatz *OneDrive* sowie die Möglichkeit, mit mehreren Personen gleichzeitig online an einem Dokument arbeiten zu können. Darunter sind ebenfalls die gängigsten Serverprodukte als reine Cloud-Versionen zu finden, beispielsweise Microsoft Exchange Server als Exchange Online, SharePoint Server als SharePoint Online sowie Skype for Business als Skype for Business Online.

Office und Kollaboration in der Cloud

Letzteres ist inzwischen vollständig in der spätestens seit der Coronapandemie sehr bekannten Kollaborationslösung *Microsoft Teams* aufgegangen, die Funktionen für die Zusammenarbeit wie Chat, Videotelefonie, Konferenzlösungen, Datenspeicher und vieles mehr beinhaltet.

Durch die gleichzeitige Umstellung der Microsoft-Office-Anwendungen vom Einmalkauf hin zu einem Lizenzmodell, das eine regelmäßige Zahlung (in der Regel monatlich oder jährlich im Voraus) pro Nutzerin oder Nutzer beinhaltet, bescherte Microsoft nicht nur regelmäßige, sondern auch gleich viel höhere Einnahmen als zuvor.

Dynamics 365 ist vergleichbar mit SAP S/4HANA

Die Cloud-Produkte der Business-Productivity-Suite werden unter dem Markennamen *Microsoft Dynamics 365* zusammengefasst. Hier vereint Microsoft sowohl Cloud-Dienste wie Dynamics 365 for Sales, ein Customer-Relationship-Management-System (kurz CRM), das mit der bekannteren Lösung Salesforce vergleichbar ist, als auch ERP-Dienste wie *Dynamics 365 Business Central* und *Dynamics 365 Financials & Operations*. Bei Ersterem handelt es sich um ein ERP-System für kleinere und mittlere Unternehmen – ähnlich SAP Business One – und bei Letzterem um ein ERP-System, das mit SAP S/4HANA vergleichbar und für den Einsatz in großen Unternehmen gedacht ist.

Der Clou ist, dass durch einheitliche Schnittstellen (engl. Application Programming Interfaces, kurz APIs) und eine weitestgehend einheitliche Datenstruktur die Dienste und die damit erzeugten Daten untereinander zu 100 % kompatibel sind und so der Austausch sowie die Integration von Daten von einem System in das andere vollständig möglich sind. So lassen sich Dienste von Microsoft 365 problemlos in Microsoft Dynamics 365 integrieren und Informationen über Microsoft Azure in selbst entwickelten Cloud-Anwendungen weiterverwenden. Das alles wird durch die *Common Data Services* von Microsoft möglich, die das Rückgrat des Microsoft-Cloud-Ökosystems darstellen (siehe Abbildung 2.6).

Über die Microsoft Power Platform lassen sich zusätzlich mit einfachen Low-Code-Anwendungen wie Power Apps und Power Automate eigene Anwendungen für einfache Aufgaben in sehr kurzer Zeit erstellen und Nutzerinnen und Nutzern bereitstellen.

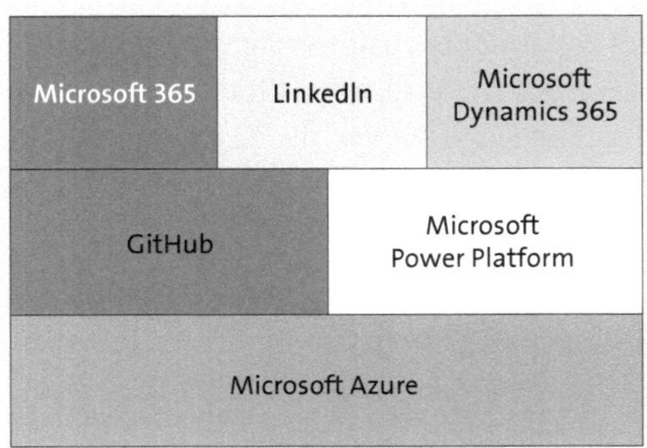

Abbildung 2.6 Übersicht über das Microsoft-Cloud-Ökosystem

Kunden gewinnen mit Microsoft 365

Das Microsoft-Cloud-Ökosystem hilft Microsoft dabei, neue Kunden für seine Dienste, speziell für Microsoft Azure, zu gewinnen, da sehr viele Unternehmen bereits Microsoft 365 nutzen.

2.2.4 Aufbau der Rechenzentren

Ähnlich wie AWS hat Microsoft unzählige isolierte Rechenzentren auf der ganzen Welt verteilt, die zu einzelnen Regionen zusammengeschlossen sind. Anders als bei AWS besteht eine Region immer aus mindestens drei getrennten Rechenzentren, manchmal auch aus mehr. Für die Ausfallsicherheit und Hochverfügbarkeit von Compute Power und Daten sind die Rechenzentren einer Region auch hier in Availability Zones aufgeteilt.

Azure bietet viele Zugangspunkte

Zusätzlich können sogenannte *Edge Zones* als kleine Erweiterungen von Azure zum Login genutzt werden. Diese sind in der Regel in Ballungszentren platziert, in denen keine Azure-Region verfügbar ist, um die Latenz über den Azure Backbone zu verringern. *Azure Public Multi-Access Edge Compute* (kurz Azure Public MEC) verbindet, genau wir auch AWS Wavelength, Azure-Dienste mit 5G-Konnektivität von Mobilfunkbetreibern für Anwendungen mit geringer Latenz am Operator-Edge. Azure Public MEC unterstützt virtuelle Computer, Container und eine ausgewählte Gruppe von Azure-Diensten, mit denen Sie latenzempfindliche und durchsatzintensive Anwendungen in der Nähe von Endbenutzerinnen und Endbenutzern ausführen können.

Azure mit geringer Latenz über 5G

Zwei Regionen sind immer zu einem Paar verbunden, um zusätzliche interregionale Ausfallsicherheit zu bieten. Microsoft kombiniert das mit dem weltweit größten privaten Glasfasernetz sowie mit eigenen Satelliten, um das Microsoft-Azure-Backbone-Netz zu bilden. Dieses ermöglicht den Datenaustausch zwischen den Rechenzentren und den Regionen mit minimaler Latenz und größtmöglicher Datensicherheit (siehe Abbildung 2.7).

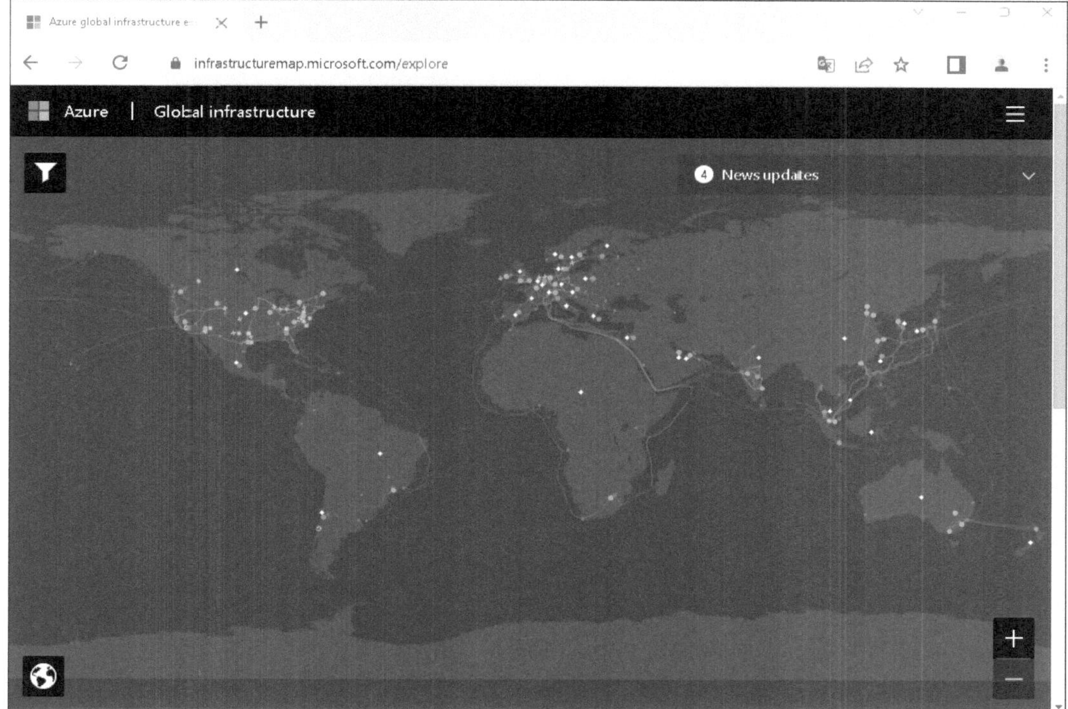

Abbildung 2.7 Microsoft Azure Regions (Quelle: Microsoft Azure)

Während man bei AWS jedoch nur Infrastrukturdienste wie virtuelle Server und virtuelle Netzwerke sowie Plattformdienste, wie z. B. Datenbanken oder Webservices, einkaufen kann, bietet Microsoft seinen Kunden eine ganze Businessplattform an Cloud-Diensten an, die miteinander verbunden werden können und so einen größeren Nutzen erzielen, als es die Dienste separat täten.

2.2.5 Microsoft Azure für SAP-Systeme

Eine lange Partnerschaft

SAP und Microsoft arbeiten bereits seit 25 Jahren sehr eng in verschiedenen Bereichen zusammen. So nutzt der Softwaregigant Microsoft selbst seit 25 Jahren SAP für seine Finanz-, Personal- und Lieferkettensysteme. SAP hat zudem bereits fast seine gesamte IT-Landschaft, darunter auch die wichtigsten eigenen Kernsysteme, auf Microsoft Azure migriert. SAP schreibt dazu, Microsoft Azure biete das Maß an Sicherheit, Flexibilität und Skalierbarkeit, das SAP zur Optimierung seines globalen Geschäfts benötige. Microsoft Azure ist außerdem die Plattform der Wahl, wenn es um neue Projekte geht.[3]

Versprechen von Hasso Plattner und Bill Gates

Auch wenn SAP starke Partnerschaften zu allen vier Hyperscalern aufgebaut hat, besteht zwischen SAP und Microsoft eine ganz besonders tiefe Verbindung, die noch zurückgeht auf ein gegenseitiges Versprechen von SAP-Gründer Hasso Plattner und Microsofts Gründer und ehemaligen CEO Bill Gates. Im Jahr 2019 haben beide Unternehmen ihre Partnerschaft auf ein neues Level gehoben, um die Cloud-Einführung von gemeinsamen Kunden zu erhöhen. Die Unternehmen veröffentlichten am 21. Oktober 2019 in einer Pressemitteilung, die Sie unter diesem Link aufrufen können: *https://news.sap.com/2019/10/sap-microsoft-partnership-cloud-migration-offerings/*, dass sie gemeinsam unter dem Projekt *Embrace* eine Go-to-Market-Strategie ausarbeiten und so die Cloud-Einführung ihrer gemeinsamen Kunden beschleunigen wollen. So soll es gemeinsamen Kunden erleichtert werden, SAP-Systeme wie SAP S/4HANA oder SAP BW/4HANA aus dem On-Premise-Betrieb in Microsoft Azure zu migrieren. Um das zu erreichen, haben Microsoft und SAP sowohl verschiedene Referenzarchitekturen erstellt als auch standardisierte Pakete bereitgestellt, um die Migrationszeit und die damit verbundenen Kosten für ihre Kunden zu senken. SAP hat damit Microsoft Azure als den präferierten Partner im Bereich Public Cloud festgelegt. Das betrifft auch Kunden, die sich für SAP HANA Enterprise Cloud (siehe Abschnitt 1.1.5, »SAP HANA Enterprise Cloud«) entscheiden und Microsoft Azure als Public-Cloud-Partner nutzen wollen.

Microsoft Teams in SAP integriert

Im Januar 2021 haben beide Unternehmen ihre gegenseitige Partnerschaft erneut vertieft, als sie gemeinsam der Welt mitgeteilt haben (siehe *https://news.microsoft.com/2021/01/22/sap-and-microsoft-expand-partnership-and-integrate-microsoft-teams-across-solutions/*), dass sie planen, den Kollaborationsdienst Microsoft Teams tief in die Systemlandschaft von SAP zu integrieren. Das würde laut Microsoft und SAP einen ganz neuen Weg der Zusammenarbeit und Interaktion aufzeigen. Microsoft und SAP möchten so die Zukunft der Zusammenarbeit auf Unternehmensniveau neu gestalten und Reibungsverluste in der Kommunikation von Mitarbeitenden minimieren.

3 Quelle: Microsoft (2021): SAP IT lifts its business-critical landscapes to the Azure cloud platform for scalable flexibility, *https://customers.microsoft.com/de-de/story/1338954908978914227-sap-se-partner-professional-services-azure-active-directory*

Programm Embrace wird 2021 erweitert

Weiterhin haben beide Unternehmen ihre 2019 geschlossene Partnerschaft mit dem Projekt Embrace derart erweitert, dass sie weitere gemeinsame Angebote zur Automatisierung und Integration von verschiedenen Microsoft-Azure-Diensten aufgenommen haben. Die Unternehmen konzentrieren sich dabei insbesondere auf eine möglichst automatisierte Migration von SAP S/4HANA, einen verbesserten Betrieb sowie die Weiterentwicklung der Überwachung und der Sicherheit. Auf diese Weise wollen beide Unternehmen ihre Kunden erfolgreicher machen.

Microsoft schreibt auf seiner Website, dass Azure SAP-zertifiziert sei – speziell für die Ausführung geschäftskritischer SAP-Anwendungen. Microsoft Azure biete die leistungsstärkste und skalierbarste SAP-Cloud-Infrastruktur der Branche und bietet bis zu 12 TB SAP-HANA-zertifizierte virtuelle Computer in mehr Regionen als jeder andere Public-Cloud-Anbieter.

2.2.6 Zertifizierte Instanztypen

Die Serien E und M sind für SAP HANA zertifiziert

Welche Instanzen für die einzelnen SAP-Produkte wie NetWeaver, SAP S/4HANA oder SAP BW/4HANA zu Verfügung stehen, ist am besten direkt auf der Webseite von SAP unter diesem Link *https://www.sap.com/dmc/exp/2014-09-02-hana-hardware/enEN/#/solutions?filters=iaas;ve:24* dokumentiert. Dabei stehen generell Instanztypen der Serie E für arbeitsspeicherintensive Aufgaben wie die In-Memory-Datenbank SAP HANA oder der Serie M mit sehr großen Mengen an virtuellen CPUs und großem Arbeitsspeicher zur Verfügung. Hier reichen die Größen von kleinen Instanzen mit zwölf Kernen und 112 GiB Arbeitsspeicher bis hin zu 416 Kernen und 12 TiB Arbeitsspeicher.

Die Serie S ist ein Bare-Metal-Dienst

Wer noch mehr Leistung benötigt, kann sich auch die Serie S ansehen, auch bekannt als *Azure Large Instances*. Weil Microsoft diese Instanzen speziell für SAP HANA entwickelt hat und bereitstellt, sind sie auch als *SAP HANA Large Instances* bekannt. Azure Large Instances ist ein Bare-Metal-Dienst. Man kann bei diesem Dienst – anders als sonst – einen ganzen Host bei Microsoft mieten, also die Hardware im Azure-Rechenzentrum, weil es anders nicht möglich ist, so große Instanzen zur Verfügung zu stellen. Es gibt hier auch keine Virtualisierungsschicht. Das Betriebssystem und die SAP-HANA-Datenbank werden direkt auf der Hardware ausgeführt. Die Einbindung der Large Instances in Ihr VNet erfolgt mittels privater und verschlüsselter Netzwerkverbindung (siehe Abbildung 2.8).

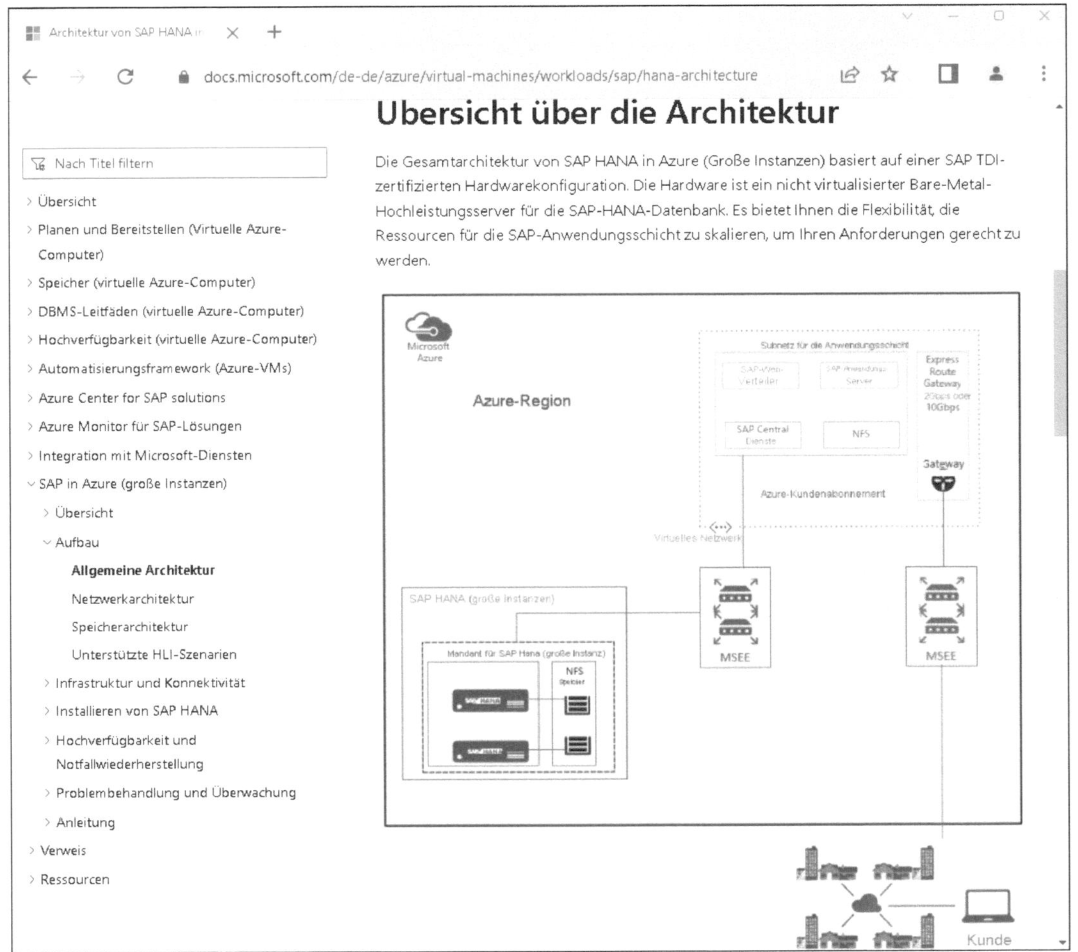

Abbildung 2.8 Referenzarchitektur für große SAP-HANA-Instanzen auf Azure (Quelle: Microsoft Azure)

Bis zu 24 TiB Arbeitsspeicher möglich

Hier stehen dann auch Systeme mit bis zu 960 CPU-Kernen und bis zu 24 TiB Arbeitsspeicher zur Verfügung, um auch große SAP-HANA-Systeme auf einem Single-Node abbilden zu können.

In Tabelle 2.2 sehen Sie eine exemplarische Übersicht der verfügbaren Instanzen in Microsoft Azure.

Instanzfamilie	Instanztyp	vCPU	vRAM in GiB
Dsv2-Serie	DS14v2	16	112
Edsv5-Serie	E20ds_v5	20	160
Edsv5-Serie	E32ds_v5	32	256
Edsv5-Serie	E48ds_v5	48	384
Edsv5-Serie	E64ds_v5	64	512
Edsv5-Serie	E96ds_v5	96	672
Gs-Serie	GS5	32	448
MSv2-Serie	M64s_v2	64	1.024
MSv2-Serie	M64ms_v2	64	1.792
Msv2-Serie	M192is_v2	192	2.048
Msv2-Serie	M208s_v2	208	2.850
Msv2-Serie	M192ims_v2	192	4.096
Msv2-Serie	M208ms_v2	208	5.700
Msv2-Serie	M416s_v2	416	5.700
SAP HANA in Azure	S144m	144	3.072
SAP HANA in Azure	S192m	192	4.096
SAP HANA in Azure	S72	72	6.144
SAP HANA in Azure	S224OO	224	7.680
SAP HANA in Azure	S384xm	384	8.192
SAP HANA in Azure	S672	672	9.216
SAP HANA in Azure	S96	96	9.216
SAP HANA in Azure	S448OM	448	12.288
SAP HANA in Azure	S576m	576	12.288
SAP HANA in Azure	S896	896	12.288

Tabelle 2.2 Auszug der für SAP HANA zertifizierten Instanztypen bei Microsoft Azure

2.2.7 Praxisbeispiele

Die größten Versicherungen zählen auf Microsoft Azure

Wie auch die anderen wichtigen Hyperscaler bewirbt Microsoft seine Azure-Plattform mit zahlreichen Erfolgsgeschichten seiner Kunden. So können Sie in den Beispielen unter *https://azure.microsoft.com/de-de/solutions/sap/customers/#case-studies* nachlesen, warum das entsprechende Projekt der Kunden beim Umzug in die Microsoft-Azure-Cloud so erfolgreich war. Hier finden Sie Branchengrößen aus unterschiedlichen Bereichen, wie z. B. Swiss Re, nach Munich Re einer der weltweit größten Rückversicherer, oder die Allianz, einer der größten Direktversicherer. Man findet auch Branchenriesen wie Unilever, Campari Group, Samsung, Mondelez, Shell, bp, Mosaic, L'Oréal, E.ON und viele mehr unter den Kunden für SAP auf Microsoft Azure.

Die größte SAP-HANA-Installation auf Azure

Ein Beispiel sticht aus der Masse ein wenig heraus, und das ist CONA Services LLC, die IT-Tochter von Coca-Cola Nordamerika. Und das ist gleich aus zwei Gründen so. CONA hat zunächst seine gesamte SAP-HANA-Datenbanklandschaft mit einer Größe von mehr als 20 TB und mehr als 22.000 Benutzerinnen und Benutzern auf SAP HANA on Azure (mit SAP HANA Large Instances) migriert (siehe Abbildung 2.9).

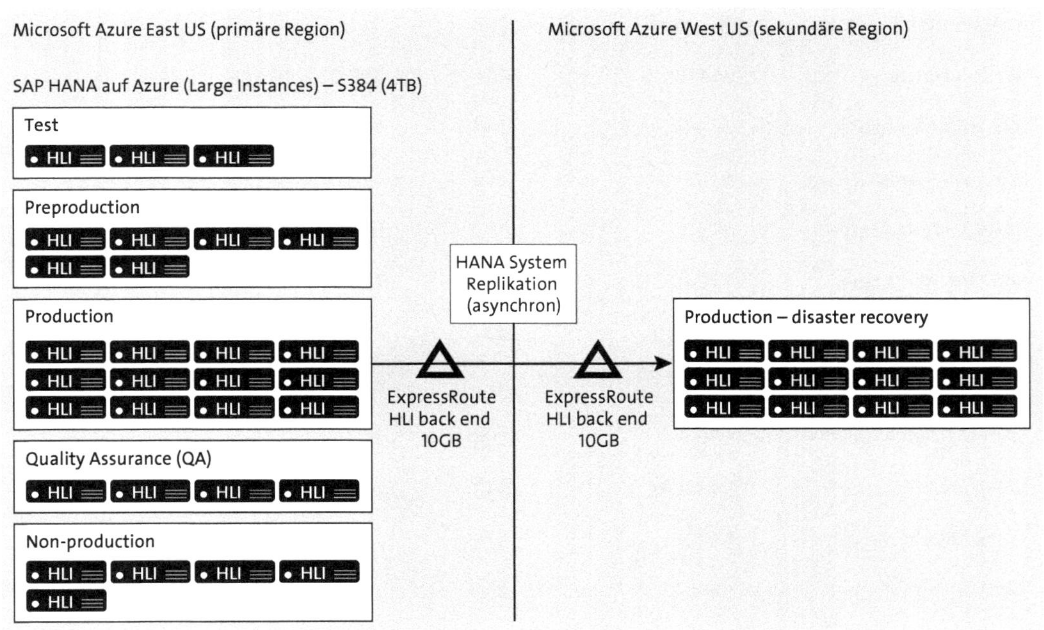

Abbildung 2.9 SAP HANA on Azure mit DR (Quelle: Microsoft Azure)

Das war zu der Zeit, in den Jahren 2018 und 2019, die größte SAP-HANA-Landschaft, die jemals auf einer Public Cloud betrieben wurde. CONA hat ein sogenanntes 5-Tier-System gehostet. Das bedeutet, dass neben dem produktiven System noch eine Kopie für Tests, eine Kopie für die Vorproduktion, eine für die Qualitätssicherung (QA) sowie ein System für nicht produktive Anwendungen verwendet wurden. Für die Disaster Recovery wurde das produktive System in eine zweite Region gespiegelt, die mit einer dedizierten 10-GB-Express-Route über den Microsoft Azure Backbone angebunden war. Der Nachteil an den Large Instances ist, dass die Hardware wie im eigenen Rechenzentrum vom Kunden selbst betrieben werden muss, da es sich um Bare-Metal-Systeme handelt.

Bare-Metal-Systeme müssen gewartet werden

Dieses Management stellte sich für CONA als zeitintensiv heraus, ganz besonders, weil die Datenmenge so rasant wuchs, dass alle drei Monate ein neuer Node hinzugefügt werden musste. Aus diesem Grund beschloss CONA nach zwei Jahren, seine Systeme auf virtuelle Maschinen in Microsoft Azure zu migrieren. Da es keine Single Nodes über 12 TB als VM gibt, wurde in diesem Fall in ein Cluster migriert. Als Basis dafür dienten nun die VMs des Typs M416s_v2 mit 416 Kernen und 6 TB RAM pro Maschine. Davon wurden 8 + 2 Maschinen in einem Produktionscluster zusammengefügt. Als Speicher dient seither der Dienst Azure NetApp Files. Für das Disaster Recovery (kurz DR) wurde das produktive Cluster in eine zweite Region repliziert (siehe Abbildung 2.10).

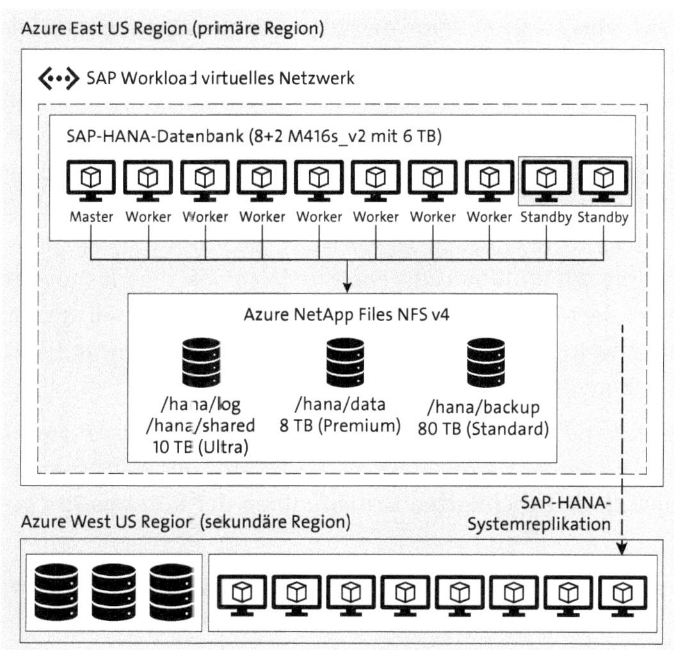

Abbildung 2.10 SAP HANA on Azure VM mit Disaster Recovery (Quelle: Microsoft Azure)

10 % Einsparungen im Betrieb

Das Ergebnis sind eine Einsparung bei den Betriebskosten von rund 10 % sowie eine sehr viel höhere Flexibilität und bessere Netzwerklatenz. Auf diese Weise kann CONA seinen Kunden einen perfekten Service und beste Reports liefern. Nach der erfolgreichen Migration des SAP-BW/4HANA-Systems plant CONA nun zusammen mit Microsoft eine Migration seines SAP-S/4HANA-Systems ebenfalls nach Microsoft Azure und möchte einen Proof of Concept (kurz PoC) mit den größeren 12-TB-Maschinen durchführen. Die ganze Referenz können Sie unter folgendem Link nachlesen: *https://azure.microsoft.com/mediahandler/files/resourcefiles/cona-optimizes-sap-landscape-on-azure-by-moving-sap-bw-on-hana-to-azure-virtual-machines/CONA-TCS.pdf*.

2.2.8 Kritik an Microsoft

Microsoft versucht, Steuern zu sparen

Wie bei den meisten großen Konzernen, besonders bei amerikanischen Großkonzernen, gibt es auch bei Microsoft eine ganze Reihe an Kritikpunkten. Die typischsten sind zum einen die Kritik daran, dass Microsoft wie viele andere multinationale Konzerne diverse legale Umbuchungstricks ausnutzt, um wenige bzw. keine Steuern zu zahlen. Dazu wurde z. B. die Steueroase Irland genutzt. Diese Methode ist aber seit 2020 illegal und wird nicht mehr praktiziert. Zum anderen wird Microsoft vor allem im Consumer-Bereich vorgeworfen, seine marktbeherrschende Monopolstellung auszunutzen, um neue Technologien und neue Microsoft-Produkte als Bundle über seine Plattform Windows in den Markt zu bringen. So gab es gegen Ende der 1990er-Jahre eine große Kontroverse, weil Microsoft seinen hauseigenen Internetbrowser als Standardeinstellung mit Windows 95 auslieferte, damit einen Marktanteil von 80 % erreichte und so wohl auch am Verschwinden des Browsers Netscape Communicators beteiligt war. Der heute mit Windows ausgelieferte Microsoft-eigene Browser Edge ist zwar auch derzeit zweitplatzierter mit einem Marktanteil von ca. 10 %, damit aber weit hinter dem heutigen Marktführer Chrome von Google, der mit einem Marktanteil von ca. 66 % aufwarten kann.

Bußgelder

Seit 2004 hat unter anderem die Europäische Kommission immer wieder zahlreiche Bußgelder gegen Microsoft wegen Verletzung der Wettbewerbsgesetze verhängt. Zu den wichtigsten Kritikpunkten der Kommission gehören:

1. der Missbrauch seiner Position als Marktführer für eine wettbewerbswidrige Vertragspolitik gegenüber wirtschaftlich abhängigen Unternehmen
2. die wettbewerbswidrige Bündelung verschiedener Produkte

3. das Unterlaufen von etablierten Softwarestandards mit dem Ziel der Kundenbindung an Microsoft als Folge von Inkompatibilitäten
4. lange Zeit nicht behobene Sicherheitslücken in Betriebssystemen und Anwendungen
5. die Verzögerung von softwaretechnischen Innovationen aus unternehmensstrategischen Motiven

Microsoft zahlte so im Zeitraum von 2004 bis 2013 insgesamt ein Bußgeld von mehr als 1,6 Milliarden Euro an die Europäische Kommission für verschiedene Vergehen. Darunter neben den zuvor genannten das Ausnutzen einer marktbeherrschenden Stellung im Bereich Serverbetriebssysteme zur Erlangung einer Marktführerschaft im Servermarkt sowie die wettbewerbswidrige Bündelung von Produkten. Nicht zuletzt zahlte Microsoft ebenfalls ein Bußgeld für die Nicht-Offenlegung von Schnittstelleninformationen für die Konkurrenz von Microsoft.

Microsoft nutzt Telemetrie in Produkten

Microsoft steht darüber hinaus immer wieder in der Kritik für seinen Umgang mit dem Thema Datenschutz. Schon dreimal erhielt Microsoft den Negativpreis Big Brother Award, im Jahre 2002 für die Einführung einer umfassenden und flächendeckenden Technologie zum Schutz von Urheberrechten mit seinem *Digital Rights Management*. Im Jahr 2018 wurde der Award verliehen für die fast nicht deaktivierbaren Telemetriefunktionen in Windows 10 und erst letztes Jahr für die in Microsoft 365 eingebaute Technologie *Workplace Analytics* zur Analyse von Beschäftigten und deren Aktivitäten.

Microsoft nutzt seit jeher Telemetriefunktionen in seinen Produkten, um Informationen über die Nutzung und das Nutzerverhalten zu sammeln. Nach Angabe von Microsoft erfolgt dieses zur Verbesserung und Weiterentwicklung der Produkte selbst und lässt sich auf Wunsch deaktivieren.

Kritik am System zur Mitarbeiterbeurteilung

Nach jahrelanger Kritik änderte Microsoft im Jahr 2013 sein System zur Mitarbeiterbeurteilung. Bis dahin wurde bei Microsoft das sogenannte Stack Ranking, auch als Forced Ranking bekannte System verwendet. Dabei muss in jedem Team bzw. in jeder Abteilung ein fester Prozentsatz an High-Performern, normalen Mitarbeitenden und Low-Performern festgelegt werden. Auch wenn es in einem Team keine High-Performer oder Low-Performer gibt, mussten Mitarbeitende ausgewählt und in diese Kategorie gequetscht werden. Dabei wurde drauf geachtet, dass die Anzahl in jeder Kategorie einer Normalverteilung folgt.

Lücke im Dienst der Cosmos DB

Das Einzige, was wir an Kritik zur Plattform Azure über Microsoft finden konnten, ist eine Sicherheitslücke im Visualisierungsdienst namens Jupyter für Cosmos DB. Diese tauchte im Jahr 2021 auf und hätte es ermöglichen können, den Generalschlüssel für die Datenverschlüsselung abzufangen und so auf alle Cosmos-DB-Datenbanken aller Azure-Kunden zuzugreifen. Nach Berichten von Microsoft konnte die Lücke jedoch geschlossen werden, bevor jemand in der Lage war, diese auszunutzen. Es ist also kein Schaden entstanden.

2.3 Google

Google wurde an der Stanford gegründet

Die beiden Gründer von Google, Larry Page und Sergey Brin, trafen sich im Jahr 1995 an der Stanford University zum ersten Mal. Sergey Brin war damals bereits Student dort und zeigte Larry Page den Campus, als dieser überlegte, dort zu studieren. Bereits ein Jahr später entwickelten beide zusammen eine Suchmaschine, die anhand von eingehenden und ausgehenden Links die Wichtigkeit von Internetseiten ermittelte. Diese Technik nennt sich PageRank. Die Suchmaschine wurde zunächst BackRub genannt, kurze Zeit später wurde daraus die bekannte Suchmaschine *Google*. 1998 investierte Andreas von Bechtolsheim, ein Mitgründer von Sun Microsystems, 100.000 US-Dollar in die beiden Studenten, die daraufhin die Google Inc. offiziell gründeten.

Maximal eine halbe Sekunde für die Suche

Die Google-Suche hatte von Beginn an direkt zwei Vorteile gegenüber den bisher etablierten Suchmaschinen wie Lycos, Infoseek oder Yahoo. Zum einen war die Suche einfach sehr viel schneller, da Google die Suchanfragen auf viele Server gleichzeitig verteilte und somit schneller Ergebnisse liefern konnte. Als Richtwert gilt bei Google, dass eine Suchanfrage nie länger als eine halbe Sekunde dauern darf. Zum anderen sortierte Google die Suchergebnisse mithilfe von PageRank nach Wichtigkeit. Die Google-Suche funktioniert im Grunde auch heute noch genau wie zu Beginn, nur dass sie seit 2016 zusätzlich auch eine Kontexterkennung bietet. Diese ermöglicht der Suchmaschine, anhand der ganzen Informationen, die Google im Laufe der Jahre über uns und unser Nutzerverhalten gesammelt hat, besser zu erahnen, was wir mit der eingegebenen Suche wohl tatsächlich meinen.

Durch den raschen Erfolg der Suchmaschine in Kombination mit kontextsensitiver Werbung auf den Ergebnisseiten konnte das Unternehmen eine ganze Reihe an weiteren Produkten finanzieren. Dazu gehören z. B. Gmail, der weltweit meistgenutzte E-Mail-Dienst, das Betriebssystem Android, der weltweit meistgenutzte Navigations- und Kartendienst Google Maps, der Webbrowser Google Chrome, Google Wallet und vieles mehr. Dennoch bleibt die Google-Suche das zentrale Produkt von Google und ist bis heute die Haupteinnahmequelle.

2015 wurde Google umstrukturiert

Seit 2015 heißt das Unternehmen Alphabet Inc., da es inzwischen eine ganze Reihe von Tochterfirmen besitzt, die nicht direkt etwas mit der Suchmaschine Google zu tun haben. Alle bekannten Google-Dienste gehören nun zum Tochterunternehmen Google LLC. Weitere Tochterunternehmen sind etwa das führende Unternehmen zur Forschung und Entwicklung von künstlicher Intelligenz DeepMind und Waymo, die Firma, die sich mit autonomem Fahren beschäftigt. Es gibt noch eine Reihe weiterer Tochterunternehmen, etwa aus dem Bereich Biotech und Gentechnik, doch darüber ist wenig bekannt. Bekannter ist dabei eher das Zukunftslabor *X*, das z. B. durch die Erfindung der Google Glasses, eine Brille zur Nutzung von Augmented Reality, bekannt wurde.

2006 starteten die ersten Cloud-Dienste

Im Jahr 2006 startete Google damit, SaaS-Angebote für Privatpersonen und Unternehmen bereitzustellen. Zu den ersten Produkten gehörte dabei Google Docs Editors, eine webbasierte Office-Suite, die als Basis den Speicherdienst Google Drive nutzte. Zu den Produkten gehörten Google Docs für Textdokumente, Google Tabellen als Tabellenkalkulation, Google Präsentationen, Google Zeichnungen, Google Formulare, Google Sites und Google Notizen. Zusätzlich bietet Google noch Gmail und Google Kalender an. Alle Dienste stehen privaten Nutzern mit einem Google-Konto kostenlos zur Verfügung und werden mithilfe von zugeschnittenen Werbeanzeigen finanziert.

2008 wurde der Dienst *Google Sites* eingeführt, mit dem die Erstellung und Veröffentlichung von Websites auch ganz ohne HTML-Kenntnisse oder Fähigkeiten im Webdesign möglich war. Google Hangouts, ein Dienst zur Zusammenarbeit per Chat, Sprache oder Videotelefonie, wurde im Mai 2013 hinzugefügt.

Google Apps seit 2011 kostenpflichtig

Google bot diese Dienste unter dem Namen Google Apps ebenfalls als Suite für Unternehmen zunächst kostenlos an. Etwa fünf Jahre später, im April 2011, gab Google bekannt, dass diese Google Apps for Business Suite nicht mehr länger für Unternehmen mit mehr als zehn Benutzerinnen und Benutzern kostenlos zur Verfügung steht, sondern ab sofort nur noch mit einem Abonnement bezogen werden können. Seit Dezember 2012 konnten kleinere Unternehmen Google Apps for Business ebenfalls nicht mehr kostenlos nutzen. Ab September 2014 heißt das kostenpflichtige Angebot für Unternehmen jeder Größe nun Google Apps for Work und seit 2016 G-Suite. Seit 2020 heißt die aktuelle Version nun Google Workspace und ist über die Jahre sehr beliebt geworden (siehe Abbildung 2.11).

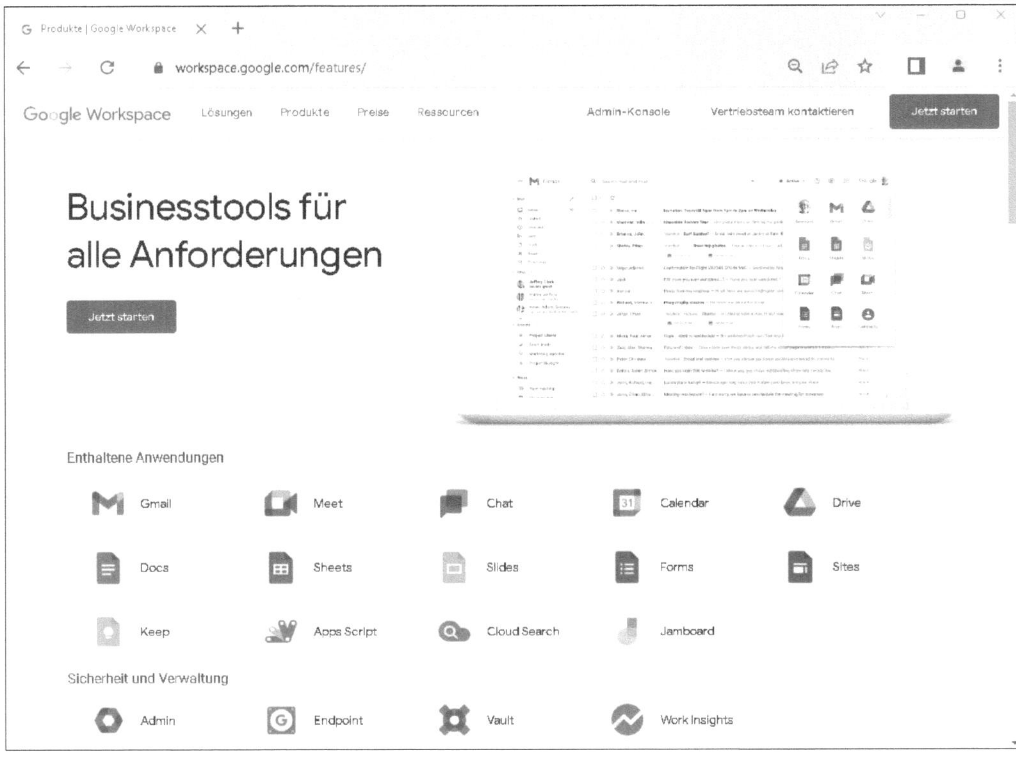

Abbildung 2.11 Google Workspace (Quelle: Google)

Mit der Google App Engine ging es los

Am 7. April 2008 kündigte Google auch die *Google App Engine* als Plattform für die Entwicklung und das Hosting von Webanwendungen in von Google verwalteten Rechenzentren an.[4] Die Grundlage der angebotenen Dienste waren die von Google selbst für seine Dienste entwickelten Technologien, die mitunter bei YouTube und Google Workspace eingesetzt wurden. Nach knapp drei Jahren im eingeschränkten Modus wurde die Plattform als *Google Cloud Platform* (kurz GCP) im Jahr 2011 dann allgemein verfügbar. Ab sofort konnte jeder mit einem Google-Konto und einer Kreditkarte die inzwischen angewachsene Zahl an Cloud-Diensten selbst nutzen. Die Google Cloud Platform bildet zusammen mit Google Workspace und den Unternehmensversionen von Android und Chrome OS die *Google Cloud*.

GCP mit ca. 9 Milliarden US-Dollar Umsatz

Im Jahr 2019 erzielte Google mit der Google Cloud Platform einen Jahresumsatz von ca. 9 Milliarden US-Dollar. Zu den größten Kunden der Plattform gehören (Stand 2021) Apple mit rund 8 EB Daten hauptsächlich für

4 Quelle: Google Developer Blog (2008): Introducing Google App Engine + our new blog, *https://googleappengine.blogspot.com/2008/04/introducing-google-app-engine-our-new.html*

iCloud-Userdaten, TikTok mit rund 470 PB, Spotify mit rund 460 PB, Twitter mit ca. 315 PB und Snapchat mit knapp 275 PB.[5]

2.3.1 Das Angebot von Google

Weniger Dienste im Angebot

Das Angebot von Google umfasst anders als bei AWS und Microsoft Azure lediglich etwas mehr als 100 Dienste. Dabei ähnelt der Großteil der IaaS-Dienste denjenigen der anderen großen Hyperscaler. Auch Google bietet mit Google Compute Engine virtuelle Maschinen, virtuelle Netzwerke, einen Containerdienst und Cloud Storage. Mit AlloyDB für PostgreSQL und Cloud SQL für MySQL hat Google auch vollständig verwaltete Datenbanken als PaaS-Dienst im Angebot.

GCP bietet spezielle Services für Gamedesign

Google wird oft wegen der beliebten KI-Dienste, der viel gelobten IoT-Umgebung, Big-Data-Anwendungen und fürs Gaming verwendet. Für Letzteres bietet Google speziell vorbereitete Kubernetes Engines an, die auf die Verwaltung von Spieleservern spezialisiert sind. Mit OpenCue stellt Google eine Rendering Engine zur Verfügung, die für visuelle Effekte nicht nur, aber bevorzugt bei 3D-Spielen eingesetzt wird.

Das Besondere am Angebot von Google ist, dass das Unternehmen zahlreiche Bündel zusammengestellt und den Bedürfnissen verschiedener Branchen und Kundenarten angepasst hat. So gibt es für eine ganze Reihe von Unternehmen Branchenlösungen, die den Einstieg in die Cloud erleichtern sollen (siehe Abbildung 2.12).

Mit geringen Kosten in die Cloud starten

Aber nicht nur als Bündel für Branchen, sondern auch für bestimmte Aufgaben wie die Anwendungsmodernisierung, den digitalen Wandel, die Zusammenarbeit oder speziell für Start-ups sind vorgefertigte Cloud-Lösungen vorhanden. Google verkauft seine Dienste eher über die Lösung eines bestimmten Problems als wie die anderen Hyperscaler über das Produkt selbst. Dabei ist es, wie in Abbildung 2.13 zu sehen, unerheblich, ob Sie eine Webanwendung entwickeln möchten oder Dienste für die Zusammenarbeit benötigen. Neukunden erhalten derzeit eine Gutschrift von 300 US-Dollar, um schnell in der Google Cloud starten zu können und die wichtigsten Dienste kostenlos zu testen.

5 Quelle: Peterson, Mike (2021): Apple is now Google's largest corporate customer for cloud storage, *https://appleinsider.com/articles/21/06/29/apple-is-now-googles-largest-corporate-customer-for-cloud-storage*

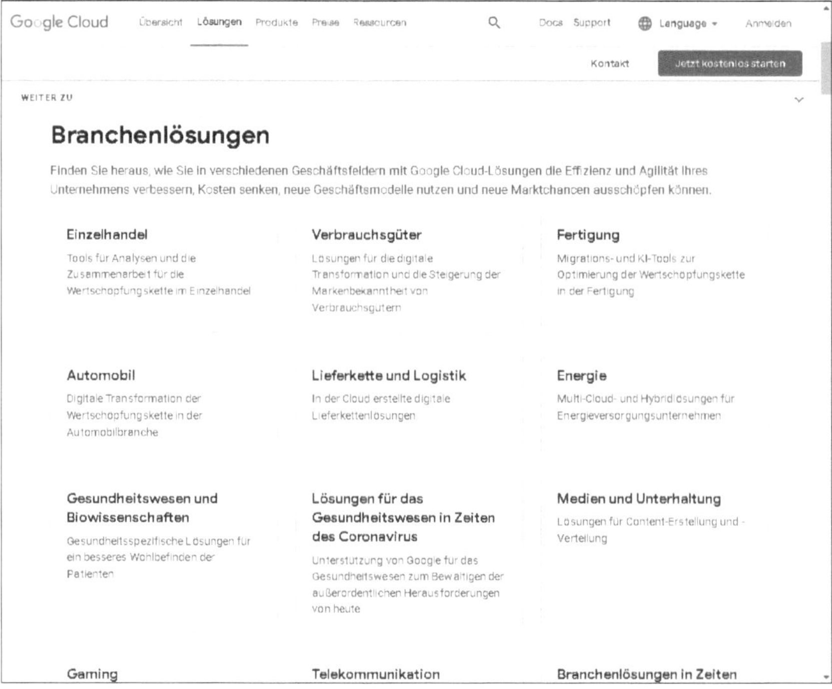

Abbildung 2.12 Branchenlösungen der Google Cloud Platform (Quelle: Google)

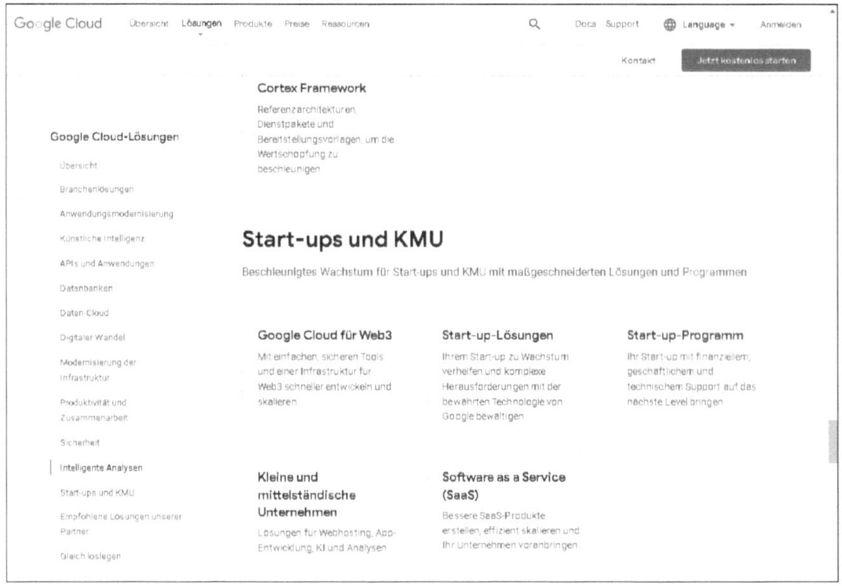

Abbildung 2.13 Cloud-Lösungskatalog der Google Cloud Platform (Quelle: Google)

2.3.2 Aufbau der Rechenzentren

Bereits 34 Regionen verfügbar

Die Standorte von Google Cloud sind in 34 Regionen mit insgesamt 103 Zonen aufgeteilt (siehe Abbildung 2.14). Dabei entspricht, wie auch bei AWS oder Microsoft Azure, eine Region einem Standort mit mehreren Rechenzentren und eine Zone einem einzelnen Rechenzentrum an diesem Standort bzw. in dieser Region. Die meisten Regionen verfügen über drei und nur wenige Regionen über zwei Zonen. Laut Google soll bei diesen in Kürze jeweils eine dritte Zone ergänzt werden. Das erhöht die Ausfallsicherheit und gibt Ihnen die Möglichkeit, eine hoch verfügbare Architektur für Ihre Cloud-Infrastruktur zu wählen. Wenn eine Zone nicht mehr verfügbar ist, können Sie den Traffic in eine andere Zone in derselben Region verlagern, um Ihre Dienste weiter bereitzustellen. Ressourcen, die sich in einer Zone befinden, wie Instanzen virtueller Maschinen oder zonale Speicher, werden als *zonale Ressourcen* bezeichnet. Andere Ressourcen wie statische externe IP-Adressen sind regional. *Regionale Ressourcen* können von jeder Ressource in dieser Region genutzt werden, und zwar unabhängig von der Zone, während zonale Ressourcen nur von anderen Ressourcen in derselben Zone genutzt werden können. Nicht alle Maschinentypen und Ressourcen sind in allen Regionen verfügbar.

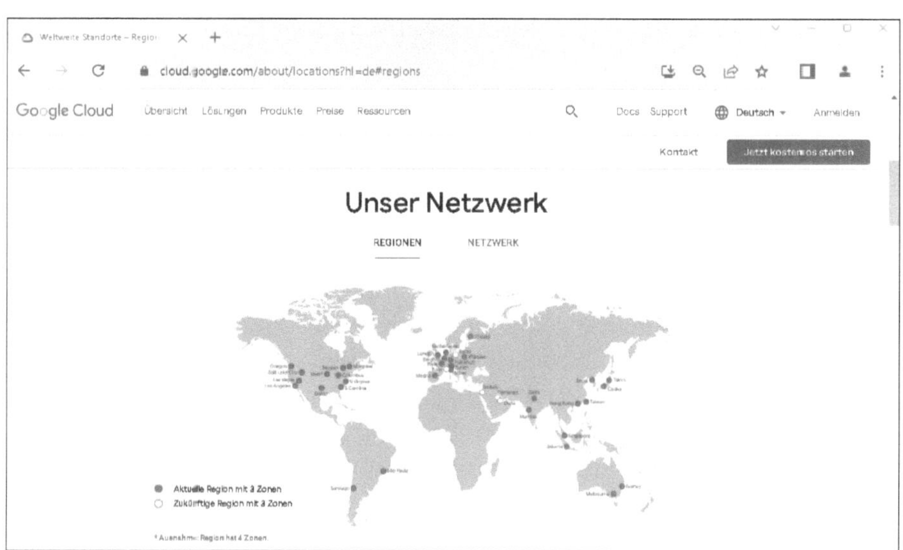

Abbildung 2.14 Regionen der Rechenzentren von Google Cloud (Quelle: Google)

Auch Google hat ein privates Glasfasernetz

Ähnlich der globalen Netzwerkinfrastruktur bei AWS und Azure hat auch Google ein riesiges, privates, weltumspannendes Glasfasernetzwerk unter dem Meer aufgebaut, um seine Rechenzentren miteinander zu verbinden (siehe Abbildung 2.15).

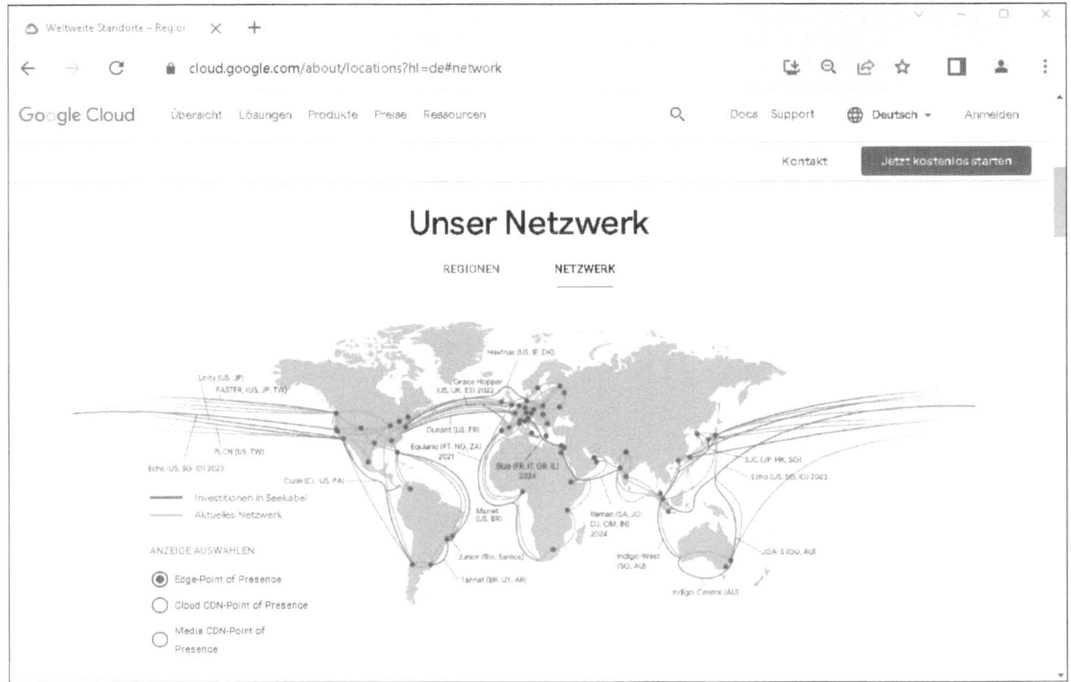

Abbildung 2.15 Privates Glasfasernetzwerk von Google (Quelle: Google)

In Kürze kommen neue Regionen in Berlin, Doha (Katar), Turin (Italien), Dammam (Saudi-Arabien) und Tel Aviv (Israel) hinzu.

GCP bietet genauso viele Standorte wie AWS und Azure

Google Cloud Platform steht in Bezug auf die Größe seinen Mittbewerbern AWS mit 26 Regionen und Microsoft Azure mit 38 Regionen in nichts nach. Google hat darüber hinaus ein ehrgeiziges Ziel im Bereich Nachhaltigkeit. Denn die Google-Cloud-Rechenzentren sind bereits jetzt doppelt so effizient wie herkömmliche Unternehmensrechenzentren und verfügen über einen Per-Unit-Wert (PU-Wert) von 1.1. Dieser Wert gibt an, wie effizient Strom verwendet wird (1.0 wäre ein perfekter Wert). 100 % der Stromversorgung erfolgt durch erneuerbare Energien, und 81 % aller Abfälle werden dem Recycling zugeführt. In den letzten fünf Jahren konnte Google die Effizienz des eingesetzten Stroms seiner Rechenzentren um den Faktor 5 verbessern.

2.3.3 Google Cloud Platform für SAP-Systeme

Google ist Teil von Embrace

Google gehört genauso wie AWS und Microsoft zu den drei strategischen Partnern von SAP unter dem Project Embrace. Das bedeutet, dass Google und SAP gemeinsam für ihre Kunden die Migration von SAP-Customer-

Experience-Portfolio, ehemals SAP C/4HANA, und SAP S/4HANA auf die Google Cloud Platform beschleunigen, indem sie gemeinsame Best Practices und Referenzarchitekturen bereitstellen. Darüber hinaus stellt Google seinen Kunden zusammen mit Umsetzungspartnern über das *Rapid Assessment & Migration Program* (kurz RAMP) einen Beschleuniger zur Verfügung, mit dessen Hilfe Kunden ihre SAP-HANA-basierten SAP-Systeme noch schneller in die Google Cloud migrieren können (siehe Abbildung 2.16).

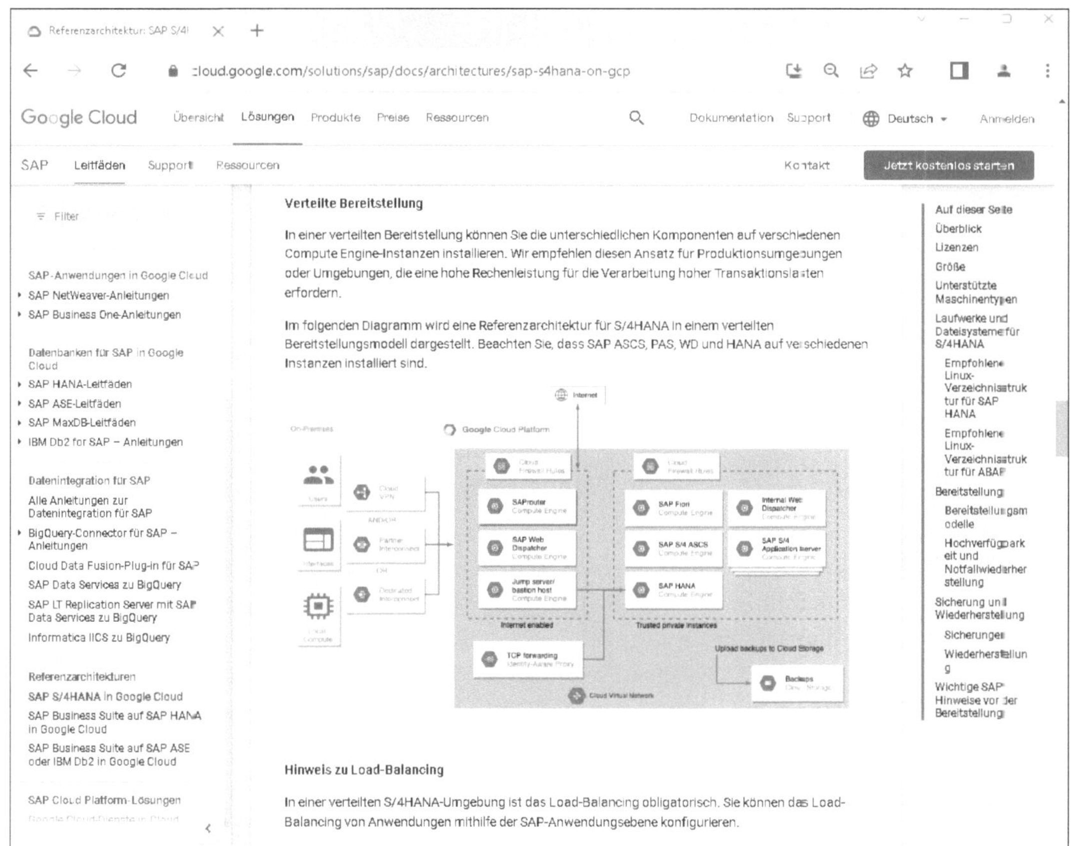

Abbildung 2.16 SAP on GCP – Referenzarchitektur (Quelle: Google)

Alle Infos zum Start von Google direkt verfügbar

Google bietet auf seiner Website ausführliche Informationen rund um die Themen Vorbereitung, Migration, Betrieb und Referenzarchitekturen (siehe *https://cloud.google.com/solutions/sap/docs/overview-of-sap-on-google-cloud*). Dort finden Sie auch Schnellstartanleitungen und wichtige Hinweise für die Migration und den Betrieb von SAP-Systemen auf der Google Cloud Platform, die auf SAP HANA basieren. Nicht zuletzt gibt es über den Google

Cloud Marketplace Konfigurationsvorlagen für standardisierte SAP-Infrastrukturumgebungen, die z. B. über den *Cloud Deployment Manager*, einen Automatisierungsdienst für die Infrastruktur, verwendet werden können. Dieser von Google selbst bereitgestellte Dienst ähnelt den bekannten Automatisierungsdiensten wie Terraform, Puppet oder Ansible.

Mit dem Google Cloud Cortex Framework mehr Wert für SAP

Google hat zudem gerade das *Google Cloud Cortex Framework* veröffentlicht. Darin stellt Google Ihnen Lösungsinhalte, Referenzarchitekturen, Bereitstellungsbeschleuniger und Integrationsdienste für gängige Geschäftsszenarien zur Verfügung. Das Framework hilft Ihnen so, Ihren Time to Value zu senken und mit Google Cloud schnell zu starten.

Speziell für SAP gibt es im Google Cloud Cortex Framework vordefinierte BigQuery-Data-Marts und Looker-Berichtsvorlagen, um eine schnellere Einsicht in gängige Order-to-Cash- und Finanzanalysen zu ermöglichen. Sie erhalten auf diese Weise ein besseres Verständnis Ihrer Umsatz-, Liefer- und Abrechnungsleistung und Ihrer finanziellen Situation. Mit diesen Erkenntnissen können Sie Ihre Kerngeschäftsprozesse optimieren.

Um das zu erreichen, hat Google bestimmte Lösungen von Drittherstellern wie Fivetran/HVR, Informatica, Palantir und Qlik verfügbar gemacht, um SAP-Daten direkt zu integrieren und nutzen zu können.

2.3.4 Zertifizierte Instanztypen

Die passende Instanz finden

SAP zertifiziert eine Vielzahl von Google-Cloud-Instanztypen für die Verwendung mit SAP HANA in der Google Cloud Platform. Dabei sind einige Maschinentypen möglicherweise nicht in jeder Google-Cloud-Region verfügbar. Gerade die Bare-Metal-Solutions von Google sind nur in wenigen Regionen verfügbar. Wie auch für die anderen Hyperscaler gibt es eine vollständige Liste der von SAP zertifizierten Instanztypen von Google Cloud Platform, die Sie unter diesem Link aufrufen können: *https://www.sap.com/dmc/exp/2014-09-02-hana-hardware/enEN/#/solutions?filters=iaas;ve:29*.

Auch bei Google finden sich zertifizierte Instanzen mit einer maximalen Größe von 416 CPU-Kernen und 12 TB Arbeitsspeicher. Bei den Bare-Metal-Lösungen, bei denen das System ohne eine Virtualisierungsschicht direkt auf der Hardware ausgeführt wird, sind auch bei Google Cloud Platform Maschinen mit bis zu 24 TB Speicher und 896 Kernen möglich. Diese stehen derzeit aber nur in Frankfurt a. M. (Region europe-west3), Eemshaven (Region europe-west4), Council Bluffs (Region us-central1), Ashburn (Region us-east4) und Los Angeles (Region us-west2) zur Verfügung.

In Tabelle 2.3 sehen Sie eine Auswahl der verfügbaren und von SAP zertifizierten Instanztypen bei Google.

Instanzfamilie	Instanztyp	vCPU	vRAM in GB
n1	n1-highmem-32	32	208
n2	n2-highmem-32	32	256
n2	n2-highmem-48	48	384
n1	n1-highmem-64	64	416
n2	n2-highmem-64	64	512
n1	n1-highmem-96	96	624
n2	n2-highmem-80	80	640
n2	n2-highmem-96	96	768
n2	n2-highmem-128	128	864
m1	m1-ultramem-40	40	961
m1	m1-megamem-96	96	1.433
m1	m1-ultramem-80	80	1.922
m1	m1-ultramem-160	160	3.844
m2	m2-ultramem-208	208	5.888
m2	m2-megamem-416	416	5.888
m2	m2-ultramem-416	416	11.776

Tabelle 2.3 Auszug der für SAP HANA zertifizierten Instanztypen bei GCP

2.3.5 Praxisbeispiele

Google hat große Firmen als Kunden für SAP

Anders als bei AWS und Microsoft finden Sie die meisten Erfolgsgeschichten nicht in Schriftform auf der Website der Google Cloud Platform. Auf YouTube hat Google unter dem Link *https://www.youtube.com/playlist?list=PLBgogxgQVM9th8pUai8d5wZzyYeF5xMu_* eine Playlist veröffentlicht, in der mehrere Unternehmen von ihrer Erfolgsgeschichte mit SAP und Google Cloud Platform berichten. Zu den glücklichen Kunden gehören bekannte Firmen wie Pega Systems, Home Depot und Southwire.

SAP-Migration mit nur 16 Stunden Ausfallzeit

Southwire, der berühmte Kabel- und Drahthersteller, migrierte dabei seine vollständige SAP-Umgebung auf GCP und machte den Cut-over mit nur 16 Stunden Ausfallzeit an einem einzigen Wochenende. Der Vorteil war, dass die mehr als 30 Produktionsstätten für Draht und Kabel, die rund um die Uhr und sieben Tage die Woche produzieren und online sind, dadurch keinerlei Ausfall zu verzeichnen hatten. Nach einem Jahr berichtet Southwire, dass durch die Virtualisierung weniger Zeit für routinemäßige Infrastrukturwartungen aufgewendet werden musste und dabei von mehr Flexibilität, Skalierbarkeit und erhöhter Sicherheit profitiert werden konnte.

30 SAP-Server in nur neun Wochen

Pega Systems nutzt SAP für alle Finanztransaktionen und hat insgesamt 30 SAP-HANA-Server in nur neun Wochen auf die Google Cloud Platform migriert. Dabei profitiert Pega künftig von einer sehr hohen Flexibilität und einer Skalierbarkeit, die den Wachstumsambitionen von Pega Systems gerecht wird. Neben der erhöhten Sicherheit kann Pega nun die Transformation durchführen, die notwendig ist, um weiterhin auf dem Markt zu bestehen.

2.3.6 Kritik an Google

Die Kritik an Google ist ebenso vielfältig wie bei jedem anderen großen Tech-Unternehmen aus den USA. Einige Punkte werden dabei immer wieder kritisch aufgegriffen.

Google sammelt Daten von privaten Anwendern

Experten und die Medien warnen vor einer Aufweichung des Datenschutzes und einer Missachtung der Privatsphäre durch Google. Google versucht, so viele Daten über jede einzelne und jeden einzelnen seiner privaten Nutzerinnen und Nutzer zu sammeln wie möglich. Das Ziel sei es laut Eric Schmidt, Chairman von Google von 2011 bis 2020, selbst sehr persönliche Fragen der Nutzerinnen und Nutzer irgendwann einmal beantworten zu können. Doch damit geht auch ein großes Risiko einher, denn diese Daten könnten gestohlen oder von Google selbst zu fragwürdigen Zwecken eingesetzt werden. Auch der Chaos Computer Club bezeichnet das Unternehmen als Datensammler. Immer wieder erhält Google empfindliche Strafen mit Bußgeldern im dreistelligen Millionenbereich.

Das Kartellamt reicht Klage bei der EU ein

Außerdem musste Google aufgrund einer Klage des Kartellamtes bereits hohe Strafen an die EU-Kommission zahlen. Google nutzte immer wieder seine marktbeherrschende Stellung aus, um den Wettbewerb zurückzudrängen. Dabei wird unter anderem die Suchmaschine selbst kritisiert, da die eigenen Dienste in den Google-Ergebnissen angeblich prominenter angezeigt werden als die Suchergebnisse anderer Anbieter und Portale. Da Google mit einem Marktanteil in Deutschland von über 90 % bei den Suchmaschinen im Prinzip ein Monopol innehat, ist das nicht sehr verwunderlich. Auch das Betriebssystem Android wurde von der EU-Kommission unter die Lupe genommen. Kritisiert wurde, dass Smartphone-Hersteller mit der Installation des Android-Betriebssystems gezwungen werden, gleichzeitig ein Paket aus elf Google-Apps zu installieren sowie die Google-Suche als Standard vorzugeben.

Googles gute KI wird für Militärzwecke genutzt

Seit 2017 ist Google an einem Militärprojekt der US-Regierung beteiligt. Dabei geht es darum, eine KI bereitzustellen und weiterzuentwickeln, die Bildaufnahmen von Aufklärungsdrohnen vollautomatisch auswertet und so die Genauigkeit zur Bekämpfung von Militärzielen erhöht. Obwohl sich ein Großteil der Google-Belegschaft gegen eine Beteiligung an diesem Projekt ausgesprochen hatte, beendete Google das Projekt erst im Jahr 2019 nach Ablauf der ersten Vertragsperiode. Bis dahin hatten bereits etliche Mitarbeitende aus ethischen Gründen gekündigt. Begleitet wurde die Protestaktion der Mitarbeitenden von einem offenen Brief an die Konzernführung, der von knapp 1.000 Wissenschaftlerinnen und Wissenschaftlern aus der ganzen Welt unterschrieben wurde.

Zudem wurde durch einen Whistleblower 2013 bekannt, dass Google auf Anfrage sowohl dem Geheimdienst NSA als auch anderen Regierungsbehörden Nutzerdaten bereitstellt. Ein Unternehmenssprecher von Google gab an, dass alle Anfragen sorgfältig geprüft würden und nur dann so wenig Daten wie möglich herausgegeben würden, wenn die Anfrage den gesetzlichen Bestimmungen entspricht.

Wie viele multinationale Großkonzerne versucht auch Google, möglichst wenige Steuern zu zahlen. Neben legalen Umbuchungstricks und Gewinnverschiebung in steuergünstige Staaten zahlte Google seine Steuern bereits mehrmals erst mit Verspätung. 2016 musste das Unternehmen allein 18 Millionen Pfund Sterling Zinsen an das britische Finanzamt für zu spät gezahlte Steuerbeträge leisten. Im gleichen Jahr wurden ebenfalls 1,6 Milliarden Euro an das französische Finanzamt als Nachzahlung fällig.

2.4 Alibaba

Gründung

Am 28. Juni 1999 gründete Jack Ma zusammen mit 17 Freunden die in China ansässige Website Alibaba.com. Aus ihr ging später die Alibaba Group Holding Limited, im Alltagsgebrauch *Alibaba* genannt, hervor. Alibaba wird oft auch als das chinesische Amazon bezeichnet. Alibaba.com war zunächst nur eine Business-to-Business-Plattform für den Güterhandel zwischen Firmen. Bereits im Oktober desselben Jahrs erhielt Alibaba eine Investition in

Höhe von 25 Millionen US-Dollar von Goldman Sachs und SoftBank. Das Ziel war, die damals noch sehr auf den lokalen Markt ausgerichtete E-Commerce-Plattform zu perfektionieren, um auf diese Weise den chinesischen kleinen und mittleren Firmen zu helfen, ihre Waren in die Welt zu exportieren. Bereits nach drei Jahren, also im Jahr 2002, konnte Alibaba.com Profite verzeichnen. Um die Firma weiter auszubauen, wurde die Produktpalette im Jahr 2003 erweitert.

Taobao Marketplace

Taobao Marketplace ist eine Consumer-to-Consumer-Plattform, die mit eBay vergleichbar ist. Sie konzentriert sich auf die Bereitstellung einer Plattform für kleine Unternehmen, Einzelunternehmer und Privatpersonen zur Eröffnung von Onlineshops, die sich hauptsächlich direkt an die Endverbraucherinnen und Endverbraucher in chinesischsprachigen Regionen richten. Gleichzeitig hatte auch eBay seine Expansion nach China bekannt gegeben. Jedoch konnte Alibaba seine Plattform Taobao durch das Vertrauen auf dem heimischen Markt und einer Strategie, die Marktanteile über die Profitabilität stellte, stärken und eBay schließlich so weit zurückdrängen, dass sich der Konkurrent sechs Jahre später vollständig aus dem chinesischen Markt zurückzog. Mit über 1 Milliarde Produktangeboten (Stand 2016) erreichte das kombinierte Transaktionsvolumen von Taobao Marketplace und Tmall.com im Jahr 2017 insgesamt 3 Trillionen Yuan. Das sind umgerechnet etwa 430 Milliarden US-Dollar. Tmall.com, ehemals Taobao Mall, wurde von Alibaba 2008 als Business-to-Consumer-Plattform gegründet. Im Jahr 2020 hat das Unternehmen sein Handelsvolumen damit auf bereits 6 Trillionen Yuan, also knapp 860 Milliarden US-Dollar, verdoppelt.

Alipay

Alipay ist eine Plattform für mobiles Bezahlen und Onlinetransaktionen ähnlich dem bekannteren PayPal. Alipay hat PayPal im Jahr 2013 überholt und ist seitdem die weltweit größte Payment-Plattform. 2020 hatte die Plattform über 1,3 Milliarden Nutzer und machte mehr als die Hälfte aller Onlinetransaktionen im chinesischen Raum aus.

Im Jahr 2007 wurde die Onlinewerbe- und Onlinemarketing-Technologieplattform *Alimama.com* gestartet. Basierend auf intelligenten Algorithmen integriert und extrahiert Alimama.com Daten aus Suchergebnissen, Empfehlungen, Videos, Finanzen, Logistik und Alibaba-bezogenen Websites und Apps und erzeugt ein großes, komplexes und heterogenes Unidatenbild über seine Nutzerinnen und Nutzer.

Aliexpress

Die auch in Europa eher bekanntere Plattform *Aliexpress* wurde 2010 gestartet und stellt wie Taobao eine Plattform dar, die es kleinen und mittleren Unternehmen auf der ganzen Welt erlaubt, Waren und Dienstleistungen weltweit zu vertreiben. Alibaba stellt dabei lediglich die Plattform und die Zahlungsabwicklung bereit, ist aber nicht an der Herstellung oder dem Versand der Waren beteiligt. Anders als Taobao, das sich nur an den chinesischen Raum richtet, ist Aliexpress global ausgerichtet und in vielen Sprachen verfügbar.

Mobile first für Alibaba

Seit 2013 setzt Alibaba voll auf den mobilen Trend und rief unternehmensweit die »All-in mobile«-Strategie aus, was in eine große Investition in Mobile Marketing und Mobile Sales mündete. 2016 übernahm Alibaba für 500 Millionen US-Dollar das von Rocket Internet gegründete Unternehmen Lazada und weitete so seine E-Commerce-Aktivitäten in die Länder Indonesien, Malaysia, die Philippinen, Singapore, Thailand und Vietnam aus.

Geschichte von Alibaba Cloud

Am zehnten Geburtstag von Alibaba wurde im Jahr 2009 dann die *Alibaba Cloud* gegründet. Gleichzeitig wurde die Firma HiChina gekauft, die bis dahin größte Domain-Registrierungsstelle in China, und der Service in die Alibaba Cloud integriert. Alibaba Cloud betreibt seine Rechenzentren in Hangzhou, Beijing, Hong Kong, Singapore, im Silicon Valley und in Dubai. 2017 startete Alibaba Cloud einen Sprachassistenten, ähnlich Alexa oder Siri, mit dem Namen *AliGenie*. 2018 wurde eine Technologie präsentiert, mit der Verkehr in Städten effizient gesteuert und Staus sowie Unfälle erkannt werden können. Im Jahr 2019 stellte Alibaba Cloud zudem seinen eigenen 64-Bit-RISC-Prozessor vor, den XuanTie-910, der schneller als der vergleichbare ARM-Cortex-A73 sein soll. Im selben Jahr veröffentlichte Alibaba Cloud als Teil seiner Dienste rund um künstliche Intelligenz den Service *AI Accelerator*, eine Gesichtserkennungssoftware, die unter anderem im Einzelhandel und in Kantinen zum Bezahlen oder an Flughäfen zum Check-in bzw. Boarding Verwendung findet.

Mit einem Marktanteil von knapp 6 % am Public-Cloud-Markt hatte Alibaba einen Jahresumsatz von 2,49 Milliarden US-Dollar im Jahr 2018. Der chinesische E-Commerce-Riese setzte sein beeindruckendes Wachstum auch 2020 fort und berichtete für Q1 und Q2 zusammengenommen über Einnahmen von 2,2 Milliarden US-Dollar, was einem Wachstum von 66 % entspräche. Damit liegt der jährliche Umsatz des Unternehmens bei mehr als 4 Milliarden US-Dollar. Aktuellere Zahlen sind leider bisher nicht verfügbar.

2.4.1 Das Angebot von Alibaba

Alibabas Angebot ist ähnlich groß wie das von GCP

Das Angebot von Alibaba Cloud weicht nicht besonders vom Angebot der anderen Hyperscaler ab. Es ist ähnlich umfangreich wie das von Google Cloud Platform mit etwas mehr als 100 Services und damit kleiner als das von Microsoft Azure oder AWS mit je mehr als 200 Services. Das Angebot umfasst die gleichen Infrastrukturkomponenten (IaaS) mit virtuellen Maschinen und Containern (*Elastic Computing*), virtuellen Netzwerken (Virtual Private Cloud) und Speicherdiensten. Es sind auch diverse PaaS-Dienste wie Datenbanken, KI, IoT und Data Warehouse Services verfügbar.

Domain-Dienste

Was bei Alibaba auffällig ist, ist die Integration des im Jahr 2009 hinzugekauften Domain-Registrars HiChina. Es gibt nämlich im Angebot von Alibaba auch Dienste wie *Alibaba Mail*, einen Short Message Service, eine Chat-Applikation und natürlich einen Domain-Service sowie ein paar andere Dienste, die an einen Internetdomain- und Website-Betreiber erinnern.

E-Commerce-Erfahrung

Weiterhin ist der Einfluss des E-Commerce-Geschäfts der Muttergesellschaft Alibaba erkennbar. So gibt es z. B. verschiedene Branchenlösungen, die auf genau diesen Zweig abgestimmt sind (siehe Abbildung 2.17). Hier erkennt man die Expertise des E-Commerce- und Logistikkonzerns.

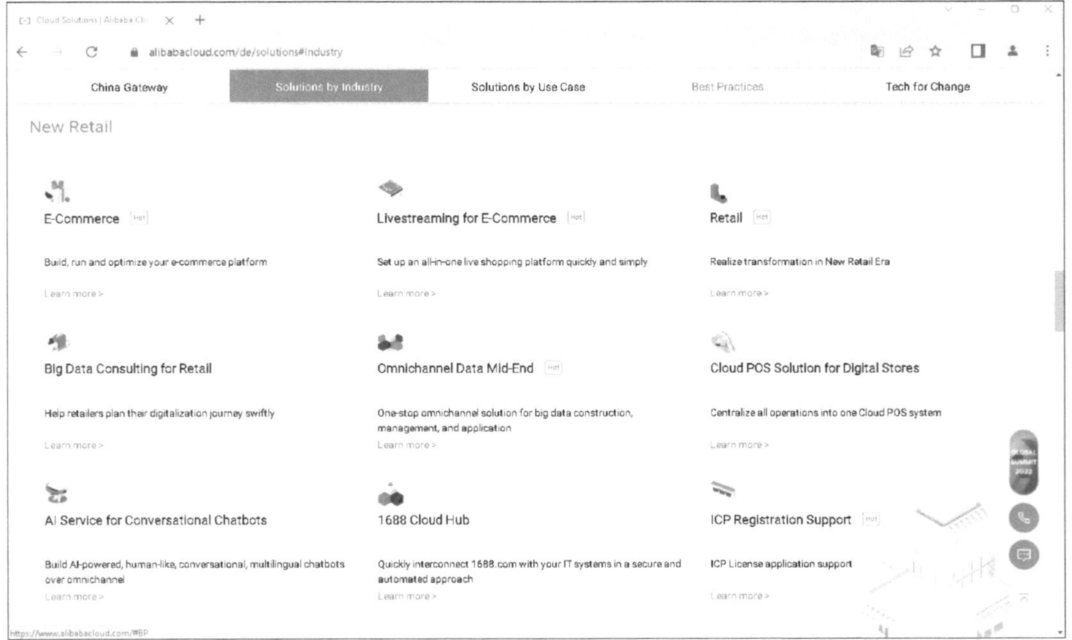

Abbildung 2.17 Alibaba Cloud Industry Solutions (Quelle: Alibabacloud.com)

Preise im Vergleich

Die Preise z. B. für virtuelle Maschinen reichen hier von 0,007 US-Dollar pro Stunde für eine CPU und 0,5 GB RAM bis hin zu Maschinen für 45,23 US-Dollar pro Stunde für 128 Kerne und 1 TB RAM. Die Preise variieren genau wie auch bei den anderen Hyperscalern je nach Region. Alibaba hat inzwischen auch eine Region in Frankfurt a. M., die die teuerste Region darstellt.

Alibaba versteht sich selbst dabei als das Tor nach China und Asien und wirbt damit um internationale Kunden mit globalem Geschäft. Alibaba ist die Nummer eins in China und im asiatischen Raum. Es bringt die Expertise um den Markt China in das Geschäft seiner Kunden und hilft auf diese Weise internationalen Kunden, ihr Geschäft auf die chinesische Region auszuweiten. Dabei übernimmt Alibaba mit einer eigenen Agentur die Registrierung von Firmen und hilft beim Steuerprozess. Alibaba nutzt sein Wissen auch zur Unterstützung bei der Anmeldung von Handelsmarken, der Durchsetzung von Software-Copyright-Verstößen und bei der Anmeldung von Patenten. Zusammen mit weiteren Diensten bietet Alibaba seinen Kunden eine ganze Reihe von cloudbasierten Technologien und professionellen Dienstleistungen, lokales Know-how, Zugang zum umfangreichen Alibaba-Ökosystem und eine konkurrenzlos kurze Markteinführungszeit.

Das Tor nach China

2.4.2 Aufbau der Rechenzentren

Über den Aufbau und die Vernetzung der Rechenzentren von Alibaba ist nur wenig bekannt. Bei der Verteilung der Rechenzentren bzw. der Regionen merkt man sehr deutlich, dass Alibaba Cloud in China entstanden und gewachsen ist. Im Großraum China sind 14 Regionen zu finden, und auf den Rest der Welt verteilen sich 15 Regionen (siehe Abbildung 2.18).

Alibaba gibt nur wenig preis

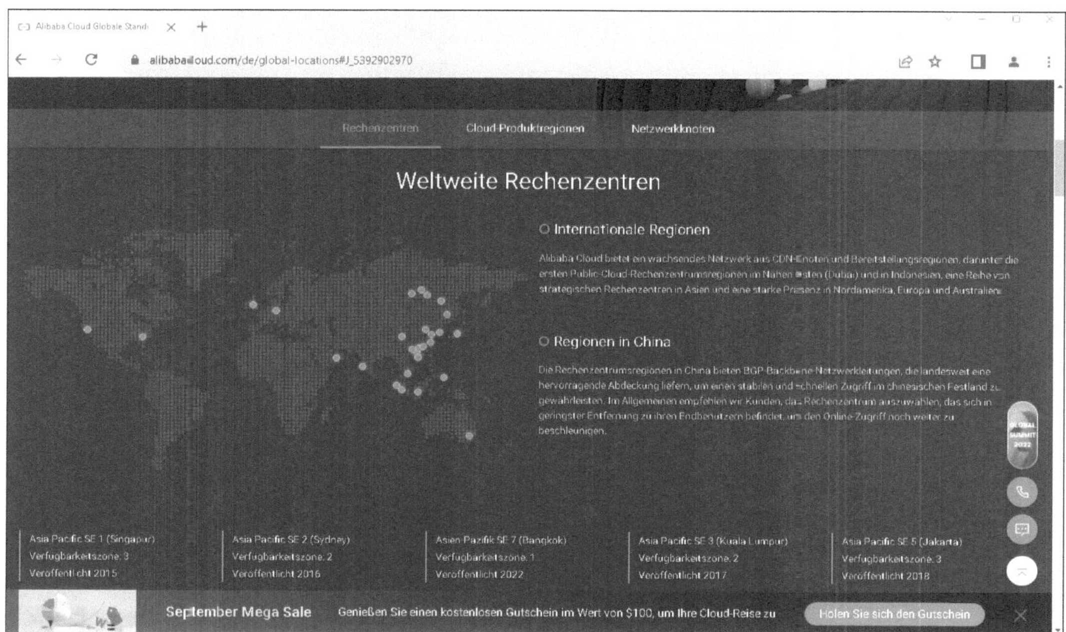

Abbildung 2.18 Alibaba-Cloud-Rechenzentrumsregionen (Quelle: Alibabacloud.com)

Verfügbarkeitszonen pro Region

Die größten Regionen sind dabei Beijing, Hangzhou, Shanghai und Shenzhen. Hier sind bis zu zwölf Verfügbarkeitszonen pro Region aufgebaut (das hat kein anderer Hyperscaler bisher), während in den kleinsten Regionen jeweils nur eine Verfügbarkeitszone auswählbar ist. Alibaba Cloud bietet ein wachsendes Netzwerk von *Content-Delivery-Network*-Knoten (kurz CDN) und Bereitstellungsregionen, darunter die ersten Public-Cloud-Rechenzentrumsregionen in Dubai und Indonesien, eine Reihe strategischer Rechenzentren in Asien und eine erste Präsenz in Nordamerika, Europa und Australien. Diese scheinen lediglich über das öffentliche Internet angebunden zu sein. Die Rechenzentrumsregionen im Großraum China bieten jedoch eigene Backbone-Netzwerkleitungen, die landesweit für eine hervorragende Abdeckung sorgen, um einen stabilen und schnellen Zugriff im chinesischen Festland zu gewährleisten.

2.4.3 Alibaba für SAP-Systeme

SAP und Alibaba arbeiten seit 2016 zusammen

Bereits im Jahr 2016 haben SAP und Alibaba eine Zusammenarbeit begonnen, um gemeinsam Enterprise-Cloud-Lösungen in China über die Alibaba Cloud auszuliefern. Auf der Computing Conference der Alibaba Group im Jahr 2018 gaben beide Unternehmen bekannt, dass sie ihre Partnerschaft weiter vertiefen werden. Die beiden Unternehmen werden enger zusammenarbeiten, um gemeinsam auf dem chinesischen Markt SAP S/4HANA Cloud anzubieten. Die Kunden von Alibaba Cloud werden auch in der Lage sein, die SAP Business Technology Platform (kurz SAP BTP) einzusetzen, um ihre aktuellen Geschäftslösungen zu erweitern, neue Anwendungen zu erstellen und Technologien von Drittanbietern zu integrieren. Im Rahmen der Vereinbarung wird SAP ebenfalls die Technologie von Alibaba Cloud selbst einsetzen, und Alibaba wird im Gegenzug auf SAP S/4HANA migrieren, um seine eigene Innovation und sein eigenes Geschäftsmodell voranzutreiben. Alibaba Cloud ist also ein vertrauenswürdiger Partner von SAP.

Alibaba bietet eigene Lösungen für SAP

Alibaba Cloud hat darüber hinaus mehrere exklusive SAP-bezogene Lösungen entwickelt. Insbesondere bietet Alibaba Lösungen wie SAP-Systemüberwachung mit DataV und ein SAP-HANA-Cloud-Backup auf Alibaba Cloud OSS mit Backint. Zudem gibt es auch spezielle Lösungen, die eine bessere Integration zwischen SAP-Anwendungen und den sonstigen, bereits auf Alibaba Cloud ausgeführten Diensten ermöglichen.

Sofern Sie Ihr Geschäft also nach China erweitern möchten bzw. Ihre in China basierten Geschäftsentitäten in die Cloud verlagern möchten, ist es eine gute Idee, sich mit Alibaba Cloud zu beschäftigen. Alibaba Cloud ist der erste in China ansässige IT-Cloud-Provider, der die ISO-27000-1-Zertifizierung vom BSI erhalten hat.

2.4.4 Zertifizierte Instanztypen

Nur maximal 6 TB pro Maschine

Der Betrieb einer SAP-HANA-Datenbank setzt eine Reihe von Kriterien voraus. Die Datenbank hat spezielle Anforderungen an die Menge Arbeitsspeicher, die sich nach der Größe der Datenbank richten. Die jeweiligen Maschinen und Maschinentypen müssen von SAP zertifiziert sein. Sollten Sie aufgrund von sehr großen Datenbanken mit einem Node allein nicht auskommen, kann die SAP-HANA-Datenbank auch auf einem Cluster betrieben werden. Anders als bei den anderen Hyerscalern ist die maximale Speichergröße bei Alibaba Cloud mit einem Single Node lediglich 6 TB, während es bei den anderen Hyperscalern jeweils 12 TB sind für virtualisierte Maschinen. Die zertifizierten Instanztypen der Alibaba Cloud finden Sie in Tabelle 2.4.

Instanzfamilie	Instanztyp	vCPU	vRAM in GB
v5 Skylake	ecs.r5.8xlarge	32	256
v6 Cascade Lake	ecs.r6.13xlarge	52	384
v4 Broadwell	ecs.se1.14xlarge	56	480
v5 Skylake	ecs.r5.16xlarge	64	512
v6 Cascade Lake	ecs.re6.13xlarge	52	768
v4 Broadwell	ecs.re4.20xlarge	80	960
v6 Cascade Lake	ecs.re6.26xlarge	104	1.536
v4 Broadwell	ecs.re4.40xlarge	160	1.920
v6 Cascade Lake	ecs.re6.52xlarge	208	3.072
v4 Broadwell	ecs.re4e.40xlarge	160	3.840
v6 Cascade Lake	ecs.ebmre6-6t.52xlarge	208	6.144

Tabelle 2.4 Auszug der für SAP HANA zertifizierten Instanztypen bei Alibaba Cloud

2.4.5 Praxisbeispiele

Nur zwei Referenzen verfügbar

Anders als die drei anderen großen Hyperscaler wirbt Alibaba Cloud lediglich mit zwei Erfolgsgeschichten. Die eine ist von Adira Finance, das durch den Aufbau von SAP-S/4HANA-Test- und Produktivsystemen in der Alibaba Cloud sowie in SAP Process Integration und durch die Einführung von SAP Fiori seine Kosten für die Infrastruktur und den Betrieb reduzieren konnte.

Die zweite Erfolgsgeschichte ist von Bina Sarana Sukses (kurz BSS), ein in Indonesien beheimatetes Serviceunternehmen für den Minenbau und den Verleih von schweren Maschinen. Durch die Infrastruktur und die Hilfe von Alibaba Cloud konnte BSS seine SAP-Systeme nahtlos in die Cloud migrieren. Über die VPN-Dienste, die Alibaba Cloud anbietet, kann BSS nun schnell und sicher auf die SAP-Systeme zugreifen.

Sicher kann davon ausgegangen werden, dass Alibaba die eigenen SAP-Systeme ebenfalls in der Cloud ausführt, und es kann auch davon ausgegangen werden, dass es noch weitere Beispiele gibt, die jedoch nicht öffentlich gemacht werden.

2.4.6 Kritik an Alibaba

Missbrauch der KI-Gesichtserkennung

Im Dezember 2020 berichtete die New York Times, dass Alibaba Cloud Gesichtserkennungs- und Überwachungssoftware entwickelt und vermarktet habe, die darauf ausgelegt sei, uigurische Gesichter und die Gesichter anderer ethnischer Minderheiten in China zu erkennen. Alibaba gab an, bestürzt darüber zu sein, dass seine Tochtergesellschaft Alibaba Cloud eine solche Funktion entwickelt hatte. Alibaba Cloud verteidigte sich damit, dass die Technologie nur zu Testzwecken entwickelt worden sei und nicht aktiv eingesetzt werde. Beweise für diese Behauptung wurden jedoch nicht vorgelegt.

Im Herbst 2020 kritisierte der ehemalige CEO von Alibaba, Jack Ma, die Regierung Chinas für das Finanzsystem. Er sagte auf dem Finanzforum in Shanghai, dass das Finanzsystem in China keinem logischen System folge und durch die sehr strengen Regelungen den Fortschritt der Wirtschaft behindere. Danach veröffentlichte er nur noch einen letzten Tweet am 10.10.2020 und wurde anschließend nicht mehr in der Öffentlichkeit gesehen. Selbst in seiner Rolle als Juror seiner eigenen Castingshow »Africa's Business Heroes« wurde er ersetzt. Lucy Peng, ein Vorstandsmitglied von Alibaba, sprang für Ma ein. Als Grund dafür nannte ein Sprecher des Unternehmens Terminkonflikte von Jack Ma. Der geplante Börsengang der Alibaba-Tochter Ant Group wurde kurzerhand von Chinas Finanzaufsichtsbehörde abgesagt.

Im Jahr 2021 wurde außerdem bekannt, dass Chinas Wettbewerbshüter eine Strafe in Höhe von 18 Milliarden Yuan, umgerechnet etwa 2,5 Milliarden Euro, wegen Ausnutzung seiner marktbeherrschenden Stellung gegen Alibaba verhängt hat. So soll Alibaba auf seiner Plattform Händler dafür abgestraft haben, wenn diese ebenfalls auch auf anderen Plattformen verkaufen. Das ist die bis dato größte Strafe, die die Wettbewerbsbehörde in China je verhängt hat.

In Malware auf Alibaba Cloud referenziert

Ende 2021 hat Trend Micro bei einer Untersuchung festgestellt, dass in einem bestimmten Malwarecode verschiedene Befehle gefunden wurden, die eine Firewall-Regel erstellen, um Datenverkehr von bestimmten IP-Adressen zuzulassen. Die genannten IP-Adressen stammen aus Alibaba-eigenen IP-Adresspaketen. Weiterhin wurde festgestellt, dass ein bestimmter Root-Zugriff auf die ECS-Instanzen bei Alibaba dazu führt, dass Angreifer ganz leicht Cryptojacking betreiben können, indem sie die Rechenleistung von anderen Alibaba-Kunden dafür ausnutzen. Das könnte ein Grund sein, warum Cyberattacken sich derzeit vermehrt weg von Microsoft Azure und AWS hin zu Alibaba verlagern. Als Cryptojacking bezeichnet man das illegale Zugreifen durch Cyberkriminelle, sogenannte Cryptojacker, auf Computer oder Mobilgeräte Dritter. Diese gekaperte Rechenleistung wird dann verwendet, um illegal Kryptowährung zu schürfen.

Alibaba unter Beobachtung der US-Regierung

Erst im Januar 2022 hat die US-Regierung angefangen, das Cloud-Geschäft des E-Commerce-Riesen Alibaba zu überprüfen, um festzustellen, ob es ein Risiko für die nationale Sicherheit der USA darstellt. Der Schwerpunkt der Untersuchung liegt darauf, wie das Unternehmen die Daten von US-Kunden, einschließlich persönlicher Informationen und geistigen Eigentums, speichert und ob die chinesische Regierung Zugang dazu erhalten könnte. Alibaba hat das bisher nicht kommentiert, jedoch in seinem letzten Jahresbericht darauf hingewiesen, dass US-Unternehmen, die eine Vertragsbeziehung mit Alibaba unterhalten, eventuell untersagt werden könnte, weiterhin mit Alibaba Geschäfte zu tätigen.

Alibaba macht weiterhin Geschäfte mit Russland

Kritik an Alibaba wurde ebenfalls laut, als sich Alibaba trotz mehrfacher Aufforderungen der internationalen Gemeinschaft nach dem russischen Angriff auf die Ukraine im Jahr 2022 weigerte, sich aus dem russischen Markt zurückzuziehen.

2.5 SAP als Cloud-Provider

Neben den vorgestellten Hyperscalern gibt es auch die Möglichkeit, SAP selbst als Cloud-Provider in Anspruch zu nehmen. Wenn man von SAP als Cloud-Provider spricht, sind hier unterschiedliche Dinge gemeint. Zum einen tritt SAP als SaaS-Anbieter seiner Software auf, wie z. B. bei SAP S/4HANA Cloud. Zum anderen gehört die SAP BTP als PaaS-Angebot dazu und zu guter Letzt tritt SAP mit der Plattform SAP HANA Enterprise Cloud auch als IaaS-Anbieter auf.

SAP HANA Enterprise Cloud als IaaS-Dienst

Mit der SAP HANA Enterprise Cloud (siehe Abschnitt 1.1.5, »SAP HANA Enterprise Cloud«) bietet SAP eine private Cloud-Umgebung inklusive Managed Services an. Hierbei handelt es sich um reine Infrastrukturkomponenten (IaaS). SAP hat die SAP HANA Enterprise Cloud vor allem eingeführt, um die Vermarktung der SAP-HANA-Datenbank und darauf basierender Systeme wie SAP S/4HANA oder SAP BW/4HANA zu beschleunigen. Allerdings können auch Nicht-SAP-HANA-Applikationen auf der Cloud betrieben werden. Es lassen sich also auch hier, wie bei den anderen Hyperscalern, Drittanbieteranwendungen oder eigene Software betreiben.

Managed Services

Der Unterschied zu den anderen Hyperscalern liegt darin, dass SAP über das Management der reinen Infrastruktur hinaus auch einen Managed Service und eine Verwaltung für die SAP-Applikation selbst anbietet. Dafür benötigen Sie bei der Wahl eines anderen Hyperscalers einen SAP-Partner, da weder AWS noch Microsoft oder Google den Managed Service für Ihre Applikationen übernehmen. Die SAP HANA Enterprise Cloud ist somit gerade für Kunden geeignet, die kein eigenes Rechenzentrum besitzen oder das bestehende Rechenzentrum aufgrund einer Cloud-Strategie nicht weiter nutzen möchten und gerne den vollständigen Service aus einer Hand beziehen wollen.

2.5.1 SAP S/4HANA Cloud, Private Edition

SAP betreibt die Systeme für Sie

SAP S/4HANA Cloud, Private Edition ist aus der ehemaligen SAP HANA Enterprise Cloud hervorgegangen. SAP S/4HANA Cloud, Private Edition bzw. die frühere SAP HANA Enterprise Cloud bietet eine Reihe von Vorteilen, die Sie bei Ihrer Entscheidung berücksichtigen sollten. Aus technischer Sicht handelt es sich um eine individuell anpassbare IT-Umgebung, die mit betriebsbereit installierten Anwendungen ausgeliefert wird. Sowohl die Verantwortung als auch die Haftung für den Betrieb der Systeme liegen bei SAP. Im Vergleich zum Betrieb im eigenen Rechenzentrum bietet Ihnen SAP S/4HANA Cloud, Private Edition in der Regel eine höhere Verfügbarkeit. Gleichzeitig behalten Sie die Kontrolle darüber, wie Sie Ihre SAP-HANA-Umgebung bereitstellen. Da SAP die Infrastruktur Ihrer Umgebung verwaltet, können Sie Ihr IT-Team erheblich entlasten und die frei gewordene Zeit in die Transformation Ihrer Landschaft oder in zukünftige Projekte investieren. Selbstverständlich können Sie Ihre SAP-HANA-Systeme wie gewohnt anpassen und individualisieren.

Mehr als 1.000 vorgefertigte Lösungen aus dem Shop

Gleichzeitig können Sie aus einem Shop mehr als 1.000 vorgefertigte Lösungen von SAP-Partnern abrufen und in Ihrem Unternehmen einsetzen. Sie können SAP S/4HANA Cloud, Private Edition entweder in einem SAP-

Rechenzentrum bei einem Service Provider oder in Verbindung mit AWS, Microsoft Azure oder Google Cloud Platform nutzen. SAP S/4HANA Cloud, Private Edition ist keine Cloud-Plattform im eigentlichen Sinne, sondern eine Form der Cloud-Bereitstellung. Das heißt, Sie können Ihr SAP-System entweder in der SAP Private Cloud oder in einer der drei großen Public Clouds bereitstellen und von SAP betreiben und warten lassen.

Neben dem Mietpreis für die Infrastruktur, egal ob bei SAP in der Private Cloud oder bei einem Hyperscaler, zahlen Sie dann entweder einen monatlichen Preis für die SAP-Lizenzen oder Sie nutzen Ihre bestehenden Lizenzen nach dem Bring-Your-Own-License-Modell (kurz BYOL) weiter.

SAP S/4HANA Cloud im eigenen Rechenzentrum

Zusätzlich zu den eingangs beschriebenen Möglichkeiten steht Ihnen die Option *SAP S/4HANA Cloud, Private Edition, Customer Data Center* (vormals SAP HANA Enterprise Cloud, Customer Edition) zur Verfügung. Dabei wird das SAP-System zusammen mit den Hardwarepartnern HP oder Lenovo in Ihrem eigenen Rechenzentrum bereitgestellt und von SAP betrieben. So profitieren Sie von den Vorteilen eines Inhouse-Betriebs, ohne auf die Flexibilität und Performance einer Managed-Cloud-Lösung verzichten zu müssen.

Als Plattformen werden HP GreenLake und Lenovo TruScale verwendet. Die Vorgehensweise ist ähnlich: Der Hersteller misst kontinuierlich die Auslastung Ihrer Systeme und kann auf dieser Basis gemeinsam mit Ihnen und SAP die Hardwareplanung durchführen.

Zum Beispiel, wenn Sie planen, SAP S/4HANA Cloud, Public Edition zu nutzen, aber Anpassungen und Customizing in Ihrem bestehenden System haben, die Sie nicht in die SaaS-Lösung übernehmen können. Dann können Sie zunächst Ihr bestehendes System vom On-Premise-Betrieb über eine Lift-and-Shift-Migration in SAP S/4HANA Cloud, Private Edition migrieren. Wenn alle Abweichungen vom SAP-Standard entfernt und durch andere Lösungen ersetzt wurden, können Sie anschließend mit Ihren Daten von SAP S/4HANA Cloud, Private Edition auf SAP S/4HANA Cloud, Public Edition umsteigen.

Mit SAP S/4HANA Cloud, Private Edition können Sie die SAP-Produktsuite in einer sicheren Private Cloud optimal nutzen und die Anforderungen der EU-Datenschutz-Grundverordnung erfüllen. SAP S/4HANA Cloud, Private Edition zeichnet sich durch eine umfassende Cloud-Infrastruktur und Managed Services für In-Memory-Anwendungen, -Datenbanken und -Plattformen aus.

2.5.2 SAP als SaaS-Anbieter

SAP S/4HANA Cloud als SaaS-Dienst

Im Gegensatz zur SAP S/4HANA Cloud, Private Edition ist SAP S/4HANA Cloud, Public Edition ein vollständiges SaaS-Angebot von SAP. Das bedeutet, dass SAP die Software hostet und sich um Betrieb und Wartung kümmert, genauso wie um Datenhaltung, Backup und Updates. Sie abonnieren die Software und den Service und greifen über das Internet auf das System zu. Sie bekommen ein Kernsystem und können aus einem Set an Branchenlösungen wählen. Sie profitieren dabei von der Vorkonfiguration und den Best Practices von SAP. Sie erhalten ein *SAP Fiori Launchpad*, das sich jede Nutzerin und jeder Nutzer selbst konfigurieren kann. Es gibt jedoch, genau wie bei den meisten anderen SaaS-Angeboten von anderen Herstellern auch, keine Möglichkeit, das System selbst direkt mit Erweiterungen oder den Code selbst anzupassen.

Keine direkten Anpassungen mehr

Es besteht lediglich die Möglichkeit, es nach Ihren Wünschen zu konfigurieren. Dadurch sind die Anpassungsmöglichkeiten geringer. Es handelt sich um eine standardisierte Version, die sich hauptsächlich an kleine und mittlere Unternehmen richtet, die wenig Anpassungen über den Standardumfang hinaus benötigen. Was Sie aber tun können, ist, mit einem Set an vorgegebenen APIs und der SAP BTP Extension Suite selbst entwickelte oder gekaufte Erweiterungen an Ihr System anzudocken.

Wenn Sie sich mehr Anpassbarkeit wünschen, aber auf einem Hyperscaler hosten möchten, sollten Sie zu SAP S/4HANA Cloud, Private Edition greifen.

Das Gleiche gilt auch für die anderen SaaS-Angebote von SAP. Mit *SAP Analytics Cloud* als reiner Webversion der Business-Intelligence-Softwarepalette können Sie Ihre Daten aus ganz unterschiedlichen Quellen zusammenführen und visualisieren sowie entsprechende Berichte erstellen. Dabei profitieren Sie stets von den neuesten Technologien und Updates wie KI-gestützten Analysen und Machine Learning. So unterstützen die digitalen Assistenten Ihre Anwenderinnen und Anwender dabei, die richtigen Zusammenhänge zwischen den Daten herzustellen und zu visualisieren. Auch die *Predictive-Forecasting-Modelle* helfen Ihnen dabei, Ihr Unternehmen in Echtzeit zu planen und Vorhersagen zu treffen.

Weitere SaaS-Angebote von SAP

Das SAP-Customer-Experience-Portfolio wird ebenfalls als SaaS angeboten. Das Portfolio basiert auf den Funktionen des ehemaligen SAP Hybris inklusive der Zukäufe CallidusCloud, Gigya und Coresystems. Es besteht aus den fünf Einzelkomponenten:

- **SAP Customer Data Cloud**
  Das Produkt ist für den Aufbau vertrauenswürdigerer und wertvollerer Kundenbeziehungen geeignet.

- **SAP Marketing Cloud**
  Die SAP Marketing Cloud bietet eine zentrale Übersicht der Kundendaten zu Marketingzwecken.
- **SAP Commerce Cloud**
  Diese umfassende Commerce-Plattform umfasst das Produkt- und Auftragsmanagement.
- **SAP Sales Cloud**
  Die SAP Sales Cloud hilft Ihnen dabei, Ihre Kunden auf Ihrer Shoppingreise zu lenken.
- **SAP Service Cloud**
  Das Produkt erlaubt es Ihnen, multiple Servicekanäle anzubieten und Ihre Kundendaten über alle Kanäle zu verwalten.

Die Komponenten können einzeln oder im Bundle genutzt werden. Einige Komponenten sind auch als On-Premise-Installation erhältlich, die beiden Komponenten SAP Sales Cloud und SAP Service Cloud jedoch nur als reines SaaS-Produkt.

SAP Concur, ein webbasiertes Tool zur Abwicklung von Reisekosten in Unternehmen, und SAP SuccessFactors, ein Tool für den Bereich Human Capital Management und Human Experience Management, sind ebenfalls reine Cloud-Angebote von SAP SE, die Sie als SaaS-Angebote beziehen können.

2.6 Kriterien für die Auswahl eines Hyperscalers

Keine direkte Antwort möglich

Bei der Auswahl des für Sie passenden Hyperscalers gibt es nicht die eine richtige Antwort und auch keinen fertigen Fragebogen, den Sie ausfüllen, um auf eine eindeutige Antwort zu kommen. Aus diesem Grund können wir Ihnen in diesem Abschnitt auch keine eindeutige Aufstellung von Auswahlkriterien für Ihre spezielle Situation liefern, möchten Ihnen aber eine fundierte Grundlage an die Hand geben, um den richtigen Hyperscaler für Ihr Projekt zu finden. Rein technisch betrachtet sind alle von uns vorgestellten Hyperscaler gleichermaßen für den Betrieb Ihrer SAP-HANA-Applikationen geeignet. Auch die Audits für Standards wie die ISO 27001 bzw. ISO 27017/27018 sind mittlerweile bei allen großen Cloud-Anbietern selbstverständlich. Gleichsam erfüllen die Hyperscaler in der Regel den Anforderungskatalog vom BSI. Mit diesen Zertifizierungen haben Sie eine gewisse Sicherheit, dass die allgemein anerkannten Regeln für die Sicherheit Ihrer Daten eingehalten werden. Daher sollten die Geschäftsprozesse oder die konkreten Use Cases bei der Entscheidung für einen Anbieter im Fokus stehen.

2.6.1 Weiche Faktoren

Stehen Sie im Wettbewerb mit einem Hyperscaler?

Weiche Faktoren, die bei der Auswahl eines Hyperscalers eine Rolle spielen, sind beispielsweise eine Verwandtschaft zum Geschäft des Hyperscalers. Sind Sie ein B2C-Handelsunternehmen, wollen Sie eventuell nicht zwingend Amazon mit Ihrem IT-Budget unterstützen. Wenn sich Ihr Kerngeschäft auf Internetdienste bezieht, wollen Sie Ihr IT-Budget eventuell nicht unbedingt Google geben. Wenn Sie ein Softwarehersteller für Businessanwendungen und Kollaborationstools sind, dann haben Sie eventuell eine Wettbewerbsbeziehung zu Microsoft.

Auf Erfahrungen aufbauen

Ein weiterer Faktor ist eventuell eine bereits bestehende Geschäftsbeziehung. Haben Sie bereits einen Vertrag mit einem der Hyperscaler abgeschlossen, z. B. bei einem vergangenen Nicht-SAP Projekt? Konnten Sie dabei bereits erste Erfahrungen mit diesem Hyperscaler sammeln? Hat der Hyperscaler Sie bei Ihrem Projekt unterstützt? Lassen Sie etwaige abgeschlossene Projekte Revue passieren und bewerten Sie objektiv mit einem festen Blick, wie die Zusammenarbeit verlaufen ist. Beachten Sie dabei, dass Ihr SAP-HANA-System ein Kernsystem in Ihrem Unternehmen darstellt und gleichsam in der Regel ein monolithisches großes System ist, das dauerhaft im Einsatz sein muss. Eine Migration in die Cloud ist nicht einfach und recht umfangreich. Gute Erfahrungen mit einer bestehenden Beziehung zu einem Hyperscaler sind daher schon eine gute Grundlage. Das in Ihrer eigenen Belegschaft entstandene Know-how ist dabei ebenfalls nicht zu unterschätzen. Wenn Sie den Betrieb an einen Partner geben möchten, fragen Sie ihn, mit welchem Hyperscaler dieser am besten zusammenarbeitet und wer die meiste Erfahrung mitbringt. Eventuell unterhält Ihr Managed Services Provider (kurz MSP) eine enge Partnerschaft zu einem bestimmten Hyperscaler. Diesen Vorteil können Sie dann für sich nutzen.

Kennt der Hyperscaler Ihr Geschäftsmodell? Schauen Sie sich die Referenzen auf der Seite der Hyperscaler an. Finden Sie ein Erfolgsbeispiel aus Ihrer Branche oder aus einer verwandten oder komplementären Branche? Es ist gut, wenn sich der Hyperscaler Ihrer Wahl auch in Ihrem Umfeld auskennt und Ihre Bedürfnisse versteht und antizipieren kann. Das gilt auch für die Wahl eines Partners für die Migration und den anschließenden Betrieb.

Ist der Hyperscaler mit Ihnen kompatibel?

Sie sollten unter bestimmten Voraussetzungen auch prüfen, ob die Strategie des Hyperscalers zur Strategie Ihres eigenen Unternehmens passt. Prüfen Sie, ob der Hyperscaler die gleiche Einstellung in Bezug auf Nachhaltigkeit hat. Vergleichen Sie die Innovationsfähigkeit oder die Konservativität. Prüfen Sie die internen Vorgaben zum Thema Mitarbeiterführung. Gerade große Konzerne stehen unter dem kritischen Auge der Presse und der Öffentlichkeit. Stellen Sie daher sicher, dass die Kultur des Cloud-Anbieters zu Ihrer eigenen passt. Nicht zuletzt könnten Sie auf dem Weg zur Entscheidung möglicherweise auch Mitarbeitende verlieren, weil diese eine andere Entscheidung von Ihnen erwartet hätten.

Weiche Faktoren für die Wahl Ihres Hyperscalers

Überprüfen Sie die folgenden weichen Faktoren bei der Wahl des geeigneten Hyperscalers für Ihr SAP-to-Cloud-Projekt:

- Verwandtschaft zu Ihrem Kerngeschäft
- bestehende Geschäftsbeziehungen
- bestehende Expertise zu einem Hyperscaler bei Ihnen oder Ihrem Umsetzungspartner
- Gemeinsamkeiten in der Geschäftsstrategie
- Gemeinsamkeiten in der Unternehmenskultur

2.6.2 Harte Faktoren

Harte Faktoren sind all jene Aspekte, die Sie messen und somit auch vergleichen können. Wie zu Beginn von Abschnitt 2.6, »Kriterien für die Auswahl eines Hyperscalers«, bereits beschrieben, ist es nicht unbedingt zielführend, die Infrastruktur der Hyperscaler oder die Kosten der Anbieter zu vergleichen, da hier alle ein ähnliches Angebot liefern.

Achten Sie stattdessen etwa auf die Geografie des Anbieters. Schauen Sie sich die bestehenden und geplanten Standorte und Regionen der Rechenzentren des Hyperscalers an. Wenn sich die Rechenzentren eines bestimmten Anbieters in der Nähe zu Ihren wichtigen Standorten befinden, können Sie auf diese Weise die Latenz senken, also die Zugriffsgeschwindigkeit bei der Nutzung Ihrer Anwendungen.

Vergleichen Sie Regionen für bessere Latenz

Das kann gerade bei geschäftskritischen Anwendungen, etwa bei der Produktionssteuerung, entscheidend sein. Ganz nebenbei können Sie dann zusätzlich überlegen, ob Sie den Backbone des Hyperscalers nutzen, um Ihre Standorte mit hoher Leistung und niedrigen Kosten miteinander zu verbinden. Gerade bei einer Ausbreitung in den asiatischen Raum, ganz besonders China, sollten Sie in jedem Fall Alibaba in Ihre Überlegungen miteinbeziehen. Das Wissen und die Erfahrungen, die Alibaba mitbringt, Geschäft in dieser Region auf- und auszubauen und sich auf dem Markt zu behaupten, können Sie für sich nutzen. Nicht alle Funktionen, die Sie möglicherweise benötigen, sind in allen Regionen des Hyperscalers verfügbar. Überprüfen Sie die regionale Verfügbarkeit Ihrer gewünschten Dienste. Beachten Sie dabei auch die überregionale Datenreplikation für eine mögliche Disaster-Recovery-Konfiguration. Neue Funktionen oder auch neue Servermodelle werden nicht direkt in allen Regionen eingeführt und somit erst später oder manchmal gar nicht für Sie verfügbar sein. Dies ist oft nur ein zeitliches Problem, kann in ganz speziellen Fällen allerdings gerade ein K.-o.-Kriterium sein. Stellen Sie sich vor, Sie entscheiden sich für einen Hyperscaler mit einer Region in Deutschland für eine minimale Latenz, stellen dann aber fest, dass die gewünschten Funktionen in dieser Region zum Projektstart gar nicht verfügbar sind.

Regionale rechtliche Rahmenbedingungen

Bedenken Sie auch eventuelle rechtliche Rahmenbedingungen. Gerade bei multinationalen Konzernen müssen die rechtlichen Rahmenbedingungen für jedes einzelne Land geprüft werden. Für europäische Konzerne ist die Zusammenarbeit mit einem US-Konzern wie AWS, Google und Microsoft nicht in jedem Fall möglich. Hier bietet sich eine Zusammenarbeit mit SAP an. In China sind Sie möglicherweise gezwungen, Kundendaten des chinesischen Marktes im Land zu speichern und auch dort zu verarbeiten.

Integrationsmöglichkeiten

Die Integration mit bestehenden, viel genutzten Systemen ist wichtig, um die Akzeptanz und damit die Nutzung zu erhöhen. Hier hat Microsoft einen Vorteil gegenüber den anderen Hyperscalern. Durch die sehr hohe Verbreitung von Microsoft 365 (früher Microsoft Office 365) ist eine Integration mit Microsoft Azure durchaus von Vorteil. Wird bereits PowerBI für die Datenanalyse genutzt, kann eine Integration Ihrer SAP-HANA-Datenbank in die Big-Data-Dienste und Analysetools von Microsoft Azure große Vorteile mit sich bringen. Wird Microsoft Teams für die Zusammenarbeit genutzt, ist auch hier eine Integration sehr leicht möglich. Gleiches gilt, wenn Sie stattdessen Google-Workspace-Nutzer sind. Hier ist eine Integration mit der Google Cloud Platform und deren Analysetools eventuell sinnvoll. Nutzen Sie wie die meisten Unternehmen auf dieser Welt einen Microsoft-basierten Verzeichnisdienst wie Active Directory, dann ist eine Verbindung mit Microsoft Azure Active Directory (kurz Azure AD) schnell aufgebaut und sorgt für einen durchgängigen Anmeldeprozess und eine einheitliche Anmeldeerfahrung z. B. mit Single Sign-on.

Anwendung und Daten gehören zusammen

Die Kosten für den Datentransfer dürfen Sie nicht unterschätzen. Haben Sie bereits Systeme, die eng mit dem SAP-HANA-basierten System verknüpft sind und viele Daten miteinander austauschen, auf einen Hyperscaler migriert oder planen Sie das für die Zukunft, dann tun Sie gut daran, diese zum gleichen Hyperscaler zu migrieren. Planen Sie für eine Applikation, die mit Ihrem SAP-System interagiert, einen bestimmten Dienst eines bestimmten Hyperscalers zu nutzen, dann nutzen Sie auch diesen Hyperscaler für Ihr SAP-System. Daten und Applikation sollen stets eng beieinanderstehen – zum einen wegen der Datentransferkosten, zum anderen wegen der Latenz.

Alle Hyperscaler bieten einen Marktplatz für Zusatzfunktionen, vorkonfigurierte Blueprints, automatische Grundinstallationen und vieles mehr. Prüfen Sie diesen Marktplatz ebenfalls auf das Vorhandensein von Vorlagen, die Sie benötigen oder die Ihnen die Migration in die Cloud erleichtern können.

Passt die Zahlungsweise zu Ihren Wünschen?

Überprüfen Sie, ob der Hyperscaler Ihrer Wahl Ihnen das Abrechnungsmodell Ihrer Wahl und die Einsparpotenziale Ihrer Wahl anbietet. Haben Sie die Möglichkeit, auf Wunsch im Voraus zu bezahlen und dadurch einen Discount zu erhalten, oder können Sie Ihre Infrastruktur für drei Jahre reservieren und erhalten dafür einen Rabatt? Wenn Ihre Cloud-Strategie auf einem bestimmten Abrechnungsmodell basiert oder zumindest ein bestimmtes Abrechnungsmodell beinhaltet, sollte der Hyperscaler der Wahl Ihnen dieses auch bieten können. Sonst stimmt Ihre Strategie eventuell nicht.

Sprechen Sie Ihren Hyperscaler nicht zuletzt auf Ihre Wachstumspläne an und fragen Sie, ob er in den von Ihnen gewählten Regionen mithalten kann. Und als Letztes sollten Sie überprüfen, ob Ihr Telekommunikationsanbieter der Wahl auch eine Express Route, Direct Connect bzw. Cloud Connect zu Ihrem Hyperscaler anbieten kann.

Harte Faktoren für die Wahl Ihres Hyperscalers

Überprüfen Sie die folgenden harten Faktoren bei der Wahl des geeigneten Hyperscalers für Ihr SAP-to-Cloud-Projekt:

- geografische Lage der Regionen und Zonen
- regionale Verfügbarkeit der benötigten Dienste
- rechtliche Rahmenbedingungen zur Datenhaltung
- bereits genutzte andere Dienste des Hyperscalers
- bereits laufende Systeme bei einem Hyperscaler
- Markplatzangebot des Hyperscalers
- Verfügbarkeit des von Ihnen gewünschten Abrechnungsmodells
- ausreichende Kapazität für Ihre Wachstumspläne

2.7 Förderprogramme für die Einführung der Cloud-Lösungen

Die Hyperscaler werben um Kunden

Alle Hyperscaler buhlen derzeit darum, so viele Kunden wie möglich und damit auch Workload auf Ihre Plattformen zu bekommen. Zum einen ist das wichtig für den ROI der Hyperscaler selbst, zum anderen geht es aber auch einfach um Marktanteile. Je näher die Hyperscaler an eine 100%ige Auslastung ihrer Plattformen kommen, desto höher ist der ROI oder – mit anderen Worten ausgedrückt – der Umsatz je Euro an Investitionen. Je höher die Auslastung, desto effizienter ist die Plattform finanziell gesehen. Gleichsam ist somit auch mehr Geld für den Betrieb, die Sicherheit und die Innovation vorhanden. Sie können davon ausgehen, dass die höheren Gewinne bei einer sehr guten Auslastung auch wieder in die Weiterentwicklung der Plattformen und der Services investiert werden.

Darüber hinaus möchte sich jeder Hyperscaler gerne Marktführer nennen, denn auf diese Weise ist eine größere Akzeptanz und sind somit mehr Neukunden zu erwarten. Wie in Abbildung 2.5 gezeigt, führt derzeit AWS den Gesamtmarkt mit ca. 33 % Marktanteil an. Sie sehen aber auch, dass Microsoft der stärkste Verfolger ist und einen Marktanteil von etwa 22 % mitbringt. Gleichzeitig legt Microsoft seit Jahren das stärkste Wachstum in Bezug auf den Marktanteil hin. Es ist also zu erwarten, dass Microsoft den Titel für sich beanspruchen möchte und einen Kampf um jeden Kunden mit AWS liefern wird. AWS wiederum will seinen Titel um jeden Preis verteidigen. Dabei ist ein beliebtes Mittel, dem Kunden, also Ihnen, den Weg in die Cloud so einfach wie möglich zu gestalten.

2.7.1 Allgemeines über die Programme der Hyperscaler

Alle Hyperscaler sind an Embrace beteiligt

Zunächst einmal haben alle hier vorgestellten Hyperscaler zusammen mit SAP in das Programm Embrace investiert. Dabei handelt es sich um eine Kooperation zwischen SAP und den Hyperscalern mit dem Ziel, eine gemeinsame Strategie zu entwickeln. Denn alle haben das gleiche Ziel und sind eine gegenseitige Verpflichtung eingegangen, ihren gemeinsamen Kunden zu helfen, die Migration in die Cloud zu vereinfachen. Das passiert z. B. durch die Bereitstellung vieler kostenfreier Materialien und Hilfetexte zum Thema SAP HANA auf Hyperscaler. Das beinhaltet auch vorgegebene Referenzarchitekturen, je nach gewünschtem Absicherungslevel. Es gibt Referenzarchitekturen und Empfehlungen für Single-Node-Systeme, High-Availability-Setups und genauso auch für Disaster-Recovery-Architekturen. Diese sind im Grunde immer gleich und unterscheiden sich nur im Namen der genutzten Komponenten.

Materialien der Hyperscaler

Sie finden die Infos bei den einzelnen Hyperscalern unter:

- Microsoft: *https://azure.microsoft.com/de-de/solutions/sap/*
- Google Cloud Platform: *https://cloud.google.com/solutions/sap/docs/architectures/sap-s4hana-on-gcp*
- Amazon Web Services: *https://aws.amazon.com/de/sap/*
- Alibaba Cloud: *https://www.alibabacloud.com/de/solutions/sap*

Die US-amerikanischen Hyperscaler haben alle drei darüber hinaus entsprechende finanzielle Unterstützungsleistungen bereitgestellt. Diese Finanzierungsoptionen sind vor allem dazu gedacht, den Kunden und in aller Regel den Umsetzungspartner bei den Vorbereitungen, dem Proof of Concept (kurz PoC) sowie bei der Migration selbst zu unterstützen. Die Inhalte dieser Programme sind ähnlich und werden oft nicht direkt zwischen Ihnen und dem Hyperscaler abgewickelt, sondern über einen Umsetzungspartner. Dieser hat dann dadurch die Möglichkeit, die Migration für Sie günstiger anzubieten bzw. einen Teil der anfallenden Kosten mit dem Hyperscaler abzurechnen, anstatt sie Ihnen in Rechnung zu stellen.

2.7.2 Microsoft

Über ECIF Geld und Unterstützung erhalten

Das Programm *End Customer Investment Funds* (kurz ECIF) von Microsoft stellt Mittel aus einem festgelegten Budget bereit, um Support und Dienstleistungen für Sie zu erbringen. Dabei erhalten Sie beispielsweise kostenfreie Schulungen zu einem bestimmten Thema, Unterstützung in Form von Architektur-Reviews, Best Practices und professionellem Support, aber auch finanzielle Unterstützung für einen PoC oder um die oft recht umfangreiche Migration teilweise zu finanzieren, wenn Sie einen Umsetzungspartner einsetzen. Gerade für einen PoC können Sie auch Azure Credits erhalten, damit Ihnen während der PoC-Phase keine Kosten für die Azure-Umgebung entstehen. Das ECIF-Budget kann durch Microsoft-interne Serviceaufträge beantragt werden, wenn Sie z. B. ein Enterprise Agreement mit Microsoft abgeschlossen haben, oder durch einen externen Serviceauftrag von Ihrem ECIF-zugelassenen Umsetzungspartner.

Zusätzlicher Rabatt über CSP

Wenn Sie darüber hinaus planen, die Microsoft-Azure-Umsätze über das *Cloud-Solution-Provider-Programm* (kurz CSP-Programm) eines Microsoft-Partners abrechnen zu lassen statt direkt mit Microsoft, gibt es noch weitere mögliche Rabatte von bis zu 30 % für Ihren PoC und als Beteiligung an den Umsetzungskosten der Migration. Voraussetzung dafür ist, dass Sie einen Azure-Umsatz von mehr als 100.000 Euro pro Jahr erzeugen.

Azure Migration and Modernization Program

Das *Azure Migration and Modernization Program* (kurz AMMP) bietet Ihnen darüber hinaus eine schrittweise Anleitung von bewährten Microsoft-Experten Ihres Umsetzungspartners. Sie stellen Ihnen Ressourcen zur Verfügung, die Sie für einen Weg in die Cloud von Anfang bis Ende benötigen. Das AMMP trägt zur Risikominderung bei und behebt häufige Probleme im Zusammenhang mit der Migration von Workloads in die Public Cloud. Mit bewährten Methoden, Tools und Best Practices zur Migration können Sie den Wechsel in die Cloud vereinfachen und beschleunigen.

Microsoft Cloud Adoption Framework

Durch die Nutzung des *Microsoft Cloud Adoption Frameworks* für Azure können Sie sich darauf verlassen, dass Sie bewährte Anleitungen zur Beschleunigung Ihrer Cloud-Reise nutzen können. Dieses flexible Programm unterstützt Ihre Azure-Migrationen z. B. mit Azure Credits und finanzieller Unterstützung für AMMP-qualifizierte Projekte. Alle Microsoft-Azure-Kunden können auf Ressourcen zugreifen, erhalten kostenlose Migrationstools, technische Schritt-für-Schritt-Anleitungen, technische Schulungen und Hilfe bei der Suche nach einem kompetenten Umsetzungspartner.

Unter *https://appsource.microsoft.com/en-us/marketplace/partner-dir* können Sie einen Umsetzungspartner finden, der zu Ihnen passt. Geben Sie Ihre geografische Umgebung an, z. B. »Germany«, und filtern Sie anschließend unter **Partner capabilities • Specializations • Azure** nach **SAP on Microsoft Azure**.

2.7.3 AWS

Migration Acceleration Program

Mit dem *Migration Acceleration Program* (kurz MAP) hat AWS ebenfalls eine Möglichkeit zur Finanzierung geschaffen, die Ihnen die Migration etwas vereinfachen soll. Anders als bei Microsoft kann das MAP ausschließlich über einen AWS-Partner beantragt werden. Sie können diese Möglichkeit also nur nutzen, wenn Sie die Migration mithilfe eines Umsetzungspartners durchführen. Dann aber unterstützt AWS diesen Umsetzungspartner sowohl mit Training, sofern erforderlich, als auch mit finanziellen Mitteln bei den Migrationen oder Modernisierungen jeder Größe und bei jedem Workload, den Sie zu AWS migrieren wollen, und darüber hinaus auch in jeder Phase der Migration: vom Assessment über die Planung und den PoC bis hin zur Migration Ihrer Workloads.

2.7.4 Google Cloud

Rapid Assessment & Migration Program

Mit dem *Rapid Assessment & Migration Program* (kurz RAMP) von Google Cloud bekommen Sie gleich drei Vorteile auf einmal. Mit dem ganzheitlichen End-to-End-Migrationsprogramm hilft Ihnen Google Cloud dabei, Ihre Risiken zu minimieren, Ihre Kosten zu kontrollieren und den Weg zum Erfolg in der Cloud zu erleichtern. Das passiert in drei einfachen Schritten. Zunächst einmal erhalten Sie von Google Unterstützung dabei, ein genaues Assessment durchzuführen, um Klarheit darüber zu erlangen, wie die zu migrierende Umgebung genau aussieht und was die Anforderungen der künftigen Cloud-Umgebung sein werden. Dazu wird gemeinsam mit Ihnen eine Roadmap für die Migration erstellt, die auch die Kosten der Migration, die benötigten Ressourcen und ebenso die möglichen Risiken der Migration enthält. Als Zweites unterstützt Google Cloud Sie mit eigenen Best Practices und denen der Partner, darunter Blueprints, Governance, Sicherheit und Schulungen für Ihre Mitarbeitenden. Und als Letztes können Sie die Migrationskosten mit flexiblen Angeboten senken, die Ihr zuvor geplantes Budget genau einhalten. Das passiert z. B über die Co-Finanzierung Ihres Umsetzungspartners durch Google Cloud, mit lösungsspezifischen Rabatten und direkten Gutschriften. Auf der Seite *https://cloud.google.com/solutions/cloud-migration-program* finden Sie eine Liste der spezialisierten RAMP-Partner von Google Cloud.

2.7.5 RISE with SAP

Businesstransformationspaket

RISE with SAP wird von SAP selbst als Business Transformation as a Service (kurz BTaaS) bezeichnet. Gemeint ist, dass RISE with SAP alles enthält, was Sie benötigen, um Ihr Business in die Cloud zu transformieren und um zu einem intelligenten Unternehmen zu werden. Mit RISE with SAP möchte SAP den Umstieg auf SAP S/4HANA Cloud erleichtern und beschleunigen. Dabei handelt es sich um ein Abonnementpaket auf Basis eines Service Level Agreements (kurz SLA) über einen einzigen Anbieter, nämlich SAP selbst. Das neue Angebot soll SAP-Kunden flexibler und widerstandsfähiger gegenüber Marktveränderungen machen.

Bis zu 20 % sparen mit RISE with SAP

Darüber hinaus gibt SAP an, dass sich mit RISE with SAP die Gesamtbetriebskosten der SAP S/4HANA Cloud im Gegensatz zur On-Premise-Implementierung um bis zu 20 % verringern – sogar inklusive der einmaligen Migrationskosten.

Mit RISE with SAP geht SAP aber weit über die rein technische Migration und den Betrieb der Umgebung und der Applikationen hinaus. Mit dem Angebot möchte SAP seinen Kunden eine kontinuierliche Weiterentwicklung und Transformation ermöglichen, indem es seine Kunden mit passenden Lösungen, Services und Tools versorgt. Insgesamt umfasst das Angebot sechs Komponenten (siehe Abbildung 2.19).

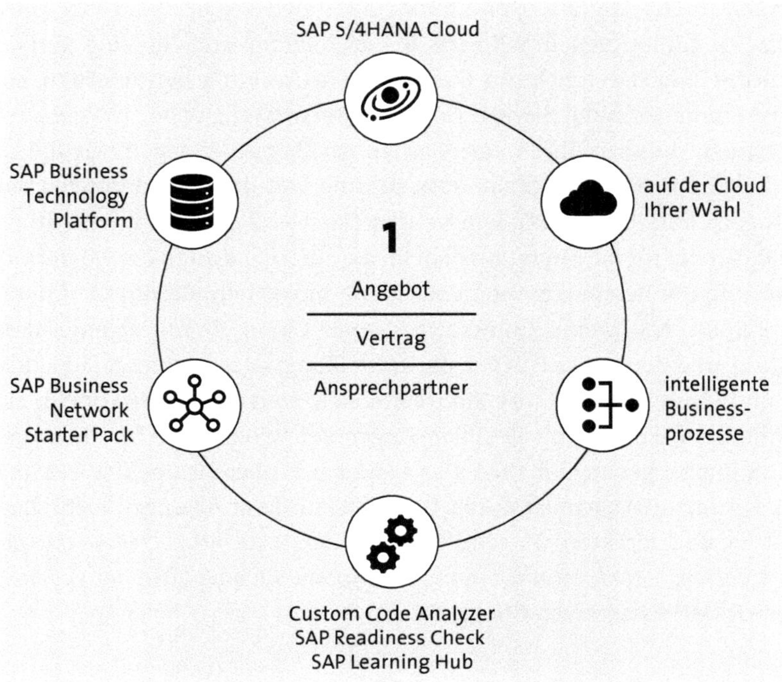

Abbildung 2.19 Komponenten von RISE with SAP (Quelle: SAP)

Sie haben die Wahl, ob Sie Ihr SAP-S/4HANA-System entweder bei SAP oder bei einem der vier hier im Buch vorgestellten Hyperscaler hosten möchten.

Darüber hinaus bietet SAP Ihnen sein SAP Business Network Starter Pack an. Das bedeutet, SAP stellt für Sie Verbindungen zu Handelspartnern her. Dazu gehören Lieferanten, Spediteure und viele andere mehr. Das hilft Ihnen dabei, passende Lieferanten zu finden und zu qualifizieren, gemeinsame Bestände zu verwalten, den Transport zu überwachen und vieles mehr.

Sie bekommen eine Gutschrift für die SAP BTP (siehe Abschnitt 1.1.4, »SAP Business Technology Platform«), die Sie dort im Shop für eine oder mehrere von Tausenden von Optionen verwenden können. Dabei stehen auch 2.000 vorgefertigte Integrationslösungen bereit.

SAP unterstützt Sie dabei, Ihre Geschäftsprozesse zu analysieren und zu straffen. Gemeinsam mit SAP und entsprechenden Tools werden Ihre Prozesse analysiert, verbessert und digitalisiert. In den folgenden drei Bereichen hilft Ihnen SAP dabei, Ihre internen Geschäftsprozesse zu verbessern:

- Die Analyse ermöglicht es Ihnen, zu prüfen, welche Ihrer Geschäftsprozesse bereits gut funktionieren und welche nicht. Identifizieren Sie

Blocker und vergleichen Sie, wie Ihr Unternehmen gegenüber aggregierten Brancheninformationen von SAP abschneidet, um konkrete vergleichende Analysen und Empfehlungen zu erhalten, wo sich Ihr Verbesserungspotenzial befindet.

- SAP bietet Ihnen darüber hinaus eine Möglichkeit zur Effizienzsteigerung durch KI und Prozessautomatisierungstools wie SAP Intelligent Robotic Process Automation. Nutzen Sie bestehende Geschäftsdaten zur Simulation von Prozessen und stützen Sie Ihr Geschäft auf präzise Vorhersagen.
- Steigern Sie die Kollaboration Ihrer Mitarbeitenden, um Ihre Prozesse zu harmonisieren und zu standardisieren. Dabei konzentrieren Sie sich auf das Prozessmanagement für Ihre Endbenutzerinnen und Endbenutzer und ermöglichen die Zusammenarbeit und den Roll-out wichtiger Dokumentationen für alle Benutzerinnen und Benutzer. Mit dem passenden Monitoring behalten Sie die Leistung im Auge und stellen sicher, dass alles reibungslos läuft.

SAP hat ein globales Partnernetzwerk

Die letzte Komponente von RISE with SAP sind die globalen strategischen Partner. Zur Erfüllung der einzelnen Aufgaben bedient sich SAP wiederum einiger RISE-Partner als Subunternehmer, die einzelne Aufgaben im Auftrag von SAP übernehmen. Dabei helfen Ihnen diese Global Strategic Service Partners, Ihr Geschäftsmodell, Ihre Prozesse und Ihren Betriebsablauf zu überprüfen und zu modernisieren. Sie begleiten auch die Migration in die Cloud und den Einführungsprozess von RISE with SAP in Ihrem ganzen Unternehmen, um sicherzustellen, dass die mit RISE with SAP verbundene kontinuierliche Innovation möglich ist und auch stattfindet.

Partner helfen bei der Umsetzung

Dazu hat SAP neben den Global Strategic Service Partners auch noch Value-added Reseller Partners. Dabei handelt es sich im Wesentlichen um Partner, die die technische Umsetzung zur Migration in die Cloud für Sie erledigen. Diese Partner haben sich dadurch ausgezeichnet, dass sie ein entsprechendes Paket anbieten für eine schnelle Implementierung auf Basis einer bewährten Methodik und eines vordefinierten Umfangs, um ein klares und belastbares Roll-out und somit eine schnelle Wertschöpfung zu gewährleisten.

Wenn Sie bereits eine bestehende Kundenbeziehung zu einem IT-Beratungshaus pflegen, können Sie dieses ebenfalls für Ihre RISE-with-SAP-Migration nutzen. Viele bekannte Beratungshäuser arbeiten eng mit SAP zusammen und können auf Ihren Wunsch hin auch bei RISE with SAP als Ihr Umsetzungspartner der Wahl von SAP für Sie beauftragt werden.

Kapitel 3
Verfügbarkeit von Cloud-Infrastrukturen

Eine zentrale Anforderung an Hyperscaler ist die Bereitstellung von Ressourcen mit einer nahezu perfekten Verfügbarkeit sowie die Möglichkeiten, Ihre Datensicherheit zu erhöhen. Wie Sie eine hohe Verfügbarkeit erreichen und was die Hyperscaler für Sie tun, um die Verfügbarkeit Ihrer Systeme zu erhöhen, lernen Sie in diesem Kapitel.

In jeder mittleren oder großen Organisation gibt es unternehmenskritische Anwendungen, deren Betrieb auch bei Problemen im Rechenzentrum oder beim Ausfall einzelner Komponenten sichergestellt sein muss. Im SAP-Umfeld gehören dazu etwa die ERP-Anwendungen, z. B. SAP S/4HANA, aber auch die Business-Warehouse-Anwendungen wie SAP BW/4HANA oder Personalverwaltungsanwendungen, wie z. B. SAP SuccessFactors. An den Betrieb solcher Systeme werden in der Regel drei zentrale Anforderungen gestellt:

1. Das System muss jederzeit stabil funktionieren und hoch verfügbar sein.
2. Das System muss in dem Fall eines Desasters (engl. Disaster), also dem vollständigen Ausfall eines Rechenzentrums, schnell und nach Möglichkeit ohne Datenverlust wiederhergestellt werden können.
3. Das System soll mit möglichst wenig Ausfallzeiten stets aktuell und sicher gehalten werden.

Was ist ein System?

Ein *System* umfasst alle Bereiche, die für die Bereitstellung einer Anwendung notwendig sind, wie etwa Infrastruktur mit Netzwerk, Server und Speicher, das Betriebssystem und die Middleware sowie die SAP-Komponenten selbst und die dafür notwendige Datenbank.

Was gehört zur Verfügbarkeit?

Anwendungen und Systeme müssen über einen langen Zeitraum hinweg nahezu ausfallfrei operieren und für die Ausführung Ihrer Prozesse verfügbar sein. In einem verfügbaren System reicht es nicht, dass die Server lediglich laufen und die Dienste irgendwie ausführen. Verfügbarkeit bedeutet auch, dass das System so funktioniert, dass die Endanwenderinnen und Endanwender es stets ohne Wartezeit nutzen können. Im Gegensatz dazu spricht man von *Hochverfügbarkeit*, wenn die gesamte Ausfallzeit des Systems pro Jahr auf nur wenige Stunden reduziert werden kann.

In diesem Kapitel konzentrieren wir uns vor allem darauf, Ihnen zu zeigen, welche unterschiedlichen Möglichkeiten Sie haben, um die Verfügbarkeit Ihrer Anwendung bzw. Ihres Systems zu erhöhen. Ganz besonders dann, wenn Sie Ihre Cloud-Systeme nach dem IaaS-Modell von einem Hyperscaler beziehen.

In Abschnitt 3.1, »Allgemeine Hochverfügbarkeit«, beschreiben wir das Konzept und die Bedeutung von Hochverfügbarkeit und erklären Ihnen, was beim Lösungsdesign zu beachten ist, wenn Sie ein hoch verfügbares System erreichen wollen. Ein hoch verfügbares System kann z. B. selbstständig kompensieren, wenn in einem einfachen Fehlerfall einzelne Services ausfallen, und diese mit möglichst geringer Unterbrechung und in den meisten Fällen ohne Datenverlust so schnell wie möglich wieder zur Verfügung stellen.

In Abschnitt 3.2, »Hochverfügbarkeit für Datenbanken«, gehen wir darauf ein, welche Besonderheiten gegenüber der Hochverfügbarkeit von Anwendungen zu beachten sind, wenn Sie Datenbanken hoch verfügbar machen und ausfallsicher betreiben wollen. In Abschnitt 3.3, »Hochverfügbarkeit von Hyperscalern«, lernen Sie, was die Hyperscaler selbst tun, um Ihnen hoch verfügbare Dienste anbieten zu können. Weiterhin finden Sie in diesem Abschnitt, welche Dienste und Werkzeuge die Hyperscaler Ihnen zur Verfügung stellten, um mit deren Hilfe ein hoch verfügbares Lösungsdesign zu entwerfen und umzusetzen.

Der Verlust von Daten kann bei unternehmenskritischen Anwendungen ebenso problematisch sein wie die Ausfallzeit eines Systems. Da sich ein Datenverlust auch auf umliegende angeschlossene Systeme auswirken kann, stellen wir Ihnen in Abschnitt 3.4, »Disaster Recovery«, verschiedene Maßnahmen und Szenarien zur Wiederherstellung vor. Wir erläutern, wie die Disaster-Recovery-Lösung aufgebaut sein sollte, um auch Katastrophenfällen souverän zu begegnen. Dabei ist es wichtig, dass im Katastrophenfall, also dem gleichzeitigen Ausfall mehrerer Komponenten oder dem Ausfall einer ganzen Rechenzentrumsregion, der Betrieb des Systems und der damit verbundenen Services schnellstmöglich wiederhergestellt werden kann.

Schließlich wird in Abschnitt 3.5, »Automatisierte Bereitstellung«, erläutert, warum die automatisierte Bereitstellung und die damit verbundene Standardisierung für den Aufbau hoch verfügbarer Landschaften unerlässlich ist.

Beim Betrieb von SAP-Systemen und -Applikationen ist nicht alles planbar und beherrschbar. Mit einer gründlichen Analyse und Betrachtung der Systeme können Sie jedoch eine hoch verfügbare Architektur und darauf abgestimmte Prozesse für alle beteiligten Teams aufbauen, mit denen sich einzelne Systemausfälle oder gar Katastrophen leichter überwinden lassen.

3.1 Allgemeine Hochverfügbarkeit

Definition von Hochverfügbarkeit

In Unternehmen gibt es Prozesse, die nicht ausfallen dürfen, da sonst die Ausführung von Kernprozessen plötzlich stillstehen. Das kann z. B. die Produktion von Aluminium oder Medikamenten oder die Steuerung eines Wasserwerkes oder Stromerzeugers sein. Die Systeme, die diese geschäftskritischen Prozesse ausführen, sollten nach Möglichkeit hoch verfügbar sein. Von *Hochverfügbarkeit* (kurz HV oder im Englischen gebräuchlicher *High Availability*, kurz HA) spricht man, wenn Services oder Systeme ständig und ohne Unterbrechungen verfügbar sind und über ausreichend Leistung verfügen, um alle Anfragen in angemessener Geschwindigkeit bearbeiten zu können. In der IT wird diese Verfügbarkeit gemessen, indem die Zeit bestimmt wird, in der diese Ressourcen tatsächlich zur Verfügung stehen, also die sogenannte *Uptime* oder verfügbare Betriebszeit. Dem gegenüber steht die Zeit, in der das System nicht zur Verfügung steht, also die *Downtime* oder Ausfallzeit. Zur besseren Vergleichbarkeit werden die Verfügbarkeitswerte in Prozent angegeben. Der Prozentwert gibt an, wie viele Stunden der Gesamtstundenzahl im Jahr, manchmal auch auf Monatsbasis berechnet, das System tatsächlich verfügbar ist bzw. wie viele Stunden das System pro Jahr maximal ausfallen darf, um weiterhin innerhalb der vereinbarten Bedingungen zu bleiben. Diese Vereinbarung zur erlaubten Ausfallzeit wird *Service Level Agreement* (kurz SLA) genannt.

[«]

Service Level Agreements

Ein Service Level Agreement ist eine vertragliche Vereinbarung, die zwischen den Hyperscaler-Anbietern, externen Lieferanten oder Serviceprovidern und deren Kunden abgeschlossen wird, um die Verfügbarkeit eines Systems zu definieren. Ein SLA stellt somit sowohl die vertragliche Grundlage als auch eine Regelung zur Vermeidung von Missverständnissen bei der Serviceerbringung dar. Innerhalb des SLA sichert der Leistungserbringer dem Servicenehmer eine garantierte Verfügbarkeit der bereitgestellten Systeme zu.

Beim Cloud-Computing gibt es, wie bereits in Abschnitt 1.2.2, »IaaS, PaaS und SaaS«, beschrieben, verschiedene Möglichkeiten, wie einzelne Dienste oder ganze Systeme betrieben, bezogen und konsumiert werden können. Für welches Servicemodelle (IaaS, SaaS oder PaaS) Sie sich entscheiden, hat somit auch einen Einfluss auf die Verantwortung für die Verfügbarkeit Ihrer Systeme. Bei SAP SuccessFactors als Saas-Anwendung ist SAP allein verantwortlich für Hardware, Infrastruktur, Funktionen, Software-Updates sowie für Ihre Daten und die Datensicherheit. SAP muss also für die Hochverfügbarkeit, das Backup, Disaster Recovery und für die Bereitstellung Sorge tragen. Anders ist es jedoch, wenn Sie SAP S/4HANA, SAP BW/4HANA oder andere SAP-Anwendungen nach dem IaaS-Servicemodell selbst bei einem Hyperscaler Ihrer Wahl betreiben und dieser nur die Infrastruktur zur Verfügung stellt. Bei diesem Modell sind Sie selbst für Ihr System verantwortlich und müssen sich entweder selbst um Hochverfügbarkeit, Disaster Recovery und die Bereitstellung kümmern, oder ein Dienstleister übernimmt diese Aufgaben für Sie.

SAP-Systeme bestehen immer aus mehreren Komponenten. Es ist wichtig zu verstehen, dass im Zusammenspiel der Komponenten immer die Kombination aller Verfügbarkeiten am Ende die Systemverfügbarkeit bestimmt. Das bedeutet auch, dass Sie nur dann eine konsistente Hochverfügbarkeit erreichen können, wenn alle Komponenten für sich selbst hoch verfügbar ausgelegt sind. Selbst wenn die Infrastruktur, das Betriebssystem und die Datenbank hoch verfügbar ausgelegt sind, die darauf laufende SAP-Applikation aber nicht, wird die Verfügbarkeit des Gesamtsystems immer an der niedrigen Verfügbarkeit des SAP-Systems gemessen werden.

Systemverfügbarkeit definieren

Um in Ihrem SLA Prozentwerte für die Verfügbarkeit festzuhalten, müssen Sie als Auftraggeber zunächst einmal die gewünschte Systemverfügbarkeit definieren. Ein SAP-System gilt im Allgemeinen als verfügbar, wenn sich die Benutzer problemlos im System anmelden können und das System sinnvoll genutzt werden kann. Oftmals ist es für Sie als Auftraggeber sinnvoll, neben der reinen Verfügbarkeit noch weitere Parameter zu berücksichtigen, die die Verfügbarkeit definieren. Dazu gehören z. B. die Antwortzeit des SAP-Systems oder die Möglichkeit, kritische Geschäftstranskationen ohne Einschränkungen bei Folgeprozessen ausführen zu können. In diesem

Abschnitt gehen wir zunächst auf die allgemeine Definition von Hochverfügbarkeit ein, ohne weitere Parameter in die Berechnungen einzubeziehen, um die Komplexität nicht unnötig zu erhöhen.

Wenn Sie mit Ihrem Hyperscaler über ein SLA und die Verfügbarkeit sprechen, bedenken Sie, dass er Ihnen nur die Verfügbarkeit seiner Infrastrukturkomponenten garantiert. Zur Gesamtverfügbarkeit zählen aber auch die laufenden Softwarekomponenten, d. h. ein Dateisystem, ein Load Balancer oder auch ein Webservice beeinflussen die Gesamtverfügbarkeit. Wenn Sie mit dem Outsourcing-Partner sprechen, der Ihre SAP-Systeme betreibt und wartet, denken Sie daran, dass dieser keinen Einfluss auf die Verfügbarkeit der Infrastrukturkomponenten des Hyperscalers hat. Dennoch sollten Sie als Auftraggeber die Gesamtverfügbarkeit Ihres SAP-Systems von der Infrastruktur bis hin zu den Softwarekomponenten im Auge behalten.

Verfügbarkeit

Vergessen Sie in Zeiten von SaaS, PaaS und IaaS nie, dass die Verfügbarkeit immer nur so hoch ist, wie das schwächste System oder die schwächste Applikation. Das heißt, kein Hochverfügbarkeitskonzept der Welt kann eine Schnittstelle, ein Dateisystem oder einen SAP-Service kompensieren, die im Hochverfügbarkeitskonzept nicht bedacht wurden, aber für die Verfügbarkeit des Systems unabdingbar sind.

Sie sollten daher frühzeitig klären, welche Verfügbarkeitsdefinition Sie mit welchem Partner verwenden, und diese Entscheidung auch dokumentieren, damit es nicht zu Missverständnissen und unnötigen Diskussionen kommt. Diese Klärung müssen Sie auch bei der Inanspruchnahme von SaaS-Produkten mit Ihrem Anbieter durchführen. Sie müssen hier klären, ob geplante Wartungsarbeiten ebenfalls als Downtime zu bewerten sind oder aus dem SLA herausgerechnet werden. Definieren Sie auch, was genau eine geplante Wartungsarbeit ist. In der Regel gehören dazu das Patchen des Betriebssystems, der Datenbank und der SAP-Komponenten genauso wie das Einspielen von SAP-Sicherheitshinweisen oder das Aktualisieren von Parametern. Hier gibt es mitunter sehr viel Diskussionspotenzial, dem Sie vorbeugen, indem Sie eine klare Definition und ein einheitliches Verständnis schaffen und dokumentieren.

Verfügbarkeit definieren

Wenn Sie mit Ihrem Dienstleister ein SLA definieren und abschließen, achten Sie auf folgende Inhalte:

- Welche SAP-Komponenten und SAP-Services sind in der Verfügbarkeit enthalten?
- Wann ist ein SAP-System oder ein SAP-Service verfügbar? Welche Parameter beschreiben die Verfügbarkeit (z. B. Login der User ist möglich, die Antwortzeit innerhalb der vorgegebenen Zeit)?
- Wie werden Schnittstellen oder Umsysteme behandelt, die gegebenenfalls von anderen Providern betrieben werden, und inwieweit sind Abhängigkeiten abgestimmt und definiert?
- Werden Onlineaktivitäten, wie etwa das Einspielen von Transporten oder Änderungen im Customizing, in eine Downtime eingerechnet?
- Was ist mit geplanten Auszeiten, wie z. B. dem Patching oder dem Test der HA-Konfiguration?

3.1.1 Verfügbarkeit berechnen

Berechnung von Verfügbarkeit

Nachdem Sie die Verfügbarkeit definiert haben, können Sie die Verfügbarkeit Ihrer SAP-Systeme berechnen. Dabei gehen wir von einem Jahr mit 365 Tagen aus, also 8.760 Stunden. In Tabelle 3.1 sehen Sie die Berechnung der Verfügbarkeit auf Basis der Uptime und der daraus resultierenden Downtime.

Verfügbarkeit	Uptime	Downtime
95 %	8322:00:00 h	438:00:00 h
98 %	8584:48:00 h	175:12:00 h
99 %	8672:24:00 h	87:36:00 h
99,5 %	8716:12:00 h	43:48:00 h
99,6 %	8724:57:36 h	35:02:24 h
99,7 %	8733:43:12 h	26:16:48 h
99,8 %	8742:28:48 h	17:31:12 h
99,9 %	8751:14:24 h	8:45:36 h
99,95 %	8755:37:12 h	4:22:48 h
99,99 %	8759:07:26 h	0:52:34 h

Tabelle 3.1 Verfügbarkeit Ihres Systems, gemessen in Stunden, Minuten und Sekunden

Verfügbarkeit	Uptime	Downtime
99,995 %	8759:33:43 h	0:26:17 h
99,999 %	8759:54:45 h	0:05:15 h

Tabelle 3.1 Verfügbarkeit Ihres Systems, gemessen in Stunden, Minuten und Sekunden (Forts.)

Sie sehen, dass Sie trotz der recht hohen Verfügbarkeit von 99,5 % immer noch ein Ausfallrisiko von fast zwei Tagen (ein Tag, 19 Stunden und 48 Minuten) in Kauf nehmen müssen. Bedenken Sie, dass dieses aber nur die maximale Ausfallzeit pro Jahr angibt. Das beschränkt nicht die Anzahl der Ausfälle oder die Dauer pro Ausfall. Angenommen, Sie haben ein SAP-System mit einer Verfügbarkeit von 99,95 %, das jeden Monat für 20 Minuten ausfällt. Das kann bei Ihrer Produktionsmaschine viel gravierender sein als ein Ausfall von 4 Stunden am Stück nur einmal im Jahr, wenn Sie z. B. hohe Wiederanlaufzeiten haben. Die Berechnung der Verfügbarkeit wird dadurch erschwert, dass Komponenten oftmals gemeinsam für die Verfügbarkeit zuständig sind, z. B. die virtuelle Maschine, der Speicher und das Netzwerk. Wenn jede Komponente einzeln eine Verfügbarkeit von 99,9 % hat, werden diese Verfügbarkeiten multipliziert und die Ausfallzeiten addiert. Im schlimmsten Fall, wenn sich die Ausfallzeiten nicht überschneiden, ergibt sich folgendes Ergebnis:

99,9 % × 99,9 % × 99,9 % = 99,7 %

8 h 45 m 36 s + 8 h 45 m 36 s + 8 h 45 m 36 s = 26 h 16 m 48 s

Sie landen also bei einem Servicelevel von 99,7 % bzw. einer maximalen Ausfallzeit von etwas mehr als 26 Stunden, da jede Komponente eine maximale Ausfallzeit von etwas mehr als 8 ¾ Stunden hat. Kommen dann noch Risiken aus der SAP-Applikation hinzu, die auf dieser Infrastruktur ausgeführt wird, dann landen Sie schnell bei einem Servicelevel von 99,5 % oder weniger bzw. bei einer maximalen Ausfallzeit von fast 44 Stunden pro Jahr oder mehr.

Ein redundantes, d. h. hoch verfügbares Infrastrukturdesign hat einen umgekehrten Effekt auf die Verfügbarkeit. Wenn Sie ein Setup mit zwei Services verwenden, die sich gegenseitig ersetzen können und jeweils eine Verfügbarkeit von 99 % besitzen, erreichen diese gemeinsam eine Verfügbarkeit von 99,99 %. Dabei wird die Ausfallwahrscheinlichkeit miteinander multipliziert und nicht wie zuvor gezeigt die Verfügbarkeitswahrscheinlichkeit der Ressource, in diesem Beispiel also 1 %. Die Verfügbarkeit ergibt sich dann aus 100 % minus der gemeinsamen Ausfallzeit in Prozent:

1 % × 1 % = 0,01 %

100 % – 0,01 % = 99,99 %

Dies stellt dann die Wahrscheinlichkeit dar, dass beide Dienste gleichzeitig nicht verfügbar sind. Schalten Sie nun einen einfachen Load Balancer mit einer eigenen Verfügbarkeit von 99,9 % vor, reduziert sich die Systemverfügbarkeit wieder wie folgt:

99,99 % × 99,9 % = 99,89 %

52 m 34 s + 8 h 45 m 36 s = 9 h 38 m 10 s

Sie sehen also, dass die Berechnung von Verfügbarkeiten beliebig komplex werden kann. Die Berechnung ist aber wichtig für das Design von Geschäftsprozessen, die sich über mehrere SAP-Systeme erstrecken können. Das erfordert dann z. B. die Toleranz gegenüber dem Ausfall eines der SAP-Systeme durch Datenpuffer und die Synchronisierung der geplanten Downtimes aller beteiligten Systeme, um die Verfügbarkeit des Prozesses hochzuhalten.

Fehler erkennen

Bei der Berechnung der Verfügbarkeitswerte müssen Sie auch die Fehlererkennung durch automatische Mechanismen und die Umschaltzeit von einer Infrastruktureinheit auf die Backup-Infrastruktur berücksichtigen. Dabei sollten Sie die Erkennungszeit niemals zu gering bemessen, da sonst die Wahrscheinlichkeit steigt, dass ein Umschalten auf die Backup-Infrastruktur ausgelöst wird, obwohl gar kein Fehler vorliegt, was sich negativ auf die Verfügbarkeit auswirkt. Diese sogenannten *False Positives* sind deshalb unangenehm, weil sich die Benutzer – aufgrund des Eingreifens des HA-Mechanismus – gegebenenfalls erneut im SAP-System anmelden und die letzten Transaktionen von vorne beginnen müssen. Wurden in dieser Zeit zudem langwierige Hintergrundaufgaben ausgeführt, die abgebrochen wurden, müssen auch diese gegebenenfalls manuell neu eingeplant werden.

[!]

Fehlererkennung und Umschaltprozess in der Verfügbarkeitsrechnung

Als Auftraggeber ist es Ihre Aufgabe, bei der Ausarbeitung eines SLAs mit Ihrem Dienstleister eine möglichst genaue Verfügbarkeitsrechnung zu erstellen. Um die Genauigkeit der Berechnung zu gewährleisten, müssen Sie auch die Zeit berücksichtigen, die vergeht, bis der Fehler vom System erkannt wird und der Umschaltvorgang auf die zweite Instanz abgeschlossen ist.

Verfügbarkeit in Katastrophenfällen

Beachten Sie bitte auch, dass nicht alle Ausfälle in die Verfügbarkeitswerte einfließen. Geplante Ausfälle, die eher als Wartungsaktivitäten oder geplante Systemänderungen zu sehen sind, z. B. für Updates oder Hardwaretausch bzw. beim Hyperscaler die Änderung der CPU- und Speicherkonfiguration der virtuellen Hardware, können noch hinzukommen. Auch sind Worst-Case-Szenarien in den SLAs der Public-Cloud-Anbieter in der Regel nicht enthalten. Katastrophenszenarien wie Terror, Krieg oder ein GAU (Größter Anzunehmender Unfall) sind hier typischerweise ausgeschlossen. In solchen Fällen garantiert Ihnen kein Anbieter eine Verfügbarkeit seiner Systeme. Auch höhere Gewalt wird in vielen Verträgen grundsätzlich ausgeschlossen. Denn im Zweifel lässt sich immer alles einplanen, aber Engpässe durch die Datenverschiebung aufgrund von Umwelteinflüssen lassen sich nur schwer zulasten des Cloud-Providers interpretieren. Rechenzentren sind zwar immer so ausgelegt, dass solche Einflüsse vermieden werden können, aber wenn ganze Rechenzentren durch Hochwasser oder Erdbeben ausfallen oder für einen gewissen Zeitraum von der Umwelt abgeschnitten sind, kann dies wohl keinem Provider angelastet werden.

Was passiert bei Ausfällen?

Auch wenn AWS, Microsoft, Google und Alibaba Ihnen eine sehr gute Verfügbarkeit von 99,999 % (auch *Five Nines* genannt) garantieren, kann es dennoch zu längeren Ausfällen kommen. In diesen Fällen wird Ihnen in der Regel die Servicegebühr des betroffenen Dienstes gutgeschrieben. Das bedeutet für Sie im Zweifelsfall, dass Sie hohe Summen als Produktionsausfall hinnehmen müssen und dafür nur eine vergleichsweise kleine Gutschrift für den ausgefallenen Service erhalten, die Sie dann mit der nachfolgenden Servicerechnung verrechnen können. Vorausgesetzt wird, dass wirklich nachgewiesen ist, dass der Dienst ausgefallen ist und das Servicelevel nicht eingehalten wurde. Sie als Endnutzer bzw. Vertragshalterin mit dem Hyperscaler müssen ebenfalls nachweisen, dass nicht Ihr eigenes Architekturdesign oder die Bedienung der Dienste durch das Operationsteam für den Ausfall verantwortlich ist. Stellen Sie sich daher als Kunde, aber auch als verantwortliche Architektin oder systemverantwortlicher Betriebsleiter gerade bei kritischen SAP-Systemen die Frage: »Haben wir alles getan, um einen Ausfall des SAP-Systems zu vermeiden?«

3.1.2 Hochverfügbarkeit für Ihr SAP-System einrichten

Zusammensetzung der Hochverfügbarkeit

Wie bereits erwähnt, setzt sich die Hochverfügbarkeit eines SAP-Systems aus der Verfügbarkeit der eingesetzten Einzelkomponenten zusammen. Mit der Hochverfügbarkeit eines SAP-Systems wird darüber hinaus die Fähigkeit des Systems bezeichnet, bei Ausfall einer einzelnen Komponente, wie z. B. der Datenbank, des SAP-Applikationsservers oder des Load Balancers, den Betrieb des gesamten SAP-Systems sicherzustellen, also den Ausfall einzelner Komponenten selbst zu kompensieren bzw. sich selbst zu heilen. Je nach Auswahl der einzelnen Komponenten, aus denen sich das genutzte SAP-System letztendlich zusammensetzt, und deren Gesamtarchitektur kann es dennoch zu Unterbrechungen der Verfügbarkeit kommen. Neben der reinen Architektur der IaaS-Komponenten, die Sie selbst verwalten, können Sie weitere Funktionen der Hyperscaler nutzen, um eine Hochverfügbarkeit zu gewährleisten. Einige davon können Sie selbst kontrollieren und konfigurieren, wie z. B. den Replikationsmechanismus auf der Speicherebene. So stellt Ihnen der Hyperscaler die Funktion zur Verfügung, Ihre Daten im Hintergrund automatisch dreimal zu replizieren und entweder in einer zweiten Zone oder sogar in einer anderen Region für Sie vorzuhalten. Fällt nun Ihre erste Kopie aus, können Sie zwischen den beiden anderen Kopien wählen und nahezu unterbrechungsfrei weitermachen.

Darüber hinaus gibt es auch klassische Clusterfunktionen auf Betriebssystem- oder Datenbankebene, die es ermöglichen, eine zweite Instanz vorzuhalten, die bei Ausfall der ersten Instanz einspringt. Eines sollte Ihnen immer bewusst sein: Hochverfügbarkeit kann stets auf mehreren Ebenen realisiert werden. Sie können sie immer sowohl durch die Infrastruktur als auch durch eine entsprechende Architektur und das Zusammenspiel der einzelnen Komponenten realisieren. Allerdings gilt hier nicht der Ansatz »viel hilft viel«. Entscheiden Sie frühzeitig, ob Sie Hochverfügbarkeit auf Hardware- oder Softwareebene realisieren wollen, beides ist nicht sinnvoll.

[!]

Hochverfügbarkeit sinnvoll designen

Als Architektin und Systembetreiber sollten Sie Hochverfügbarkeit entweder auf Software- oder auf Hardwareebene realisieren. Eine doppelte Realisierung erhöht die Komplexität, erschwert die Fehlersuche im Fehlerfall und die Regelung der Verantwortlichkeiten. Bei fertiger Software, die Sie eingekauft und nicht selbst erstellt haben, gibt es manchmal keine Möglichkeit, eine HA auf Softwareebene zu realisieren. In diesen Fällen bleibt Ihnen dann nur die Hardware- bzw. Infrastrukturebene.

Aufgrund der komplexen Struktur führt eine solche doppelte Realisierung häufig zu vermeidbaren Service- oder Administrationskosten. Zudem erhöht sich die Testkomplexität, da bei geplanten Anpassungen der Infrastruktur auch die HA-Funktionalität wie Loadbalancing oder Umschalten auf die zweite Instanz regelmäßig getestet werden muss. Je komplexer dies ist, desto aufwendiger und schwieriger werden die Tests und damit die Durchführung geplanter Wartungsaktivitäten.

Überschneidung von HA-Mechanismen

Weiterhin erschwert eine solche Überlagerung von HA-Mechanismen die Fehlerursachenanalyse und birgt die Gefahr, dass sich die Situation dadurch sogar verschlimmert. Beim klassischen HA-Ansatz könnte im Fehlerfall einer der HA-Mechanismen die User automatisch auf die Backup-Infrastruktur umschalten. Währenddessen stellt der andere HA-Mechanismus einen unerwarteten Anstieg der Last auf diesen Servern fest und versucht, das Problem durch einen Neustart zu lösen. Dies führt in diesem Fall dazu, dass beide Systeme heruntergefahren werden und der benötigte Service nicht mehr zur Verfügung steht. Eventuell kann der Service nun auch nicht mehr automatisch gestartet werden, weil sich die beiden HA-Services gegenseitig blockieren.

HA-Mechanismen sollten automatisch ausgelöst werden und ohne menschliches Zutun eine Kette von Ereignissen abarbeiten. Die Prozesskette eines Umschaltprozesses ist dabei sehr klar definiert. Leider sind logische Abfragen, ob bereits ein anderer Mechanismus parallel gestartet wurde, dabei meistens nicht möglich. Die HA-Mechanismen gehen immer vom sogenannten *Highlander-Prinzip* aus, wenn es sich um eine automatische Aktion und Abarbeitung von Schritten handelt. Das bedeutet, dass sie ohne Rückfragen und logische Prüfungen auf parallele Aktivitäten auf logischer Ebene so handeln, als gäbe es keinen anderen Prozess (»Es kann nur einen geben«).

3.1.3 Hochverfügbarkeitsanforderungen auf Grundlage der Systemart bestimmen

Systemspezifikationen beachten

Die Spezifikationen des von Ihnen betrachteten SAP-Systems kann zu unterschiedlichen Anforderungen der Architektur führen. Hierzu betrachten wir das typische *Three-Tier-System*, also SAP-Systeme, die aus den folgenden drei Instanzen bestehen:

- Entwicklungssystem (DEV)
- Qualitätssicherungssystem (QA)
- Produktionssystem (PROD)

Das QA-System wird oft auch als Testsystem (TEST) bezeichnet. Beide Begriffe können daher synonym verwendet werden. Manchmal gibt es noch eine Stufe zwischen QA und PROD. Diese wird in der Regel Vorproduktion (PRE-PROD) genannt. Es handelt sich dann um ein vierstufiges System (engl. *Four Tier System*), wie in Abbildung 3.1 zu sehen. Die Anpassungen werden dabei von einem System zum nächsten transportiert und getestet. Das Testsystem (TEST/QA) wird bei einem vierstufigen System oft von den Entwicklerinnen und Entwicklern selbst zum Testen verwendet, während das Vorproduktionssystem verwendet wird, um die eigentliche QA-Checkliste für die funktionalen Tests vor dem Livegang abzuarbeiten. Manchmal gibt es noch eine temporäre Sandbox-Instanz. Diese ist zumeist eine Kopie eines bestehenden SAP-Systems oder wird aus einem vorhandenen Backup Image, also einem Systemabbild, aufgebaut, um kurzfristig etwas auszuprobieren oder mögliche Erweiterungen und Anpassungen zu testen, ohne die Entwicklungs- oder Testumgebung zu belasten. Diese Sandbox-Instanzen werden nur für diesen Zweck erstellt und anschließend wieder gelöscht. Die nicht produktiven Systeme werden oft auch als die *unteren Systeme* (engl. *Lesser Systems*) bezeichnet.

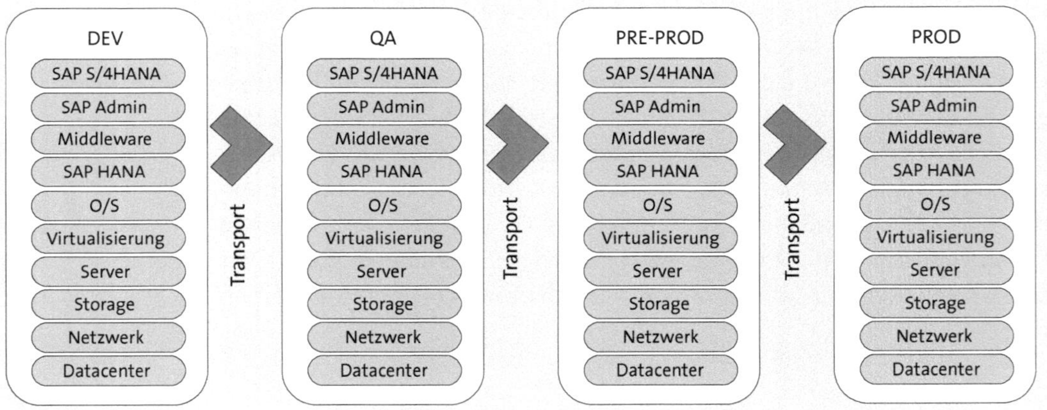

Abbildung 3.1 Vierstufiges SAP-S/4HANA-System

Um die Sicherheit des Betriebs nicht zu beeinträchtigen, sollten das Qualitätssicherungs- und das Produktionssystem idealerweise eine nahezu identische Architektur aufweisen. Das betrifft auch die Anbindung an Schnittstellensysteme. Dies ist erstrebenswert, weil geplante Änderungen auch am QA-System getestet werden können, bevor sie im Produktivsystem durchgeführt werden. Besonders kostenintensive Hochverfügbarkeitsmechanismen, wie z. B. Clustersoftware, werden dagegen meist direkt im Produktivsystem eingesetzt, sodass Änderungen in diesen Bereichen mit einem gewissen Risiko behaftet sind. Jede Abweichung in der Konfiguration zwischen dem QA- und dem PROD-System bzw. zwischen PRE-PROD und PROD bedeutet ein potenzielles Risiko, denn nur bei identischem Aufbau kann vor dem Go-live auch richtig getestet werden. Auch Prozesse und Handlungsanweisungen können durch diese Aufteilung überprüft und gegebenenfalls verbessert werden und so zu einer höheren Servicequalität beitragen. Produktive Systeme werden zu diesem Zweck regelmäßig auf die Test- bzw. Qualitätssicherungssysteme kopiert und die Neuentwicklungen dann vom Entwicklungssystem auf das Qualitätssicherungssystem eingespielt, damit diese Funktionen vor dem Go-live eines neuen Releases getestet werden können.

Sollten die Konfigurationen des QA-Systems und des PROD-Systems voneinander abweichen, können im Betrieb fachliche oder technische Fehler auftreten. Technische Fehler können dazu führen, dass sich das Produktivsystem bei einem Fail-over anders verhält als das Testsystem und im schlimmsten Fall der Fail-over und die HA-Konfiguration überhaupt nicht funktionieren. Bei fachlichen Fehlern sind verschiedene Szenarien denkbar. Zum einen kann es bei einem abweichenden Design zu anderen Antwortzeiten des SAP-Systems kommen, was für die Endanwenderinnen und Endanwender unangenehm sein kann. Zum anderen kann es zu logischen Fehlern oder zur fehlerhaften Verarbeitung eines Datensatzes kommen, wenn das produktive System nach dem Livegang anders mit den fachlichen Änderungen umgeht und andere Fehler auftreten als in den QA-Systemen. In diesem Fall kommt es meist zu einem eingeschränkten Ausfall (Endanwenderinnen und Endanwender können nur eingeschränkt arbeiten) oder einem Totalausfall des produktiven Systems. Da der Fehler in diesem Fall oft nicht in den anderen SAP-Systemen reproduziert werden kann, ist die Fehleranalyse sehr aufwendig und komplex, was wiederum die Zeit bis zur Fehlerbehebung und Wiederherstellung des normalen Systemverhaltens beeinflussen kann.

Hochverfügbarkeit für Umsysteme und Schnittstellen

Nicht nur zwischen QA- und PROD-System sollte ein identisches Architekturdesign für die Hochverfügbarkeit vorliegen, auch angebundene Systeme und Schnittstellen sollten entsprechend designt werden. Häufig stellen wir fest, dass Schnittstellen in den unterlagerten Systemen nicht ausreichend verfügbar sind, wichtige Datenquellen nicht hoch verfügbar ausgelegt sind oder angebundene Systeme andere Servicelevel haben als das eigentliche Produktivsystem.

[»]

Wann wird eine SLA-Definition hinfällig?

Jede SLA-Definition für ein System ist hinfällig, wenn wichtige angebundene Systeme, Services und Datenlieferanten, die für die Ausführung von Prozessen verfügbar sein müssen, damit das betrachtete System funktioniert und verfügbar ist, wesentlich geringere Servicelevel haben und im schlimmsten Fall gar nicht hoch verfügbar ausgelegt sind. Die gleiche Logik, die Sie bei der Berechnung der Servicelevel bei mehreren Komponenten kennengelernt haben, gilt auch hier. Die Verfügbarkeiten aller Komponenten werden multipliziert und die Ausfallzeiten addiert. Dies schließt also auch die Verfügbarkeiten wichtiger Umsysteme mit ein.

Leider ist es bei einigen Unternehmen immer noch üblich, nur ein zweistufiges System ohne QA-Instanz aufzubauen. Das Problem ist dabei, dass so erst während des Betriebs in der Liveumgebung, also der produktiven Umgebung bzw. dem System, getestet wird. Oftmals kommt noch erschwerend hinzu, dass sich Schnittstellensysteme ihre Infrastruktur teilen, also mehrere Dienste auf einer Maschine laufen und somit in den Vorsystemen, wenn überhaupt vorhanden, nicht richtig getestet werden können. Dies führt dann in der Regel zu den meisten Ausfällen, weil Best-Practice-Architekturansätze fehlen oder nicht eingehalten werden. Nicht umsonst kursiert unter Enterprise-Architektinnen und -Architekten das abfällig gemeinte Sprichwort: »Jeder verfügt über ein Testsystem, doch wer Glück hat, ist im Besitz eines separaten Produktivsystems!« Gemeint ist damit, dass viel zu oft einfach im Produktivsystem getestet wird, um sich den Aufwand und die Kosten eines echten Testsystems zu sparen, weil man hofft oder sogar fest daran glaubt, dass schon nichts schiefgehen wird. Unsere jahrzehntelange Erfahrung zeigt, dass dem häufig nicht so ist.

Erfolg messen mit KPIs

Kein direkter Teil der Hochverfügbarkeit selbst, jedoch trotzdem eine wichtige Anforderung sind die *Key Performance Indicators* (KPI). KPIs sind Kennzahlen, anhand derer sich der Erfolg oder Fortschritt einer Organisation oder eines Systems nachvollziehen lassen. Die Kennzahlen können sich auf verschiedene Aspekte eines Systems beziehen, wie etwa die minimal zulässige Performance, die maximal akzeptierte Laufzeit bestimmter Prozesse oder die maximal akzeptierten Rückmeldezeiten, und werden im SLA festgehalten. Wenn die Konfiguration des QA-Systems von der des PROD-Systems abweicht, wird dies auch an den KPIs erkennbar. Wenn das Testsystem nur einen Bruchteil der Daten der Produktion enthält oder auf einer anderen Speicherklasse bzw. einer anderen virtuellen Hardwarekonfiguration läuft, können die Laufzeit und später die Performance im Produktivsystem sehr abweichen. Es passiert dann schnell, dass im Test alle KPIs eingehalten werden und die Änderung für die Produktion freigegeben wird, die Performance im Zielsystem dann aber nicht mehr stimmt. Dies ist ein weiterer Grund, warum es ratsam ist, das Testsystem regelmäßig aus der Produktion zu aktualisieren und die Architektur so ähnlich wie möglich zu halten, was natürlich auch für die Schnittstellen und alle angebundenen Systeme gilt.

RTO und RPO

Ebenfalls kein direkter Bestandteil der HA, aber genauso wichtig für das Design wie die KPIs sind die Wiederherstellungsdauer (*Recovery Time Objective* = RTO) und der Widerherstellungszeitpunkt (*Recovery Point Objective* = RPO). Auf beides gehen wir in Abschnitt 5.3, »Backup«, noch genauer ein jedoch wollen wir zur Vollständigkeit der Darstellung an dieser Stelle einmal auf beide Begriffe eingehen.

Sowohl die RTO, also die maximal zulässige Dauer bis zur Wiederherstellung des Systems, als auch der RPO, also die Angabe, wie viele Daten im schlimmsten Fall verloren gehen dürfen, sollten von der Fachabteilung definiert und im Vorfeld mit den bestehenden Verträgen Ihrer Serviceintegratoren und Public-Cloud-Provider abgeglichen werden. RTO und RPO haben großen Einfluss auf das entsprechende Design des Systems und des zu wählenden oder zu konfigurierenden HA-Konzepts und -Designs, wie z. B. die Wahl der Datenbankreplikation (siehe auch Abschnitt 3.3.5, »Varianten der Datenbankreplikation«). Die Prüfung von RTO und RPO seitens der Fachabteilung bezeichnet man als *Business Impact Analysis* (kurz BIA). Dabei werden die Auswirkungen von Ausfällen dieser Art von Komponenten und Systemen dargestellt und so gut wie möglich quantifiziert. Daraus ergibt sich der Schutzbedarf von Systemen. RPO und RTO spielen auch eine wesentliche Rolle beim Design der Disaster-Recovery-Szenarien, auf die wir in Abschnitt 3.4, »Disaster Recovery«, näher eingehen.

Die Entscheidung, welches System nun welche HA-Maßnahmen erhält, ist immer eine Mischung aus Top-down- und Bottom-up-Betrachtung. Beim Top-down-Ansatz werden die Entscheidungen aus den Ergebnissen einer BIA abgeleitet. Gleichzeitig werden auf Grundlage der vorhandenen Technologie verschiedene Varianten (Schutzklassen) für ein hoch verfügbares System ausgearbeitet, die unterschiedliche Servicelevel und damit unterschiedliche Konfigurationen und Kosten haben: z. B. eine sehr hohe Schutzklasse mit einem Servicelevel von 99,999 % für sehr wichtige Systeme, eine mittlere Schutzklasse mit einem Servicelevel von 99,99 % für weniger wichtige Systeme und eine mit einem Servicelevel von 99 % für Entwicklungs- und Testsysteme. Im letzten Schritt muss dann für jedes System entschieden werden, in welche Schutzklasse es fällt.

[»]

HA-Design und was Sie beachten sollten

Das Hochverfügbarkeitsdesign ist für die Architektinnen und Architekten ein sehr komplexes Thema. Sie müssen nicht nur geschäftliche Faktoren wie die Kosten und die verträglichen Rahmenbedingungen im Auge behalten, sondern auch technische Faktoren wie KPIs, RTO, RPO und Schnittstellen. Dazu gehören feste Antwortzeiten und die maximal erlaubte Ausfallzeit inklusive Umschalten und Testen sowie die Performancekennzahlen. Alle Faktoren haben einen Einfluss auf das Design der HA-Systemarchitektur sowie deren Implementierung.

Cloud-Migration und Folgen für die Architektur

In der Praxis zeigt sich oft, dass die Anforderungen an die definierten Schutzklassen für die einzelnen Systeme in der Entscheidungsphase sehr unterschiedlich bewertet werden und insbesondere die Umsetzung durchaus diskutabel ist. Entscheidend bei einer Transformation, z. B. von einer On-Premise-Landschaft zu einem Hyperscaler, ist nicht, die 1:1-Übertragung der bisherigen Architektur in den Cloud-Betrieb zu übertragen (die sogenannte Lift-and-Shift-Migration), sondern die bestmögliche Auswahl von Komponenten und Funktionen zur Realisierung des Betriebs Ihrer SAP-Landschaft. So ist es nicht verwunderlich, dass eine Cloud-Migration häufig mit einem Architekturwechsel einhergeht, sofern die bisherige Architektur nicht im Hinblick auf Hochverfügbarkeit und Ausfallsicherheit angepasst wurde. Das Design des SAP-Systems anzupassen, macht eine Migration in die Cloud in der Regel jedoch komplexer, da Schnittstellen und Umsysteme ebenfalls angepasst werden müssen. Weitere Details hierzu finden Sie auch in Abschnitt 8.3, »Ablauf einer Migration«. Dennoch ist ein solcher Architekturwechsel immer sinnvoll, da Sie nur so von den Vorteilen eines solchen Umstiegs in die Cloud profitieren können.

Probleme beim Wechsel von On-Premise-Landschaft

Dies gilt insbesondere dann, wenn in Ihrer bestehenden On-Premise-Umgebung, wie es nicht selten der Fall ist, Webserver, Applikationsserver und andere Applikationsinstanzen auf dem gleichen Server installiert worden sind. Eine Trennung ist hier sehr kostenintensiv und der Wartungsaufwand enorm. Wenn Sie diese Konfiguration aber nun 1 : 1 in die Cloud übertragen, sind die Vorteile der Hochverfügbarkeit nicht gegeben. Fällt in einem solchen System eine Instanz aus, wird nicht automatisch ein Fail-over (also ein Umschalten auf die andere Backup-Infrastruktur) eingeleitet, da auch die anderen Komponenten umgeschaltet werden müssen. Hinzu kommt, dass in On-Premise-Landschaften mit der Architektur der Doppelnutzung oft der gleiche DNS bzw. die gleiche IP-Adresse nur mit unterschiedlichen Ports für unterschiedliche Komponenten genutzt wird. Wird diese Doppelbelegung vor der Migration nicht aufgelöst, entsteht mit der Migration ein IP-Adressen- und DNS-Wechsel. Dies bedeutet wiederum zusätzlichen Aufwand bei der Nutzung von Schnittstellensystemen, da die entsprechenden Schnittstellen auf die neuen DNS-Einträge umgestellt werden müssen und dies sowohl für interne als auch externe Schnittstellen gilt. Sind nur wenige Systeme betroffen, können diese im Rahmen einer Migration zusammengefasst und umgestellt werden. Ansonsten empfiehlt es sich, die Umstellung bereits vorab durchzuführen, sodass Sie gleich prüfen können, ob Ihre Schnittstellenliste immer noch aktuell ist, inklusive der Details wie Ansprechpartner, benötigte Benutzer, Passwörter und gegebenenfalls File-Systeme, die auf die eine Schnittstelle zugreifen.

Unter bestimmten Umständen ist eine Umstellung der Schnittstellensysteme auch nach der Migration denkbar, z. B. wenn Sie aus einem bestimmten Grund schnell migrieren müssen. Die Verfügbarkeiten können auch dann noch eingehalten werden. Wichtig ist dabei das Monitoring, das Ihnen Probleme frühzeitig aufzeigt und entsprechende Anweisungen mit manuellen Schritten, die zu ergreifen sind, an die Kolleginnen und Kollegen im 24/7-Service sendet, um die Hochverfügbarkeit wiederherzustellen. Da die Migration in die Cloud die Verfügbarkeit meistens deutlich erhöht, sind viele Kunden dem zweistufigen Ansatz nicht abgeneigt, vor allem weil im zweiten Schritt auch Schnittstellen und Protokolle der neuen Architektur angepasst werden können, was in Bezug auf Verfügbarkeit und Sicherheit weitere Vorteile mit sich bringt. Denn sofern die Sicherheitsprotokolle noch nicht genutzt werden, kann mit einem solchen zweistufigen Ansatz gleichzeitig der Sicherheitsstandard eines SAP-Systems erhöht werden.

Es gibt verschiedene Lösungen für die Erstellung einer hoch verfügbaren SAP-Systemarchitektur. Beachten Sie dazu auch Abschnitt 4.2, »Architektur«. In Abschnitt 3.2, »Hochverfügbarkeit für Datenbanken«, werden ein paar Beispiele dargestellt und besprochen. Diese Beispiele legen alle den Einsatz einer SAP-HANA-Datenbank zugrunde. Andere Datenbanksysteme lassen sich mit leichten Abwandlungen ebenfalls realisieren. Die einzelnen Kombinationsmöglichkeiten ergeben sich aus der *Product Availability Matrix* von SAP (kurz PAM). Die PAM ist unter folgendem Link zu finden: *http://s-prs.de/v923919*.

Bitte achten Sie stets darauf, dass neben der PAM auch die Freigabelisten der Hardwarehersteller gelten. Gerade beim Einsatz von Drittsoftware im SAP-Umfeld kann es etwas aufwendiger sein, die entsprechenden Abhängigkeiten zu finden. Dies wird umso komplexer, je älter die Systemstände sind. Kritisch wird es, wenn Teile wie das Betriebssystem oder die Datenbank schon in der erweiterten Wartung oder nicht mehr in der Wartung sind. Die typische Antwort des Softwaresupports im Fehlerfall ist dann meist, dass man das System erst auf einen aktuellen bzw. überhaupt auf einen unterstützten Stand bringen soll, um zu sehen, ob der Fehler damit behoben ist. Ist dies nicht der Fall, kann sich der Softwarehersteller um die Behebung des Fehlers kümmern. Die Überprüfung von Wartungen und Freigaben ist umso einfacher, je genauer Sie wissen, dass Ihre Systeme auf dem neuesten Stand sind. Eine entsprechende Wartungs- und Patch-Strategie ist daher auch hier elementar.

[»]

Wartungszyklen stets im Auge behalten

Um einen reibungslosen Betrieb zu gewährleisten, ist es immer wichtig, dass das SAP-System vom Betriebssystem über die Datenbank hinweg bis hin zu den einzelnen Applikationsversionen gemäß der PAM von SAP gewartet und aktualisiert wird. Eine frühzeitige Planung und Abstimmung ist dabei für den Betrieb und das Transformationsprojekt unabdingbar.

3.1.4 Disaster Tolerance

Unterschied zwischen HA und DT

Die Implementierung von Hochverfügbarkeit erfolgt in der Regel im gleichen Rechenzentrum bzw. in der gleichen Hyperscaler-Region. Eine solche Konfiguration ist in der Lage, einzelne Ausfälle zu überbrücken, da die Komponenten redundant ausgelegt sind und sich gegenseitig ersetzen können.

Dies nützt jedoch nichts, wenn es entweder zu mehreren gleichzeitigen Ausfällen der redundanten Komponenten kommt oder die gesamte Region ausfällt. Hier stoßen wir bei der Definition von Hochverfügbarkeit auf die Abgrenzung zur *Disaster Tolerance* (kurz DT). Disaster Tolerance ist die Fähigkeit eines Systems, den Ausfall eines ganzen HA-Clusters zu kompensieren, wenn z. B. eine ganze Region eines Hyperscalers ausfällt. Die Disaster Tolerance oder Notfalltoleranz basiert dabei auf dem einfachen Prinzip, das gesamte HA-Cluster in eine zweite Region zu spiegeln inklusive einer Datenreplikation und eines Fail-overs in diese Region im Desaster-Fall.

Tabelle 3.2 fasst die wichtigsten Unterschiede zwischen HA und DT zusammen. Während die Hochverfügbarkeit einzelne Ausfälle absichert und diesen automatisiert entgegenwirkt, geht es bei Disaster Tolerance darum, mehreren gleichzeitigen Ausfällen koordiniert entgegenzuwirken. Die Ausfälle, die durch die DT kompensiert werden sollen, treten in der Regel zeitgleich oder zeitlich so eng hintereinander auf, dass sie als ein Ausfall betrachtet werden. Bei der Hochverfügbarkeit erfolgt die Wiederherstellung des Service in der Regel automatisch ohne manuelle Eingriffe und meistens ohne Datenverlust und unbemerkt von den Nutzerinnen und

Nutzern. Bei einem Desaster sind in der Regel mehrere Komponenten gleichzeitig betroffen, und der Betrieb kann oft ohne manuelles Eingreifen der Services nicht wiederhergestellt werden. Vielmehr geht es um eine Kombination von Architekturüberlegungen und integrierten Prozessen. Weitere Informationen zu den verschiedenen Ansätzen finden Sie in Abschnitt 3.4, »Disaster Recovery«.

	High Availability (HA)	Disaster Tolerance (DT)
Grund	einzelne Ausfälle	mehrere gleichzeitige Ausfälle
Lokation	typischerweise nur eine Region	Remote-Region
Reaktion	automatisch und einzeln für jeden Service	manuell, als integrierter Prozess
Service-level	RPO = 0 RTO = wenige Minuten	RPO = bis zu 24 Stunden RTO = bis zu 48 Stunden

Tabelle 3.2 Unterschied zwischen HA und DT

3.2 Hochverfügbarkeit für Datenbanken

HA bei Hyperscalern

Bei Datenbanken wie z. B. SAP HANA müssen Sie neben der reinen Redundanz der virtuellen Hardware, wie in Abschnitt 4.2, »Architektur«, beschrieben, noch weitere Überlegungen mit in Ihre Konfiguration einfließen lassen. Der Grund hierfür ist, dass Sie nicht einfach eine Kopie bzw. eine Synchronisation der Daten auf der Speicherebene durchführen können. Um dennoch eine konsistente Datenkopie Ihrer Datenbank zu realisieren, müssen Sie entsprechende Funktion des Datenbanksystems selbst nutzen. Glücklicherweise bringen alle modernen Datenbanksysteme eine oder oft sogar mehrere Hochverfügbarkeitslösungen mit. Zu den gängigen Lösungen gehören:

- High-Availability-Cluster
- Active/Active-Redundanz
- Active/Passive-Redundanz

Bei einem *High-Availability-Cluster* (auch als HA-Cluster oder Fail-over-Cluster bezeichnet) wird statt einer einzelnen virtuellen Maschine gleich eine ganze Gruppe virtueller Maschinen verwendet, auf denen die Datenbankanwendung ausgeführt wird, die mit minimalen Ausfallzeiten zuverlässig genutzt werden soll. Die VMs dieser Gruppe haben dabei in der Regel alle die gleiche Konfiguration, d. h. die gleiche Größe. Die Datenbankanwendung bringt eine spezielle Hochverfügbarkeitssoftware als Middleware mit, die die VMs zu einem Cluster zusammenschließt und der Datenbankanwendung im Prinzip als eine Maschine zur Verfügung stellt. Dies hat den Vorteil, dass bei Ausfall einzelner Systemkomponenten, also einzelner VMs, der Betrieb der Datenbank weiterhin möglich ist, wenn auch weniger Rechenleistung zur Verfügung steht. Fällt hingegen ein einzelner virtueller Server ohne Clustering aus, auf dem eine bestimmte Datenbankanwendung ausgeführt wird, ist die gesamte Anwendung nicht mehr verfügbar, bis der ausgefallene Server wieder verfügbar ist.

HA-Clustering behebt genau diese Schwachstelle. Beim Ausfall einzelner VMs wird die Datenbankanwendung auf den verbleibenden VMs weiterhin ausgeführt. Der Ausfall der VM wird vom System erkannt und die betroffenen Komponenten der Datenbank werden sofort auf einem anderen Teil des Clusters neu gestartet, ohne dass ein administrativer Eingriff notwendig ist. Dieser Vorgang wird als *Fail-over* bezeichnet. Dabei konfiguriert die Clusteringsoftware den neuen Knoten, bevor die betroffene Anwendung darauf gestartet und wieder ausgeführt wird. Beispielsweise müssen möglicherweise benötigte Dateisysteme importiert und verbunden werden, Netzwerkkomponenten müssen konfiguriert werden und einige unterstützende Anwendungen müssen eventuell ebenfalls ausgeführt werden. Anschließend können Sie die betroffene VM in Ruhe neu starten oder dem Cluster einfach eine neue zur Verfügung stellen, um die fehlenden Ressourcen wieder zu kompensieren. Die Clusteringsoftware, die auf dem Master Node als Steuereinheit ausgeführt wird, integriert die neue Maschine als Worker Node in das Cluster und verteilt die auszuführenden Aufgaben selbstständig neu.

Um einen Leistungsabfall bei Ausfall einer VM zu vermeiden, können Sie auch von vornherein mehr Ressourcen zur Verfügung stellen, die, wie in Abbildung 3.2 gezeigt, als Standby Nodes dienen. *Standby Nodes* sind im Prinzip nicht benötigte Maschinen, die Sie über den tatsächlichen Bedarf hinaus hinzufügen, um einen plötzlich auftretenden Mehrbedarf automatisiert abdecken zu können. Diese Variante eignet sich auch sehr gut, um Ihre Infrastruktur den steigenden Anforderungen anzupassen. Reichen die konfigurierten VMs nicht mehr aus, fügen Sie einfach einen weiteren Worker Node, also eine weitere VM, hinzu und integrieren diese in Ihr Cluster.

Für einen reibungslosen Ablauf sollten Sie bei einem High-Availability-Cluster einen *Single Point of Failure* (kurz SPOF) vermeiden, also eine Schwachstelle innerhalb des Systems, die einen Ausfall des gesamten Systems zur Folge hätte. Dazu sollte jede Komponente im Cluster mindestens zweimal oder öfter vorhanden sein.

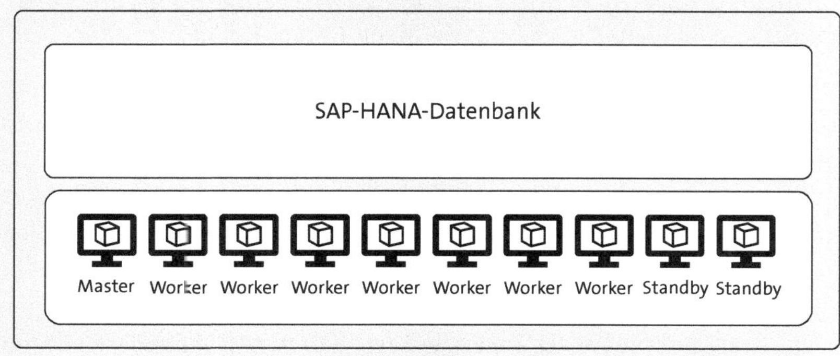

Abbildung 3.2 SAP-HANA-Datenbank auf einem HA-Cluster mit zwei Standby-Knoten

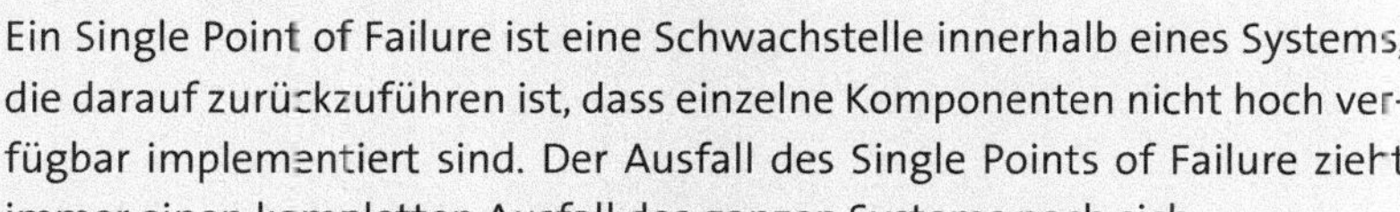

Single Point of Failure

Ein Single Point of Failure ist eine Schwachstelle innerhalb eines Systems, die darauf zurückzuführen ist, dass einzelne Komponenten nicht hoch verfügbar implementiert sind. Der Ausfall des Single Points of Failure zieht immer einen kompletten Ausfall des ganzen Systems nach sich.

Für einen solchen Mechanismus ist eine gute Fehlererkennung notwendig. Das heißt, es muss für das System klar erkenntlich sein, was ein Fehler ist und wann das Cluster auch darauf reagieren soll. In diesem Zusammenhang wird oft das Akronym STONITH verwendet, das für »Shoot The Other Node In The Head« steht, was so viel bedeutet wie, dass ein fehlerhafter Node so schnell wie möglich isoliert oder gestoppt werden muss, um Seiteneffekte auf dem Cluster zu vermeiden.

Active/Active

Eine *Active/Active-Redundanz* umfasst eine primäre und eine, manchmal auch mehrere, sekundäre Instanzen Ihrer Datenbank. Alle Instanzen sind aktiv, und die Daten der Datenbanken werden immer synchron gehalten. Auf diese Weise kann die sekundäre Instanz innerhalb von Sekunden die Anfragen vom ausgefallenen primären Datenbankserver übernehmen. Die Endanwenderinnen und Endanwender müssen in dieser Situation eventuell etwas länger auf die Bestätigung Ihrer Eingaben warten, da die übernehmende sekundäre Instanz den letzten Befehl erneut ausführen muss. Dies hat den Vorteil eines sekundenschnellen Fail-overs im Fall eines Ausfalls, erfordert aber aktiv laufende Ressourcen und verursacht damit höhere Kosten. Diese Variante wird von fast allen gängigen Datenbanksystemen unterstützt und kann daher natürlich auch für SAP-HANA-Datenbanken verwendet werden. Die Funktionsweise ist bei den unterschiedlichen Datenbanktypen nahezu identisch, nur die softwareseitige Konfiguration des Clusters unterscheidet sich von Datenbank zu Datenbank.

Für den reibungslosen Betrieb eines Active/Active-Clusters werden in der Regel zwei identische Datenbankserver konfiguriert. Dies dient der Kompensation der vollständigen Last, die dieser sekundäre Node im Fehlerfall von dem ausgefallenen primären Node übernehmen muss. Weiterhin ist zu beachten, dass alle sekundären Server aktiv verwendet werden und nicht heruntergefahren sind und auf Ihren Einsatz warten. Dies verursacht bei Ihrem Hyperscaler zusätzliche Kosten. Daher sollten Sie sehr genau abwägen, welche Strategie sinnvoll ist. Im Gegensatz zu den meisten anderen Datenbanktypen hat die SAP-HANA-Datenbank seit der Version 2.0 eine Besonderheit: Wie in Abbildung 3.3 zu sehen, kann der sekundäre Node zusätzlich zum Lesen von Daten verwendet werden.

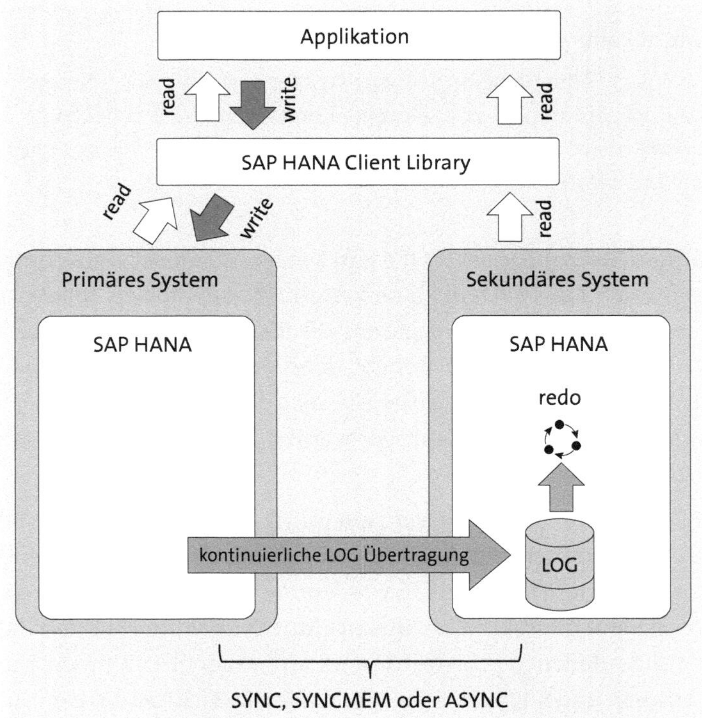

Abbildung 3.3 Active/Active-Cluster mit SAP HANA

Das bedeutet, dass der sekundäre Node nicht nutzlos nebenherläuft und nur verwendet wird, wenn der erste Node ausfällt oder gewartet wird. Das entlastet den primären Node bei Leseoperationen und spendet dem sekundären Node einen sinnvollen Nutzen, auch wenn kein Fehlerfall vorliegt.

SAP nennt dies daher Active/Active (read enabled). Sie können für die Replikation der Daten von dem primären Node auf den sekundären Node synchrone (Sync, SyncMem) Verfahren und asynchrone (Async) Replizierungsverfahren verwenden (siehe Abschnitt 3.3.5, »Varianten der Datenbankreplikation«). Wenn Sie den zweiten Node auch zum Lesen von Daten verwenden wollen, ist allerdings eine synchrone Replikation sinnvoll, um nicht mit einem veralteten Datenbestand zu arbeiten.

Active/Passive

Schließlich gibt es noch die *Active/Passive-Redundanz*. Sie bietet eine aktive primäre Instanz und eine passive sekundäre Instanz. In dieser Konfiguration bedient wie auch bei der Active/Active-Variante nur das aktive System die Anwenderinnen und Anwender. Fällt das aktive System aus, wird das Backup-System zunächst aktiviert bzw. hochgefahren, und Anwenderinnen und Anwender werden anschließend auf das Backup-System umgeleitet. Dies hat den Vorteil geringerer Ressourcenkosten, da das passive System nur Kosten verursacht, wenn es auch genutzt wird. Es benötigt jedoch Zeit, um das Backup-System zu initialisieren und birgt das Risiko, den Sitzungsstatus der Clients zu verlieren. Passive Backup-Systeme müssen im Fehlerfall nämlich erst hochgefahren und die Daten seit dem letzten Abgleich erneut repliziert werden. Damit sind die Ausfall- und Wiederherstellungszeiten bei dieser Art der Konfiguration deutlich höher, da die SAP-HANA-Systeme dann in den Standby-Modus versetzt und nur bei Bedarf hochgefahren werden.

Spare Server

Bei dieser Technologie ist es wichtig, stets im Hinterkopf zu behalten, dass die passiven Systeme, manchmal auch als *Spare Server* bezeichnet, die passende Größe haben müssen, um die Last tragen zu können. Kurzfristige Konfigurationsänderungen sollten daher möglichst vermieden werden. Hochverfügbarkeit bedeutet, einen Service so schnell wie möglich wieder zur Verfügung zu stellen. Wenn die Profile und Parameter erst noch manuell angepasst werden müssen, weil die Hardware kleiner ist und nicht den Anforderungen entspricht, wäre dies eher hinderlich.

Beachten Sie bei dieser Variante, dass es gerade bei sehr großen SAP-HANA-Datenbanken, die entsprechend auch sehr große virtuelle Maschinen bei Ihrem Hyperscaler benötigen, bei sehr unglücklichen Zufällen passieren kann, dass die deaktivierte Maschine von Ihnen unter Umständen nicht gestartet werden kann, weil gerade nicht genug Ressourcen der geforderten Art beim Hyperscaler zur Verfügung stehen. Das liegt daran, dass die passive Instanz ja heruntergefahren ist und somit im Rechenzentrum des Hyperscalers auch keine Ressourcen für diese Maschine allokiert oder reserviert sind. Wenn Sie sehr viel Pech haben, können Sie spezielle große Maschinen gerade nicht starten. Das ist jedoch eher unwahrscheinlich und unseres Wissens bisher nicht passiert. Denkbar wäre aber ein Szenario, dass eine ganze Region eines Hyperscalers ausfällt und alle Kunden nun Ihre Backup-Ressourcen in der nächstgelegenen Region dieses Hyperscalers ausführen möchten.

Risiko – geforderte Ressource ist nicht verfügbar

Kommt es zu einem sprunghaften Anstieg der Nachfrage nach allen Maschinentypen in einem Rechenzentrum bei Ihrem Hyperscaler, kann es sein, dass dieser die Nachfrage nicht so kurzfristig bedienen kann und eine Aufrüstzeit des Rechenzentrums einzuplanen ist. Daher ist es wichtig, die notwenigen Ressourcen vorab für kritische Systeme mit dem Ansprechpartner Ihres Hyperscalers zu besprechen, zu reservieren und zu allokieren.

3.3 Hochverfügbarkeit von Hyperscalern

Neben den rein architektonischen Überlegungen zur Sicherstellung der Hochverfügbarkeit und den softwareseitigen Funktionen, die z. B. die Datenbanksoftware mitbringt, gibt es gerade bei der Nutzung von Hyperscaler-Clouds noch zusätzliche Funktionen, die Sie verwenden können, um Ihr System abzusichern. Wie in Abschnitt 3.1, »Allgemeine Hochverfügbarkeit«, schon kurz eingeführt, stellt Ihnen der Hyperscaler spezielle Funktionen zur Verfügung, die Sie selbst kontrollieren können, während der Anbieter selbst solche Funktionen quasi unter der Haube einsetzt, um die Hochverfügbarkeit seiner eigenen angebotenen Dienste sicherzustellen. Dabei ist z. B. die zugrunde liegende Infrastruktur der Hyperscaler selbst redundant ausgelegt. Das bietet Ihnen bereits auf Ebene der VMs zusätzliche redundante Services zur Verbesserung der Verfügbarkeit der darauf von Ihnen betriebenen Applikationen.

3.3.1 Self-Healing und Livemigration

Self- und Auto-Healing

Eine wichtige Eigenschaft, die die Hochverfügbarkeit der Hyperscaler garantiert, ist das *Self-Healing* oder *Auto-Healing* einzelner Komponenten oder Cluster. Der Hyperscaler kann dabei eine Fehlfunktion einer VM identifizieren und einen automatischen Neustart der betroffenen VM einleiten. Fällt der gesamte Host aus, der die VM zur Verfügung stellt, werden alle darauf laufenden VMs auf eine andere Hardware verschoben und dort neu gestartet. In Kombination mit einem Autostart der Applikation ist es dem Hyperscaler somit möglich, Fehler in der Infrastruktur automatisiert zu beheben. Diese Funktion mag nicht für alle SAP-Basis-Administratorinnen und -Administratoren infrage kommen. Besteht der Wunsch, vor einem Neustart eine Fehleranalyse durchzuführen, kann der automatische Start des SAP-Service oder der Datenbank deaktiviert bleiben. Wenn eine VM vor einem Neustart zuerst analysiert werden soll, kann der automatische Start der VM ebenfalls in den Einstellungen deaktiviert werden.

Wenn dieser Ansatz von Ihren Administratorinnen und Administratoren verfolgt wird, bedenken Sie bitte, dass dies Auswirkungen auf das SLA und auch auf die Nutzung von Hochverfügbarkeit im Allgemeinen hat. Denn der Einsatz von Hochverfügbarkeit soll es Ihnen ermöglichen, Systeme ohne manuelle Eingriffe hoch verfügbar zu machen. Manuelle Eingriffe kosten immer Zeit, außerdem kann es beim manuellen Starten zu Fehlern kommen. Da Ausfälle meist in der Nacht passieren oder dann, wenn in der Regel kein Admin in der Nähe ist, muss der 24/7-Support entsprechend geschult sein und wissen, was zu tun ist. Handlungsanweisungen können hier hilfreich sein. Im Normalbetrieb sollte ein HA-System automatisiert betrieben werden, was wiederum bedeutet, dass diese HA-Funktionalität regelmäßig getestet werden sollte, da Patches und Konfigurationsänderungen die ursprüngliche Konfiguration verändern können.

Für geplante Wartungsarbeiten oder für den Fall, dass sie einen drohenden Ausfall der Hardware z. B. durch Machine-Learning-Mechanismen oder gutes Monitoring rechtzeitig erkennen, nutzen Hyperscaler gerne die Möglichkeit, VMs live, d. h. im laufenden Betrieb und ohne Unterbrechung, von einem Host auf einen anderen zu migrieren bzw. zu verschieben. Microsoft verwendet diese Funktion bei Azure z. B. für geplante Wartungsarbeiten oder auch dazu, die Last zwischen den einzelnen Servern innerhalb einer Zone oder Region optimal zu verteilen und so die Wärmeerzeugung zu reduzieren. Dabei werden die Maschinen der Kunden nicht neu gestartet, um sie auf einen anderen Host zu verschieben. Dieses Verfahren steht jedoch nicht für VMs der G-, H-, M- und N-Serien zur Verfügung. Diese müssen weiterhin gestoppt und auf einem anderen Host neu gestartet werden. Sofern eine Livemigration angeboten wird, wird die VM meistens auf einen anderen Host in derselben Zone verschoben, während sie weiterhin ausgeführt wird. Alle spezifischen Daten der VM, wie z. B. IP-Adressen, Netzwerkeinstellungen, Blockspeicher und Metadaten, bleiben erhalten. Allerdings kann es kurzfristig zu Performanceeinbußen kommen.

Gerade vor dem Hintergrund steigender Anforderungen im Bereich der Sicherheit und Cyberkriminalität ist es unerlässlich, neben dem eigentlichen VM-Betriebssystem auch die physikalischen Host-Systeme und die

Firmware ständig zu aktualisieren. Diese Funktion ermöglicht es den Hyperscalern, sicherheitsrelevante Aktualisierungen ohne Einschränkungen für den laufenden Betrieb durchzuführen. Dies geschieht ohne Ihr Zutun, da der Hyperscaler diese Aufgabe völlig autark für Sie übernimmt. Im Fall eines vollständigen Hardwareausfalls, der eine Livemigration verhindert, wird die VM automatisch auf einem neuen Host gestartet. Die Livemigration kann als Host-Wartungsrichtlinie in den Eigenschaften der VM konfiguriert oder auch explizit abgeschaltet werden. Für Datenbanken, insbesondere mit zunehmender Größe, wird eine Livemigration immer wichtiger, da ein Neustart nach einem Reboot sehr lange dauern kann und damit den SLA-Anforderungen nicht gerecht wird.

Bei einem geplanten Wartungsereignis der Hardware beim Hyperscaler kann es daher je nach Maschinentyp zu einem Neustart Ihrer VMs kommen. Sie erhalten rechtzeitig vorher eine Benachrichtigung über die geplante Wartung. Um zu verhindern, dass dies in einem für Sie ungünstigen Zeitpunkt geschieht, haben Sie die Möglichkeit, dieses Ereignis selbst neu zu planen. So erfolgt der Neustart Ihrer VMs zu einem für Sie günstigeren Zeitpunkt. Verhindern lässt er sich damit allerdings nicht.

3.3.2 Verwendung von Availability Sets

Availability Sets

Eine Hyperscaler-spezifische Funktion, die so nur in Microsoft Azure verfügbar ist, sind die *Availability Sets* (Verfügbarkeitssets). Diese Sets sind eine logische Gruppierung von VMs, die zu einer einzelnen SAP-Komponente gehören, wie z. B. einem SAP-BW- oder SAP-ECC-System. Damit Sie die Funktionsweise von Availability Sets verstehen, müssen wir zwei weitere Begriffe betrachten. Jede VM in einem Availability Set wird einer *Update Domain* und einer *Fault Domain* zugeordnet. Jedes Set kann bis zu drei Fault Domains haben. Die Anzahl der Update Domains ist auf 20 begrenzt. Eine Fault Domain ist eine Gruppe von physischen Servern im Rechenzentrum Ihres Hyperscalers, auf denen Ihre VMs bereitgestellt werden. Sie haben gemeinsame Strom- und Netzwerkkomponenten und sind im Fall einer technischen Störung gemeinsam davon betroffen. Eine Update Domain ist eine Gruppe von VMs und zugehöriger physikalischer Server, die gleichzeitig ein Update erhalten können und gegebenenfalls auch gleichzeitig neu gestartet werden. Die Reihenfolge der Update Domains muss nicht zwingend der Nummerierung entsprechen. Allerdings wird zwischen den einzelnen Update Domains ein Zeitraum von 30 Minuten on Microsoft eingehalten, um zwischen möglichen Reboots die vorhergehende Update Domain wieder in einen regulären Zustand zu versetzen. In Abbildung 3.4 ist dies beispielhaft grafisch dargestellt.

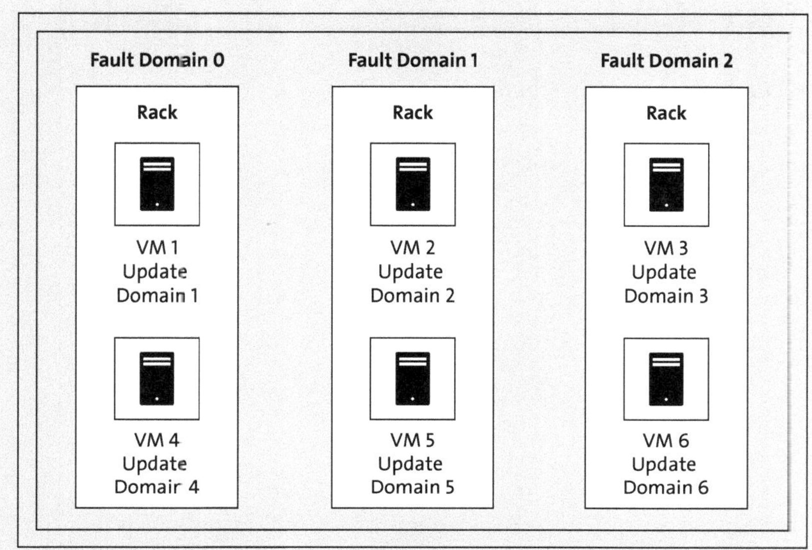

Abbildung 3.4 Fault und Update Domain

Tritt nun in einer der Fault Domains eine technische Störung auf, dann fallen maximal zwei der sechs VMs auf einmal aus, da immer nur zwei VMs in der gleichen Fault Domain zugeordnet sind. Wenn Microsoft nun Updates an der Hardware im Rechenzentrum durchführt, wird bei dieser Konfiguration immer nur eine der sechs VMs nicht verfügbar sein, weil jede VM einer eigenen Update Domain zugeordnet wurde.

Die VMs sollten auch mit den Disk Fault Domains verbunden sein, damit auch diese die gleichen Fault Domains verwenden. Disk Fault Domains haben die gleiche Funktion für die Speicherkonten der virtuellen Disks, wie sie Fault Domains für virtuelle Maschinen haben. Beachten Sie unbedingt, dass diese Konfiguration nach der initialen Erstellung des Availability Sets nicht mehr verändert werden kann. Sie können zwar den einzelnen Fault Domains weitere Maschinen und Update Domains zuordnen, die Konfiguration auf VM-Ebene aber nicht mehr ändern.

Die Verwendung von Availability Sets in Azure (siehe Abbildung 3.5) bietet einerseits die Möglichkeit, sehr tief in die verwendete Infrastruktur und den Update-Prozess einzugreifen, ist andererseits aber auch unflexibel und kann eine Einschränkung darstellen, wenn VMs einen größeren Instanztyp benötigen und dieser auf den verwendeten physikalischen Servern nicht zur Verfügung steht. Die Verwendung von Availability Sets ist daher auch nicht zwingend erforderlich.

Abbildung 3.5 Verteilung von neuen VMs in bis zu drei Fault Domains (Quelle: Microsoft Azure)

Zusammensetzung der Availability Sets

Availability Sets bestehen aus den Compute- und Storage-Clustern, also der Rechenleistung und dem Speicher, wie in Abbildung 3.6 dargestellt.

Bei der Verwendung von Availability Sets sollten Sie darauf achten, die einzelnen Ebenen (engl. *Tiers*) des SAP-Systems nicht zu vermischen, also z. B. für eine geclusterte Datenbank ein eigenes Set zu verwenden und sie nicht mit den ASCS (ABAP Central Services), der Applikation und einem Web-Dispatcher gemeinsam auszuführen, damit diese nicht auf der gleichen Hardware oder der gleichen Fault Domain oder Update Domain liegen.

Andere Hyperscaler sind in Bezug auf das Update-Management weniger transparent als Microsoft Azure oder bieten nicht so weitreichende Konfigurationsmöglichkeiten an.

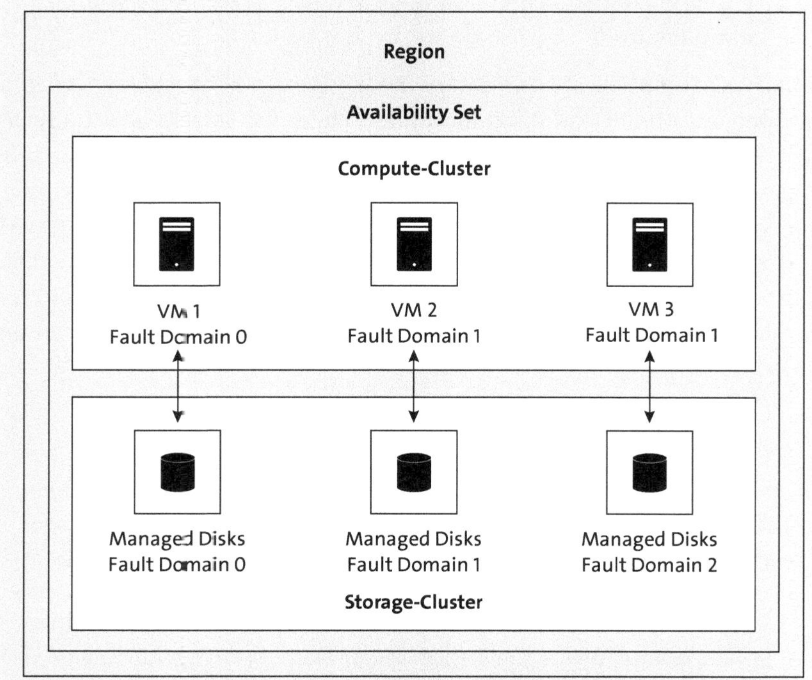

Abbildung 3.6 Availability Set

AWS Placement Group

AWS bietet mit der *Placement Group* aber immerhin die Möglichkeit, VMs gezielt zu platzieren. Dabei stehen folgende Möglichkeiten zur Verfügung:

- **Spread**
  Die Instanzen werden auf verschiedene Hardwarekomponenten verteilt, um das Risiko eines Ausfalls zu reduzieren.
- **Partition**
  Die Instanzen werden auf logische Partitionen verteilt, sodass keine Gruppe von Instanzen einer Partition mit einer anderen die zugrunde liegende Hardware teilt.
- **Cluster**
  Die Instanzen werden möglichst nah innerhalb einer Availability Zone platziert, um die Latenz zu minimieren. Diese Variante dürfte für die meisten SAP-Szenarien die wahrscheinlichste sein. Eine Kapazitätsreservierung für eine Cluster-Placement-Gruppe erfolgt auf die gleiche Weise wie eine normale Kapazitätsreservierung.

3.3.3 Hohe Verfügbarkeit von Single-Instance-Systemen durch ein Backup

Beispiel: Single-VM für SAP-Router

Einfache Bestandteile der SAP-Landschaft können in der Regel mit wenigen Mitteln ganz ohne HA-Konfiguration betrieben und so sehr günstig realisiert werden. Systeme, die auf diese Beschreibung zutreffen, sind z. B. Single-VM-Systeme wie ein SAP-Router, ein Gateway oder ein anderes Interface-System. Im Fall eines Fehlers des Service oder eines Ausfalls der VM wird zuerst ein Neustart des Service oder ein Neustart der VM versucht. Führt dies nicht zur Lösung des Problems, liegt in der Regel ein anderes Problem vor, das durch *Subject Matter Experts* (kurz SMEs) beseitigt werden muss.

Fehleranalyse setzt oft Subject Matter Experts voraus

Um eine Fehleranalyse im Betrieb durchführen zu können, ist es wichtig, dass der SME nicht nur die Architektur und die Technologie kennt. Er oder sie muss vielmehr das System kennen, um zu wissen, wo mit der Fehleranalyse begonnen werden sollte. Werden alle »wissenden« Experten extern über Dienstleister eingekauft, stirbt das eigene Technologiewissen in Ihrem Unternehmen mit der Zeit aus. Dies erhöht in der Regel die Abhängigkeit von Hyperscalern und Beratungshäusern.

Um eine hohe Verfügbarkeit auch bei diesen Systemen zu realisieren, werden sie im Normalfall durch ein Backup gesichert. Solche Systeme unterliegen keinen regelmäßigen Konfigurationsänderungen. Daher ist die Wiederherstellung eines bekannten, funktionsfähigen Zustandes aus einem Backup ein zusätzlicher und schneller Ansatz zur Fehlerbehebung. Ein regelmäßiges Backup sollte selbstverständlich sein (siehe Kapitel 5, »Betrieb von Cloud-Infrastrukturen«). Wo dieses Backup aus architektonischer Sicht anzusiedeln ist, möchten wir in diesem Kapitel betrachten. Eine ebenso charmante, wie vorausschauende Möglichkeit ist der Einsatz von Automatisierungstechniken. Primitive Systeme der hier beschriebenen Art könnten einfach neu erstellt und automatisch konfiguriert werden. Neben dem Einsatz für den Fall einer Disaster Recovery bieten Automatisierungstechniken darüber hinaus die Option, weitere Systeme gleichen Typs und gleicher Art aufzubauen und die Konfigurationen über eine größere Anzahl von Systemen identisch zu halten, ohne manuelle Anpassungen vornehmen zu müssen. Dies kann in der Regel sehr schnell und zu Tageszeiten erfolgen, in denen das Administrationsteam offline ist.

Ein Aspekt, der bei der Automatisierung berücksichtigt werden muss, ist die Wahl der Speicherarchitektur bzw. der entsprechenden Komponenten des

Hyperscalers. Hier bietet sich die georedundante Speicherung an, damit die Daten im Bedarfsfall in jeder von Ihnen gewählten Availability Zone und in jeder von Ihnen gewählten Region bei Bedarf zur Verfügung stehen. Bitte achten Sie bei der Auswahl der Region darauf, dass die Daten in dieser Region auch gespeichert werden dürfen.

[!]

Freigabe der Region für den Betrieb aus gesetzlichen und datenschutzrechtlichen Gründen

Je nach Land oder Audit-Anforderung können Länder und Regionen von der Datenhaltung ausgeschlossen sein. Es ist stets darauf zu achten, dass alle Freigaben zur Datenspeicherung, Datennutzung und Datenverarbeitung vorliegen, und zwar bevor die ersten Daten übertragen werden!

Wird dieser Weg nicht gewählt, ist zumindest ein Backup in eine zweite Availability Zone zu empfehlen. Die Replikation dieser Backups in eine zweite Region sichert dann den Disaster-Recovery-Fall ab, wobei bei allen diesen genannten Möglichkeiten die Anforderungen definiert und entsprechende Auswahlen getroffen und dokumentiert werden müssen. Diese sollten im High-Level-Design definiert und im Betriebshandbuch detailliert beschrieben sein. Für den Einstieg werden die SAP-Systeme in diesem Abschnitt jedoch nur für das Szenario einer Region und eines Rechenzentrums des Hyperscalers betrachtet.

Neben diesen einfachen Systemen ohne Datenbank gibt es auch einfache SAP-Systeme mit ABAP SAP Central Services (kurz ASCS), Primary Application Server (kurz PAS) und Datenbanken auf einer VM. Dies sind in der Regel Systeme mit geringen RTO- und RPO-Anforderungen. Diese werden oft in nur einer VM und in nur einer Availability Zone bereitgestellt. Für diese Systeme sollte jedoch ein Backup- und Restore-Konzept entworfen, dokumentiert und verprobt werden. Sind diese SAP-Systeme von geringer Bedeutung bzw. ist ihre Daseinsberechtigung anderer Natur, da sie z. B. nur für Schulungen, Tests oder Ähnliches genutzt werden, kann gegebenenfalls auch ganz auf ein Backup verzichtet werden, wenn die Wiederherstellung z. B. durch eine Systemkopie von einem anderen System erfolgen kann.

[«]

Systeme sinnvoll designen

Werden Systeme, wie etwa Schulungssysteme, täglich gelöscht, ist in der Regel auch kein Backup notwendig. Auch hier gilt es, das richtige Maß zu finden, denn wenn RTO und RPO entsprechende Wiederherstellungszeiten zulassen, kann durchaus auf eine Hochverfügbarkeit und ein Backup verzichtet werden.

Die Erfahrung zeigt jedoch, dass Backup und Monitoring bei jeder Art von System ein wesentlicher Bestandteil des Betriebs sein sollte. Lediglich die Häufigkeit und der betriebene Aufwand können variieren.

Je niedriger das Servicelevel und die Änderungsrate eines Systems sind, desto weniger Backups sind notwendig. Jedoch werden die Redo-Logdateien eines Systems benötigt, um auf einen bestimmten Zustand des Systems zugreifen zu können.

Legacy-Systeme

An dieser Stelle sei noch ein kleiner Exkurs zu den oft vergessenen Legacy-Systemen erlaubt. Diese existieren oft nur, weil sie aus regulatorischen oder Compliance-Gründen noch nicht abgeschaltet werden dürfen. Aufgrund von gesetzlichen Regelungen muss etwa der Zugriff auf die Daten der letzten zehn Jahre weiterhin möglich bleiben, oder die Systeme erfüllen als sogenannte Historiensysteme noch nicht alle Anforderungen zur Löschung. Das Problem bei diesen Systemen ist, dass die Datenbank, das Betriebssystem und die SAP-Version in der Regel veraltet sind. Kaum ein SAP-Kunde zahlt dafür, dass ein nicht mehr genutztes Altsystem auf dem neuesten Stand gehalten wird. Der Knackpunkt ist nur leider, dass auch die Backup-Tools und die Software normalerweise eine Freigabematrix haben, also nur mit bestimmten Softwareversionen und Betriebssystemversionen kompatibel sind. Da Sie Ihre Backup-Software aber auf dem neuesten Stand halten wollen, damit sie mit Ihren aktuell genutzten SAP-Systemen kompatibel bleibt, fallen die Altsysteme irgendwann aus dieser Matrix heraus. Die Folge ist, dass diese Systeme irgendwann nicht mehr ohne Probleme wiederhergestellt werden können. Es ist nicht verwunderlich, dass die aktuellen Softwareversionen Ihrer Anwendungen oder die Versionen im erweiterten Support in solch einer Freigabematrix wiederzufinden sind, aber nicht die Versionen, die gegebenenfalls schon zwei Jahre oder älter sind und nicht mehr gewartet werden. Wir empfehlen Ihnen daher, gerade bei solchen Systemen regelmäßig mit dem Update der Sicherungssoftware auch Backup- und Restore-Tests durchzuführen. Denn die Erfahrung hat gezeigt, dass hier leider oft der Aufwand und die technischen Hürden unterschätzt werden und dass gegebenenfalls zusätzlicher Support der Hersteller erforderlich ist, wenn das alte System doch noch einmal benötigt wird.

[+]

Regelmäßige Backup- und Restore-Tests durchführen, besonders wenn Produkte schon aus der Wartung gelaufen sind

Da Legacy-Systeme in der Regel nicht mehr regelmäßig aktualisiert werden, ist es wichtig, die Funktionalität von Backup und Restore sicherzustellen.

Dazu sollten vor dem Roll-out neuer Versionen der Backup-Software neben den Standardsystemen auch entsprechende Tests mit den »Exoten« durch das Betriebsteam eingeplant werden.

Nur wenn alle Kombinationen getestet wurden, kann sichergestellt werden, dass im Ernstfall ohne Probleme ein Restore möglich ist.

Eine weitere Ausprägung von Systemen auf diesem HA-Level sind SAP-Systeme mit dediziertem Datenbankserver wie in Abbildung 3.7. Hier befinden sich die zentralen Applikationsmodule wie der Primary Application Server (PAS), die ABAP Central Services (ASCS) und der Fault Manager (FM) auf einer virtuellen Maschine sowie die Datenbank (hier ein SAP ASE) auf einer eigenen virtuellen Maschine.

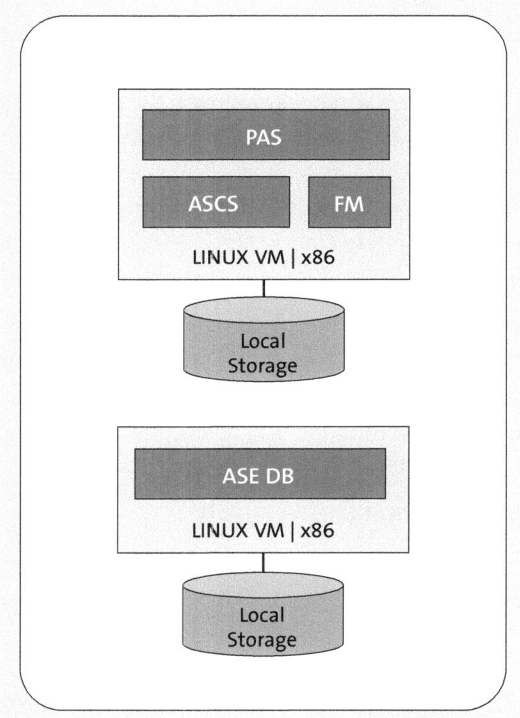

Abbildung 3.7 SAP-Applikation und Datenbank auf getrennten VMs

Diese Architektur führt somit nun einen weiteren Server in das Design eines einzelnen SAP-Systems ein. Bei dieser Konfiguration sollten Sie auf die Architektur der zugrunde liegenden VM-Struktur und die Eigenheiten der jeweiligen Hyperscaler achten, da es nun, wie zu Beginn des Kapitels erläutert, auf das Zusammenspiel der Server ankommt. Nur wenn beide Server und alle Services gleichzeitig funktional zur Verfügung stehen, ist das SAP-System einsatzfähig. Für das Konzept der Hochverfügbarkeit sind diese Szenarien jedoch eher nebensächlich, dafür ist deren Umsetzung aber relativ günstig und mit Hinblick auf die SLA-Anforderungen vertretbar. Im Gegensatz zu einem in der Praxis begrenzten Ressourcenpool zur Verlagerung auf eine andere VM in einer On-Premise-Installation besteht bei den Hyperscalern die Unbegrenztheit zumindest theoretisch und wohl auch in vielen Fällen im täglichen Betrieb. Auf welche Grenzen Sie stoßen können, werden wir in den Disaster-Recovery-Szenarien in Abschnitt 3.4, »Disaster Recovery«, noch eingehend betrachten.

3.3.4 Verwendung von Availability Zones

Im Gegensatz zu den eben besprochenen Availability Sets, Update Domains und Fault Domains sowie Placement-Groups, die nur innerhalb eines einzelnen Rechenzentrums eines Hyperscalers wirken, kann noch die *Availability Zone* (kurz AZ) zur Bereitstellung eines SAP-Systems verwendet werden. Mit den Availability Zones können Ressourcen auf mehrere Rechenzentren eines Hyperscalers in der gleichen Region verteilt werden. Für bestimmte, weniger wichtige Systeme kann dies eine geeignete und kostengünstigere Lösung sein, als die Ressourcen in zwei oder mehr Regionen zu verteilen.

Zwei Availability Zones im Design

Der nächste Schritt zur Erhöhung der Hochverfügbarkeit ist die Verwendung von mindestens zwei AZs. Die Architektur des SAP-Systems setzt dann auf den Einsatz mehrerer über zwei AZs verteilte VMs. Neben manuellen Setups ist der Einsatz von Clusterszenarien möglich und zu empfehlen.

Zusammenhang zwischen Komplexität und Aufwand

Mit der Komplexität der Architektur steigt ebenfalls der initiale Aufwand zur Konfiguration und Dokumentation des SAP-Systems und aller notwendigen Komponenten.

Die Infrastrukturkosten für ein solches Setup können sich je nach Architektur beim Einsatz mehrerer AZs durchaus erhöhen, allerdings können die steigenden Anforderungen an die Verfügbarkeit des SAP-Systems den Einsatz mehrerer AZs durchaus rechtfertigen. Eine Kalkulation für die Infrastrukturkosten Ihres SAP-Systems können Sie mit den Preiskalkulatoren der Hyperscaler unkompliziert und schnell vornehmen (siehe Tabelle 3.3).

Hyperscaler	URL zum Preisrechner
Microsoft Azure	*https://azure.microsoft.com/de-de/pricing/calculator/*
AWS	*https://calculator.aws/*
Google Cloud	*https://cloud.google.com/products/calculator*
Alibaba Cloud	*https://www.alibabacloud.com/de/pricing-calculator*

Tabelle 3.3 Übersicht über die Preisrechner der Hyperscaler

Bei der Verwendung von zwei AZs in einer Region ist die Latenz zwischen den beiden Zonen in der Regel so niedrig, dass eine synchrone Replikation dazwischen eingerichtet werden kann. Die Datenbank und die applikationsspezifischen Daten zwischen den beiden Zonen müssen gespiegelt werden. Mit dieser Architektur ist es möglich, den Ausfall eines Service, aller Server oder einer zentralen Komponente in dieser Availability Zone abzudecken. Natürlich ginge das auch lokal in einer AZ, indem dort ein lokales Cluster erstellt wird, jedoch wird hierbei zusätzlich der Ausfall einer ganzen Zone beim Hyperscaler abgedeckt. Natürlich lässt sich dieses altbekannte Konzept auch mit einem HA-Oberserver in einer weiteren, dritten Availability Zone zusätzlich absichern. Für diese Konfiguration ist eine Speicherressource (engl. *Storage Resource*) in beiden AZs notwendig. Das kann sowohl ein Speicherservice der Hyperscaler sein als auch ein Share, der in Eigenregie erstellt und betrieben wird und auch Teil der Clusterkonfiguration werden kann. Auf SAP-Seite werden der Enqueue Replication Server (kurz ERS) und die ABAP SAP Central Services (kurz ASCS) installiert und im Cluster redundant konfiguriert, damit im Fehlerfall oder bei einem gewollten Switch der Betrieb sichergestellt werden kann.

Synchronisation von SAP HANA

Für die Datenbanken betrachten wir beispielhaft SAP HANA und SAP Adaptive Server Enterprise (ehemals SAP Sybase ASE) in diesem Szenario mit zwei Availability Zones. Die Synchronisation der Datenbanken zwischen diesen beiden Servern in jeweils einer Zone ist recht einfach, weil eine synchrone Replikation auf eine andere VM in einer anderen Availability Zone schon mit den Bordmitteln der SAP-Datenbanken möglich ist, wie z. B. SAP HANA System Replication, wobei SAP HANA alle Daten permanent auf ein sekundäres SAP-HANA-System repliziert. Gesteuert wird das Ganze von der SAP-HANA-Datenbank-Software selbst. Es werden zwei SAP-Systeme mit der gleichen Anzahl an Nodes benötigt. Der Betrieb dieses Setups ist manuell oder in einer Clusterkonfiguration möglich. Die Architektur eines solchen Szenarios könnte wie in Abbildung 3.8 aussehen.

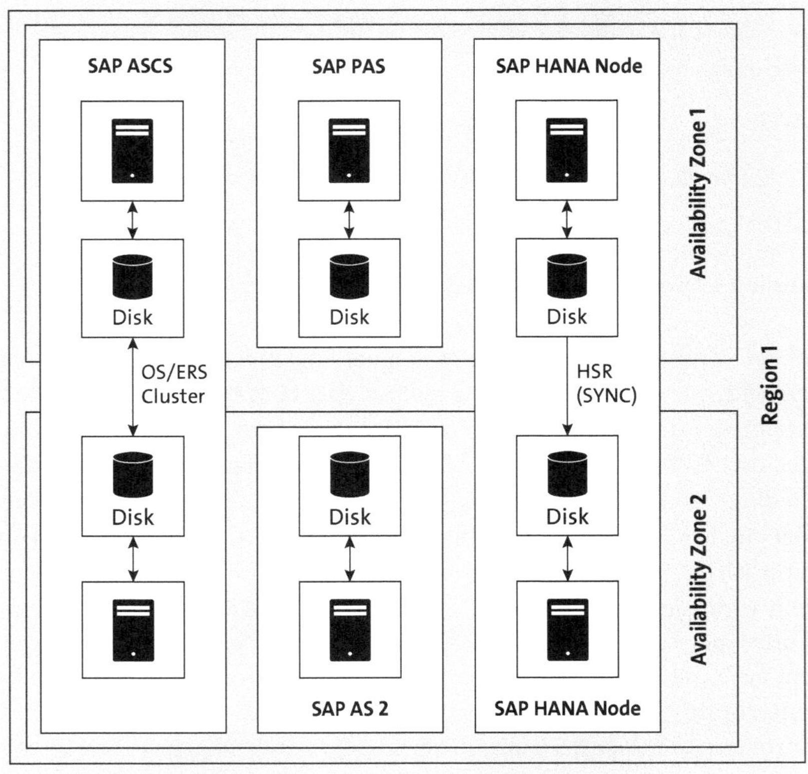

Abbildung 3.8 Hochverfügbarkeit mit zwei Availability Zones

Fault Manager

Als Besonderheit soll hier noch erwähnt werden, dass es bei SAP Adaptive Server Enterprise (ASE) möglich ist, den *Fault Manager* (FM) in das Cluster zu integrieren. Weiterführende Informationen hierzu finden Sie im SAP S/4HANA and SAP NetWeaver Multi-SID Cluster Guide unter diesem Link: *https://documentation.suse.com/de-de/sbp/all/*. Im Normalfall läuft der Fault Manager nicht auf der Datenbank, sondern auf einem anderen System und ist nicht hoch verfügbar. Mittlerweile kann der Fault Manager in ASCS integriert oder als eigener Service als Bestandteil des Clusters konfiguriert werden. Eine detailliertere Beschreibung dieses Vorgehens am Beispiel der Alibaba Cloud finden Sie unter diesem Link: *https://documentation.suse.com/sbp/all/single-html/SAP-NetWeaver-7.50-SLE-15-Setup-Guide-AliCloud/#_additional_implementation_scenarios*.

Wenn Sie nur eine ausführlichere Erklärung der Fault-Manager-Integration suchen, finden Sie diese kompakt mit allen weiterführenden Links in diesem Blogbeitrag: *http://s-prs.de/v923920*.

Um Kosten für Infrastrukturressourcen zu sparen, gibt es z. B. auch die Möglichkeit, das sekundäre System eines HA-Clusters mit dem QA-System zu kombinieren. Sie erinnern sich, die Konfiguration eines QA-Systems sollte nach Möglichkeit die gleiche sein, wie die Konfiguration des PROD-Systems. Wie in Abbildung 3.9 wird dabei eine Replikation des Produktivsystems auf die Infrastruktur des Qualitätssicherungssystems vorgenommen. Am Beispiel eines SAP-HANA-Systems wird üblicherweise nur die Replikation durchgeführt. Die Kapazität auf dem Replikationsziel des Produktivsystems wird hauptsächlich für das gerade aktive Qualitätssicherungssystem genutzt. Dieses als *Cost-Optimized-Szenario* bezeichnete Setup lässt sich wunderbar in zwei Availability Zones installieren (siehe Abbildung 3.9). Eine ausführliche Anleitung finden Sie hier: *https://documentation.suse.com/de-de/sbp/all/*.

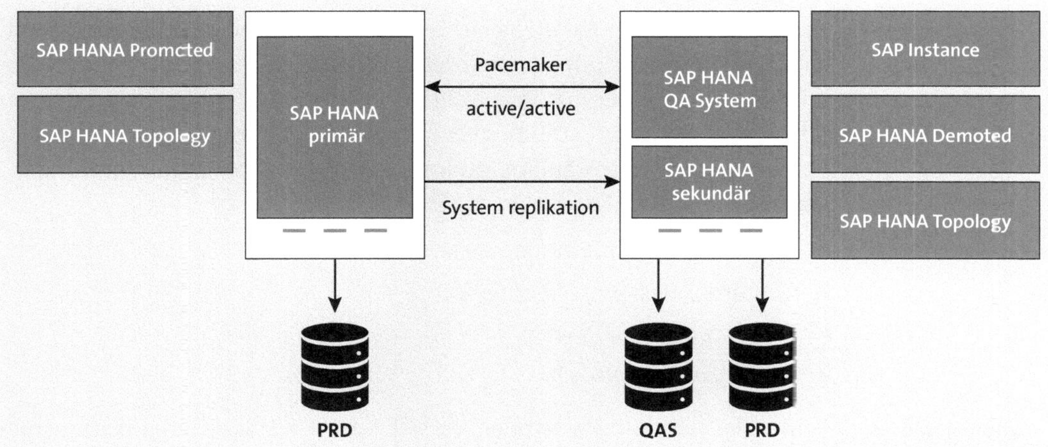

Abbildung 3.9 Anleitung für ein Cost-Optimized-Szenario der Clusterinstallation

Der Vorteil dieses Setups liegt darin, dass in der zweiten Availability Zone bereits Hardware vorhanden ist, die als Replikationsziel dient und im Notfall exklusiv genutzt werden kann. Die Zeit, die bis zur Verfügbarkeit des Systems in der zweiten Availability Zone vergeht, ist jedoch deutlich länger als in einem performanceoptimierten Szenario, in dem die Datenbank auf dem Replikationsziel einsatzbereit gehalten wird.

3.3.5 Varianten der Datenbankreplikation

Wenn Sie für Ihre Datenbanken bei dem von Ihnen gewählten Hyperscaler eine hoch verfügbare Konfiguration gewählt haben, ist es notwendig, die Datenbankeinträge zwischen den beiden Instanzen abzugleichen. Solange sich Ihre beiden Datenbanken in der gleichen Region Ihres Hyperscalers befinden, können die Daten synchron gehalten werden. Das bedeutet, dass ohne Zeitverlust zwischen der primären und der sekundären Datenbank abgeglichen wird. Wenn nun die primäre Datenbank ausfällt und Sie auf die sekundäre Datenbank umschalten, fehlen Ihnen keine Daten. Sobald sich die Entfernung zwischen beiden Datenbanken jedoch erhöht, weil Sie in unterschiedlichen Regionen vorgehalten werden, ist die Latenz des Netzwerkes so hoch, dass nur noch eine asynchrone Replizierung von der primären auf die sekundäre Datenbank möglich ist. Wie viele Daten Ihnen dabei beim Ausfall der primären Datenbank und dem Schwenk auf die sekundäre Datenbank verloren gehen, hängt von der Entfernung zwischen den Regionen und damit verbunden von der Netzwerklatenz ab. Der Datenverlust kann dabei die letzten paar Minuten vor dem Ausfall bis hin zu einigen Stunden oder einem ganzen Tag betragen.

Nachfolgend finden Sie die verschiedenen Varianten der Datenbankreplikation, die zur Verfügung stehen. Jeder Modus hat gewisse Vor- und Nachteile. Wählen Sie den für Ihre Aufgabe optimalen Modus anhand der Beschreibung unten aus. Die Bezeichnung in den Klammern gibt dabei den Systemnamen des gewählten Modus im Konfigurationsmenü Ihrer Datenbank an:

Replikationsmodi

- Synchronous in-memory (`syncmem`)
- Synchronous (`sync`)
- Synchronous (`full sync`)
- Asynchronous (`async`)

Syncmem-Modus

Beim *Syncmem-Modus* handelt es sich um die Standardreplikationsmethode. Der primäre Node wartet auf eine Bestätigungsnachricht von dem sekundären Node, wenn das Log erfolgreich übermittelt worden ist. Bis dahin bestätigt der primäre Node keine Commitments und keine Transaktionen. Man kann es auch so formulieren, dass die zweite Seite eine Bestätigung an die primäre Seite schickt, sobald die Daten im Arbeitsspeicher angekommen sind. Diese Art der Replikation ist ideal, wenn Hochverfügbarkeit und Disaster Resilience abgedeckt werden müssen. Beide Nodes befinden sich dabei im gleichen Rechenzentrum oder sind nicht weit voneinander entfernt. Beide Nodes sind im aktiven Status online, und sofern einer der Services ausfällt, kommt es zu Datenverlust oder Replikationsfehlern. Ein Nachteil dieser Methode ist der Transaktionsverzug, denn die primäre Seite nimmt keine neuen Transaktionen an, bis die alten bestätigt sind. Ebenso ist die Input-Output-Performance bei dieser Methode sehr wichtig, damit keine Verzögerungen bei der Abarbeitung von Anfragen auf einer der Seiten auftreten.

Sync-Modus

Beim *synchronen Modus* wartet der primäre Node, bis die zweite Seite die Bestätigung gesendet hat, dass die Daten angekommen und verarbeitet worden sind. Der entscheidende Nachteil dieser Methode besteht darin, dass es nicht immer einfach ist, das System synchron und konsistent zu halten. Außerdem verarbeitet die primäre Seite keine weiteren Daten, bis die Bestätigung der zweiten Seite eingetroffen ist. Die Wartezeit zur Bestätigung der Datenverarbeitung kann bei bis zu 30 Sekunden liegen, was nicht gerade wenig ist. Diese Verzögerungen und Abhängigkeiten legen meist nahe, einen alternativen Replikationsmodus zu wählen, dessen Eigenschaften näher an Ihre eigentlichen Anforderungen grenzt.

Full-sync-Modus

Beim *Full-sync-Modus* ist der komplette Schutz der Daten gewährleistet da die Transaktion ist auf der primären Seite blockiert, bis die Daten übermittelt worden sind Es kommt zu keinem Datenverlust. Die Methode ist ideal für Multi-Tier-Umgebungen mit mehreren Nodes, denn die Hauptvorteile liegen in der Datensicherheit und Datenkonsistenz.

Async-Modus

Beim *asynchronen Modus* arbeiten der primäre und der sekundäre Node asynchron. Das heißt, die primäre Seite wartet nicht auf die Bestätigungen des sekundären Nodes, um weitere Daten zu verarbeiten. Die Daten werden in eine Logdatei geschrieben und an die zweite Seite übertragen. Auch die entsprechenden Redo-Log-Buffer werden auf die zweite Seite übertragen. Dies hat den Vorteil, dass es keine Verzögerungen bei der Abarbeitung der Transaktionen gibt, und die Daten bleiben konsistent. Ebenso muss nicht auf I/O-Operationen auf der zweiten Seite gewartet werden. Zu einem Datenverlust kommt es bei dieser Methode in der Regel nur, wenn ungewollt Fail-over eingeleitet werden, was dann aber meist auf eine Fehlkonfiguration beim Cluster zurückzuführen ist.

3.4 Disaster Recovery

Im Gegensatz zu den Hochverfügbarkeitsszenarien, bei denen das Ziel ist, den Ausfall einzelner Komponenten zu kompensieren, ist das Ziel der *Disaster Recovery* (DR, deutsch Notfallwiederherstellung), wie der Name schon sagt, ein größeres Desaster abzufangen. Dieses kann den Ausfall eines ganzen SAP-Systems inklusive des Hochverfügbarkeitsclusters oder zumindest wesentliche Teile davon betreffen oder im schlimmsten Fall den vollständigen Ausfall einer ganzen Rechenzentrumsregion eines Hyperscaler-Anbieters bedeuten.

Warum Disaster Recovery?

Für eine erfolgreiche Disaster Recovery wird beim Betrieb in der Cloud eines Hyperscalers daher auch immer mindestens eine zweite Rechenzentrumsregion genutzt. In der klassischen On-Premise-Welt wird dafür normalerweise ein zweites Rechenzentrum eingesetzt, das idealerweise so nah ist, dass eine synchrone Replikation noch möglich ist, aber so fern, dass das Desaster, das das erste Rechenzentrum getroffen hat, nicht auch das zweite Rechenzentrum ereilt. Eine ideale Lösung lässt sich aber schwer realisieren, da hier verschiedene Interessen aufeinandertreffen. Die jeweiligen Fachabteilungen möchten gern Ihr System und Ihre Datenbankdaten synchron zum DR-Standort spiegeln können, um bei einem DR-Fall einen Datenverlust vollständig zu vermeiden. Damit dies möglich ist, darf der Abstand zwischen dem primären und dem DR-Rechenzentrum jedoch aufgrund der Latenz nicht zu groß sein, was wieder die Wahrscheinlichkeit erhöht, dass bei einer überregionalen Katastrophe beide Rechenzentren ausfallen. Wenn man sich an die Empfehlung des BSI (Bundesamt für Sicherheit und Informationstechnik) hält und einen Mindestabstand von 200 km einrichtet, schließt dies jedoch aufgrund der Netzwerklatenz die synchrone Datenspiegelung wieder aus.

Abstand der Rechenzentren im Disaster-Recovery-Fall

Je weiter die Rechenzentren voneinander entfernt sind, desto asynchroner ist der Datentransfer aufgrund der Netzwerklatenz, was im Katastrophenfall mehr Datenverlust bedeutet. Dafür steigt aber die Wahrscheinlichkeit, dass nicht auch das zweite Rechenzentrum vom gleichen Ereignis betroffen ist, das zum Ausfall des ersten Rechenzentrums geführt hat, und weiterhin verfügbar bleibt.

Die Wahrscheinlichkeit, dass beide Standorte der Hyperscaler durch das gleiche Ereignis bei der Erbringung der Betriebsleistung beeinträchtigt werden, ist jedoch bedeutend geringer. In der Regel wählen Unternehmen deshalb eine sekundäre Region mit dem gleichen Funktionsumfang wie die primäre Region oder eine wesentlich günstigere. Die meisten Hyperscaler wie Microsoft, AWS und Google bilden zu diesem Zweck immer Regionspaare. Das sind zwei Regionen des Hyperscalers, die einen ähnlichen oder gleichen Funktionsumfang haben und so miteinander verbunden sind, dass die Latenz möglichst gering ist.

Jedoch kann es je nach geopolitischer Lage auch passieren, dass die Fachabteilungen als Auftraggeber explizit darum bitten, dass die DR-Region nicht in der gleichen geografischen Region liegt. Klären Sie mit Ihrem Hyperscaler, welche Anforderungen Sie an das DR-Konzept haben und was das wieder zur Verfügung stehende System in Bezug auf die Schnittstellen, User und Konnektivität leisten soll.

Zeitlicher Ablauf einer Disaster Recovery

Bevor wir auf diese Punkte etwas näher eingehen wollen, beschäftigen wir uns kurz mit dem zeitlichen Ablauf einer Disaster Recovery. Denn leider wird oftmals vergessen, dass schon die Abläufe zur Erkennung und Benennung eines Katastrophenfalls komplex und zeitaufwendig sind. Im Gegensatz zu einem HA-Fall vergeht nach der Erkennung eines DR-Falls immer eine gewisse Zeit, bevor die Wiederherstellung oder der vereinbarte DR-Prozess gestartet wird. Je mehr Zeit vergeht, bis entsprechende Aktionen eingeleitet und Entscheidungen getroffen werden, desto größer können die Auswirkungen sein. Denn Systeme sind selten in sich geschlossen, es gibt in der Regel Schnittstellen, die Daten weiterverarbeiten und verteilen. Falsche Daten können damit nicht nur das System an sich, sondern auch den Verbund und sogar externe Schnittstellen und am Ende öffentliche Systeme betreffen. HR-Systeme replizieren die Daten oftmals in Governance- und Steuersystemen. Nicht selten werden auch externe Lieferanten und Hersteller mit den Daten der Systeme und den Bestellungen beliefert. Wenn eine Bestellung zweimal getätigt wird, kann sich schnell ein Schaden in Millionenhöhe ergeben.

Zeit im Fall einer Disaster Recovery

Zeit spielt bei der Disaster Recovery eine kritische Rolle, da logische Fehler in der Regel immer in die angebundenen Systeme repliziert werden. Dadurch ist schnell mehr als ein System betroffen und im Zweifel können andere Systeme so sehr beeinflusst werden, dass auch diese für die Enduser nicht mehr nutzbar sind.

In Abbildung 3.10 sehen Sie den zeitlichen Verlauf einer Disaster Recovery und die Abhängigkeiten im System.

Was die Abbildung deutlich zeigt, ist, dass es immer eine zeitliche Lücke, ein Gap, gibt. Denn wie bereits erwähnt, kann zwischen der Erkennung des Katastrophenfalls bis zur Einleitung der notwendigen Schritte viel Zeit vergehen. Diese Gap-Zeit wird meistens nicht zur RTO hinzugezählt, die für die Infrastruktur vereinbart wurde. Daher sollten Sie die SLAs sehr genau definieren und beschreiben, wann genau die Zeit wieder startet. Es ist schwer einzuschätzen, wie lange die Gap-Zeit ist, da Sie dafür nur Erfahrungen aus der Vergangenheit heranziehen können und darüber hinaus auch eine gewisse Entscheidungsfreudigkeit benötigen.

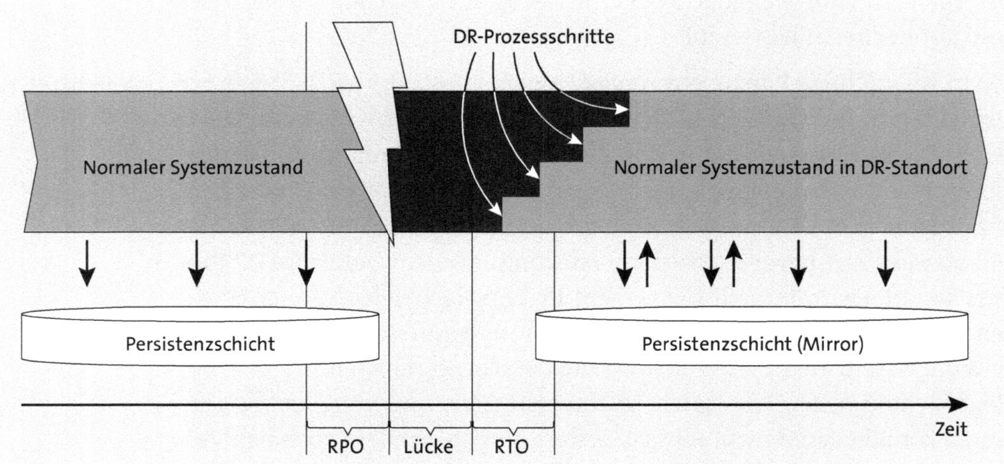

Abbildung 3.10 Zeitlinie der Prozessschritte einer Disaster Recovery

[»]

Gap-Zeit – was ist das?

Die Gap-Zeit gibt an, wie viel Zeit zwischen dem Eintreten der Katastrophe und dem Zeitpunkt vergeht, an dem erkannt wird, dass es sich überhaupt um eine Katastrophe handelt, bis zum Zeitpunkt, an dem mit der ersten Wiederherstellungsmaßnahme begonnen wird. Je länger diese Zeitspanne ist, desto größer sind in der Regel die Auswirkungen der Katastrophe.

RCA bei DR

Sollte es im Betrieb zu Unregelmäßigkeiten kommen, werden unerfahrene Administratorinnen und Administratoren sich vielleicht zu lange auf die Fehlerursachenanalyse, auch aus dem Englischen als *Root Cause Analysis* (RCA) bekannt, konzentrieren und dabei wichtige Zeit verstreichen lassen, in der weitere Systeme beeinträchtigt werden und Fehler sich replizieren. Dies ist ein normales Verhalten, das durch Unsicherheit entsteht und in der Regel durch Erfahrung im Laufe der Zeit kompensiert wird. Erfahrene Mitarbeitende des Betriebs sehen nicht nur den Fehler, sondern auch die Abhängigkeiten der Komponenten untereinander. Sofern auch nur im geringsten Fall Inkonsistenzen auftreten können, werden erfahrene Admins sogar den Stopp des Systems in Betracht ziehen, um die Verbreitung des Fehlers zu vermeiden. Nur wenn es sich um ein wichtiges Kernsystem handelt und etwaige Ansprechpartner nicht direkt zu erreichen sind, kann es sein, dass eigenständig Entscheidungen zum Eingrenzen des Fehlers getroffen werden, die unerfahrene Mitarbeitende wohl eher scheuen würden. Aus diesem Grund raten wir, bestimmte Vorfälle zu üben, die Entscheidungskette durchzugehen und Mitarbeitende zu ermutigen, auch eigenständig solche Entscheidungen zu treffen. Wichtig ist es, dass die Mitarbeitenden keine Angst davor haben, im Zweifel eine Entscheidung zu treffen, da Sie negative Konsequenzen befürchten. Ein Stopp eines Systems wirkt sich im ersten Schritt nur auf die Benutzer des Systems aus, kann aber im Zweifel vor einer größeren Katastrophe schützen. In Abschnitt 8.6, »Änderungen in der Unternehmenskultur«, gehen wir darauf noch detaillierter im Zusammenhang mit Änderung an der Unternehmenskultur ein.

Beispiel aus der Praxis

An dieser Stelle möchten wir aber gerne ein Beispiel aus der Praxis geben. Bei einer unserer ersten Migrationen, die nun vor mehr als 15 Jahren stattgefunden hat und daher noch nicht in die Cloud ging, wurde zwei Tage nach der Migration festgestellt, dass alle Daten immer wieder auf den Tag der Migration zurückgesetzt werden. Eine Systemkopie wurde erstellt, um damit zu prüfen, was der Grund für den Fehler sein könnte, während das eigentliche produktive System weiterlief. Nach einer Woche stellte sich heraus, dass der Migrationsprozess zwar beendet worden war, aber durch einen Fehler als Zombieprozess im Hintergrund weiterlief. Das heißt im Klartext, die exportierten Tabellen vom Tag der Migration wurden immer wieder neu eingespielt. Nach einer Woche wurde das System inklusive der VM einmal neu gestartet, und der Fehler war gelöst. Da der Migrationsprozess vorab sporadisch zu sehen war, war die Fehlerursachenanalyse sehr einfach. Das System lief nur über eine Woche, die Aufräumarbeiten dauerten aber über einen Monat, da man das System nicht länger stoppen wollte. Da es noch keine Erfahrungswerte in der Belegschaft gab, war die Gap-Zeit von knapp einer Woche hier verhältnismäßig lang und der Aufwand, um das System wieder aufzuräumen, entsprechend groß. Dieses Beispiel zeigt, warum es für die Mitarbeitenden im Betrieb durchaus sinnvoll ist, solche Szenarien vorbeugend zu proben.

Enablement der Mitarbeitenden, Entscheidungen zu treffen

Die Firmenpolitik spielt eine wichtige Rolle im Betrieb, nur wenn sich Mitarbeitende sicher fühlen und keine Angst vor Fehlern haben, steigt die Entscheidungsfreudigkeit. Der Support und die Rückenstärkung durch Vorgesetzte sind hierbei wichtige Erfolgsfaktoren.

Wir wollen im Folgenden auf eine weitere wichtige Frage eingehen, nämlich was denn die eigentliche Zielsetzung des DR-Prozesses ist. Von der Vorstellung, dass nach der Wiederherstellung wieder alles so läuft wie zuvor, müssen Sie sich jedenfalls zunächst verabschieden.

[»]

System nach einem DR

Kein System kann hundertprozentig wiederhergestellt werden. Sobald Schnittstellen und Umsysteme angeschlossen sind, sollten Ziele vereinbart werden, wie im Folgenden dargestellt. Es ist nicht möglich, alles so wiederherzustellen, wie es vor dem Desaster war.

Es gibt gewisse Ziele für die Disaster Recovery, die Sie vorab festhalten sollten. Diese können z. B. wie folgt aussehen:

Mögliche DR-Zielsetzungen

- Die SAP-HANA-Datenbank ist wieder online.
- Erste Datenbank-User können sich einloggen, obwohl die Applikation noch nicht erreichbar ist.
- Kritischen Daten werden bereits geladen.
- Die Applikation steht wieder zur Verfügung, und die User können sich wieder anmelden – hier ist stets die Konfiguration auf Netzwerkebene zu beachten.
- Alle Daten stehen im Arbeitsspeicher wieder zur Verfügung.
- Alle Schnittstellen und angebundenen Systeme arbeiten wie vor dem Ausfall.
- Die Datenkonsistenz ist über die Landschaft und alle angeschlossenen Systeme gegeben.
- Die Prozesse des Rechenzentrums laufen uneingeschränkt, dies betrifft auch Monitoring, Backup, User-Management und eventuelle Automatisierungen.
- Die Dokumentationen inklusive aller notwendigen Dokumente für Audit und Compliance sowie der Configuration Management Database sind wieder aktuell.

Nicht zuletzt sollten Sie nach einer DR-Umschaltung beachten, dass Ihre Disaster-Recovery-Instanz nun Ihre primäre Instanz und Ihr Disaster-Recovery-Standort Ihr primärer Standort sind. Je nachdem, welches Ereignis diesem Wechsel auf Ihre DR-Instanz vorausging, können Sie nach einiger Zeit wieder in Ihre primäre Region wechseln. Wenn nicht, müssen Sie mit dem Aufbau einer neuen DR-Instanz in einem neuen DR-Standort beginnen. Sofern zuvor vorhanden und wieder gewünscht, müssen Sie auch die Hochverfügbarkeit in Ihrem neuen primären Standort wiederherstellen. Eventuell sind durch den Notfall auch angeschlossene Systeme oder Tools verloren gegangen, die Sie mühsam wieder aufbauen müssen. Um diese letzte Ausbaustufe wieder zu erreichen, sollten erfahrungsgemäß in der

Umsetzung und dem Aufbau je nach Größe der Umgebung von einigen Wochen, bis hin zu mehreren Jahren eingeplant werden.

[«]

Nach einem DR immer ausreichend Zeit einplanen

Die Ausgangsarchitektur wiederherzustellen und alle Systeme anzubinden kann einige Zeit in Anspruch nehmen. Beachten Sie dies bei Ihrer Planung.

Weg zum Ziel bei DR

Der Weg, bis Sie Ihre ursprüngliche Systemlandschaft wiederhergestellt haben, wird steinig und kräftezehrend sein, denn ein Big-Bang-Ansatz funktioniert hierbei nicht. Fangen Sie zunächst damit an, ein Backup in einem anderen Rechenzentrum gegebenenfalls auf einem anderen Kontinent wiederherzustellen. Prüfen Sie dafür vorab die Bestimmungen zur Übertragung der Daten über Landesgrenzen. Gerade bei HR-Daten brauchen Sie dafür manchmal zusätzliche Freigaben. Die Umgebung, in die der Restore erfolgen soll, sollte ähnlich aufgebaut sein, d. h. gleiche Images, die gleiche Konfiguration und vor allem die gleichen Tools für Backup und Restore haben. Sparen Sie nicht an den Kosten für die Architektur, dies wird den Aufbau verzögern und Ihnen auf lange Sicht mehr Kosten bescheren. Wenn es sich um ein Produktionssystem handelt, bauen Sie die Umgebung so auf, dass sie auch in Hinblick auf das Servicelevel und die KPIs einfach erweitert werden kann.

Wenn ein Backup zurückgespielt werden konnte, sollte die Applikation zunächst im abgesicherten Modus gestartet werden, weil es darum geht, erst einmal das System an sich zu starten, und dafür sollten alle Schnittstellen und Verbindungen nach außen deaktiviert sein. Hinzu kommt, dass bis zur Freigabe keine User auf das System zugreifen sollten. Bei einem Notfall lassen sich Kompromisse, wie etwa, dass User manuell entsperrt und angelegt werden müssen, da nicht alle Tools zur Verfügung stehen, oder dass es kein Monitoring gibt, nicht vermeiden. Denn in erster Linie muss die Applikation an sich zum Laufen gebracht werden.

Umsysteme bei der DR

In einem nächsten Schritt kann der Verbund von Systemen betrachtet werden, d. h., welche Systeme mindestens synchronisiert sein und wiederhergestellt werden müssen, um den Geschäftsprozess wieder abzudecken. Bei dieser Betrachtung sollte man sich auch überlegen, welche zusätzlichen administrativen Tools, wie Monitoring, User-Management und Transport-Management, benötigt werden. Auch Drucker und die zentrale Jobsteuerung werden in Betrieb genommen. Nach dieser Ausbaustufe sollten Sie zudem die aktuellen Betriebsprozesse anpassen. Wenn im *Current Mode of Operation* (kurz CMO) bei den Parametern oder auch bei den Schnittstellen etwas geändert wird, müssen diese Änderungen auch in der DR-Region übernommen werden. Wenn Sie den Aufbau eines Disaster-Recovery-Systems so in den täglichen Betrieb integrieren, dass sich alle Änderungen ohne ausführliche Tests direkt auf das System durchschlagen, sind im schlimmsten Fall der Start und die Konsistenz des DR-Systems in Gefahr. Der Aufwand dafür ist nicht zu vernachlässigen, gerade wenn es gegebenenfalls über die Grenzen des eigenen Landes und des Kontinents hinausgeht. Eine entsprechende Automatisierung und Dokumentation sind daher unvermeidlich! In der letzten Ausbaustufe des DR-Systems funktioniert alles, was am primären Standort und im aktuellen System und im Systemverbund vorhanden ist, auch im DR-System.

Nachdem wir uns den Ablauf der DR angeschaut haben, werfen wir nun einen Blick auf die technische Umsetzung. Grundsätzlich lässt sich eine Disaster-Recovery-Architektur technisch auf unterschiedliche Weise lösen – mit einem einfachen Backup bzw. einem Restore oder einer Synchronisation der Datenbank. Bei der Synchronisation der Datenbank sollten Sie bedenken, dass die Qualität des Netzwerkes und die Übertragungsdauer eine wichtige Rolle für den Erfolg der DR spielen.

KPIs für die DR

Die dazugehörenden Faktoren sollten wir in diesem Fall genauer betrachten. Abbildung 3.11 zeigt die Abhängigkeiten dieser drei Faktoren untereinander einmal auf.

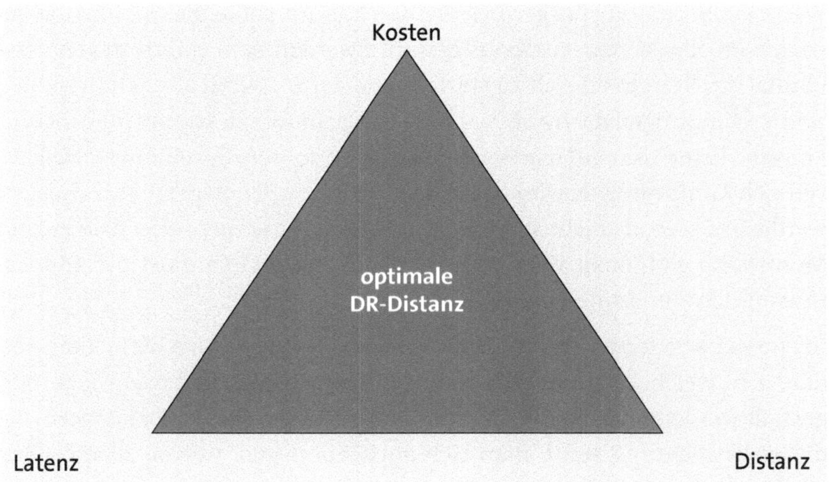

Abbildung 3.11 DR-Distanz: Einflüsse auf das Disaster-Recovery-Konzept

Je größer die Distanz zwischen beiden Regionen ist, desto höher ist die Sicherheit, dass das, was den Notfall in der ersten Region ausgelöst hat, nicht auch in der zweiten Region für einen Ausfall sorgt. Je höher aber die Distanz zwischen beiden Regionen ist, desto höher ist auch die Netzwerklatenz und somit der Unterschied der Datenbestände. Und nicht zuletzt steigt auch der Preis der Datenübertragung zwischen beiden Regionen, je weiter diese auseinanderliegen. Wichtig ist also, eine entsprechende Balance zu finden zwischen den Kosten, der Latenz und der Distanz der Regionen, die überbrückt werden muss.

Zusätzlich gibt es noch einige andere Einflussfaktoren, die Sie bei der Erstellung Ihres DR-Konzepts miteinbeziehen und gegebenenfalls vorab klären sollten:

- Recovery Point Objective (kurz RPO)
- Recovery Time Objective (kurz RTO)
- minimaler Abstand zur DR-Region
- maximal verfügbare Bandbreite
- maximaler Einfluss auf die Performance
- minimal wiederherstellbare Performance
- Aktivitäten auf der DR-Infrastruktur während des normalen Operationsmodus (z. B. für QA oder Tests)
- maximale Kosten (Risiko vs. Investition)

Machen Sie sich bewusst, dass Sie ein Konzept für den Fall entwickeln, dass ein schwerwiegendes Ereignis eingetreten ist, das eine DR erforderlich macht. In diesem Fall von den gleichen Serviceleveln und KPIs auszugehen, die Ihr ehemaliger primärer Standort hatte, ist daher nicht realistisch. Weiterhin würde das ebenfalls erhebliche Kosten verursachen, da das System ja nur hochgefahren werden würde, wenn es zum Supergau kommt.

Erfahrungswerte für die DR

Nach unserer Erfahrung haben sich für die meisten SAP-Systeme folgende Werte für die RPO und RTO als Standard etabliert (siehe Tabelle 3.4). Dabei wird für SAP BW/4HANA oft ein höherer Wert angenommen als für andere Systeme, da die Datenmenge meistens um ein Vielfaches größer ist.

	RPO	RTO
Hochverfügbarkeit	0 Minuten	5 Minuten bis 1 Stunde
Disaster Recovery	0 Minuten (synchron) 30 Minuten (asynchron)	4 bis 12 Stunden
z. B. SAP BW HANA	12 Stunden (HA) 24 Stunden (DR)	24 Stunden (HA) 48 Stunden (DR)

Tabelle 3.4 Standardwerte aus der Praxis für RPO und RTO

Je höher die Anforderungen sind, desto aufwendiger ist die Erstellung des DR-Konzepts. Bei komplexen Anwendungen mit sehr großen Datenmengen wie es typischerweise bei SAP-BW-Systemen der Fall ist, werden oft größere Zeiträume für RPO und RTO akzeptiert, da es ungleich aufwendiger ist, die gleichen Zeiträume zu realisieren. Darüber hinaus ist der Schaden oft nicht so groß, da beispielsweise der Import der Datensätze vom ERP ins BW oft nur einmal am Tag durchgeführt wird und im Zweifel nach der Systemwiederherstellung neu importiert werden kann.

Hinzu kommt, dass das DR-System gewartet, gepflegt und getestet werden muss. Es wird empfohlen, zusätzlich mindestens einmal im Jahr zu testen und zu validieren, sodass die Schritte sitzen und auch richtig beschrieben sind. Ebenfalls muss es entsprechend geschultes Personal geben, das die Aktionen durchführen kann. Auch die Dokumente müssen so zentral liegen, dass sie von allen überall auf der Welt genutzt werden können.

[!]

Disaster Recovery, wie sie nicht laufen sollte

Im März 2021 wurde ein Rechenzentrum in Straßburg, das von einem der größten europäischen Cloud-Anbieter OVH betrieben wird, durch ein Feuer zerstört. Da die einzelnen Zonen, also Rechenzentren, dieses Anbieters sehr nah beieinanderlagen, wurde ein zweites Rechenzentrum des Anbieters teilweise mit zerstört. In diesem Beispiel wurden also durch ein katastrophales Ereignis gleich zwei Zonen auf einmal zerstört. Der Anbieter empfahl seinen Kunden, den verfügbaren DR-Plan auszuführen, sofern dieser vorher von ihnen überhaupt eingerichtet worden war. Erschwerend kam noch hinzu, dass wohl nicht alle Kunden ein eigenes Backup eingerichtet hatten. Viele Kunden haben sich zu sehr auf den Anbieter verlassen. Erstellen Sie daher immer mindestens ein Backup aller Ressourcen, das in angemessener Entfernung zum primären Standort Ihrer Systeme gespeichert wird.

Bei den Hyperscalern, die in diesem Buch Gegenstand der Betrachtung sind, werden die Verfügbarkeitszonen einer Region durch eigene Rechenzentren bereitgestellt, es wird also in einem größeren Maßstab gedacht. Ein regionaler Anbieter von Rechenzentren oder Cloud-Diensten muss deshalb aber keineswegs schlechter sein. Wenn Sie aktuell schon einen solchen Dienstleister verwenden, werden Sie eventuell auch die Möglichkeit genutzt haben, die Flächen im Rahmen einer Führung oder eines von Ihnen beauftragten Audits zu inspizieren. Hier können Sie die meist langfristig entstandenen Konzepte und Philosophien der verschiedenen Firmen und die Liebe zum Detail der beteiligten Personen erkennen.

3.4.1 DR mit Backup in einer zweiten Region

Backup/Restore in die zweite Region

Das Ziel einer Disaster Recovery ist die Weiterführung des Betriebs von SAP- und Nicht-SAP-Systemen sowie anderen Rechenzentrumsleistungen in einem Katastrophenfall. Eine Möglichkeit für ein DR-Konzept ist ein Backup in einer zweiten Region. Wenn dann ein Fehler im SAP-System auftritt, geschieht ein Fail-over in einer zweiten Verfügbarkeitszone in dieser zweiten Hyperscaler-Region. Diese Region sollte im Notfall bereits komplett aufgebaut sein. Weil das Backup auf einem georedundanten Speicher abgelegt wird, der in der zweiten Region zur Verfügung steht, kann per Restore, also Rücksicherung des Backups in die zweite Region, das System schnell wieder zur Verfügung gestellt werden. Sie müssen aber entweder sicherstellen, dass im DR-Fall nur die Wiederherstellung des Betriebs aus dem Backup notwendig ist und nicht der komplette Aufbau der Infrastruktur in dieser Region notwendig wird.

Durch das Vorhalten von Infrastruktur entstehen Ihnen zusätzliche Kosten, die Komplexität des DR-Falls wird aber reduziert. Wenn Sie aus Kostengründen diese zweite Infrastruktur nicht vorhalten möchten, sollten Sie dafür sorgen, dass diese nur aus jederzeit verfügbaren Komponenten besteht und mittels fertiger Skripte oder Einsatz von Infrastructure as Code (IaC) schnell hergestellt werden kann. Außerdem ermöglicht dieses Konzept, den DR-Fall mit weniger Aufwand zu testen. Bei diesem Test wird nicht nur die DR getestet, sondern auch die Konsistenz des Backups. Erst wenn sichergestellt ist, dass der Restore funktioniert, haben das Backup und das entsprechende DR-Design ihren Zweck erfüllt.

Dieses Szenario eignet sich aus unserer Sicht nur für kleine und unkritische Systeme und nicht für kritische Systeme oder solche, die sehr große VM-Instanzen oder sogar physikalische Instanzen benötigen.

Wenn Sie diese dauerhaft vorhalten, ohne sie zu nutzen, verschwenden Sie Geld. Wenn Sie diese nicht dauerhaft vorhalten, besteht die Gefahr, dass solche Instanzen im Zweifel gerade nicht verfügbar sind. Für kurzfristige Testzwecke könnten günstige Spot-Instanzen genutzt werden. Die Hintergründe für diese Vorhaltung von Infrastrukturkomponenten in der zweiten Region werden im nächsten Beispielkonzept genauer betrachtet. So etwas eignet sich für Systeme mit höheren SLA-Anforderungen.

3.4.2 DR mit zwei Regionen ohne Cluster

Zwei Regionen ohne Cluster

Eine weitere Möglichkeit für ein DR-Konzept ist der Aufbau in zwei Regionen ohne Cluster. In diesem Beispiel wird die zweite Region aktiver genutzt als im vorherigen Beispiel. Es soll sichergestellt sein, dass nicht nur das Backup in der zweiten Region existiert, sondern die Wiederherstellzeit der Services reduziert wird. Zu diesem Zweck kann z. B. eine Replikation der Datenbank auf ein Zielsystem in dieser Region erfolgen. Dafür wird eine VM benötigt, die ebenso wie die Systeme der primären Region z. B. durch eine mehrjährige Reservierung exklusiv bereitgestellt werden kann. So ist sichergestellt, dass im DR-Fall eine passende Instanz zur Verfügung steht. Die Applikationsserver der SAP-Instanz sind je nach Hyperscaler gesondert aufzusetzen. Ein besonderer Service von Azure ist Azure Site Recovery. Bei diesem kostenpflichtigen Dienst wird eine VM in eine zweite Region repliziert. Die Instanz in der zweiten Region ist jedoch »kalt«, also heruntergefahren, und erzeugt dort noch keine weiteren Kosten.

Der Nachteil liegt bei dieser Lösung aber darin, dass Sie nicht hundertprozentig sicherstellen können, dass im Fall einer Katastrophe die benötigten Ressourcen vom Cloud-Provider auch bereitgestellt werden. Sollte tatsächlich eine ganze Region eines Cloud-Providers ausfallen, werden viele Kunden, die einen DR-Prozess definiert haben, natürlich in anderen Cloud-Regionen Ressourcen beziehen wollen. Das kann insbesondere dann kritisch sein, wenn es wie z. B. bei Azure vordefinierte Regionspaare gibt, zwischen denen eine DR-Beziehung herrscht. Dann kann der Katastrophenfall in einer Region leicht dazu führen, dass in der Partnerregion viele Ressourcen nachgefragt werden und der Cloud-Provider nicht alle Anfragen befriedigen kann. Speziell bei sehr großen Servern, wie sie etwa für SAP HANA notwendig sind, könnte es passieren, dass Systeme mehrere Wochen und sogar Monate nicht gestartet werden können, einfach weil der Cloud-Provider diese speziellen Ressourcen nicht entsprechend vorrätig hat.

In Abbildung 3.12 sehen Sie den Aufbau einer Disaster Recovery in zwei Regionen ohne Cluster.

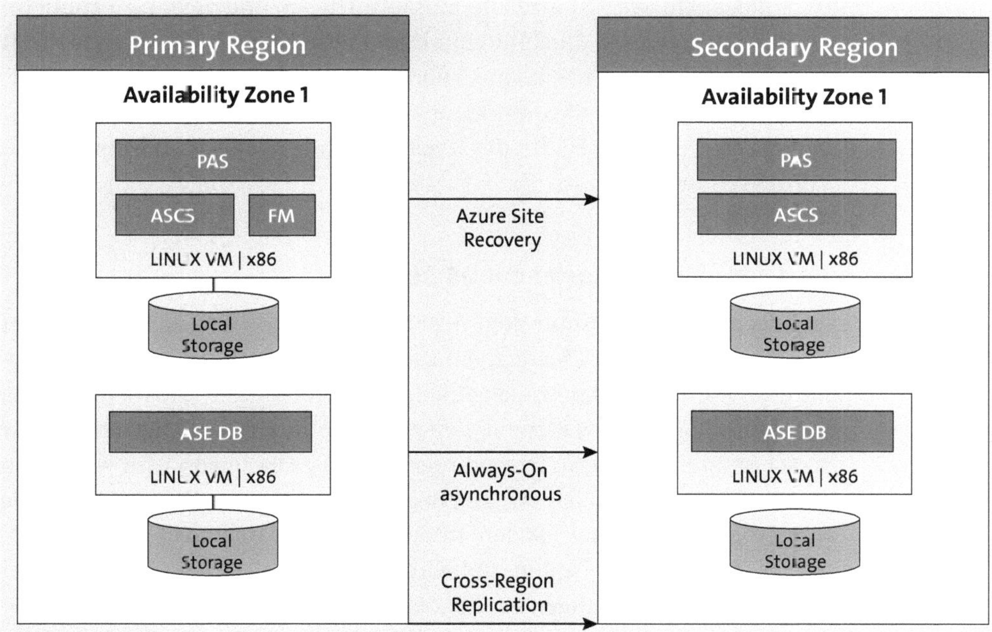

Abbildung 3.12 Disaster Recovery mit zwei Regionen ohne Cluster am Beispiel von Microsoft Azure

3.4.3 DR mit zwei Regionen mit Cluster

Zwei Regionen mit Cluster

Die Hyperscaler bieten mit einem Multiregionenansatz eine geeignete Architektur. In diesem Szenario wird ein Cluster aufgebaut, das sich über zwei Regionen erstreckt. Auf diese Weise ist sichergestellt, dass im DR-Fall Ressourcen in der zweiten Region zur Verfügung stehen. Bei einem Fehlerfall, der nur Ihr eigenes System betrifft, können Sie so die Wiederherstellungszeit des Systems reduzieren, da keine Systeme mit IaC, über Templates oder Ähnliches erst erstellt werden müssen. Somit entfällt die Gefahr, dass im schlimmsten Fall eine spezielle Ressource zum Aufbau in der zweiten Region benötigt wird, die eventuell nicht sofort verfügbar ist, weil es einen temporären Engpass beim Hyperscaler gibt. In einem noch unwahrscheinlicheren Fall sind die AZs der primären Region und mehrere oder alle Kunden dieser Region betroffen. Größere Katastrophen sind zwar unwahrscheinlich, aber eben auch nicht unmöglich. Wenn z. B. ein Blackout die beiden AZs in der Region trifft, ist es wahrscheinlich, dass die bevorzugten Ausfallregionen des Hyperscalers stark belastet werden und höchstwahrscheinlich nicht den kompletten Bedarf abdecken können. Für diesen Fall ist es gut, exklusive Instanzen im Einsatz zu haben und nutzen zu können – sei es aufgrund einer Clusterarchitektur oder weil die VMs der Landschaft auf beide Regionen verteilt sind. Hierbei wird der Traffic zwischen den Regionen als zusätzlicher Kostenfaktor in Kauf genommen, jedoch ist dann sichergestellt, dass die Hälfte der Kapazität im DR-Fall in einer Region zur Verfügung steht.

3.4.4 Regionales Cluster mit DR-Region

Regionales Cluster

Eine weitere Option unter dem Aspekt der höheren Verfügbarkeit ist der Einsatz eines lokalen Clusters, das neben einer synchronen Datenspiegelung auf Datenbankebene auch einen geringeren Datenverlust ermöglicht. Darüber hinaus ist die Latenz zu den Anwenderinnen und Anwendern oder zu Schnittstellen anderer Systeme geringer. Die DR-Region wird wie in den anderen Beispielen in der zweiten Region asynchron repliziert. Dies ist die Kombination aus einer lokalen, höheren Verfügbarkeit mit einer DR-Option in einer zweiten Region und wird für sehr kritische Systeme mit sehr hohen SLA-Anforderungen verwendet. Die Hyperscaler-Kosten sind höher als in den anderen Beispielen. Ebenso ist die Wartung komplexer und der Betriebsaufwand in Bezug auf Dokumentation und insbesondere Testing höher. In Abbildung 3.13 sehen Sie den Aufbau dieses Konzepts.

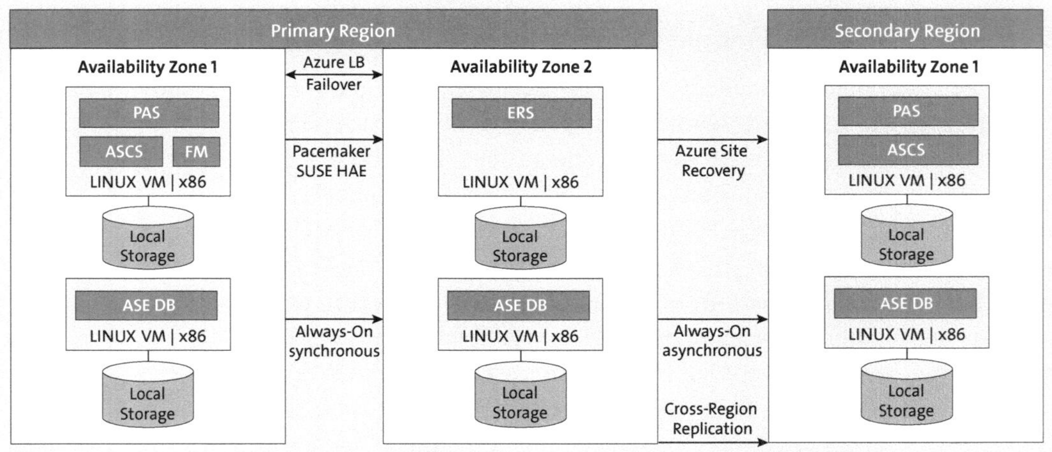

Abbildung 3.13 Regionales Cluster mit DR in zweiter Region

3.4.5 Einsparpotenzial

Scaling

Die hier dargestellten Konzepte sind nur einige Beispiele für die unzähligen Varianten und Kombinationsmöglichkeiten. Bisher unerwähnt blieb die Möglichkeit zum *Scaling* der Systeme. Wird ein System in der zweiten Region nicht aktiv genutzt und dient es nur als asynchrones Replikationsziel oder wird es von einem QA-System mit geringerer Last genutzt, ist der Einsatz einer kleineren VM-Instanz kostengünstiger. Wenn der Fehlerfall eintritt und diese Instanz aktiviert werden muss, kann die Instanz entsprechend vergrößert werden, vorausgesetzt, die Instanz ist zu diesem Zeitpunkt auch verfügbar.

In den Beispielen wurde bisher nur die Datenbank auf einer VM betrachtet. Es ist jedoch auch möglich, eine SAP-HANA-Datenbank nicht im Scale-up-, sondern im Scale-out-Modus zu betreiben. Neben der benötigten Größe der genutzten VM-Instanzen wirkt sich dies auch aus betrieblicher Sicht auf die möglichen Einsatzszenarien aus. Das hier betrachtete Einsparpotenzial ist der zeitliche Faktor, die Kostenfaktoren für die benötigte Infrastruktur bleiben hier unbeachtet. Mit der Verwendung einer Scale-out-Architektur ist es möglich, die Startzeit einer VM zu reduzieren, weil eben nur ein Teil und nicht die komplette Datenbank wieder einsatzbereit sein muss. Ebenso ist es möglich, mit dem Einsatz eines Standby Nodes den kompletten Ausfall eines Servers zu kompensieren. In jedem Fall ist die SAP-HANA-Datenbank entsprechend zu parametrisieren, um einen schnellen Restart zu ermöglichen und die Datenbank wieder zu öffnen, insbesondere, wenn nicht alle Daten zu Beginn komplett geladen sein müssen. Der Einsatz einer Scale-out-Architektur ist mit dem Einsatz der SAP-HANA-Systemreplikation und der Konfiguration in einem Cluster kombinierbar.

Einsparungen im richtigen Maß

Was alles eingespart werden kann, hängt von mehreren Faktoren ab. Wir raten dabei davon ab, an der falschen Stelle Einsparungen vorzunehmen. Besonders bei den Mitarbeitenden, den Administratorinnen und Administratoren, sollten Sie zuletzt anfangen zu sparen. Um Kosten beim Personal zu sparen, empfiehlt sich eine Mischung in der Altersstruktur. Dabei hat sich in der Regel ein Pyramidenansatz bewährt. Das bedeutet, dass Sie viele junge Mitarbeitende mit noch nicht so viel Wissen und nicht so viel Erfahrung in Ihr Team integrieren sollten, während Sie einer Pyramide nach oben folgend mit jedem höheren Level an Erfahrung und Wissen jeweils weniger Mitarbeitende im Team haben sollten. So haben Sie die beste Mischung aus Wissen, Erfahrung und Kosten. Dabei bilden die erfahreneren Kolleginnen und Kollegen die Jüngeren aus und leiten diese an (siehe Abbildung 3.14).

Außerdem sollten Sie sich immer vor Augen führen, dass eine Ausbildung in der eigenen Belegschaft zwar sehr kostenintensiv ist, Sie den Einsteigern so aber die Möglichkeit geben, sich weiterzuentwickeln. Wenn die SMEs und Architektinnen und Architekten dann aufsteigen oder andere Aufgaben wahrnehmen, haben Sie den Nachwuchs, der das Wissen hat und nicht erst lange eingearbeitet werden muss, schon im eigenen Haus.

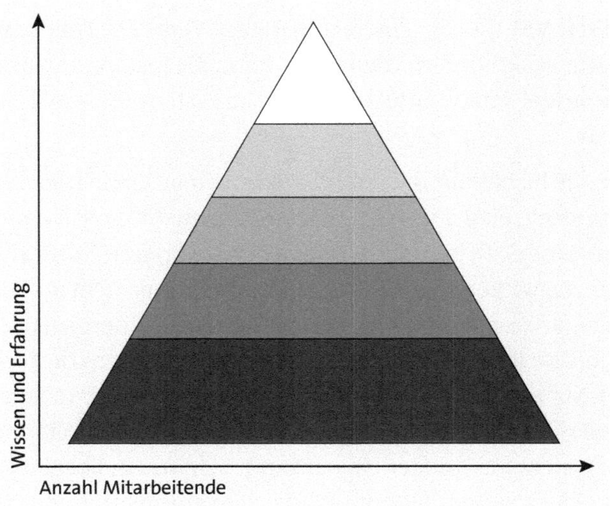

Abbildung 3.14 Optimale Mischung aus Mitarbeitenden

Weitere Einsparmöglichkeiten ergeben sich aus einem entsprechenden Reporting und dem SLA inklusive RPO und RTO. Wie bereits erwähnt, gibt es stets mehrere technische Möglichkeiten, Servicelevel zu erfüllen. Aus Kosten- und Betriebssicht ergibt es keinen Sinn, wenn die Hochverfügbarkeit sowohl auf der Applikationsebene als auch auf der Infrastrukturebene realisiert ist. Hinzu kommt, dass es durchaus von Vorteil sein kann, einige Systeme aus Kostengründen noch eine Weile in Ihrem eigenen Rechenzentrum zu hosten. Sobald ein aufwendiges Design und neue Entwicklungen notwendig sind, weil das High-Level-Design eine Applikation oder einen Service nicht darstellen kann, kann es mittelfristig günstiger sein, bei On-Premise-Lösungen mit etablierten VM-Tools zu bleiben, bis die Applikation oder der Service durch eine SaaS-Cloud-Applikation abgelöst wird.

Reporting zur Hilfe bei der Erkennung von Einsparmöglichkeiten

Auch das Reporting bietet Einsparpotenzial. Es kann aufzeigen, wenn Systeme zu groß ausgelegt sind und eine Verkleinerung des Systems Auswirkungen auf die Kosten des Systems hätte. Fast jeder Cloud-Provider bietet hier entsprechende Tools an, die bei der Kostenkontrolle unterstützen können. Hinzu kommt, dass es sinnvoll sein kann, Systeme gegebenenfalls außerhalb der Nutzungszeiten zu stoppen. Wichtig ist hierbei nur, dass sichergestellt wird, dass beim Start die notwendigen Ressourcen zur gewünschten Zeit problemlos starten können. Diese Einsparungen bieten sich bei Systemen, die nicht rund um die Uhr betrieben werden müssen, oder auch bei internen Systemen an. Legacy- und Projektsysteme können ebenfalls so ein Einsparpotenzial mit sich bringen. Legacy- und Historiensysteme werden oft nicht täglich genutzt, vor allem, wenn sie sich kurz vor der Freigabe zum Abbau befinden und gegebenenfalls nur noch das letzte Jahr abgewartet werden muss. Die Vorgabe, wie schnell das System wieder zur Verfügung stehen muss, sollte um einiges geringer sein als bei produktiven Systemen. Hat man mehrere dieser Systeme im Einsatz, sollte man dies definitiv einmal durchkalkulieren. Hinzu kommt, dass diese Systeme meist eine geringere Änderungsrate haben, damit müsste man nicht so oft Backups machen und könnte auch im Redo-Logbereich durch ein entsprechendes Sizing z. B. einer Produktivlandschaft entsprechende Einsparungen vornehmen.

Ebenso bietet sich eine Harmonisierung von Systemen oder auch Funktionen an. Schnittstellendateisysteme sollten zentral zur Verfügung gestellt werden, damit müssen die Verzeichnisse nicht lokal bereitgestellt werden. Architektinnen und Architekten können hier zusammen mit SMEs einen entsprechenden Mehrwert und eine Kostenersparnis schaffen.

3.5 Automatisierte Bereitstellung

Wie wir bereits erläutert haben, ist der Betrieb von SAP auf einem Hyperscaler nicht wesentlich anders als der Betrieb im klassischen Rechenzentrum. Jedoch stehen Ihnen eine ganze Reihe neuer Möglichkeiten zur Verfügung. Die Terminologie variiert zwischen On-Premise- und Hyperscaler-Umgebungen ein wenig, das sollte für die interessierten Nutzerinnen und Nutzer mit ein wenig technischem Verständnis und einem Auge für die Architektur aber grundsätzlich kein Hindernis sein. Es ist möglich, alle bisherigen Erfahrungen bei der Bereitstellung auch auf einer Hyperscaler-basierten Plattform umzusetzen. Sollten Sie bisher noch keine Erfahrungen mit einem Hyperscaler gemacht haben oder nur im Nicht-SAP-Umfeld, ist es möglich, mit den Angeboten der Hyperscaler oder Anbieter, wie SUSE oder Red Hat, einen schnellen Einstieg zu finden, z. B. für einen einfachen ersten Proof of Concept (PoC). Gehen Sie einfach auf Ihren bevorzugten Hyperscaler oder einen Implementierungspartner zu, um das Vorgehen oder eine gemeinsame Zusammenarbeit zu definieren. Sollten Sie noch keine festen Pläne haben, nehmen Sie sich doch die Zeit und probieren verschiedene Möglichkeiten aus. Nur durch Erfahrungen in der Praxis lassen sich die eigenen Erkenntnisse bestätigen oder revidieren.

Bereitstellung von Systemen

In der Regel stellen Sie die Infrastruktur für das SAP-System nach einem vorher ausgewählten Muster bereit, z. B. ein einzelnes System, ein verteiltes

System oder ein verteiltes und hoch verfügbares System mit einer Clusterkonfiguration. Danach wird die benötigte SAP-Software bereitgestellt. Am Ende ist es möglich, ein SAP-System mit Clusterkonfiguration in einer guten Dreiviertelstunde bereitzustellen. Natürlich ist hier nicht jede Feinheit des Betriebskonzepts enthalten, es ist jedoch ein guter und schneller Start. Wenn Sie im Bereich von Infrastructure as Code noch mehr einrichten oder Teile Ihrer Systeme automatisieren möchten, werfen Sie auch einen Blick in Kapitel 6, »Automatisierung«, in dem diese Themen noch ausführlicher betrachtet werden.

Doch auch bei der Bereitstellung des Systems gibt es bei den Hyperscalern und anderen Anbietern Optionen zur Automatisierung, die Ihnen die Arbeit erleichtern können:

- SAP in Azure Deployment Automation Framework zur Automatisierung der Bereitstellung auf Azure
- AWS Launch Wizard zur Automatisierung auf AWS
- Deployment Manager zur Automatisierung der Bereitstellung auf Google Cloud Platform
- SAP Cloud Appliance Library (CAL)
- automatisierte Installation mit SUSE
- automatisierte Installation mit Red Hat

Automatisierung frühzeitig umsetzen

Wichtig ist, dass Sie sich von vornherein Gedanken über die Automatisierung machen. Im späteren Betrieb werden regelmäßig, aber nicht sehr viele Systeme mit einem Mal bereitgestellt. Anders verhält es sich beim Aufbau einer neuen Landschaft oder Migration. Ein ganzes System zu konfigurieren und bereitzustellen kann einige Tage in Anspruch nehmen. Wenn man dann das Betriebssystem, die Datenbank und das SAP-System manuell installieren muss, kommt man schnell auf einen Arbeitsaufwand von einer Woche. Je nachdem, wie die Erfahrungen des Projektteams mit der Automatisierung sind, kann dadurch sehr schnell ein gewisser Nutzen erreicht werden, und die Kosten amortisieren sich recht schnell. Hinzu kommt, dass gerade unter Druck Fehler entstehen können und der Aufbau eines SAP-Systems nicht mit der Installation beendet ist. Parameter müssen geändert und Konfigurationen angepasst werden. Auch dieser Prozess kann sich zur Fehlerquelle entwickeln. Sobald das System live ist, können Änderungen dann nur mit einer zusätzlichen Auszeit vorgenommen werden. Daher ist es für den Betrieb und um bei der Installation den Aufwand zu reduzieren besser, wenn schon beim Projektstart mehr installiert worden ist.

Kapitel 4

Technische Grundlagen für die Nutzung eines IaaS-Angebots

Infrastructure as a Service (IaaS) ist die Grundlage für den Betrieb von SAP auf Public Clouds. Für einen erfolgreichen Betrieb Ihrer Systeme müssen Sie daher die Grundlagen der Architektur und der Systemanforderungen kennen. Diese stellen wir Ihnen in diesem Kapitel vor.

In diesem Kapitel beschreiben wir in Abschnitt 4.1, »Grundlagen«, die Grundlagen für den IaaS-Betrieb und zeigen die Unterschiede zum SaaS-Betrieb auf. Sie erhalten einen Eindruck davon, wann der Betrieb von SAP-Lösungen auf IaaS-Plattformen sinnvoll ist. In Abschnitt 4.2, »Architektur«, gehen wir dann auf die Architektur von IaaS-Umgebungen für SAP-Systeme ein. In Abschnitt 4.3, »Systemanforderungen«, stellen wir Ihnen die wichtigsten Systemanforderungen vor. In Abschnitt 4.4, »Zertifizierungen«, klären wir außerdem, welche IaaS-Angebote zertifiziert sind und was Sie in Bezug auf Audits, Compliance und Sicherheit im Vorfeld wissen sollten, um einschätzen zu können, ob Ihre Unternehmenslösungen für den IaaS-Betrieb überhaupt infrage kommen.

4.1 Grundlagen

SAP-Systeme und ihre Voraussetzungen

Grundsätzlich gelten für den IaaS-Betrieb Ihres SAP-Systems in einer Public Cloud nahezu die gleichen Voraussetzungen wie für den Betrieb in einem Rechenzentrum. Mit wenigen Ausnahmen kann im Grunde alles, was Sie bisher in Ihrem Rechenzentrum betrieben haben, auch in die Public Cloud verlagert werden. Dies gilt insbesondere dann, wenn Ihr Rechenzentrum bereits virtualisiert ist. Ausnahmen sind einige Bare-Metal-Systeme, alte Mainframes oder sehr exotische Konfigurationen. Zwar ist es auch hier möglich, die darauf laufenden SAP-Systeme in die Public Cloud zu migrieren, allerdings ist dies oft mit zusätzlichem Aufwand verbunden. Der Betrieb einer SAP-Umgebung, wie z. B. SAP S/4HANA, in der Cloud kann auf verschiedene Arten erfolgen. Zum einen können Sie SAP S/4HANA in einem

IaaS-Modell bei einem Hyperscaler Ihrer Wahl installieren und anschließend auch selbst betreiben. Dazu wählen Sie die Version SAP S/4HANA als Produkt oder nutzen Ihre bestehenden Lizenzen weiter. Sie haben dabei die volle Kontrolle über Ihr System, Ihre Anpassungen und Ihre individuellen Erweiterungen. Im Vergleich zum Eigenbetrieb in Ihrem Rechenzentrum ändert sich wenig. Allerdings tragen Sie auch die volle Verantwortung für das System auf allen Ebenen. Sie stellen die entsprechende Infrastruktur bei einem Hyperscaler Ihrer Wahl bereit, installieren das System mit Ihren Anpassungen und Erweiterungen und migrieren Ihre Daten. Diese Betriebsform bietet Ihnen die größtmögliche Freiheit und Flexibilität. Sie sollten jedoch bereits Erfahrung im Aufbau und Betrieb einer solchen Plattform haben und genau wissen, wie man den Betrieb eines solchen Systems sicherstellt und die Unterschiede zwischen den Cloud-Produkten kennen. Bei dieser IaaS-Variante müssen Sie sich nicht mehr um die Hardware und deren Wartung kümmern, profitieren aber von den Möglichkeiten, die ein solcher Umzug in die Public Cloud bietet. Diese Hosting-Variante sehen Sie in Abbildung 4.1 im Kasten »SAP S/4HANA auf Hyperscaler«.

Wenn Sie sich nicht um Infrastruktur, Middleware, Backup, Monitoring und den Betrieb einer solchen Lösung kümmern möchten, können Sie das Produkt *SAP S/4HANA Cloud* buchen. Dabei betreibt SAP die gesamte Infrastruktur und Software für Sie. Sie nutzen die Umgebung lediglich und passen Sie durch Konfiguration Ihren Bedürfnissen an. Das reduziert Ihren Wartungsaufwand erheblich, und Sie können sich auf das Wesentliche konzentrieren, nämlich auf Ihre Geschäftsprozesse. Es gibt aber auch Nachteile: Sie können keine individuellen Anpassungen und Erweiterungen in das System implementieren. Außerdem ist die Möglichkeit, über die *SAP Business Technology Platform* (kurz SAP BTP) eigene oder vorgefertigte Erweiterungen per API aus dem SAP-Shop Ihrem System anzudocken, eingeschränkt. Sofern Sie mit einem standardisierten SAP-S/4HANA-System auskommen und nur wenige einfache Erweiterungen benötigen, ist diese Variante mit dem geringsten Aufwand verbunden. Vergleichen Sie dazu den Kasten »SAP S/4HANA Cloud« in Abbildung 4.1.

Wenn Sie auf individuelle Anpassungen und eigene Erweiterungen nicht verzichten möchten, sich aber nicht selbst um den Betrieb Ihres Systems kümmern wollen, können Sie den kompletten Betrieb der Plattform an einen externen Dienstleister, einen *Managed Service Provider* (kurz MSP), übergeben oder den Service von SAP in Ihrer SAP HANA Enterprise Cloud erbringen lassen (siehe dazu den Kasten »SAP S/4HANA on SAP HANA Enterprise Cloud« in Abbildung 4.1).

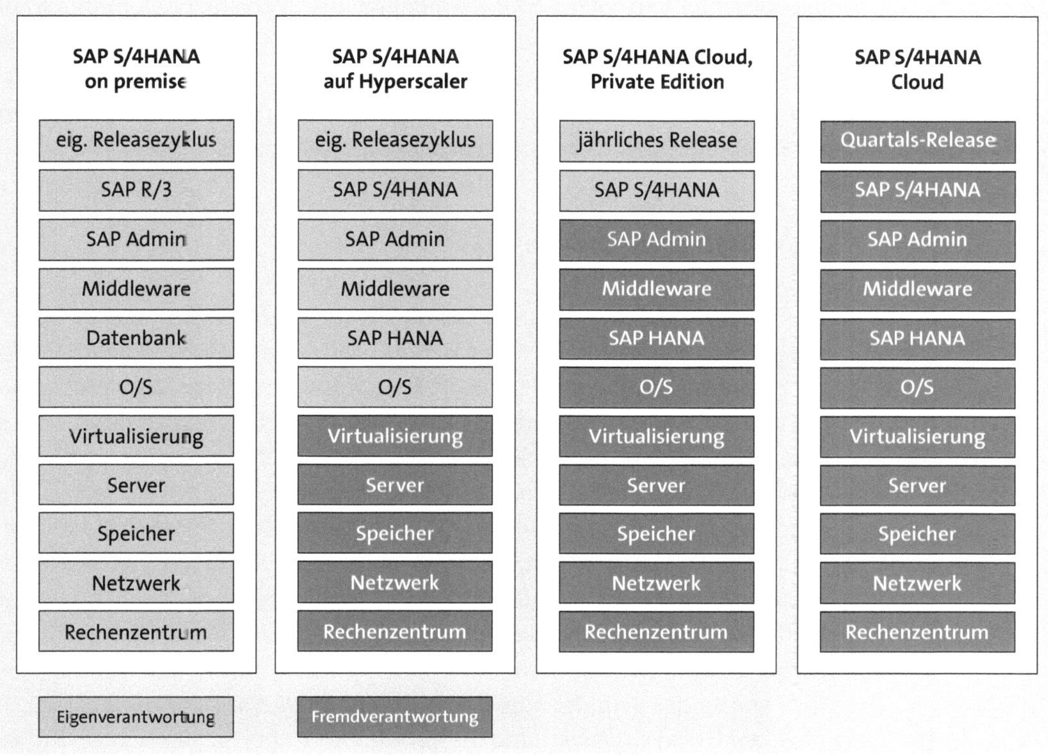

Abbildung 4.1 SAP-Hosting-Übersicht

SAP S/4HANA Cloud

Wenn Sie bereits mit SAP S/4HANA arbeiten oder planen, auf SAP S/4HANA umzusteigen, haben Sie grundsätzlich beide zuvor beschriebenen Möglichkeiten. Wahrscheinlich haben Sie in Ihrem bestehenden System in den vergangenen Jahren diverse Anpassungen vorgenommen. Daher ist ein direkter Umzug in SAP S/4HANA Cloud für die meisten wahrscheinlich nicht möglich. Die beste Strategie ist dann, zunächst einen Umzug in eine IaaS-Hyperscaler-Cloud durchzuführen und alle Ihre Anpassungen mitzunehmen. SAP empfiehlt, alle direkten Anpassungen aus Ihrem System zu entfernen und als externe Erweiterungen Ihrem System anzudocken. Erledigen Sie das nicht während der Migration, sondern am besten Schritt für Schritt danach, da sich sonst die Komplexität erhöht und Fehler passieren können. Wollen Sie dann immer noch das SaaS-Angebot von SAP in Anspruch nehmen, steht Ihnen nach diesem Clean-up eine Migration von Ihrer IaaS-SAP-S/4HANA-Lösung in die SaaS-SAP-S/4HANA-Cloud frei.

RISE with SAP

Mit der neuen Lösung *RISE with SAP* können Sie die Vorteile beider Welten nutzen. Wie in Kapitel 2, »Die wichtigsten Hyperscaler«, beschrieben, können Sie einen Vertrag mit SAP abschließen und den Hyperscaler Ihrer Wahl angeben. SAP stellt sicher, dass Ihr System in diese Cloud migriert und anschließend transformiert wird. SAP übernimmt auch den Betrieb der Plattform und des Systems. Es gibt zwar immer noch einige Unterschiede zum SaaS-Angebot, aber es kommt diesem schon sehr nahe.

4.2 Architektur

HLD und Public Cloud

Um Ihr SAP-System erfolgreich in die Cloud zu migrieren oder es in der Cloud neu aufzubauen, ist es notwendig, sich Gedanken über die Architektur zu machen. Wenn Sie bereits über ein *Software-defined Datacenter*, also ein vollständig virtualisiertes Rechenzentrum, verfügen, wird Ihnen vieles bereits bekannt vorkommen, wie z. B. virtualisierte Netzwerke, virtuelle Maschinen, Speicherservices und Virtual Appliances. Auch werden Sie viele Gemeinsamkeiten mit traditionellen Rechenzentren feststellen können. Doch es gibt einige sehr feine Unterschiede, die Sie unbedingt beachten sollten, wenn Sie die Vorteile der Public Cloud nutzen möchten. Es kommt häufig vor, dass die erhoffte Performance der Infrastruktur und damit der Applikationen nicht erreicht wird. Das hat einen einfachen Grund: Meistens wurde die Grundarchitektur bzw. das *High Level Design* (kurz HLD) nicht der Cloud angepasst und die einzelnen Limits von Ressourcen, Regionen und Subscriptions wurden nicht berücksichtigt.

Bei einer Migration oder einem Umzug in die Cloud müssen die bisherigen Konfigurationen in die Maschinentypen der jeweiligen Cloud übersetzt werden. Außerdem ist es sinnvoll, einzelne Komponenten nun auf dedizierte Server zu installieren, die sich im Gegensatz zur bestehenden Konfiguration auch in anderen Netzwerksegmenten befinden.

Für ein SAP-System auf Basis von SAP HANA gibt es drei standardisierte Grundstrukturen, die SAP im Rahmen des Programms *Embrace* zusammen mit den Hyperscalern entwickelt hat:

- ein Aufbau für ein *Single-Instance-System* wie ein separates Test- oder Entwicklungs-ERP-System, das keine besondere Anforderung an die Verfügbarkeit hat
- ein Aufbau für *hoch verfügbare Systeme*, wie z. B. ein produktives Finanzsystem, das jederzeit zur Verfügung stehen muss
- ein Aufbau mit *Hochverfügbarkeit* und *Disaster Recovery*, um etwa im Fall eines Desasters die Daten des Systems, wie z. B. ein zentrales Human-

Resources-System oder ein zentrales Schnittstellensystem, schnell wieder zur Verfügung zu stellen

In Abschnitt 1.4, »Infrastruktur für SAP-Lösungen«, haben wir Ihnen diese drei Referenzarchitekturen bereits kurz vorgestellt.

Je nachdem, welche Service Level Agreements (kurz SLAs) Sie erreichen wollen oder müssen, ergibt sich für Ihre Gesamtarchitektur ein unterschiedliches Bild. In der Regel ist es ausreichend, für Entwicklungssysteme und Testsysteme entweder ein Single-Instance-System mit Backup aufzubauen oder ein Single-Instance-System mit *Disaster Recovery* (kurz DR) in einer anderen Zone oder Region. Auch wenn es technisch sehr einfach ist, in der Public Cloud eine Kopie in einer zweiten Zone oder in einer zweiten Region aufzubauen, führt dieses Szenario zu zusätzlichen Infrastrukturkosten, höherem Wartungsaufwand und im Endeffekt auch zu einer höheren CO_2-Bilanz. Daher sollten Sie immer abwägen, welchen Aufbau Sie für welches System wirklich benötigen.

4.2.1 Architektur für ein Single-Instance-Setup

Single Instance in einer Region

Bei einer Single-Instance-Architektur wird, wie der Name bereits andeutet, das System lediglich in einer Zone in nur einer Region aufgebaut. Dazu stellen Sie ein neues virtuelles Netzwerk in Ihrem Account bei dem Hyperscaler Ihrer Wahl bereit und unterteilen dieses in mindestens vier Subnetze. Das erste Subnetz ist das *Public Subnet* oder auch *Zugangssubnetz*. Hier werden alle Systeme bereitgestellt, die für die Anbindung an Ihr Rechenzentrum und Ihr Netzwerk für die Kommunikation der Systeme untereinander und den Zugriff auf Ihr SAP-System notwendig sind. Dazu stellen Sie ein Gateway bereit und verbinden dieses per VPN mit Ihrem Rechenzentrum.

Netzwerkrouten der Cloud-Provider

Wir empfehlen die Verwendung einer privaten Netzwerkroute anstelle einer Verbindung über das öffentliche Internet. Dies funktioniert ähnlich wie eine MPLS-Verbindung (Multiprotocol Label Switching). Sprechen Sie mit Ihrem Telekommunikationsanbieter darüber, ob er Ihnen eine solche private Verbindung zu Ihrem Hyperscaler zur Verfügung stellen kann. Die Cloud-Provider bieten dazu jeweils folgende Produkte an:

- *Express Route* bei Azure
- *Direct Connect* bei AWS
- *Cloud Connect* bei Google Cloud Platform

Wenn die Verbindung hergestellt und getestet ist, können Sie fortan über Ihr privates Netzwerk auf die Public Cloud zugreifen.

[»]

Trotzdem VPN-Verbindung nutzen

Auch wenn Sie von Ihrem Telekommunikationsanbieter eine private Netzwerkroute zu Ihrem Hyperscaler zur Verfügung gestellt bekommen, ist es wichtig, dass Sie dennoch den Datenverkehr über eine VPN-Verbindung verschlüsseln. Auch wenn es sich um eine private Route handelt, ist der Datenverkehr darüber unverschlüsselt.

Wenn Sie Zugriff aus dem Internet benötigen, richten Sie nun das zweite Subnetz ein. Das ist das *Web Subnet* oder auch *Firewall Subnet*. Hier wird eine Firewall von vorher bestimmten Providern bereitgestellt und für den Zugriff aus dem Internet konfiguriert. Je nachdem, ob Sie selbst für den Service verantwortlich sind oder diesen einkaufen, ist die Firewall-Konfiguration einer der wichtigsten Schritte, da sie Audit- und Compliance-konform sein muss und nur die Kommunikation und Verbindungen zulassen darf, die vorher vom Audit und den Betriebsverantwortlichen freigegeben worden sind.

Im *Application Subnet* stellen Sie nun alle Applikationsserver bereit. Hierzu gehören mindestens die SAP Central Services und der SAP NetWeaver Application Server. Sofern Sie den Zugriff aus dem Internet erlauben wollen oder benötigen, stellen Sie hier auch den *SAP Web Dispatcher* zur Verfügung. Der von Ihnen genutzte Speicherdienst wird in dieses Subnetz mit einem privaten Endpunkt (Microsoft Azure), einem privaten Link (AWS) oder einem Private Service Connect (Google Cloud Platform) angebunden. Die Datenbank wird allein im letzten Subnetz, dem sogenannten Datenbanksubnetz (*Database Subnet*), bereitgestellt. Der Grund für die separaten Subnetze, ganz besonders für die Datenbank, ist recht einfach. Zwischen den Subnetzen haben Sie die Möglichkeit, über Firewall-Regeln den Datenverkehr und den Zugriff auf ein Minimum zu beschränken und damit die Sicherheit Ihrer Systeme und Daten zu erhöhen.

[»]

So viel wie nötig, so wenig wie möglich

Bei der Konfiguration von Zugriffsrechten auf IT-Komponenten und Daten gilt der Grundsatz: So viel wie nötig und so wenig wie möglich. Das bedeutet, dass jeder Zugriff genau für die auszuführende Aufgabe eingerichtet wird und nur so viele Informationen gewährt, wie dafür notwendig sind, und nicht mehr.

Ihr Aufbau sollte nun wie in Abbildung 4.2 aussehen. Wie Sie darin sehen, ist das Unternehmensnetzwerk mit einer Cloud Ihrer Wahl verbunden. In der entsprechenden Cloud gibt es mindestens vier verschiedene Subnetze im virtuellen Netzwerk, bestehend aus Firewall-Subnetz, Gateway-Subnetz, Applikationssubnetz und Datenbanksubnetz, die eine entsprechende Kommunikation nach außen und innerhalb der Cloud zur Verfügung stellen.

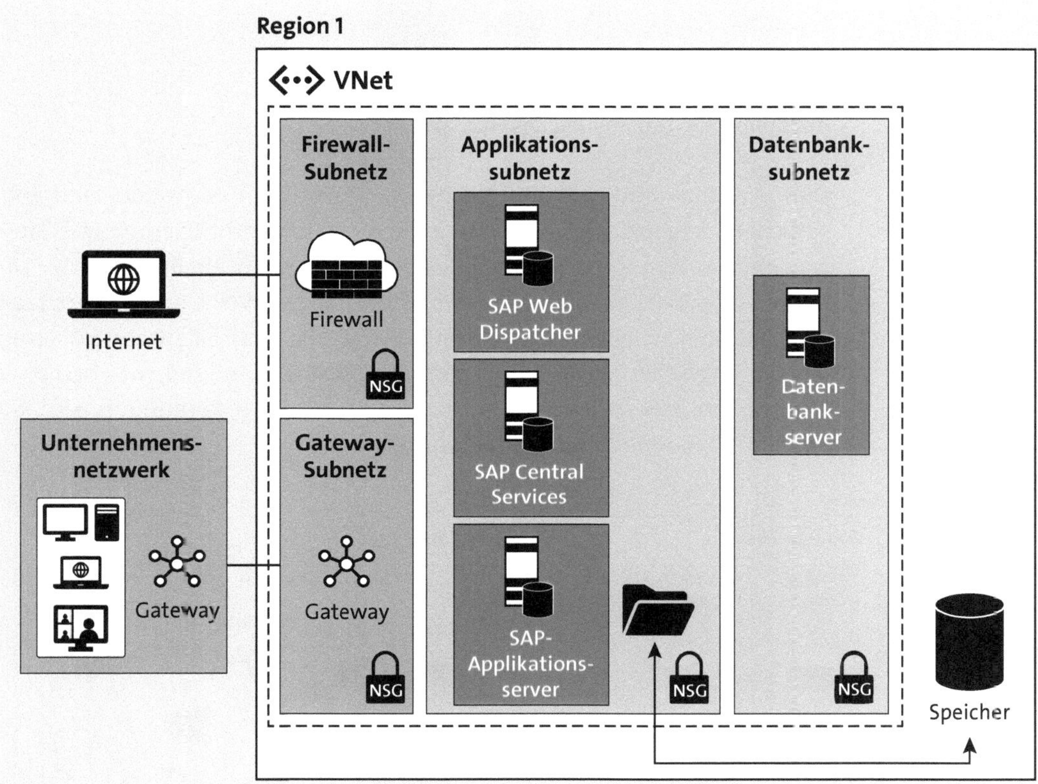

Abbildung 4.2 SAP-Single-Instance-System in einer Public Cloud

Wenn Sie die Public Cloud nicht nur für eine Anwendung oder nicht nur für Ihr SAP-System nutzen wollen, sondern mehrere Applikationen oder Dienste in der gleichen Public Cloud betreiben oder es später noch tun wollen, empfiehlt sich der Aufbau eines Netzwerkdesigns nach der *Hub-and-Spoke-Architektur*, auch *Speichenarchitektur* genannt. Allgemein wird darunter verstanden, dass die Verbindung zwischen zwei Endpunkten **A** und **B** nicht direkt, sondern über einen Zentralknoten **Z**, die Nabe (engl. *Hub*), erfolgt. Die Verbindungen der Endknoten **A** und **B** zum Knoten **Z** werden dabei als Speichen (engl. *Spokes*; siehe Abbildung 4.3) bezeichnet.

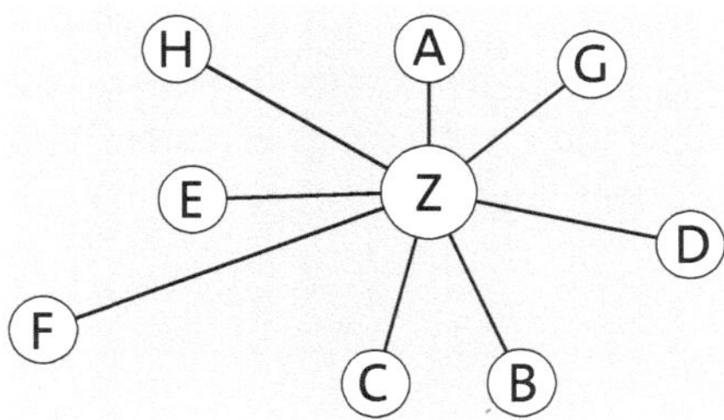

Abbildung 4.3 Darstellung des Hub-and-Spoke-Ansatzes

Dieser Ansatz wird auch für Netzwerkarchitekturen verwendet und entsprechend angepasst. Dabei werden die zentralen Komponenten wie Gateway und Firewall sowie weitere zentrale Dienste wie Jump Boxes, Active Directory oder DNS in ein Zugangsnetzwerk, das Hub VNet, ausgelagert. Jede Applikation bzw. jedes einzelne System erhält dann ein eigenes Spoke VNet, das per VNet-Peering, also einer direkten Datenverbindung zwischen zwei Netzwerken, mit dem Hub VNet oder Zugangs-VNet verbunden wird. So einen Aufbau sehen Sie in Abbildung 4.4.

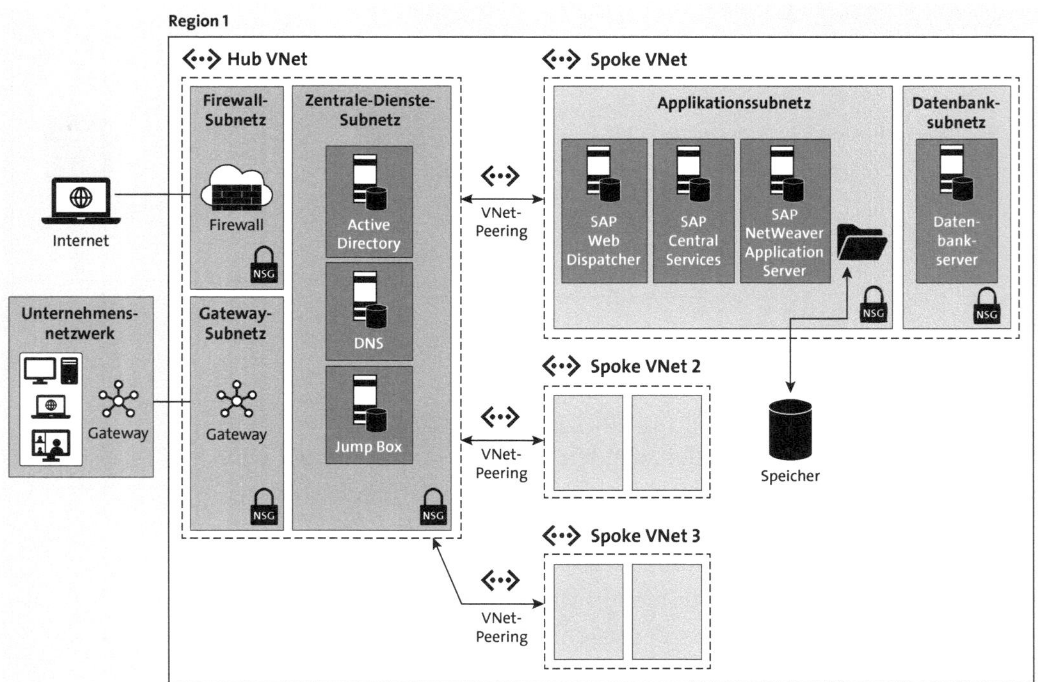

Abbildung 4.4 Hub-and-Spoke-Netzwerkaufbau

Auf der linken Seite in Region 1 befindet sich das Hub VNet, das in drei Subnetze für Firewall, Gateway und die zentralen Dienste unterteilt ist. Daran sind auf der einen Seite Ihr Unternehmensnetzwerk und auf der anderen Seite die Netzwerke für die einzelnen Applikationen angebunden.

Landing Zone – internes Netzwerk

Die Firewall kann auch im Subnetz der zentralen Dienste bereitgestellt werden. Sie in einem eigenen Subnetz zu platzieren, erhöht jedoch die Sicherheit und die mögliche Granularität der Konfiguration. Der Netzwerkgrundaufbau mit dem Zugangsnetzwerk, der Konfiguration der Gateways und den Firewalls sowie der Anbindung an Ihr Unternehmensnetzwerk, gepaart mit entsprechenden Zugriffsregeln und Rollenkonzepten sowie Tagging-Regeln, wird auch als *Landing Zone* bezeichnet.

Es ist wichtig, das Netzwerk in der Public Cloud und Ihrer On-Premise-Struktur als ein zusammenhängendes Netzwerk zu betrachten und nicht als zwei getrennte Netzwerke. Wenn Sie diese Netzwerke zur Kommunikation und zum Austausch zwischen den Rechenzentren gut planen und es keine Überschneidungen gibt, benötigen Sie auch kein *NATing*. Beim NATing werden IP-Adressen während des Transports von Datenpaketen im Header dieser Datenpakete geändert. Dies geschieht, um IP-Adressen aus einem Netzwerk, z. B. 192.168.1.XXX, in IP-Adressen aus einem anderen Netzwerk, z. B. 10.1.1.XXX, zu übersetzen. Beachten Sie, dass Sie bei einem solchen Hub-and-Spoke-Aufbau für das notwendige VNet-Peering bezahlen müssen. Der Traffic zwischen zwei Netzwerken kostet bei Ihrem Hyperscaler einen bestimmten Cent-Betrag pro Gigabyte. Dies sollten Sie unbedingt in Ihre Kalkulation miteinbeziehen.

Backup als Datensicherung

Was jetzt noch fehlt, sind ein geeignetes Backup und Monitoring. Für ein Backup gibt es viele Möglichkeiten. Sie können z. B. ein Backup von Ihrem Hyperscaler wählen oder auch den neuen Aufbau Ihrer Public Cloud in eine bestehende Backup-Lösung in Ihrem Rechenzentrum integrieren. Ersteres ist mit zusätzlichen Kosten verbunden, auch wenn Sie eventuell schon eine Backup-Lösung in Ihrem Unternehmen etabliert und bezahlt haben. Bei Letzterem haben Sie das Problem, dass Sie zum einen die Kosten für den Datentransfer für das Backup aus der Cloud in Ihr Rechenzentrum bezahlen müssen und zum anderen eine *Rücksicherung* (engl. *Restore*) aufgrund der geringeren Datentransferraten aus Ihrem Rechenzentrum in die Public Cloud langsamer sein kann.

Wenn Sie sich für eine Lösung entschieden haben, können Sie Ihre Applikationen installieren und Ihre Daten migrieren oder das neu aufgebaute System nutzen. Ein solcher Aufbau eignet sich nicht für Systeme, auf die Sie zu jeder Zeit angewiesen sind. Sollte eine der virtuellen Maschinen (kurz VM) aufgrund eines Updates, eines Ausfalls oder einer Überlastung einmal nicht verfügbar sein, ist Ihre Umgebung nicht mehr nutzbar. Bei einem Totalausfall kann es mehrere Tage dauern, bis das System aus dem Backup wiederhergestellt ist und Sie wieder auf Ihre Daten zugreifen können. Daher eignet sich diese Konfiguration nur für Systeme, die nicht geschäftskritisch sind und auf die man im Zweifelsfall einige Stunden oder Tage verzichten kann. Typische Beispiele sind Entwicklungs- oder Testsysteme. Für Produktivumgebungen ist diese Konfiguration jedoch keinesfalls geeignet.

4.2.2 Architektur für ein Hochverfügbarkeits-Setup

Um eine hohe Verfügbarkeit für Ihr System zu erreichen, gibt es ebenfalls ein Referenzarchitekturdesign. Diesem liegt das *Availability-Zone-Konzept* der Hyperscaler zugrunde.

Availability Zone für Hochverfügbarkeit

Das bedeutet, dass die Hyperscaler in den meisten Regionen, in denen Sie Ihre Services anbieten, mehrere individuelle Rechenzentren aufgebaut haben. Diese Rechenzentren, auch Zonen genannt, sind häufig mehrere Kilometer voneinander entfernt und verfügen über je zwei unabhängige Stromversorgungen und Internet- bzw. Netzwerkanbindungen. In den meisten Regionen bieten alle Hyperscaler in der Regel mindestens zwei Zonen an. Ganz oft stehen bereits drei Zonen zur Verfügung. Diese Zonen sind mit sehr niedriger Latenz miteinander verbunden und können bei der Bereitstellung von Ressourcen direkt ausgewählt werden. Fällt eine Zone dann aufgrund von Problemen z. B. mit der Stromversorgung aus, steht die andere Zone meistens weiterhin zur Verfügung.

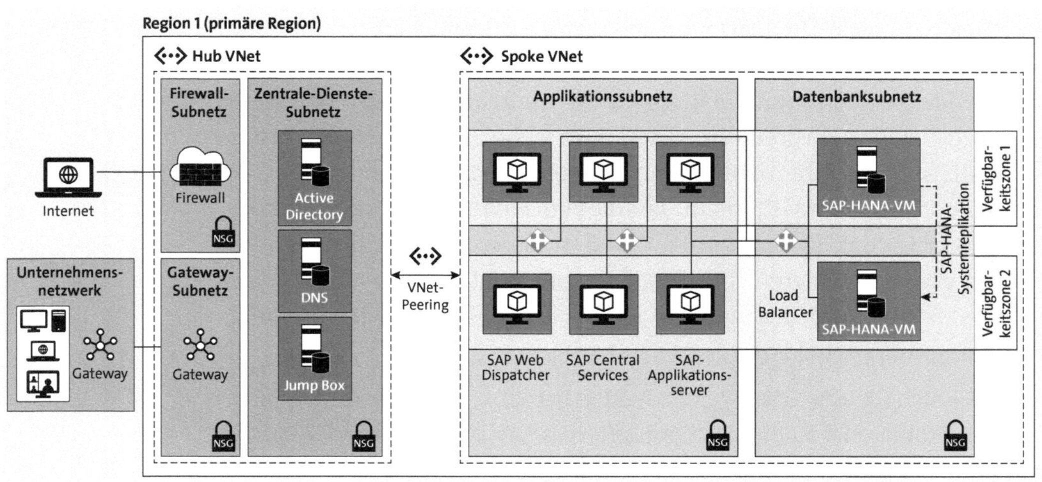

Abbildung 4.5 Hoch verfügbare SAP-S/4HANA-Umgebung

Dieses Setup, wie es in Abbildung 4.5 zu sehen ist, hat gleich drei wesentliche Vorteile:

- Zum einen können Sie im Betrieb die Last der einzelnen Systeme und Komponenten durch *Lastverteilung* auf mehrere Maschinen aufteilen und so dafür sorgen, dass die Applikationen auch bei hoher Auslastung reaktionsfähig bleiben und die Nutzererfahrung jederzeit gut ist. Ändert sich die Nutzerlast auf den Systemen, egal, ob Dialog oder Batch, werden die Benutzerinnen und Benutzer durch die Lastverteilung auf die Systeme verteilt, die gerade freie Kapazitäten haben. Zusätzlich wird sichergestellt, dass die Last der User und Anfragen immer gleichmäßig auf alle Server verteilt wird.
- Darüber hinaus haben Sie die Möglichkeit, ein nahezu *Zero-Downtime-Setup* zu erreichen. Sie können Aktualisierungen und Wartungsarbeiten im laufenden Betrieb nacheinander durchführen, während die jeweils andere Instanz weiterhin verfügbar bleibt. So kann die Downtime des Systems nahe null gehalten werden.
- Zu guter Letzt bietet dieses Setup eine gewisse *Ausfallsicherheit*. Wenn eine VM oder gar eine ganze Zone bei einem Hyperscaler ausfallen sollte, verfügen Sie über eine konsistente und aktuelle Kopie, die die Anfragen weiterhin bearbeiten kann.

Architektur für Applikations- und Datenbankhochverfügbarkeit

Die Applikationsserver können Sie entweder nacheinander manuell updaten, oder Sie nutzen von Ihrem Hyperscaler unterstützte Mechanismen wie CI/CD-Pipelines, IaC und Desired State Configuration, um die Infrastruktur automatisch zu aktualisieren. Auch Tools, wie z. B. der SAP Solution Manager, können dafür genutzt werden. Je größer Ihre Umgebungen sind, desto mehr empfiehlt es sich, diese Aufgaben zu automatisieren. Mehr zu diesem Thema finden Sie in Kapitel 6, »Automatisierung«.

Die zu Ihrem SAP-System gehörende Datenbank synchronisieren Sie über die datenbankeigenen *Replizierungsservices* (siehe dazu die Datenbankschicht aus Abbildung 4.5). Das Datenbankcluster ist in der Regel so konfiguriert, dass eine Datenbank primär oder aktiv und die andere Datenbank sekundär oder passiv konfiguriert ist. Aufgrund der höheren Last auf der primären Datenbank empfiehlt es sich immer, für das Backup die sekundäre Datenbank zu verwenden. Dieses Vorgehen hat sich in der Praxis bewährt und entlastet die primäre Datenbank. Ausführlichere Beschreibungen zu den unterschiedlichen Szenarien für Datenbanken haben Sie bereits in Kapitel 3, »Verfügbarkeit von Cloud-Infrastrukturen«, gelesen.

4.2.3 Architektur für ein Disaster-Recovery-Setup

Unabhängig davon, ob Sie mit einem Hochverfügbarkeits-Setup wie in Abbildung 4.5 arbeiten oder einer Single-Instance, wenn bei einem Hyperscaler eine ganze Region ausfällt, müssen Sie handeln. Und hier kommt das Disaster-Recovery-Setup ins Spiel.

Was ist Disaster Recovery?

Hierbei wird Ihr gesamtes Setup zusätzlich noch in eine zweite Region gespiegelt. Diese Region ist dabei so weit von Ihrer ersten Region entfernt, dass wir davon ausgehen, dass der Grund, der zum Ausfall der ersten Region geführt hat, die zweite Region nicht ebenfalls betrifft. Typischerweise wird in der zweiten Region nur eine Zone verwendet, also ein Single-Instance-Setup und kein Hochverfügbarkeits-Setup. Der Grund ist, dass die Nutzung der zweiten Region nur übergangsweise stattfinden soll, bis die erste Region idealerweise wieder verfügbar ist. In Abbildung 4.6 sehen Sie in Region 1 das HA-Setup aus Abbildung 4.5.

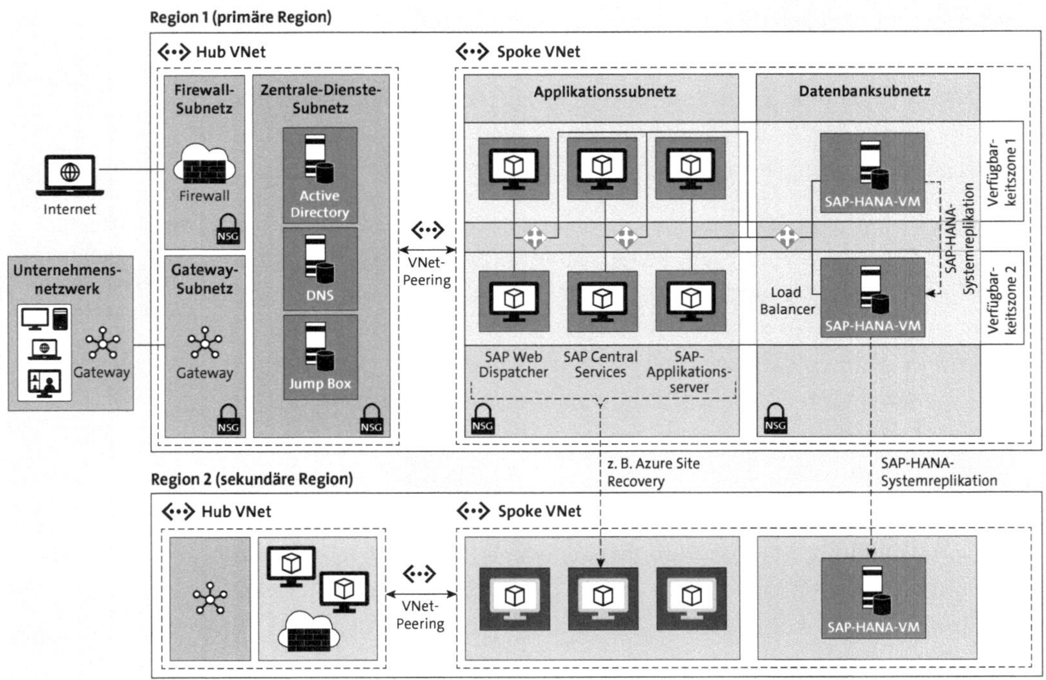

Abbildung 4.6 SAP-HANA-Umgebung mit Hochverfügbarkeit und Disaster Recovery

Im unteren Bereich ist dieses Szenario nun um den Disaster-Revocery-Teil in einer zweiten Region erweitert. Anders als bei dem Hochverfügbarkeitssystem sind die replizierten Applikationsserver in der zweiten Region typischerweise heruntergefahren (in der Abbildung daher dunkler dargestellt). Die Wahrscheinlichkeit, dass Sie diese Region nutzen müssen, ist recht gering, und auf diese Weise müssen Sie nicht den vollen Betrag für die virtuellen Maschinen bezahlen, sondern nur den belegten Speicher (siehe dazu Abschnitt 1.5.1, »Abrechnung nach Zeiteinheit«). Die Maschinen kosten Sie erst dann Geld, wenn Sie diese hochfahren und nutzen. Anders verhält es sich mit der Datenbank. Da Sie für die Datenbank einen datenbankeigenen Replizierungsservice nutzen, muss dieser auf der Gegenseite hochgefahren sein und laufen. Bei der Datenbankreplikation innerhalb einer Region ist die Latenz so gering, dass Sie eine synchrone Replizierung realisieren können. Bei der Datenbankreplikation über zwei Regionen hinweg ist das nicht mehr möglich. Daher ist hier nur eine asynchrone Replizierung möglich. Klären Sie mit Ihrem Hyperscaler und dem Datenbankanbieter, wie hoch der Datenverlust (*Recovery Point Objective*, kurz RPO) im schlimmsten Fall ist.

4.2.4 Weitere Architekturüberlegungen

Performance – als umstrittener KPI

Es gibt einige Faktoren, die Sie in Ihre Überlegungen über die zukünftige Architektur unbedingt miteinbeziehen sollten. Das Thema Performance und Systemnutzung ist viel diskutiert und wird dennoch oft unterschätzt. Es geht darum, das richtige Mittelmaß zwischen Leistung und Kosten zu finden und mit Bedacht einzusetzen, sodass die Architektur zwar die notwenigen Anforderungen abdeckt, aber keine Dopplungen abgebildet werden und damit unnütze Kosten entstehen. Hier kann wichtiges Zusatzwissen über die eingesetzten Applikationen, den Hyperscaler und die Nutzerinnen und Nutzer Vorteile bringen.

Beachten Sie in jedem Fall die Limits von wichtigen Ressourcen beim Hyperscaler. Zum Beispiel haben kleinere virtuelle Maschinen bei den Hyperscalern auch eine geringere Netzwerkbandbreite und einen geringeren Datendurchsatz auf die virtuellen Festplatten. Achten Sie also bei der Wahl der Servergröße auch auf solche Details. Bei großen Systemen sollte sichergestellt sein, dass die notwendigen Ressourcen wie Server, Speicher und Netzwerk stets ausreichend zur Verfügung stehen. Aufgrund einer Nachfragespitze kann es sein, dass kurzfristig ein bestimmter Servertyp in der gewünschten Region in der Cloud nicht verfügbar ist. Ebenso verhält es sich mit sehr großen Maschinen. Da diese in der Anschaffung sehr teuer sind, stehen sie nicht unbegrenzt zur Verfügung und müssen gegebenenfalls erst nachgeordert oder zusätzlich vom Cloud-Provider bereitgestellt werden.

Bare-Metal-Systeme bei Ihrem Hyperscaler haben anders als virtuelle Server eine gewisse Bereitstellungszeit. Sprechen Sie bei größeren Projekten mit Ihrem Ansprechpartner bei dem von Ihnen gewählten Hyperscaler über die benötigten Kapazitäten und SKUs. SKU kommt aus dem Englischen und steht für Stock-Keeping Units. Es ist die Artikelbezeichnung bzw. die Artikelbezeichnung des von Ihnen genutzten Service, wie ein bestimmter VM-Typ.

Sofern Sie ein SAP-System mit wenigen Usern und einer kleinen Datenbank haben, ist es möglich, dass Sie die Instanz *SAP Central Service* (kurz SCS), die *SAP Primary Application Server* (kurz PAS) und die von Ihnen gewählte Datenbank auf nur einer virtuellen Maschine ausführen. Das spart Infrastrukturkosten. Bedenken Sie dabei nur, dass Sie in diesem Fall kein Hochverfügbarkeits- oder Disaster-Recovery-Setup realisieren können. Wenn Sie regelmäßig ein Backup durchführen, dann können Sie im Fehlerfall das gesamte System aus diesem Backup direkt wiederherstellen. Für ein HA- oder DR-Konzept empfehlen wir in jedem Fall, die Datenbank von den Applikationsservern zu trennen.

IOPS-Begrenzungen

Beachten Sie, dass virtuelle Laufwerke bei den Hyperscalern je nach ausgewähltem Typ immer eine maximale *Input-Output-Per-Second-Rate* (kurz IOPS-Rate), also eine maximale Anzahl an Lese- und Schreiboperationen pro Sekunde, besitzen und je nach ausgewählter Klasse eine andere Latenz beim Zugriff auf die Daten. Es ist also nicht immer ratsam, ein großes virtuelles Laufwerk an Ihre Maschine zu hängen. Nutzen Sie stattdessen mehrere kleinere, die dann zu einem logischen Laufwerk zusammengefasst werden können. Auf diese Weise können Sie die IOPS-Rate maximieren und erreichen eine sehr gute Performance. Jedoch ist die maximale Anzahl an Laufwerken pro Abonnement teilweise ebenfalls begrenzt, wie am Beispiel Microsoft Azure in Abbildung 4.7 zu erkennen ist.

Aber nicht nur die Festplatten haben eine *IOPS-Begrenzung*, sondern auch die gewählten virtuellen Maschinen. Informieren Sie sich vorab über die Servicebeschreibung der virtuellen Maschinen auf der Website des von Ihnen gewählten Hyperscalers, auch wie hoch die maximale Anzahl an Laufwerken ist, die Sie der Maschine zuweisen können, und wie hoch die maximale IOPS-Rate für die Maschine selbst ist. Eventuell müssen Sie für den gewünschten Einsatz eine größere Maschine wählen, um die gewünschte IOPS-Rate zu erreichen, obwohl Sie die zusätzlichen CPU-Kerne und den zusätzlichen RAM gar nicht benötigen.

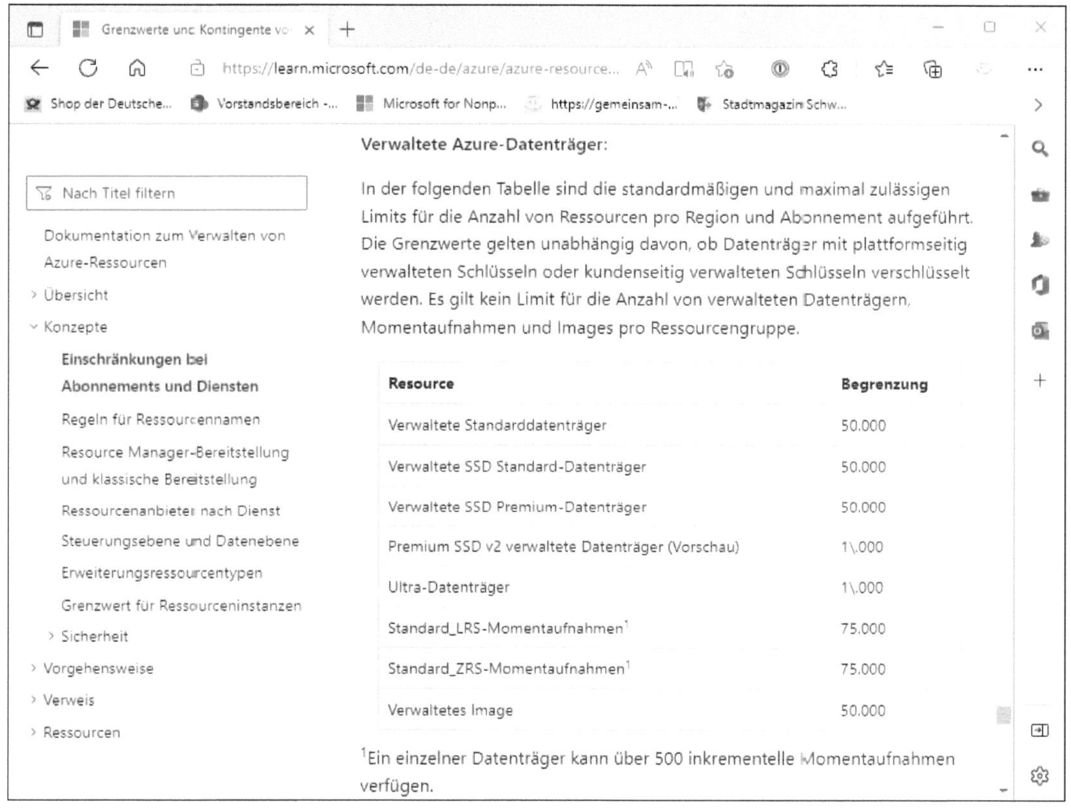

Abbildung 4.7 Maximale Anzahl an Datenträgern bei Microsoft-Azure-Speicherkonten (Quelle: Microsoft Azure)

Netzwerkbandbreite

Gleiches gilt für das Netzwerk. Machen Sie sich mit der maximalen *Netzwerkbandbreite* der von Ihnen genutzten Maschinen vertraut und finden Sie heraus, ob die maximal verfügbare Bandbreite für Ihr Vorhaben ausreichend ist. Wechseln Sie im Zweifel auf eine höhere Konfiguration. Beachten Sie, dass bei manchen Maschinen die Brandbreite mit der Bezeichnung »bis zu« oder »maximal« versehen ist. Das kann bedeuten, dass Sie eigentlich eine niedrigere regelmäßige Bandbreite zur Verfügung haben und bei weniger Nutzung Bandbreitenguthaben ansparen können, das in einem kurzzeitigen *Burst-Modus* dann bei Bedarf verbraucht werden kann. Das bedeutet, dass Sie bei Bedarf kurzzeitig und völlig automatisch eine höhere Bandbreite nutzen können als gewöhnlich. Das genügt eventuell nicht Ihren Ansprüchen und ist in keinem Fall für viel genutzte produktive Maschinen einzusetzen.

Scaling

In der Public Cloud stehen Ihnen sehr viel mehr Ressourcen zur Verfügung als in Ihrem eigenen Rechenzentrum. Größere Konfigurationen bedeuten in der Regel aber auch höhere Kosten. Daher ist hier Fingerspitzengefühl gefragt, um das richtige Mittelmaß zu finden. Nutzen Sie gegebenenfalls die Möglichkeiten des *Scalings*, also eine manuelle Erhöhung der verwendeten Ressourcen, oder gar *Autoscaling-Funktionen*, d. h. eine automatische Erhöhung von verwendeten Ressourcen nach Bedarf, wenn Sie wissen, dass eine gewisse Performance nur zu bestimmten Zeiten benötigt wird. Bedenken Sie, dass Sie dennoch immer nur so viele Ressourcen verwenden, wie Sie gerade benötigen. Daher sind *Scale-up* und *Scale-out* zwei wichtige Konzepte, die Sie in Ihre Architektur miteinbeziehen sollten. Bei beiden Konzepten geht es in der Regel darum, bei einer regelmäßigen oder zeitweise höheren Nutzung zu bestimmten Hochzeiten eine höhere Konfiguration zu verwenden als in den übrigen Zeiten.

Scale-up

Scale-up bedeutet in diesem Zusammenhang, dass Sie die bestehenden Ressourcen vertikal skalieren, also eine höhere Konfiguration in CPU und RAM für Ihre virtuellen Maschinen verwenden. Dabei wird normalerweise Ihre Maschine heruntergefahren, die Konfiguration geändert und die Maschine wieder gestartet. Das dauert meistens nur wenige Minuten. Denken Sie an Jobs, wie z. B. einen Abschlussbericht im Finanzmodul von SAP S/4HANA, die am Ende der Woche oder am Ende des Monats ausgeführt werden. So haben Sie die Möglichkeit, eine niedrigere Konfiguration zu verwenden, die nur bei Bedarf erhöht wird. Beim Scale-up-Verfahren ist spätestens dann die Grenze erreicht, wenn Sie bei der größtmöglichen verfügbaren Maschine angekommen sind.

Scale-out

Das Scale-out-Verfahren wird in der Regel bei Clustern verwendet, die aus mehreren Maschinen bestehen, wie z. B. einem SAP-HANA-Datenbankcluster (siehe Abbildung 4.8). Wenn sich die Nutzung und die Datenmenge der Datenbank stetig erhöhen, benötigen Sie mit der Zeit immer mehr Ressourcen. Beim horizontalen Skalieren wird dem Cluster also einfach eine zusätzliche Maschine des gleichen Typs hinzugefügt, und die Ressourcen stehen dem Cluster fortan zur Verfügung. Das hat zwei Vorteile. Sie können in einer solchen Clusterkonfiguration zum einen zwar meistens kleinere, dafür aber mehrere Maschinen verwenden. Zum anderen lässt sich diese Erweiterung im laufenden Betrieb realisieren und vollständig automatisieren. Bedenken Sie an dieser Stelle jedoch auch die notwendigen Schritte, um die Datenbank und ihre Laufzeiten zu rekonfigurieren und die neuen Ressourcen der Datenbank bekannt zu machen, da diese sonst ungenutzt bleiben. Wesentlich unkomplizierter ist die Skalierung auf Ebene der Applikationsserver. Hier können einfach zusätzliche Applikationsinstanzen nach Bedarf gestartet und gestoppt werden.

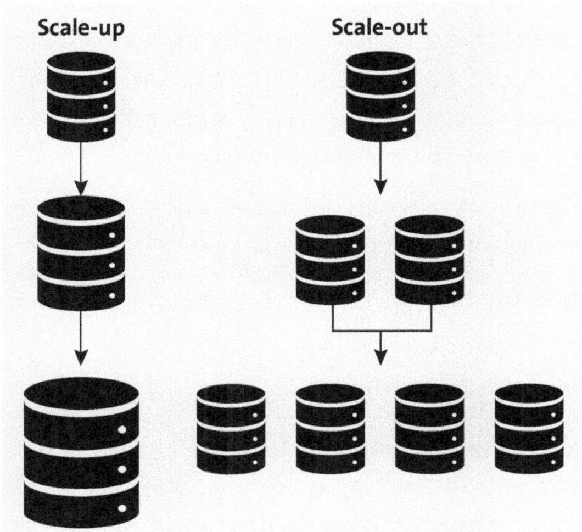

Abbildung 4.8 Scale-up-Verfahren vs. Scale-out-Verfahren

Wenn Sie das Scaling manuell durchführen möchten, sollten Sie genau wissen, was zu welchem Zeitpunkt im System passiert. Andernfalls können Sie keine Vorausplanung mit einem entsprechenden Einplanungskalender vornehmen. Das betrifft nicht nur die internen Jobs und Arbeiten, sondern auch die Übersicht darüber, wann welche User online sind. Letzteres ist wichtig, wenn man das System international nutzt. Denken Sie außerdem an die Hintergrundverarbeitung. Nur wenn Sie wissen, wann ein automatischer Batch-Job läuft, können Sie das System ausgeglichen und harmonisch betreiben. Vermeiden Sie Lastspitzen und sorgen Sie dafür, dass das System neben dem Grundrauschen stets gut ausgelastet ist. Trotzdem ist es wichtig, auch immer wieder entsprechende Zeiträume zu definieren, in denen das System nicht oder nur sehr wenig beansprucht wird. Diese Zeiten können Sie dann für normale Wartungsarbeiten nutzen. Der Vorteil liegt darin, dass man später im Betrieb die Auszeiten nicht speziell abstimmen muss und so auch im Notfall diese Zeitslots für Ad-hoc-Aktivitäten nutzen kann.

Sonstige Quotas

Beachten Sie auch die *Quotas* (dt. Kontingente) des von Ihnen gewählten Hyperscalers. Schauen wir uns das am Beispiel des Netzwerkes an: Es gibt eine maximale Anzahl an Subnetzen pro VNet. Und es gibt eine maximale Anzahl an VNets pro Region. Sie können auch nur eine maximale Anzahl an Netzwerkkarten pro VNet haben, was wiederum die maximale Anzahl an virtuellen Maschinen pro Netzwerk begrenzt. Wenn Sie jeder virtuellen Maschine zwei Netzwerkkarten zuordnen, halbieren Sie damit auch die maximal mögliche Anzahl an virtuellen Maschinen in einem VNet. Die Anzahl an *vCPU-Kernen* pro Abonnement ist ebenfalls begrenzt. Gleiches gilt für die maximale Anzahl an Verbindungen pro Gateway. Da Sie aber nur ein Gateway pro VNet verwenden können, denken Sie an das Design der Hub-and-Spoke-Netzwerkarchitektur aus Abschnitt 4.2.1, »Architektur für ein Single-Instance-Setup«. Möglicherweise müssen Sie mehrere Landing Zones aufbauen, wenn Sie in Ihrem Unternehmen viele Standorte haben.

Im Folgenden haben wir einige Einstiegshilfen der verschiedenen Anbieter zu den Limits und Quotas pro Ressourcentyp für Sie zusammengestellt:

- Microsoft Azure: *http://s-prs.de/v923915*
- Amazon Web Services: *http://s-prs.de/v923916*
- Google Cloud Platform: *http://s-prs.de/v923917*

Bedeutung von Tagging

Nutzen Sie unbedingt das automatisierte *Tagging*, um Ihre Ressourcen zu strukturieren und zu organisieren. Ein *Tag* ist ein Name-Wert-Paar, das Sie jeder Ressource im Hyperscaler zuweisen können und auch sollten. Am sinnvollsten ist es, das Tagging durch Automatisierung vorzunehmen. So beugen Sie vor, dass es Ressourcen gibt, die nicht zugeordnet werden können. Das wird Ihnen dabei helfen, bestimmte Ressourcen zu gruppieren und diese in Reports und Analysen, z. B. bei der Rechnungsübersicht, wieder zu identifizieren. Aber auch hier gibt es Einschränkungen. Je nach Hyperscaler ist die maximale Anzahl von Tags pro Ressource sowie die maximale Anzahl von Zeichen pro Tag begrenzt. Legen Sie am besten die Regel fest, dass jede Ressource bei Ihrem Hyperscaler ein oder besser mehrere Tags haben muss. Die genaue Anzahl hängt von Ihrem Bedarf ab. Die Tags sollten aus mindestens drei Kategorien stammen:

Showback und Chargeback

- **Numerische und alphanumerische Systemwerte**
  Numerische und alphanumerische Systemwerte dienen der automatischen Zuordnung zu anderen Systemen. Dabei können Sie Projekt-IDs, Abteilungs-IDs, Kostenstellen-IDs oder gar Mitarbeiternummern verwenden. Wenn die Ressourcen diese Werte haben, lassen sie sich z. B. über ihre *Configuration Management Database* (kurz CMDB) automatisch der zugehörigen Abteilung, dem Projekt oder der Entität zuordnen. Die CMDB ist eine Datenbank, die zur Verwaltung, Dokumentation, Verknüpfung und Verfolgung von Konfigurationselementen Ihrer IT dient. Sie enthält für gewöhnlich Informationen über Ihre Computersysteme, Ihre Anwendungssoftware, Prozessartefakte wie Problemfälle, Incidents und Changes sowie die Beziehung zwischen all diesen Elementen. Das erleichtert auch ein *Showback-* oder *Chargeback-Modell*. Bei dem Showback-Modell werden nur die angefallenen Kosten der Abteilung, des

Projekts oder der Mitarbeitenden angezeigt und zugeordnet. Bei dem Chargeback-Modell werden diese Kosten dann auch intern auf entsprechende Kostenstellen aufgeteilt.

- **Sprechende Namen**
  In der Kategorie sprechende Namen können Sie einen Applikations-, Abteilungs-, Mitarbeiter- oder Projektnamen verwenden. Auf diese Weise können Sie eine Ressource direkt zuordnen und müssen nicht erst in einem anderen System nach einer ID suchen. Dies dient der schnellen Identifikation bei der Arbeit in einem System.
- **Operative Informationen**
  In operativen Informationen legen Sie fest, zu welcher Umgebung die Ressourcen gehören. Dabei können Sie z. B. zwischen dem Status Entwicklung, Test oder produktiver Einsatz wählen. Außerdem können Sie festlegen, welches Servicelevel den Ressourcen zugeordnet ist, ob diese für einen 24/7-Betrieb oder einen 12/5-Betrieb vorgesehen sind. Das hilft beispielsweise dabei, beim automatischen Hoch- und Herunterfahren von Maschinen Kosten zu sparen. Geben Sie außerdem eine Rolle an, d. h., ob es sich um eine Webapplikation handelt, eine Datenbank oder einen Router. So können Sie automatisch Sicherheitsregeln zuordnen. Diese Informationen nutzen Sie für Automatisierungen. Alle Ressourcen, die für einen 12/5-Betrieb getaggt worden sind, werden automatisch abends und am Wochenende heruntergefahren und stehen am nächsten Arbeitstag wieder zur Verfügung.

Denken Sie auch an die Erstellung von Backups und an das Monitoring Ihrer Ressourcen. Dabei ist es unerheblich, ob Sie den SAP Solution Manager nutzen, eine eigene Monitoring-Lösung oder die Monitoring-Lösung Ihres Hyperscalers einbinden möchten. Genauso unerheblich ist, ob Sie ein Backup in Ihrem bestehenden Tool in Ihrem Rechenzentrum anstreben oder ein neues Backup bei Ihrem Hyperscaler installieren wollen. Alle Lösungen haben ihre Vor- und Nachteile. Wichtig ist, dass Sie ein konsistentes und zuverlässiges Backup anstreben und eine gute Monitoring-Strategie verfolgen. Die Themen sind so wichtig und umfangreich, dass wir beiden jeweils einen eigenen Abschnitt widmen (siehe Abschnitt 5.2, »Monitoring«, und Abschnitt 5.3, »Backup«).

Nur SAP-zertifizierte VMs benutzen

Beachten Sie, dass nicht alle VM-Typen SAP-zertifiziert sind. Für eine Zertifizierung müssen VMs über eine bestimmte Konfiguration sowie mindestens zwei vCPUs verfügen und eine Quote von 6 GB Speicher für jeden vCPU-Kern erzielen. Welche VM-Typen von SAP zertifiziert sind, erfahren Sie in Kapitel 2, »Die wichtigsten Hyperscaler«.

Behalten Sie auch die angeschlossenen Systeme und Funktionen im Blick. Wollen Sie zusätzlich von den Innovationen und Services der Cloud-Plattformen profitieren, ist es bei der Entwicklung von zusätzlichen Services wichtig, die Plattformunabhängigkeit sicherzustellen. Nutzen Sie also nur Dienste, die bei allen Hyperscalern gleichsam verfügbar sind und sich mehr oder weniger leicht von einem Anbieter zum anderen migrieren lassen. Hierzu gehören in der Regel alle IaaS-Dienste sowie z. B. die Containerplattformen. Sollten Sie zu einem späteren Zeitpunkt aus wirtschaftlichen, technischen oder regulatorischen Gründen den Hyperscaler wechseln, erhöht jede Nutzung plattformspezifischer Besonderheiten den Migrationsaufwand von Eigenentwicklungen und wettbewerbsdifferenzierenden Innovationen. Setzen Sie daher, wann immer möglich, auf eine Abstraktionsebene, die einen Vendor-Lock-in vermeidet. Als Vendor-Lock-in bezeichnet man eine Situation, in der Sie als Kunde derart von den Produkten oder Dienstleistungen eines Anbieters abhängig sind, dass sich der Wechsel zu einem anderen Anbieter aufgrund der notwendigen Umbauten wirtschaftlich nicht rechnen würde. Das beste Beispiel, um sich unabhängig von einem Anbieter zu machen, sind Containertechnologien. Diese sind bei jedem Hyperscaler verfügbar und so weit standardisiert, dass Ihre Entwicklungen in jeder Umgebung lauffähig sind.

4.3 Systemanforderungen

Bei einem Wechsel in die Public Cloud können sich für die Konfiguration Ihres SAP-Systems viele Änderungen ergeben. Gegebenenfalls müssen Sie das ursprüngliche Design der SAP-Infrastruktur anpassen. Wichtig ist, dass Sie dabei stets die Systemanforderungen und den Servicekatalog im Blick behalten, da diese miteinander verknüpft sind. Werden die Systemanforderungen nicht so umgesetzt, wie von SAP vorgegeben, kann es sein, dass das Design nachträglich angepasst werden muss und Einträge im Servicekatalog obsolet werden.

Business- und Kundenzufriedenheit

Wie hängen nun die Geschäftsanforderungen an ein solches SAP-System mit den vertraglich vereinbarten technischen Anforderungen zusammen? Sie leiten sich voneinander ab! Um die Geschäftsanforderungen in technische Anforderungen zu übersetzen, braucht es einen erfahrenen Architekten oder eine Architektin, der oder die sowohl die Sprache der IT als auch die Sprache der Geschäftseinheit beherrscht. Zudem ist es hilfreich, das Geschäftsmodell zu verstehen und den Markt zu kennen. Das klingt banal, ist aber erfolgsentscheidend und erfordert viel Erfahrung in beiden Geschäftsbereichen. Ein Geschäftsprozess und ein IT-Prozess sind sehr unterschiedlich, auch wenn in beiden Fällen von einem Prozess die Rede ist.

Ein Geschäftsprozess – auch Business Process genannt – beschreibt den Ablauf zur Erfüllung von Unternehmensaufgaben. In diesem Prozess werden bestehende Geschäftsfelder bearbeitet und gegebenenfalls neue entwickelt. In einem Human-Resources-System (kurz HR) werden primär HR-Prozesse im Unternehmen abgewickelt. Dazu gehören die Verwaltung der Mitarbeiterdaten, das On- und Off-Boarding, die Gehaltsabrechnung und vieles mehr. Das zeigt, dass Geschäftsprozesse eine unterschiedliche Kritikalität aufweisen. Es ist nicht nur kritisch, wenn ein Geschäftsprozess in der Produktion blockiert ist. Die Auswirkungen sind im Unternehmen meist mit einem entsprechenden Verlust im Budgetplan wiederzufinden. Ähnlich verhält es sich, wenn es Probleme in der Gehaltabrechnung oder der Auszahlung von Spesen gibt. Dies ist manchmal sogar noch kritischer als der Produktionsausfall, da es direkt die Mitarbeiterin oder den Mitarbeiter und damit deren Zufriedenheit und Motivation betrifft.

Erfahrungsbericht aus der Praxis

Im Jahr 2022 haben wir eine der größten Cloud-Migrationen unserer Laufbahn durchgeführt. Obwohl die Migration des HR-Systems von allen migrierten Systemen technisch am wenigsten anspruchsvoll war, wurde ihr mehr Aufmerksamkeit geschenkt als dem größten produktiven System. Die Nervosität bis zum Zeitpunkt, als dieses System wieder unbeschädigt online ging, war unbeschreiblich groß. Durch ein entsprechendes Stakeholder-Management, auf das wir in Kapitel 8, »Der Weg in die Cloud«, noch näher eingehen, und eine zielgerichtete Kommunikationsstrategie innerhalb und außerhalb des Teams wurde der Erfolg der Migration jedoch gewährleistet.

Behalten Sie stets im Hinterkopf, dass die emotionalen Systemanforderungen manchmal die technischen Anforderungen überwiegen und im Zweifel höher bewertet werden.

4.3.1 Anforderungen an Endgeräte

Bei der Nutzung der SAP-Cloud-Anwendungen ergeben sich für die Nutzerinnen und Nutzer und deren Endgeräte Anforderungen aus zwei Kategorien:

- Anforderungen an das SAP-System
- Anforderungen an die Anbindung und die Endgeräte

Hierbei werden die Mindestvoraussetzungen an die Endgeräte bzw. SAP-Systeme beschrieben, die erfüllt sein müssen, um eine entsprechende SAP-Architektur zu implementieren bzw. auf diese zugreifen zu können. Die Anforderungen werden von SAP z. B. in Hinweisen oder Freigaben wie der *Product Availability Matrix* (PAM) hinterlegt. So haben z. B. die Webapplikation, die mobile Applikation, die Spracheinstellungen sowie die Integration und die Add-ins auch eine Mindestanforderung an die verwendeten Endgeräte. Da sich die aktuellen Anforderungen im Laufe der Zeit ändern können, prüfen Sie bitte vorab online nach, ob sich in der Zwischenzeit etwas geändert hat: *http://s-prs.de/v923918*.

Die aktuellen minimalen Desktop- und Laptop-Anforderungen der SAP-Cloud für Kunden sind wie folgt: Für Windows-Endgeräte wird ein Intel-Core-2-Duo-Prozessor (2,4 GHz mit einem 1.066 MHz Front-Side-Bus) oder besser und mindestens 6 GB Arbeitsspeicher vorausgesetzt. Die Netzwerkanforderungen am Beispiel SAP Cloud for Customer sehen Sie in Tabelle 4.1.

Anzahl der Benutzer		20	100	500	1.000
Bandbreitenanforderung (MBit/s)	Sales	0,25	1,24	6,2	12,4
	Service	0,6	3	15	30

Tabelle 4.1 Minimale Netzwerkanforderungen von SAP Cloud for Customer

Die entsprechende Latenz des Netzwerkes sollte bei 200 Millisekunden oder weniger liegen. Das Display sollte mindestens eine Auflösung von 1.280 × 768 Pixeln haben. Bezüglich der zusätzlichen Software gibt es keine speziellen Anforderungen, lediglich der Adobe Acrobat Reader sollte eine Version von 8.1.3 oder höher aufweisen. Der Webbrowser sollte Pop-ups und den Download von Dateien in dem Format XML und CSV erlauben. Die Anwendungen werden ab Microsoft Windows 7 unterstützt. Der präferierte Webbrowser ist dabei Google Chrome, ab Microsoft Windows 10 wird auch Microsoft Edge unterstützt. Der Internet Explorer kann nicht mehr verwendet werden. Für Apple-Nutzer sind alle Anwendungen ab macOS 10.10 unterstützt sowie die jeweils aktuellen Apple-Safari-Versionen. Um gut mit den Cloud-Apps zu arbeiten, sind ein Upstream und Downstream von mindestens 2 MBit erforderlich. Telefon mit WiFi sollte mindestens über ein WiFi3-Netz verfügen.

4

Gerät	Unterstütztes Betriebssystem	Empfohlenes Modell	Unterstütztes Modell	Minimale Hardwareanforderungen	Supportende
Apple iPad	iPad OS 14.8.1 bis iPad OS 15	Apple iPad, 8. Generation	Apple iPad ab 6. Generation	2 GB RAM, 2,34 GHz Quad-Core 64-Bit CPU, 64 GB Speicher	September 2022 (für iPad 6. Generation)
Android-Tablet	Android 9, 10, 11 und 12	Samsung Galaxy Tab S6	Samsung Galaxy Tab S6 und neuer	6 GB RAM, 2,84 GHz Octa-Core CPU, 64 GB Speicher	August 2022 (Samsung Galaxy Tab S6)
Microsoft-Windows-Tablet	Microsoft Windows 10, Version 1703 oder neuer	Microsoft Surface Pro 7	Microsoft Surface Pro 5 oder neuer	8 GB RAM, 2,6 GHz Dual-Core CPU, 256 GB Speicher	Januar 2023 (Surface Pro 5)
Apple iPhone	iOS 14.8.1 bis iOS 15	Apple iPhone 11	Apple iPhone 8 und neuer, Apple iPhone SE2, Achtung: Das Apple iPhone SE wird nicht unterstützt.	2 GB RAM, 2,39 GHz Hexa-Core 64-bit CPU, 64 GB Speicher	April 2023 (Apple iPhone 8)
Android-Smartphone	Android 9, 10, 11 und 12	Samsung Galaxy Note 20	Samsung Galaxy Note 10 und neuer	6 GB RAM, 2,73 GHz Octa-Core CPU, 64 GB Speicher	August 2023 (Samsung Galaxy Note 10)

Tabelle 4.2 Freigabe von mobilen Endgeräten für die SAP-Cloud

Tabelle 4.2 zeigt die freigegebenen mobilen Endgeräte, die von SAP-Anwendungen unterstützt werden. Bei den Smartphones wird das Apple iPhone 11 empfohlen bzw. das neueste Gerät inklusive der aktuellen iOS-Version. Das iPhone 8 wird ab April 2023 nicht mehr unterstützt. Generell werden keine iPhone-SE-Geräte unterstützt. Bei Samsung wird das Samsung Galaxy Note 20 empfohlen, unterstützt sind aber alle Versionen ab Android 9 aufwärts. Im August 2023 lief das Samsung Galaxy Note 10 jedoch aus der Wartung.

Es werden alle gängigen Sprachen unterstützt. Unter dem zuvor aufgeführten Link finden Sie eine entsprechende Liste sowie eine Übersicht der aktuell unterstützten Add-ins.

Anforderung bei SAP-Installationen

4.3.2 Dimensionierung der Infrastruktur für SAP-Systeme

Die Anforderungen an die Installation eines SAP-HANA-, SAP-S/4HANA- oder Oracle-Systems, die in der Cloud zu erfüllen sind, lassen sich da etwas einfacher zusammenfassen. Diese Anforderungen haben stets Auswirkungen auf die Dimensionierung der Infrastruktur, also die Architektur des SAP-Systems. Die oberste Regel bei IaaS-Installationen ist die Sicherstellung des Supports. Das bedeutet, Sie sollten stets auf die Freigabeliste aller beteiligten Provider Zugriff haben.

Prüfen Sie, welche Datenbank mit welchem SAP-System auf welchem Betriebssystem zusammenpasst und welche entsprechenden virtuellen Server Ihres Hyperscalers von SAP freigegeben worden sind. Führend ist bei der Analyse immer die Freigabeliste von SAP (PAM). Gerade bezüglich der Freigabe der einzelnen virtuellen Server sollten Sie vorab schauen, ob die Modelle unterstützt werden. So vermeiden Sie nach einer produktiven Migration ein böses Erwachen und dass SAP Ihnen im Systemcheck nach der Migration mitteilt, dass die Hardware und die Umgebung leider nicht unterstützt werden. So etwas haben wir im Laufe unserer Karriere schon erlebt. Das ist sehr ärgerlich, da es zusätzlichen Aufwand bedeutet. Manchmal ist der Unterschied nur ein Buchstabe in der Bezeichnung einer Instanz.

Die Basiseinheit für die Performance eines SAP-Systems ist SAPS (SAP Application Performance Standard) (siehe auch Abschnitt 2.1.4, »Zertifizierte Instanztypen«). Die Information, was das System an Ressourcen wie CPU, RAM und Speicher benötigt, kommt dabei in der Regel aus webbasierten Quicksizern, mit deren Hilfe Sie schnell die benötigten Kapazitäten schätzen können (z. B. von SAP unter *https://www.sap.com/about/benchmark/sizing.html#quick-sizer*), oder aus Ihrem bestehenden Setup, Ihrem *Current Mode of Operation* (kurz CMO). Mithilfe eines SAP-Tools können Sie den SAPS Ihres bestehenden Systems ermitteln. Je nachdem, wie die bestehende Hardware zur Verfügung gestellt wird, lohnt es sich gegebenenfalls, auf ein größeres Modell umzusteigen. Das kann sinnvoll sein, wenn Sie mit den bestehenden Anforderungen zwischen zwei Modellen liegen und die Hardware z. B. für drei Jahre reserviert werden soll.

Anforderungen an die Systeme und Architektur

Die weiteren technischen Anforderungen ergeben sich in der Regel aus der Architektur des Systems. Folgende Fragen sollten Sie sich stellen:

- Gibt es einen Lastverteiler?
- Ist ein SAP Web Dispatcher vorgesehen? Wenn ja, befindet er sich auf einer eigenen Maschine oder teilt er sich die Hardware mit einer anderen Komponente?
- Wie viele Applikationsserver gibt es und wie sind ihre Verteilung und Konfiguration vorgesehen?
- Gibt es spezielle Anforderungen an das Datenbankdesign, wie z. B. Hochverfügbarkeit, Hot Standby, Disaster Recovery?
- Wie sehen das Wachstum des Systems und die Systementwicklung im kommenden Jahr aus?
- Ist das aktuelle System stabil und reaktiv nutzbar?

Die Antworten auf die genannten Fragen fließen auch in die Hardware- und Designanforderungen des Systems ein und finden sich somit im Architekturdesign wieder. Viele unserer Kunden wissen nicht, welche Infrastruktur für ein solches SAP-System benötigt wird. Daher ist es wichtig, mithilfe von entsprechenden Fragenkatalogen vorab die Anforderungen im Vorfeld genau zu klären, um später aufwendige Anpassungen zu vermeiden.

Wenn Sie etwa das geplante Wachstum eines Systems nicht berücksichtigen oder die notwendige Hochverfügbarkeit des Systems außer Acht lassen, buchen Sie bei Ihrem Hyperscaler unter Umständen für mehrere Jahre die falschen Maschinen. Beim ersten Systemausfall oder sobald das System unter Performanceproblemen leidet, kommt in der Regel das böse Erwachen, wenn Sie Ihr SAP-System falsch dimensioniert haben.

Mithilfe der Dimensionierung, d. h. einer genauen Beschreibung der Architektur, einschließlich einer Infrastrukturdimensionierung können dann verschieden Punkte geklärt werden, auf die wir im Folgenden eingehen.

Für die Anwendungsstruktur, also die SAP-Applikation, werden für die Dimensionierung in der Regel folgende Fragen vorab geklärt:

- Welche SAP-Systeme kommen eigentlich zum Einsatz?
- Wie soll das System geschichtet bzw. unterteilt sein?
- Welche SAP-Instanzen (DEV, TEST, Pre-PROD, PROD) soll es geben?
- Welche SAP-Clients werden von den Anwendern benötigt?

Für die SAP-Datenbank sollten folgende Fragen vorab geklärt werden:

- Welcher Systemtyp soll verwendet werden (zentral oder verteilt)?
- Welcher SAP-HANA-Bereitstellungstyp soll verwendet werden (MDC oder MCOS)?

- Welcher Verarbeitungstyp wird bevorzugt (OLTP, OLAP etc.)?
- Benötigen Sie eine Hochverfügbarkeit und eine Disaster Recovery?

Da nicht alle Anforderungen direkt der Applikation oder der Datenbank zugeordnet werden können, müssen für ein entsprechendes Sizing, die Hardwareauswahl und erste Netzwerkdesigns auch weitere Anforderungen geklärt werden, wie z. B.:

- Wie sehen Anforderungen in Bezug auf den Prozessor- und Speicherbedarf für Applikation und Datenbank aus?
- Was sind die Speicheranforderungen an das SAP-System?
- Welche Netzwerkanforderungen und -topologie sollen eingesetzt werden?
- Welche Sicherungsstrategie gibt es für die Datenbank, das Dateisystem und alle Daten und Konfigurationen, die es zu sichern gilt?

Bei den Netzwerkanforderungen spielen die Kommunikation mit den Umsystemen und der entsprechende Datentransfer eine Rolle. Eine generelle Anforderung ist meist die Unterscheidung zwischen Systemen mit produktiven Daten und Systemen mit nicht produktiven Daten. Da die nicht produktiven Daten in der Regel geringere Sicherheits- und SLA-Anforderungen haben, werden diese meist getrennt von den produktiven Daten bereitgestellt.

Die Testsysteme werden oft im gleichen Verbund wie die produktiven Systeme bereitgestellt. Das liegt daran, dass die Testsysteme in der Regel eine regelmäßige Systemkopie der produktiven Daten erhalten. Darüber hinaus sollten produktive Daten niemals unverschlüsselt und ungesichert in nicht produktiv gesicherte Umgebungen übertragen werden. Der Vorteil von Systemkopien liegt auch darin, dass man sich im gleichen Netzwerk befindet und keine zusätzlichen Kosten für den Datentransfer anfallen.

4.3.3 Sicherheitsanforderungen

Systemanforderungen

Es gibt noch weitere Systemanforderungen, die Sie beachten müssen. Dazu zählen Systemanforderungen, die von Dritten, also von nicht direkt an dem SAP-System beteiligten Personen, oder aus grundsätzlicher Geschäftssicht zusätzlich an das System gestellt werden. Dies betrifft insbesondere Sicherheits-Audits.

Beim Wechsel in die Cloud kann es erforderlich sein, die Architektur anzupassen und gegebenenfalls eine neue Komponente wie den SAP Web Dispatcher in die Kommunikation einzubinden. In diesem Fall ergeben sich schnell neue Sicherheitsanforderungen, da die Kommunikationswege zu und von dem System immer abgesichert sein müssen.

Wenn die Systeme bereits den aktuellen Sicherheitsanforderungen entsprechen und die S-Protokolle (z. B. HTTPS und SFTP) verwenden, haben Sie es beim Neuaufbau von Systemen oder der Migration der Systeme um einiges einfacher. Die Erfahrung zeigt, dass häufig von einer On-Premise-Welt, also einem Rechenzentrum im eigenen Haus, ausgegangen wird. Um die Migration in die Cloud nicht zu erschweren, empfehlen wir Ihnen, die Systemanforderungen des Sicherheits- und Revisionsteams frühzeitig umzusetzen oder zumindest diesen Weg frühzeitig mit den Teams zu planen, um die entsprechenden Anforderungen abzuleiten und vor der Migration bereits umzusetzen.

Eine zusätzliche Anforderung ist das Umdenken der Mitarbeitenden und Nutzerinnen und Nutzer. Mit der Migration in die Cloud können sich die Zugriffswege ändern, insbesondere was den User-Zugriff von mobilen Geräten aus oder den Datentransfer betrifft. Oftmals gibt es On-Premise-Tools, die die Daten in der alten Welt ohne größere Probleme übertragen haben. Bei der Cloud ist dies in der Regel nicht so einfach, da z. B. Laptops und mobile Arbeitsgeräte aus Sicherheitsgründen bisher nicht für einen direkten Upload in die Cloud freigeschaltet sind.

Oft werden Schnittstellenserver oder Datentransferdienste eingesetzt, auf denen Ihre Mitarbeitenden und Ihre Serviceprovider die Daten ablegen und auf die jedes System dann entsprechend zugreifen kann. Diese Server haben in der Regel spezielle Sicherheitsregeln, um genau diesen Anforderungen gerecht zu werden.

4.3.4 Nicht funktionale Anforderungen

Es ist wichtig, neben den Hardwareanforderungen auch die nicht funktionalen Anforderungen zu beachten und in die Planung miteinzubeziehen. Dazu gehören:

- neu benötigtes Know-how über die Public Cloud
- angebundene Tools wie Monitoring, Backup und Automatisierung
- Zugriff der Cloud für Administratorinnen und Administratoren
- Datentransfer in die Cloud
- Audit- und Security-Anforderungen
- Dokumentation der Cloud, der Prozesse und der erforderlichen Aktionen

Die Systemanforderungen hängen eng mit Audit, Compliance und Sicherheitsanforderungen zusammen.

Auf Datenschutz und Datensicherheit gehen wir in Abschnitt 5.6 noch detaillierter ein. Die entsprechenden Datenschutz- und Datensicherheitsanforderungen sind grundsätzlich Teil jeder Systemanforderung und sollten vom Sicherheitsteam regelmäßig auf die entsprechende Umsetzung hin kontrolliert werden.

Compliance

Ebenso wichtig ist die Einhaltung von Compliance-Anforderungen. Unter *Compliance* versteht man die Einhaltung von Regeln, Gesetzen und Richtlinien sowie behördlichen Anforderungen von Unternehmen. Diese können selbst gesetzt sein oder von außen per Gesetzt vorgegeben oder durch eine Aufsichtsbehörde auferlegt sein. Diese Richtlinien können auch als Standard definiert werden, z. B. in einer bestimmten Branche, um die reibungslose Zusammenarbeit zu gewährleisten.

Compliance-Verstöße können entweder vom Unternehmen selbst oder auch von den Beschäftigten im Unternehmen erfolgen. Compliance-Verstöße können sein:

- Verstoß gegen einen Code of Conduct
- Geschenke zur Beeinflussung von Handlungen
- unlautere Zuwendungen
- Sponsoring mit dem Ziel der Einflussnahme
- Interessenkonflikte
- Korruptionsversuche
- Verstöße gegen das Kartellrecht
- Verstöße gegen den Datenschutz
- Missachtung der Grundsätze zur Informationssicherheit

Nutzen Sie CMS-Systeme für die Compliance

Compliance-Management-Systeme (kurz CMS) können Unternehmen helfen, die Einhaltung dieser Richtlinien aufrechtzuerhalten. Dazu gehört es auch, die Motivation der Mitarbeitenden zu erhöhen, Risiken wie Strafverfahren oder Ordnungswidrigkeiten zu minimieren oder im besten Fall zu vermeiden und auch die Effektivität und Effizienz des Unternehmens zu steigern.

Code of Conduct

Der *Code of Conduct* beschreibt einen Verhaltenskodex des Unternehmens. Ein Verhaltenskodex ist eine Sammlung von Verhaltensweisen und Regeln, die für die Mitarbeitenden des Unternehmens gelten. Die Richtlinien im Code of Conduct können dabei rechtlich korrekte, soziale oder ethische

Richtlinien enthalten. In der Praxis werden oft folgende Punkte beschrieben:

- das Miteinander unter Kolleginnen und Kollegen
- der Umgang mit und das Verbot von Diskriminierung
- die Anforderungen an die Arbeitsbedingungen
- der Umgang mit Informationen (z. B. Geschäftsgeheimnisse oder personenbezogene Informationen)
- der Umgang mit Geschenken und Einladungen (Korruption)
- die Verantwortung gegenüber der Natur
- der Umgang mit staatlichen Behörden
- die Einhaltung der Produktqualität und -sicherheit

Gerade in der heutigen Zeit sind soziale, ethische und moralische Standards im Umgang mit den Mitarbeitenden, mit den Kunden des Unternehmens sowie der Umwelt unerlässlich. Nehmen Sie z. B. cloudbasierte Dienstleistungen oder Managed Services in Anspruch, kann es passieren, dass Sie bei Ihrem Partner auf andere Wertesysteme und Vorstellungen treffen. Um eine solche Situation zu vermeiden, prüfen Sie also vorab, ob Ihr Partner die gleichen Werte in seinem Unternehmen pflegt wie Sie. Dabei stehen Gleichbehandlung und Chancengleichheit für alle an erster Stelle.

In den letzten Jahren hat es sich immer deutlicher gezeigt, dass gerade eine Mischung der Mitarbeitenden aus unterschiedlichen Kulturen und mit diversen Erfahrungsschätzen eine enorme Bereicherung für jedes Unternehmen sein kann. Es gilt nur, die Stärken der Mitarbeitenden richtig einzusetzen und das Team als Einheit zu gestalten. Gerade bei internationalen Teams ist dies sehr sinnvoll, da es sonst zu kulturellen Missverständnissen kommen kann. Deshalb ist es wichtig, immer auf das Team und die einzelnen Kulturen und persönlichen Besonderheiten und Befindlichkeiten Rücksicht zu nehmen. Ein Kulturtraining kann helfen, das gegenseitige Verständnis zu fördern, damit sich jeder und jede als gleichwertiges Teammitglied fühlt. Das gilt ebenso für die Aufgabenverteilung. Eher introvertierte Mitarbeitende werden in dieser eher lauten Welt oft unterschätzt und überhört. Sie brauchen die richtige Bühne, um ihren Beitrag optimal leisten zu können. Es ist also wichtig, die unterschiedlichen Stärken gezielt einzusetzen.

Ein weiterer Punkt, der einem immer wieder gerade zum Jahresende begegnet oder auch bei erfolgreichen Projektabschlüssen, ist der Umgang mit Einladungen und Geschenken. Wenn z. B. ein Verkäufer einer Mitarbeiterin oder einem Mitarbeiter ein Geschenk macht, kann es schnell um das Thema

»geldwerter Vorteil« gehen. In den letzten Jahren sind die Regularien darum so komplex geworden, dass entsprechende Hilfsstellen im Unternehmen, an die man sich wenden kann, unabdingbar sind. Oft wissen Mitarbeitende nicht, ob sie eine Einladung zum Essen, zu einer Sportveranstaltung oder vielleicht eine Flasche Wein annehmen dürfen. In solchen Fällen ist es sinnvoll, sich an das Compliance-Team zu wenden.

Geht man in einem Unternehmen offen mit dem Thema Compliance um, hilft das dabei, sich mit den Regeln besser auszukennen. Compliance-Workshops oder -Schulungen können eine sinnvolle Ergänzung sein. Die Einhaltung dieser Compliance-Vorschriften ist erforderlich, um den gesetzlichen Bestimmungen zu folgen und Strafen zu vermeiden. Manche Geschäfte mit Serviceprovidern und Partnern sind nur dann möglich, wenn Sie die Einhaltung aller Compliance-Standards nachweisen können. Dazu gehört auch Ihr SAP-System. Nur wenn Sie lückenlos nachweisen können, dass alle Prozesse in Ihrem System den Compliance-Standards folgen und Sie die gesetzlichen Bestimmungen einhalten, können Sie beispielsweise behördliche Aufträge annehmen. Übernehmen Sie die sich ständig ändernden gesetzlichen Mandate in Ihr System. Damit schaffen Sie einen reibungslosen Übergang von regelmäßigem, gesetzlich vorgeschriebenem Reporting zu kontinuierlichen Transaktionskontrollen mit einer integrierten Lösung. Mit den richtigen Schnittstellen und einer passenden Sicherheitslösung können Sie eine sichere, automatisierte Integration mit Behörden und Geschäftspartnern garantieren.

Wir schließen den Abschnitt zu den Systemanforderungen mit dem Thema *Audits*. Es gibt verschiedene Arten von Audits, darunter z. B. *Betriebs-Audits*, *Security-Audits*, *interne Audits*, *externe Audits* und viele mehr.

Interne Audits

Gehen wir zuerst auf den Unterschied zwischen den internen und externen Audits ein. Interne Audits beschreiben in einer internen Prüfung, ob die Regeln und Verfahren innerhalb des eigenen Unternehmens eingehalten werden. Diese sollten regelmäßig und unabhängig voneinander durchgeführt werden.

Externe Audits

Offizieller und meist mit mehr Vorbereitung verbunden sind externe Audits. Diese werden oft von einer Zertifizierungsstelle oder einer Behörde in Auftrag gegeben oder von einem Unternehmen, das an einer eventuellen Übernahme oder Fusion interessiert ist. Diese Audits werden dann von einem darauf spezialisierten Unternehmen durchgeführt. Bei diesen Audits kann es sich ebenfalls um eine Kontrolle des Rechenzentrums handeln oder um einen Check des Betriebs. Gerade bei Audits bei Ihrem MSP oder bei Ihrem Hyperscaler kann dies sehr umfangreich ausfallen. Gegebenenfalls sind die Daten und Dokumentationen mehrerer Kunden betroffen, und diese Prüfung kann sehr komplex sein.

Betriebs-Audits

Bei einem internen oder externen SAP-Betriebs-Audit wird geprüft, ob alle Aktionen im Betrieb dokumentiert worden sind. Dazu zählen z. B. Transportfreigaben oder die Überprüfung der Testprotokolle und Dokumentationen über entsprechende Änderungen:

- Gibt es zu jeder Änderung des Systems eine Change-ID, eine Dokumentation und die notwendigen Informationen?
- Sind alle Aktionen im System, die protokolliert werden müssen, auch wirklich vorhanden?

Da solche Analysen immer über ein komplettes Jahr gehen, möchten wir an dieser Stelle darauf hinweisen, dass ohne eine entsprechende Vorbereitung der Dokumentation und Logik das erste Audit meist eine Erkenntnis fürs Leben ist. Solche logischen Audits sind oft regelmäßiger als physikalische Audits. Bei physikalischen Audits wird die Hardware daraufhin überprüft, ob die entsprechenden Standards eingehalten werden oder das Rechenzentrum die entsprechenden Anforderungen erfüllt.

Beeindruckende Rechenzentren

Wenn sich Ihnen die Gelegenheit bietet, einem Audit eines Ihrer Serviceprovider, z. B. bei einer Qualitätsprüfung, beizuwohnen, sollten Sie die Chance ergreifen. Technisch, aber auch prozesstechnisch Begeisterte haben so die Möglichkeit, tiefgehende Einblicke in dieses komplexe System zu bekommen. Mit System ist an dieser Stelle das Zusammenspiel zwischen Architektur, Kultur, Service und Mensch gemeint. Erfahren Sie, wie Technik im ganz großen Stil eingesetzt wird. Vorausgesetzt, Ihr Geschäftszweck ist nicht das Betreiben von IT selbst, ist es durchaus eine Erfahrung wert, zu sehen, wie z. B. die Serverräume von großen Rechenzentrumsanbietern, IT-Dienstleistern oder Hyperscalern explizit für diesen einen Zweck hergerichtet sind.

Ein ganz besonderes Rechenzentrum

Steffi Dünnebier hatte einmal die Gelegenheit, im Rahmen eines solchen Audits ein sehr ungewöhnliches Rechenzentrum zu betreten. Das Rechenzentrum befindet sich in einem unterirdischen ehemaligen Bunker in einem kleinen Talkessel. Das von außen nicht besonders beeindruckende Gebäude hat im Inneren eine ganz besondere Architektur und Raumaufteilung, die beim Betreten eine ganz außergewöhnliche Wirkung erzeugt. Ein 2 m tiefer Doppelboden ist hier schon eher ungewöhnlich und daher bemerkenswert. Der tiefe Boden hat hier aber durchaus seinen Sinn. So kann sich im Ernstfall etwa eindringendes Wasser, das in dieser besonderen geografischen Lage eine potenzielle Bedrohung darstellt, zunächst sammeln, während die Server geordnet zum Schutz heruntergefahren werden können. Der unterirdische Bunker wurde bereits zu RAF-Zeiten errichtet, um die empfindlichen Rechen- und Speicherkapazitäten zu schützen.

Solche Audits werden vorab angemeldet, vorbereitet und von entsprechenden Teams und Fachexpertinnen und Fachexperten von beiden Seiten begleitet. Interessant kann es werden, wenn unvorhergesehene Themen oder Fragen während des Audits auftauchen und die entsprechenden Informationen aus der CMDB oder aus dem Ticket- und Dokumentationssystem kurzfristig hervorgeholt werden müssen.

Es gibt ebenfalls Audits für die Einhaltung gewisser Standards, wie z. B.:

- **BSI-Audit**
  Dies ist eine Zertifizierung gemäß dem Bundesamt für Sicherheit in der Informationstechnik (kurz BSI). Das BSI hat die Aufgabe, für Produkte der Informationstechnik entsprechende Sicherheitszertifikate zu erstellen. Bei den Produkten kann es sich um Systeme oder Komponenten handeln.
- **ISO-9001-Zertifizierung**
  Dieser Zertifizierung liegt eine Norm für Qualitätsmanagementsysteme zugrunde und sie legt somit die Anforderung an dieses fest.
- **ISO 27001**
  Sie ist die führende internationale Norm für Informationssicherheit, die von der ISO in Zusammenarbeit mit der Internationalen Elektrotechnischen Kommission (kurz IEC) veröffentlicht wird.
- **ISAE 3402**
  Ein ISAE-3402-Audit-Zertifikat inklusive Audit-Bericht gilt als Qualitätskriterium für Rechenzentrumsdienstleister. Es ist ein internationaler Prüfungsstandard, der Ihnen als Kunde eines Rechenzentrumsbetreibers die Gewissheit gibt, dass die Serviceorganisation über angemessene interne Kontrollen verfügt.
- **ITIL**
  ITIL ist das weltweit führende Standard-Framework für die Steuerung, Koordination und das Management von Services. Es kann Effizienz und Qualität von Services und Serviceorganisationen maßgeblich steigern.

Der Aufwand und die Vorbereitung für Audits werden gerne unterschätzt. Daher ist es wichtig, über das Jahr hinweg die Audits vorzubereiten und die relevanten Informationen zu sichern.

Unterschätzen Sie den Aufwand bei Audits nicht

Bei der Sicherung der Daten und der Protokolle achten Sie darauf, dass der komplette Zeitraum abgedeckt worden ist und keine Lücken in der Datenhaltung und Datenablage vorhanden sind. Sofern es solche Lücken und Verstöße gibt, müssen Sie diese entsprechend dokumentieren und ablegen. So vermeiden Sie eine Situation, wie z. B. die, in der im Rahmen einer Migration ein System geöffnet wird, um Änderungen vorzunehmen, aber niemand beim Audit nachher mehr weiß, dass zu einem bestimmten Zeitpunkt entsprechende Änderungen bei der Migration stattgefunden haben. Dies gilt auch für längere Projekte. Bevor ein System produktiv geht, wird in Projekten oft auf eine entsprechende Dokumentation und ein Change-Management verzichtet oder sie werden im Stress minimal gehalten. Das kann sich aber schnell rächen, wenn ein System doch schon produktiv war und die Daten vorher hätten gesichert werden müssen.

Definieren Sie vor Ihren Projekten stets, wie mit Audits umgegangen wird, und binden Sie das Audit- und Compliance-Team in den Betrieb, in Projekte und in regelmäßige Änderungen ein. Oft können Synergien gefunden werden, wie z. B. Standard-Changes. Das können wiederkehrende Änderungsanfragen sein, die standardisiert werden und so einen schnellen und geordneten Prozess durchlaufen können. Diese haben in der Regel eine entsprechende Freigabe und erlauben so, regelmäßige Aktivitäten wie Stammdatenänderungen, Tabellenanpassungen, Updates und Co. ohne zusätzlichen Aufwand durchzuführen. Nur sollten solche Absprachen erfahrungsgemäß ab und zu auf ihre Richtigkeit, Aktualität und entsprechende Verbesserungsmöglichkeiten hin überprüft werden.

Compliance und Audits gehören ins Projekt

Wenn Sie sich von Anfang an richtig mit dem Thema Audit und Compliance auseinandersetzen, sparen Sie nicht nur Kosten, sondern auch eine Menge Arbeit. Da es sich um sehr komplexe Themen handelt, ist eine regelmäßige Schulung und Unterstützung der Mitarbeitenden unerlässlich. Das erleichtert nicht nur die tägliche Arbeit, sondern verhindert auch, dass diese Themen als zusätzliche und lästige Belastung empfunden werden. Wenn Sie also eine Migration in die Cloud planen, denken Sie von Anfang an auch an das Thema Audit. Leiten Sie während der gesamten Projektlaufzeit entsprechende Schritte ein, um das erste Audit ausreichend vorzubereiten und Fehler zu vermeiden. Eine zeitnahe und qualitativ hochwertige Dokumentation ist einer der Schlüssel, um Missverständnisse und Fehlinterpretationen frühzeitig aufzuklären.

4.4 Zertifizierungen

Um einen sicheren Betrieb zu gewährleisten und Best Practices zu nutzen, können Zertifizierungen sinnvoll sein. Deshalb gehen wir im letzten Abschnitt dieses Kapitels auf dieses Thema ein. Wir erklären den Unterschied zwischen Validierung und Zertifizierung. Darüber hinaus umfasst die *Zertifizierung* zum einen die Providerzertifizierung und zum anderen die Zertifizierung nach dem ISO-Betriebsstandard.

4.4.1 Systemzertifizierungen

Validierung und Zertifizierung

Fangen wir zunächst mit dem Unterschied zwischen Validierung und Zertifizierung an. Bei der Validierung wird lediglich geprüft, ob die Komponenten im Zusammenspiel mit Ihren Anforderungen harmonieren. Dabei ist zu beachten, dass es sich sowohl um technische als auch um organisatorische Anforderungen handeln kann. So ist es z. B. üblich, ein internes Testsystem zu betreiben, auf dem Updates, Patches und Komponenten vorab getestet werden, bevor sie in die Ziellandschaft integriert werden. Bei den Tests handelt es sich um funktionale und logische Tests. Man überprüft z. B., ob beim Backup und Restore alles noch automatisch erfolgt und die Daten konsistent sind. Zusätzlich könnte man testen, ob eine neue Datenbankversion noch immer mit der Hardware, Software und den Betriebsabläufen harmoniert.

Zertifiziert bedeutet hingegen, dass die verwendeten Systeme und Komponenten vom Anbieter, in diesem Fall SAP, oder von entsprechenden Gremien geprüft wurden und deren Vorgaben erfüllt werden. Diese Komponenten werden von SAP freigegeben und sind somit SAP-zertifiziert. Auch die virtuellen Maschinen der Hyperscaler benötigen spezielle Freigaben von SAP (siehe dazu auch Abschnitt 2.1.4, »Zertifizierte Instanztypen«, sowie den gleichnamigen Abschnitt 2.2.6, Abschnitt 2.3.4 und Abschnitt 2.4.4). Um einen entsprechenden SAP-Support zu erhalten, dürfen SAP-Systeme nur auf freigegebenen Instanztypen der Hyperscaler installiert sein.

Die Zertifizierungen der Provider und Hersteller beziehen sich in der Regel immer auf ihre Laborsysteme, also auf ideale Umgebungen in einem Labor mit leeren Systemen ohne zusätzliche Konfigurationen, Anpassungen oder Einstellungen. Hier kann schon ein kleiner Unterschied im Betriebssystem oder in der Konfiguration an einer zentralen Komponente darüber entscheiden, ob das System am Ende reibungslos läuft oder eben nicht.

Verkäufer-Freigabelisten

Alle Hersteller bieten auf ihren Internetseiten Freigabelisten an, in denen Sie nachlesen können, was mit welchen Komponenten freigegeben wurde.

Die Tests beziehen sich dabei sowohl auf die Hardware- als auch auf die Softwarekomponenten.

Bei SAP-Systemen wird stets der Mix aus diesen vier Komponenten betrachtet:

- Hardware (auch virtualisierte Komponenten wie VMs)
- SAP-System (wie SAP S/4HANA oder SAP BW/4HANA)
- genutzte Datenbank (wie SAP HANA oder Oracle)
- sowie das Betriebssystem (SLES oder RHEL)

Diese Zertifizierungen und Tests seitens SAP geben Auskunft darüber, was zusammen getestet wurde und ob die allgemeine Software seitens SAP problemlos eingesetzt werden kann.

Komplexer ist das Thema, wenn im SAP-System über einen Transport zusätzliche Features zur Verfügung gestellt werden oder eine Drittsoftware auf eine freigegebene Datenbank installiert wird. In solchen Fällen gibt es meist zwei Möglichkeiten. Schauen Sie entweder mithilfe eines SAP-Hinweises oder auf den Produktseiten des Tools bzw. der Anwendung nach, ob eine Freigabe der Provider vorliegt oder nicht. Im zweiten Fall beauftragen Sie Ihre Architektinnen und Architekten und Expertinnen und Experten damit, dies zu prüfen und mit den Providern und Ansprechpartnern nach einer entsprechenden unterstützten und zertifizierten Lösung zu suchen. Das erfordert in der Regel ein Umdenken bei den Parteien, da bei On-Premise-Maschinen noch viel mehr Freiheiten und Ausnahmen erlaubt waren, als das in einer Cloud der Fall ist. Der Hintergrund war, dass man um die entsprechende Maschine herum Sonderregeln aufbauen konnte, sodass im Fall eines Compliance- oder Audit-Verstoßes nicht die komplette Landschaft betroffen war. In der Cloud sieht das etwas anders aus. Teilweise teilen sich die Systeme ein Abonnement für Test- und für Produktivsysteme. Gerade bei den produktiven Systemen sollten Sie darauf achten, dass nur unterstützte Software installiert wird, um den Betrieb nicht zu gefährden. Welche Software gemeinsam mit anderen auf einer Maschine installiert ist, erfahren Sie manchmal erst bei einer Migration, wenn es Probleme gibt. Es kann sich um einen alten Treiber handeln oder darum, dass Produkte nicht die neueste Datenbank, das neue Betriebssystem oder die aktuelle SAP-Version unterstützen.

In der Regel ist die Zertifizierung von SAP für die Cloud-Provider und die entsprechende Datenbank sowie das Betriebssystem und die Servereinheiten sehr übersichtlich aufgearbeitet. Ebenso verhält es sich mit dem Support von zentralen Services, wie z. B. dem Backup. Die SAP-Backint-

Schnittstelle wird von allen erfolgreichen SAP-Providern unterstützt. Die Integration von zentralen Systemen wie dem SAP Solution Manager, der für ein zentrales Monitoring eingesetzt wird, ist ebenfalls über verschiedene fertige Schnittstellen und Konnektoren möglich.

Architekturbild als zentraler Überblick

Unterschätzen Sie den Aufwand nicht und erstellen Sie zu Beginn der Migration ein vollständiges System- und Landschaftsbild, mit allen technischen und logischen Komponenten. Oft liegt der Fokus so sehr auf dem SAP-System oder der Applikation selbst, dass die Systeme des täglichen Betriebs vergessen werden. Dabei kann es sich um E-Mail-Systeme, Drucksysteme, Job-Scheduling-Systeme, Automatisierungssysteme oder Audit-Systeme handeln. Ein ganzheitlicher Blick auf die potenzielle neue Landschaft ermöglicht es Ihnen, kleine Detailfehler schnell zu erkennen. Soll z. B. beim Aufbau der Ziellandschaft der neuen Umgebung von einem alten Betriebssystem-Release auf ein aktuelles Release gewechselt werden, um nach erfolgreicher Migration und Produktivsetzung nicht gleich die nächsten Systemänderungen einplanen zu müssen, müssen Sie berücksichtigen, dass für alle auf dem System lokal laufenden Prozesse für dieses neue Release bereits die Freigaben der Hersteller erfolgt sein müssen. Möglicherweise kann in Ihrem SAP-System noch nicht die neueste SLES-Version eingesetzt werden, weil diese vom Hersteller Ihrer Backup-Suite noch nicht freigegeben wurde. In diesem Fall müssen Sie eventuell eine ältere Version verwenden, um compliant zu bleiben. Da nützt es nichts, mit allen Mitteln zu versuchen, kurz nach der Migration ein Kernel-Update zu vermeiden.

Sofern eine Landschaft nicht neu aufgebaut wird, gibt es immer Systeme und Schnittstellen, die zusätzlich zu prüfen sind. Zertifizierung und Validierung dürfen hier nicht vernachlässigt werden.

Die Provider und Hersteller führen in der Regel einen Standardtest durch. Es kann sein, dass genau Ihr E-Mail-System oder Drucksystem nicht getestet worden ist. Gegebenenfalls muss auf den angeschlossenen Systemen ebenfalls ein Update erfolgen oder eine Umstellung der Protokolle, um den reibungslosen Betrieb zu gewährleisten.

Je mehr Sie sich an Standards halten und diese nutzen, desto einfacher ist es, den Überblick über Ihre Landschaften und Freigaben zu behalten. Nach mehr als 20 Jahren Erfahrung wissen wir aber, dass es oft auch ein »pinkes Einhorn« gibt, also ein besonderes System, das nicht ganz den Wünschen und Vorgaben entspricht. Diesem System sollte immer etwas mehr Aufmerksamkeit geschenkt werden als den Standardsystemen, und man sollte schauen, ob kurz-, mittel- oder langfristig nicht eine Standardisierung möglich ist, um die Betriebsaufwände, Kosten und auch die Security- und Betriebsrisiken zu minimieren.

4.4.2 Mitarbeiterzertifizierungen

Know-how-Zertifizierungen

Zusätzlich können Sie das Wissen Ihrer Mitarbeitenden bei SAP und den jeweiligen Hyperscalern zertifizieren lassen. Es gibt ein entsprechendes Schulungsangebot für Anwenderinnen, Entwickler und Administratorinnen. Je nach Schulung können diese mit einem entsprechenden Zertifikat abgeschlossen werden. Das Zertifikat bescheinigt, inwieweit die Mitarbeiterin oder der Mitarbeiter mit den Produkten von SAP bzw. der Hyperscaler vertraut ist. Während ein Zertifikat zwar nur wenig Auskunft darüber gibt, inwieweit die Schulungsteilnehmenden auch praktische Erfahrung im Umgang mit dem System haben, wird bei den höherwertigen Zertifizierungen mehrjährige praktische Erfahrung vorausgesetzt. Im Rahmen von Audits im Providersektor ist es üblich, dass ein gewisser Prozentsatz der Mitarbeitenden über eine solche Zertifizierung verfügen muss. Dies betrifft neben der SAP-Software und den Betriebssystemen (SLES oder RHEL) auch die Hardware bzw. in unserem Fall die Public-Cloud-Providerzertifizierungen.

Eine SAP-Zertifizierung dient dabei als offizieller Nachweis der SAP-Kenntnisse einer Person. In der Regel nutzen SAP-Anwenderinnen und -Anwender, wie SAP-Administratorinnen oder IT-Mitarbeitende, aber auch SAP-Berater eine solche Zertifizierung, um ihre Kenntnisse transparent zu halten. SAP bietet verschiedene Zertifizierungsmöglichkeiten an. Hier können sich sowohl Beraterinnen als auch Anwender und IT-Mitarbeitende in zahlreichen Kursen zertifizieren lassen. Das Absolvieren mehrerer solcher Kurse führt dann zur Zertifizierung. Speziell im SAP-HANA-Umfeld bietet SAP ein breites Spektrum an Kursen und Zertifizierungen an. Eine Zertifizierung zum *SAP Certified Technology Consultant – SAP S/4HANA System Administration* umfasst dabei z. B. die folgenden Themen:

- Database Administration SAP HANA
- Installing and Updating of SAP Systems
- Describing and Using Transport Management (Software Logistics)
- System Administration (AS ABAP, AS Java Basics, User Management Basics)
- SAP Fiori Fundamentals and Administration
- SAP System Concepts
- Technology Components for HTTP-based Communication

Aufteilung von Cloud-Zertifizierungen

So ist es nicht verwunderlich, dass die führenden Cloud-Anbieter ebenfalls ein entsprechendes Zertifizierungsangebot haben. In der Regel werden immer wieder allgemeine Zertifizierungen angeboten, wie z. B. solche, die ein gewisses Grundwissen über die Public Cloud und die Services bescheinigen:

- Microsoft Azure Fundamentals
- AWS Cloud Practitioner
- Google Cloud Certified Associate Cloud Engineer

Anschließend gibt es auch weiterführende Zertifizierungen, die sich in der Regel auf einen Bereich oder eine Rolle fokussieren, wie Administrator, Architekt oder Techniker, sowie Zertifizierungen einer bestimmten Spezialisierung, wie z. B. Security oder DevOps. Dazu gehören beispielsweise:

- Microsoft Azure Developer oder Microsoft Azure Security Engineer
- AWS Associate Developer oder AWS Associate SysOpsAdministrator
- Google Cloud Certified Data Engineer oder Google Cloud Network Engineer

Anschließend gibt es noch Expert- und Professional-Zertifizierungen, die ein besonders hohes Wissens- und Expertenlevel bescheinigen:

- Microsoft Azure Solution Architect Expert
- AWS Solution Architect Expert
- Google Cloud Architect Professional

Wichtig ist, dass die Zertifizierungen nicht wie Sticker gesammelt werden, da viele der Zertifikate nach einer gewissen Zeit ablaufen und erneuert werden müssen. Dies soll sicherstellen, dass man sich kontinuierlich mit den Themen auseinandersetzt, da sich die Architektur, die Einzelprodukte und die Sicherheitsanforderungen innerhalb eines Jahres stark ändern können und neue Features für den Betrieb wichtig sein können. Erneuern Sie immer nur die jeweils höchste Zertifizierung und arbeiten Sie daran, die nächste Stufe zu erreichen.

Kapitel 5
Betrieb von Cloud-Infrastrukturen

Jedes System ist nur so gut wie sein Betrieb. Oft wird der Betrieb in seinem Aufwand gerne unterschätzt, und damit wird die Systemstabilität auf Dauer gefährdet. Nur ein gut strukturierter und dokumentierter Betrieb kann einen reibungslosen Geschäftsablauf gewährleisten und einen 24/7-Betrieb ermöglichen.

Dieses Kapitel erläutert die Aufgaben des Betriebs von Cloud-Lösungen. Wir erklären in Abschnitt 5.1, »Betrieb«, was zu beachten ist, um einschlägige Betriebskonzepte zu adaptieren. Dazu gehört das Monitoring der SAP- und Cloud-Systeme, das in Abschnitt 5.2, »Monitoring«, vorgestellt wird. Gängige Backup-Verfahren erläutern wir in Abschnitt 5.3, »Backup«. Wir erklären außerdem in Abschnitt 5.4, »Schnittstellen«, was man in der Schnittstellendokumentation und im Schnittstellendesign beachten sollte, damit Sie Ihr System ohne negative Auswirkungen betreiben können. In Abschnitt 5.5 behandeln wir das Thema Sicherheit, und mit dem Datenschutz und der Datensicherheit in Abschnitt 5.6 runden wir das Kapitel ab.

5.1 Betrieb

Grundlage für einen erfolgreichen Betrieb ist ein Betriebshandbuch und ein praktikables und etabliertes Betriebskonzept. Das *Betriebshandbuch* ist ein Dokument, das alle für den Betrieb wichtigen Punkte beinhaltet, einschließlich einer Übersicht und Beschreibung des Systems und der wichtigen Schnittstellen sowie eines Leitfadens, was alles im täglichen Betrieb und bei regelmäßigen Aktionen zu bedenken und beachten ist. Das *Betriebskonzept* beschreibt, wie der Betrieb erfolgen soll, wer den Service erbringt und wie die entsprechenden Rahmenparameter sind. Sie sollten daher schon vor der Migration und der ersten Systeminstallation ein geeignetes Konzept für den späteren Betrieb entwickeln. Dieses Betriebskonzept wird in der Regel vom verantwortlichen Betriebsteam erstellt und gepflegt. Je nachdem, ob der Betrieb Ihrer SAP-Systemlandschaft im eigenen Haus erfolgt oder an einen externen Dienstleister vergeben wurde, liegt diese Verantwortung also bei Ihnen oder bei dem von Ihnen beauftragten Dienstleister. Das Betriebskonzept ist deshalb so wichtig, weil es Auswirkungen auf das Design, die Migration und damit auf das ganze Projekt und den späteren Betrieb haben kann. Denn je nachdem, wie die Aufgaben für den täglichen Betrieb verteilt sind, können sich die Aufgaben oder die Verantwortlichkeiten ändern. Insbesondere nach der Migration in die Cloud kann es sein, dass weitere Anpassungen in Bezug auf das Monitoring und die Automatisierung erforderlich sind.

5.1.1 Vertragliche Rahmenparameter

SLAs als Grundpfeiler eines Betriebskonzepts

Jedes Betriebskonzept basiert in der Regel auf einer Vereinbarung zwischen den Fachabteilungen und dem Betrieb. Der Betrieb umfasst alle verantwortlichen Betriebsorganisationen, von der Hardware bzw. Cloud-Infrastruktur über das Betriebssystem und die Datenbank bis hin zur SAP-Basis. Auch Firewall- und Netzwerkteams dürfen in der Aufzählung nicht fehlen, was das Betriebskonzept in der Praxis sehr umfangreich machen kann. Das Betriebskonzept kann auch ein unterschriebener rechtskräftiger Vertrag sein, wenn der Betrieb von einem externen Dienstleister erbracht wird oder eine interne gegenseitige Erklärung (engl. *Statement of Work*, kurz SOW). In der Praxis bedeutet dies, dass bestimmte *Service Level Agreements* (kurz SLAs) eingehalten werden müssen und vertraglich festgehaltene Leistungen zu erbringen sind.

Um zu prüfen, ob die SLAs eingehalten werden, gibt es zwei Arten von Kennzahlen: den *Key Performance Indicator* (kurz KPI) und das *Servicelevel*. KPIs werden genutzt, um den Erfolg des Betriebs zu messen, während das Servicelevel angibt, welche Services und Leistungen vorab vertraglich festgehalten wurden. Das von Ihnen angestrebte Servicelevel und die KPIs müssen sich mit denen des Public-Cloud-Anbieters decken, sonst müssen eventuell zusätzliche Verträge abgeschlossen oder Änderungen am Architekturdesign vorgenommen werden.

Service Level Agreement

Service Level Agreements können Sie nicht nur mit Providern vereinbaren, sondern auch im eigenen Unternehmen, wenn eine Leistung von verschiedenen Abteilungen erbracht wird. In diesen Fällen sollen Service Level Agreements dabei helfen, bei allen Parteien ein einheitliches Verständnis über die Relevanz der zu erbringenden Leistung zu schaffen.

Beispiel für die Definition von Rahmenparametern

Wenn beispielsweise SLA-Werte von 99,8 % erfüllt werden müssen (siehe Abschnitt 3.1, »Allgemeine Hochverfügbarkeit«), muss sichergestellt sein, dass die entsprechende Cloud-Lösung und der Cloud-Provider dies auch leisten können. Ebenfalls sollten Sie und Ihr Cloud-Provider das gleiche Verständnis davon haben, was die Verfügbarkeit eines Systems beinhaltet. Daher sollte im Betriebskonzept sehr genau festgehalten werden, wann der Wert 99,8 % als erreicht gilt.

Was heißt Verfügbarkeit?

Eine gängige Methode, um zu definieren, ab wann ein System verfügbar ist, ist die Definition von *Rahmenparametern*. Sinnvolle Rahmenparameter für die Verfügbarkeit eines Systems wären beispielsweise, dass sich die Endanwenderinnen und Endanwender im Dialog anmelden können oder dass die wichtigen Geschäftsprozesse Ihres Unternehmens (diese sollten genau definiert werden) innerhalb einer von Ihnen vorgegebenen Antwortzeit zur Verfügung stehen. Bei der Antwortzeit sollten Sie definieren, welche Antwortzeit gemeint ist: die End-to-End-Antwortzeit, die Antwortzeit im Rechenzentrum oder z. B. die Dialog-Antwortzeit. Die meisten Missverständnisse können entstehen, wenn beide Seiten, also Fachabteilung und Betrieb, unterschiedliche Begriffsdefinitionen haben und kein einheitliches Verständnis definiert wurde. Daher sollten Sie diese Rahmenparameter möglichst frühzeitig und gründlich definieren und später auch überwachen.

[!]

Was bedeutet »verfügbar«?

Die Hauptursache für viele Diskussionen und Streitigkeiten im Betrieb ist das unterschiedliche Verständnis, wann ein System für die Endnutzerin und den Endnutzer verfügbar ist. Eine entsprechende Definition und ein entsprechendes Monitoring und Reporting erleichtern den Betrieb enorm. Es reicht nicht, wenn Sie das System aufrufen und sich anmelden können. Es muss sich auch sinnvoll verwenden lassen. Definieren Sie also z. B. Schwellenwerte für Antwortzeiten in einem Dialog.

Wartung und Service

Zusätzliche Unterstützung im Betrieb erhalten Sie durch *Wartungs- und Serviceverträge*, die es Ihnen ermöglichen, Ihren Cloud-Anbieter im Ernstfall direkt telefonisch zu kontaktieren. Bereits bei der Auswahl der geeigneten Cloud-Lösung sollten Sie daher prüfen, welcher Provider Ihre betrieblichen Anforderungen inklusive Ausfallzeiten und Reaktionszeiten am besten abbildet. Gerade wenn Ihr Unternehmen in verschiedenen Zeitzonen arbeitet und der Support aus mehreren Zeitzonen erfolgt, kann dies eine entscheidende Rolle spielen, ebenso wie die Möglichkeit, den Support in der gewünschten Sprache zu erhalten. Auch die Antwort- und die Lösungszeiten im Supportfall sind ein wichtiger Faktor. Es ist ärgerlich, wenn der Cloud-Provider zwar innerhalb von 30 Minuten auf ein Ticket antwortet, die Lösung dann aber erst Tage später erfolgt.

Wartung- und Release-Planung

Regelmäßige Wartungstermine sollten ebenfalls rechtzeitig abgestimmt werden. Dies gilt sowohl für die fest geplanten Wartungen als auch für Sonderwartungen bei Gefahr, z. B. um Sicherheitsmaßnahmen durchführen zu können. Häufig werden in Unternehmen aus diesem Grund Wartungswochenenden vertraglich vereinbart. Werden die Systeme aber nicht im eigenen Rechenzentrum gehostet, gibt der Hosting-Partner in der Regel Termine vor, an denen zentrale Arbeiten stattfinden werden. Eine entsprechende *Wartungs- und Release-Planung* ist daher unerlässlich. Die Wartungs- und Release-Planung umfasst alle Aspekte zukünftiger Ausfallzeiten. In der Wartungsplanung werden alle Wartungstermine hinterlegt, dies betrifft die Wartungstermine des Providers, die regelmäßigen Auszeiten bei Zeitumstellungen – dies betrifft Sie nur, wenn Ihre SAP-Systeme in davon betroffenen Zeitzonen laufen – und geblockte Zeitintervalle für ungeplante und geplante Auszeiten.

An dieser Stelle fragen Sie sich vielleicht, wie Sie ungeplante Ausfallzeiten planen können. Dabei handelt es sich um geblockte Zeitintervalle und Zeiten für Wartungsarbeiten, für die das Unternehmen frühzeitig plant, dass das System in der entsprechenden Zeit nicht zur Verfügung steht. In diesen Zeiten haben Sie die Möglichkeit, ungeplant aufgetretene Probleme zu lösen. Dies können regelmäßige Zeiten für Neustarts einmal im Monat sein, oder Sie planen proaktiv auch schon größere Zeiträume ein, um Patches in das System einzuspielen. Die Erfahrung zeigt, dass dies sehr hilfreich sein kann und dem Betrieb und dem Business etwas mehr Planungssicherheit gibt und damit aufwendige Ad-hoc-Abstimmungen weitgehend eliminiert.

Verträge und frühzeitige Planung von Auszeiten

Klare und verständliche Verträge mit den Providern und ein einheitliches Verständnis darüber, wann ein SAP-System verfügbar ist, sind wichtige Erfolgsfaktoren. Ebenso ist eine frühzeitige Planung von Auszeiten, sei es für geplante oder auch ungeplante Aktivitäten, wichtig für die Zufriedenheit von Kunden sowie Endanwenderinnen und Endanwendern.

Die *Release-Planung* ist etwas komplexer. Oft wird bei solchen Release-Strategien nur an die entsprechenden SAP-Releases sowie die notwendigen Plug-ins wie ST-PI und ST-A/PI oder den Kernel gedacht. Wichtig ist auch die Planung von Releases-Updates der Datenbank inklusive Sicherheits-Updates, des Betriebssystems sowie Updates der entsprechenden Hardwarekomponenten wie Netzwerkswitches, Serverhardware oder Ähnliches.

Hier könnten Sie einwenden, dass alle Systeme in der Cloud sind und je nach Betriebsmodell und Vertrag die Patches vom Cloud-Provider vorgenommen werden. Doch sind wirklich alle Systeme in der Cloud, oder kann es sein, dass zentrale Komponenten wie Cloud-Konnektoren, SAP-Router oder Netzkomponenten gegebenenfalls doch außerhalb der Cloud stehen?

Abbildung 5.1 zeigt eine mögliche Release-Planung für ein SAP-System. Da diese nicht jahresspezifisch ist, kann sie natürlich für die Folgejahre entsprechend adaptiert und kopiert werden. Als Vorlage dient eine klassische Dreisystemlandschaft, bei größeren Landschaften oder mehreren Landschaften sollte die Planung entsprechend angepasst werden. Weiterhin besteht die Möglichkeit, Auszeiten zu kombinieren und damit zusammenzulegen, also z. B. das Kernel-Update im Rahmen von Support-Package- oder Enhancement-Package-Updates durchzuführen. Die Vorlage können Sie unter *https://zabu.cloud/SAP-Buch* zur freien Verwendung herunterladen. Die in der Vorlage gezeigten Zeitpläne basieren auf der Annahme, dass das SAP-System nicht stark modifiziert ist und die Tests automatisiert sind, andernfalls wären die angenommenen Zeiten für das Einspielen von Support Packages bzw. Enhancement Packages doch sehr sportlich. Es geht uns bei dieser Vorlage eher darum, Ihnen zu zeigen, dass sich Osterwochenenden und verlängerte Wochenenden für solche Aktivitäten und Migrationen in der Regel sehr gut eignen.

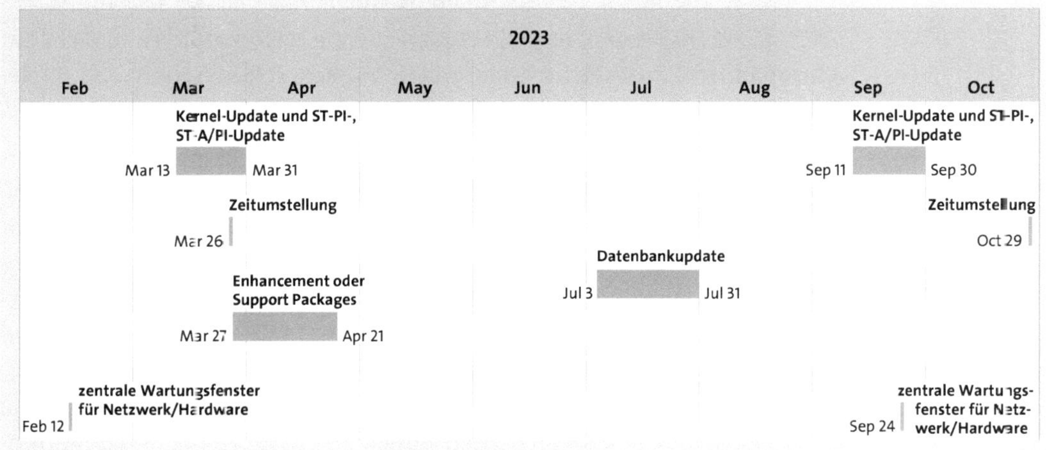

Abbildung 5.1 Beispiel: SAP-Maintenance-Planung

5.1.2 Betriebsteam für den Betrieb von SAP-Systemen

Richtiges Betriebsteam als weiterer Erfolgsfaktor

Jeder Betrieb steht und fällt mit einem geeigneten Betriebsteam, also Mitarbeitenden, die sich um den Betrieb kümmern, als Ansprechpartner fungieren und entsprechende Erfahrung mitbringen. Es ist unabdingbar, dass sich die Betriebsmitarbeitenden mit den Grundzügen der Plattform auskennen und eine entsprechende Erfahrung in Infrastruktur und Applikationsthemen mitbringen.

Im Folgenden wird eine kurze Ausführung der entsprechenden Cloud-Modelle dargestellt, mit einem Vorschlag für ein entsprechendes Betriebsteam, um die Lösungen betreiben zu können. Je nach Cloud-Modell sollte schon vor der Migration oder dem Projekt über den späteren Betrieb nachgedacht werden, um negative Auswirkungen im Betrieb zu vermeiden.

Betrieb im IaaS

Bei einem IaaS-Produkt wird die Plattform vom Cloud-Provider gestellt, die Architektur, der Build, also das Bereitstellen des Systems, und der Betrieb obliegen aber in der Regel Ihnen als Endkunde, sofern Sie dies nicht im Rahmen eines Providervertrags an einen Dienstleister auslagern. Damit wird beim Design der Lösung meist eine Lösungsarchitektin oder ein Lösungsarchitekt benötigt, die oder der Ihre Anforderungen und die Plattform kennt und ein geeignetes Design erstellt. Das erstellte Design wird dann meist von Betriebsarchitektinnen und Betriebsarchitekten im Hinblick auf die Applikation, die Basis, die Berechtigungen, die Sicherheit sowie die Audits, die Infrastruktur und das Netzwerk gegengeprüft. Bereits der erste Punkt erfordert sehr viel technische Erfahrung mit dem Lösungsdesign und im Betrieb. Sollte das Konzept fehlerhaft sein, ist es aufwendig, im Nachgang entsprechende Änderungen vorzunehmen. Beispielsweise lassen sich ein Hochverfügbarkeitskonzept und die entsprechende Implementierung nicht auf Zuruf ändern. Zusätzliche Änderungen müssen dokumentiert und implementiert werden, was zusätzlichen Aufwand und Ausfallzeiten bedeutet.

Schulungen vorbereiten

Neben den Architektinnen und Architekten sind Fachkräfte aus dem notwendigen Team erforderlich, die später den First-, Second- und Third-Level-Support leisten können. Die Mitarbeitenden sollten frühzeitig geschult werden, damit genügend Zeit bleibt, sich mit der Materie vertraut zu machen. Ein Hochverfügbarkeitscluster, wie man es z. B. mit der für den Linux-Betrieb gängigen Software Pacemaker für SAP HANA in der Cloud erstellen kann, lässt sich nicht über Nacht lernen. Daher ist wichtig, dass die Verantwortlichen sich dieses Wissen im Vorfeld aneignen, damit sie wissen, wie sich die Clustersoftware im Betrieb verhält und gegebenenfalls das Monitoring und die Automatisierungen beeinträchtigt. Überlegen Sie also schon vor der Cloud-Einführung oder Migration, welche Schulungen die Mitarbeitenden für den Umgang mit der neuen Technologie benötigen. Testsysteme und Testumgebungen können helfen, frühzeitig Erfahrungen mit neuen Technologien zu sammeln. Neben den Hardware- und Lizenzkosten sind jedoch auch Kosten für die Einrichtung und den Betrieb der Testsysteme einzuplanen. Betrieb und Wartung dieser internen Systeme werden gerne unterschätzt.

[«]

Know-how und Erfahrungen

Für den Betrieb eines SAP-Systems in der Cloud sowie auch dessen Design ist es wichtig, über eine gewisse Erfahrung und Kenntnisse des jeweiligen Hyperscalers zu verfügen. Entsprechende Schulungen und der Aufbau von Know-how sind unabdingbar und sollten nicht unterschätzt werden.

Da der First-Level-Support in der Praxis über das Monitoring und entsprechende Tickets benachrichtig wird, ist es wichtig, dass das Monitoring auf die neue Plattform und den Service eingestellt ist. Dazu benötigt man geschultes Personal. Ebenso wichtig ist es, dass der First-Level-Support die Tickets handhaben kann und ein grobes Verständnis der Architektur und der Umgebung hat; weitere Informationen zum Thema Monitoring folgen in Abschnitt 5.2. Neben den Alarmierungen (engl. *Alerts*) und den Tickets ist eine ausreichende Dokumentation unabdingbar. Neben Betriebshandbüchern, einem eventuellen Wiki bzw. einer Wissensdatenbank sollten jeder Alert und jedes Ticket so weit klassifiziert sein, dass eine erste Handlungsanweisung beigefügt ist, was beim Auftreten des entsprechenden Alerts zu tun ist.

Beispiel für einen Alert und die Instruktion

Nehmen wir an, es wird gemeldet, dass ein System nicht verfügbar ist, dann sollten folgende Schritte in der Regel geprüft werden:

- Ist das SAP-System über den SAP-Login erreichbar?
- Ist das SAP-System über das Betriebssystem zu erreichen?
- Gibt es gegebenenfalls gerade einen Change, der ausgeführt wird, der die Nichtverfügbarkeit erklären würde?
- Was ergeben die Traces und Logdateien (Pfad kann dynamisch angegeben werden)?
- Ist der Fehler nicht auf den ersten Blick erkennbar, wird ein Ticket an das Fachteam weitergeleitet und bei Bedarf die Hotline angerufen.

Die Betriebsdokumentation sollte immer aktuell sein und muss in der Regel vom verantwortlichen Betriebsteam angepasst und gepflegt werden, daher ist ein Team erforderlich bzw. ein separates Team zu empfehlen, das die Dokumente pflegt, aktuell hält und sich gegebenenfalls mit den Audit-Teams abstimmt, damit die Dokumente auch den Anforderungen der nächsten Auditierung standhalten. Es wäre fatal, wenn Dokumente erst im Rahmen eines Audits den Anforderungen angepasst werden müssten. Bei den Prüfungen mit dem Audit-Team ist häufig auch das Security-Team eingebunden. Das Team prüft, ob die Sicherheitsanforderungen des Unternehmens eingehalten werden. Diese Anforderungen können neben den Sicherheitsanforderungen des Kunden bzw. des nutzenden Unternehmens auch die Sicherheitsanforderungen des Providers sein. Das Thema Sicherheit kann also beliebig komplex sein, je nachdem, welche Parteien beteiligt sind und welchen Sicherheitsstandards der Kunde unterliegt. So kann je nach Klassifizierung eine unterschiedliche Dokumentation erforderlich sein. *GxP-Systeme* geben Richtlinien für eine gute Arbeitspraxis vor, vor allem in der Pharmabranche. Diese Systeme haben jedoch in der Regel andere Sicherheits- und Dokumentationsanforderungen als Produktionssysteme. Aus diesem Grund ist es wichtig, dies frühzeitig zu berücksichtigen, um Überraschungen vor dem Go-live und Verzögerungen im Projekt zu vermeiden. Abschnitt 5.5, »Sicherheit«, geht näher auf dieses Thema ein.

[»]

Dokumentation

Die Anforderungen an die Dokumentation können je nach Einsatz des Systems sehr unterschiedlich sein. Systeme im Pharma-, Medizin-, Sicherheits- oder internationalen Transportbereich können zusätzliche Dokumentationen erfordern. Art und Umfang der Dokumentation sollten daher immer frühzeitig geklärt und abgestimmt werden.

Weitere Teams und Verantwortiche

Für eine entsprechende Verrechnung, Abrechnung und eine SLA-Messung ist ein Reportingteam notwendig, das prüft, ob die Rechnungen des Providers mit den Systemen und der Nutzung übereinstimmen, das nötigenfalls auch Vertragsbrüche auf beiden Seiten dokumentiert und entsprechende Verbesserungen vorschlägt. Zu den Vorschlägen kann auch gehören, gegebenenfalls die Servertypen zu wechseln oder die Verträge hinsichtlich der Nutzungszeiten anzupassen, um Kosten zu sparen. Nicht zu vernachlässigen sind entsprechende Lizenzmanager, da es bei der Cloud im Applikations-, SAP- und Datenbankbereich inklusive Betriebssystem und Cluster viele Lizenzen gibt, die bedacht und bereitgestellt werden müssen. Erfahrungsgemäß ist es ebenfalls sinnvoll, Kolleginnen und Mitarbeitende zu haben, die den Cloud-Provider steuern und mit ihm zusammenarbeiten, und zwar sowohl auf fachlicher als auch auf administrativer und vertraglicher Ebene.

PaaS im Betrieb

PaaS-Dienste werden im SAP-Umfeld oft für Erweiterungen verwendet und können z. B. aus der SAP BTP oder bei Ihrem Hyperscaler genutzt werden. Bei der Nutzung von PaaS sind die Aufwände für den Betrieb und das notwendige Personal geringer, da bis auf die Applikation und die Daten die benötigten Services vom Cloud-Provider bereitgestellt und gewartet werden. Aus diesem Grund fallen Storage-Administratorinnen und Compute-Spezialisten aus der Liste der notwendigen Betriebsressourcen heraus. Der Bedarf an Personal beginnt auf Applikationsebene. Um eine End-to-End-Sicht zu haben, sollten entsprechende Architektinnen und Architekten Teil des Betriebsteams sein. Auch zentrale Ansprechpartner im Bereich Netzwerk und Firewall sollten nicht fehlen, da jede PaaS-Anwendung Schnittstellen haben wird. Weiterhin sollten Sie Mitarbeitende für Berechtigungen, Security, Audit, Reporting, Monitoring und Providersteuerung inklusive des notwendigen Know-hows und eventueller Schulungen einplanen.

Im Gegensatz zum Betrieb von IaaS ist der Aufwand für Hardware bzw. Cloud-Infrastruktur bei PaaS zwar geringer, dafür betreiben Sie anders als bei SaaS Ihre Applikation selbst. Deshalb ist es wichtig, die Schnittstellen zum Compute-Teil, also den Servern, Ihrer SAP-Landschaft näher zu beschreiben und genau zu definieren, da eine entsprechende Harmonie zwischen Applikation bzw. SAP-Applikationen, der Infrastruktur und den Erweiterungen für den Betrieb wichtig ist. Sie müssen dem Cloud-Provider die Anforderungen des Geschäftsbetriebs und auch der Applikation zur Verfügung stellen, damit dieser die Infrastruktur entsprechend planen und warten kann. Die Abstimmungen zum Service Level Agreement und den KPIs, wie z. B. Performancedaten, sind hier sehr klar zu definieren, damit es später nicht zu Missverständnissen kommt.

Umbenennung der SAP Cloud Platform

Bis 2021 war der PaaS-Service von SAP die SAP Cloud Platform, seitdem wird SAP Business Technology Platform (kurz SAP BTP) als Begriff genutzt für PaaS-Services, die Sie von SAP in der Cloud einkaufen oder nutzen (siehe auch Abschnitt 1.1.4, »SAP Business Technology Platform«).

Nutzt man hingegen einen SaaS-Dienst wie SAP S/4HANA Cloud, Public Edition, ist eine der Hauptaufgaben, die man als Unternehmen selbst übernehmen muss, die Integration der SaaS-Anwendung in den eigenen Betrieb. Hierzu gehören beispielsweise die Netzwerkkonfiguration, die Firewall-Regeln, die Übersetzung der IP-Adressen zwischen zwei Netzwerken (engl. *Network Address Translation*, kurz NAT), auch als NATing bezeichnet, und die Application Proxies. Letztere agieren als Vermittler zwischen den Anwenderinnen und Anwendern und der Applikation, etwa der *Cloud Connector*, wenn kein direkter Zugriff auf die Applikation möglich ist oder aus Sicherheitsgründen nicht erfolgen soll.

SaaS im Betrieb

Bei der Integration von SaaS-Anwendungen in das Unternehmensnetzwerk und den Betrieb werden in der Regel sowohl Applikations- und Integrationsexperten sowie Applikationsarchitektinnen benötigt, die sicherstellen, dass die SaaS-Anwendung alle betrieblichen Anforderungen im Bereich Sicherheit, Audit, Wartung und Dokumentation beinhaltet.

Lizenzen und Lizenzmanagement obliegen meist Ihnen selbst, daher sollten diese auf jeden Fall eingeplant werden, ebenso wie eine entsprechende Providersteuerung und ein Reporting.

[»]

IaaS, PaaS und SaaS im Betrieb

Je nach Modell unterscheiden sich die Anforderungen, das für den Betrieb notwendige Personal sowie das Wissen, Know-how und der Umfang der Betriebsmannschaft und die Teamstärke.

In einem Punkt sind jedoch alle Modelle gleich: Ein Betrieb steht nie allein da, und ohne die notwendige Erfahrung kann der Aufwand sehr schnell steigen.

5.1.3 Einheitliche End-to-End-Prozesse

Einheitliche End-to-End-Prozesse sind bei jeder Art von Service für den Betrieb enorm wichtig, da ein Prozessbruch aller Erfahrung nach Auswirkungen auf die SLAs und KPIs einer Applikation bzw. eines Systems haben kann.

Beispiel: Ablauf der Ticketerstellung

Ein klassisches Beispiel stellt hier das *Ticketing* dar. In der Regel haben Cloud-Provider ein eigenes Tickettool, während Sie bzw. Ihr MSP-Provider intern ein anderes Tickettool nutzt. Damit ergeben sich ein Medienbruch und ein zusätzlicher Aufwand beim Erstellen, Monitoring und Bearbeiten von Tickets. Zusätzlich werden das Reporting und die Messung der Bearbeitungszeit erschwert. Der Aufbau und die Vereinbarungen im einheitlichen Prozesshandling werden oftmals unterschätzt. Dies liegt in der Regel daran, dass die Tickettools oft nicht einheitlich aufgebaut sind. Die Servicegruppen und Felder sind bei einem Ticket, das z. B. mit ServiceNow erstellt wurde, anders, als wenn Sie ein Ticket bei einem Cloud-Provider oder auch bei SAP erstellen müssen.

Werden bei Drittprovidern Tickets höherer Wichtigkeit bzw. Priorität erstellt, sind in der Regel zusätzliche Informationen notwendig, etwa wie viele User betroffen sind, welche Geschäftsprozesse nicht funktionieren, was die Auswirkungen auf das Geschäft sind, wie hoch der Schaden ist, der durch den Fehler verursacht wird. Gibt es keine entsprechenden Anhaltspunkte und werden die Daten nicht hinterlegt, kann es dazu kommen, dass die Tickets niedriger priorisiert werden. Aus diesem Grund ist es wichtig, sich um einen einheitlichen Prozess Gedanken zu machen. Weiterhin ist es wichtig, dass die Tickets in den unterschiedlichen Tools die gleiche Priorität haben und eine Nachvollziehbarkeit der Abhängigkeiten gegeben ist. Regelmäßige Meetings mit den Providern können dabei helfen, entsprechende Schwachstellen und Verbesserungsmöglichkeiten zu finden. Hierzu sollten Sie sich die Tickets der letzten Zeit ansehen und überlegen, was gut bzw. nicht so gut gelaufen ist: Wurden die Tickets richtig klassifiziert, regelmäßig mit allen wichtigen Informationen versehen und letztendlich auch zeitnah geschlossen? Nur zusammen kann man die Prozesse verbessern und damit die Qualität und die Bearbeitungs- und Lösungszeit positiv beeinflussen.

Ticketbearbeitung

Eine durchgängige Ticketbearbeitung ist unabdingbar! Damit es bei einem Medienbruch zwischen den Ticketsystemen nicht zu Verzögerungen kommt, ist eine vorherige Abstimmung und Einigung über das gleiche Verständnis von Tickets, deren Priorität, Bearbeitung und Tracking eine Grundvoraussetzung für einen stabilen Betrieb und die Einhaltung der SLAs.

Arbeit mit Ticketsystemen einheitlich gestalten

Wenn es nicht möglich ist, die Ticketinformationen von einem Ticketsystem an ein anderes automatisch zu übertragen, sollte für die Mitarbeitenden der manuelle Aufwand so gering wie möglich gehalten werden. Dies kann erreicht werden, indem man entsprechende Matrizen definiert, wie die Prioritäten und Informationen von einem Ticketsystem in das andere übertragen werden sollen. Ebenfalls kann es hilfreich sein, wenn das eigene Ticketsystem einen Fragenkatalog der wichtigsten Fragen direkt bei der Ticketeröffnung anbietet, damit die Tickets nicht mehrmals hin und her geschickt werden müssen, um alle notwendigen Informationen für die Bearbeitung des Tickets zu erhalten.

Sofern der Provider und Sie als dessen Kunde ähnliche Ticketsysteme nutzen, können diese in der Regel verbunden werden. Hierbei sollten Sie nur im Hinterkopf behalten, dass die Ticketsysteme in der Regel immer noch ihre eigenen Ticket- und Change-Nummern haben. So kann es z. B. zu Verwirrung führen, wenn Sie nach dem Bearbeitungsstand eines Tickets fragen, das Ticket aber nicht von der Bearbeiterin oder dem Bearbeiter im eigenen System gefunden wird, da Sie die Ticketnummer Ihres Ticketsystems genannt haben, auf das die Bearbeiterin oder der Bearbeiter keinen Zugriff hat, weil entsprechende Lizenzkosten vermieden werden sollen. Aus diesem Grund ist es wichtig, diese Prozesse vorab zu beschreiben und alle beteiligten Seiten zu schulen, um ein einheitliches Verständnis zu schaffen.

Die Beschreibungen zum Tickethandling und Tickettool können in das Betriebshandbuch einfließen. Das Betriebshandbuch beschreibt alle Maßnahmen und Informationen, die für den Betrieb eines IT-Systems notwendig sind. Ein Wiki bzw. Onlinenachschlagesystem kann beispielsweise zeigen, wie Tickets entsprechend zu öffnen sind und an wen man sich bei Fragen wenden kann. Auf das Betriebshandbuch gehen wir in Abschnitt 5.1.5, »Betriebskonzept«, noch näher ein.

5.1.4 Monitoring und Reporting der vertraglichen Vereinbarung

Einheitliches Reporting zwischen den Providern

Nachdem Sie die vertraglichen Vereinbarungen geprüft und definiert haben, müssen diese Vereinbarungen auch regelmäßig überprüft und – wenn notwendig – angepasst werden. Gerade das Reporting führt oft zu Diskussionen, da es ein fester Vertragsbestandteil ist, aber gerne vernachlässigt wird, was oft dazu führt, dass Go-live und Start des vereinbarten Reportings asynchron verlaufen. Der Aufbau einer entsprechenden Automatisierung ist hierbei unabdingbar. Bedenken Sie auch, dass die Kosten dafür schon vor dem Go-live anfallen können.

Sobald die Systeme in einer Cloud installiert worden sind – die Installation reicht schon, eine Nutzung ist dafür nicht notwendig –, fallen bereits Kosten an, entweder für den Service an sich oder für die entsprechende Hardware, bestehend aus Rechen- und Speicherleistung. Gerade bei produktiven Systemen mit entsprechender Hochverfügbarkeit und einer entsprechenden Systemgröße und damit einer größeren Instanzgröße können diese Kosten schnell im sechsstelligen Bereich liegen. Aus diesem Grund sollten sich alle beteiligten Parteien über ein entsprechendes Monitoring und Reporting der vertraglichen Vereinbarungen vorab Gedanken machen. Darüber hinaus sollte frühzeitig diskutiert werden, wie mit den doppelten Kosten für Rechen- und Speicherleistung sowie für den Betrieb der Systeme umgegangen werden soll. Denn bis die On-Premise-Systeme abgebaut sind, fallen parallele Kosten für die alte und die neue Umgebung an, die gerne unterschätzt werden.

Es sollte ein Bericht verfügbar sein, der die in der Cloud anfallenden Kosten sowohl für den Service als auch für Hardware und Rechenleistung aufzeigt. Zusätzliche Kosten für das Netzwerk sollten zudem nicht vernachlässigt werden. Wird ein nicht unerhebliches Datenvolumen zwischen der Cloud und einer On-Premise-Lösung oder zwischen verschiedenen Clouds transferiert, können zusätzliche Kosten für den Traffic anfallen. Weitere Informationen zu den möglichen Abrechnungsmodellen finden Sie in Abschnitt 1.5, »Abrechnungsmodelle«.

Sobald Sie einen PaaS-Service in Anspruch nehmen, sollte auch die Verfügbarkeit des Service berichtet werden, inklusive vorab vereinbarter Parameter wie Antwortzeit der Services, Ausfälle, Probleme, Tickets und weitere Auffälligkeiten.

Fehlerursachenanalysen

Fehlerursachenanalysen (engl. *Root Cause Analysis*, kurz RCA) können ebenfalls ein wichtiger Bestandteil eines solches Reportings sein. Jeder Ausfall und jede Störung eines Service haben eine Ursache, die eindeutig identifiziert werden sollte. Dann können Sie entsprechende Maßnahmen ergreifen und dafür sorgen, dass dieser Fehler behoben wird und der damit verbundene Ausfall nicht erneut auftritt. Neben kleineren Konfigurationsfehlern können auch Hardware- und Softwarefehler zu Ausfällen führen. Wenn Sie diese melden, können Dienstleister aus diesen Fehlern und den zugesendeten Fehlerreports Verbesserungen ableiten und dadurch gegebenenfalls ähnliche Fehler und Ausfälle in Zukunft vermeiden und die Verfügbarkeit der angebotenen Services erhöhen.

Natürlich sind diese Vertragsprüfungen und Vertragsverbesserungen kosten- und sehr zeitintensiv, aber in einem Jahr kann sich in der Technik so viel verändern, dass es sinnvoll ist, neben der Technologie auch vertraglich stets auf dem neuesten Stand zu bleiben, damit keine zusätzlichen Kosten bei neuer Technologie anfallen und die aktuellen Betriebskosten so gering wie möglich sind.

5.1.5 Betriebskonzept

Die vergangenen Abschnitte haben sehr deutlich gezeigt, dass das Betriebskonzept neben den vertraglichen Grundlagen ein wichtiger Bestandteil für den erfolgreichen Betrieb von Cloud-Infrastrukturen darstellt.

Betriebs- und Notfallhandbücher ausgedruckt am Schreibtisch?

Ein *Betriebskonzept* beinhaltet in der Regel ein Betriebs- und Notfallhandbuch, in dem detailliert beschrieben wird, wie der Betrieb aufgebaut ist und welche Regeln einzuhalten sind. Das Konzept ist keine starre Ansammlung von Daten und Dateien, vielmehr sollten alle Informationen darin regelmäßig aktualisiert und ergänzt werden.

Teil des Betriebskonzepts ist häufig auch ein *Betriebsmodell*, das in groben Strukturen die Prozesse der Leistungserstellung und die notwendigen Ablauf- und Aufbauorganisationen beschreibt. Das klassische Betriebsmodell beschränkt sich auf die Kernprozesse des Betriebs, es kann aber auch wie in der erweiterten Definition alle Geschäftsprozesse inklusive Vertrieb und Querschnittsfunktionen beinhalten.

IT4IT-Betriebsmodell

IT4IT

Schauen Sie sich beispielsweise das Blueprint-IT-Betriebskonzept von IT4IT an, erkennen Sie mit Sicherheit viele Themen aus dem Betrieb wieder. IT4IT ist ein herstellerneutraler Standard von The Open Group. The Open Group beschreibt mit diesem Standard ein globales Konsortium, das durch die Nutzung von einheitlichen Technologiestandards Erfolge ermöglicht.

Die Referenzarchitektur IT4IT beschreibt die IT als Wertschöpfungskette und liefert fertige Vorlagen für die Umsetzung eines integrierten IT-Service-Lifecycle-Managements über die allgemein bekannten Phasen Plan, Build, Deliver und Run.

Betriebsmodell als Zielarchitektur

Das Betriebsmodell definiert eine Zielarchitektur und einen Zielzustand eines IT-Betriebsmodells inklusive der notwendigen Zwischenziele und Treiber (siehe Abbildung 5.2).

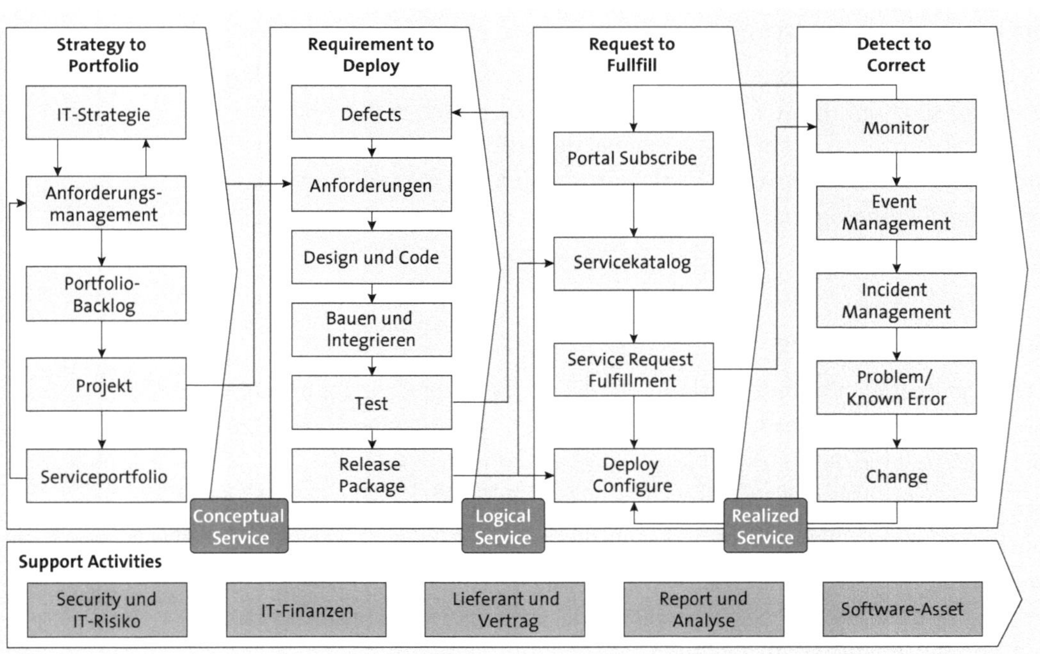

Abbildung 5.2 Betriebsmodell IT4IT (Quelle: The Open Group)

Es legt die Ziel-IT-Management-Architektur eines Unternehmens fest. Es werden End-to-End-Anwendungsfälle und -Szenarien definiert, die aufzeigen sollen, wie die neue IT in Zukunft gesteuert werden soll. Hierzu werden alle relevanten Standards, Frameworks und Best Practices genutzt, die unter dem IT4IT-Dach (beispielsweise TOGAF, ITIL, DevOps oder Scrum) integriert werden sollen. Zusätzlich werden strategische Lieferanten in das IT4IT-Ökosystem integriert. Bei den strategischen Lieferanten und Partnern kann es sich um verschiedene Hersteller von Tools oder Services handeln, die das IT-Management des Unternehmens verbessern.

Wie Sie in Abbildung 5.2 sehen, umfasst das IT4IT-Betriebsmodell diese Hauptbereiche:

- Strategy to Portfolio
- Requirement to Deploy
- Request to Fullfill
- Detect to Correct

Im Folgenden werden wir auf die einzelnen Bereiche näher eingehen, um es Ihnen zu erleichtern, selbst ein geeignetes Betriebsmodell und ein Betriebshandbuch zu erstellen. Wir versuchen, die meisten Begriffe zu übersetzen, aber da es sich bei vielen Wörtern um Standardbegriffe handelt, die in der Fachliteratur verwendet werden und sich in vielen Modellen wie Scrum oder SAFe in der IT durchgesetzt haben, ergibt eine Übersetzung ins Deutsche an manchen Stellen keinen Sinn.

Hinter *Strategy to Portfolio* verbergen sich folgende Aspekte:

- IT-Strategie des Unternehmens
- Demand Management (Anforderungsmanagement)
- Portfolio-Backlog
- Projekt
- Serviceportfolio

Automatisierung und Verbesserung als zentrale Ziele

Die *IT-Strategie* spiegelt die mittel- und langfristigen IT-Ziele eines Unternehmens wider und wie diese zu erreichen sind. Dabei ist der IT-Prozess in seiner kompletten Komplexität betroffen, und die Ziele können sich im Bereich der Automatisierung, der Verbesserung des Service sowie der Weiterentwicklung des Produkts wiederfinden.

Demand Management

Das *Demand Management* beschreibt Konzepte, die die Nachfrage nach Gütern oder Dienstleistungen in Einklang mit den jeweiligen betrieblichen Prozessen bringen. Ein klassisches Demand Management von Cloud-Anbietern ist die Bereitstellung der notwendigen Services. Wenn Sie in kurzer Zeit über 100 Systeme von Ihrem Provider deployen möchten, so ist das Ihr Bedarf. Die Aufgabe des Cloud-Providers besteht nun darin, eine entsprechende Planung für seine Ressourcen aufzustellen, damit Sie in Ihrem Vorhaben nicht nachteilig beeinflusst werden. Diese Nachfrage zu planen ist bei Neuprojekten eine große Herausforderung und erfordert eine entsprechende frühzeitige Informationsstrategie auf beiden Seiten.

Wichtig ist hierbei zu erwähnen, dass sich nicht alles planen lässt. Politische Einflüsse oder etwaige Naturkatstrophen können zu Planungsunsicherheiten führen. Ein Krieg kann etwa bewirken, dass die gesamte IT aus einer Region verlagert werden muss. Diese unplanmäßige Erhöhung gerade an komplexen Integrationen kann Lieferzeiten kurzfristig erhöhen. Ebenfalls können eine Überschwemmung oder der Wegfall von Energie in einer Servicelokation dazu führen, dass der Service umziehen und gegebenenfalls in einer anderen Lokation neu konfiguriert werden muss, wenn z. B. Netzwerkänderungen mit dem Umzug einhergehen. Serviceprovider und Hyperscaler decken diese Umwelteinflüsse und höhere Gewalt in der Regel nicht ab, und auch wenn der Hyperscaler stets bemüht ist, die Services für seine Kunden entsprechend zur Verfügung zu stellen, kann es dennoch zu Engpässen und Verzögerungen kommen.

Das Demand Management beschäftigt sich nicht nur mit Ressourcen auf Hardwareebene. Es kann ebenfalls zu vermehrten Anforderungen bei der Entwicklung oder Wartung eines Produkts kommen, wodurch zusätzliche Entwicklerinnen, Tester, Architektinnen oder IT-Administratoren notwendig werden können. Gerade die Planung und Einplanung von Personal ist von vielen Einflussfaktoren abhängig. So gibt es in einigen Ländern kürzere Kündigungszeiten, Mitarbeitende können wegen Krankheit ausfallen oder innerhalb des Unternehmens die Position wechseln. Vereinzelte Änderungen können meist leicht abgefangen werden, aber wenn z. B. im Betrieb innerhalb kurzer Zeit über 25 % des Personals kündigen oder ein Bereich von Einsparungen oder einer Krankheitswelle betroffen ist, kommt jedes Unternehmen im Betrieb an seine Grenzen. Vielleicht erscheint Ihnen eine Fluktuationsrate von 25 % sehr hoch, aber gerade in der Zusammenarbeit mit Offshore-Standorten ist dies nicht außergewöhnlich. Wenn Urlaub und entsprechende Übergaben bzw. Know-how-Transfers anstehen, kann es hier sehr schnell zu Engpässen bei der Sicherstellung des 24/7-Betriebs oder auch der normalen Bürozeiten kommen.

[+]

Personal und Mitarbeitende als Erfolgsfaktor

Qualifiziertes Personal und Mitarbeitende sind nach wie vor der Erfolgsfaktor in Unternehmen. Letztendlich sind es oft die Mitarbeiterinnen und Mitarbeiter, die die Extrameile gehen oder über den Tellerrand hinausschauen, die den Erfolg im täglichen Betrieb garantieren.

Externe Umwelteinflüsse im Betriebsmodell

Die Coronapandemie hat gezeigt, wie wichtig gesunde und fitte Mitarbeitende sind und wie sich Einschränkungen auf die Zusammenarbeit auswirken. Denn wer zusammenarbeitet, teilt in der Regel auch sein Wissen. So gab es viele Einschränkungen, die bei Terminen vor Ort oder bei der Arbeit im Büro berücksichtigt werden mussten. Teilweise führte dies sogar dazu, dass Key-Know-how-Träger nicht zusammen reisen oder zusammen im Büro sein durften. An dieser Stelle wird gerne der Einwand gebracht, dass jeder ersetzbar ist und es solche Einschränkungen nicht geben sollte. Die Erfahrung zeigt jedoch, dass Mitarbeitende ihr Wissen über die Jahre hinweg aufbauen. Natürlich können auch neue Mitarbeitende dieses Wissen aufbauen, nur nimmt dies im Zweifel einige Zeit in Anspruch. Außerdem ist es beim höheren Management, z. B. wegen möglicher Unfälle, gängige Praxis, dass nicht die komplette Leitung oder der komplette Vorstand eines Unternehmens in demselben Flugzeug, derselben Bahn oder in einem Auto sitzen darf, um zu verhindern, dass das Unternehmen führungslos wird. Die Wahrscheinlichkeit, dass solche Vorkehrungen wirklich notwendig sind, ist gering, aber letztlich ist es meist der Zufall oder das Zusammentreffen von Zufällen, die zu einer Krise führen können.

Portfolio-Backlog

Aber kommen wir zurück zum Betriebsmodell: Wenn die Entwicklerinnen und Architekten die zukünftig gewünschten Funktionen schon konzipiert und definiert haben und eine entsprechende Freigabe vom Management und den verantwortlichen Personen vorliegt, handelt es sich hierbei um das Portfolio-Backlog. Das *Portfolio-Backlog* wird im Rahmen von Projekten umgesetzt und implementiert. Die Aufwände einer sauberen Implementierung sind dabei niemals zu unterschätzen. In welcher Reihenfolge das Backlog implementiert wird, hängt von der gewählten Projektmethode, wie z. B. SAFe oder Scrum, ab. Ebenso ist davon abhängig, wie groß und aufwendig die einzelnen Items sind, sowie die Frage nach Seiteneffekten.

Agilität im Betrieb

Bei agilen Implementierungen wie SAFe oder Scrum legt das Projektteam in der Regel fest, in welcher Reihenfolge die einzelnen Punkte aus dem Backlog implementiert werden. Sobald die Services umgesetzt worden sind und zur Verfügung stehen, werden sie Teil des Serviceportfolios. Das *Serviceportfolio* beschreibt die Services, die ein Provider oder eine Firma zur Verfügung stellt. Wenn das Portfolio nicht mehr Ihren Wünschen entspricht oder Veränderungen eine Anpassung notwendig machen, kann das Portfolio auch genutzt werden, um daraus neue Anforderungen abzuleiten.

Der zweite Bereich, *Requirement to Deploy*, den Sie auch in Abbildung 5.2 sehen, zeigt die Anforderungen, die zum Bereitstellen von Services erfüllt sein müssen. Sie ergeben sich aus dem Demand Management. Weiterhin kann es sein, dass, sobald ein Test fehlschlägt oder ein Fehler gemeldet wird, der behoben werden muss, eine neue Anforderung hinzufügt wird.

Um einen neu entwickelten Dienst im System zu veröffentlichen, sind im Allgemeinen folgende Schritte notwendig:

1. Die Anforderung (engl. *Requirement*) wird im Design und Codingprozess in eine Erweiterung umgesetzt.
2. Dann erfolgt die Paketierung der Erweiterung, also der Build.
3. Anschließend erfolgt die Integration in die bestehende Umgebung, in der Regel zunächst in einem entsprechenden Testsystem.
4. Es folgen umfangreiche technische und fachliche Tests und eine Abnahme durch die Testerinnen und Tester.
5. Anschließend kann das entwickelte Paket in die produktiven Systeme eingespielt (released) werden.

Request to Fulfill beschreibt die Bearbeitung von Serviceanfragen. In den meisten Fällen handelt es sich bei den Anfragen um geringfügige Änderungen, z. B. das Zurücksetzen eines Passwortes, das Einspielen eines Transports oder das Anlegen eines Lagers oder Materialstamms. Anfragen können in der Regel über ein Portal eingestellt werden, das einen Zugriff auf den Servicekatalog hat und in dem Sie bzw. eine Mitarbeiterin oder ein Mitarbeiter Ihres Unternehmens vordefinierte Services wie das Zurücksetzen von Passwörtern auswählen kann. Mit dem Absenden an den Provider entsteht eine Serviceanfrage, die dann in das System eingespielt bzw. konfiguriert wird.

Fehler im Betrieb erfassen und korrigieren

Wesentlicher Bestandteil des Betriebsmodells ist ebenfalls der Bereich *Detect to Correct*. Bei Detect to Correct geht es darum, die Fehler des täglichen Betriebs zu erfassen und zu korrigieren. Hier ist das Monitoring von großer Bedeutung, das im gleichnamigen Abschnitt 5.2 vertieft wird. Das Monitoring generiert per Event Management ein Ticket, das dann wiederum einen Incident im entsprechenden Tickettool eröffnet. Je nachdem, ob es sich um einen bereits bekannten oder einen neuen Fehler handelt, wird eine entsprechende Fehlerursachenanalyse erstellt, deren Ergebnis aufzeigt, wie der Fehler passieren konnte und welche Schritte ergriffen werden, um diesen Fehler in Zukunft zu vermeiden. Möglichkeiten, um Fehlern vorzubeugen, sind die Schulung der Mitarbeitenden, die Anpassung des Monitorings oder – wenn es sich um größere Fehler handelt – sogar Änderungen am vorhandenen IT-Design. Das Monitoring gibt auch Einblick in die Historie eines

Systems. Daher ist es wichtig, nicht nur auf Fehler zu reagieren, sondern Fehler zu verhindern, bevor sie sich auf den Betrieb auswirken.

Änderungen werden über einen zuvor abgestimmten Change-Prozess in das System gebracht und dokumentiert. Bei den Changes kann es sich dann entweder um Emergency Changes handelt, wenn der Fehler schwerwiegender ist oder die Auswirkungen für den Betrieb entsprechend hoch sind, oder um einen normalen Change, wenn der Fehler zwar behoben werden soll, die Auswirkungen auf den Betrieb aber noch im akzeptablen Bereich liegen. Wichtig ist hierbei, dass es sich nicht immer um technische Fehler handeln muss, auch logische Fehler können entsprechende Auswirkungen auf den Betrieb haben. Ein Fehler in einer Formel, eine falsche Berechnung oder sogar eine fehlerhafte Rechnung können von großer Bedeutung sein.

Sicherheits- und IT-Risiko-Kollegen als ständige Begleiter

Die Supportaktivitäten haben auf alle Bereiche des Betriebsmodells Einfluss. Bei jeder Aktion im Betrieb sollte man stets das Team, das sich mit den Sicherheits- und den IT-Risiken beschäftigt, miteinbeziehen. Jede Änderung an den Services und Applikationen kann gewisse IT-Risiken mit sich bringen, wenn z. B. eine nicht freigegebene Übertragungsmethode bei der Übermittlung von Daten verwendet wird. Die Mitarbeitenden, die die Kosten der IT im Blick behalten, haben zudem ein Interesse an den Kosten für den Betrieb sowie zusätzlichen Kosten, die die Änderungen mit sich bringen. Hierzu werden in der Regel übersichtliche Reports generiert. Neben einer Kostentransparenz und Überwachung kann diese Übersicht auch als Forecast oder Benchmark für zukünftige Projekte dienen. Wie bereits am Anfang dieses Kapitels aufgeführt, sind das Vertrags- und Lieferantenmanagement und ein entsprechendes Reporting sowie Software Asset Management deshalb sehr wichtig.

Frameworks und Initiativen zur Integration

Über die letzten Jahre wurden verschiedene Initiativen und Ansätze entwickelt, die jeweils einen Teil des Betriebsmodells abdecken. Schaut man sich die entsprechenden Initiativen auf dem Markt an, würde sich beispielsweise eine Integration anbieten, wie sie in Abbildung 5.3 zu sehen ist. Die einzelnen Ansätze sind teilweise oft oder auch weniger oft integriert. Entsprechende Integrationen, wie sie in Abbildung 5.3 dargestellt sind, sollen den Betrieb und die Prozesse unterstützen. Tools werden bewertet und angeschafft, um z. B. das Lizenzmanagement einfacher zu gestalten.

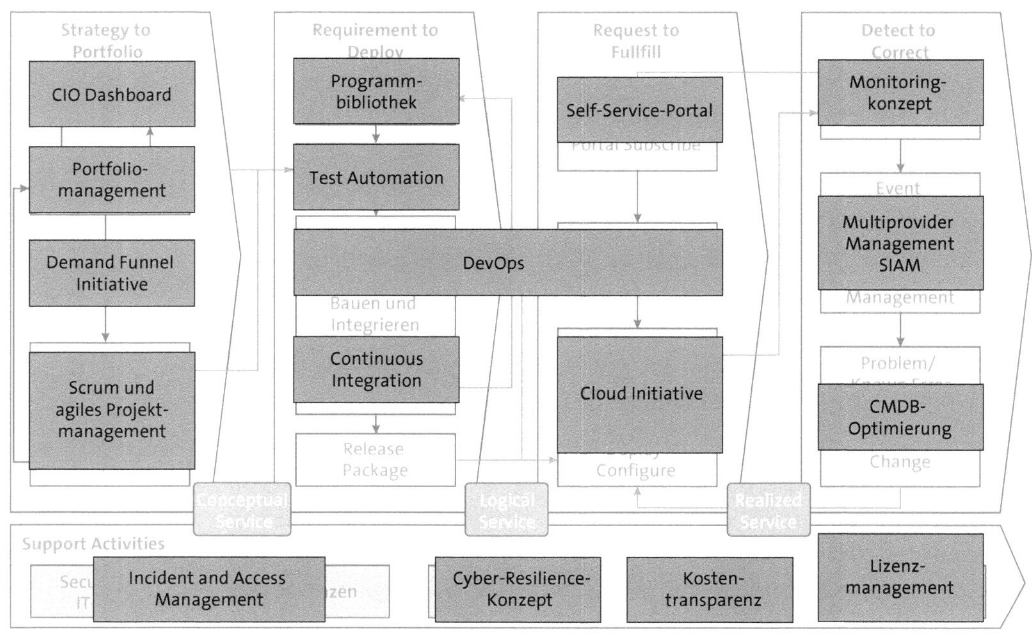

Abbildung 5.3 IT4IT-Betriebsmodell mit integrierten Ansätzen (Quelle: IT4IT)

CMDB Ein weiteres Tool, mit dem Sie verschiedene Teile Ihres Betriebsmodells abdecken können, ist die *Configuration Management Database* (kurz CMDB). Diese Datenbank gibt das Inventar einer Firma wieder. Es kann etwa eine grafische Abhängigkeit zwischen den Systemen sowie den Umsystemen dargestellt werden. Weiterhin ist ersichtlich, was alles einem bestimmten Service zugeordnet ist. Eine CMDB kann im Fehlerfall schnell die Abhängigkeiten eines Service oder einer Komponente zu den Umsystemen und dem Betrieb darstellen, sofern sie gut gepflegt und aktuell ist. So kann bei einem Ausfall eines SAP-Systems oder einer angebundenen Datenbank schnell geprüft werden, welche anderen SAP-Systeme, Datenbanken, Lieferanten und Geschäftsprozesse betroffen sind. Die Verarbeitungsketten können angehalten und nach erfolgreicher Wiederherstellung des ausgefallenen Systems wieder gestartet werden.

DevOps Die Endanwenderinnen und Endanwender greifen in vielen Fällen über Serviceportale auf die Services des Providers zu. Bei der Zusammenarbeit zwischen Softwareentwicklung und IT-Betrieb auf Grundlage einer Sammlung von technischen Methoden und der Kultur des Teamworks kann beispielsweise *DevOps* zum Einsatz kommen.

Testautomatisierung

Aufwände im Test und die Wiederverwendbarkeit von Tests inklusive der notwendigen Dokumentation werden mithilfe von Testautomatisierungen implementiert. Dabei wird die Arbeit im Betrieb und im Projekt immer agiler gestaltet und findet, anders als früher, nicht mehr nach dem Wasserfallmodell statt.

Integrationen wie CMDB, DevOps oder die Testautomatisierung können den Betrieb vereinfachen und die Teamarbeit fördern. Die Initiativen für die Integration sollten hierbei stets einen Auswahlprozess durchlaufen, da es für die einzelnen Integrationen viele Tools und Methoden gibt, es am Ende aber aufgrund der Team- und Betriebsanforderungen dazu kommt, dass sich nicht alle Tools und Methoden für die Implementierung in einer Firma anbieten. Nehmen wir als kleines Beispiel die Kostentransparenz. Werden ein Reporting und die Analysemöglichkeit implementiert, die seitens Infrastruktur ohne Probleme implementiert werden können, aber auf die Bedürfnisse der Applikation nicht eingehen, wird es zwangsläufig erneut zu einem Medienbruch kommen. Das Ziel einer übergreifenden Kostentransparenz wird nicht gegeben sein, da nicht alle Bereiche des Unternehmens ihre Ansprüche abgedeckt sehen und aus der Erfahrung heraus zusätzliche Tools implementiert werden.

Aufbau und Besonderheiten eines Betriebshandbuches

Alle diese Prozesse und Anforderungen werden im Betriebshandbuch dokumentiert, aktualisiert und dem Betrieb zur Verfügung gestellt. Eine entsprechende Dokumentationserstellung ist sehr umfangreich aufgrund der Forderung, alle für den Betrieb notwendigen Prozesse und Methoden zu dokumentieren. Zudem besteht bei einer Provider-Kunden-Beziehung oft die Anforderung, die entsprechenden Dokumentationen seitens Provider dem Kunden zur Verfügung zu stellen.

Betriebshandbücher als Wissensgrundlage für Sie und die Provider

Da Betriebshandbücher aber auch firmeninternes Wissen und vertrauliche Daten beinhalten können, die das Unternehmen nicht verlassen sollen, sollten Sie frühzeitig klären, welche Informationen über den Betrieb gegebenenfalls mit Partnern, Kunden und Lieferanten geteilt werden sollen und welche nicht. Als Kunde eines Hyperscalers wünschen Sie sich eine vollumfängliche Dokumentation, nur möchte der Public-Cloud-Anbieter Ihnen oder anderen Providern am Markt gegenüber vielleicht nicht alles transparent machen. Welche Cloud- oder Applikationsarchitektur als Service zur Verfügung gestellt wird, könnte bei einer Offenlegung die Wettbewerbsfähigkeit beeinträchtigen.

Aus diesem Grund gibt es in der Regel einen allgemeinen Teil des Betriebshandbuches und zusätzliche Dokumentationen oder Ergänzungen, in denen dann die spezifischen Angaben stehen, die providerintern, aber nicht mit Ihnen geteilt werden.

Klassisches Beispiel wäre eine Dokumentation darüber, wie ein neues SAP-System in einer Cloud bereitgestellt werden soll. Dies ist Teil des Betriebs und der verfügbaren Handbücher, jedoch sind die architektonischen Hintergrunddaten, in welchen Netzen deployt wird, welche Firewalls es gibt, welche Zugriffe erlaubt werden, wie das Hochverfügbarkeitskonzept aussieht oder welche Parameter bei der Hochverfügbarkeit und im Betrieb eingestellt sind, von Provider zu Provider sehr unterschiedlich und werden in der Regel nicht nach außen kommuniziert. So ist es nicht unüblich, dass ein Betriebshandbuch aus mehreren einzelnen Handbüchern besteht, womit die Pflege auch um einiges leichter ist.

Aufbau des Betriebshandbuches

Der Aufbau des Betriebshandbuches und der Dokumentationen hat in der Regel mindestens zwei Versionen. Die erste Version beinhaltet Daten und allgemeine Systemdaten, die mit Dienstleistern und Partnern geteilt werden können. Die zweite Variante enthält spezielles internes Wissen oder geheime Unternehmensinformationen, die Sie nicht extern mit Partnern und Dienstleistern teilen möchten. Da das firmeninterne Wissen das Unternehmen nicht verlassen soll, sollten die Handbücher so aufgebaut werden, dass im Falle eines Providerwechsels oder bei Vertragsende die entsprechenden Passagen ohne großen Aufwand entfernt werden können.

Automatisierung der Datenbereitstellung für das Betriebshandbuch

Beim Aufbau des Betriebshandbuches sollte geprüft werden, welche Daten automatisiert ermittelt werden können Dies hilft, die Daten aktuell zu halten, und reduziert den manuellen Aufwand bei der Pflege der Handbücher. Der SAP Solution Manager bietet mit der *Landscape Management Database* (kurz LMDB) eine gute Grundlage hinsichtlich des SAP-Inventars inklusive des Standes der Support Packages, der Version der Datenbank und des Betriebssystems. Solche Automatisierungen erleichtern die regelmäßige Pflege, denn bei größeren Systemlandschaften müsste jedes Kernel-Update manuell nachgepflegt werden, was einen enormen Aufwand nach sich zieht. Das größte Risiko besteht darin, dass die Handbücher nicht mehr aktuell sind und damit wichtiges Wissen für den Betrieb nicht vorhanden ist.

[«]

Aktuelle Dokumentation

Eine aktuelle und gepflegte Dokumentation erleichtert den Betrieb, die Einarbeitung von neuen Mitarbeitenden und das Verteilen von Aufgaben zwischen First-, Second- und Third-Level-Support.

Ebenfalls ist es hilfreich, neben den Betriebsinformationen und den Methoden auch Richtlinien, etwa zur Programmierung oder zum Deployment, festzuhalten. Diese können die spätere Abnahmezeit um einiges verringern und das System standardisieren.

Programmierrichtlinien geben an, wie programmiert werden muss. Darin wird etwa festgehalten, welche Namenskonventionen eingehalten werden müssen, damit die Programme eindeutig zuzuordnen sind. Auch der Name von Transporten, Regeln zur Erstellung neuer Programme oder Dynpros oder System Guides können dort hinterlegt werden. Halten sich alle an die Richtlinien, ist es später im Fehlerfall leichter, die Programme zu identifizieren, zu lesen und anzupassen. Hinzu kommt, dass ein einheitliches Layout oder User Interface die Akzeptanz erhöht, da es für Sie intuitiver ist, wenn neue Applikationen oder Services ein ähnliches Look-and-feel haben wie die bereits bekannten Services.

Aufbau und Besonderheiten des Notfallhandbuches

Notfallhandbuch für den K-Fall

Neben den Informationen im Betriebshandbuch sollten Sie die Informationen für Not- und Katastrophenfälle nicht vergessen. Diese sammeln Sie in einem *Notfallhandbuch*. Ein Notfallhandbuch ist in der Praxis systembezogen und beschreibt, wie der Betrieb aufrechterhalten werden kann, wenn das entsprechende SAP-System nicht mehr zur Verfügung steht. Sollte z. B. ein ERP-System ausfallen, das für die Instandhaltung genutzt wird, finden sich in dem Handbuch alle notwendigen Formulare, um für einen bestimmten Zeitraum die Inventuren manuell durchzuführen und zu dokumentieren. Sobald das System wieder da ist, werden die Daten dann nachgepflegt.

Die Handbücher müssen ausgedruckt und verfügbar für den Notfall an allen notwendigen Standorten des Betriebsteams bereitliegen. Stellen Sie sicher, dass die Mitarbeitenden wissen, welche Passagen aus dem Handbuch sie betreffen und was im Notfall getan werden muss. Die Handbücher und alle notwendigen Formulare sollten unbedingt ausgedruckt vorhanden sein, da es sein kann, dass nicht nur das System beim Provider nicht erreichbar ist, sondern im gesamten Unternehmen der Strom ausgefallen ist oder die Systeme der täglichen Verwaltung aus Sicherheitsgründen heruntergefahren werden mussten.

Ob die Handbücher aktuell sind, sollte regelmäßig geprüft werden. Aus diesem Grund werden in der Regel einmal jährlich entsprechende Notfallübungen geplant, wobei meist nur das Management den genauen Termin kennt, die Mitarbeitenden aber nicht, damit der Notfall realitätsnah simuliert werden kann. Über die entsprechende Kommunikationskette, die meistens im ersten Kapitel des Notfallhandbuches dokumentiert wird, wird der Notfall ausgerufen und der Betrieb für einen abgestimmten Zeitraum manuell aufrechterhalten. So ein Livetest birgt gewisse Risiken, da die Produktion und die Erbringung der Services gegebenenfalls nicht mehr in gewohnter Geschwindigkeit aufrechterhalten werden können. Wir empfehlen Ihnen trotzdem, diese Aufwände regelmäßig als Best Practice einzuplanen, denn damit können die Mitarbeitenden den Prozess zurück ins Gedächtnis rufen und üben. Darüber hinaus kann das Management aus den Testergebnissen ebenfalls weitere Aktivitäten ableiten.

Es kann z. B. während des Testlaufs herauskommen, dass ein Geschäftsprozess nicht ausgeführt werden kann, da die Anpassungen nicht dokumentiert worden sind oder Berechtigungen und User-Accounts fehlen oder die angegebene Notfallnummer, um einen Ansprechpartner zu erreichen, nicht mehr aktuell ist. In einem solchen Fall werden die Ergebnisse des Tests in einem Protokoll nachgehalten und das Notfallhandbuch dahingehend aktualisiert, dass die fehlenden Informationen nachgepflegt oder Passagen überarbeitet und verständlicher beschrieben werden. Natürlich können die Änderungen an den Handbüchern auch proaktiv erfolgen, wenn man z. B. eine Migration mit entsprechenden Änderungen durchführt, die den Ablauf im Katastrophenfall verändert. Es sollte vermieden werden, dabei Daten aufzunehmen, wie Abteilungsnamen oder persönliche Namen. Die Nutzung zentraler Telefonnummern und eine Aufgabenbeschreibung sind viel hilfreicher, da bei einem Wechsel der Ansprechpartner nicht alle Handbücher erneut ausgedruckt werden müssen.

Grundlage für jeden RZ-Ausfall

Was Sie in Ihrem Notfallhandbuch beschreiben, steht beim Serviceprovider in einem *Notfall-* oder *Katastrophenfall-Dokument*. Darin werden größere Ausfälle beschrieben, wie z. B. der Ausfall eines kompletten Rechenzentrums durch Brand oder Stromausfall. In diesem Dokument wird auch das Vorgehen beschrieben, falls ein Teil des Supports nicht mehr möglich ist, weil ein zentrales Netzwerk ausgefallen ist und ein Teil der Mitarbeitenden nicht mehr auf die Systeme zugreifen kann.

Sofern die Systeme bei einem Cloud-Provider gehostet werden, sollte je nach eingekauftem Service sichergestellt werden, dass die entsprechenden Notfallkonzepte vorhanden und getestet sind. Weiterhin ist zu prüfen, inwieweit die Konzepte vom Cloud-Provider zu ergänzen sind, da Teile des

Service Ihnen oder Ihrem Serviceprovider obliegen können, wie z. B. das User-Management oder das zentrale Transportmanagement.

Wichtig sind dabei immer folgende Fragen für den Provider:

- Was passiert bei Ihrem Business und Ihren Kunden, wenn das Rechenzentrum nicht mehr zur Verfügung steht und die Systeme nicht mehr für Sie als Kunde erreichbar sind?
- Auf welche Daten können Sie oder Ihr Managed Service Provider (MSP) in diesem Fall nicht mehr zugreifen?

Natürlich hat jeder Provider für diese Fälle und bei entsprechenden SLAs ein Ausweichrechenzentrum, und die Services werden umgeleitet. Wenn dieser Service jedoch nicht in Ihrem SLA steht, kann das dazu führen, dass ein zentraler Service nicht zur Verfügung steht.

Ohne Dokumentation kein Betrieb

Dokumentation ist wichtig. Eine Dokumentation, die nicht gelebt und nicht geprüft wird, ist sehr schnell nicht mehr aktuell, daher stellen ein ausführliches Betriebshandbuch und die notwendigen Betriebsdokumente einen der Hauptpfeiler eines reibungslosen und problemlosen Betriebs dar. Neben der Erstellung ist die Pflege dieser Dokumente unabdingbar, um keine veralteten Dokumente zu haben. Aussagen, wie »Das dokumentiere ich später« sollten im Betrieb nie getätigt werden. Kein Change ohne Change und wiederum kein Change ohne geeignete Change-Dokumentation. Dieses Vorgehen ist nicht nur bei Audits und im Rahmen von ITIL wichtig, sondern sollte ein weiterer Eckpfeiler des Betriebs sein.

Eckpfeiler des Betriebs

Zusammenfassend können wir festhalten, dass folgende Punkte zu den Eckpfeilern des Betriebs gehören:

- Eine Dokumentation muss leben und genutzt werden.
- Es gibt keine Veränderungen ohne Veränderungen. Das gilt nicht nur für produktive Systeme, sondern für jedes System.
- Es gibt keine Veränderung ohne Dokumentation.

5.2 Monitoring

Einen weiteren Eckpfeiler des Betriebs stellt das *Monitoring* dar. Zum einen ist das Monitoring die Grundlage für den reibungslosen Betrieb, zum anderen ist es wichtig für die Vorhersage, die Planung sowie die Einhaltung des SLA.

Zusammenarbeit zwischen Applikation und Infrastruktur

Monitoring ist eine Zusammenarbeit zwischen Applikation und Infrastruktur. Nur wenn ein System End-to-End überwacht wird, kann ein SLA eingehalten und die Verfügbarkeit des Systems, der Applikation oder des Service gewährleistet werden. Weiterhin sind Abhängigkeiten und Seiteneffekte zu beachten. Infrastruktur-Monitoringparameter ergeben etwa keinen Sinn, wenn bei 80 % einer Dateisystemnutzung eine Meldung gesendet wird, aber das System nicht viel genutzt wird. Hingegen kann eine Meldung bei 90 % und einer großen Änderungsrate im Monats- oder Jahresabschluss zu spät erscheinen und es könnte im schlimmsten Fall zum Systemstillstand kommen.

Wer kennt das nicht: Zunächst läuft das SAP-System problemlos, und dann ändert sich das Verhalten von einem Tag auf den anderen und Sie oder Ihre Mitarbeitenden, die das System bedienen sollen, beschweren sich. Häufig wird dann von der Fachabteilung und dem Betriebsteam ein proaktives Monitoring gefordert. Genau genommen kann es ein solches Monitoring aber nie geben, da man dafür in die Zukunft schauen müsste. Was Sie bzw. Ihre IT-Abteilung aber tun können, ist, den aktuellen Zustand eines Systems genau zu beobachten und über ein Reporting inklusive einer Prognose bzw. einer Trendanalyse eine entsprechende Bewertung vorzunehmen. Je größer die Datenbasis ist und je mehr Erfahrung Sie mit dem System haben, desto genauer wird diese Prognose sein und desto eher und schneller können Fehler vermieden werden.

Nutzt man einen Hyperscaler für den Betrieb, ist das Thema Monitoring jedoch ein wenig komplexer, da neben dem eigenen Monitoring über zentrale Komponenten, wie z. B. den SAP Solution Manager, auf den wir im gleichnamigen Abschnitt 5.2.1 eingehen werden, ebenfalls das Monitoring des Hyperscalers in die Monitoringstrategie einfließen muss. Diese ganzheitliche Betrachtung stellt eine Herausforderung bei der Entwicklung der geeigneten Monitoringstrategie dar. Aus diesem Grund möchten wir Ihnen im Folgenden auch eventuelle Abhängigkeiten und Besonderheiten aufzeigen, die in der Monitoringstrategie bedacht werden sollten.

[+]

Erfahrung im Monitoring und im Design

Entsprechende Erfahrung bei der Entwicklung einer Monitoringstrategie und ein Bewusstsein für das Gesamtbild sind wichtig, um Silos und blinde Flecken im Monitoring zu vermeiden. Die Integration von übergeordnetem Monitoring und eigenem Monitoring wird erfahrungsgemäß leider oft unterschätzt.

Designschritte für ein geeignetes Monitoring

Beim Design des Monitorings ist zu beachten, dass keine Grenzen zwischen dem Applikationsmonitoring und dem Infrastrukturmonitoring entstehen. Dies sollte auch beim Design des Betriebs bedacht werden (siehe Abschnitt 5.1, »Betrieb«).

Kein System hat endlose Ressourcen, wenn z. B. Millionen von Daten in das Dateisystem geladen werden, wird neben der Antwortzeit auch der Datenträger beansprucht. Am Ende kann das System stehen bleiben, oder Sie haben von einem Monat auf den anderen eine monatliche Abrechnung, die auf einmal doppelt so hoch ist wie die aus dem Vormonat. Ein weiterer Grund für ein standardisiertes, aber dennoch individuelles Monitoring liegt darin begründet, dass kein System dem anderen gleicht. Ein Reportingsystem stellt andere Anforderungen als ein Human-Resources-System (HR-System), und das wiederum hat andere Anforderungen als ein Schnittstellensystem, das es zu überwachen gilt.

Es ist wichtig, einen Standard zu schaffen und dann auf den konkreten Anwendungsfall des Systems und des Business einzugehen. In der Praxis wird daher meist ein Standardmonitoring durchgeführt, das um ein individuelles Monitoring ergänzt wird. SAP bietet hier seit Jahren eine entsprechende Plattform, um den Betrieb von SAP-Systemen zu unterstützen, den SAP Solution Manager. Die Verfügbarkeit eines SAP-Systems mit dem SAP Solution Manager beschreibt, ob ein System pingbar, also mithilfe eines technisches Ping-Kommandos erreichbar, ist und ob es möglich wäre, sich einzuloggen. Zeigt der SAP Solution Manager an, dass das System verfügbar ist, heißt das noch nicht, dass die Endanwenderinnen und Endanwender ihre Tätigkeiten mit dem SAP-System ausführen können. Die reine Systemverfügbarkeit nützt den Endanwenderinnen und Endanwendern nichts, wenn das System so langsam ist, dass man damit nicht arbeiten kann, oder wenn gegebenenfalls wichtige Umsysteme, die ein Geschäftsprozess benötigt, nicht verfügbar sind.

Auf den SAP Solution Manager gehen wir im gleichnamigen Abschnitt 5.2.1 ein, da er einen Standard für das SAP-Monitoring darstellt. Architektinnen und Architekten erstellen zusammen mit den technischen Verantwortlichen der SAP-Systeme das Design, definieren den Standard des systemspezifischen Monitorings und bestimmen, was per Definition enthalten ist und was nicht. Dabei ist es wichtig, das richtige Mittelmaß zu finden. Unzählige Alert-Meldungen, auf die niemand mehr reagiert, bringen keine Vorteile. Stattdessen sollten spezielle Alerts für alle wichtigen Systeme eingerichtet werden. Dabei darf auf keinen Fall ein wichtiger Alert vergessen werden, da schon kleine Fehler große Auswirkungen auf den Betrieb haben können. Es kommt z. B. häufig vor, dass das Dateisystem der Backups vollläuft. Bevor es zu einem sogenannten *Archive Stuck* und damit zu einem Systemstillstand kommt, sollte ein Alert rechtzeitig darauf hinweisen.

Monitoring Design

Es ist wichtig, das richtige Maß zu finden, zu viele Warnungen mit wenig Aussagen bringen keinen Mehrwert und nützen niemandem. Zu wenige Alerts können dazu führen, dass ein wichtiges Problem übersehen wird.

Viel hilft nicht viel, es ist wichtig, für alle Parteien wie Fachabteilung, Provider, Hyperscaler, Systemverantwortlicher und Betriebsverantwortliche ein Monitoring Design zu erstellen, mit dem alle zurechtkommen und zufrieden sind.

End-to-End-Monitoring inklusive Reporting

Eine entsprechende End-to-End-Sicht im Monitoring ist ebenfalls von Vorteil. Betrachten Sie das große Ganze, denn die Infrastruktur beeinflusst das SAP-System und deren Applikation und am Ende die Endanwender. Aber auch die End-User können die Anforderungen an die Infrastruktur beeinflussen. Daher ist es unabdingbar, die Arbeiten und Tätigkeiten der Endanwenderinnen und Endanwender und das Geschäftsverhalten des Systems zu verstehen, um ein geeignetes Monitoringkonzept zu entwickeln. Denn Monitoringkonzepte ohne das Verständnis für die Fachabteilung und ihre Bedürfnisse können katastrophale Auswirkungen auf den Betrieb haben.

Ebenfalls geht mit dem Monitoring das geeignete Reporting einher, also eine Auswertung der Monitoringdaten, denn mit aktuellen und vergangenen Werten können Voraussagen getroffen und Aktivitäten abgeleitet werden, die den Betrieb stabilisieren. Die Werte aus dem Monitoringsystem müssen entsprechend gespeichert und aufbereitet werden. Man hält in der Regel nicht alle Daten der letzten Monate vor, vielmehr ist es zum Standard geworden, die Werte nach einem Monat zu komprimieren und zu aggregieren und Werte, die sechs Monate zurückliegen, nicht mehr so detailliert aufzubewahren.

Eine entsprechende Erfahrung bei der Konfiguration des Monitorings und die Pflege des Monitorings werden in der Regel gerne vernachlässigt und unterschätzt. Die Mitarbeitenden müssen sich nicht nur mit den zu überwachenden Systemen auskennen, vielmehr müssen sie auch die Tools auf dem Markt kennen, um sie richtig einzusetzen und ein entsprechendes Housekeeping der Systeme vorzunehmen. Oft wird ein Monitoringsystem aufgesetzt und danach nie wieder so richtig gepflegt oder aktuell gehalten. In der Praxis beginnt dies meist schon damit, dass das Monitoring bei Wartungsarbeiten aus- und anschließend wieder eingeschaltet wird. Leider wird das Wiedereinschalten manchmal vergessen oder nicht rechtzeitig durchgeführt.

Im weiteren Verlauf gehen wir auf einige Monitoringtools ein. Dabei geht es aber nicht um die Tools an sich, sondern vielmehr um die Möglichkeiten, die sie bieten. In vielen Fällen können Sie diese Informationen auf andere Tools übertragen, und das sollten Sie bzw. der Architekt oder die Architektin Ihres Unternehmens auch tun. Je nach Anforderung gibt es nämlich verschiedene Tools für das Monitoring. So ist bei SAP der SAP Solution Manager eine Best Practice, und auch Microsoft, Google Cloud und AWS haben Standards im Bereich Monitoring, auf die wir in den folgenden Abschnitten näher eingehen.

5.2.1 SAP Solution Manager

SAP Solution Manager als zentraler SAP-Standard

Der SAP Solution Manager ist seit Langem das Standardmonitoringtool für SAP-Systeme. Weiterhin ist es das Lifecycle-Tool von SAP und bietet damit eine gute Möglichkeit, um den täglichen Betrieb zu unterstützen.

In den letzten 20 Jahren hat der SAP Solution Manager einen enormen Wandel vollzogen. Anfangs war er für die EarlyWatch-Alert-Reports notwendig, also wöchentliche Reports über ein SAP-System. Im Laufe der Zeit wurden seine Funktionen in Hinblick auf Landscape Management, Dokumentation, Projektabwicklung, Testing sowie Monitoring ergänzt. Es gibt eine umfangreiche Literatur zum SAP Solution Manager, und schon beim Aufsetzen sollten Sie sich Gedanken zum zukünftigen Design machen. An dieser Stelle möchten wir den Gedanken nur dahingehend vertiefen, dass ein Solution Manager, der sich um das Monitoring kümmert, und ein Solution Manager für Projekte, Dokumentation und Testing nicht immer die gleichen Anforderungen mit sich bringen. Ein zentrales Monitoringsystem auf der einen Seite sollte immer aktuell sein, um alle Lösungen und Systeme entsprechend monitoren zu können. Ein System für die Projektdokumentation und -durchführung auf der anderen Seite kann in größeren und längeren Projekten selten eine entsprechende Auszeit von mehr als drei bis vier Tagen für entsprechende Support Packages erübrigen.

Das Monitoringsystem muss stabil sein, zudem sollte zwischen Implementierung und Betrieb ein entsprechender Lifecycle bestehen. Das bedeutet, dass auch nach dem Produktivstart das Monitoring und die Funktionen im SAP Solution Manager weiter ausgebaut, verfeinert und genutzt werden sollten. Der SAP Solution Manager unterstützt Sie dabei mit verschiedenen

Werkzeugen. Im Rahmen dieses Abschnitts werden wir aber nur auf die Möglichkeiten des Monitorings eingehen, da weitere Ausführungen sonst den Rahmen sprengen würden.

Die bereits erwähnte integrierte Landscape Management Database ist eine wichtige Grundlage, da sie alle Daten beinhaltet, die notwendig sind, um die Landschaften zu beschreiben, die technisch ausgelesen werden können und die für die einzelnen Szenarien wichtig sind. Die LMDB erhält ihre Informationen für die technischen Systeme aus dem System Landscape Directory (kurz SLD) und vom Diagnostics Agent.

Das SLD stellt den zentralen Informationsanbieter in einer Systemlandschaft dar und enthält Komponenteninformationen und die Landschaftsbeschreibung. Beim Diagnostics Agent handelt es sich um eine zentrale Komponente der Systemlandschaft des SAP Solution Managers und um die Remote-Komponente der End-to-End-Ursachenanalyse. Die Diagnostics-Agenten ermöglichen die Verbindung zwischen dem SAP Solution Manager und den zu verwaltenden Systemen und liefern eine Sammlung von Informationen aus den verwalteten Systemen zu Reporting- und Analysezwecken.

Es ist wichtig, dass die Daten in der LMDB und das SLD sauber gepflegt sind, da diese die Grundlage für die LMDB darstellen. Sind die Systeme nicht richtig an den SAP Solution Manager angebunden, d. h., sind die Daten in der LMDB und dem SLD nicht korrekt oder unvollständig, wirkt sich dies auf die weitere Konfiguration und damit auch auf das weitere Monitoring aus. Eine fehlerfreie Einrichtung kann viele Probleme proaktiv ausschließen und fehlerhafte Alerts vermeiden.

Grundkonfiguration des SAP Solution Managers

Um bei der Konfiguration des Monitorings keine Probleme zu bekommen, sollte die Grundkonfiguration im SAP Solution Manager stets »grün« abgeschlossen werden. Grün heißt in diesem Fall für die Kollegen und Kolleginnen, die noch nicht viele Berührungspunkte mit dem SAP Solution Manager haben, dass die Punkte erfolgreich abgeschlossen worden sind und es keine Warnungen oder Fehler gibt. Diese Konfiguration ist über die Transaktion SOLMAN_SETUP im SAP Solution Manager zu erreichen und setzt sich aus den Punkten der Mandatory-Konfiguration zusammen. Die Mandatory-Konfiguration besteht aus den folgenden Schritten:

- Systemvorbereitung
- Infrastrukturvorbereitung
- Basiskonfiguration

Sobald die notwendige Basiskonfiguration und die Managed-System-Konfiguration abgeschlossen worden sind, können Sie das eigentliche Systemmonitoring konfigurieren.

Bei der Managed-System-Konfiguration werden die Satellitensysteme an den SAP Solution Manager angebunden. Dabei ist es wichtig, dass auf den Systemen die notwendigen Diagnostics-Agenten installiert sind, die Systeme via RFC (Remote Function Call, sofern es sich um ABAP-Systeme handelt) angebunden sind und die notwendigen User-Accounts und Firewall-Berechtigungen vorliegen. Je nach Prozess ist es sinnvoll, frühzeitig die notwendigen User und entsprechenden Firewall-Freischaltungen zu beauftragen. Informationen zu den notwendigen Usern und Ports finden Sie im Master-Konfigurationsleitfaden von SAP.

Weitere Details sowie die Links zum Master und Upgrade Guide sind unter folgendem Link zu finden: *https://help.sap.com/docs/SAP_Solution_Manager/*.

Das Monitoring setzt sich dabei immer zusammen aus Elementen wie Verfügbarkeit, Betriebssystem, Datenbank und dann den spezifischen SAP-Templates für die Applikation. Achten Sie darauf, dass die Templates nicht nur zugewiesen werden, sondern dass auch ein entsprechendes Alerting konfiguriert ist, ansonsten können die Alerts nur im SAP Solution Manager eingesehen werden. Es werden jedoch nie Tickets generiert oder es wird daran gearbeitet.

Monitoring – das Gesamtbild nicht vergessen

Denken Sie bei der Konfiguration des Monitorings immer daran, das Big Picture nicht zu vernachlässigen. Angefangen bei der Infrastruktur über die Datenbank, die SAP-Applikation bis hin zu den Schnittstellensystemen sollte das System als Ganzes betrachtet werden.

Neben dem technischen Monitoring gibt es im SAP Solution Manager weitere Möglichkeiten für das Monitoring. Es kann zusätzlich ein *Interface Monitoring* eingerichtet werden. Dies führt dazu, dass das bestehende Monitoring erweitert wird und Sie auch Schnittstellen zwischen Systemen überwachen können. Schickt ein SAP-ERP-System z. B. Daten per RFC an ein anderes System, sorgt die Überwachung dafür, dass es zu keiner Verzögerung im Businessprozess kommt. Das Monitoring muss natürlich konfiguriert werden und kann dann über das entsprechende Work Center aufgerufen werden (siehe Abbildung 5.4).

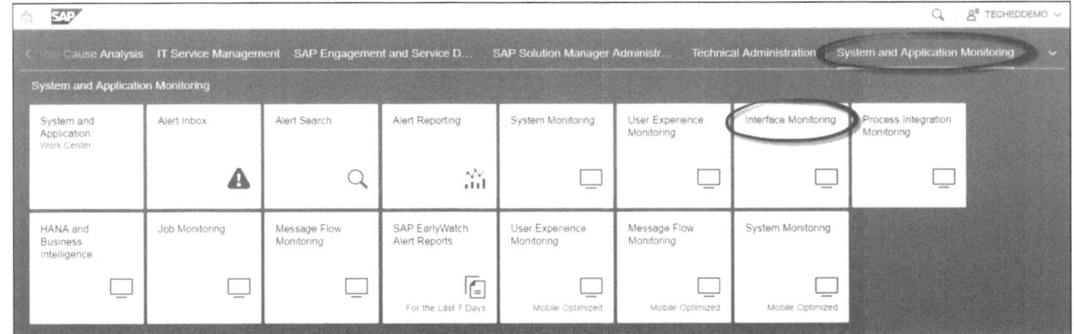

Abbildung 5.4 Interface Monitoring im SAP Solution Manager (Quelle: SAP)

Anbindung an ein Ticketsystem

Die einfachste Lösung, um Alerts an die richtige Stelle im Unternehmen weiterzuleiten, ist die Anbindung des SAP Solution Managers an das Tickettool des eigenen Unternehmens. Wenn Sie als Auftraggeber ein eigenes Tickettool verwenden, Ihr Provider aber ein anderes Tickettool benutzt, sollte das Tool der Partei angebunden werden, die für den Betrieb und die Überwachung des SAP-Systems verantwortlich ist.

Jedoch kann es auch sinnvoll sein, die Alerts aus dem SAP Solution Manager an ein zentrales Tool weiterzuleiten, das neben dem SAP Solution Manager auch andere Datenquellen hat, wie z. B. Logs und Monitoringdaten aus der Infrastruktur oder dem Applikationsbereich. Der aktuelle Markt stellt hier eine Vielzahl von Tools zur Verfügung.

Der Vorteil der Verwendung eines zentralen Alerting-Tools liegt in der Harmonisierung der Alerts. Wenn, wie bereits kurz erwähnt, das Dateisystem für die Archive-Logs zu 100 % belegt ist und das System durch einen Archive-Stuck zum Stillstand kommt, ist es sinnvoll, dass das entsprechende Dateisystemmonitoring zuerst einen Alert auslöst, der anzeigt, dass das betroffene Dateisystem kurz vor der Vollauslastung steht. In der Regel werden dann die Arbeitsprozesse schnell beendet, bevor das System einfriert. Wenn es gelingt, die Logik dieses Prozesses abzubilden und doppelte Alarme zu vermeiden, wird zuerst das Unix-Team alarmiert. Das Unix-Team kümmert sich unabhängig davon, um welchen Hersteller es sich handelt (in der Regel SUSE oder Red Hat), um das Betriebssystem. Sie sind meistens auch der erste Ansprechpartner, wenn es Probleme mit den Dateisystemen gibt, z. B. wenn diese zu 100 % ausgelastet sind. Erfolgt hier keine Aktion, wird als Nächstes ein Alert erstellt, dass das SAP-Zielsystem nicht erreichbar ist. Hat der SAP-Administrator oder die SAP-Administratorin die Möglichkeit, zentral die Alerts End-to-End von einem System einzusehen, wird er oder sie schnell sehen, dass das Dateisystem die Ursache ist, und den Fehler beheben. Erhält der SAP-Administrator oder die SAP-Administratorin hingegen nur die Information, dass das SAP-System nicht mehr verfügbar ist, muss er oder sie selbst in den Logs nach der Ursache suchen, was Zeit kostet, die ein Produktivsystem nicht hat.

Darüber hinaus sollte es immer das Ziel des Monitorings sein, Ausfälle zu vermeiden. Aus diesem Grund sollten die Alerts immer so gewählt werden, dass ein entsprechendes Handeln zu jeder Tageszeit möglich ist, bevor ein Systemausfall eintritt. Sind die Parameter für das Monitoring nicht richtig eingestellt, wird der SAP-Administrator oder die SAP-Administratorin entweder zu früh oder zu spät alarmiert. Wird er oder sie zu spät alarmiert, ist der Systemausfall bereits eingetreten. Wird er oder sie zu früh alarmiert, kann es sein, dass der Alert ignoriert wird, da er oder sie nicht weiß, dass es keinen erneuten Alert geben wird.

Dashboards für die Übersichtlichkeit

Mit entsprechenden Dashboards oder auch Focused Run können Daten für die Endanwenderinnen und Endanwender grafisch aufbereitet und über das Business-Intelligence-Reporting auch entsprechende Reports generiert werden. Focused Run ist eine Ausgliederung im SAP Solution Manager und spezialisiert sich auf die spezifischen Anforderungen der System- und Anwendungsüberwachung sowie deren Analyse und den Versand von entsprechenden Warnungen. Der Vorteil ist hierbei, dass der Administrator oder die Applikationsadministratorin direkt die notwendigen Daten sieht und nicht erst durch die Applikation des SAP Solution Managers navigieren muss. Sofern mehrere Systeme an den SAP Solution Manager angebunden sind, würde das Work Center wie folgt aussehen (siehe Abbildung 5.5).

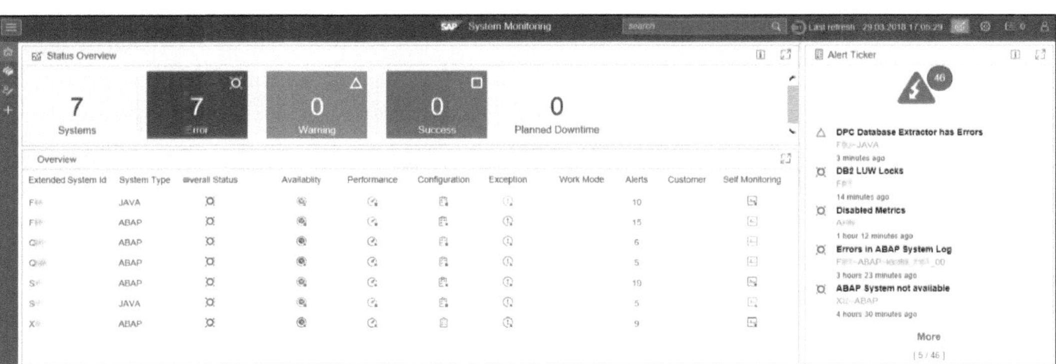

Abbildung 5.5 System Monitoring Work Center im SAP Solution Manager (Quelle: SAP)

In der Übersicht der notwendigen Alerts z. B. eine Aussage über die Antwortzeit eines Systems zu finden, würde länger dauern, als wenn diese Information per Dashboard direkt angezeigt wird (siehe Abbildung 5.6).

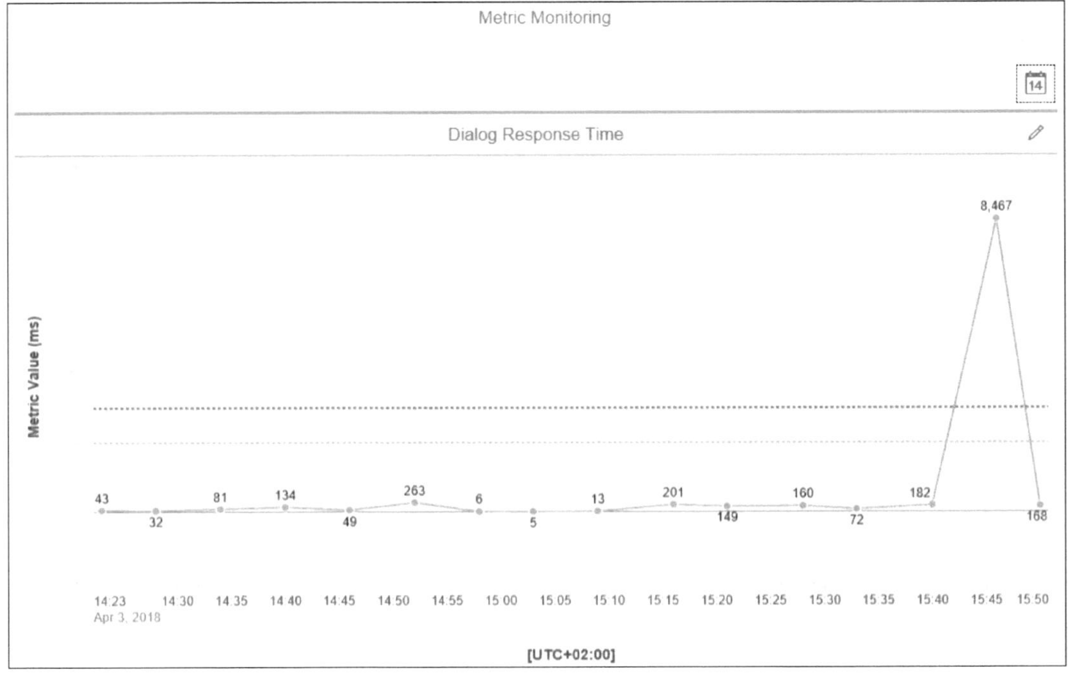

Abbildung 5.6 Antwortzeit im SAP Solution Manager (Quelle: SAP)

Individuelles Applikationsmonitoring

Auf dem Basismonitoring setzt das eigentliche *Applikationsmonitoring* auf, d. h., man kann ein SAP Business Intelligence (kurz SAP BI), SAP Process Integration (kurz SAP PI) oder auch, wie bereits beschrieben, Interfaces über den SAP Solution Manager überwachen. Gerade bei einer End-to-End-Betrachtung sollte dies nicht außer Acht gelassen werden. Oftmals wird im Konzept für ein entsprechendes Monitoring das große Ganze vergessen. So kann beispielweise ein Dateisystemüberlauf oder ein Überhitzen eines Switches zu Ausfällen vieler SAP-Systeme führen. Auf der anderen Seite kann ein eingespielter Transport oder eine Änderung, die manuell in das System eingepflegt werden muss, aber ebenfalls zu einem Betriebsvorfall führen. Mit einem Monitoring der Applikation an sich und geeigneten Dashboards können Sie den Applikationsverantwortlichen eine Plattform zur Verfügung stellen, mit der Probleme frühzeitig erkannt und proaktiv behoben werden können. Sehen die Applikationsverantwortlichen nach einer Wartung, dass die Antwortzeit steigt, könnte das mit den Änderungen, die in der entsprechenden Wartung vorgenommen worden sind, zu tun haben. Basisadministratorinnen und Basisadministratoren sind in diesen Prozess jedoch oft nicht eingebunden, sodass solche Seiteneffekte nicht sofort erkannt werden.

Ein weiteres Beispiel für einen idealen Monitoringfall in der Praxis stellt der Daten-Load dar. Werden übermäßig viele Daten in ein SAP-System geladen, aber die Mitarbeitenden der Basis darüber nicht informiert, können die allgemeinen Monitoringschwellenwerte gegebenenfalls überschritten werden. Wenn hingegen alle Parteien frühzeitig informiert werden und ein integriertes Monitoring konfiguriert und produktiv ist, kann der First-Level-Support bei Fehlern schnell reagieren, ohne den Second- oder Third-Level-Support einzuschalten.

End-to-End-Monitoring mit Bots

Wenn Ihre Betriebs- und Delivery-Standorte über den Globus verteilt sind, könnte ein End-to-End-Monitoring mithilfe eines Bots eine gute Möglichkeit sein. Bots sind kleine eigenständige Systeme, die an allen Standorten installiert werden können. Über das End-User-Experience-Monitoring wird dann angezeigt, ob die Bots verfügbar sind und wie z. B. deren Antwortzeit aussieht. Dies hat den Vorteil, dass Sie End-User-Zeiten und Latenzschwierigkeiten zeitnah erkennen und proaktiv darauf reagieren können. Als End-User-Zeiten bezeichnet man die Zeit, die die Endanwenderin oder der Endanwender beim Nutzen einer Applikation oder eines Service hat, also die Antwortzeit vom Endgerät des End-Users zum entsprechenden System oder Service, um ihn zu nutzen. Weiterhin können auch Standardausfälle bedingt durch Netzwerk- oder Rechenzentrumsprobleme schnell erkannt werden. Ist eine Lokation nicht erreichbar, wird ein Fehler gemeldet, der andernfalls erst viel später erkannt worden wäre, etwa wenn die Monitoringsysteme auch von dem Ausfall betroffen sind oder die Netzwerkkomponenten die Alerts nicht mehr senden.

SAP Cloud ALM

Derzeit ist der SAP Solution Manager die bewährte Lösung für eine erfolgreiche Strategie im Application Lifecycle Management (ALM). Allerdings wurde für das Produkt bereits das Wartungsende für 2027 (erweiterte Wartung bis 2030) angekündigt. Die neue ALM-Plattform von SAP heißt SAP Cloud Application Lifecylce Management (kurz SAP Cloud ALM) und unterstützt sowohl Cloud-, hybride als auch On-Premise-Landschaften. Unternehmen sollten sich bereits jetzt Gedanken darüber machen, wie sie den Übergang gestalten wollen. Sofern die SAP-Systeme nicht komplett neu in der Cloud aufgesetzt werden und es keinen aktuellen SAP Solution Manager gibt, wird es wohl weder das eine noch das andere geben. Vielmehr ist es realistisch, dass beide Systeme für eine gewisse Zeit parallel laufen, bis die Daten entsprechend migriert sind. SAP Cloud ALM soll für Kunden mit Cloud-Fokus kosteneffizient nutzbar sein und basiert auf moderner Cloud-Technologie. Tägliche Updates ermöglichen die Nutzung von neuesten Funktionen.

Derzeit gibt es keine Informationen darüber, ob die Übertragung von Daten aus dem SAP Solution Manager in SAP Cloud ALM möglich sein wird. Während der SAP Solution Manager für eher große Umgebungen mit einem hohen On-Premise-Anteil sehr gut geeignet ist, bedient SAP Cloud ALM aus unserer Sicht andere Anwendungsfälle und auch einen anderen Markt. SAP Cloud ALM ist eher für den Einsatz von Systemen in der Cloud geeignet und soll helfen, den Umstieg auf SAP-HANA-basierte Systeme wie SAP S/4HANA oder SAP BW/4HANA zu beschleunigen. Daher bleibt die Entwicklung an dieser Stelle abzuwarten und sollte im Auge behalten werden. Weitere Informationen zu SAP Cloud ALM finden Sie in dem Buch »SAP Cloud ALM« von Friedrich et al. (SAP PRESS 2023).

5.2.2 Monitoring mit Azure

Jeder Cloud-Provider bietet in der Regel eigene Monitoringmöglichkeiten. Bei Azure handelt es sich um den *Azure Monitor* (siehe Abbildung 5.7).

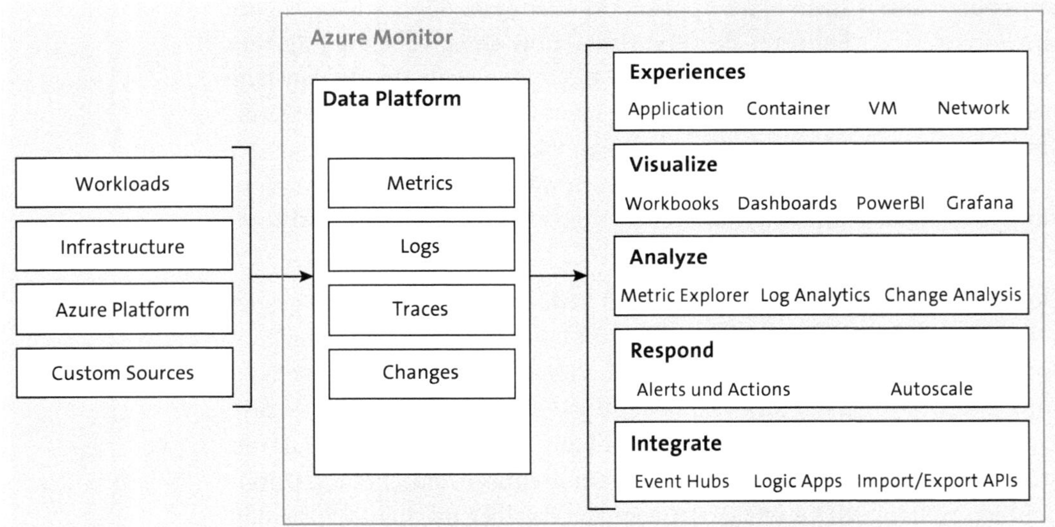

Abbildung 5.7 Azure Monitor (Quelle: Microsoft Azure)

Azure Monitor als zentrales Tool bei Microsoft

Mit dem Azure Monitor bieten sich sehr viele Monitoring- und Integrationsmöglichkeiten, um Systeme in der Public Cloud Azure zu überwachen. Dabei kann der Azure Monitor Telemetriedaten aus unterschiedlichen Azure-Quellen und verschiedenen lokalen Quellen erfassen und überwachen. Weiterhin übertragen Verwaltungstools von Microsoft, wie z. B. von Azure Automation und Azure Security Center, ihre Protokolldaten an Azure Monitor. Azure Monitor speichert die Telemetriedaten und aggregiert sie in einem Protokolldatenspeicher, der auf das optimale Preis-Leistungs-Verhältnis ausgerichtet ist. Daten können so analysiert und ein entsprechendes Alerting kann eingerichtet werden. Auch Einblicke in die Anwendungen sind so für alle Beteiligten auf Kunden- und Providerseite möglich.

Als Datenspeicher werden Metriken, Protokolle und Änderungen, aber auch Traces genutzt. Bei Metriken, Logs, Changes und Traces handelt es sich um die grundlegenden Datentypen, die von Azure Monitor genutzt werden. Gefüllt werden diese Datenspeicher von verschiedenen Quellen, wie z. B. Applikationen, der Infrastruktur, der Azure-Plattform oder Ihren eigenen Services. Die gesammelten Daten nutzt Azure Monitor, um ein entsprechendes Alerting, eine Analyse, eine Integration oder ein Streaming an externe Systeme durchzuführen.

Datengrundlage von Azure Monitor

Aber welche Daten genau sammelt Azure Monitor? Folgende Auflistung stellt eine kurze Übersicht der Schichten dar, aus denen Azure Monitor seine Daten bezieht (Quelle: Azure.com):

- **Anwendungen**
  Die Anwendung beinhaltet Daten, die zur Analyse der Leistung und Funktionalität des selbst entwickelten Codes hilfreich sein können, unabhängig von deren Plattform.
- **Gastbetriebssystem**
  Auch vom Gastbetriebssystem können Daten gesammelt werden, egal, ob das System auf Azure, in einer anderen Cloud oder lokal betrieben wird.
- **Azure-Ressourcen**
  Azure sammelt auch Daten zum Betrieb einer Azure-Ressource. Eine genaue Auflistung, was überwacht werden kann, ist unter folgendem Link zu finden: *https://learn.microsoft.com/de-de/azure/azure-monitor/monitor-reference#azure-supported-services*.
- **Azure-Abonnement**
  Mit Microsoft Azure Monitor können Sie sowohl Daten über den Zustand von Azure selbst als auch über den Betrieb Ihres Abonnements einsammeln und auswerten.
- **Azure-Mandant bzw. Azure Tenant**
  Der Azure Tenant oder Azure-Mandant dient der Überwachung von Daten auf Mandantenebene, die zur Überwachung des Betriebs eines Azure-Dienstes benötigt werden.
- **Azure-Ressourcenänderung**
  Damit lassen sich Änderungen an Azure-Ressourcen überwachen. Sie erhalten Informationen darüber, von wem zu welchem Zeitpunkt welche

Ressourcen wie verändert worden sind. Gleichsam bekommen Sie Hilfestellung dazu, wie Sie am besten auf Probleme reagieren können.

Da alle Daten im Azure Monitor zusammenfließen, eignet sich der Azure Monitor im täglichen Betrieb sehr gut, um eine End-to-End-Überwachung der betriebenen Systeme vornehmen zu lassen.

Azure-Dashboards für den Überblick

Zudem bieten die grafische Oberfläche und die Dashboard-Darstellung eine schnelle Übersicht für die Administratoren bzw. die Architektinnen (siehe Abbildung 5.8).

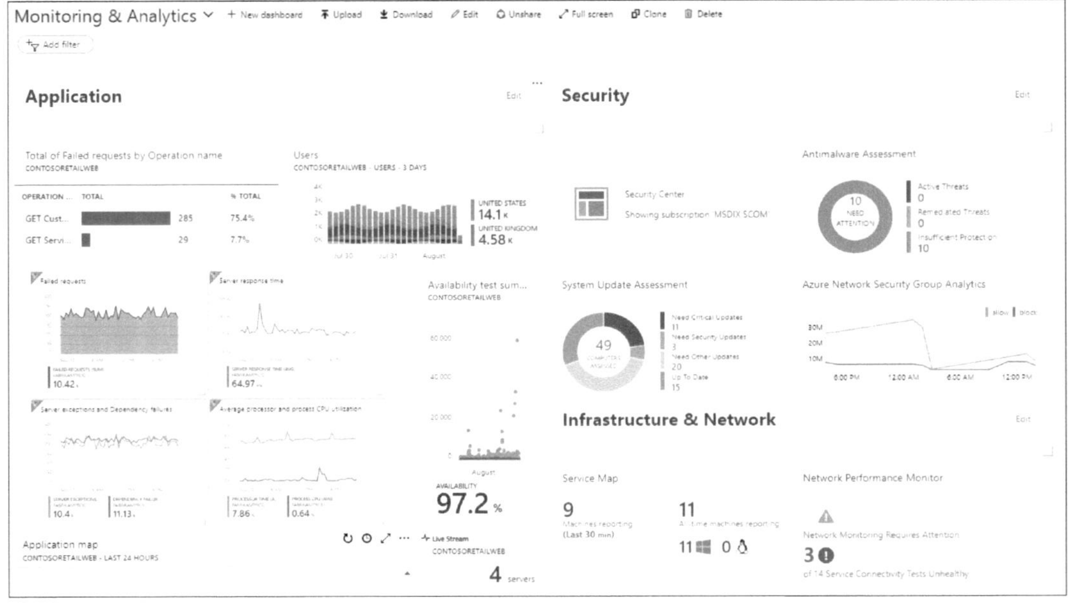

Abbildung 5.8 Azure-Dashboard (Quelle: Microsoft Azure)

5.2.3 Monitoring mit AWS

Amazon CloudWatch als zentrales Tool bei Amazon

Bei Amazon Web Services (AWS) kommt zum Monitoring die *Amazon CloudWatch* zum Einsatz. Mit der CloudWatch können Betriebs- und Überwachungsdaten in Form von Metriken, Ereignissen und Protokollen erfasst und danach mithilfe des automatischen Dashboards virtualisiert werden. Damit ist ein Gesamtüberblick über die AWS-Ressourcen und Anwendungen sowie die Services möglich, die in AWS und auf On-Premise-Servern laufen. Metriken und Protokolle können in einen Zusammenhang gesetzt werden, um einen besseren Überblick über die Leistung und den Zustand Ihrer Ressourcen zu bekommen. Mithilfe von Alerting kann anormales Verhalten überwacht werden; automatische Aktionen können die

Mitarbeitenden im Betrieb direkt alarmieren und die Zeit bis zur Problemlösung entsprechend verkürzen. Weitgehende Analysen mithilfe von Metriken, Protokollen und Traces verschaffen ein besseres Verständnis, wie die Anwendung bezüglich der Leistung und des Fehlerverhaltens optimiert werden kann. In Abbildung 5.9 sehen Sie einen Überblick über die Funktionen und Abläufe von Amazon CloudWatch.

Abbildung 5.9 Überblick über das Monitoring mit AWS (Quelle: AWS)

Collect, Monitor, Act und Analyse bei AWS

Das Sammeln und Speichern der Daten erfolgt beinahe in Echtzeit. Es gibt drei Hauptkategorien von Protokollen (Quelle: AWS.com):

- **Bereitgestellte Protokolle**
  Diese von AWS als »Vended Protocolls« bezeichneten Protokolle werden von AWS-Services nativ für Sie veröffentlicht, dabei werden aktuell Amazon-VPC-Flow-Protokolle und Amazon-Route-53-Protokolle unterstützt.
- **Protokolle, die von AWS-Services veröffentlicht werden**
  Aktuell werden mehr als 30 AWS-Services-Protokolle auf der CloudWatch veröffentlicht. Die Services umfassen AWS CloudTrail, AWS-Lambda, Amazon API Gateway und viele weitere.
- **Benutzerdefinierte Protokolle**
  Hierbei handelt es sich um die eigenen Anwendungen und lokalen Ressourcen.

Der AWS Systems Manager verfügt über CloudWatch-Agenten, die für das Monitoring eingesetzt werden können. Alternativ können Sie auch mit der API-Aktion »PutLogData« Ihre Protokolle veröffentlichen und diese so in Amazon CloudWatch nutzen.

Bei der Überwachung mit Amazon CloudWatch ist eine einheitliche Funktionsansicht in Form von Dashboards möglich. Daten können in einem Dashboard nebeneinander dargestellt werden, sodass ein leichteres Verständnis beim Sichten der Daten möglich ist, da der Kontext schnell erkannt werden kann. Schlüsselmetriken wie CPU- und Speicherausnutzung können Sie ebenfalls grafisch darstellen und mit der Kapazität der Systeme vergleichen.

Harmonisierung von Alerts, um Alert-Flut zu vermeiden

Damit keine Flut von Alarmen entsteht, können Alarme kombiniert werden. Dies bedeutet, dass im Fehlerfall bei mehreren betroffenen Ressourcen nur ein Alarm für die gesamte Anwendung erstellt wird. Dies ist im Betrieb von Vorteil, da der Support oder die Fachabteilung die Alerts bekommen, für die sie zuständig sind. So ist ein besserer Überblick über wichtige Alerts gegeben. Die Mitarbeitenden im Betrieb können sich somit auf die Ursachenforschung für den Alert konzentrieren und müssen nicht versuchen, die Übersicht über die Flut von Alerts und Tickets zu behalten.

Alarme werden über Schwellenwerte der Metriken definiert, und bei der Auslösung wird eine Aktion der Amazon-CloudWatch-Alarme veranlasst. Hierbei können Alarme erstellt werden, die z. B. ein Perzentil als Statistik festlegen und damit gegebenenfalls einen Alarm am Ende ignorieren und eine Aktion angeben. So ist es z. B. mithilfe der Alarme für Amazon-EC2-Metriken möglich, eine Benachrichtigung zu verschicken und Aktionen in die Wege zu leiten, um nicht mehr benutzte oder ausgelastete Instanzen zu erkennen und dann eigenständig zu stoppen. Dies passiert je nach Konfiguration automatisiert, weshalb der oder die Systemverantwortliche parallel sicherstellen sollte, dass das Stoppen prozesskonform ist und in entsprechenden Changes dokumentiert bzw. nachdokumentiert wird. Entsprechende Prozesse im Betriebshandbuch können die administrativen Aufwände hier um einiges verringern.

Da in der Regel im Betrieb eine Menge von Überwachungs- und Funktionsdaten in Form von Metriken und Protokollen generiert werden, kann man mit Amazon CloudWatch diese Daten nicht nur visualisieren, sondern ebenfalls miteinander in Beziehung setzen. Dies hilft beim Verstehen der Ursache eines Ausfalls und der zeitnahen Problemdiagnose. Root-Cause-Analysen werden damit vereinfacht und spätere Ausfälle können proaktiv vermieden werden.

Applikations-monitoring in AWS

Amazon CloudWatch Application Insights ermöglicht den Einblick in den Zustand einer Applikation und bietet eine automatisierte Einrichtung der Beobachtbarkeit für Ihre Unternehmensanwendungen. Schlüsselmetriken und Protokolle können dabei ermittelt und eingerichtet werden, um die genutzten Anwendungsressourcen und Technologien besser zu überwachen. Bei den zu überwachenden Ressourcen kann es sich z. B. um Datenbanken, Anwendungsserver, Betriebssystem und Load Balancer handeln. Die Telemetriedaten der Anwendungen werden dabei ständig überwacht, sodass im Fall einer Anomalie oder eines Fehlers die Daten erst korreliert werden und dann der Provider oder entsprechende Ansprechpartner zeitnah über Fehler oder Probleme in der Applikation informiert wird. Automatisierte Dashboards für erkannte Fehler, in denen die Anomalien und Protokollfehler inklusive zusätzlicher Erkenntnisse aufgeschlüsselt sind, weisen auf eine mögliche Fehlerursache hin, was im täglichen Betrieb und bei der täglichen Arbeit sehr hilfreich sein kann, da lange Fehleranalysen und Loganalysen entfallen. So können schnell Gegenmaßnahmen eingeleitet werden, damit der Ausfall für die Endanwenderinnen und Endanwender so gering wie möglich ist und die Applikation zeitnah wieder uneingeschränkt nutzbar ist. Wenn wir von Applikationen in diesem Fall reden, meinen wir immer alle dazugehörigen Komponenten wie Infrastruktur, Betriebssystem, Datenbank, SAP-Basis und die SAP-Applikationen wie SAP ECC oder SAP BW.

Da Container eine immer wichtigere Rolle im Betrieb spielen, können Container Insights ebenfalls auf die automatischen Dashboards der CloudWatch-Konsole zugreifen. Container unterstützen die konsistente und zuverlässige Ausführung von Anwendungen, unabhängig von der Umgebung des Betriebssystems oder der Infrastruktur. Dabei bündeln Container alle Komponenten, die ein Dienst zum Betrieb benötigt. Dazu gehören Codes, Systembibliotheken, Parameter und Laufzeiten.

Die Dashboards der CloudWatch-Konsole fassen die Datenverarbeitungsleistung, die Alarme und die Fehler nach entsprechender Kategorisierung, wie z. B. nach Cluster oder Service, zusammen. In Amazon EKS und K8s sind zusätzliche Dashboards für Knoten und EC2-Instanzen und Namensräume verfügbar. Jedes Dashboard liefert dabei die gewünschten Daten im ausgewählten Zeitfenster, sodass tiefere Leistungs- und Fehleranalysen für den betroffenen Zeitraum möglich sind.

Mithilfe von CloudWatch Lambda werden Metriken wie Rechenleistung, CPU, Speicher und Netzwerk von AWS-Lambda-Funktionen eingesammelt und können auf automatischen Dashboards der CloudWatch-Konsole dargestellt werden. Die CloudWatch-Konsole fasst die entsprechenden Fehler zusammen, was eine enorme Erleichterung für die Übersicht ist.

Anomaly Detection

Um Anomalien zu erkennen, nutzt Amazon in der *Anomaly Detection* entsprechende Machine-Learning-Algorithmen. Damit ist eine kontinuierliche Analyse der Daten einer Metrik möglich, und Verhaltensanomalien können erkannt und alarmiert werden. Schwellenwerte können somit auf Basis natürlicher Metrikmuster, wie z. B. Uhrzeit, Trendänderungen oder Saisonalität, nach Wochentag angepasst werden. Mithilfe der Anomaly Detection können unerwartete Abweichungen in den Metriken überwacht, gemeldet, isoliert und behoben werden.

Um die Verfügbarkeit und die Leistung der Anwendungen zu visualisieren, kommt *ServiceLens* zum Einsatz. Der Service führt dabei Metriken, Protokolle und Traces aus der AWS X-Ray zu einer zentralen Ansicht zusammen. Somit steht Ihnen eine Übersicht mit Ihren Anwendungen und deren Abhängigkeiten zur Verfügung. AWS X-Ray ist ein Service, der Daten zu Anforderungen sammelt, die Ihre Anwendung bedienen und Tools bereitstellen, mit denen Sie diese Daten anzeigen, filtern und Einblicke gewinnen können, um Probleme und Optimierungsmöglichkeiten zu identifizieren. Leistungsengpässe können schnell erkannt werden, die Ursache von Anwendungsproblemen kann isoliert und an den Support übermittelt werden. ServiceLens deckt dabei drei Hauptbereiche ab:

- Infrastrukturüberwachung
- Transaktionsüberwachung
- End-User-Überwachung

Zusätzlich wird eine Serviceübersicht bereitgestellt, in der die Verknüpfungen der Ressourcen in dem betroffenen Kontext visualisiert werden. Eine intuitive Benutzeroberfläche ermöglicht den Usern, die gesammelten Daten der Überwachung für eine gründliche Analyse zu nutzen.

End-to-End-Monitoring in AWS

Auch für die Überwachung von Anwendungsendpunkten hat Amazon eine Lösung bereitgestellt, die *Amazon CloudWatch Synthetics*. Damit werden an den Endpunkten jederzeit Tests durchgeführt, und im Fehlerfall erfolgt eine Alarmierung, wenn z. B. ein unerwartetes Verhalten auftaucht. So werden wichtige Punkte überwacht: die Verfügbarkeit, die Latenz und die Kommunikation mit anderen Endpunkten.

Zu guter Letzt soll *Amazon CloudWatch RUM*, das Ihnen die Sichtbarkeit der clientseitigen Leistung der Anwendung zur Verfügung stellt, die Lösungszeit von Fehlern verkleinern. Hierbei können Daten zur Leistung von Webanwendungen nahezu in Echtzeit erfasst werden. Dabei werden die Daten von CloudWatch Synthetics ergänzt, um die Erfahrungen der Benutzerinnen und Benutzer miteinzubeziehen. CloudWatch RUM kann Ihnen helfen, mit den gesammelten Daten den Weg Ihrer Benutzerinnen und Benutzer durch Ihre Anwendung nachzuvollziehen. Auf diese Weise finden Sie heraus, welche Funktionen Ihrer Anwendung Sie als Erstes in einem Fehlerfall analysieren sollten.

Events als Ereignisstrom von Systemereignissen

Als Reaktion auf die zuvor beschriebenen Überwachungsmöglichkeiten bietet AWS das *AutoScaling* an, sodass automatisiert Ressourcen hinzugegeben oder bei Nichtnutzung Ressourcen gestoppt werden können. Amazon-CloudWatch-Events stellen einen Ereignisstrom von Systemereignissen bereit und ermöglichen dem User schnell mithilfe von Korrekturmaßnahmen auf Funktionsänderungen zu reagieren. Hierzu werden Regeln definiert, die angeben, welche Ergebnisse für bestimmte Anwendungen von Interesse sind und welche automatisierten Aktionen eingeleitet werden sollen. In den EKS-, ECS- und K8s-Clustern von Amazon ist ebenfalls eine Skalierung möglich. Außerdem kann definiert werden, wann ein Cluster angehalten, beendet, neu gestartet oder wiederhergestellt werden soll. Tiefgehende Informationen hierzu sind in den entsprechenden Detailbeschreibungen zur Clusterkonfiguration und zum Monitoring auf den AWS-Seiten unter *https://aws.amazon.com/de/cloudwatch/features/* nachzulesen.

Eine Analyse der Daten kann dabei sehr umfangreich und aufwendig sein, da eine Vielzahl von Logs, Metriken und Protokollen zur Verfügung steht. Entsprechendes Fachpersonal und Architektinnen oder Architekten können bei der Auswertung viel Zeit sparen.

Zu guter Letzt sei für die Compliance und Sicherheit noch erwähnt, dass die Amazon CloudWatch an das AWS Identity und Access Management (kurz IAM) angebunden ist, womit eine Zugriffskontrolle möglich ist. Im Fall eines Audits kann also geprüft werden, welcher Benutzer Zugriff auf die Daten hatte.

5.2.4 Monitoring mit Google Cloud

Google Cloud stellt ebenfalls ein Monitoring über Dashboards bereit. Dabei wird das gleiche Backend verwendet, das auch Google selbst verwendet. Dementsprechend stehen viele Datenpunkte für die Auswertung zur Verfügung.

Google Cloud Managed Service for Prometheus

Google stellt dabei den *Google Cloud Managed Service for Prometheus* zur Verfügung. Dies ist eine vollständig verwaltete Multi-Cloud-Lösung von Google Cloud für Prometheus-Messwerte. Die Arbeitslasten können global mit Prometheus überwacht werden, ohne dass Sie Prometheus selbst betreiben und verwalten müssen.

Der Managed Service for Prometheus erfasst die Daten und ermöglicht mit PromQL ihre globale Abfrage. Die vorhandenen Grafana-Dashboards können somit weiterhin genutzt werden. Der Service ist Hybrid- und Multi-Cloud-kompatibel und kann sowohl Kubernetes- als auch VM-Arbeitslasten überwachen.

Natürlich kann das Google Monitoring auch selbst installiert und konfiguriert werden. Zu den Funktionen gehören neben der Service-Level-Objects-Überwachung benutzerdefinierter Messwerte die Google-Cloud-Konsoleneinbindung, die ohne zusätzliche Konfiguration möglich ist. Als Erweiterung können Ops-Agenten, ein kleines Agentenprogramm, auf der Google-Cloud-VM bereitgestellt werden, um Daten zur VM und ergänzende detaillierte Messwerte über die darauf installierte Anwendung zu bekommen. Mit der Logging-Integration können Dashboards, Diagramme und Logs Schritt für Schritt geprüft und Messewerte erstellt, visualisiert und gemeldet werden. Vorgefertigte und individuelle Dashboards helfen bei der Datenvisualisierung, dabei können die Benutzerinnen und Benutzer selbst entscheiden, ob sie die bereitgestellten Dashboards nutzen oder ob sie neue individuelle Dashboards selbst gestalten möchten. Abbildung 5.10 zeigt einen Teil der bereits installierten Dashboards.

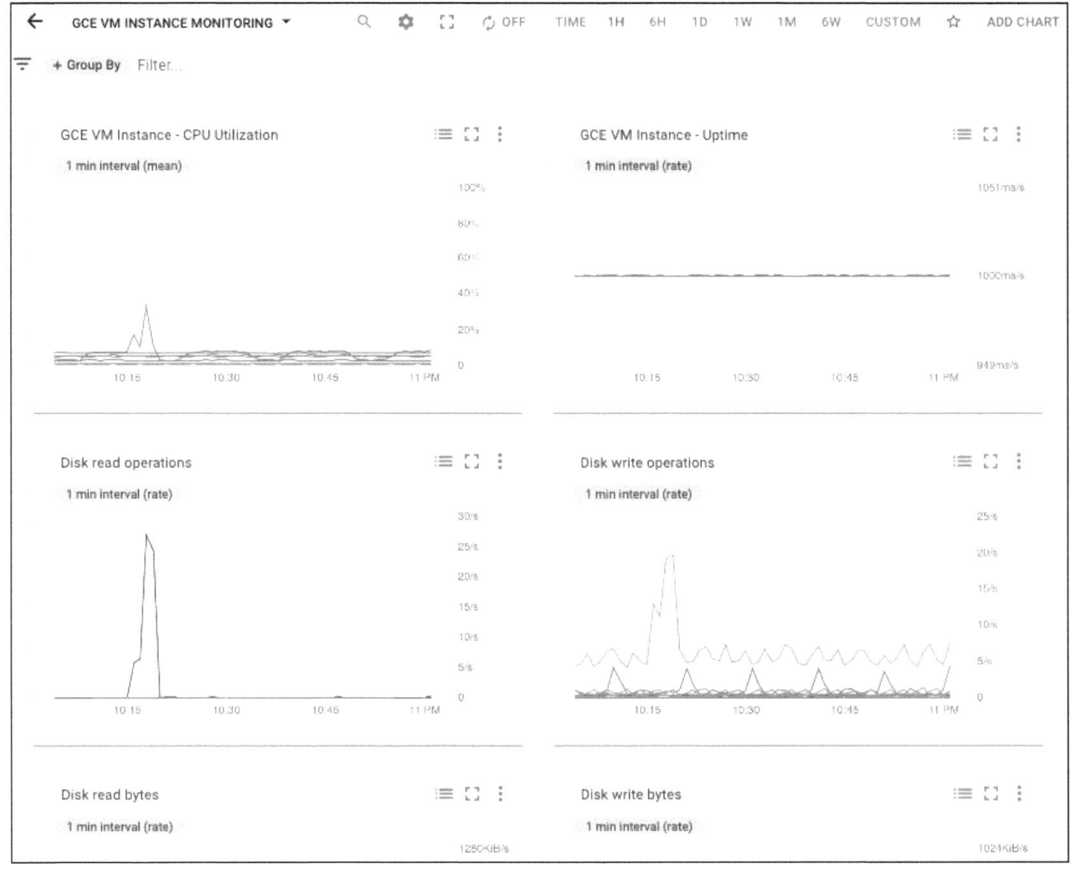

Abbildung 5.10 Von Google Cloud installierte Dashboards (Quelle: Google)

Weiterhin können Messwertbereiche erstellt werden, um einzelne oder mehrere Projekte zusammen zu überwachen, entsprechende Gruppen für

Ressourcen zu definieren und die Beziehungen zueinander darzustellen. Mithilfe dieser Beziehungen können individuelle und spezifische Dashboards für die Projekte erstellt werden.

Alerting mit Google-Cloud-Monitoring

Wie bei allen Monitoringlösungen stellt Google Cloud auch eine entsprechende Benachrichtigungsfunktion zur Verfügung, sodass Ereignisse gemeldet werden können. Auch wenn eine definierte Regel einen Alert in den Messwerten verursacht, kann eine Benachrichtigung erstellt werden. Mehrfachbedingungen können dabei komplexe Benachrichtigungsregeln definieren, und die Benachrichtigungen können per E-Mail, SMS, Slack PagerDuty oder andere Dienste an die zu informierenden Personen geschickt werden.

5.2.5 Weitere Monitoringtools

Schaut man sich den aktuellen Markt für Monitoringtools an, könnte man darüber wohl ein eigenes Buch verfassen. Da sich diese Tools aber immer den Anforderungen und neuen Technologien anpassen müssen, wäre das Buch nur sehr kurzlebig und müsste regelmäßig aktualisiert werden. Aus diesem Grund wollen wir im letzten Abschnitt zum Thema Monitoring die Best Practices und ein paar Tipps und Tricks zur Auswahl eines geeigneten Monitoringtools zusammenfassen.

Zentrales Monitoringsystem für Alerts aller Komponenten

Wichtig für die Betriebsadministratoren und -administratorinnen ist, dass alle Monitoringdaten in ein zentrales System eingehen. Dieses System sollte die Alerts harmonisieren, sodass im besten Fall beim Ausfall einer Ressource nur ein Alert generiert wird. Die Monitoringdaten setzen sich hierbei aus Infrastruktur, Rechenleistung, Speicher, Netzwerk, Betriebssystem, Datenbank, SAP-System, Anwendung und den Schnittstellen zusammen. Sofern diese Daten nicht in einem Tool zusammenlaufen, erschwert dies eine geeignete Fehleranalyse und eine frühzeitige Fehlererkennung.

Das Monitoring sollte stets hoch verfügbar ausgelegt sein. Hierbei ist neben dem Ausfall des Monitoringsystems an sich ebenfalls ein entsprechendes Patch- und Release-Management mit minimaler Downtime aufzusetzen. Wenn einzelne Datenlieferanten des Monitorings aufgrund von Wartungen nicht zur Verfügung stehen, sollten entsprechende Szenarien bereitstehen. Steht z. B. der SAP Solution Manager als Produktivsystem nicht zur Verfügung, ist es sinnvoll, dass der SAP Solution Manager des Testsystems zumindest die Verfügbarkeit der produktiven Systeme in der geplanten Auszeit überwacht. Sollte dies zu viel Aufwand sein, können Skripte oder eigene Monitoringlösungen kurzfristig die Arbeit des SAP Solution Managers übernehmen. Wichtig ist hierbei nur, keine Konkurrenzsysteme zu erschaffen, sondern vielmehr auf Wartungsarbeiten oder Katastrophenfälle vorbereitet zu sein.

Hochverfügbarkeit und Analyse von Monitoringdaten

Analysemöglichkeiten und eine Wissensdatenbank können den Umgang mit Alerts wesentlich vereinfachen. So ist es für Administratorinnen und Administratoren hilfreich, wenn sie bei Fehlern weitere Daten in die Analyse einbeziehen können, ohne das Tool zu wechseln. Die gewonnenen Erkenntnisse sollten ebenfalls dokumentiert werden, d. h., muss das Monitoring angepasst werden, sollte dies direkt im Nachgang mithilfe eines Standard-Changes im Rahmen des täglichen Improvements erfolgen.

Sofern eine Suche oder ein Abgleich mit einer künstlichen Intelligenz (KI) bei einem Tool möglich ist, wäre dies ein weiterer wichtiger Nutzen. Wird ein Alert gemeldet, kann das Monitoringsystem eigenständig aus früheren Lösungen schließen, welche Schritte beim letzten Mal zur Lösung des Problems beigetragen haben. Oder es wird bei Seiteneffekten parallel eine Meldung eingeblendet, die darüber informiert, dass andere Systeme ebenfalls beeinträchtigt sein können.

Alle diese Anforderungen können in der Regel nicht über ein und dasselbe Tool abgedeckt werden, jedoch sollten Sie sich im Betrieb Gedanken über eine entsprechende Roadmap machen, um die Systeme zu harmonisieren und zu verknüpfen. Aus diesem Grund haben wir Ihnen hier wichtige Funktionen vorgestellt, die ein zentrales Monitoring über alle Komponenten hinweg unterstützen.

Weiterer Benefit eines solchen zentralen Monitoringsystems ist die zentrale Datenhaltung der Alerts für ein einheitliches Reporting, in dem alle Quellen verarbeitet werden. So kann auch eine Regel definiert werden, die das ganze System als nicht verfügbar meldet, sobald einer der zentralen Prozesse wie Active Directory, SAP-System, Anwendung oder eine Schnittstelle ausfällt. Weiterhin können beim Ausfall eines Servers alle davon betroffenen Anwendungen automatisch als nicht verfügbar gemeldet werden. Darüber hinaus erkennen bestimmte Regeln, wenn es sich um eine Wartung handelt, und melden zwar das System an sich als nicht verfügbar, rechnen die Zeiten jedoch nicht in die SLA-Werte mit ein. Dies bietet einen enormen Vorteil beim Reporting der SLA-Werte, denn wenn die geplanten Auszeiten automatisch aus den SLA-Verstößen herausgerechnet werden, erspart dies viel manuelle Arbeit, und die Chance auf Rechenfehler wird verringert.

5.3 Backup

Backups sind ein wichtiger Bestandteil des täglichen Betriebs sowie der Bereitstellung von regelmäßigen Services. Ein *Backup* ist eine Kopie der wichtigsten Daten, die an einem gesicherten Ort gespeichert werden. Es kann zur Wiederherstellung des Systems genutzt werden. Ebenfalls dient ein Backup im Fall von logischen Fehlen in der Datenbank oder den Daten als Sicherung, sodass immer auf einen letzten konsistenten Stand zurückgegangen werden kann. In einem SAP-System gibt es verschiedene Daten, die als wichtig markiert sein können:

- alle Datenbankinhalte
- DB-Redo-Dateien (darin sind alle Änderungen in der Datenbank gespeichert)
- Serverinstallation einschließlich des Betriebssystems (als Wiederherstellungspunkt)
- Programminstallation (DB oder NetWeaver etc.)
- Konfigurationsdaten (z. B. Instanzprofile) und Schlüsselmedien (bei verschlüsseltem Backup)
- sonstige Dateien, etwa Verzeichnisse für Transfer und dateibasierte Schnittstellen

Die Anforderungen, die an ein Backup gestellt werden, sind oftmals komplex und unübersichtlich. Daher möchten wir Ihnen im ersten Schritt zeigen, warum ein Backup so wichtig ist, bevor wir im nächsten Schritt darauf eingehen, wie Sie ein Backup-Konzept erstellen und was es dabei zu beachten gilt. Im Anschluss möchten wir auf einige Best Practices zum Sichern einer Datenbank in den verschiedenen Cloud-Lösungen eingehen und weitere Möglichkeiten bei der Erstellung von Backups und Sicherungen erläutern.

5.3.1 Warum ist ein Backup so wichtig?

Die Notwendigkeit eines richtigen und konsistenten Backups wird gerne unterschätzt. In der Regel ist ein Datenverlust nach unserer Erfahrung im Fehlerfall auf ein nicht vorhandenes oder nicht funktionsfähiges Backup zurückzuführen. Projekte können aber auch daran scheitern, dass Zwischenstände nicht richtig gesichert werden. Ein Backup ist daher eine wichtige Grundlage für den sicheren Betrieb und für erfolgreiche Projekte.

[!]

Bedeutung von Backups

Backups sind im täglichen Betrieb notwendig, um Datenverluste zu vermeiden. Weiterhin können mithilfe von Backups Sicherungspunkte in den Projektablauf eingebaut werden, damit im Fehlerfall nicht der gesamte Projektstand verloren geht, sondern auf den letzten funktionierenden Stand zurückgegriffen werden kann. Fehler in der Datenbank und Ausfälle der Infrastruktur können jederzeit passieren. Aus dem Backup wird dann der letzte funktionierende Stand wiederhergestellt. Beachten Sie, dass ein Ansatz mit Hochverfügbarkeit oder Disaster Recovery, bei dem Ihre gesamte Umgebung in eine andere Zone oder Region gespiegelt wird, ein Backup nicht ersetzt. Wenn Sie in der produktiven Umgebung einen Fehler haben, der in die HA-Zone oder DR-Region repliziert wird, hilft Ihnen nur ein Backup mit mehreren Sicherungszeitpunkten, um auf einen Stand zurückzugehen, in dem der Fehler noch nicht vorhanden war.

Speichern Sie auch immer mehrere Versionen Ihres Backups. Die letzten zwei oder drei Versionen reichen nicht. Denken Sie vor allem an Daten, deren Fehlen Sie erst beim nächsten Monatsabschluss bemerken.

Backup als zentraler Wiederherstellungspunkt

Nach dem Einspielen von Support Packages, einem Datenbank-Update oder auch im Fall einer Migration sollte ein System erst für interne Tests freigegeben werden, wenn das Backup vollständig erstellt wurde. Bei einer Migration ist das Backup sogar ein Sicherungspunkt, damit man im Fehlerfall das Altsystem wiederherstellen kann.

Die Wiederherstellung mit einem Backup kann dabei nicht nur bei aktuellen Fehlern helfen, wie z. B. beim Einspielen eines Changes, sondern auch bei alten Fehlern, die zu einer korrupten Datenbank geführt haben, oder bei fehlenden Daten aufgrund eines manuellen Löschvorgangs. Dies kann teilweise erst nach Tagen oder Wochen erkannt werden. Der Grund dafür ist, dass technische Fehler im Monitoring überwacht werden können, während dies bei logischen Fehlern nicht so einfach möglich ist. Logische Fehler fallen meist erst dann auf, wenn sie das Verhalten des Systems beeinträchtigen, also z. B. viele Einträge in den Logs erzeugen, Prozessketten abbrechen oder wenn Endanwenderinnen und Endanwender dies bemerken.

Aus diesem Grund müssen Backups eine gewisse Zeit lang aufbewahrt werden, um einen unbeschädigten Stand der Daten, also den vor dem Eintreten des Fehlers, wiederherstellen zu können. Zusammen mit den Redo-Log-Dateien kann man so aus einer älteren Datensicherung einen beliebigen Stand wiederherstellen. Damit alle Redo-Log-Dateien ohne Unterbrechung zur Verfügung stehen, sollten Sie diese ebenfalls regelmäßig auf einem sicheren Medium speichern. Die Komplexität von Backups wird gerne unterschätzt. Es muss nicht nur die Datenbank gesichert werden, sondern vielmehr alles, was man benötigt, um das System komplett wiederherzustellen. Mit einem Datenbank-Backup allein ist es da oftmals nicht getan, es werden ebenfalls die Applikationsdaten benötigt, Daten als Dateitransfers, Daten aus zentralen Ablagepunkten sowie notwendige Konfigurationsdetails.

Backup

Ein Backup besteht in der Regel nicht nur aus der Sicherung der Datenbank, der SAP-Applikation oder der Applikationsdaten. Ein Backup sollte immer alles beinhalten, was zur Wiederherstellung des entsprechenden Systems oder der SAP-Applikation notwendig ist. Dazu gehört natürlich auch eine entsprechende Arbeitsanweisung, wie das Backup zurückgespielt wird und was dabei gegebenenfalls zu beachten ist.

Backup-Konzepte als großes Ganzes

Die Erstellung eines entsprechenden *Backup-Konzepts* ist daher nicht nur für den Betrieb und die Einhaltung der SLAs wichtig, sondern auch für die Erbringung zusätzlicher Services, wie z. B. den Aufbau eines neuen Testsystems aus einem Backup, eine erneute Systemkopie oder die Systemwiederherstellung nach einem Fehlerfall oder Datenverlust. Dabei muss immer die ganze Systemlandschaft inklusive der Schnittstellen betrachtet werden. Aber was bedeutet das? Gehen wir von einem ERP-System aus, wird Ihnen die Sicherung des SAP-Systems bei einer Wiederherstellung oder einer Systemkopie nicht viel helfen. Jedes System hat Schnittstellen, über die Daten übertragen werden. Deshalb sollte man bei der Erstellung des Backup-Konzepts, der Wiederherstellungs- und Systemkopie oder bei Projektkonzepten immer beachten, welche Systeme alle in dem Konzept bedacht werden müssen. Daten können zwar auch verschickt werden, wie z. B. an SAP Business Warehouse zur Auswertung, um nicht alle Daten entsprechend lange vorhalten zu müssen. Bei Delivery- und Produktionssystemen ist dies jedoch nicht so einfach möglich. Eine erneute Datenübertragung kann umfangreiche Änderungen im übertragenden System und dem angeschlossenen Schnittstellensystem nach sich ziehen. Darüber hinaus ist es aus Audit- und Compliance-Gründen in der Regel nicht zulässig, Daten unabgestimmt und ohne spezielle Freigabe erneut zu versenden, da das Geschäftsrisiko von Fehlern einfach zu hoch ist. Daher sollte ein Konzept immer so erstellt werden, dass ein SAP-System nicht nur in sich, sondern auch im Zusammenspiel mit den Umsystemen und Schnittstellen einen konsistenten Stand aufweist.

Wichtig ist es, hierbei nicht nur die SAP-Systeme, sondern auch die entsprechenden Nicht-SAP-Systeme und -Schnittstellen zu betrachten. Wenn Sie das SAP-System wiederherstellen können, aber der Datenabgleich und die Verbindung zu den Umsystemen nicht konsistent wiederhergestellt werden kann, bringt der gesamte Wiederherstellungsprozess im Zweifel nichts, und für das Business entsteht ein enormer, irreparabler Datenverlust.

Hinzu kommt, dass Systemeigner ihr Produktivsystem niemals vollkommen auf einen früheren Stand zurücksetzen möchten, weil dadurch alle Datenänderungen, die danach vorgenommen wurden, verloren gehen. Natürlich werden die Datenänderungen in den Logs protokolliert, aber in der Regel wird nicht jeder einzelne Schritt reproduziert, sodass es ohne Logs und Protokolle immer eine Herausforderung sein wird, alle Daten der letzten 24 Stunden zu rekonstruieren. Je länger der Zeitraum ist, desto schwieriger wird die manuelle Reproduktion.

In der Praxis wird daher bei teilweisen Verlusten von Daten, bei denen z. B. nur eine Tabelle betroffen ist, nur diese eine Tabelle auf einen früheren Stand gesetzt. Das geschieht etwa über ein Rettungssystem. Sie müssen dann zwar hinnehmen, dass keine hundertprozentige Datenkonsistenz innerhalb des betroffenen SAP-Systems besteht. Dafür verhindern Sie aber Inkonsistenzen im restlichen SAP-Systemverbund, der nicht von der fehlerhaften Tabelle betroffen ist. Sie können dann den Fehler auf dem eigens bereitgestellten System analysieren, ohne das eigentliche Produktivsystem durch die Arbeiten zu gefährden!

Neben dem Verlust von Daten kann ein Fehler in der Datenbank oder Applikation ebenfalls dazu führen, dass eine Wiederherstellung notwendig wird. Es gibt damit logische und physische Fehler, die die Notwendigkeit von Backups unabdingbar machen. Physische Fehler können zwar auch mittels Hochverfügbarkeitsmechanismen abgefangen werden, etwa durch Datenspiegelung, jedoch wird hier gerne zweigleisig gefahren. Eine entsprechende Datenspiegelung würde nichts bei einem logischen Fehler ausrichten können, denn der wird so mitgespiegelt.

Hinzu kommt, dass sich die Anforderungen an ein entsprechendes Backup-Konzept im Laufe der Zeit ändern können, daher sind eine regelmäßige Überprüfung des Konzepts und die Durchführung regelmäßiger Backups und Wiederherstellungstests durchaus sinnvoll.

Backup und Restore als Einheit

Ein Backup wird leider nie den entsprechenden Nutzen erbringen können, wenn es nicht entsprechend zurückgesichert werden kann. Zu oft wurden im Betrieb in der Vergangenheit schon Backups erstellt, die eventuell aufgrund eines kleinen Konfigurationsfehlers nie zurückgesichert werden konnten. Da die entsprechenden Tests aber nie stattgefunden haben, wurde das leider erst im Rahmen eines Notfalls festgestellt. Dies erhöht in der Regel den Grad eines Notfalls und die Ausfallzeit eines Systems. Hinzu kommt, dass entsprechende Betriebsprüfungen und Revisionen diese Tests gerne einmal jährlich dokumentiert und aufgezeichnet sehen wollen. Natürlich kann man eine Umgebung mit sehr vielen Systemen nicht einfach mal wiederherstellen, daher ist es wichtig, das richtige Mittelmaß zu finden. Deshalb sollten Sie regelmäßige Tests pro SAP-System und Datenbankkombination einplanen. Als Richtwert können Sie sich merken, dass jedes System mit der dazugehörigen Datenbank getestet werden sollte.

Bindet man diese Tests in den regelmäßigen Betrieb ein oder hat entsprechende Testsysteme, kann der Einfluss auf das Business verringert werden, und man erfüllt immer noch die Security-Anforderungen. Baut man z. B. ein neues System auf, kann man danach direkt ein Backup und einen Wiederherstellungstest vornehmen und dies entsprechend dokumentieren. Regelmäßige Systemkopien stellen sicher, dass die Backups lesbar und nutzbar sind. Aus diesem Grund ist es sinnvoll, die Überprüfung der Backups in die regelmäßigen Aufgaben des Betriebs einfließen zu lassen, um zusätzliche Aufwände zu vermeiden.

Wenn ein Backup-Lauf nicht erfolgreich war, ist es somit zwingend nötig, die älteren Backups auf Konsistenz zu prüfen bzw. eine Wiederherstellung erfolgreich durchzuführen, genauso beim ersten erfolgreichen Backup nach einem Fehler. Sonst kann man sich nicht darauf verlassen, dass eine Wiederherstellung aus einem Backup im Notfall funktioniert. Einen Test der Wiederherstellungsfähigkeit führen Sie am besten durch, indem Sie eine isolierte Systemkopie auf einem neuen System erstellen, die dann hinterher direkt wieder gelöscht werden kann. So wird der Betrieb nicht gefährdet, und die Tests können dennoch durchgeführt werden.

Verwendbarkeit von Backups

Das Vorhandensein von Backups ist keine Garantie, dass diese auch verwendet werden können. Technische Fehler könnten überwacht und alarmiert werden, fachliche und logische Fehler nur zu einem gewissen Anteil. Daher sind entsprechende regelmäßige Tests des Backups und der Prozesse unabdingbar.

5.3.2 Wie erstellt man ein Backup-Konzept?

Da sich Backup-Konzepte im Design durchaus unterscheiden können, ist es wichtig, vorab zu definieren, was bei der Erstellung eines Backup-Konzepts beachtet werden muss. So verhindern Sie, dass Sie ein Backup erstellen, das zwar technisch funktioniert, das aber nicht genutzt werden kann.

Nehmen wir z. B. an, Sie haben eine sehr große Datenbank, die mehrere Terabyte umfasst. Das Änderungsvolumen dieser Datenbank ist so groß, dass zusätzlich viele Redo-Logs geschrieben werden, die die Änderungen der Datenbank zwischen den Backups dokumentieren. So kann es sein, dass die Sicherung der Daten von der lokalen Platte auf ein entsprechendes Dateisystem so lange dauert, dass bereits ein neues Backup erstellt wird, bevor das alte gesichert werden konnte. Damit befindet sich das System in einem Deadlog, da nie ein Backup sauber gesichert werden kann. Hinzukommt, dass das Dateisystem im Worst Case überlaufen kann oder die Performance des SAP-Systems beeinflusst wird. Bei Ersterem kann es dann im schlimmsten Fall zu einem Systemstillstand kommen, und Sie müssen überlegen, ob Sie die Backups bzw. Redo-Logs löschen und sich dadurch die Grundlage für einen Restore nehmen oder ob Sie die Daten erst kopieren, um ein Fallback zu haben, was jedoch eine längere Auszeit bedeutet.

Einflüsse auf ein Backup-Konzept

Damit Sie diese Entscheidung gar nicht erst treffen müssen, sollten Sie die Datenbankgröße, die Änderungsrate der Daten sowie weitere Besonderheiten wie Jahres-, Quartals- oder Monatsabschluss in Ihrem Konzept berücksichtigen. Da sich die Durchführung der Backups im Laufe des Monats bzw. Jahres nicht verändern sollte, sollte ein Konzept erstellt werden, das alle Anforderungen abdeckt, und im Bedarfsfall noch ein zusätzliches manuelles Backup erstellt werden.

[!]

Häufige Backup-Fehler

Die häufigsten Backup-Fehler sind, dass Backup-Läufe abbrechen, weil zu wenig Sicherungsplatz vorhanden ist, sich die Backups überschneiden und dann abbrechen oder die Logs nicht richtig gesichert werden können.

Neben der Größe des Systems sowie der Änderungsrate der Daten sollten auch das *Recovery Time Objective* (kurz RTO) und das *Recovery Point Objective* (kurz RPO) einen Einfluss auf die Konzepterstellung haben.

RTO und RPO im Backup-Konzept

RTO beschreibt die vertraglich festgelegte Zeitspanne, in der die Wiederherstellung der Daten im Katastrophenfall erfolgen soll. Es wird also festgelegt, wie schnell das System wieder einsatzbereit sein soll. Die RTO-Kennzahl umfasst dabei nicht nur erst den Prozess der Wiederherstellung der Daten, sondern bereits die Erkennung und Meldung des Katastrophenfalls. Daher müssen neben der eigentlichen Wiederherstellung auch der Start des Systems und gegebenenfalls zusätzliche Tests für eine eventuelle Freigabe einzurechnen sein. In der Regel kann man festhalten: Je kürzer das RTO ist, desto fortschrittlichere Lösungen sollten eingesetzt werden. Eine Faustregel aus der Erfahrung besagt, dass die reine Wiederherstellung der Datenbank ca. 1 Stunde pro Terabyte an Daten bei Standard-Backups benötigt. Dazu kommen noch die zusätzlichen Zeiten, etwa für den Systemstart. Ein Disaster-Recovery-Konzept kann nur dann auf Backups basieren, wenn man mehr Zeit hat. Bei kleinen RTO-Werten ist ein Backup kein geeignetes Mittel, man muss dann mit Datenspiegelung auf Infrastruktur- und Applikationsebene zurückgreifen. Sollte das RTO eines Systems hingegen eine Woche betragen, desto weniger komplex und fortschrittlich muss die Lösung sein.

Das RPO gibt hingegen die Verlusttoleranz im Hinblick auf die Daten an. Es beschreibt den Zeitraum zwischen Sicherung und Ausfall und gibt an, wie viele Daten gegebenenfalls verloren gehen dürfen. Je kritischer ein System ist, desto kleiner fällt das RPO aus. Hier sind Zeiten von 30 Minuten bis zu 2 Stunden durchaus üblich.

RTO und RPO sind wichtig im Hinblick auf die Business Continuity. Daten, die einmal unwiderruflich verloren gegangen sind, kann man in der Regel nicht wiederherstellen. Selbst mit hohem manuellem Aufwand wird ein gewisser Teil der Daten meist für immer verloren bleiben. Daher haben RPO und RTO einen Einfluss auf jedes Backup-Konzept. Kann ein Unternehmen mehrere Tage auf ein Backup verzichten, läge das RPO z. B. bei drei Tagen, was bedeutet, dass die Daten weniger häufig gesichert werden müssen.

Best Practices zeigen, dass RTO und RPO ebenfalls einen Einfluss darauf haben, wann ein System komplett per Backup gesichert wird und wann die Daten nur mithilfe eines inkrementellen Backups gesichert werden. Sind RTO und RPO so definiert, dass wenig Daten verloren gehen dürfen und das System schnell wieder zur Verfügung stehen muss, ergibt es Sinn, Backups öfter zu erstellen, damit im Fall eines Fehlers nicht zu viele Redo-Logs zurückgesichert werden müssen. Ein Komplett-Backup kann im Rahmen einer Systemkopie genutzt werden, um ein System 1 : 1 wiederherzustellen oder ein neues System aufzubauen. Inkrementelle Backups hingegen zeichnen nur die Änderungen seit der letzten Komplettsicherung auf und sind allein nicht nutzbar. Sie helfen lediglich dabei, bis zu einem bestimmten Zeitpunkt nach dem letzten Backup alle notwendigen Daten wieder einspielen zu können, ohne dass regelmäßig ein Komplett-Backup gezogen werden muss.

Sollte das SAP-System so groß sein, dass Standard-Komplett-Backups niemals bis zur nächsten Sicherung fertig wären, muss man entsprechende

Technologien einsetzen, um das abzufangen. Darauf werden wir in Abschnitt 5.3.4, »Technologische Möglichkeiten für die Erstellung von Backups und Sicherungen«, näher eingehen.

Backups online oder offline

Bis vor einigen Jahren war ebenfalls von großer Bedeutung, ob ein Backup online oder offline erstellt worden ist. Dies hat sich mit der Weiterentwicklung der Technologien in den letzten Jahren jedoch geändert, und es spielt kaum noch eine Rolle, ob ein Backup online oder offline erfolgt ist. Systemkopien und Migrationen sind ebenfalls mittlerweile mit entsprechenden Online-Backups freigegeben. Damit ist es nicht mehr notwendig, ein System zu stoppen, ein Backup offline durchzuführen, bevor man mit der entsprechenden Systemaktion starten kann. Diese Verzögerung von mehreren Stunden ist zum Glück dem Technologiewechsel zum Opfer gefallen und hat dabei wahrscheinlich viele Architektinnen und Administratoren sehr glücklich gemacht, da dies früher stets ein nicht berechenbares Risiko darstellte.

Bevor wir die Auswirkungen der Infrastruktur auf die Backup-Konzepte und Lösungen betrachten, möchten wir Ihnen an dieser Stelle noch mitgeben, dass in Ihrem Konzept ebenfalls die Speicherdauer der Daten festgehalten werden muss. Dazu gehören sowohl die Backups, sei es inkrementell oder komplett, sowie alle notwendigen Logs. Ebenfalls kann sich ein Backup-Konzept für produktive Daten von einem Konzept unterscheiden, das für nicht produktive Daten erstellt worden ist. Produktive Daten sind im produktiven System meist viel höher gesichert. Ebenfalls werden die Daten auch länger aufgehoben. In einigen Fällen kann es sogar notwendig sein, dass die Daten physisch ausgelagert werden, um einem Notfall in einer Region entgegenzuwirken. Noch vor zehn Jahren war es nicht unüblich, dass Tapes noch quer durch das Land geschickt wurden, um die Daten weit entfernt in einem Datensafe sicher aufzubewahren, damit man nicht auf eine Region beschränkt war.

In der heutigen Zeit hat sich das dahingehend geändert, dass die Auslagerung im Konzept zwar immer noch bedacht werden muss und zusätzliche Kosten entstehen können, um die Daten auf diese Weise zu sichern Es ist jedoch nicht mehr an der Tagesordnung, Daten auf Tapes durch das Land zu schicken. Vielmehr werden die Daten online entsprechend verteilt und in verschiedenen Zonen und Regionen gesichert, um keine Daten zu verlieren.

Dieses Verfahren nennt man das *3-2-1-Prinzip*:

- **3 Kopien**, das Original, ein Spiegelbild am HA- oder DR-Standort sowie ein konsistentes Backup

- **2 verschiedene Medienarten**, z. B: früher Disks und Tapes, heute Primärdatenspeicher und Blob oder S3 in der Cloud (ein Medienbruch muss eingebaut sein, um einen Prinzipfehler bei einer Art Datenspeicher wie dem Speichersystem auszuschließen)
- **1 externer Ort**, d. h. weit entfernt, um den Datenschutz auch bei Großschadensereignissen sicherzustellen

Zu guter Letzt sind bei der Erstellung eines Backup-Konzepts die Besonderheiten der Infrastruktur miteinzubeziehen. Es muss geprüft werden, welche Verfügbarkeit mit Rechenleistung und Speicher zur Verfügung gestellt werden können, um zu berechnen, was gegebenenfalls mit einem Backup und dann weiterführend auch mit einem Hochverfügbarkeitskonzept abgefangen werden muss. Hinzu kommen die Kosten für den Speicher. Ein Backup auf ein ausgelagertes Medium zu erstellen, das in den Betriebskosten in der Regel kostengünstiger ist als der Speicher, der direkt dem System zugeordnet ist, dauert meist länger, da das Netzwerk mit eingebunden ist. Netzwerkunterbrechungen oder Latenzprobleme können außerdem dafür sorgen, dass die Backup-Erstellung abbricht. Aus diesem Grund sehen viele Designs zuerst eine Sicherung in Systemnähe vor und danach werden die Daten automatisch auf günstigere Medien ausgelagert.

5.3.3 Besonderheiten und Best Practices bei der Sicherung von Datenbanken in Cloud-Lösungen

Je nach Datenbank gibt es unterschiedliche Besonderheiten, die bei der Sicherung beachtet werden müssen.

Backups sollten immer von allen Providern unterstützt werden

Es ist dabei wichtig, sicherzustellen, dass die genutzte Backup-Technologie, die Datenbank und das SAP-System die entsprechend ausgewählte Art der Sicherung unterstützt und von SAP auch freigegeben ist. Technisch gibt es gegebenenfalls mehr funktionsfähige Möglichkeiten, als von SAP freigegeben sind. Im Fehlerfall sollte die Art der Sicherung sowohl von dem Datenbankhersteller als auch von SAP unterstützt sein, um Diskussionen und gegebenenfalls Haftungsausschlüsse zu vermeiden.

SAP-HANA-Systeme sollten z. B. immer über die Schnittstelle Backint for SAP HANA durchgeführt werden. Die Backup-Applikationen müssen für diese Schnittstelle zertifiziert sein. Oft werden die Backups über SAP HANA Studio angestoßen und überwacht, jedoch kann eine entsprechende Backup-Erstellung auch über Skripte erfolgen.

Alternativ kann ein Backup über Storage-Snapshots durchgeführt werden, die sind von SAP ebenfalls genehmigt.

[»]

Freigabe der Backup-Methode der Hersteller

Die gewählte Backup- und Restore-Technologie sollte immer von SAP, den Datenbankherstellern und den Cloud- bzw. Infrastrukturprovidern freigegeben sein. Dies vermeidet spätere Diskussionen im Fehlerfall. Ein Nebeneffekt ist, dass die Technologien für die Backups immer auf dem neuesten Stand sein müssen und es gerade bei älteren SAP-Versionen auf älteren Betriebssystemen und Datenbankständen dazu kommen kann, dass nur ältere Backup-Technologien freigegeben sind. Dies hat zur Folge, dass in der Regel mehrere Backup-Technologien betrieben werden müssen.

Ein *Snapshot* ist ein Mechanismus, der eine Momentaufnahme von Daten liefert und die Änderungen der Daten nach Erzeugen des Snapshots mitprotokolliert. Es ist vergleichbar mit einem Foto der Daten, und alle Änderungen, die danach erfolgen, werden entsprechend aufgezeichnet. Snapshots dauern nicht lange und verursachen in der Regel auch keine Performanceverschlechterung, daher werden sie in der aktuellen Zeit sehr gerne genutzt.

Die Metadaten des Snapshots werden dann in den Backup-Katalog von SAP HANA eingepflegt. Der Nachteil dieser Lösung besteht darin, dass es keine 100%ige Garantie gibt, dass die Snapshots konsistent sind, deswegen haben Sie folgende Optionen:

- Sie können die Snapshots auf Konsistenz hin testen. Ein Tool hierfür wäre z. B. hdbpersdiag (von SAP, ab SAP HANA 2.0 SPS 04). Zum Test werden die Snapshots als Laufwerk an einem anderen Server eingehängt, auf dem dann das Tool bereits läuft.
- Sie können einen Systemklon herstellen, in dem aus dem Snapshot ein eigenes Laufwerk erzeugt wird (Recovery-Test).
- Sie können parallel ein per Definition konsistentes Backup via Backint-Schnittstelle durchführen. Der genutzte Storage muss dafür extra zertifiziert sein, z. B. NetApp on premise, Azure NetApp Files oder FSx bei AWS. Der Snapshot geht schnell (sowohl Backup als auch Wiederherstellung in unter 1 Minute) und belastet den Server nicht zusätzlich.

Oracle nutzt für die Administration der Datenbanken in der Regel BR-TOOLS. Oracle kann ebenfalls mit vielen Technologien gesichert werden, wie z. B. RMAN. Genau wie bei der Sicherung von SAP-HANA-Datenbanken sollten Sie nur darauf achten, dass die Sicherungsmethode freigegeben ist.

Ebenfalls spielt es keine Rolle, ob ein System on premise oder in einer Cloud bereitgestellt wird. Um dies zu untermauern, gehen wir nachfolgend kurz auf die Sicherung von SAP-HANA-Datenbanken in Azure, AWS und Google Cloud exemplarisch ein.

Sicherung von SAP HANA in Azure

Bei Azure werden über die von Backint bereitgestellten Sicherungen sowohl Protokolle als auch protokollfremde Sicherungen erstellt. Dabei handelt es sich um Streams zu Azure-Recovery-Service-Tresoren, für die intern ein Azure Blob Storage genutzt wird. Die Streamingmethode spielt dabei keine unwichtige Rolle und sollte auch verstanden werden.

Jede Backint-Komponente von SAP HANA stellt dabei zwei Pipes zur Verfügung, eine für Lese- und eine für Schreibvorgänge. Diese wiederum sind mit den zugrunde liegenden Datenträgern verbunden. Auf den Datenbankdatenträgern findet man die Datenbankdateien wieder, die durch einen Azure-Backup-Dienst gelesen und mithilfe eines anderen Azure-Recovery-Service-Tresors übertragen werden. Dabei wird immer ein Azure-Storage-Account genutzt. Der Azure-Backup-Dienst führt neben der nativen Validierungsüberprüfung auch eine Prüfsummenermittlung durch, um sicherzugehen, dass bei den Datenströmen keine Daten verloren gegangen sind. Zusätzlich wird mithilfe der Prüfsummen sichergestellt, dass die Daten, die im Azure-Recovery-Service-Tresor liegen, zuverlässig und wiederherstellbar sind.

Da die Streams hauptsächlich Datenträger verwenden, ist es ebenfalls unabdingbar, dass Sie sich im Rahmen der Lese- und Schreibvorgänge sowie der Sicherung von Daten mit dem Netzwerk vertraut machen. Eine entsprechende Netzwerkanbindung und Latenzprobleme spielen im Rahmen der Sicherungs- und Wiederherstellungsvorgänge keine unwesentliche Rolle und sollten in eine entsprechende Betrachtung immer mit einfließen.

Bei protokollfremden Sicherungen für SAP HANA, wie z. B. vollständig, differenziell oder inkrementell, versucht der Azure-Backup-Dienst immer, eine Geschwindigkeit von ca. 420 MBit/s zu erreichen. Bei Protokollsicherungen wird hingegen immer ein Wert von bis zu 100 MBit/s angestrebt. Die aufgeführten Geschwindigkeiten können dabei nicht garantiert werden, da folgende Faktoren Einfluss auf die Geschwindigkeit haben können:

- der maximale Datenträgerdurchsatz des virtuellen Computers ohne Nutzung der Zwischenspeicherung für das Lesen aus dem Daten- oder Protokollbereich
- der zugehörige Durchsatz und der zugrunde liegende Datenträgertyp beim Lesen aus dem Daten- oder Protokollbereich

- der maximale Netzwerkdurchsatz des virtuellen Computers beim Schreiben in den Recovery-Service-Tresor
- bei Nutzung von VNet über Network Virtual Appliance (kurz NVA) oder Firewall der zugehörige Netzwerkdurchsatz
- für Azure NetApp Files (kurz ANF) wird bei Lesevorgängen aus ANF und entsprechenden Schreibvorgängen in den Tresor eine entsprechende Netzwerkbandbreite des virtuellen Computers genutzt

Eine entsprechende Lösung könnte in Microsoft Azure wie folgt aussehen (siehe Abbildung 5.11).

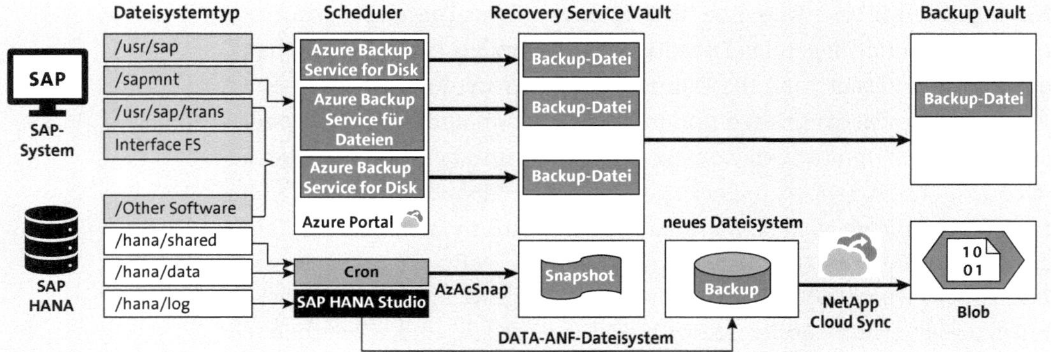

Abbildung 5.11 SAP-System-Backup für SAP-HANA-Datenbanken

Die entsprechenden Dateisysteme werden über die Scheduler Azure Backup Service for Disk, Azure Backup Service for Files sowie entsprechende Cronjobs gesichert. Die SAP-Dateisysteme werden dabei in vorgesehene Backup-Dateien geschrieben, während die Datenbank mithilfe von Snapshots im ANF-Dateisystem gesichert wird. Am Ende werden die Daten in Backup Vault und dem günstigen Blob Storage ausgelagert.

Beim Dateisystem der SAP-Applikation und der Software für die Datenbank wird Premium Disk als Disk Type verwendet, und SAP-HANA-SHARED-, DATA- und LOG-Dateien werden auf ANF-Speicher gesichert. Somit ist das vorgestellte Backup-Konzept, wie in Abbildung 5.11 dargestellt, ANF-basiert.

Das ANF-Backup- und Recovery-Konzept hingegen basiert auf der Snapshot-Funktionalität von Microsoft Azure NetApp Files Storage Service.

Erweitert man das Backup auf mehrere Availability Zones, ergibt sich folgendes Bild für produktive Systeme (siehe Abbildung 5.12).

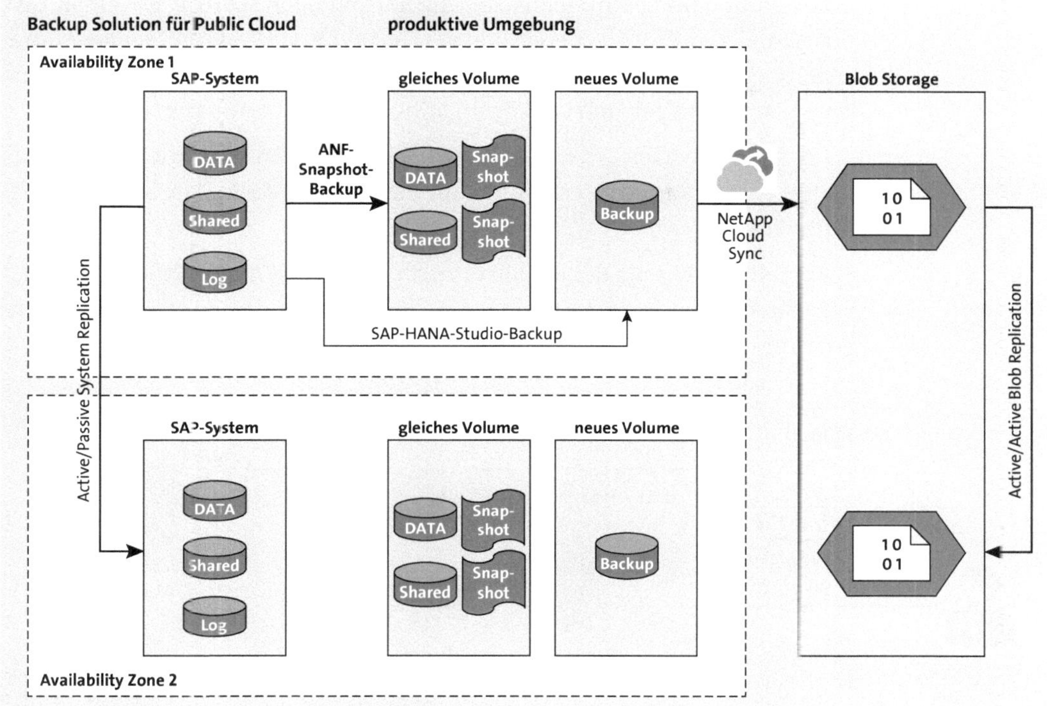

Abbildung 5.12 Backup-Konzept für produktive SAP-Systeme in Azure

Backup in AWS

Bei AWS kann eine SAP-HANA-Datenbank gesichert werden, indem Systems Manager und EventBridge genutzt werden. Voraussetzung hierfür ist, dass die existierende SAP-HANA-Instanz mit einer unterstützten Version in einer Amazon Elastic Compute Cloud (kurz EC2) betrieben wird, die für den Systems Manager konfiguriert ist und die notwendigen Systems-Manager-Agenten in den aktuell verfügbaren Versionen installiert hat. Im S3 Bucket Ihres Speicherkontos darf kein öffentlicher Zugang freigeschaltet sein.

Ein S3 Bucket ist dabei ein Container für Dateiobjekte, die im Amazon-S3-Speicherdienst gespeichert werden sollen. Sie können beliebig viele Objekte in einem Bucket speichern und bis zu 100 Buckets in Ihrem S3-Speicherkonto haben. Um eine Erhöhung dieses Limits anzufordern, besuchen Sie die Service-Quotas-Konsole. Jedes Objekt ist somit einem Bucket zugeordnet.

Der `hdbuserstore key name` lautet `SYSTEM`. Die AWS-Identity- und Access-Management-Rolle müssen für diesen User vorhanden sein, um die Automatisierung des Runbooks durchführen und die Sicherung einplanen zu können. Runbooks beschreiben dabei die notwendigen Schritte, um einen Task auszuführen. Entsprechende Policies sind der Rolle Systems Manager Automation Service zugewiesen. Die Komprimierung und die Deduplizierung von Daten werden von der Lösung hingegen nicht unterstützt.

Das heißt übersetzt, AWS stellt inklusive Zugriffen und Automatisierung alles Notwenige zur Verfügung, um Backups in SAP-HANA zu implementieren.

Abbildung 5.13 zeigt das Installationsskript, das den AWS Backint Agent, den S3 Bucket, den Systems Manager und die EventBridge installiert, die Command Documents nutzt, um regelmäßige Backups einzuplanen.

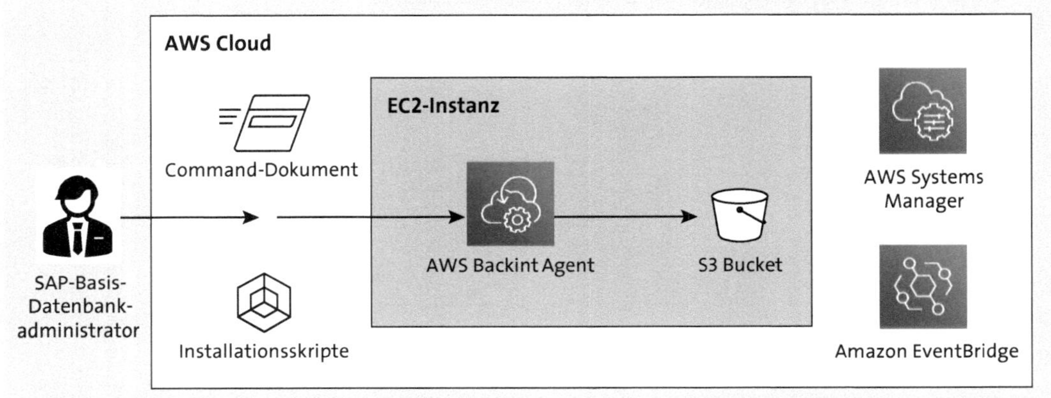

Abbildung 5.13 AWS-Backup (Quelle: AWS)

Dabei unterstützt AWS eine Automatisierung und Skalierbarkeit. So können mehrere Versionen von AWS Backint Agent, also mehrere Agenten, gleichzeitig installiert werden, indem das Systems Manager Automation Runbook genutzt wird. Jede Nutzung des Systems Manager Runbooks kann dabei SAP-HANA-Instanzen skalieren, je nachdem, was im Ziel ausgewählt worden ist. Und zu guter Letzt kann die EventBridge SAP-HANA-Backups automatisieren. Wie in Abbildung 5.13 dargestellt, kommen dabei mehrere AWS-Tools zum Einsatz.

Der AWS Backint Agent für SAP HANA ist eine Stand-alone-Applikation, die die bestehenden Workflows nutzt, um die SAP-HANA-Datenbank in einem S3 Bucket zu sichern. Dabei unterstützt AWS Backint Agent volle, inkrementelle und differenzielle Backups von SAP-HANA-Datenbanken. Der Agent läuft auf SAP-HANA-Datenbank-Servern, in denen Backups und Katalog-Items von der SAP-HANA-Datenbank zum AWS Backint Agent übertragen werden.

Die Amazon EventBridge ist ein serverloser Event Bus. Ein Event Bus ist eine Pipeline, die Events enthält. Der Event Bus kann verwendet werden, um die Applikation mit verschiedenen Quellen zu verbinden. Eine EventBridge liefert dabei in Echtzeit Daten für die Applikationen, für SaaS-Applikationen und AWS-Services wie AWS Lambda, Event Bus oder andere Applikationen bzw. Services.

Amazon S3 (Amazon Simple Storage Service) ist ein Service zur Objektspeicherung. Amazon S3 kann verwendet werden, um Daten zu sichern und abzurufen, egal, wo man sich befindet.

Der AWS Systems Manager ist das letzte genutzte Tool in Abbildung 5.13. Er hilft, Infrastruktur in AWS zu überwachen und zu kontrollieren. Mithilfe der Systems-Manager-Konsole kann man verschiedene Daten der AWS-Services einsehen und Aufgaben des täglichen Betriebs über die AWS-Ressourcen automatisieren.

Google Cloud und SAP HANA

Gehen wir noch kurz auf die Google Cloud ein. Auch die Google Cloud stellt eine Backint-Schnittstelle zur Verfügung, um SAP-HANA-Datenbanken zu sichern. Die Sicherungen können dabei auf einer Google Cloud in einer Bare-Metal-Lösung lokal oder sogar auf anderen Cloud-Plattformen ausgeführt werden. Mit dem von SAP zertifizierten Cloud-Storage-Backint-Agenten für SAP HANA können die Daten direkt an die Cloud-Storage-Accounts gesendet werden. Dabei ist der Backint Agent in SAP HANA so eingebunden, dass die Sicherungen mithilfe der nativen SAP-Funktionen zur Sicherung und Wiederherstellung direkt im Storage gespeichert und abgerufen werden können. Es muss also bei der Lösung kein flüchtiger Speicher genutzt werden, und die Lösung ist komplett SAP-zertifiziert.

5.3.4 Technologische Möglichkeiten für die Erstellung von Backups und Sicherungen

Wie bereits im vorherigen Abschnitt kurz aufgezeigt, gibt es neben den klassischen Backups noch weitere Möglichkeiten, Sicherungen zu erstellen. Storage Snapshots werden hierbei sehr gerne in der Praxis verwendet, da diese nicht nur schnell durchzuführen sind, sondern in der Regel auch nicht das laufende System beeinflussen. Ein Storage Snapshot beinhaltet dabei in der Praxis alle SAP-HANA-Daten zu einem bestimmten Zeitpunkt. Er stellt also eine Momentaufnahme dar. Dabei beinhaltet ein Snapshot alle Daten, die notwendig sind, um ein System vollständig und konsistent wiederherzustellen. Außerdem bieten Storage Snapshots zusätzliche Optionen wie das Recovery oder das Sichern von SAP-HANA-Daten an. Sofern die Datenbank verschlüsselt ist, sind die Snapshots ebenfalls verschlüsselt. Dabei sind keine zusätzlichen Schritte notwendig, um verschlüsselte Daten wiederzustellen. Anders verhält es sich, wenn man nach einem Backup die Daten verschlüsselt, um sie gegebenenfalls sicher übertragen zu können. Hier ist es wichtig, dafür zu sorgen, dass die Daten nach der Entschlüsselung ebenfalls sauber gelesen werden können. Aus diesem Grund sollte eine zusätzliche Verschlüsselung für die Datenübertragung definitiv getestet werden, und die Daten sollten einmal in ein entsprechendes System zurückgespielt werden.

Was ist ein Klon?

Eine weitere Möglichkeit zur Sicherung ist das Klonen von Systemen. Dies unterscheidet sich von einem Backup eines Systems, jedoch werden Klone und Backups manchmal fälschlicherweise synonym verwendet. Beim Klonen eines Systems werden alle Daten eines Systems 1 : 1 auf ein anderes System übertragen. Dafür müssen beide Systeme identisch aufgebaut sein. Anders als bei einem Backup gibt es hierbei keine historischen Sicherungen. Nur der neueste Stand der Daten ist verfügbar, Sie können nicht in der Zeit zurückgehen und einen früheren Stand verwenden.

In der Regel stellt ein Klon einen bestimmten Systemzeitpunkt dar und ist so sehr praktisch, wenn man ein neues System aufbauen und lange Wiederherstellungszeiten vermeiden möchte. Sollte ein SAP-System einen logischen Fehler haben, kann mithilfe eines Klons in minimaler Zeit ein Abbild geschaffen werden, das für die Datenanalyse genutzt werden kann, ohne das eigentliche produktive System zu gefährden. Ebenfalls können Lösungsansätze zur Fehlerbehebung erst auf dem Klon getestet werden, bevor die eigentlichen produktiven Daten verändert werden.

Eine weitere Möglichkeit, speziell beim Datenverlust etwa einer versehentlich gelöschten Tabelle, ist die, dass man über Point-in-Time-Recovery einen Klon kurz vor dem Zeitpunkt des Datenverlusts erzeugt, das sogenannte Rettungssystem. Die verloren gegangene Tabelle wird aus dem Rettungssystem extrahiert und mit SAP-Bordmitteln in das eigentliche Produktivsystem eingespielt. Eventuelle Änderungen an der Tabelle nach diesem Zeitpunkt müssen manuell aus den Redo-Logs eingepflegt werden. Aus diesem Grund können Klone sehr hilfreich sein, sie brauchen aber in der Regel zusätzliche Servicevarianten und die Nutzung entsprechender Tools. Ein Backup ersetzen können Sie aber nicht.

Backup-Tools und Lösungen entwickeln sich rasant weiter, da die technischen Anforderungen jedes Jahr komplexer und die Systeme immer größer werden. Hingegen bleiben RTO und RPO immer gleich, und ohne eine entsprechende Innovation auf dem Gebiet könnte man Verträge nur für eine bestimmte Zeit erfüllen.

Da die Technik hier einem enormen Wandel unterliegt, wollen wir Ihnen am Ende des Abschnitts noch einmal nahelegen, das Backup-Konzept regelmäßig zu testen, um zu schauen, ob die SLA-Anforderungen zu RPO und RTO erfüllt werden können. Zusätzlich sollten Ihre Mitarbeitenden die Innovationen im Auge behalten und mit dem Business frühzeitig die Anforderung an die Backup-Lösungen für die kommenden ein bis zwei Jahre prüfen und besprechen. Die Einführung neuer Techniken und neuer Konzepte bedarf immer eines entsprechenden Vorlaufs, der leider oftmals vergessen wird. Auch müssen die Konzepte geprüft und validiert werden, bevor man sie im Betrieb nutzen kann, und die Mitarbeitenden des Betriebs müssen entsprechend geschult werden. Aus diesem Grund sollte man nicht nur die heutigen Anforderungen im Auge behalten, sondern auch schauen, wohin sich das Business und die Technologie entwickeln.

[«]

Nichts ist so beständig wie der Wandel

Um keine Probleme bei der SLA-Erfüllung und der Einhaltung von RTO und RPO zu haben, sollten immer die neuesten freigegebenen Technologien eingesetzt werden. Gerade im Backup-Bereich gibt es immer wieder Technologietrends, um SAP-Systeme noch schneller und mit noch weniger Datenverlust wiederherstellen zu können. Dies ist besonders wichtig, wenn es sich um größere SAP-Systeme und SAP-Applikationen handelt, die gesichert und wiederhergestellt werden müssen.

5.4 Schnittstellen

Zentraler Erfolgsfaktor in jedem Betrieb und Projekt

Ein zentrales und ebenfalls oft unterschätztes Thema bei Cloud-Migrationen bzw. beim Aufbau eines neuen Systems in der Cloud sind die notwendigen Schnittstellen.

Jedes Rechenzentrum hat Schnittstellen zu weiteren Rechenzentren, On-Premise-Systemen oder weiteren Cloud-Lösungen. Somit müssen entsprechende Verbindungen zu den Umsystemen geöffnet und eingerichtet werden, damit eine Kommunikation zwischen den Systemen möglich wird. Daher ist es im ersten Schritt notwendig, entsprechende Netzwerkverbindungen zu planen, um die Cloud-Systeme mit Ihren On-Premise-Systemen sowie den Systemen Ihrer Serviceprovider zu verbinden. Dabei können die Anforderungen an die Verbindungen unterschiedlich sein. Im normalen Betrieb gibt es in der Regel einen geringeren Durchsatz von Daten als bei einer Migration von Systemen oder bei einem Daten-Load. Aus diesem Grund kann es sinnvoll sein, am Anfang des Projekts eine zweite Verbindung mit einem höheren Durchsatz zur Cloud zu haben. Diese kann aus Kostengründen später abgebaut werden.

Verschiedene Arten von Schnittstellen

Sind Ihre Rechenzentren und die Systeme der Serviceprovider mit der Cloud verbunden, sollten im nächsten Schritt die Providerverbindungen eingerichtet werden, die unter anderem zu SAP gehen. Sofern für Drittanbietertools dedizierte Verbindungen zu den Systemen notwendig sind, müssen diese ebenfalls geöffnet werden, damit z. B. eine Übermittlung der Daten an Behörden oder Verwaltungen stattfinden kann. Eine frühzeitige Einrichtung der Schnittstellen ist hierbei empfehlenswert, da nach unserer Erfahrung eine entsprechende Einrichtung eine gewisse Zeit beanspruchen kann. Sofern die Freigabe der Zugriffe nicht mehr bei Ihnen selbst liegt, sondern über Tickets und entsprechende Vorlaufzeiten funktioniert, kann es hier sehr leicht zu Verzögerungen kommen.

Im nächsten Schritt sind die internen Schnittstellen zu bedenken, etwa zu folgenden Geräten oder Systemen:

- Access-Tools
- Backups
- E-Mail-Programmen
- Ticketcentern
- zentralen Monitoringdateisystemen
- zentralen Dokumentationsordnern
- aktiven Directories
- Skriptumgebungen
- Druckern
- Jobeinplanungstools

Wenn diese Hürde genommen wurde, sind die zentralen SAP-Schnittstellen wie SAP Solution Manager, Cloud Connector, SAP Process Integration und weitere Schnittstellensysteme an der Reihe.

Sind die Systeme bekannt und in der Regel mit Quelladresse, Zieladresse, Port, User und gegebenenfalls Passwort verbunden, sodass eine entsprechende Kommunikation zwischen den Systemen möglich ist, kommen die Schnittstellen zu den eigentlichen Schnittstellensystemen an die Reihe, um die Funktionalität des Systems gewährleisten zu können. Hier macht sich oft eine fehlende Schnittstellendokumentation frühzeitig bemerkbar. Denn liegt eine solche Übersicht der Informationen nicht vor und das System hat mehr als zehn Schnittstellen, sind teileweise vorab Projekte notwendig, um die entsprechenden Informationen zu sammeln und zu dokumentieren, damit dann bei einer Migration die notwendigen Kommunikationskanäle freigeschaltet werden können.

Schnittstellendokumentation

Eine Schnittstellenliste mit Informationen über die technischen und fachlichen Schnittstellen ist für den Betrieb unerlässlich. Da Systeme im Laufe der Jahre wachsen und in der Regel weitere Schnittstellen hinzukommen, ist eine Dokumentation der ein- und ausgehenden Schnittstellen wichtig. Auch Schnittstellen, die zum Betrieb des Systems gehören, wie z. B. Monitoring oder Backup, dürfen in der Liste nicht fehlen.

Bekannte SAP-Schnittstellentypen

Ein SAP-System kann unterschiedliche Schnittstellen haben. In der Regel handelt es sich bei den Schnittstellen um einen der folgenden Typen:

- Intermediate Documents (kurz IDocs)
- Remote Function Calls (kurz RFCs)
- Business Application Programming Interfaces (kurz BAPI)
- SAP Java Connector (kurz SAP JCo)
- SAP Process Integration (kurz SAP PI)

Dabei ist zwischen technischen und fachlichen Schnittstellen zu unterscheiden. Bei einer technischen Schnittstelle handelt es sich um die rein technische Verbindung mit einem Satellitensystem. Eine fachliche Schnittstelle beschreibt die eigentliche Funktion bzw. den Businessprozess, der über die technische Schnittstelle realisiert wird.

Damit eine Kommunikation über die technischen Schnittstellen möglich ist, ist es erforderlich, dass die Systeme in der Firewall mit den entsprechenden Ports freigeschaltet sind und eine Kommunikation je nach Freischaltung entweder in die eine, die andere oder in beide Richtungen möglich ist.

SAP bietet eine Übersicht über alle SAP-Ports im SAP Help Portal, die Sie verwenden können, um Ports zu ermitteln. Die Übersicht können Sie unter dieser URL aufrufen: *http://s-prs.de/v923921.*

Wichtig ist hierbei, dass eine technische Schnittstelle für mehrere fachliche Schnittstellen genutzt werden kann. Das Quell- und das Satellitensystem bleiben bestehen, aber der Port und die Logon-Daten können sich je Schnittstelle ändern. Aus diesem Grund sollte von Beginn an eine entsprechende fachliche und technische Schnittstellenliste gepflegt werden, in der alle notwendigen Daten zu den Schnittstellen nachzulesen sind. Neben den technischen Daten, wie Quell- und Zielsystem inklusive Port, sind weitere Daten für eine Schnittstellenbetrachtung wichtig. Anbei eine kleine Liste notwendiger Daten als *Best Practices*, die ebenfalls in einer Schnittstellenliste wiederzufinden sind oder dort enthalten sein sollten:

Daten, die in einer Schnittstellenliste vorkommen sollten

- Ansprechpartner inklusive Kontaktdaten sowohl bei Ihnen, Ihrem Umsetzungspartner als auch Ihrem Provider
- SLA der Schnittstelle
- Ausführungszeitraum, Abhängigkeiten zu anderen Schnittstellen
- Zugangsdaten
- Abhängigkeiten zu Jobs, Dateisystem etc.
- mögliche Tests inklusive Ansprechpartner und notwendiger Testdaten, um die Schnittstelle zu testen
- Businesskritikalität (d. h., welche Auswirkung hat ein Ausfall der Schnittstelle auf die Geschäftsprozesse)
- manueller Workaround für den Fall, dass die Schnittstelle im Fehlerfall nicht mehr laufen sollte

Eine solche Liste unterstützt Sie bei der Projekteinführung, der Migration oder im täglichen Betrieb enorm, da entsprechende Abhängigkeiten leicht aufgezeigt werden können und im Fehlerfall die Ansprechpartner bekannt sind.

Sofern Ihr Unternehmen noch keine Schnittstellenliste mit den notwendigen Details für den Betrieb der Schnittstellen besitzt, ist es sehr zu empfehlen, im Rahmen der nächsten Projekte diese Liste aufzubauen und stetig zu ergänzen. Dabei ist eine entsprechende Zusammenarbeit zwischen den Applikationsverantwortlichen und den Technikerinnen und Technikern essenziell, da in der Anwendung oft die technischen Details inklusive der verwendeten Ports nicht bekannt sind. Entsprechende Analysetools und sogenannte Sniffer könnten bei der Datenerhebung hilfreich sein, jedoch muss dies meist zusätzlich von bestimmten Stellen wie der Betriebsleitung und dem Betriebsrat freigegeben werden, da das Protokollieren dieser Daten mitbestimmungspflichtig ist.

Nach Abstimmung mit den Security- und Firewall-Architektinnen und -Architekten sollten Sie die Liste konsolidieren. Sofern erlaubt, ergibt es Sinn, Ranges in den IP-Adressen und den Ports zu öffnen. Bei Ranges handelt es sich um Gruppen von IP-Adressen oder einen abgestimmten Bereich. Damit soll verhindert werden, dass jede IP-Adresse einzeln freigeschaltet werden muss. Zusätzlich sollte bei angeschlossenen Systemen immer hinterfragt werden, ob die Systeme ebenfalls eine Hochverfügbarkeit besitzen und aus diesem Grund eine oder mehrere weitere IP-Adressen in die Liste mit aufgenommen werden müssen. Sollte nämlich auf der gegenüberliegenden Schnittstellenseite nicht das entsprechende HA-System freigeschaltet sein, kann es bei einem HA-Setup auf der Seite der Schnittstellen dazu führen, dass die Schnittstelle nicht mehr funktioniert. Solche Fehleranalysen gestalten sich in der Regel sehr schwierig, daher ist es besser, schon bei der Implementierung darauf zu achten.

[+]

5

Schnittstellen in Produktivsystemen

Schnittstellen in produktiven Systemen sollten auch in Vorsystemen, wie z. B. im Testsystem, vorzufinden sein. In den Testsystemen kann die Schnittstelle technisch und fachlich getestet werden. Ein Test im produktiven Einsatz ist nicht zu empfehlen. Auch sollten wichtige Schnittstellen mit einem entsprechenden HA-Setup ausgestattet sein, was bei der Konfiguration im SAP-System gerade im Hinblick auf Firewall-Freischaltungen zu bedenken ist.

Einrichtung einer Schnittstelle

Sofern es sich um neue Schnittstellen handelt, können Sie ebenfalls die Best Practices von SAP nutzen. Wenn eine neue Schnittstelle etabliert werden muss, sollten im ersten Schritt die genannten Punkte geklärt und dokumentiert werden.

Wichtig ist dabei, dass für jedes System der Systemlandschaft ein entsprechendes Schnittstellensystem und das Gegenstück der Kommunikation zur Verfügung stehen sollte. Ein Entwicklungssystem sollte bereits an eine entsprechende Entwicklungsumgebung angebunden sein, um die Schnittstelle richtig entwickeln zu können. In der Testumgebung sollte das Satellitensystem auf einer ähnlichen Hardware wie die Produktionsumgebung laufen und auf entsprechende Testdaten Zugriff haben, bevor dann das eigentliche produktive System mit der produktiven Schnittstelle verbunden wird. In der Praxis fehlen leider häufig die entsprechenden Systeme auf den unteren Ebenen, was einen Test der Schnittstellen in Bezug auf die Antwortzeit und den vollen Funktionsumfang erst in der Produktionsumgebung ermöglicht. Die Testphase in einem Testsystem wird somit übersprungen, da kein entsprechendes Umsystem zum Testen zur Verfügung steht. Natürlich kann man über eine Mandantenfähigkeit des Satellitensystems die Anzahl der Systeme verringern und die Funktionalitäten in zusätzlichen Mandanten abbilden. Dies ist aber nur für die unteren Systeme ratsam, da das produktive Schnittstellensystem in der Regel die gleichen SLAs erfüllen sollte wie das SAP-System.

Sollte eine wichtige Schnittstelle nicht hoch verfügbar aufgesetzt sein und für den reibungslosen Businessprozess des Unternehmens dennoch wichtig sein, ist es nicht möglich, das SLA des Systems einzuhalten, sofern die

Schnittstelle nicht mehr zur Verfügung steht. Eine entsprechende Überwachung, wie wir sie in Abschnitt 5.2, »Monitoring«, vorgestellt haben, kann den Betrieb hier unterstützen.

Hände weg von Workarounds bei Schnittstellen

Schnittstellen sollten zudem ohne Workarounds eingerichtet werden. Kurzfristige Umgehungen der Firewall- und Netzwerkregel mit entsprechenden Jump Hosts sollten Sie definitiv vermeiden, da diese Interimslösungen unserer Erfahrung nach anschließend oft nicht wieder abgelöst werden. Bei den Protokollen sollte man darauf achten, die neuesten Sicherheitsprotokolle zu nutzen, d. h. *SFTP* und *HTTPS* statt FTP und HTTP. Eine Umstellung ist im späteren Betrieb umso aufwendiger, da die Protokolle unterschiedliche Ports nutzen und damit die Ports- und Firewall-Einstellungen im Nachgang angepasst werden müssten. Sofern die Schnittstelle einen technischen User benötigt, sollte im Betriebskonzept erklärt werden, wie das Passwort des technischen Users gegebenenfalls zurückgesetzt oder geändert werden kann. Oft verlassen verantwortliche Kolleginnen oder Kollegen die Position, und entsprechende Prozesse geben keine Möglichkeit, an die Freigaben der Kolleginnen und Kollegen im Prozesstool zu kommen. Solche Bottlenecks können Sie umgehen, indem Sie in diesen Tools ebenfalls einstellen, dass auch immer die nächsthöhere Instanz inklusive eines Vertreters die Freigaben erteilen kann.

Zu guter Letzt sollte nach der erfolgreichen Einrichtung der Schnittstelle ebenfalls beschrieben werden, wie die Schnittstelle in den einzelnen Umgebungen getestet werden kann. Oft stehen in Entwicklungssystemen nicht die notwendigen Testdaten zur Verfügung, daher kann hier meist nur ein logischer und funktioneller Test erfolgen. Die eigentlichen Lasttests finden meist in der Testumgebung statt, jedoch kann es zur Verminderung der Performance kommen, wenn das Testsystem anders als das produktive System aufgesetzt worden ist. Eine entsprechende Dokumentation zur Erwartungshaltung der Testergebnisse ist daher für den späteren Betrieb und im Fehlerfall unabdingbar.

Shared Systeme für eine zentrale Datenablage

Als Abschluss des Abschnitts möchten wir gerne noch auf das Design notwendiger geteilter Dateisysteme (Fileshare-Systeme) eingehen. Hier handelt es sich um Systeme, die einzig und allein dafür aufgebaut werden, um ein zentrales Dateisystem für den Daten- und Dateiaustausch für alle angeschlossenen Systeme zur Verfügung zu stellen. Jede Harmonisierung von Systemen bringt es mit sich, dass es sinnvoll sein kann, ein zentrales Dateisystem oder System zum Teilen von Daten zur Verfügung zu haben. In der Regel werden solche Verzeichnisse in einer On-Premise-Umgebung sehr gerne eingebunden. Hier kann es aber zu Herausforderungen kommen, wenn ein Dateisystem z. B. mehrmals eingebunden werden muss und am

Ende die Funktionalität des Shares nicht mehr gegeben ist. Aus diesem Grund ist es ratsam, sich bei einer Einführung eines SAP-Systems auf einem Hyperscaler ebenfalls Gedanken über solch eine Share-Möglichkeit für Daten zu machen. Je nach Cloud können die Lösungen hier sehr unterschiedlich sein. Es kann auch sinnvoll sein, die Daten auf einem On-Premise-Server zu speichern und dann in die entsprechende Cloud zu mounten. Um ein geeignetes Design zu finden, ist es wichtig zu wissen, wie die Daten in dem Dateisystem abgelegt werden. Sollten noch alte Datenübertragungen wie FTP genutzt werden, kann es sein, dass eine Cloud-Lösung nur eingeschränkt dienlich ist. Einige Services unterstützen die alten Übertragungsprotokolle nicht. Dies bringt uns wieder zu dem Punkt zurück, dass es wichtig ist, dass eine SAP-Landschaft in der Technologie aktuell ist, um einen entsprechenden Service ohne weitere Anpassungen und zusätzliche Änderungen zur Verfügung zu stellen. Aus diesem Grund sollten Sie die Anforderungen frühzeitig an die Cloud-Architektin oder den Cloud-Architekten weiterleiten, damit eine entsprechende Lösung erstellt werden kann.

5.5 Sicherheit

Die Sicherheit der Daten und des Systems ist ein weiterer Dreh- und Angelpunkt des Betriebs. Dabei gilt es zu beachten, dass die Sicherheitsbetrachtungen verschiedene Ebenen einnehmen. Es fängt an mit einer physischen Zugangskontrolle zu den Systemen und einem entsprechenden Access Management inklusive der notwendigen Protokollierung, auf die wir in Abschnitt 5.5.1, »Zugriffskontrollen«, näher eingehen werden. Im zweiten Schritt können Daten und Schnittstellen verschlüsselt werden, um eine sichere Übertragung zu gewährleisten. Damit beschäftigen wir uns tiefer in Abschnitt 5.5.2, »Verschlüsselung«. In diesem Abschnitt gehen wir auch auf SAP-Sicherheitsmechanismen, Best Practices und Angebote von SAP ein, die die Sicherheit im Betrieb erhöhen können.

5.5.1 Zugriffskontrollen

Zugriffskontrollen im Rechenzentrum sind ein Muss

Zugriffskontrollen sind auf mehreren Ebenen möglich. Als Erstes kann der Zugriff zum System eingeschränkt werden, indem das Rechenzentrum entsprechende Sicherheitsmechanismen umsetzt. Je nach Größe und Kritikalität fängt das mit einer Überprüfung der Mitarbeitenden nach dem gängigen Sicherheitsstandard an. Denn sollten in dem Rechenzentrum vertrauliche Regierungsdaten oder vertrauliche Daten aus der Wirtschaft liegen, muss sichergestellt werden, dass ein entsprechendes Führungszeugnis der Mitarbeitenden vorliegt.

Der physische Zugang zu den Rechenzentren ist meist mehrfach gesichert. So befinden sich in vielen Rechenzentren Schleusen, die nur einzeln betreten werden können. Beim Betreten des Rechenzentrums wird geprüft, ob der Ausweis der betreffenden Person mit der Person selbst übereinstimmt. Gastzugänge sind meist aufwendig zu genehmigen und vorher anzumelden. Die Mitnahme von Notebooks und anderen Geräten in das Rechenzentrum und das Herausbringen von Notebooks und anderen Geräten aus dem Rechenzentrum wird in der Regel ebenfalls stark überwacht. Alle Rechner sind inventarisiert und dürfen nur nach entsprechenden Freigaben in das Rechenzentrum hinein- bzw. aus ihm herausgebracht werden.

[!]

Zutritt zu Rechenzentren

Der Zutritt zu Rechenzentren ist in der Regel gesondert gewährleistet und beinhaltet zusätzliche Sicherheitsvorkehrungen, um die sensiblen Daten zu schützen und sicherzustellen, dass kein Unbefugter physischen Zugriff auf die Systeme bekommt.

Firefighter-User nicht im Regelbetrieb nutzen

Neben dem physischen Zugriff ist auch der Remote-Zugriff entsprechend den abgestimmten Regularien oftmals eingeschränkt.

So müssen in der Regel alle Betriebskolleginnen und -kollegen, die Administratorenrechte in einem System bekommen, zusätzliche Schulungen besuchen und die entsprechenden Zertifikate vorlegen, dass sie den Umgang und die Risiken beim Benutzen der Admin-User verstanden haben. Weiterhin müssen Admin-User immer genehmigt werden. So kann es z. B. sein, dass Admin-User wie `root`, Admin-Datenbank- oder User wie `DDIC` und `SAP*` – bei `DDIC` und `SAP*` handelt es sich um die beiden zentralen Admin-User von ABAP-Systemen – nur bei der Nutzung mit Firefighter-Konzepten möglich sind. Dies bedeutet, es gibt ein Tool, das kurzfristig für einen bestimmten Zeitraum die notwendigen User bereitstellt und danach wieder sperrt. Dies hilft dabei, Zugriffe mit Admin-Usern audit- und sicherheitskonform zu protokollieren. Eine Nachverfolgung der Aktionen mit dem entsprechenden Account ist möglich. Diese Art der Zugangserteilung ist sehr aufwendig und daher in der Regel nur für produktive oder sicherheitsrelevante Systeme sinnvoll.

Wichtig ist hierbei, die Anforderungen zu erfüllen, die an das System gestellt werden, aber dennoch einen Betrieb zu gewährleisten und eine schnelle Fehlerbehebung zu ermöglichen. An dieser Stelle sei kurz erwähnt, dass es keinen Sinn ergibt, wenn es beispielsweise 1 Stunde dauert, um Zugang zu einem produktiven Mandanten zu bekommen und dort eine Änderung vorzunehmen, aber die entsprechende Lösungszeit für Produktivprobleme bei 30 Minuten liegt. In diesem Fall würde der Prozess schon die Einhaltung des SLA gefährden.

Berechtigungs- und Rollenkonzepte als Grundlage der Zugriffskontrolle

Neben den zentralen Admin-Usern hat jeder Administrator einen eigenen Account im System, um seine oder ihre notwendigen Arbeiten durchführen zu können. Die Berechtigungen können dabei je nach Berechtigungskonzept und Rollenzuweisung sehr unterschiedlich ausfallen. Die Erstellung eines Berechtigungs- und Rollenkonzepts obliegt dem Autorisierungsteam in Abstimmung mit dem Security- und Audit-Team. Wichtig ist es, die Berechtigungen so zu vergeben, dass die Mitarbeitenden ohne Probleme ihre Aufgaben erfüllen, aber keine Transaktionen oder Aktionen ausführen können, für die sie nicht berechtigt sind.

Das *Identity and Access Management* (kurz IAM) beantwortet dabei stets folgende Fragen:

- Wer hat Zugriff auf was?
- Was kann mit dem entsprechenden Zugriff der Anwenderin bzw. des Anwenders getan werden?
- Wie werden die Berechtigungen vergeben?
- Kann die Berechtigungsverteilung geprüft werden und ist sie nachvollziehbar?

Tools, die hierbei eingesetzt werden, müssen den ganzen Prozess unterstützen. Dies beinhaltet die Bereitstellung der User-Accounts und Berechtigungen, die Autorisierung, die Authentifizierung und das entsprechende Governance-Modell. Die Berechtigungsverwaltung und Zugriffskontrollen beginnen bei der Erstellung der Zugriffe für die Cloud. In der Regel werden hier automatische Prozesse genutzt, um die Zugriffe für die Kolleginnen und Kollegen, die die Systeme aufbauen und später verwalten, zu administrieren und zu gewähren. Je nach Cloud-Anbieter sollte vorab geprüft werden, ob bestehende Tools genutzt werden können oder im Rahmen des Projekts gegebenenfalls neue Tools eingeführt werden müssen, um den Zugriff für die Cloud zu gewährleisten. Dies kann entsprechende Prozessänderungen mit sich bringen und auch dazu führen, das mit der Migration in die Cloud die Zugriffskonzepte angepasst und ausführlich beschrieben werden müssen. In einer On-Premise-Umgebung haben die User mehr Rechte, da im Normalfall die Berechtigungen nur für einen physischen Server gelten. In der Cloud gelten die Zugriffe für die in der Cloud zugewiesenen Bereiche und werden daher eher restriktiver vergeben als erweitert.

Berechtigungen sind abhängig vom Betreibermodell

Natürlich unterscheidet sich die Nachfrage nach den benötigten Berechtigungen je nach Betreibermodell. Bei einem SaaS-Modell wird nur ein Zugriff auf die Applikation benötigt. Bei IaaS ist jedoch ein kompletter Zugriff auf die Infrastruktur notwendig. Die Administratoren benötigen Zugriffe auf den Rechenleistungs- und Speicherteil der Cloud, um die Systeme entsprechend einrichten zu können. Sofern das System vom Build-Team bereitgestellt worden ist, ergibt es Sinn, direkt die entsprechenden Berechtigungen für das Projektteam und den späteren Betrieb im Berechtigungstool hinzuzufügen. Da die Systeme in der Praxis oft zentral synchronisiert werden, kann diese Synchronisation mit verschiedenen Active Directories gerne einmal 24 Stunden dauern. Da die Synchronisationen in der Regel in der Nacht laufen, kommt es im Fehlerfall dazu, dass ein Zugriff nicht möglich ist, weil die Berechtigungen noch nicht synchronisiert sind. Wenn der Zeitplan sehr knapp ausgelegt ist, kann das bereits zu einem Projektverzug von ein bis zwei Tagen führen. Hinzu kommt, dass es passieren kann, dass Mitarbeitende krank sind oder im Fehlerfall ein zusätzlicher Zugriff eingerichtet werden muss, daher sind klare Prozesse und – sofern möglich – Automatisierungen unabdingbar. Neben dem Erteilen von Zugriffen auf die Cloud-Anwendungen sollte ebenfalls ein Prozess etabliert werden, der die Berechtigungen wieder entfernt.

Sobald die Maschinen in den Betrieb übergeben worden sind, sollten die Berechtigungen der Kolleginnen und der Kollegen, die die Systeme aufgebaut und migriert haben, entfernt werden, sodass sie keinen Zugriff mehr auf das System und die Umgebung haben. Dies legt zum einen die Verantwortung in die Hände der Betriebskolleginnen und -kollegen, zum anderen wird eine Übersichtlichkeit gewahrt, sodass im Fall einer Prüfung keine Personen länger Zugriff auf die Server und das Betriebssystem haben, die das Projekt und das Unternehmen gegebenenfalls schon verlassen haben.

Bei der Auswahl der Tools für den Cloud- oder On-Premise-Zugriff auf das Rechenzentrum ist aus Security- und Audit-Gründen darauf zu achten, dass die Aktionen stets protokolliert werden. Es sollte also ersichtlich sein, wer wann Zugriff auf die Systeme hatte. Das gilt auch für die User-Administration selbst, d. h., wann welcher User-Account dem System hinzugefügt wurde oder wann er gelöscht wurde.

Zugriffe und deren Protokollierung

Wie auch der Zutritt zu den Rechenzentren ist auch der Fernzugriff auf die Systeme zu protokollieren. Dabei sind die gesetzlichen Grundlagen des jeweiligen Landes hinsichtlich des Datenschutzes und der Datensicherheit sowohl der Systemdaten als auch der Mitarbeiterdaten zu beachten.

Die Zugriffslogs müssen gesichert und vor nachträglicher Manipulation geschützt werden. Bei eigenen Systemen scheint dies sehr viel Aufwand zu sein, aber bei Systemen, die der Revision und dem Audit unterliegen, sind solche Details notwendig, um einen reibungslosen Betrieb zu gewährleisten. Der Zugriff auf die Datenbank, das SAP-System und entsprechende Anwendungen wird dabei in der Regel immer über ein entsprechendes Identity-Access-Management-Tool (kurz IDM-Tool) und ein Access-Control-System vorgenommen. Die Aufgabenteilung zwischen den Tools stellt Abbildung 5.14 dar.

Protokollierung der Zugriffe und Sicherung der Logs als tägliche Aufgabe

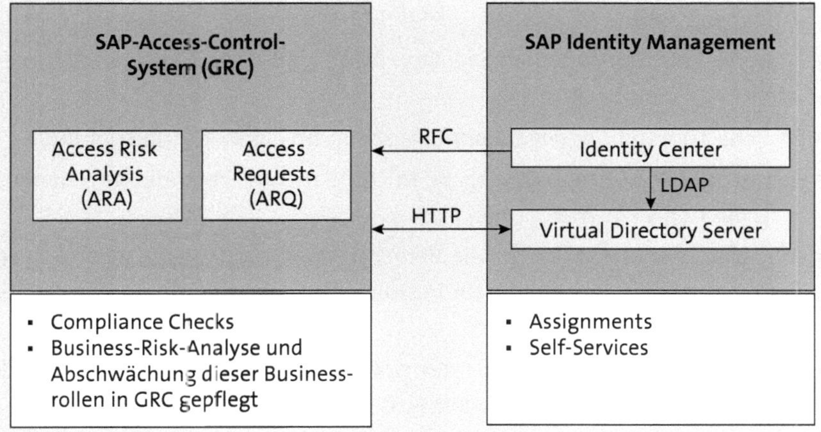

Abbildung 5.14 Integration von SAP Identity Management und SAP Access Control

Beim Zugriff auf die Applikationen ist es ebenfalls notwendig, dass die Berechtigungen eingeschränkt sind, die Nutzung der User-Accounts in einem gewissen Rahmen mitprotokolliert wird und man sich selbst keine Rechte geben kann. Beim Logging der User-Verwendung sind jedoch weitere Regularien zu beachten. So ist es in Deutschland nicht erlaubt, die Daten so detailliert zu erfassen, dass aus den Daten eine Mitarbeiterüberwachung möglich ist. Daher sind diese Loggings mitbestimmungspflichtig und müssen ebenfalls mit dem Betriebsrat abgestimmt werden, sofern es aus Audit-Anforderungen notwendig ist, die Daten sehr detailliert zu speichern. Die Aufbewahrungs- und Verdichtungszeit der Daten hängt von den Security- und Audit-Anforderungen ab. Daher sollten Löschjobs hier entsprechend vorher mit den Fachabteilungen abgestimmt werden.

Auf dem Markt gibt es eine Menge von Identity-Management-Tools mit Access-Management-Funktionen, um die entsprechenden Anforderungen des Unternehmens abdecken zu können. Sie sollten sich einen entsprechenden Fragenkatalog zusammenstellen, um eine geeignete Auswahl treffen zu können. Bei den Fragen kann es sich beispielsweise um folgende handeln:

Fragen zur Auswahl eines IDM-Tools

- Welche User und Applikationen sollen mit dem Tool administriert werden?
- Welche Funktionen sollen mit dem Tool abgedeckt werden? User anlegen, User entsperren, neue Passwörter vergeben?
- Sollen entsprechende Reports erstellt werden können, die aussagen, wann ein User zuletzt aktiv war oder welcher User gesperrt ist, sodass sichergestellt werden kann, dass keine »Leichen« im System über Jahre hinterlegt sind?
- Welche Anforderungen an Security, Audit und Compliance werden gestellt?
- Welche Tools gibt es gegebenenfalls schon im eigenen Unternehmen?
- Ist nur die Berechtigungsvergabe im Tool abzudecken oder gegebenenfalls ebenfalls ein Workflow?
- Wie sieht der Workflow für die Berechtigungsvorgabe aus, sind weitere Tools am Workflow beteiligt und somit weitere Schnittstellen zu realisieren?
- Soll das Tool bei der Vergabe der notwendigen Berechtigungen unterstützen, indem es bestenfalls auf Best Practices zurückgreift?
- Inwieweit ist der Prozess mitbestimmungspflichtig, z. B. von Vorgesetzen oder dem Betriebsrat?
- Welche Wartungen und Aufwände im Betrieb des Unternehmens sind einzuplanen? Dies gilt einmal für den Betrieb und ebenso für die Wartung des Tools.
- Was passiert, wenn das Tool nicht verfügbar ist? Gibt es entsprechende Workarounds, um die Zugriffe und den Betrieb in der Zeit dennoch zu gewährleisten?

Gerade die beiden letzten Punkte werden erfahrungsmäßig gerne vernachlässigt oder weniger bedacht. Jedes Tool erfordert Wartung, und es sollte ebenfalls stets bedacht werden, dass bei einer Migration oder zentralen Wartung gegebenenfalls auch die Administrationstools nicht zur Verfügung stehen. Natürlich sollte dies über entsprechende Hochverfügbarkeitsarchitekturen abgefangen werden und damit nie eintreten. Jedoch funktioniert das nur sehr selten, wenn es sich um eine Migration oder eventuell einen Patch dieser Applikation handelt.

Wird nicht bedacht, dass in der Zeit, in der ein zentrales IDM-Tool inklusive Access Management nicht zur Verfügung steht, ein entsprechender Betrieb dennoch notwendig ist, kann es sein, dass aus einer normalen Wartung ein Major Incident wird, da gegebenenfalls ein User nicht entsperrt oder zurückgesetzt werden kann bzw. neue Berechtigungen für ein businesskritisches System nicht zu vergeben sind.

Cloud Identity Access Governance

Neben den bekannten SAP-Produkten bietet SAP Identity and Access Management für Cloud-Lösungen an. Mithilfe der Cloud Identity Access Governance kann die Governance für den Datenzugriff vereinfacht werden. Das Risiko für unerlaubte Zugriffe und für finanzielle Verluste wird verringert. Das Management komplexer Cloud- und On-Premise-Systeme in einem System und mit einem Zugriff ermöglicht die Nutzung der bereits gesammelten Erfahrungen und ihre Adaption auf die Cloud-Umgebung. Die bereits vorhandene Identity and Access Governance kann dabei adaptiert und automatisiert werden. Cloud Identity Access Governance bietet dabei folgende Hauptfunktionen (siehe Abbildung 5.15).

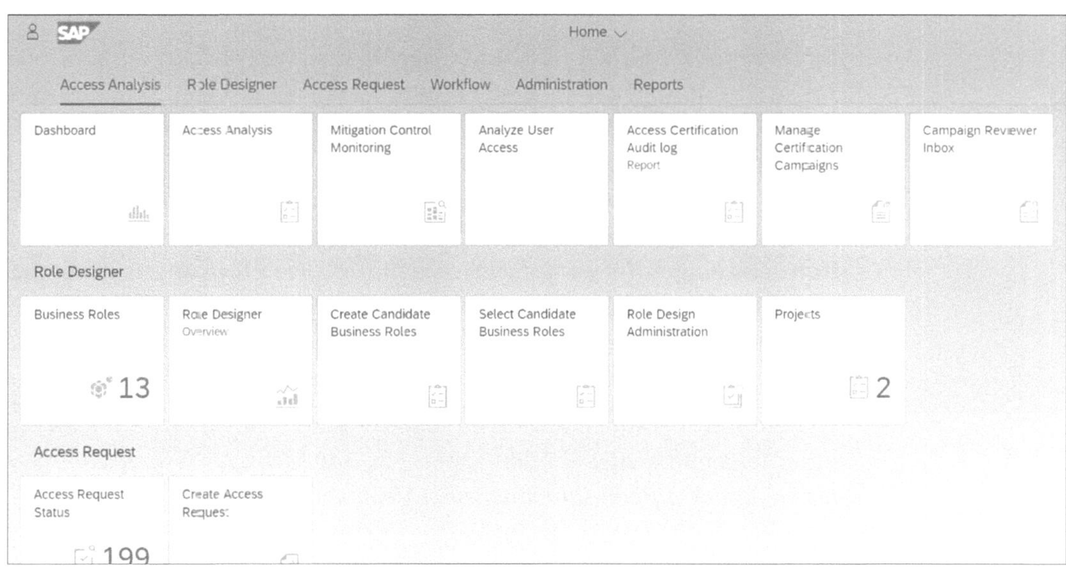

Abbildung 5.15 Cloud Identity Access Governance (Quelle: SAP)

Dabei bietet das Tool auch Access Compliance Management, eine intelligente Optimierung der Zuordnungen von Berechtigungen und ein erweitertes Control- und Risk-Management an. Auf alle drei Punkte werden wir kurz eingehen, um Ihnen zu erläutern, was genau sich hinter den Begriffen verbirgt.

Wann ist ein System compliant?

Beim Access Compliance Management werden Funktionen abgebildet, die die Zugriffe auf ein System regeln. Compliant ist ein System, wenn es die

Anforderungen erfüllt, die an das System aus Datenschutz- und Datensicherheitsaspekten gestellt werden. Weitere Information hierzu werden in Abschnitt 5.6, »Datenschutz und Datensicherheit«, bereitgestellt. Cloud Identity Access Governance lässt für die Compliance regelmäßig Analysen laufen und nutzt Echtzeitdaten, um das Access-Management-Team zu unterstützen. Vordefinierte Access Policies und Regeln können konfiguriert und adaptiert werden. Zusätzlich werden die User-Berechtigungen dynamisch geändert, sofern das Business eine entsprechende Änderung benötigt.

Die Optimierung von Zuordnungen ermöglicht ein korrekteres Zuordnen von User-Zugriffen. Um businesskritische Probleme frühzeitig erkennen zu können und Ausfälle zu vermeiden, gibt es Dashboards, visuelle Alarmierungen und intelligente Analysen. Zusätzlich weist das System auf mögliche Anpassungen hin, die im Rahmen einer Überarbeitung der Berechtigungsvergabe sinnvoll wären.

Das erweiterte Control und Risk Management ergänzt die Zugangskontrolle zu Enterprise-Applikationen und Usern überall auf der Welt und für jedes Gerät, das die Endanwenderinnen und Endanwender nutzen. Durch definierte Maßnahmen und ein Monitoring kann das Risiko von Cloud- und On-Premise-Systemen verringert werden. Denn Verstöße werden so frühzeitig aufgezeigt und alarmiert, und es können entsprechende Aktivitäten frühzeitig eingeleitet werden, um Ausfälle und Beeinflussungen zu verhindern. Ein vorkonfiguriertes Audit-Monitoring erleichtert zusätzlich das Audit-Reporting, da die Reports sofort verwendet werden können und nicht neu konfiguriert und angepasst werden müssen.

Weitere Informationen zur Cloud Identity Access Governance finden Sie unter folgendem Link auf den Seiten von SAP: *https://www.sap.com/germany/products/financial-management/cloud-iam.html*.

5.5.2 Verschlüsselung

Eine Verschlüsselung kann auf mehreren Ebenen der Anwendung erfolgen. Sowohl die Kommunikation zwischen den Systemen als auch die Daten auf der Datenbank können verschlüsselt werden.

SNC Client Encryption und Single Sign-on

SNC hilft bei der Verschlüsselung

Mithilfe von *Secure Network Communication* (kurz SNC) ermöglicht die SNC Client Encryption die Verschlüsselung und sichere Kommunikation zwischen dem Client und dem SAP-System. So soll vor einem Zugriff unbefugter Personen geschützt werden, damit Informationen wie Anmeldedaten oder Geschäftsdaten nicht in falsche Hände geraten und manipuliert werden können. Jedoch bietet SNC Client Encryption nur eine Verschlüsselung. Das *Single Sign-on* (kurz SSO) wird mithilfe des SAP NetWeaver Single Sign-ons realisiert. Mithilfe von SSO kann die Anmeldung in den Anwendungen und Systemen in der IT-Landschaft zentral und für die Endanwenderinnen und Endanwender unkompliziert durchgeführt werden. Eine erhöhte Sicherheit wird gewährleistet und Betriebskosten können minimiert werden, da mithilfe von Single Sign-on Supportanfragen zu Kennwörtern und deren Zurücksetzung und Entsperrung signifikant verringert werden können.

Datenübertragung und Zugriff mit HTTPS und SFTP

Sichere und verschlüsselte Datenübertragung zwischen Systemen

Neben der Verschlüsselung zwischen Client und SAP-System ist die Übertragung der Daten meist das größere Sicherheitsrisiko. Da Umgebungen historisch wachsen und oft eine Schnittstellenmatrix fehlt, ist es für den Betrieb schwer zu erkennen, ob unsichere Zugriffe auf das SAP-System möglich sind. Eine entsprechende Analyse kann in der Regel nur das Netzwerkteam durchführen, da dieses den Traffic auf den entsprechenden Ports sehen und die IP-Adressen, die die Anfrage stellen, ermitteln kann. Jedoch gestaltet sich eine Übersetzung von IP-Adressen auf einen entsprechenden DNS-Namen oft als schwierig. So ist es nicht verwunderlich, dass mit einer Cloud-Migration oftmals der Wunsch aufkommt, die Datenübertragung nur noch mithilfe von Secure-Protokollen zu erlauben.

Wir möchten Ihnen aber empfehlen, diese Projekte nur in Ausnahmefällen zusammen umzusetzen. Vielmehr sollten Sie schon vor einer Cloud-Migration oder dem Aufbau eines neuen SAP-Systems in der Cloud die Protokolle auf die Secure-Option umstellen. Dadurch beeinflussen sich die Projekte nicht gegenseitig, und wenn die Daten für eine Protokollumstellung gesammelt sind, kann man sicher sein, dass die Schnittstellenliste vollständig ist und es bei einer Migration keine Überraschungen gibt.

Bei der Einrichtung von neuen Schnittstellen oder wenn Schnittstellen im Rahmen eines Projekts sowieso geändert werden müssen, bietet sich eine entsprechende Guideline an, die besagt, dass für neue Schnittstellen nur Secure-Protokolle verwendet werden dürfen. In diesem Fall wäre die Nutzung von Nicht-Secure-Protokollen extra genehmigungspflichtig und verhindert spätere Überraschungen. Die Nutzung von Nicht-Secure-Protokollen sollte nur im Ausnahmefall genehmigt werden. Leider werden Nicht-

Secure-Protokolle aber immer noch angefragt, da viele Alt-Systeme bisher weder auf neuere Systeme umgestellt wurden noch die neuen Protokolle unterstützen. Im SAP-Umfeld sind die überwiegend betroffenen Verbindungen meist diejenigen, die von HTTP auf HTTPS oder von FTP auf SFTP umgestellt werden müssen.

Beim Neuaufbau von Systemen ist die Nutzung der verschlüsselten und sicheren Variante wie HTTPS und SFTP gängiger Standard. Jedoch sind in vielen älteren Systemen beide Kommunikationsarten im SAP-System noch eingestellt und zugelassen, da das Risiko einer Abschaltung und Port-Schließung in der Regel zu hoch ist. Ein entsprechendes Umdenken wird durch die regelmäßigen Audits oder Security-Betrachtungen eines Systems angeregt. Entsprechende Ergebnisse aus Audits resultieren oft in Projektaufträgen, um bis zum nächsten Audit eine sichere Kommunikation bzw. Verschlüsselung zu implementieren.

Verschlüsselung der Datenbank

Datenbankverschlüsselung als zusätzliche Sicherheit

Neben einer Verschlüsselung auf Applikationsebene können ebenfalls die Daten in der Datenbank verschlüsselt werden. Im folgenden Abschnitt werden wir kurz auf die Verschlüsselungsmöglichkeiten für SAP HANA und Oracle eingehen, da dies aktuell die gängigsten Datenbanken im SAP-Bereich sind.

Wir möchten erwähnen, dass die Verschlüsselung von Daten und die Anonymisierung von Daten dabei stets unterschiedlich zu betrachten sind. An dieser Stelle sei ein kleiner Exkurs zur Datenanonymisierung erlaubt. Im täglichen Betrieb sind Systemkopien von Produktions- auf Test- oder sogar Produktions- auf Projektsysteme eine gängige Best Practice. Dabei wird jedoch oftmals vergessen, dass Produktionsdaten in der Regel in Systeme kopiert werden, die gegebenenfalls nicht die gleichen Sicherheits- und Zugriffsregularien wie die Produktionssysteme erfüllen. So haben viele Endanwenderinnen und Endanwender oft mehr Rechte in einem Test- oder Projektsystem als in einem Produktivsystem. Werden die Daten 1 : 1 auf ein untergeordnetes System kopiert, kann es vorkommen, dass mit den erweiterten Berechtigungen ein Test-User auf einmal Zugriff auf produktive Daten erhält. Natürlich kann man hier mit einem entsprechenden Berechtigungskonzept entgegenwirken. Jedoch kommt zusätzlich häufig vor, dass die Fachabteilung verlangt, dass die Daten anonymisiert und für die Endanwenderinnen und Endanwender mit Data Scrambling unlesbar gemacht werden.

Daten mit Data Scrambling unlesbar machen

Beim Data Scrambling werden sensitive Daten entfernt bzw. unlesbar gemacht. Der Prozess kann nicht rückgängig gemacht werden, und die ursprünglichen Daten bleiben vor den Endanwenderinnen und Endanwendern verborgen. Das Data Scrambling erfolgt dabei direkt bei der Systemkopie mit einem geeigneten Tool oder gegebenenfalls im Nachgang der Kopie, bevor das System für die Anwenderinnen und Anwender freigegeben wird. Wichtig ist hierbei, dass dieser Prozess und die Anforderung frühzeitig im Betrieb bekannt sind, da die Anonymisierung von Daten und ein Data Scrambling ein separates Projekt mit einer entsprechenden Laufzeit und Projektkosten mit sich bringt.

SAP HANA und SAP HANA Cloud

Sowohl SAP HANA als auch SAP HANA Cloud bieten eine Vielzahl an Verschlüsselungsfunktionen. Bei SAP HANA Cloud sind die Kommunikationsverschlüsselung, die Verschlüsselung für gespeicherte Daten und Sicherungsverschlüsselung standardmäßig immer aktiviert und eine der Kernfunktionen von SAP HANA. On-Premise-Systeme, die auf SAP HANA laufen, können die gleichen Verschlüsselungsoptionen und darüber hinaus sogar noch weitere Funktionen konfigurieren.

SAP Data Custodian

Eine Integration mit *SAP Data Custodian* ist bei beiden Bereitstellungsmethoden möglich. Hierbei bietet SAP Data Custodian zusätzliche Transparenz und Kontrollmechanismen, die in der Cloud und in On-Premise-Systemen mehr Sicherheit vermitteln. Mit SAP Data Custodian kann nachvollzogen werden, wo die Daten in der Cloud liegen, wer die Daten wann das letzte Mal bewegt, verarbeitet, genutzt, verändert oder abgerufen hat. SAP Data Custodian beinhaltet neben vielen integrierten Vorlagen auch unterschiedlichste gesetzliche Regelungen, wie die Datenschutz-Grundverordnung (kurz DSGVO, im Englischen auch GDPR, General Data Protection Regulation genannt), das chinesische Cybersicherheitsgesetz (kurz CCFR), aber auch kontextbezogene Zugriffskontrollen, damit Sie die Kontrolle über Ihre Daten behalten.

Zunächst im Jahr 2018 aus einer Zusammenarbeit zwischen SAP und Microsoft für Azure entwickelt, ist SAP Data Custodian für weitere Cloud-Anwendungen nutzbar und ermöglicht den Endanwenderinnen und Endanwendern einen Überblick über die Systeme, wie Abbildung 5.16 darstellt.

Eine detaillierte Sicht zeigt zusätzlich eine Übersicht über die Gruppen, die eingerichtet worden sind, und wie sich die Zugriffe in einer On-Premise-Lösung, Cloud für SAP sowie für eine SAP-HANA-Datenbank zusammensetzen (siehe Abbildung 5.17).

Abbildung 5.16 End-User-Sicht in SAP Data Custodian (Quelle: SAP)

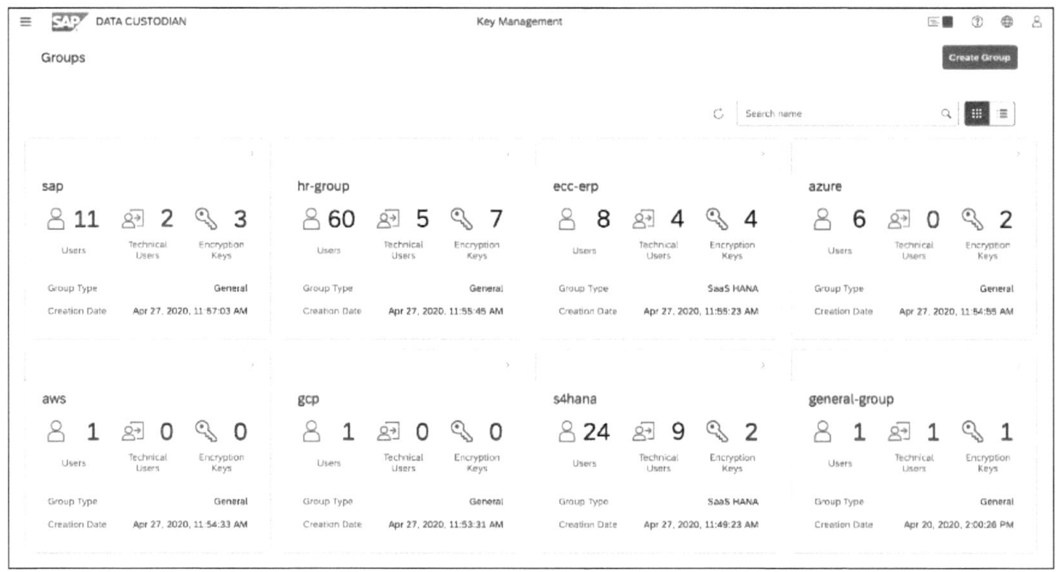

Abbildung 5.17 Gruppenübersicht in SAP Data Custodian (Quelle: SAP)

Über die Zeit gewachsen und weiterentwickelt, bietet SAP Data Custodian für den SAP-Betrieb ein zentrales Tool für alle GRC-Themen.

Zur Verschlüsselung von SAP-HANA- und SAP-HANA-Cloud-Systemen stellt SAP entsprechende Konfigurationsleitfäden zur Verfügung, die im Fall einer Aktivierung einfach von der Administratorin oder dem Administrator abzuarbeiten sind. Wichtig ist hierbei, zu erwähnen, dass die Verschlüsselung einer Datenbank in der Regel nicht so einfach wieder ausgeschaltet werden kann, wenn sie einmal eingeschaltet worden ist. Aus diesem Grund sollte man die Notwendigkeit einer Verschlüsselung der Daten auf Datenbankebene vorab genau abwägen, da in späteren Datenbank-Updates zusätzlicher Aufwand und eine höhere Komplexität entstehen können.

Oracle

Oracle Advanced Security zur Verschlüsselung von Oracle-Systemen

Oracle ist ein langjähriger Anbieter für die Bereitstellung und den Support einer entsprechenden SAP-Datenbanklösung. Mit *Oracle Advanced Security* können Out-of-Band-Zugriffe auf sensible Daten verhindert und Anwendungs-Tablespaces verschlüsselt werden. Entsprechende Richtlinien verhindern somit die Verbreitung von vertraulichen Daten und helfen bei der Datenschutzbestimmung und Compliance. *Transparent Data Encryption* (kurz TDE) hilft hierbei, die Datenbank zu schützen, da Angreifer die Datenbank nicht umgehen können, um vertrauliche Informationen direkt in den Speicher zu lesen. Die Verschlüsselung wird dabei mithilfe einer *Data-at-Rest-Verschlüsselung* auf der Datenbankschicht erzwungen. Die Daten in der Datenbank können mithilfe von TDE auf einzelnen Datenspalten, ganzen Tabellenbereichen, Datenbankexporten oder Sicherungsebenen verschlüsselt werden, um so den Zugriff auf vertrauliche Daten zu verhindern.

Zusätzlich wird TDE durch Data Redaction ergänzt, um das Risiko einer unbefugten Datenexposition (beschreibt, wie verschiedene Datenarten aus unterschiedlichen Quellen gelesen und gesammelt werden) in der Anwendung zu verringern. Vertrauliche Daten werden dabei redigiert, bevor sie die Datenbank verlassen.

Da die Oracle-Verschlüsselung auf der Ebene des Datenbankkerns durchgeführt wird, sind keine Änderungen in der Anwendung notwendig. Zusätzlich ist die Anwendung mit einer Verschlüsselung genauso performant wie ohne Verschlüsselung. Oracle Advanced Security ist von Oracle getestet und zertifiziert, um mit den anderen Oracle-Produkten wie Oracle Exadata, Oracle Real Application Clusters, Oracle Data Guard und Oracle Golden Gate zusammenzuarbeiten.

5.6 Datenschutz und Datensicherheit

Datenschutz und Datensicherheit wurden im Rahmen dieses Kapitels bereits mehrfach erwähnt. Bevor wir detailliert auf Datenschutz und Datensicherheit eingehen wollen, werden wir jedoch eine kurze Begriffsklärung vornehmen.

Was verbirgt sich hinter Datenschutz und Datensicherheit?

Was ist *Datenschutz*? Datenschutz beschreibt den Schutz von personenbezogenen Daten eines jeden Einzelnen vor einer unerlaubten Erhebung, Verarbeitung, Änderung oder Weitergabe. In den Datenschutzgesetzen ist dabei genau erklärt, wie diese Daten zu schützen sind. *Datensicherheit* hingegen beschreibt den Schutz digitaler Daten vor unerwünschten Handlungen und zerstörerischen Aktivitäten nicht autorisierter Benutzer. Dies kann z. B. im Fall eines Cyberangriffs passieren oder bei einer Verletzung der Datenschutzbestimmung.

Sowohl Datenschutz als auch Datensicherheit sind im eigenen Unternehmen wie auch beim Umgang mit Fremddaten im Rahmen eines Providervertrags unabdingbar. Spezielle Abteilungen kümmern sich in der Regel nur um die Einhaltung dieser Regularien, wie z. B. Security- und Audit-Teams. Außerdem ist es wichtig, dass die Mitarbeitenden regelmäßig geschult werden, wie mit vertraulichen Daten umzugehen ist. So gibt es viele Daten, die die Firma nicht verlassen dürfen. Es gibt drei Schutzziele beim Datenschutz:

- Vertraulichkeit
- Integrität
- Verfügbarkeit

Eine technische Vertraulichkeit wird in der Regel mit Verschlüsselung gewährleistet wie im vorherigen Kapitel dargestellt.

Definition der Vertraulichkeit von Daten

Wenn man über die Vertraulichkeit von Daten spricht, sollte man zunächst definieren, was genau gemeint ist. Die Datenschutz-Grundverordnung kennt in Bezug auf Vertraulichkeit von Daten mehrere Anforderungen:

- So wird zum einen gefordert, dass Verantwortliche und Auftragsverarbeiter personenbezogene Daten in einer Weise verarbeiten sollen, die durch geeignete technische und organisatorische Maßnahmen eine angemessene Sicherheit der personenbezogenen Daten gewährleistet. Dazu gehört der Schutz vor unbefugter oder unrechtmäßiger Verarbeitung und vor unbeabsichtigtem Verlust, unbeabsichtigter Zerstörung oder unbeabsichtigter Schädigung (»Integrität und Vertraulichkeit«; Quelle: Art. 5 DSGVO).

- Neben dem Schutz vor unerlaubter und ungewollter Offenlegung personenbezogener Daten findet sich in der DSGVO auch die Forderung wieder, dass ein Auftragsgeber per Vertrag gewährleistet, dass sich die Personen, die zur Verarbeitung der personenbezogenen Daten befugt sind, ebenfalls zur Vertraulichkeit verpflichtet haben oder eine angemessene gesetzliche Verschwiegenheitspflicht vorliegt.

Datenschutzbeauftragte stellen die Einhaltung dieser Gesetze in unabhängiger Weise sicher und sind in der Organisation für den richtigen Umgang mit personenbezogenen Daten verantwortlich.

Der Unterschied zwischen Datensicherheit und Datenschutz liegt darin, dass sich Datensicherheit mit jeglicher Art von Daten befasst – unabhängig davon, ob es sich um personenbezogene Daten oder nicht personenbezogene Daten handelt. Der Datenschutz hingegen beschäftigt sich nur mit dem Schutz von personenbezogenen Daten. Datenschutz und Datensicherheit stehen somit nicht nur in enger Verbindung zueinander, sie bedingen sich sogar gegenseitig. Ohne Datenschutz kann keine vollständige Datensicherheit erreicht werden, da personenbezogene Daten gegebenenfalls nicht richtig geschützt werden.

Datensicherheit kann dabei sowohl physisch als auch digital erreicht werden. Die Implementierung von IT-Security-Lösungen wie Virenscannern oder einer Firewall sind beispielsweise gängige digitale Mittel. Zugangskontrollen, feuerfeste Aktenschränke oder ein Safe für vertrauliche und sensible Daten gehören dabei eher zu den physischen Möglichkeiten der Datensicherheit. Zusätzlich entsprechende Sicherheitskopien auf sicheren und ausgelagerten Speichermedien sind ebenfalls von großer Bedeutung. Und nur mit einer aktuellen und soliden Netzwerkinfrastruktur lassen sich die Grundvoraussetzungen für eine sichere IT-Umgebung bereitstellen.

Nur wenn die Regeln für Datenschutz und Datensicherheit bekannt sind und eingehalten werden, ist ein sicherer Umgang mit Daten jeglicher Art gewährleistet und kann von Datenschutzbeauftragen oder Security Officers überwacht werden.

NIST Cybersecurity Framework

Das NIST (National Institute of Standards and Technology) Cybersecurity Framework ist ein Leitfaden bzw. ein freiwilliges System und soll dabei helfen, Risiken der Informationssicherheit zu handhaben. Dabei basiert das NIST Cybersecurity Framework auf bereits bestehenden Standards, Richtlinien und Praktiken für Unternehmen und Organisationen. NIST untergliedert sich in die folgenden Bereiche:

- Identity
- Protect

- Detect
- Respond
- Recover

Im Folgenden werden wir kurz auf die einzelnen Bereiche eingehen, um am Ende beispielhaft aufzuzeigen, wie der SAP-Betrieb mithilfe von NIST unterstützt werden kann.

Identity (dt. identifizieren) legt dabei den Grundstein für NIST, da es ein Verständnis auf organisatorischer Ebene für Cyberrisiken und das Management dieser Risiken schafft. Dabei ist zu beachten, dass diese Risiken nicht nur Systeme und Daten betreffen, sondern ebenfalls Vermögenswerte, Fähigkeiten und Personen. Somit ist eine neue Art des Risikomanagements möglich, da Geschäftsanforderungen gemäß NIST in diesen Bereichen priorisiert und geschärft werden können.

Protect (dt. schützen) skizziert die Sicherheitsvorkehrungen, die getroffen werden können, um vor Cyberrisiken zu schützen. Hierfür werden entsprechende Infrastrukturdienste bereitgestellt, damit Sicherheitsrisiken begrenzt, eingedämmt oder sogar verhindert werden können. Hierbei sollte nicht nur die lokale Infrastruktur im Vordergrund stehen, sondern auch die Cloud und die Zugriffe auf die Systeme.

Detect (dt. erkennen) hingegen hilft, einen Cybersicherheitsvorfall zu erkennen, bevor dieser entsteht. Aus diesem Grund beinhaltet Detect alle Aktivitäten und Funktionen, um die Situation richtig einzuschätzen und darauf reagieren zu können.

Respond (dt. antworten) hingegen bezieht sich im NIST Cybersecurity Framework auf die Maßnahmen, die ergriffen bzw. eingeleitet werden, wenn es zu so einem Sicherheitsvorfall im Cyberumfeld kommt. Dabei werden Reaktionspläne, Aktivitäten und Funktionen bereitgestellt, die genutzt werden können, um auf die Sicherheitsvorfälle zu reagieren. In der Betrachtung werden dabei viele Unternehmensbereiche in die Evaluation miteinbezogen, aus diesem Grund ist es wichtig, das Unternehmen als großes Ganzes mit all seinen Facetten zu sehen.

Wiederherstellungsfunktionen werden hingegen im Punkt *Recover* (dt. erholen bzw. wiederherstellen) zusammengefasst. Dies kann dabei sowohl die eigentlichen Daten, Dienste, Fähigkeiten oder Aktivitäten betreffen. Recover hilft dabei, dass entsprechende Strategien bereitgestellt werden, um sofort zu reagieren und die Ursprungssituation so weit wie möglich wiederherzustellen, ohne dabei Daten, Dienste oder Aktivitäten aus der Vergangenheit zu verlieren.

Mit NIST werden in erster Linie Aktivitäten kategorisiert, und daher stellt es einen guten Leitfaden für Ihr Unternehmen dar.

Im Folgenden werden wir beispielhaft aufzeigen, welche Aktivitäten, Methoden oder Funktionen genutzt werden können, um Sicherheitsvorfälle zu identifizieren, die Systeme zu schützen, Vorfälle zu erkennen, auf einen Vorfall entsprechend zu reagieren und am Ende das System in den Ursprungszustand zurückzuversetzen.

SAP-Security-Produkte können in fünf Kategorien aufgeteilt werden (siehe Abbildung 5.18):

- SAP-Standardservice
- Beratung
- Cybersecurity-Lösung
- Compliance-Lösung
- Service und Support

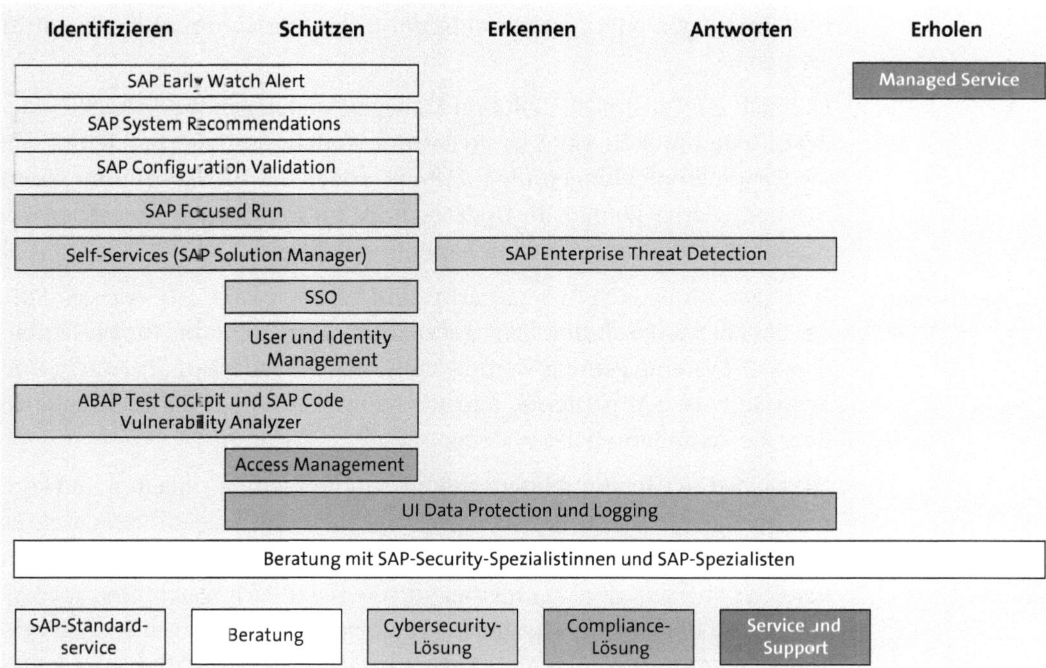

Abbildung 5.18 Cybersecurity- und Compliance-Lösungen von SAP im NIST Framework (Quelle: SAP)

SAP-Standardtools

Die Grundlage und Basis bilden SAP-Security-Produkte, die im Standard enthalten sind. Man spricht in dem Fall von den Standardwerkzeugen, zusätzliche Kosten fallen nicht an. Die klassischen Standardwerkzeuge sind der *SAP EarlyWatch Alert*, die *SAP Configuration Validation* sowie die *SAP System Recommendations*.

Der SAP EarlyWatch Alert gibt eine Übersicht über die eigenen SAP-Systeme, wird im SAP Solution Manager konfiguriert und steht wöchentlich für die Erkennung von Sicherheitsrisiken, Fehlern oder Engpässen zur Verfügung. Spezial SAP- und SAP-HANA-Systeme profitieren von dem Report. Da diese Reports je nach Systemumfang sehr lang sein können, empfiehlt sich die Einrichtung von Dashboards, um auf einen Blick alle kritischen und wichtigen Punkte im Blick zu haben und schneller proaktiv handeln zu können.

Mit der SAP Configuration Validation ist eine automatische Prüfung aller an den SAP Solution Manager angebundenen Systeme möglich. Da die Funktion ein wenig Erfahrung erfordert und anfangs durchaus etwas sperrig und überfordernd wirkt, wird der Benefit von SAP Configuration Validation gerne unterschätzt. Neben vielen weiteren Möglichkeiten können Berechtigungen oder Passwortanforderungen hier automatisch abgeprüft werden.

Ebenfalls ein Teil des SAP Solution Managers und in den Work Centern wiederzufinden sind die SAP System Recommendations. Dabei handelt es sich um Systemempfehlungen, die auf Updates oder SAP-Hinweise aufmerksam machen. Hierbei können die Updates direkt im Work Center angesehen, geprüft, heruntergeladen und implementiert werden.

Cybersecurity-Lösungen

Lösungen im Bereich Cybersecurity sind beispielsweise *SAP Focused Run*, das über den SAP Solution Manager zur Verfügung steht und für alle laufenden SAP-Systeme genutzt werden kann. SAP Focused Run überwacht und analysiert die SAP-Systeme, und über entsprechende Alarmierung wird über die Veränderung des Systemzustandes informiert.

Die *Guided Self-Services* bieten zusätzliche Analysemöglichkeiten und können über den SAP Solution Manager eingeplant und ausgeführt werden. Es gibt eine Vielzahl von Services, die man selbst ausführen kann. Hilfreich im Bereich Cybersecurity sind hierbei vor allem der EarlyWatch Alert for SAP HANA und der Security Optimization Service. Bei dem ersten Service werden über SAP EarlyWatch Alert hinaus zusätzliche Information zum Befinden des SAP-Systems zur Verfügung gestellt. Der Security Optimization Service hilft beim Identifizieren von potenziellen Sicherheitsrisiken und zeigt auf, wie die Sicherheit im eigenen System verbessert werden kann.

Single Sign-on ermöglicht mit nur einem Login den Zugriff auf alle Systeme, für die Single Sign-on eingerichtet ist. SSO kann hierbei für SAP- und

Nicht-SAP-Applikationen genutzt werden. Mit SSO können User effizienter arbeiten, da sie schneller und sicherer auf ihre Accounts zugreifen können. Ebenfalls erspart SSO der IT viel Arbeit, denn es ist unwahrscheinlich, dass dieses eine Passwort vergessen wird. Und sollte es notwendig sein, das Passwort zu ändern, wird bei SSO direkt alles aktualisiert, und die IT muss ebenfalls nur sicherstellen, dass dieses eine Passwort den Security-Regeln genügt und regelmäßig geändert wird.

SAP Identity Management dient der Verwaltung von Benutzern und Berechtigungen. Da eine automatisierte Anwendung das Risiko von Fehlern mit Gefahr für die IT-Sicherheit verringert, ist die Lösung von zentraler Bedeutung für die Cybersecurity.

Ein weiteres Monitoringtool für die Security wird mithilfe von SAP *Enterprise Threat Detection* bereitgestellt. Die Framework-Aufgaben Erkennen und Antworten sollen dabei mithilfe von Echtzeitüberwachung abgedeckt werden. SAP Enterprise Threat Detection wird gerne als »Alarmanlage für ein SAP-System« bezeichnet, da es eine aktuelle Security-Sicht darstellt und die Betriebssicherheit erhöht. Hinzu kommt neben Reports auch die datenschutzkonforme Protokollierung, die standardmäßig mit vorgenommen wird.

Das *ABAP Test Cockpit* wird zur Überprüfung der Codequalität eingesetzt. Mit dem Einsatz des Cockpits werden Codes auf einen hohen Standard gebracht und abgesichert. Im täglichen Betrieb können so Programmabbrüche und Performanceprobleme vermieden werden.

SAP Code Vulnerability Analyzer ist ein Add-on, das weitere Schwachstellen im ABAP-Code analysiert und identifiziert.

Compliance-Lösungen

Klassische Compliance-Lösungen von SAP sind der Identity Access Manager sowie *UI Data Protection Masking* und *UI Data Proctection Logging*. Mithilfe von UI Masking und UI Logging wird der Datenschutz auf SAP-Produkten erhöht und aufwendige Eigenentwicklungen werden damit abgelöst. Die Bereiche Schützen, Erkennen und Antworten stehen dabei im Vordergrund. Dabei sind UI Masking und UI Logging Add-ons von SAP, die zusätzliche Datenschutzfunktionen für die wichtigsten SAP-Produkte bereitstellen. Personalintensive Funktionstrennung und aufwendige Eigenentwicklungen gehören der Vergangenheit an. Es geht dabei darum, dass die Darstellung von Daten auf der grafischen Benutzeroberfläche angepasst und kontrolliert wird und nicht im Programmcode der aufgerufenen Applikation. UI Masking und UI Logging sollen davor schützen, dass Personen unautorisierten Datenzugriff erhalten und Datenmissbrauch oder Datendiebstahl erfolgt.

Die Ergänzung des Identity Managements durch das Access Management erfolgt mithilfe von Identity and Access Management (IAM). IAM setzt die GRC-Richtlinien um, verhindert unberechtigte Zugriffe und trägt zur Identifikation und Vermeidung von Funktionskonflikten bei. Identity Access Management von SAP ist dabei für On-Premise-, Cloud- und hybride Landschaften und Lösungen gedacht.

Managed Services

Da die NIST-Funktion Erholen in der Regel wiederholende und wiederkehrende Aufgaben widerspiegelt, bietet sich eine Auslagerung zu Managed Services an. Bereiche des Unternehmens können somit entlastet werden, indem punktuelle Dienstleistungen ausgelagert werden. Neben der Entlastung der Mitarbeitenden kann es auch zu einer Kostenersparnis kommen, da die eigenen Mitarbeitenden bezüglich der neuesten Technologien nicht mehr so intensiv geschult sein müssen und Fachkräfte sich auf die eigene Arbeit konzentrieren können.

Beratung und Schutz vor Angriffen

Sinnvoll ist zusätzlich eine regelmäßige Beratung von SAP-Spezialisten und SAP-Security-Spezialistinnen. Der Blick von außen wird ebenfalls gerne unterschätzt und kann wesentliche blinde Flecken bei der Sicherheit eines SAP-Systems, in der Organisation oder der Infrastruktur aufzeigen. Die Möglichkeiten, die Security zu gefährden, ändern sich fast täglich, wie schnell wird ein Sicherheitsloch sichtbar und publiziert. Hackerangriffe abzuwehren gehört leider ebenfalls zur täglichen Arbeit. In der eigenen Organisation entsprechendes Fachpersonal aufzubauen und aktuell zu halten, bringt hohe Kosten mit sich. Außerdem besteht stets die Gefahr, dass mit der Erfahrung Risiken übersehen werden, da durch eine gewisse Routine gegebenenfalls Punkte nicht mehr so genau analysiert werden. Externe neutrale Berater kennen in der Regel sowohl die blinden Flecken als auch die aktuell größten Sicherheitsrisiken und können diesbezüglich Unternehmen schneller und einfacher beraten.

Wie der Abschnitt gezeigt hat, ist die Einhaltung des Datenschutzes und der Datensicherheit sehr umfangreich, dabei haben wir nur an der Oberfläche gekratzt. Wir empfehlen Ihnen daher, diese Punkte mithilfe weiterer Literatur zu vertiefen und immer zu berücksichtigen und die Sicherheit der Systeme und Daten nie aus den Augen zu verlieren.

Kapitel 6
Automatisierung

Das manuelle Abarbeiten von Aufgaben war gestern. Um im Betrieb vorne mit dabei zu sein, führt kein Weg an der Automatisierung vorbei, denn so können Arbeiten in kürzester Zeit, aber dennoch effizient und fehlerfrei erledigt werden.

In diesem Kapitel zeigen wir Ihnen, wie Sie Aufgaben des Betriebs in Cloud-Infrastrukturen automatisieren. Typische Aufgaben, die sich in diesem Bereich für eine Automatisierung anbieten, sind etwa das Starten und Stoppen von Systemen, das Erstellen von Systemkopien oder das automatische Deployment von Systemen. Wir erläutern Ihnen, was dabei zu beachten ist und welche Cloud-Lösungen entsprechende Automatisierungen standardmäßig mitbringen.

In Abschnitt 6.1, »Betriebsaufgaben automatisieren«, beschreiben wir, wie Sie Aufgaben identifizieren, die automatisiert werden können, und was es bei der Automatisierung zu beachten gilt. In Abschnitt 6.2, »Automatisierungslösungen«, gehen wir auf einzelne Automatisierungslösungen ein. Dieser Abschnitt gliedert sich in Abschnitt 6.2.1, in dem die SAP-eigene Automatisierung beschrieben wird, in Abschnitt 6.2.2, in dem auf allgemeine Möglichkeiten zur Automatisierung eingegangen wird, bevor Abschnitt 6.2.3 auf die Möglichkeiten der Automatisierung mit den Cloud-Providern eingeht. Im Anschluss folgt in Abschnitt 6.2.4 eine Übersicht der auf dem Markt gängigen Optionen, die uns in den letzten Jahren zum Thema Betrieb, Cloud und Automatisierung begegnet sind. Dieses Kapitel schließt mit Abschnitt 6.2.5, in dem wir Ihnen zeigen, welche Kriterien bei der Auswahl des richtigen Automatisierungstools eine Rolle spielen.

6.1 Betriebsaufgaben automatisieren

Automatisierung im Wandel der Zeit

Der Wandel der Zeit macht auch vor Unternehmen nicht halt. Die Anzahl der SAP-Systeme und -Applikationen nimmt zu, der Zeitdruck steigt und die zur Verfügung stehenden Ressourcen werden knapper. Hinzu kommt, dass durch häufige Personalwechsel immer wieder neue Mitarbeitende eingearbeitet werden müssen, die teilweise nicht direkt die notwendige Erfahrung mit den Systemen und den Prozessabläufen mitbringen. Um die Funktionsfähigkeit der Systeme nicht zu gefährden, ist es daher unabdingbar, auf Automatisierung zu setzen.

Vor 20 Jahren wurden Systemkopien z. B. noch direkt in Deutschland in Zusammenarbeit mit erfahrenen Beraterinnen und Beratern vor Ort durchgeführt. In den letzten Jahren ist der Betrieb einer solchen Umgebung immer mehr in Niedriglohnländer, wie z. B. Indien, Marokko, Rumänien oder Bulgarien, abgewandert. Dort sind die Mitarbeitenden oft für mehrere Systeme gleichzeitig zuständig und haben dadurch weniger Zeit für die einzelnen Systeme. Aufgrund des Kostendrucks können diese Mitarbeitenden in der Regel nur durch Automatisierung entlastet werden. Es geht also generell darum, repetitive Tätigkeiten im Betrieb zu finden, die automatisiert durchgeführt werden können.

[»]

Automatisierung im Wandel der Zeit

So wie sich der Betrieb im Laufe der Jahre verändert hat, hat sich auch der Bedarf an Automatisierung verändert. Outsourcing, Kostendruck und Personalfluktuation haben dazu geführt, dass viele Aufgaben automatisiert werden müssen, um Fehler zu vermeiden und der Anforderung gerecht zu werden, viele Systeme so kostengünstig wie möglich zu betreiben.

Kernfrage: Was soll automatisiert werden?

Um herauszufinden, welche Aufgaben des täglichen Betriebs am besten automatisiert werden können, sollte jedes Unternehmen als ersten Schritt eine Analyse durchführen. Identifizieren Sie die Aufgaben, die Ihre Mitarbeitenden am meisten Zeit kosten und die regelmäßig anfallen. Alle Aufgaben, die mehr als einmal erledigt werden, sind potenzielle Kandidaten für die Automatisierung. Dabei ist es wichtig, die Systeme als Ganzes zu betrachten, d. h. inklusive Betriebssystem, Datenbank und angeschlossener Systeme. Es gibt zwei Arten von Aufgaben, die geprüft werden sollten:

- Prozessaufgaben
- repetitive Aufgaben

Zuerst sollten Sie alle Betriebsprozesse Ihrer Mitarbeitenden der Reihe nach durchgehen und sich jeden einzelnen Schritt ansehen. Prüfen Sie bei jedem Schritt, ob eine Automatisierung möglich ist. Dabei gilt der Grundsatz, dass die Automatisierung von Betriebsaufgaben zu einer höheren Qualität und Stabilität führt, da manuelle Fehler der Mitarbeitenden vermieden werden können. Zweitens sollten Sie sich alle Aufgaben ansehen, die regelmäßig durchgeführt werden müssen. Repetitive Aufgaben eignen sich in der Regel gut für die Automatisierung.

Standardaufgaben wie ein regelmäßiger Neustart, eine Systemkopie oder die Aktualisierung des Betriebssystems fallen Ihnen jetzt wahrscheinlich als Erstes ein. Dabei gibt es bereits bei der ersten Systembereitstellung Möglichkeiten zur Automatisierung, die noch lange vor den Alltagsaufgaben auftreten.

Automatisieren Sie die Installation und nach Möglichkeit auch die Erstkonfiguration Ihrer SAP-Systeme, damit die Systeme einheitlich installiert werden. Auch hier müssen Sie das System als Ganzes betrachten: vom Betriebssystem über die Datenbank bis hin zur Installation und Konfiguration des Systems. Dadurch wird die Gesamtqualität deutlich erhöht und Sie erleben später keine bösen Überraschungen. Sie können sich sicher sein, dass alle Teile der Konfiguration vollständig und konform sind. Wenn mehrere Systeme zu unterschiedlichen Zeitpunkten installiert werden, haben diese auf diese Weise trotzdem immer den gleichen Kernelstand, sowohl das SAP- als auch das Betriebssystem. Nachdem Sie die Systeme eingerichtet haben, sollten Sie als Erstes die notwendigen Backups einrichten. Wie dies im Detail zu bewerkstelligen ist, wird in Kapitel 5, »Betrieb von Cloud-Infrastrukturen«, beschrieben. Die Durchführung der regelmäßigen Backups sowie die Sicherung aller notwendigen Daten ist ebenfalls eine Automatisierung, die in der Regel in jedem *High Level Design* (kurz HLD) enthalten sein sollte.

Das HLD ist dabei das allgemeine Systemdesign, das sich auf das gesamte System bezieht. Es beschreibt die allgemeine Architektur der SAP-Landschaft und der Anwendung. Es umfasst die Beschreibung der Systemarchitektur, das Datenbankdesign, eine kurze Beschreibung der Systeme, Dienste, Plattformen und der Beziehungen zwischen den einzelnen Modulen. Es wird auch als Makroebenendesign bezeichnet. Das HLD wird in der Regel von der Lösungsarchitektin oder dem Lösungsarchitekten erstellt, indem sie oder er die Geschäftsanforderung in eine High-Level-Lösung umwandelt. Daraus wird dann das *Low Level Design* (kurz LLD) erstellt, in dem jeder einzelne Punkt bis ins Detail ausgearbeitet wird.

HLD als Grundlage

Wie so oft im Betrieb bildet das HLD die Grundlage für die Automatisierung. Aus diesem Grund ist ein frühzeitig erstelltes HLD für die Automatisierung unerlässlich, da es alle Eckpfeiler der Konfiguration enthält und das Fundament für die Automatisierung, das Projekt und den späteren Betrieb bildet.

Automatisierter Fail-over

Im HLD und im LLD wird ebenfalls das Design für die Hochverfügbarkeit und der automatisierte Fail-over von Systemen beschrieben. Sie können in der heutigen Zeit nicht mehr darauf warten, dass Mitarbeitende des Betriebsteams einen Fehler im Produktivsystem erkennen und dann das System manuell neu starten oder bei einem größeren Fehler einen manuellen Fail-over der Produktivdaten auf das andere System durchführen. In der Regel wird bei der Konfiguration des Clusters genau beschrieben, in welchem Fall zunächst versucht wird, nur den betroffenen Service neu zu starten, bevor der Schwenk auf die Backup-Infrastruktur durchgeführt wird. Denn in der Regel wird nicht nur dieser eine betroffene Service in der Backup-Infrastruktur gestartet, sondern alle Services eines SAP-Systems, die benötigt werden, um betriebsfähig zu sein. Dadurch wird vermieden, dass einige Services in einem Rechenzentrum bzw. einer Region des Hyperscalers laufen und andere in einem anderen Rechenzentrum bzw. in einer anderen Region des Hyperscalers. Dadurch wird die Verfügbarkeit des SAP-Systems ganzheitlich sichergestellt.

In vielen Fällen ist es sinnvoller und schneller, den einen Service zu stoppen und neu zu starten, wenn dieser kurzfristig nicht zu erreichen war. Erkennt das Cluster aber, dass die Datenbank oder gar die zugehörige Recheneinheit nicht mehr verfügbar ist, wird in der Regel ein direkter Fail-over auf die Backup-Infrastruktur eingeleitet. Wenn Sie einen Cloud-Service verwenden, wird die Automatisierung dieses Prozesses durch vorkonfigurierte Services Ihres Hyperscalers stark vereinfacht. Zusätzlich wird die Ausfallsicherheit durch die Möglichkeit erhöht, auf eine andere Zone in der gleichen Region oder gar auf eine andere Region im gleichen Land oder auf einem anderen Kontinent auszuweichen (siehe dazu die HA- und DR-Szenarien in Abschnitt 4.2.2, »Architektur für ein Hochverfügbarkeits-Setup«, und Abschnitt 4.2.3, »Architektur für ein Disaster-Recovery-Setup«).

Systemcheck mit SAP Solution Manager

Eine weitere wichtige Automatisierung, die in Kapitel 5, »Betrieb von Cloud-Infrastrukturen«, näher erläutert wird, ist das Monitoring. Für den Betrieb und jedes System ist es unabdingbar, dass die Administratorinnen und Administratoren über entsprechende Fehler in der Cloud und dem System bzw. der Applikation informiert werden. Die Zeiten, in denen Mitarbeitende jeden Morgen manuell einen Systemcheck durchgeführt haben, sind dank moderner Möglichkeiten längst vorbei. Denn auch diese Checks lassen sich mit dem SAP Solution Manager und dem angeschlossenen BI-Reporting automatisieren. Die Administratorinnen und Administratoren können die Daten dann entweder im SAP Solution Manager einsehen oder als Report per E-Mail versenden, an den entsprechenden Stellen hochladen oder in Dashboards anzeigen. Jede Cloud-Lösung verfügt zudem über ein eigenes

Monitoring, um die Systeme bei Problemen automatisch zu skalieren. Hierauf werden wir in Abschnitt 6.2, »Automatisierungslösungen«, näher eingehen.

[«]

Betriebsaufgaben im Wandel der Zeit

Noch vor wenigen Jahren begannen die Administratoren und Administratorinnen jeden Morgen damit, die SAP-Systeme manuell zu überprüfen und ihre Checkliste abzuarbeiten. Doch diese Aufgaben haben sich in den letzten Jahren stark verändert. Die regelmäßigen, automatisierten Prüfungen werden in den Logs protokolliert, und nur bei Problemen werden die zuständigen Mitarbeitenden direkt über verschiedene Kanäle informiert.

Umso wichtiger es aber heute, dass als erste Aufgabe des Tages oder bei Übernahme der Schicht der Check der Automatisierungen, des Monitorings und des Reportings sorgfältig durchgeführt wird.

6.1.1 Den Systemneustart automatisieren

Regelmäßige Tasks identifizieren und automatisieren

Besonders regelmäßige Aufgaben, etwa das Neustarten von Systemen und Applikationen, sollten Sie so weit wie möglich automatisieren. Denn mit dem Wechsel in die Cloud müssen bei einem einfachen Neustart zusätzliche Schritte berücksichtigt werden. Sofern Sie ein HA- oder DR-Szenario für Ihre Applikation oder Datenbank konfiguriert haben (siehe Abschnitt 4.2.2, »Architektur für ein Hochverfügbarkeits-Setup«, und Abschnitt 4.2.3, »Architektur für ein Disaster-Recovery-Setup«) und das System so eingerichtet haben, dass die Automatisierung bei einem Ausfall des ersten Systems ein automatisches Fail-over auf das jeweils andere System durchführen soll, dann könnten Sie dieses Fail-over ungewollt mit einem Neustart des betroffenen Systems versehentlich auslösen.

Durch die Automatisierung ist es auch nicht mehr notwendig, sich nachts in das System einzuloggen, um es einmalig zu starten. Gerade bei größeren Aktionen wie Zeitumstellungen oder Wartungsaktivitäten würde dies zu einem unnötigen manuellen Aufwand führen, bei dem viele Mitarbeitende involviert wären. Hinzu kommt die Fehleranfälligkeit. Je mehr Systeme von solchen Aktionen betroffen sind, desto schneller können Fehler auftreten. Ein Zahlendreher in der System-ID ist schnell passiert, und dann wird versehentlich das falsche System gestoppt. Das ist jeder Administratorin oder jedem Administrator schon einmal passiert. Danach wird man vorsichtiger, prüft alles zweimal, und so dauern die Aufgaben eine Zeit lang etwas länger, bis man wieder etwas mehr Vertrauen in die eigenen Fähigkeiten gefasst hat. Hier können Sie durch Automatisierung viel Zeit sparen und Qualität gewinnen, egal, ob es sich um den Neustart einer Anwendung, einen Datenbankneustart oder einen kompletten Serverneustart handelt. Wichtig ist nur, im Vorfeld zu definieren, welche Arten von Restarts benötigt werden, um den Mitarbeitenden die richtigen Werkzeuge zur Verfügung zu stellen.

Da die Art des Restarts die Auszeit und die Systemchecks beeinflusst, die nach dem Restart notwendig sind, gilt hier nicht das Motto »viel hilft auch viel«. Leider bestehen immer noch viele Auftraggeber auf einem regelmäßigen Restart der SAP-Systeme, da sie dies aus der Vergangenheit so gewohnt sind, obwohl sich die Technologie so weit verändert hat, dass diese Restarts in der Regel gar nicht mehr notwendig sind. Es ist jedoch nicht ratsam, die Systeme immer nur minimal zu warten und das System einschließlich Server nie neu zu starten. Sonst häufen sich möglicherweise Fehler im Betriebssystem und ein problemloser Neustart kann nicht gewährleistet werden. Es gilt also, einen Mittelweg zu finden. Ein Restartkalender, in den die geplanten Wartungsaktivitäten eingetragen werden, hilft bei der Planung und schafft mehr Transparenz.

Kalender mit Aufgaben des täglichen Bedarfs

Ein weit im Voraus geplanter Jahreskalender mit den notwendigen Wartungen, Aufgaben und Änderungen hilft nicht nur, den Betrieb zu verbessern. Er ermöglicht es auch, Potenziale für die Automatisierung zu erkennen und diese frühzeitig zur Verfügung zu stellen.

6.1.2 Automatisiertes Patching von Betriebssystem und SAP

Kernel patchen

Eine weitere regelmäßige Aufgabe ist das Patchen des Linux-Kernels. Der *Kernel*, oft auch als Betriebssystemkern bezeichnet, ist die zentrale Komponente eines Betriebssystems, der Datenbank und der Applikation. Er legt die Prozess- und Datenorganisation fest, auf der die weiteren Bestandteile des Betriebssystems aufbauen. Je nach Einsatzzweck gibt es verschiedene Arten von Kernels. Alle Kernels sind jedoch immer in mehreren Schichten (engl. *Layer*) aufgebaut. Die unterste Schicht ist die Verbindung zur Hardware. Darauf folgt die Speicherverwaltung, dann die Prozessorverwaltung, darauf die Geräteverwaltung, und die oberste Schicht bildet das Dateisystem. Bei SAP-Systemen gibt es in der Regel einen Kernel für die Datenbank und einen für das SAP-System. Um die Funktion des jeweiligen Systems und auch die Sicherheit zu gewährleisten, müssen auch die Kernels des Betriebssystems (in der Regel Linux von SUSE oder RedHat) und der SAP-Systeme regelmäßig aktualisiert werden. Es können dabei entweder der gesamte Kernel oder nur einzelne Teile des Kernels aktualisiert werden. Je mehr in einer Aktion aktualisiert wird, desto mehr müssen die Abhängigkeiten geprüft werden. Daher ist es üblich, nur notwendige Teile des Kernels oder sogar nur einzelne Dateien zu aktualisieren. Der Zeitfaktor spielt hier eine wesentliche Rolle, da sich diese Arbeiten meist durch die ganze Systemlandschaft erstrecken, unabhängig davon, ob es sich um SAP oder Java handelt. Sie beginnen dabei immer mit dem untersten System und patchen jeweils alle Bestandteile der Landschaft. Dies verhindert, dass der neue Kernel den Betrieb negativ beeinflusst. Zwar werden die Kernels von den einzelnen Anbietern wie SUSE, Red Hat oder SAP vorab ausgiebig getestet, aber gerade bei aktuellen Patches kann es passieren, dass trotzdem ein Fehler auftritt und zusätzliche Änderungen vorgenommen werden müssen, die meist ungeplante Zeit in Anspruch nehmen.

Aus diesem Grund sind im Betrieb meist nur wenige Kernelversionen aktiv. Denn wenn sich ein Kernel etabliert hat, ergibt es keinen Sinn, auf mehreren Systemlandschaften unterschiedliche Kernel zu betreiben. Stattdessen sollten Sie möglichst nur eine Version auf allen Systemen verwenden, um Fehler zu minimieren.

6.1.3 Automatisierte Erstellung einer Systemkopie

Systemkopie automatisieren

Eine weitere regelmäßige Aktivität, die sich für die Automatisierung eignet, ist die Erstellung einer *Systemkopie*. Systemkopien werden regelmäßig von Produktivsystemen auf Test-, Preproduction- oder auch Projektsysteme durchgeführt. Da es sich hierbei um eine wiederkehrende Aktivität handelt, können Sie zumindest über eine Teilautomatisierung nachdenken. Ähnliches gilt für Mandantenkopien, wobei diese in der Regel nur in Schulungssystemen regelmäßig kopiert werden. Es ist wichtig, mit dem Betrieb und den Verantwortlichen für Projekte, die eine längere Laufzeit haben, zu sprechen und gemeinsam festzulegen, was sich für eine Automatisierung eignet.

Mehr Automatisierung = weniger Personal?

Häufig geht man irrtümlicherweise davon aus, dass ein gewisser Anteil automatisierter Prozesse mit einer Einsparung von Mitarbeitenden einhergeht. Diese Annahme ist jedoch ein Trugschluss, und Sie sollten dringend vermeiden, Ihren Mitarbeitenden unterschwellig zu signalisieren, dass sie durch die Automatisierung von Aufgaben eventuell ihren eigenen Arbeitsplatz überflüssig machen könnten. Das Hauptziel der Automatisierung besteht darin, die Qualität zu verbessern und die frei gewordene Zeit in andere unverzichtbare Aktivitäten zu investieren. Sofern mit der Automatisierung und mit der Migration in die Cloud auch ein Outsourcing des Betriebs einhergeht, sollten Sie für Ihre Belegschaft frühzeitig entsprechende Alternativen aufzeigen. Denn eines ist sicher: Das Expertenwissen Ihrer Mitarbeitenden wird nie überflüssig sein und immer ein wichtiger Bestandteil bleiben, z. B. für die Steuerung des Betriebs.

Im Offshore-Bereich, also bei den Mitarbeitenden in entfernten Niedriglohnländern, ist die richtige Kommunikation Ihres Anliegens sogar noch viel wichtiger. Hier herrschen aufgrund der kulturellen Unterschiede oft auch Hemmungen, wirklich auf Automatisierung zu setzen. Wir haben auch schon erlebt, dass selbst dann, wenn etwas bereits automatisiert worden ist, versucht wird, den Mehrwert möglichst kleinzureden, um die Mitarbeitenden nicht zu verlieren. Es herrscht der Irrglaube, dass durch Automatisierung ein bestimmter Prozentsatz an Mitarbeitenden überflüssig wird. Aber der Betrieb hat sich verändert, und mit der Automatisierung ist es möglich, die Systeme proaktiv zu prüfen. Auch die Mitarbeitenden können beobachten, welche Neuerungen am System vorgenommen werden könnten, um technologisch auf dem aktuellen Stand zu bleiben. Es ist wichtig, den Mitarbeitenden zu signalisieren, dass sie für den erfolgreichen Betrieb entscheidend sind und dass der Fokus Ihrer Automatisierungsmaßnahmen darauf liegt, die Arbeitsabläufe zu verbessern und den Mitarbeitenden mehr Zeit für die Pflege, Wartung und Weiterentwicklung der Systeme zu geben. Auf diese Weise vermeiden Sie, dass Barrieren gegen die Automatisierung aufgebaut werden.

[»]

Akzeptanz der Automatisierung

Damit die Automatisierung akzeptiert wird, ist es wichtig, den Mehrwehrt der Automatisierung aufzuzeigen. Dieser liegt in der Entlastung und nicht in der Entlassung der Mitarbeitenden. Eine Automatisierung ist nur erfolgreich, wenn sie vom Betrieb und von den Mitarbeitenden unterstützt und gepflegt wird.

Pflege und Weiterentwicklung der Automatisierung

Ein weiterer wichtiger Punkt, den Sie kennen, wenn Sie schon einmal im Betrieb gearbeitet haben, ist, dass die Automatisierung auch angepasst, instand gehalten und gewartet werden muss. Darüber hinaus ist es ratsam, die Funktionsfähigkeit der Automatisierung durch regelmäßige Tests zu überprüfen. Dies gilt sowohl auf logischer als auch auf technischer Ebene. Für jede Form der Automatisierung sind spezifisches technisches Wissen über die dazugehörige Technik und sehr tiefgreifendes fachliches Knowhow notwendig. Um richtige Entscheidungen zu treffen, empfiehlt es sich daher seitens des Managements und der IT-Experten, zu analysieren, auf welche Methoden und Verfahren Sie den Fokus legen möchten, und die Mitarbeitenden in diese Richtung zu schulen. Da es sich bei der Automatisierung um ein sehr dynamisches Thema handelt, sollten die IT-Expertinnen und -Architekten regelmäßig in Erfahrung bringen, welche neuen Möglichkeiten und Methoden es gibt. Da nichts so sehr dem technologischen Wandel unterworfen ist wie die Automatisierung, werden wir im folgenden Abschnitt auf die Möglichkeiten eingehen und verschiedene Wege aufzeigen, die Sie als Unternehmen einschlagen können.

6.1.4 Automatisierungsmöglichkeiten in der Cloud

Bevor wir auf die Automatisierungsmöglichkeiten der Hyperscaler eingehen, lassen Sie uns noch einmal die Vorteile und den Sinn gerade von Cloud-Automatisierung in ein paar Stichpunkten zusammenfassen:

- Im Rahmen des Technologiewandels ist die Automatisierung für den Betrieb unerlässlich; der Trend geht von Handarbeit zur Automatisierung.
- Während die Cloud-Automatisierung die Bereitstellung und Verwaltung von automatisierten Aufgaben und Prozessen verfolgt, um die Effizienz zu steigern, darf die *Cloud-Orchestrierung* nicht vergessen werden. Diese ordnet und koordiniert die vorab definierten Aufgaben, wie etwa Serverbereitstellung, das Sichern von Daten etc., zu einer ganzheitlichen Ansicht. Sie hilft, die geplanten Ziele zu erreichen. Dabei kombiniert die Cloud-Orchestrierung Aufgaben auf niedriger Ebene zu Prozessen und koordiniert dann diese Prozesse auf der ganzen Infrastruktur. Man könnte es auch so übersetzen: Wenn die Cloud-Automatisierung ein Puzzleteil ist, dann ist die Cloud-Orchestrierung für die Anordnung der Teile verantwortlich.
- Das Aufgabenspektrum bei der Automatisierung ist sehr vielschichtig und richtet sich nach den Aufgaben, die es zu automatisieren gilt. Hierbei ist die Sicht des Auftraggebers und des Betriebsteams für den Erfolg maßgebend.
- Infrastructure as Code (kurz IaC) spielt bei der Automatisierung eine wesentliche Rolle. IaC beschreibt den Prozess der Verwaltung und Bereitstellung der Infrastruktur mithilfe von Code und Software, damit diese Komponenten nicht mehr manuell konfiguriert werden müssen.
- Unter Berücksichtigung der immer strengeren Datenschutz- und Sicherheitsanforderungen können Daten und Workflows mithilfe der Automatisierung in einer Versionskontrolle gesichert werden. Somit kann im Fall eines Audits nachgewiesen werden, wer wann welche Änderungen an den Daten vorgenommen hat und dass der Zugriff immer gesichert erfolgt ist. So können Audits schneller durchgeführt werden, ohne dass zusätzlicher Aufwand entsteht.

- Datensicherungen können automatisiert werden, um das Risiko und die Angst vor Datenverlust zu vermeiden. Da Datensicherungen oftmals ein fester Vertragsbestandteil sind, kann die Automatisierung nicht nur die Erstellung, sondern auch das Reporting und Monitoring sicherstellen.
- Automatisierung ermöglicht eine höhere Effizienz, eine schnellere Bereitstellung von Ressourcen und eine schnellere Erledigung von Aufgaben. Darüber hinaus verbessert die Automatisierung die Agilität, die Sicherheit, die Governance und vieles mehr.
- Die Cloud-Automatisierung ist oft der Schlüssel zur Verwaltung komplexer Cloud-Lösungen und unterstützt die Skalierbarkeit der Cloud-Lösung.

Im Folgenden werden wir neben den Automatisierungsmöglichkeiten auch weitere Vorteile der Tools aufzeigen. Neben der Automatisierung ist es für den Betrieb ebenfalls hilfreich, ein zentrales Tool für die Administration und den Überblick auf die Systeme zu haben.

6.2 Automatisierungslösungen

Bei der Automatisierung ist es wichtig, den Blick nicht zu sehr in die Ferne schweifen zu lassen. Manchmal ist die naheliegende und einfachste Lösung die beste. Bevor wir daher auf entferntere Lösungsmöglichkeiten eingehen, schauen wir zunächst, welche Tools SAP selbst bereithält und welche Möglichkeiten die einzelnen Cloud-Provider aktuell anbieten.

6.2.1 SAP-eigene Automatisierungslösung

Landscape Management

SAP setzt bei der Automatisierung auf die Lösung *SAP Landscape Management*. Dabei handelt es sich um eine Orchestrierungs- und Automatisierungslösung, die dabei helfen soll, den Betrieb von SAP-Systemen zu vereinfachen und die Administration zu zentralisieren. Sie kann sowohl für On-Premise-, Public-Cloud-, Private-Cloud-Systeme als auch für hybride Umgebungen eingesetzt werden. Mit *SAP Landscape Management Cloud* hat SAP zudem einen SaaS-Service herausgebracht, der auch die Kosten für IaaS-Cloud-Umgebungen senken soll. Wir werden zunächst auf das klassische SAP Landscape Management eingehen, bevor wir uns danach die Cloud-Lösung ansehen.

Einer der wichtigsten Punkte ist die Automatisierung und Standardisierung des SAP-Betriebs. SAP Landscape Management bietet eine Automatisierung von Systemklonen, Systemkopien und Refresh-Aktivitäten an. Dies beinhaltet auch die BDLS-Transaktionen und weitere Aufgaben, die nach der eigentlichen Systemkopie anfallen. BDLS bezeichnet die Konvertierung des logischen Systemnamens, da dieser nach einer Systemkopie, z. B. von Ihrem Produktivsystem in Ihr Testsystem, in beiden Systemen unterschiedlich lautet. Daher muss der logische Systemname der kopierten Daten nachträglich dem Zielsystem angepasst werden, damit das System lauffähig ist und keine Fehler verursacht.

Mit der SAP-Automatisierungslösung können Sie Einzel- und Massenoperationen starten, wie z. B. das Starten und Stoppen von Systemen und Servern. Integrierte Dashboards und Visualisierungen ermöglichen die visuelle Darstellung der gesamten Landschaft. Das Tool kann auch dafür genutzt werden, Routineaufgaben wie Verschiebe- und Kopieraufgaben, die Virtualisierung und Massenaufgaben in SAP-HANA-Systemen zu automatisieren. Ebenfalls können kritische Prozesse wie ein Fail-over und ein Failback automatisiert werden.

Ein großer Vorteil ist, dass Wartungsaktivitäten wie automatisierte Updates für SAP HANA oder das Betriebssystem nahezu ohne Ausfallzeiten durchgeführt werden können. Durch die mitgelieferten Adapter können weitere Systeme virtualisiert werden, die in der Public Cloud oder anderen OpenStack-Plattformen laufen. Eine zusätzliche Anpassung können Sie ebenfalls erreichen, indem Sie bereits existierende Skripte und Best Practices in den vom SAP Landscape Management unterstützten Workflow integrieren.

Mit eigenen Betriebsvorlagen und Blueprints im Automation Studio können Sie die Prozesse noch den eigenen Anforderungen anpassen. Das Automation Studio ist eine Funktionalität innerhalb von SAP Landscape Management, die es Ihnen ermöglicht, bestehende Workflows innerhalb der Lösung einfach zu erweitern, anzupassen, zu modifizieren oder sogar komplett zu ersetzen. Mit Automation Studio können Sie auch andere Werkzeuge einfach in das SAP Landscape Management integrieren.

SAP Landscape Management

Im Bereich der SAP-Automatisierung sollte SAP Landscape Management immer die erste Wahl sein. Um die Funktionalität und Einsatzmöglichkeiten in Ihrem Unternehmen optimal nutzen zu können, sollten einige der Mitarbeitenden frühzeitig geschult werden. Weiterhin sollte SAP Landscape Management auf der Architekturliste für Tools in Ihrem Unternehmen stehen, um stets auf dem neuesten Stand zu sein.

Abbildung 6.1 zeigt die Kopie eines Produktivsystems auf das Testsystem. In diesem Fall handelt es sich um die Kopie aus einem produktiven System in das QA-System. Im rechten oberen Bildschirm sehen Sie, wie viele der Daten, also wie viel Prozent, schon übertragen worden sind. Anstatt den Stand der Prozesse manuell einzusehen und zu prüfen, kann die Administratorin oder der Administrator einfach die Konsole vom SAP Landscape Manager im Blick behalten. Dies hat auch den Vorteil, dass bei Schichtwechsel oder kurzfristigem Ausfall eines Mitarbeitenden ein anderer Mitarbeitender übernehmen kann, da es sich um ein zentrales Tool handelt.

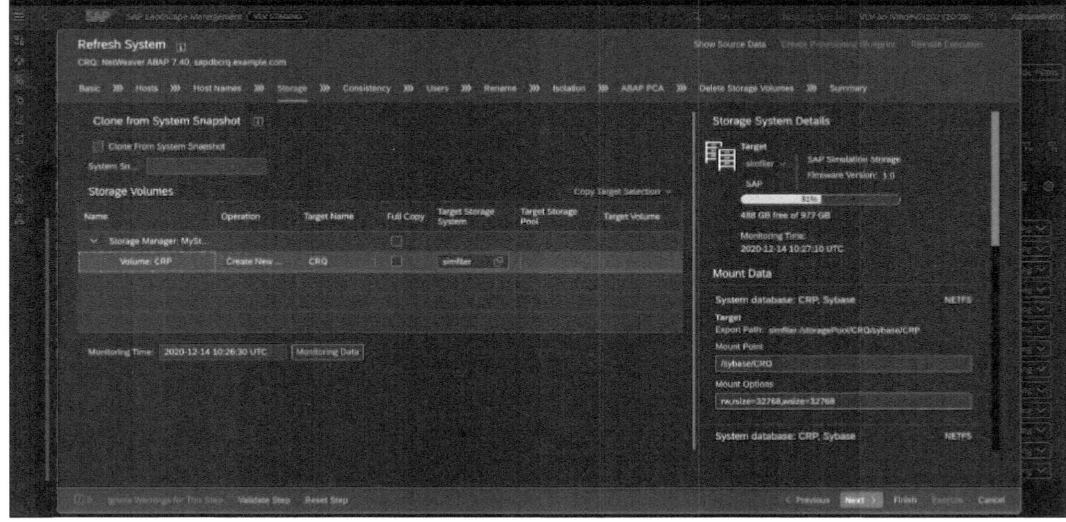

Abbildung 6.1 Systemkopie mit SAP Landscape Management erstellen (Quelle: SAP)

Ein weiterer wichtiger Punkt, den die Lösung abdeckt, ist die Übersichtlichkeit der Landschaft. Gerade wenn mehrere Systeme auf einer virtuellen Maschine laufen, ist es nicht immer einfach, den Überblick zu behalten. Oft haben die Systeme den gleichen Namen und unterscheiden sich nur durch ein paar Buchstaben oder Zahlen. Gerade für neue Kolleginn und Kollegen ist es anfangs schwierig, eine entsprechende Logik zu erkennen und den Überblick zu behalten. Hier schafft SAP Landscape Management mit der integrierten Landschaftsvirtualisierung Abhilfe. Abbildung 6.2 zeigt exemplarisch, wie eine solche Übersicht aussehen könnte.

SAP Landscape Management als SaaS

Schauen wir uns nun das SAP Landscape Management für die Cloud an. Hier sind die Funktionen darauf ausgelegt worden, die Cloud zu verbessern und die Kosten zu senken. Es ermöglicht die automatische Skalierung von SAP-Systemen, wodurch die Gesamtkosten durch die Abschaltung zusätzlicher, nicht genutzter Systeme gesenkt werden können. Darüber hinaus lassen sich die IaaS-Kosten durch Echtzeitanalysen, Monitoring und Prognosefunktionen besser kontrollieren. Die ganzheitliche Sicht auf die Systeme in der Cloud unterstützt auch die Administratoren und Administratorinnen, da sie nicht mehr zwischen verschiedenen Tools hin und her springen müssen.

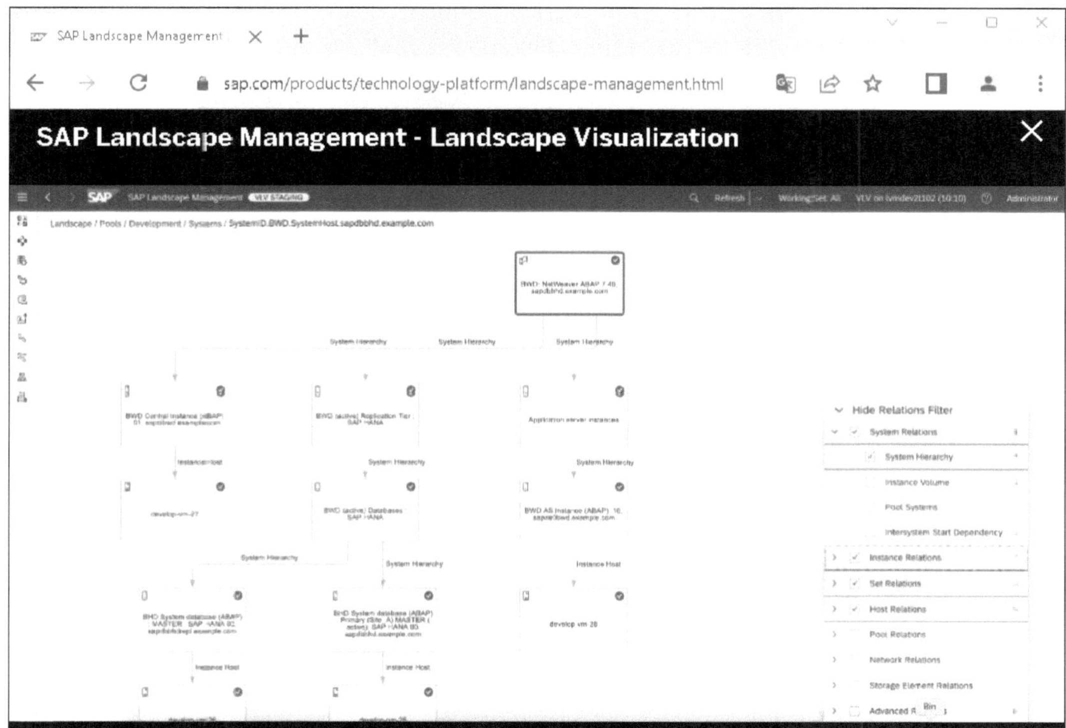

Abbildung 6.2 Landscape-Virtualisierung mit SAP Landscape Management (Quelle: SAP)

Vorteile der Cloud-Lösung

Lassen Sie uns die Hauptvorteile für die Cloud einmal kurz zusammenfassen:

- SAP Landscape Management Cloud gibt Ihnen einen Überblick über die IaaS-Kosten und den Energieverbrauch in der kompletten Systemlandschaft.
- Die Systeme können so konfiguriert werden, dass automatisierte Routinen in einem hinterlegten Zeitraum erst die SAP-Systeme bzw. die VM stoppen und dann zu einer bestimmten Zeit wieder starten. Gerade bei Schulungssystemen und internen Systemen kann dies eine entsprechende Kostenersparnis mit sich bringen (siehe dazu auch Abschnitt 1.3.4,

»Skalierbarkeit und Elastizität«, und Abschnitt 1.5.1, »Abrechnung nach Zeiteinheit«).

- Mit dem Forecast können die IaaS-Kosten und Energiekosten berechnet werden. Außerdem kann berechnet werden, welche Auswirkungen die teilweise Verfügbarkeit, also z. B. das Stoppen in der Nacht, auf die Kosten hat. So können Sie kalkulieren, ob sich gegebenenfalls einige Stunden kürzere Verfügbarkeit lohnen, wenn viele Schulungen erst um 10 Uhr morgens anfangen und um 17 Uhr bereits aufhören, oder ob dies keinen großen Einfluss hat.
- Mit der landschaftsweiten Übersicht können die aktuellen Werte des Verbrauchs mit den Forecast-Werten verglichen werden.
- Die Optimierungen, die Sie mit der Lösung vornehmen, sorgen für eine optimale SAP-S/4HANA-Runtime-Umgebung inklusive Kostenkontrolle und einer Skalierbarkeit der Maschinen.
- Die Lösung hilft Ihnen durch die automatische Skalierbarkeit, Ihre CO_2-Bilanz zu verbessern.

Um Ihnen einen kleinen Ausblick zu geben, sehen Sie in Abbildung 6.3, wie der Forecast eine Einsparung der Kosten prognostiziert.

Abbildung 6.3 Übersicht des Kostenmanagements mit SAP Landscape Management Cloud (Quelle: SAP)

6.2.2 Allgemeine Möglichkeiten zur Automatisierung

IaC und Automatisierung

Neben den spezifischen Optionen gibt es generell die Möglichkeit, Infrastructure as Code zu verwenden (siehe Abbildung 6.4). Infrastructure as Code (kurz IaC) ist die Verwaltung und Bereitstellung von Cloud-Infrastruktur durch Code statt durch manuelle Bereitstellungen. Dabei wird ein gewünschter Zielzustand in Skripten definiert, auch Templates genannt. Dadurch, dass alle Infrastrukturkomponenten wie Rechenleistung, Speicher, Netzwerk etc. beim Hyperscaler vollständig virtualisiert sind, lassen sie sich auch per Code ansprechen. Der Code wird dann zunächst in einem Repository abgelegt, wo er sich jederzeit wiederverwenden lässt und wo mit seiner Hilfe eine Versionskontrolle möglich ist. Über die Provisioning Engine werden diese Templates dann beim gewünschten Hyperscaler ausgeführt, die die beschriebene Infrastruktur automatisiert bereitstellen und konfigurieren kann. Durch diesen Ansatz wird Infrastruktur wie Software behandelt, nämlich wie das Ergebnis einer Codeausführung. Durch diesen Ansatz lassen sich bewährte Konzepte aus dem Softwareengineering, etwa der CI/CD-Ansatz, Deployment Pipelines, Repositories und Standardisierung in der Infrastruktur, verwenden (siehe auch Abschnitt 3.5, »Automatisierte Bereitstellung«).

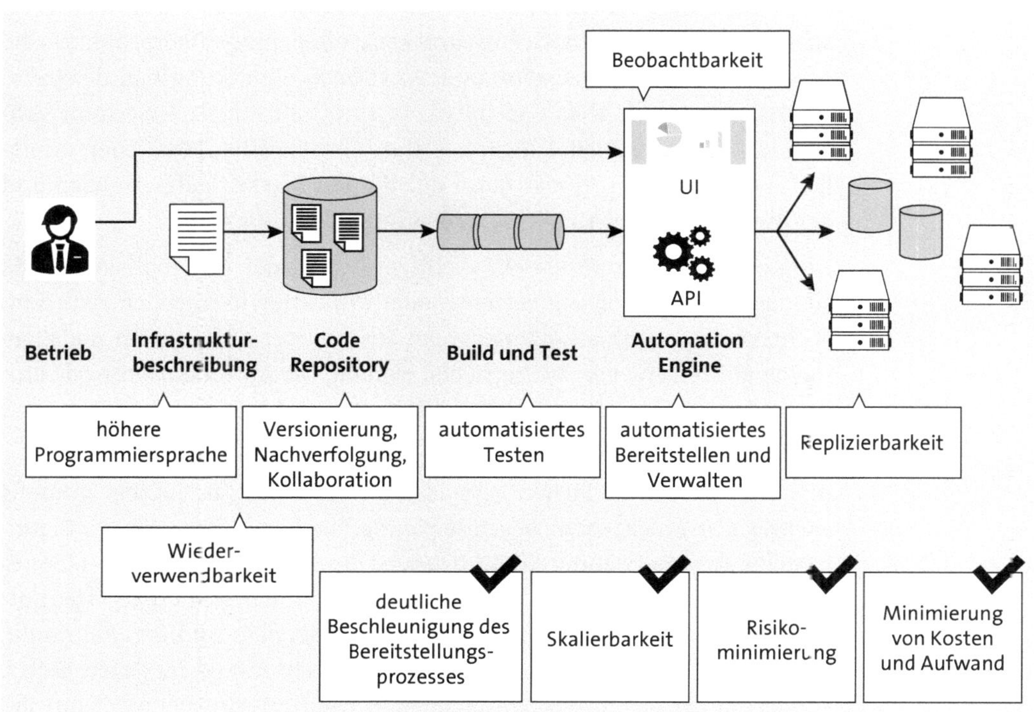

Abbildung 6.4 Einführung von Infrastructure as Code

Durch die Integration des Softwareengineerings kann die Bereitstellung und die Grundkonfiguration der Systeme wesentlich schneller und vor allem standardisiert erfolgen. Gleichzeitig entfallen manuelle, langwierige Vorgänge, die durch Flüchtigkeitsfehler und nachlassende Konzentration zu längeren Laufzeiten führen können, weil Kleinigkeiten nachgebessert werden müssen. Darüber hinaus ist es auch möglich, einen automatisierten Testschritt einzuführen. So lässt sich auch die Abnahme einer bereitgestellten Infrastruktur beschleunigen und dokumentieren. Sollte im unwahrscheinlichen Fall einer Katastrophe der Neuaufbau der Landschaft oder auch nur von Teilen davon notwendig sein, ist eine Wiederverwendung des bestehenden Codes oder Teilen davon mit weniger Aufwand möglich, als wenn die Installationsdokumentation von einzelnen Personen oder Teams gelesen und manuell wieder aufgebaut werden muss. Durch die Parametrisierung von Templates können unterschiedliche Umgebungen, z. B. Test-, Schulungs-, Integrations- und Produktionsumgebungen, konsistent erstellt werden. Diese können dann eingesetzt werden, wenn zeitlich sehr begrenzte Infrastrukturen benötigt werden. Diese können beispielsweise für Backup-Restore-Tests oder zum Ausprobieren von neuen Komponenten genutzt werden.

Das bedeutet, Sie bauen innerhalb weniger Minuten eine vollständige Infrastruktur neu auf, um ein Backup zurückzuspielen und zu überprüfen, ob die gesicherten Daten konsistent sind. So können Sie den Aufbau der Infrastruktur und ihren Abbau nach dem Test mithilfe eines IaC-Systems vollständig automatisieren. Dies wiederum senkt Ihre Betriebskosten erheblich, da Sie diese Testinfrastruktur nur für den Test vorhalten müssen und der Auf- und der Abbau sehr schnell erfolgt.

Die Kostenreduzierung ist ein wichtiger Aspekt der Automatisierung, da sie den Aufwand für das Betriebs- oder Projektteam erheblich reduziert. Nichtsdestotrotz muss anfänglich ein zusätzlicher Aufwand für die allgemeine Einführung von IaC betrieben werden. Die Automatisierungslösungen können dann jedoch auf Organisationen und Infrastrukturressourcen jeder Größe skaliert werden.

Aus zwei unterschiedlichen Perspektiven betrachtet, ist IaC ein immens wichtiges und nicht mehr wegzudenkendes Werkzeug. Aus Sicht der Cloud-Provider ist es notwendig zur Realisierung der Services. Aus Sicht der Cloud-Nutzer ist es unverzichtbar, um die volle Flexibilität der Cloud-Services nutzen zu können. Dies betrifft die Menge der Services und den Zeitpunkt, wann diese Services genutzt werden sollen. Nicht nur in der Public Cloud, sondern auch im klassischen eigenen Rechenzentrumsbetrieb kann IaC auch in der Private Cloud eingesetzt werden.

Laut der Cloud-Definition des NIST (National Institute of Standards and Technology) sind die Möglichkeit, On-Demand-Self-Services zu nutzen, und die schnelle Elastizität wichtige Eigenschaften, die durch den Einsatz von IaC einfach nutzbar werden.[1]

IaC als Strauß von Werkzeugen

Infrastructure as Code ist nicht nur ein einzelnes Werkzeug, sondern ein ganzer Werkzeugkasten mit verschiedenen Werkzeugen. Wie Sie in Abbildung 6.5 sehen, gibt es auch andere Werkzeuge für die Bereitstellung der Infrastruktur. Diese haben jedoch im Gegensatz zu den IaC-Tools den Nachteil, dass es sich um sogenannte Ad-hoc-Skripte handelt (also solche, die z. B. in PowerShell oder Bash geschrieben werden, um einmalig eine Aktion auszuführen), die jedoch nicht versioniert sind und somit im Nachhinein nicht mehr nachvollzogen werden können. Außerdem können sie in der Regel nur für die Infrastruktur verwendet werden und keine Aktionen auf Applikationsebene ausführen.

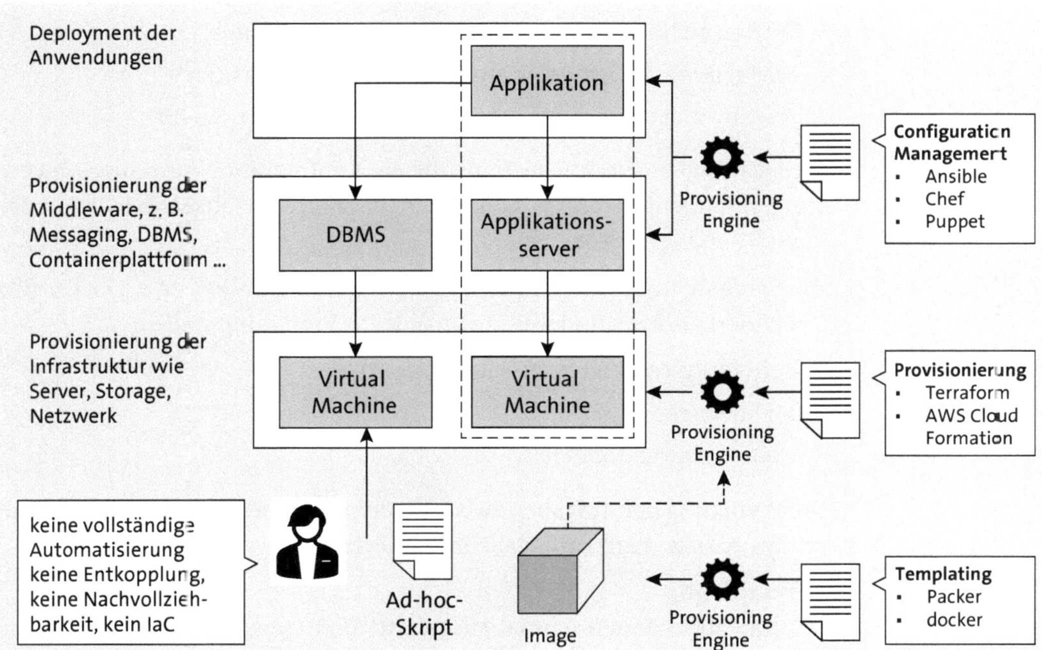

Abbildung 6.5 Spektrum von Infrastructure as Code

Die Provisionierung, also die Bereitstellung von IT-Ressourcen, kann z. B. durch Terraform oder Ansible erfolgen. Die notwendige Infrastruktur inklusive Netzwerk, Speicher, Server und Betriebssystem-Images wird so auto-

1 Mell, Peter, Grance, Timothy (2011): The NIST Definition of Cloud Computing, *http://s-prs.de/v923922*

matisch bereitgestellt. Ein Konfigurationsmanagement der Betriebssysteme und der eingesetzten Software kann z. B. mithilfe von Ansible, Chef oder Puppet bereitgestellt werden und beinhaltet folgende Aufgaben:

- Konfiguration der Server, Netzwerke, Speicher etc.
- Bereitstellung der notwendigen Middleware
- Installation weiterer Anwendungen

Diese Tools können nicht nur bei der Grundkonfiguration helfen, sie sind gerade im laufenden Betrieb von unschätzbarem Wert. Ein Beispiel ist das Update eines laufenden Systems,[2] das folgende Schritte umfasst:

1. Stopp des Monitorings
2. Entfernen des Servers aus der Load-Balancer-Konfiguration
3. Stopp des Service
4. Verteilung der neuen Version der Applikation
5. Warten auf die Einsatzbereitschaft der Applikation
6. Rücknahme der Aktionen aus den ersten drei Schritten
7. Ausführung der gleichen Aktion für die nächsten n Server

Vielleicht haben Sie solche Tools für die Konfiguration einzelner Anwendungen schon im Einsatz und können diese für den Einsatz von IaC in der Public Cloud erweitern.

Die Bereitstellung von Templates kann z. B. über Packer oder Docker (für Container) erfolgen und weitere Images zur Verfügung stellen:

- Betriebssystem aus einem Standard-Image
- Middleware
- weitere Anwendungen

Die Verteilung der Aufgaben zwischen dem Templating und dem Konfigurationsmanagement kann beliebig variieren:

- **Templating**
  Templates können einmal ausgeführt und dann repliziert werden. Sie werden verwendet, um Infrastrukturkomponenten bereitzustellen. Sie können eine gewünschte Menge an Grundkonfigurationen beinhalten, die während der Bereitstellung ebenfalls auf den Systemen am Ende mit ausgeführt werden.

2 da Silva Junior, Jairo (2019): Automating deployment strategies with Ansible, *http://s-prs.de/v923923*

- **Configuration Management**
  Die Konfiguration wird dynamisch im laufenden Betrieb verwendet, um zur Laufzeit auf jeder einzelnen VM die gewünschte Konfiguration herzustellen oder anzupassen.

Diese Auflistung ist nur für die Bereitstellung von IaC in SAP-Systemen gültig, der Einsatz eines Hyperscalers ist hierbei nicht zwingend erforderlich. IaC-Methoden können auch auf virtualisierten privaten Infrastrukturen ausgeführt werden oder in Private Clouds Anwendung finden. Mit Blick auf hybride oder Multi-Cloud-Szenarien in Kapitel 7, »Multi- und Hybrid-Cloud-Szenarien«, sind der Fantasie und Ihrer Kreativität zur Integration der SAP-Landschaft und der Nutzung von Synergien keine Grenzen gesetzt.

Imperativer Ansatz von IaC

Zur Definition von IaC gibt es zwei Arten von Programmiersprachen: die prozedurale und die deklarative Sprache. *Prozedurale Programmiersprachen* oder auch *imperative Programmiersprachen* definieren Schritt für Schritt, wie der gewünschte Zielzustand der Infrastruktur erreicht werden soll. Beispiele hierfür sind Ansible und Chef. Zur Zeit der Ausführung werden die Schritte dann genau in dieser Reihenfolge abgearbeitet. Es wird die Reihenfolge des einzelnen Tasks definiert.

In Listing 6.1 finden Sie beispielhaft ein Ansible Playbook zum Erstellen einer EC2-Instanz auf AWS.[3] Die Open-Source-Plattform Ansible von Red Hat wird für die Cloud-Bereitstellung, die Konfigurationsverwaltung sowie die Anwendungsbereitstellung auf automatisiertem Weg eingesetzt.

```
- name: Create Ec2 instances
hosts: localhost
gather_facts: false
tasks:
# Block is a Group of Tasks combined together
- name: Get Info Block
block:
- name: Get Running instance Info
ec2_instance_info:
register: ec2info
- name: Print info
debug: var="ec2info.instances"
# By specifying always on the tag,
# I let this block to run all the time by module_default
# this is for security to not create ec2 instances accidentally
tags: ['always', 'getinfoonly']
```

3 Ak, Sarav (2020): Ansible EC2 Example - Create EC2 instance with Ansible, *http://s-prs.de/v923924*

```
- name: Create EC2 Block
block:
- name: Launch ec2 instances
tags: create_ec2
ec2:
region: us-east-1
key_name: SaravAK-PrivateKey
group: app_sec_group
instance_type: t2.medium
image: ami-2051294a
wait: yes
wait_timeout: 500
count: 2
instance_tags:
name: appservers
os: ubuntu
monitoring: no
vpc_subnet_id: subnet-3d3ef270
assign_public_ip: yes
register: ec2
delegate_to: localhost
- name : Add instance to host group
add_host:
hostname: "{{ item.public_ip }}"
groupname: launched
loop: "{{ ec2.instances }}"
- name: Wait for SSH to come up
local_action:
module: wait_for
host: "{{ item.public_ip }}"
port: 22
delay: 10
timeout: 120
loop: "{{ ec2.instances }}"
# By specifying never on the tag of this block,
# I let this block to run only when explicitely being called
tags: ['never', 'ec2-create']
```

Listing 6.1 Mit Ansible eine EC2-Instanz auf AWS erstellen

Deklarative Programmierung

Im Gegensatz dazu definieren *deklarative Programmiersprachen* den geplanten Zielzustand der Infrastruktur und die benötigten Ressourcen. Beispiele hierfür sind Terraform und AWS CloudFormation. Zur Zeit der Ausführung werden die notwendigen Schritte zur Zielerreichung bestimmt und dann ausgeführt. In Listing 6.2 finden Sie ein Beispielskript zur Erstellung einer EC2-Instanz in AWS mit Terraform.[4] Hashicorp Terraform ist ein Open-Source-Tool, das häufig für die Bereitstellung und Verwaltung von Cloud-Infrastrukturen verwendet wird. Unserer Erfahrung nach ist es derzeit der De-facto-Standard in diesem Bereich.


```
terraform {
  required_providers {
    aws = {
      source  = "hashicorp/aws"
      version = "~> 4.16"
    }
  }
  required_version = ">= 1.2.0"
}
provider "aws" {
  region  = "us-west-2"
}
resource "aws_instance" "app_server" {
  ami           = "ami-830c94e3"
  instance_type = "t2.micro"
  tags = {
    Name = "ExampleAppServerInstance"
  }
}
```

Listing 6.2 Mit Terraform eine EC2-Instanz auf AWS erstellen

Die Bereitstellung von Infrastruktur ist ein mögliches Einsatzszenario für IaC. Es ist jedoch zu beachten, dass auch Konfigurationsänderungen auf diesem Weg möglich sind.

Das in Listing 6.3 dargestellte Ausgangsszenario definiert in einer deklarativen Sprache zwei Server der Größe `t2.micro`. Die Konfigurationsanforderung soll nun in zwei Punkten geändert werden. Die Anzahl der Server soll auf drei erhöht werden, und der Instanztyp soll sich ebenfalls ändern. Es sollen größere Instanzen verwendet werden (siehe Listing 6.4).

```
Resource "aws_instance" "webserver" {
  Ami                       = "ami-#######"
  instance_type             = "t2.micro"
```

4 Quelle: Hashicorp Developer (2023): Build Infrastructure, *http://s-prs.de/v923926*

```
  subnet_id              = aws_subnet.default.id
  vpc_security_group_ids = [aws_security_group.ssh.id]
  count                  = 2
}
```

Listing 6.3 Beispiel für die Ausgangslage des Konfigurations-Updates

```
Resource "aws_instance" "webserver" {
  Ami                    = "ami-#######"
  instance_type          = "t2.large"
  subnet_id              = aws_subnet.default.id
  vpc_security_group_ids = [aws_security_group.ssh.id]
  count                  = 3
}
```

Listing 6.4 Beispiel für die Zielkonfiguration des Konfigurations-Updates

In der Ausführung werden dann die folgenden Schritte durchlaufen:

- Drei neue große Server werden erstellt.
- Die zwei alten, kleineren Server werden gestoppt.
- Die Konfiguration wird geändert.
- Die Server werden gestartet.

Bei der Architektur von IaC-Systemen gibt es grundsätzlich zwei Varianten: die *Master-Variante* und die *Masterless-Variante*. Die Master-Variante bedeutet, dass alle Änderungen am Code auf einem Master-Server abgelegt werden müssen (siehe Abbildung 6.6). Dieser Master-Server führt dann die Änderungen durch und verteilt diese bzw. wendet sie an. Beispiele hierfür sind Chef, Puppet und AWS CloudFormation.

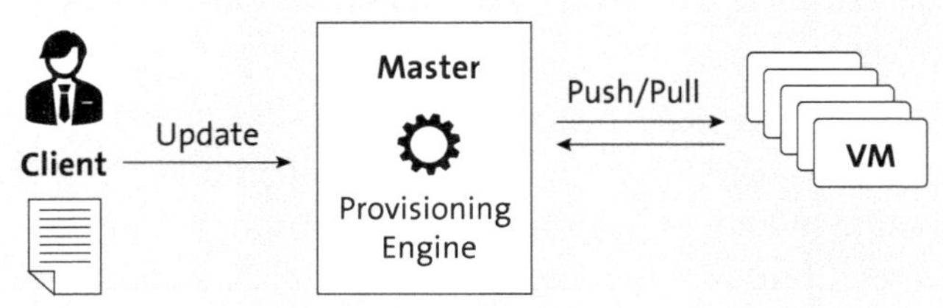

Abbildung 6.6 Ansicht einer Master-Architektur

Vor- und Nachteile der Master-Architektur

Die Vorteile dieser Architektur sind folgende:

- zentraler Speicherpunkt für den Zustand der Infrastruktur
- vereinfachtes Monitoring

- kontinuierliches Ausführen von IaC-Code zum Abgleich der Infrastruktur mit dem gewünschten Zustand möglich. Dadurch wird verhindert, dass die einzelnen Komponenten mit der Zeit von der gewünschten Konfiguration abweichen.

Die Nachteile der Architektur sind folgende:

- Eine zusätzliche Infrastrukturkomponente, der Master-Server, wird benötigt.
- erhöhter Wartungsaufwand
- Master-Server benötigt Zugriff auf alle anderen Server; Sicherheitslücken im Master-Server können schwere Auswirkungen haben.

Im Gegensatz dazu werden Änderungen des IaC-Codes bei der Masterless-Variante direkt vom Client angewendet (siehe Abbildung 6.7). Beispiele hierfür sind Ansible und Terraform.

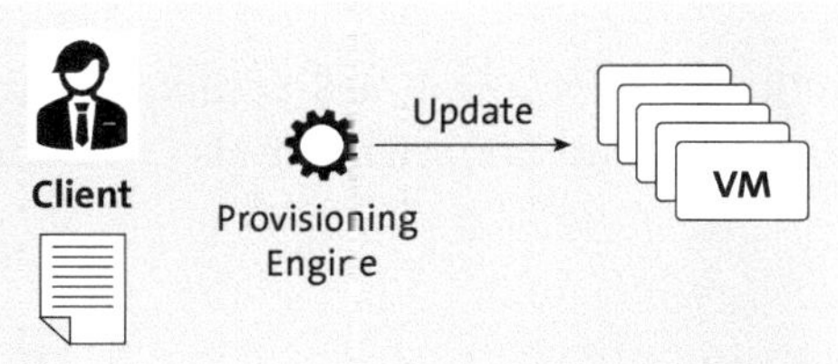

Abbildung 6.7 Ansicht einer Masterless-Architektur

Vor- und Nachteile der Masterless-Architektur

Die Vorteile dieser Architektur sind folgende:

- schneller Einstieg mit dem lokalen Rechner
- keine zusätzliche Infrastruktur notwendig
- keine zusätzliche Wartung des Master-Servers notwendig

Die Nachteile der Architektur sind folgende:

- unkoordinierte Updates möglich
- keine zentrale Übersicht
- Auseinanderdriften der Konfiguration

Agent vs. Agentless

Bei den Kommunikationskonzepten der IaC-Tools gibt es ebenfalls zwei unterschiedliche Varianten. Die einen Tools nutzen sogenannte Agenten. Diese Variante wird z. B. von Chef und Puppet verwendet und setzt einen lokal installierten Agenten auf dem zu verwaltenden Server voraus. Ein entsprechender Client oder Master kommuniziert mit dem Agenten, der dann die Konfigurationsänderungen auf dem Server selbst vornimmt.

Agentless bei IaC

Die anderen Tools benötigen keine Agenten auf den Zielsystemen. Sie werden als Agentless-Tools bezeichnet. Die Agentless-Variante kommt ohne lokale Installation von Agenten aus. Beispiele hierfür sind Ansible, Terraform und AWS CloudFormation. Allerdings müssen hier die Anforderungen des IaC-Werkzeugs berücksichtigt werden, die an den zu verwaltenden Server gestellt werden. Ansible benötigt z. B. Python. Das verwendete Tool kommuniziert z. B. über das SSH-Protokoll mit dem Server und führt dann die entsprechenden Änderungen durch. Diese Variante ist mit einem Client oder einem Master-Server möglich.

6.2.3 Möglichkeiten der Cloud-Provider zur Automatisierung

In diesem Abschnitt möchten wir Ihnen die Automatisierungsmöglichkeiten der Public-Cloud-Provider vorstellen. In der Regel ist eine Automatisierung in der Cloud für drei Bereiche möglich:

Bereiche der Cloud-Automatisieurng

- **Aktion**
  z. B. das Bereitstellen und Verwalten von IaaS- und PaaS-Komponenten, womit eine wiederholbare und konsistente Infrastruktur als Code zur Verfügung gestellt wird
- **Reaktion**
  z. B. eine ereignisbasierte Automatisierung bereitstellen, die hilft, Probleme zu diagnostizieren und zu beheben
- **Integration**
  die Orchestrierung der Automatisierung mit anderen Azure- oder Drittanbieterprodukten bzw. -diensten

Erfahrung für Automatisierung notwendig

Um sich mit den entsprechenden Automatisierungslösungen der einzelnen Cloud-Anbieter vertraut zu machen, ist in der Regel ein sehr tiefes Wissen im Bereich Cloud und Automatisierung notwendig. Da unserer Erfahrung nach der Aufbau geeigneter Ressourcen in den letzten Jahren oft zurückgestellt wurde, treffen IT-Expertinnen und -Experten mit entsprechender Erfahrung auf Neulinge, die im Studium bereits erste Berührungspunkte mit bestimmten Automatisierungstools hatten. Hier ist es wichtig, Synergien zu schaffen und Teamwork zu etablieren. Externe Unterstützung in Form von Workshops und Services der Cloud-Provider kann gerade am Anfang Orientierung bezüglich der Möglichkeiten und besten Tools geben und später Implementierungskosten sparen.

Die Wartung und Weiterentwicklung der Automatisierung muss auch im Budget eingeplant werden. Wenn externe Systeme und Provider genutzt werden, wie im nächsten Abschnitt beschrieben, müssen auch diese Systeme kontinuierlich gewartet und gepflegt werden. Darüber hinaus sollten Sie sich immer Gedanken darüber machen, wie die Prozesse aussehen, wenn die Automatisierungstools aufgrund eines Ausfalls nicht zur Verfügung stehen. Natürlich gibt es hoch verfügbare Services, aber Hackerangriffe, Netzwerkausfälle und Unfälle, die den Zugriff auf die Umgebung beeinträchtigen, können immer vorkommen.

Auf Ausfälle vorbereitet sein

Bei Wartungsarbeiten an einer Straße in einem unserer früheren Projekte hat ein Bagger beide Hauptleitungen des Netzwerkes durchtrennt. Bis zum Ende eines Betriebsgeländes verlaufen diese Leitungen häufig zunächst parallel, bevor sie dann für eine Hochverfügbarkeit getrennt werden. Leider dauerte es einige Stunden, bis die entsprechende Leitung wieder in Betrieb genommen werden konnte.

Ein Ausfall der Internetverbindung kann für die Administration einer Cloud-Umgebung fatale Folgen haben. In der Regel sind Systeme so autark aufgebaut, dass die Automatisierungstools unter Umständen nicht in der gleichen Umgebung laufen wie die Anwendungen. Administrationsumgebungen sind oft sehr heterogene Umgebungen. Wenn das Automatisierungstool als On-Premise-Lösung installiert ist, kann es bei einem Ausfall der Internetleitung die Cloud-Systeme nicht mehr erreichen. Gleiches gilt natürlich auch andersherum. Wenn die Automatisierung in der Cloud läuft, kann diese bei einem Ausfall der Internetverbindung Ihre lokalen Systeme nicht mehr erreichen. Daher sollte es zumindest einen Plan B geben, wie Systeme heruntergefahren oder neu gestartet werden können. Systemkopien können bei Bedarf verschoben werden, aber wenn ein produktives System ein Problem hat, sollte in den Betriebshandbüchern eine andere Möglichkeit beschrieben werden, wie das System neu gestartet werden kann, wenn das Automatisierungstool nicht verfügbar ist. Alternativ ist es auch eine Option, dass die Architektinnen und Architekten von Anfang an eine entsprechende Hochverfügbarkeit für die Servicetools mit einem Service Level Agreement (kurz SLA) einplanen. Dabei sollten die internen Verwaltungs- und Administrationstools mindestens die gleiche Verfügbarkeit haben wie das System mit dem höchsten im SLA vermerkten Hochverfügbarkeitswert. Um sicherzugehen, ist es in der Regel besser, noch eine SLA-Stufe höher zu kalkulieren.

Der Einsatz von Produkten zu Automatisierung hat also viele Vorteile. Im Folgenden möchten wir Ihnen daher einen Überblick darüber geben, welche Möglichkeiten zur Automatisierung die Hyperscaler Microsoft Azure, AWS und Google Cloud anbieten.

Microsoft Azure

Azure Automation bietet einen cloudbasierten Dienst zur Automatisierung von Azure- und Nicht-Azure-Umgebungen. Zudem wird weiterhin das Updaten von Betriebssystemen und eine Konfiguration bereitgestellt, die die einheitliche Verwaltung der verschiedenen Umgebungen unterstützt. Azure Automation umfasst somit die Update-Verwaltung, Konfigurationsverwaltung und eine Prozessautomatisierung.

Abbildung 6.8 zeigt die Automatisierungsmöglichkeiten von Microsoft Azure, angefangen bei der Konfigurations- und Update-Verwaltung über die Prozessautorisierung bis hin zur entsprechenden Integration.

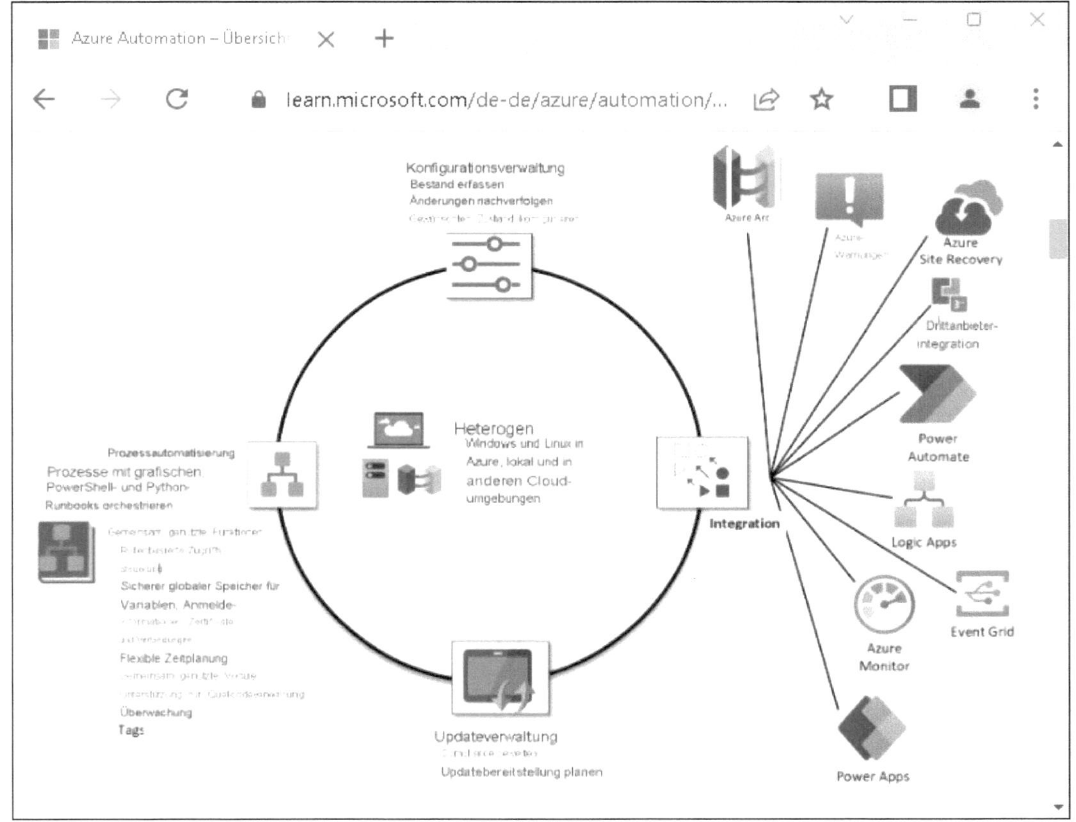

Abbildung 6.8 Übersicht der Automatisierungsoptionen bei Azure (Quelle: Microsoft Azure)

Es gibt dabei immer mehrere Möglichkeiten, die Ihre Anforderungen erfüllen können. Jeder Dienst umfasst in der Regel eine Reihe von Funktionen, die als programmierbare Plattform fungieren, mit deren Hilfe Sie Ihre Cloud-Lösungen erstellen, überwachen und verwalten können. Mit Azure Automation haben Sie die volle Kontrolle über Ihre Unternehmensressourcen und -Workloads. Dies umfasst die Bereitstellung, Ausführung und die Außerbetriebnahme der einzelnen Ressourcen und Workloads. Die Verwendung von Azure Automation bietet folgende Vorteile:

Vorteile von Azure Automation

- Senken der Gesamtkosten und Zeitersparnis beim Managen der Cloud mithilfe von Automatisierung. Die Fehlerquote kann verringert werden, wenn Cloud-Verwaltungsaufgaben automatisiert stattfinden. Eine größere Effizienz kann die Betriebskosten senken.
- Durch die Update-Überwachung können Updates in einem definierten Wartungsfenster heruntergeladen und eingespielt werden. Dies gilt für Windows- und Linux-Systeme, sofern sie in Azure, lokal oder einer anderen Cloud-Plattform gehostet werden.
- Die Verwaltung der Konfiguration wird in der Cloud vereinfacht durch die Verwendung von PowerShell-Konfigurationen, Konfigurationsskripten und anderen Methoden. Die Azure-Konfigurationsverwaltung kann außerdem dazu verwendet werden, die Computerkonfiguration automatisch zu aktualisieren und zu überwachen. Der Einsatz ist für Linux und Windows möglich und das sowohl auf physischen als auch auf virtuellen Computern, die sich in der Cloud oder in einem lokalen Rechenzentrum befinden können.
- Der Bestand der Betriebssystemressourcen und installierten Anwendungen sowie anderer Konfigurationselemente kann erfasst und Änderungen können nachverfolgt werden. Eine Melde- und Suchfunktion hilft beim Suchen der notwendigen Informationen. Mithilfe einer Diagnose- und Alarmfunktion und der Einschaltung der Überwachung können weiterhin unerwünschte Änderungen aufgezeigt und Mitarbeitende alarmiert werden.
- Mithilfe grafischer Runbooks können Azure-Dienste und andere öffentliche Systeme integriert werden. Die Automatisierung kann dabei über ITSM-Prozesse, DevOps oder ein Überwachungssystem ausgelöst werden, um am Ende die kontinuierliche Bereitstellung und Verwaltung der Systeme sicherzustellen.
- Es können serverlose Runbooks genutzt werden, um mit den betrieblichen Aufgaben zu wachsen und am Ende Dienste zuverlässiger und schneller zur Verfügung zu stellen.

Fazit zu Azure Automation

Mit Azure Automation erhalten Sie eine völlig neue Kontrolle über Ihre Unternehmensressourcen und -Workloads, einschließlich der Bereitstellung, Ausführung und Außerbetriebnahme der einzelnen Ressourcen und Workloads. Der Vorteil liegt dabei, wie auch bei anderen IaC-Tools, in der Nachvollziehbarkeit sowie in der Wiederholbarkeit.

Zusätzlich stellt Azure das *SAP Deployment Automation Framework* bereit. Dabei handelt es sich um ein Open-Source-Orchestrierungswerkzeug, das bei der Bereitstellung, Installation und Wartung von SAP-Umgebungen speziell auf Microsoft Azure eingesetzt werden kann. Hierbei können mit AnyDB Infrastrukturen für SAP-Landschaften auf der Basis von SAP HANA und SAP NetWeaver bereitgestellt werden. Für die Bereitstellung der Infrastruktur nutzt das Framework Terraform und für die Konfiguration des Betriebssystems und der Anwendung das Tool Ansible.

Möglicher Einsatz von Azure Automation im SAP-Umfeld

Das Framework kann dabei neben eigenständigen Architekturen, sogenannten *Stand-alone-Architekturen*, ebenfalls verteilte und hoch verfügbare Architekturen bereitstellen. Somit können unter anderem die folgenden Punkte im Bereich SAP automatisiert werden:

- Konfiguration des Betriebssystems nach SAP-Vorgaben
- Installation der SAP-HANA-Datenbank
- Installation des SCS-Servers
- Laden der SAP-HANA-Datenbank
- Installation der Anwendungsserver
- Einrichtung der Hochverfügbarkeit

Amazon Web Services

AWS und Automatisierung

In diesem Abschnitt werden wir uns die Automatisierungsmöglichkeiten von AWS einmal genauer ansehen. Auch AWS bietet Tools und Dienste an, mit denen Aufgaben im SAP-Betrieb und die Administration von SAP-Systemen automatisiert werden können. Anbei ein kleiner Auszug der Möglichkeiten, die AWS bietet:

- Systembereitstellung mit AWS Launch Wizard
- Hochverfügbarkeit und Recovery mit AWS CloudFormation
- Autoscaling, also die automatisierte und dynamische Anpassung von Rechenleistung und Arbeitsspeicher, mit AWS Auto Scaling
- Verwaltung von SAP-Konfigurationen mit AWS Config

- Überwachung der SAP-Systeme mit Amazon CloudWatch
- Sicherung von SAP-Systemen mit AWS Backup
- Starten und Stoppen von SAP-Systemen sowie Patchen mit dem AWS Systems Manager

Die komplette Übersicht können Sie unter *http://s-prs.de/v923925* einsehen.

Automatische Systembereitstellung mit AWS

Auf die Systembereitstellung und das Starten und Stoppen möchten wir hier kurz eingehen. Eine automatische Systembereitstellung bringt viele Vorteile mit sich. Menschliche Fehler können vermieden werden, und die Systeme werden in einem konsistenten, reproduzierbaren und überprüfbaren Status bereitgestellt, was wiederum die Kosten und die Zeit für die Bereitstellung verringern kann. Die möglichen Bereitstellungsmethoden für dieses Szenario sind der AWS Launch Wizard und das bereits vorgestellte Paradigma Infrastruktur as Code. Während bei IaC die Infrastruktur als Code verwendet wird, um mithilfe von Code- und Softwareentwicklungstechniken die entsprechende Infrastruktur bereitzustellen, handelt es sich bei dem Launch Wizard um einen Amazon Web Service, der die automatische Bereitstellung von SAP-Systemen in der Cloud ermöglicht. Neben der Bereitstellung der Kosten schätzt der Launch Wizard ebenfalls die Bereitstellungskosten – auch wenn die Ressource geändert wird, werden umgehend die aktuellen Kosten angezeigt.

Die Umsetzung von AWS Launch Wizard zur automatisierten Bereitstellung eines SAP-Systems umfasst folgende Schritte (siehe Abbildung 6.9):

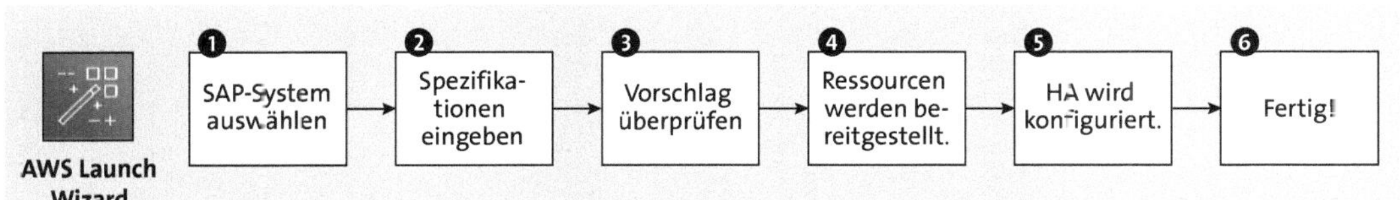

Abbildung 6.9 Prozessschritte zur Bereitstellung eines SAP-Systems mit dem AWS Launch Wizard (Quelle: AWS)

❶ Wählen Sie im Launch Wizard aus einem Anwendungskatalog aus, welches SAP-System bereitgestellt werden soll.

❷ Geben Sie die Spezifikationen der Anwendung ein, die bereitgestellt werden sollen. Dazu gehören Informationen zur benötigten Infrastruktur, Einstellungen in Bezug auf das SAP-System sowie die Auswahl von Betriebssystem-Image und Bereitstellungsmodus (siehe Abbildung 6.10).

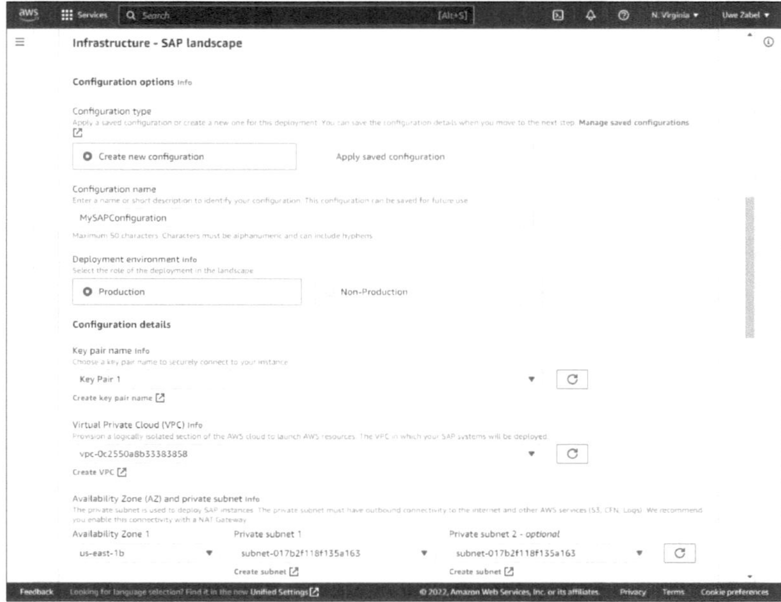

Abbildung 6.10 Infrastruktur einer SAP-Landschaft konfigurieren (Quelle: AWS)

❸ Launch Wizard empfiehlt Ihnen die passenden AWS-Ressourcen für Ihre Anwendung und gibt eine Kostenschätzung ab (siehe Abbildung 6.11).

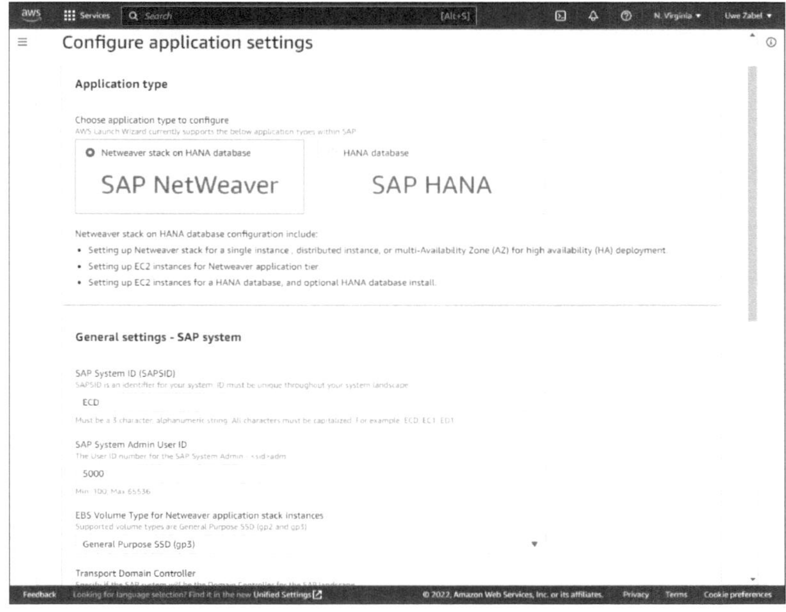

Abbildung 6.11 Auswahl des SAP-Systems (Quelle: AWS)

❹ Wenn Sie diesen Konditionen zustimmen, stellt AWS Launch Wizard die ausgewählten Ressourcen für Sie bereit (siehe Abbildung 6.12).

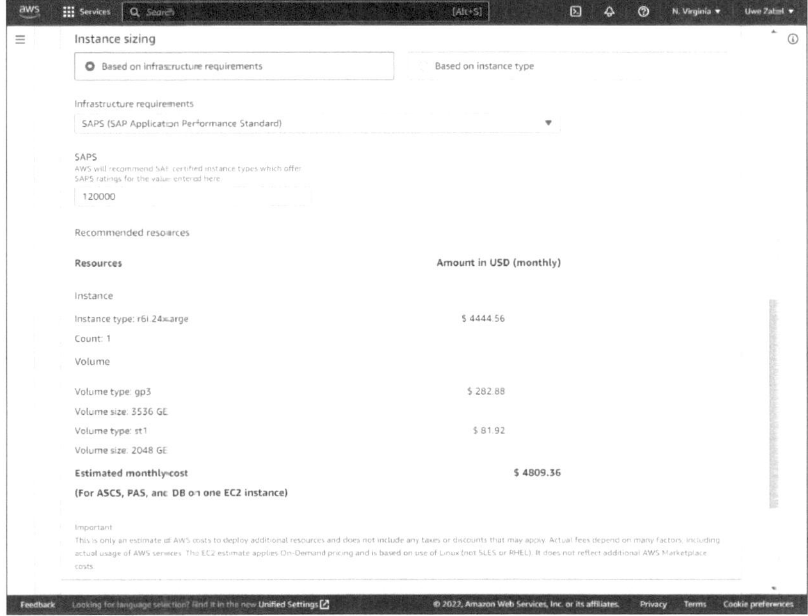

Abbildung 6.12 Auswahl der VM-Größe und geschätzte Kosten (Quelle: AWS)

❺ Launch Wizard konfiguriert die Hochverfügbarkeitslösung und erstellt Codevorlagen für die zukünftige Verwendung.

❻ Launch Wizard erstellt eine Ready-to-use-Anwendung, die in die Verwaltungs- und Überwachungsservices von AWS integriert ist.

Da in vielen SAP-Systemen noch wöchentlich bzw. monatlich Neustarts vorgenommen werden, unterstützt AWS Sie dabei mithilfe des AWS System Managers. SAP-Systeme, die in AWS betrieben werden, bestehen in der Regel aus mehreren Amazon-EC2-Instanzen. Die Instanzen hosten dabei oft mehrere kritische SAP-Komponenten, wie die Datenbank, den Anwendungsserver und die Zentralinstanz. Das Starten und Stoppen erfolgt meist in einer bestimmten Reihenfolge, die stets eingehalten werden sollte, um Fehler im Betrieb und entsprechende Fehlermeldungen zu vermeiden. Sie können eine eigene Zeitplanung und eine Alarmierung im Fehlerfall hinterlegen. In der Praxis nutzt AWS Systems Manager drei Schritte zur Automatisierung des Systemneustarts.[5]

5 Amazon Web Services (2023): Beispiel: Automatisieren des Starts und Herunterfahrens von SAP-Systemen, *http://s-prs.de/v923927*

Dabei wird zu einem festgelegten Zeitpunkt, wie etwa jeden Sonntagmorgen, eine festgelegte Automatisierungsregel ausgeführt. Diese in Amazon EventBridge definierte Regel startet die entsprechenden Anwendungen und die dazugehörenden EC2-Instanzen in einer festgelegten Reihenfolge neu. Nach dem erfolgreichen Neustart wird das Betriebsteam informiert, z. B. per E-Mail.

Der Ablauf des automatischen Systemstarts oder -stopps ist in Abbildung 6.13 noch einmal grafisch dargestellt.

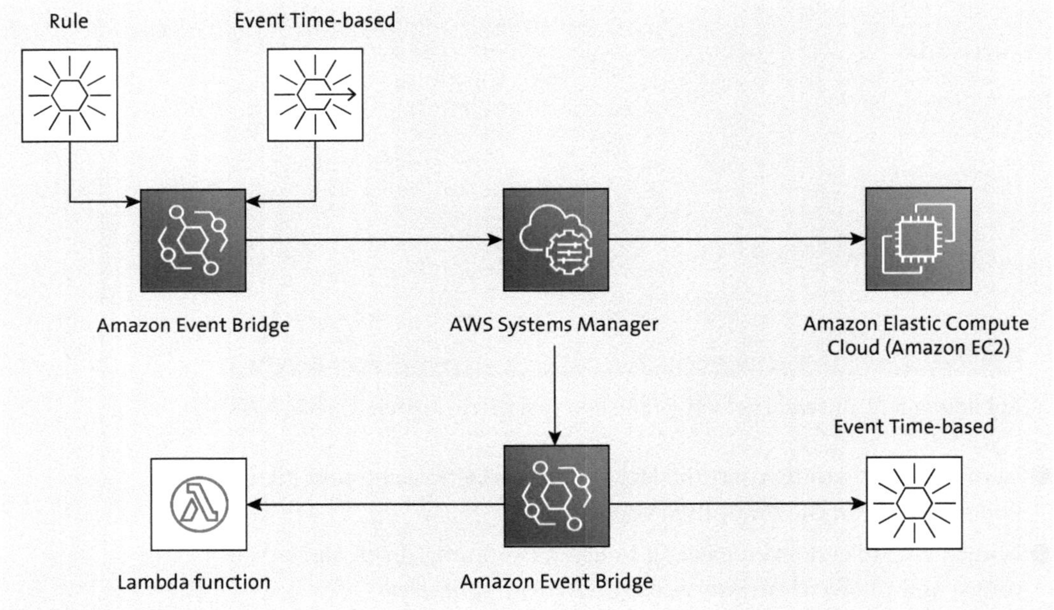

Abbildung 6.13 Prozessbild zum Start und Stopp eines SAP-Systems mit AWS (Quelle: AWS)

Google Cloud

In der Google Cloud steht für Automatisierungsaktivitäten der *Google Cloud Deployment Manager* zur Verfügung. Er ermöglicht den parallelen und wiederholbaren Aufbau der Infrastruktur. Darüber hinaus nutzt er auch Konfigurations-Templates für die Automatisierung des Deployments und der Konfiguration. Somit werden auch hier alle Phasen der Konfiguration und des Managements der jeweiligen Cloud-Umgebung unterstützt. Der Google Cloud Deployment Manager unterstützt dabei sowohl die Verwendung von YAML-Dateien zur einmaligen direkten Ausführung als auch Vorlagen, die immer wieder verwendet werden können. Die Vorlagendateien werden dabei entweder in Python oder in Jinja2 geschrieben und vom Depolyment Manager interpretiert.

Darüber hinaus ermöglicht der Deployment Manager die automatisierte Bereitstellung von SAP Netweaver, SAP HANA, SAP ASE, SAP MaxDB und IBM Db2 und stellt dafür vorgefertigte Vorlagen zur Verfügung. Die Vorlagen beinhalten dabei:

- eine oder mehrere VMs
- das Betriebssystem-Image
- einen nichtflüchtigen Speicher
- ein Dienstkonto (optional)
- die Google-Cloud-APIs
- Netzwerk-Tags (optional)
- eine öffentliche IP-Adresse (optional)

Die SAP-HANA-Vorlagen enthalten außerdem zusätzlich folgende Komponenten:

- Speicher-Volumes für die Verzeichnisse **/hana/shared** und **/hanabackup**
- das SAP-HANA-System (optional)
- einen Master-Host, bis zu 15 Worker-Hosts und bis zu drei Standby-Hosts (für horizontal skalierbare Systeme)
- ein Linux-Hochverfügbarkeitscluster (für vertikal skalierbare Systeme)

Die SAP-NetWeaver-Vorlagen enthalten außerdem noch folgende Komponenten:

- Speicher-Volumes für die Verzeichnisse **/sapmnt** und **/usr/sap** und ein Swap-Volume
- den Monitoringagent von Google Cloud für SAP NetWeaver

Wie auch bei Terraform und den anderen IaC-Systemen bringt der Deployment Manager eine Versionskontrolle mit. Damit ist die Nachvollziehbarkeit gewährleistet

6.2.4 Weitere Tools und Möglichkeiten

Um das Bild zu vervollständigen, schauen wir uns noch weitere Tools an. Für das Storage Management stellt NetApp das Tool *Cloud Volume ONTAP* zur Verfügung. Es hilft dabei, die Daten in der Cloud zu sichern, zu speichern und zu verwalten, um eine optimale Nutzung des Speichers zu gewährleisten. Das Tool hat eine Kapazität von bis zu 368 TB und unterstützt dabei die Administration von Backups, Archivierung, Recovery und viele weitere Funktionen.

Weitere Automatisierungstools und -anbieter

Die *CFEngine*, die kleine und große Systeme automatisiert und mit vielen Enterprise-IT-Infrastrukturen harmoniert, wird gerne zur Optimierung der Amazon Cloud eingesetzt, da sie sich hervorragend in die Amazon-EC2-Infrastruktur integrieren lässt. Der Unterschied zu anderen Tools ist, dass kein zentraler Managementserver zum Einsatz kommt. Agenten helfen dabei, die Konfiguration in regelmäßigen Zeitabständen zu überprüfen. Es können bis zu 5.000 Hosts von der Engine gemanagt werden.

VMware trumpft mit *VMware Aria Automation* (ehemals VMware vRealize Automation) auf. Es unterstützt die Single- und Multi-Cloud-Konfiguration. Der Zugriff wird mit dem Active Directory gewährleistet, was dazu beiträgt, dass eine konsistente Governance und Compliance in allen Cloud-Umgebungen zum Tragen kommt. Neben der Infrastrukturautomatisierung werden Funktionen zum Workflow Management, zur Orchestrierung, zum Recovery und für weitere Features zur Verfügung gestellt.

SaltStack ist eine Open-Source-Software, die bei der Automatisierung der Konfiguration von Serversystemen unterstützt. SaltStack wird oft mit Salt abgekürzt und arbeitet meist autonom ohne Agenten. Sofern der Workflow es verlangt, können darüber hinaus Agenten zum Einsatz kommen. Der Fokus von Salt liegt in der Security Compliance von Cloud-Migrationen und Cloud-Deployment. Die Konfiguration und das Managen von Daten werden bei Einsatz des Tools vereinfacht.

Cisco setzt mittlerweile auf den SaaS-Service *Cisco Intersight Cloud Operation Platform*, um die Systeme von einer Plattform aus zu verwalten. Dies ist ein klassisches Beispiel dafür, wie viele Unternehmen mittlerweile auf SaaS setzen und damit ihre bisherige Software ablösen. Cisco hat mit seiner Software die Cisco Intelligent Automation für Cloud abgelöst. Der Trend bei den Services geht immer mehr in Richtung SaaS, und das hat meist zwei Gründe: Zum einen kann Cisco so seinen Kunden vereinfacht eine Plattform zur Verfügung stellen, die direkt genutzt werden kann, und zum anderen bindet es seine Kunden damit an sich. SaaS-Angebote haben meistens Mindestvertragslaufzeiten. Es kann sein, dass Sie ein solches Modell aus rechtlichen oder aus Complience-Gründen nicht nutzen dürfen. Prüfen Sie daher für Ihr Projekt vorab die rechtlichen Restriktionen und die Umsetzbarkeit der entsprechenden Tools.

Wie bereits aufgeführt, gehört auch *HashiCorp Terraform* zu den Anbietern. HashiCorp ist im Bereich IaC zu Hause und hat sich darauf spezialisiert, Infrastrukturkomponenten bereitzustellen und zu ändern. Für die Automatisierung benötigen Sie jedoch zusätzlich ein weiteres Automatisierungstool Ihrer Wahl.

Ein weiteres Tool, das nicht direkt ein Automatisierungstools ist, aber beim Managen von Applikationen hilft, ist *Kubernetes*. Kubernetes wurde von Google entwickelt und ist mittlerweile ein eigenständiges und unabhängiges Produkt. Es ist kompatibel mit allen verfügbaren Cloud-Umgebungen und hilft bei der Organisation von Containerapplikationen. Containerapplikationen sind virtuelle Maschinen, wobei die virtuelle Maschine einer kompletten Anwendung inklusive der Konfiguration und ihrer Abhängigkeiten entspricht.

Ansible

Ansible ist aus der Automatisierung nicht mehr wegzudenken und ist unter dem Namen *Red Hat Ansible Automation Platform* bekannt. Ansible war zunächst eine Open-Source-Software, wurde dann aber von Red Hat adaptiert und in dessen Portfolio aufgenommen. Durch die leichte Bedienung und das sehr benutzerfreundliche Interface ist Ansible leicht zu erlernen und zu nutzen. Daher ist es bei der Automatisierung meist sehr beliebt, sofern man selbst etwas automatisieren möchte und nicht auf fertige Prozeduren oder Prozesse zurückgreifen kann. Ansible wirbt außerdem damit, dass man nicht alle Technik im Hintergrund verstehen muss und keine langjährige Erfahrung braucht, um das Programm zu nutzen. Zudem benötigt Ansible keine Agenten, um die Cloud zu managen. Sofern Sie sich für Ansible entscheiden, empfehlen wir aber, sich mit der Technik dahinter auseinanderzusetzen und das Wissen entsprechend aufzubauen. Die Erfahrungen zeigen, dass auf lange Sicht keine Schnittstellen oder Prozesse im Betrieb implementiert werden sollten, ohne die Zusammenhänge zu kennen. Dies ist eine Erfahrung, die wir in den letzten 20 Jahren immer wieder gemacht haben.

Zu guter Letzt sei noch *Puppet Enterprise* erwähnt. In der Enterprise-Version gibt es die Möglichkeit, alle Aspekte der Cloud zu managen inklusive Storage, Network und vielem mehr. Bei der Nutzung von Puppet stellt sich mit der Zeit eine entsprechende Lernkurve ein, aber um das Tools mit all seinen Features entsprechend einsetzen zu können, muss man sich sehr intensiv damit auseinandersetzen. Puppet hat eine Partnerschaft mit vielen Cloud-Partnern und allen wichtigen Anbietern auf dem Markt.

An dieser Stelle sei darauf hingewiesen, dass dieses Kapitel einen Überblick gibt, aber keinen Anspruch auf Vollständigkeit erhebt. Die Zahl der Werkzeuge und Unternehmen, die sich mit der Automatisierung befassen, ist mittlerweile sehr groß, und wir haben uns daher auf die gängigsten beschränkt.

6.2.5 Kriterien zur Auswahl des richtigen Automatisierungstools

Ziele für die Automatisierung klar vor Augen haben

Bei der Auswahl eines geeigneten Automatisierungstools sollten Sie zuerst einmal die kurz-, mittel- und langfristigen Ziele definieren und niederschreiben. Es ist wichtig, nicht nur die Automatisierung von einer Aufgabe, sondern stets das große Ganze zu sehen.

In Schritt zwei sollten Architektinnen und Architekten unabhängig die naheliegenden Automatisierungsmöglichkeiten des eingesetzten Cloud-Providers, der Softwarelieferanten und der bereits im eigenen Haus genutzten Software prüfen. Oftmals wird übersehen, dass gegebenenfalls in einer bestehenden Lizenz auch weitere Automatisierungslizenzen enthalten sind. Zudem ist es wichtig, sich über den eigenen Bereich hinaus zu informieren, was andere Bereiche im Haus an Automatisierung einsetzen. Es kann sein, dass die Kolleginnen und Kollegen aus anderen Abteilungen bereits Tools im Einsatz haben. Diese können dann um die SAP- und Nicht-SAP-Aufgaben erweitert werden. Sie sollten immer in beide Richtungen denken.

Ein Software- und License-Repository im Unternehmen kann darüber Aufschluss geben, welche Softwarelizenzen im eigenen Unternehmen bereits existieren, sofern es zentral gepflegt wird und jeder Zugriff darauf hat. Wenn man als Managed Services Provider agiert, ist es ebenfalls sinnvoll, mit den Architektinnen und Architekten und den Betriebsverantwortlichen des Projekts zu sprechen. Sie haben oft ein eigenes Software- und License-Repository oder spezielle Verträge mit entsprechenden Benefits bei einigen Providern, die auch kostenlose Testinstallationen beinhalten können.

Kosten-Nutzen-Analyse

Nachdem Sie einen Überblick über die infrage kommenden Automatisierungstools und -möglichkeiten erarbeitet, die Kosten betrachtet und geklärt haben, welche Aufgaben von dem Tool abgedeckt werden können, sollten Sie ebenfalls überprüfen, ob es Wartungseinschränkungen gibt oder gegebenenfalls nicht alle eingesetzten Produkte unterstützt werden. Die Wartbarkeit, das Patchen und die notwendigen Auszeiten spielen ebenfalls eine wichtige Rolle, da jedes Automatisierungstool laut Best Practice die gleichen hohen Anforderungen an die SLAs haben sollte, wie sie an die höchsten SLAs des wichtigsten Systems gestellt werden.

Wenn Sie das alles betrachtet haben, sollten Sie prüfen, inwieweit die Einrichtung und der Betrieb ohne zusätzlichen Support möglich sind. Wenn hierzu eine Firma beauftragt werden muss, sind dies nicht nur zusätzliche Kosten, es muss auch sichergestellt werden, dass es erlaubt ist, solche Services auszulagern. In manchen Szenarien, z. B. im öffentlichen Sektor oder in Branchen, in denen hochsensible Daten und Informationen verarbeitet werden, ist es oft ausgeschlossen, dass weitere Unterbeauftragungen vorgenommen werden, ohne die Compliance-Vorschriften zu verletzen. Es kann weiterhin erforderlich werden, dass zusätzliche Verträge zur Haftung und Verantwortung gezeichnet werden. Je nach dem notwendigen Wortlaut und den Klauseln kann es hier zu Unstimmigkeiten kommen, da viele Verträge bestimmte Wortlaute und Vereinbarungen verlangen, die per Haftungsausschluss nicht unterschrieben werden dürfen.

Zustimmung zum Automatisierungstool

Darüber hinaus kann es erforderlich sein, dass interne Gremien der Nutzung des Tools zustimmen, da gegebenenfalls die Anmeldedaten protokolliert werden und hier der Betriebsrat und der oder die Datenschutzbeauftragte der Nutzung zustimmen muss, um den Punkt der Mitarbeiterüberwachung auszuschließen.

Die Integration in bestehende Ticket- und Monitoringtools ist ein weiterer Punkt auf der Liste. Die Zeiten von E-Mail oder SMS sind vorbei. Es ist wichtig, dass Meldungen im richtigen System auftauchen, um das Reporting nicht zu verfälschen. Sofern die Prozesse auch außerhalb der SAP- und Cloud-Automatisierung genutzt werden sollen, ist eine Anbindung an den Standard-Change-Prozess und eine vorhandene Wissensdatenbank sinnvoll. Eine Integration in die bestehende *Configuration Management Database* (kurz CMDB) sollte in jedem Fall vorhanden sein. Dabei handelt es sich um eine standardisierte Datenbank, die alle relevanten Informationen über die Hardware- und Softwarekomponenten, die in Ihrer IT-Umgebung verwendet werden, und die Beziehungen zwischen diesen Komponenten enthält.

Change Management beachten

Eines sollten Sie nie vergessen: Jede Änderung in einem produktiven System verlangt einen Change. Dabei richtet sich die Anforderung nicht nur an Produktivsysteme, sondern an alle Systeme, die produktiv genutzt werden. Entsprechende Standard-Changes bieten sich hier an, die gegebenenfalls schon vorab entsprechende Freigaben durchlaufen haben und nur noch der Dokumentation dienen. Auf keinen Fall sollten Sie eine Automatisierung implementieren, ohne sich Gedanken um das entsprechende Change Management und die Dokumentation gemacht zu haben.

Zu guter Letzt sollten Sie neben dem Know-how und der Weiterentwicklung aus den eigenen Reihen auch auf lange Sicht prüfen, ob alle verantwortlichen Kolleginnen und Kollegen auf das Tool zugreifen können. Während die Administration meist von einem stationären Rechner oder einer VDI arbeitet, arbeitet das Management oft mit mobilen Geräten, und auch in einigen Businessprozessen finden diese immer mehr Anklang. Der Punkt scheint vielleicht marginal zu sein, aber die Gewährleistung des entsprechenden Zugriffs und die Lauffähigkeit auf dem eigenen Gerät sind essenziell für die Akzeptanz und die Nutzung des Tools und dessen Weiterentwicklung. Ohne die entsprechende Akzeptanz der Nutzerinnen und Nutzer ist ein Wandel weg von der Handarbeit hin zur Automatisierung nur schwer möglich.

Kapitel 7
Multi- und Hybrid-Cloud-Szenarien

Um die geeignete Landschaft für Ihr SAP-System mit allen benötigten Services bereitzustellen, ist es sinnvoll, Services verschiedener Anbieter zu kombinieren. Mit Multi-Cloud- bzw. Hybrid-Cloud-Szenarien machen Sie das Beste aus zwei oder mehr Clouds.

Wenn Sie die Cloud-Infrastruktur Ihres SAP-Systems planen, möchten Sie die beste Option für Ihr System finden. Dabei kann es sein, dass die perfekte Cloud-Infrastruktur nur durch die Kombination mehrerer Serviceanbieter möglich ist. Wenn dabei mehrere Public-Cloud-Anbieter miteinander kombiniert werden, spricht man von einer *Multi-Cloud-Strategie*. Ein mögliches Beispiel wäre etwa, dass Sie sowohl die Services des von Ihnen gewählten Hyperscalers als auch Services der SAP BTP einsetzen. Wenn Sie Ihre bestehende On-Premise-Landschaft oder Ihre Private Cloud jedoch mit einer Public Cloud kombinieren, spricht man von einem *Hybrid-Cloud-Modell*.

Wir zeigen Ihnen in diesem Kapitel, wie ein solches Multi-Cloud- bzw. Hybrid-Cloud-Design aussehen sollte, damit Ihnen alle Möglichkeiten offenstehen und Sie für die kommenden Änderungen auf dem Markt gerüstet sind. Anhand einiger Fallbeispiele zeigen wir mögliche Szenarien für die kombinierte Nutzung von SAP-Services und Services von Hyperscalern auf.

In Abschnitt 7.1, »Hybrid-Cloud- und Multi-Cloud-Infrastrukturen«, wird zuerst das Thema Multi-Provider- und Multi-Technology-Infrastrukturen näher betrachtet. Danach stellen wir Ihnen drei Fallbeispiele für Hybrid-Cloud- und Multi-Cloud-Szenarien vor. Das erste Beispiel zeigt eine Mischung aus Hybrid-Cloud mit IaaS (Infrastructure as a Service, siehe Abschnitt 7.2, »Fallbeispiel 1: Hybrid-Cloud«), das zweite einen Servicemix aus mehreren Providern und Services (siehe Abschnitt 7.3, »Fallbeispiel 2: Servicemix«) und am Ende wird die Multi-Hybrid-Cloud näher betrachtet (siehe Abschnitt 7.4, »Fallbeispiel 3: Multi-Hybrid-Cloud«).

7.1 Hybrid-Cloud- und Multi-Cloud-Infrastrukturen

Der technologische Fortschritt hat dazu geführt, dass wir heute aus einer Vielzahl unterschiedlicher Technologien wählen können, um die Aufgaben und Probleme des täglichen Betriebs zu lösen. Neben den rein technischen Komponenten ergeben sich durch den Betrieb in der Cloud zunehmend auch vertragliche und servicespezifische Besonderheiten. Die steigende Komplexität der eigenen IT-Landschaft führt immer öfter dazu, dass die Umsetzung neuer Anforderungen und der Betrieb der IT-Landschaft nicht mehr vollständig im eigenen Haus umgesetzt werden kann. Eine Auslagerung von Komponenten, Wissen oder Services an externe Partner ist in solchen Fällen notwendig und in den meisten Fällen auch wirtschaftlicher.

Anforderungen definieren

Bei der Auswahl und Definition der zukünftigen Architektur eines einzelnen Systems oder der gesamten Landschaft und des Betriebs sind zunächst die tatsächlichen Anforderungen zu definieren. Langfristige, mittelfristige und kurzfristige Strategien zur Realisierung sind abzuleiten und ihre Auswirkungen gegeneinander abzuwägen. Kurzfristige Ziele können die Integration eines neuen Service oder einer neuen und temporären Plattform sein, um z. B. im Rahmen eines Proofs of Concept (kurz PoC) die Machbarkeit der Integration zu prüfen. Ein mittelfristiges Ziel könnte dann im Anschluss an den PoC die Überführung in ein tragfähiges Konzept und die Integration in das bestehende Betriebskonzept sein. Ein langfristiges Konzept wäre in diesem Beispiel die Einführung und der Wechsel auf die neue Plattform.

Es gibt vier Varianten, wie Ihre neue Plattformstrategie aussehen kann. Die ersten beiden Möglichkeiten sind die klassischen All-in-Strategien, bei denen Sie sich für eines der beiden Extreme entscheiden: Sie können Ihre gesamte IT-Infrastruktur also entweder in einem privaten Rechenzentrum vorhalten oder in eine Public Cloud verlagern. In diesem Kapitel geht es um die zwei anderen Möglichkeiten, die sich zwischen diesen beiden Extremen befinden: die Hybrid-Cloud-Strategie und die Multi-Cloud-Strategie.

Hybrid-Cloud

Die *Hybrid-Cloud* bezeichnet eine Kombination aus einer Private Cloud und einer Public Cloud. Die genaue Ausprägung der Private Cloud ist dabei unerheblich. Die Größe der Landschaft und die Flexibilität in der Nutzung, z. B. durch Virtualisierung, spielen hier zunächst nur eine untergeordnete Rolle. Wichtig ist an dieser Stelle zu verstehen, dass zur Vereinfachung der folgenden Beispiele zunächst jede Form des Eigenbetriebs als Private Cloud betrachtet wird. Dies umfasst den klassischen Eigenbetrieb auf eigenen oder gemieteten Rechenzentrumsflächen ebenso wie die Nutzung von Rechenzentrumsservices durch Dienstleister oder ähnliche Leistungen, die ausschließlich für Sie als Kunden erbracht werden. Erst durch die Kombination mit einer oder mit mehreren Public Clouds werden beide Formen von Cloud, also Public Cloud und Private Cloud verwendet, und man spricht von einer Hybrid-Cloud.

Dabei ist es unerheblich, welchen Anteil oder welche Art von Diensten Sie jeweils in der Private Cloud und in der Public Cloud nutzen. Sie können z. B. Ihre produktiven Systeme weiterhin on premise betreiben, während Sie für Entwicklung und Tests die kostengünstigen und skalierbaren Ressourcen Ihres Public-Cloud-Anbieters nutzen. Sie können auch Ihre bestehenden Dienste aus der Private Cloud nur mit einzelnen Services wie IoT (Internet of Things) oder KI aus der Public Cloud kombinieren. Sobald Sie Dienste in beiden Welten verwenden, die üblicherweise durch einen VPN-Tunnel miteinander verbunden sind, handelt es sich um eine hybride Cloud-Lösung.

Multi-Cloud

Eine *Multi-Cloud* ist die Kombination von zwei oder mehr Public-Cloud-Anbietern miteinander. Dabei spielt es keine Rolle, ob Sie die vier in diesem Buch vorgestellten Hyperscaler AWS, Microsoft Azure, Google Cloud Platform und Alibaba Cloud verwenden oder sich für einen oder mehrere andere Anbieter entscheiden. Typischerweise wird aber immer vorausgesetzt, dass Sie zwei oder mehr Cloud-Anbieter miteinander kombinieren, die ein ähnliches Leistungsspektrum haben und die Sie zumindest theoretisch untereinander austauschen könnten. Um Ihnen ein anschauliches Beispiel zu geben: Wenn Sie Microsoft Azure und AWS nutzen, können Sie eine virtuelle Maschine entweder bei dem einen oder dem anderen Anbieter installieren. Sie können aber nicht eine PostgresSQL-Datenbank von Ihrem Google-Cloud-Platform-Account zu Salesforce verschieben, weil Salesforce ein reines SaaS-Angebot ist (Software as a Service). Auch wenn es sich dabei um zwei verschiedene Cloud-Anbieter handelt.

Es gibt vier wesentliche Gründe, warum Sie sich für ein solches Multi-Cloud-Setup entscheiden könnten:

- **Persönliche Vorliebe**
  Eine Vorliebe für ein solches Setup könnte zum einen vorliegen, weil die Mitarbeitenden eines bestimmten Projekts schon Erfahrungen mit einem Hyperscaler haben und sie daher gerne das neue Projekt ebenfalls mit diesem Hyperscaler durchführen möchten, ungeachtet dessen, dass bereits in einem anderen Bereich mit einem anderen Hyperscaler gearbeitet wird oder bereits eine enge Partnerschaft mit einem der Provider besteht, die man nicht aufgeben möchte. Zum anderen ist aber auch denkbar, dass bestimmte Dienste eines ausgewählten Hyperscalers besser zum Erfolg Ihres avisierten Projekts beitragen könnten.

- **Risikominimierung**
  Für den Fall, dass ein Anbieter einmal komplett ausfällt, möchten Sie das Risiko dadurch minimieren, dass durch eine Verteilung bei einem Ausfall nicht alle wichtigen Systeme und Applikationen gleichzeitig betroffen sind. Dann haben Sie durch eine Verteilung Ihrer kritischen IT-Infrastruktur auf mehrere Hyperscaler im Zweifel noch eine Backup-Infrastruktur bei einem anderen Hyperscaler vorliegen.
- **Kombination von Diensten**
  Es kann unter Umständen sinnvoll sein, einzelne Dienste verschiedener Hyperscaler miteinander zu kombinieren, um den von Ihnen gewünschten Erfolg zu erreichen. Das kann entweder sein, weil Sie Preiseffekte nutzen möchten und manche Dienste bei dem einen Anbieter günstiger sind als bei einem anderen. Das kann aber auch sein, weil Sie bei einem bestimmten Dienst von einem bestimmten Anbieter eine bessere Leistung erhalten, z. B. das Gamedesign bei Google Cloud oder Speicherdienste bei Microsoft Azure und das Media-Streaming bei AWS.
- **Vendor-Lock-in vermeiden**
  Als *Vendor-Lock-in* bezeichnet man den Zustand, der dadurch entsteht, dass Sie sich bewusst oder unbewusst von einem Anbieter abhängig gemacht haben. Der Anbieter hat dadurch Ihnen gegenüber einen Vorteil. Preiserhöhungen können vom Anbieter auf diese Weise leicht durchgesetzt, das Serviceangebot nicht erweitert oder sogar verringert werden. Um einen solchen Lock-in-Effekt zu vermeiden, ist eine Multi-Cloud-Strategie sinnvoll, da Sie so in der Lage sind, Dienste kurzfristig zu einem anderen Anbieter zu verlagern.

In den folgenden Abschnitten möchten wir Ihnen anhand von Fallbeispielen die Hybrid-Cloud- und Multi-Cloud-Architekturen in kurzen und stark vereinfachten Szenarien ausführlicher beschreiben und die Auswirkungen näher beleuchten.

7.2 Fallbeispiel 1: Hybrid-Cloud

PoC als erster Schritt in die Cloud

In unserem ersten Fallbeispiel gehen wir davon aus, dass in einem Unternehmen derzeit eine reine Private Cloud existiert und die gesamte IT-Infrastruktur nach dem klassischen IaaS-Modell selbst aufgebaut und betrieben wird. Mithilfe eines kleinen PoC soll nun die Bereitstellung einer Anwendung in der Public Cloud getestet werden. Dazu muss zunächst eine Hybrid-Cloud-Architektur aufgebaut werden. Da es sich in diesem Beispiel zunächst nur um einen zeitlich begrenzten PoC handelt, der von einem Projektteam durchgeführt und betrieben wird, ist die Betrachtung der Auswirkungen der hybriden Cloud-Architektur auf den Betrieb der IT-Landschaft zunächst zu vernachlässigen. Das Projektteam sollte jedoch mit den Grundlagen des IT-Betriebs vertraut sein, da es für die Dauer des PoC zusätzlich auch für den Betrieb dieser Anwendung verantwortlich ist. Es sei denn, es ist der Sinn und Zweck dieses PoC, den Betrieb und die Auswirkungen auf die Betriebsmodelle durch den PoC näher zu beleuchten. Dies beinhaltet dann auch Themen wie Automatisierung, Audit und Dokumentation.

Datenschutz beachten

Vor der Konfiguration des hybriden Cloud-Ansatzes müssen grundlegende Informationen geklärt werden. Vergewissern Sie sich, ob und in welchem Umfang beispielsweise Kundendaten oder personenbezogene Daten von Mitarbeitenden in der Public Cloud verwendet werden dürfen. Dies betrifft nicht nur die Anwendung aus dem PoC, sondern auch Anwendungen, mit denen dieses System später in Ihrem On-Premise-Netzwerk kommunizieren soll. Vielen ist nicht bewusst, dass solche Datenschutzfreigaben bereits bei der Anbindung der Systeme vorliegen müssen. Noch wichtiger ist eine solche Freigabe, wenn eines der beteiligten Systeme Audit-relevant ist und Kundendaten oder Mitarbeiterdaten enthält. Daher ist es wichtig, sich bereits zu Beginn Gedanken über die notwendigen Freigaben zu machen.

Freigaben für den Weg in die Cloud

Eine Bereitstellung von Daten in der Cloud kann von zusätzlichen Freigaben betroffen sein. Prüfen Sie das vor den ersten Aktivitäten mit Ihrem Audit- und Compliance-Team. Machen Sie sich zusätzlich Gedanken darüber, welche Daten betroffen sind, und bestimmen Sie die Schutzklasse der Daten für die vereinfachte Prüfung und Freigabe.

7.2.1 Mehraufwände in hybriden Szenarien vermeiden

Höhere Betriebskosten während eines PoC

Wenn Sie sich, wie zuvor beschrieben, in einem PoC befinden, in dem Sie ein solches hybrides Szenario erstmals aufbauen und testen, dann werden Sie anfangs einen höheren Aufwand für Betrieb und Wartung hinnehmen müssen, da Sie nun eine neue IT-Landschaft der bestehenden hinzufügen. Eine überschaubare Insellösung kann vielleicht noch von einem kleinen Personenkreis wie dem Projektteam betrieben werden. Je größer und vielfältiger die Public-Cloud-Landschaft aber wird, desto mehr Augenmerk sollten Sie auf eine möglichst nahtlose Integration in das bestehende Betriebskonzept legen. Insbesondere dann, wenn sie aus dem PoC-Status heraus und in den produktiven Betrieb überführt werden soll. Vom Monitoring über das Backup- und Deployment-Konzept bis hin zum Patching sind dann alle Aspekte zu berücksichtigen. Nicht immer lassen sich die Konzepte aus der Private Cloud 1 : 1 in die Public Cloud übertragen oder sind für diese Architektur die beste Wahl. Beim Backup kann es z. B. sinnvoll sein, die Daten nicht aus der Public Cloud in die bestehende Backup-Lösung in der Private Cloud zu übertragen, da dieser Traffic zusätzliche Kosten verursacht und auch die Bandbreite der Verbindung zwischen beiden Welten nutzt. Im Fall einer Wiederherstellung müssen die Daten zunächst wieder in die Cloud übertragen werden.

Anpassungen für die Public Cloud

Neben dem eigentlichen Schreibvorgang hat dann auch der Übertragungsweg einen großen Einfluss auf die Wiederherstellzeit. Soll für das Backup die gleiche Technologie verwendet werden, gibt es dafür oft angepasste Produkte für die Public Cloud oder eben Backup-Services des jeweiligen Hyperscalers. In diesem Fall sollten die Anforderungen geprüft und gegebenenfalls dem Design der Lösung in der Public Cloud angepasst werden. Bei der Integration von cloudnativen Komponenten ist davon auszugehen, dass alte Konzepte überdacht werden müssen, um den größtmöglichen Nutzen zu erzielen. Je vielfältiger Sie Ihre Toollandschaft für Monitoring, Ticketing, Backup usw. gestalten, desto komplexer wird auch der Betrieb Ihrer IT-Umgebung. Daher ist es sinnvoll, bei der Konzeption Ihrer neuen Hybrid-Cloud-Landschaft folgende Punkte genau zu prüfen:

- Welche Tools können Sie nahtlos und ohne Änderung auch für Ihre Applikationen und Ihre Infrastruktur in der Public Cloud nutzen?
- Für welche Tools gibt es ein Update oder Upgrade, damit sie auch für Ihre Applikationen und Infrastruktur in der Public Cloud genutzt werden können? Manchmal können Sie auf ein SaaS-Angebot desselben Herstellers mit neuen Funktionen und Erweiterungen wechseln.
- Welche Tools müssen Sie eventuell durch andere, bessere oder neuere ersetzen, um Ihre hybride Landschaft optimal zu versorgen? Hier können Sie gegebenenfalls auch auf Tools der Hyperscaler zurückgreifen. Mit Azure Arc von Microsoft oder Google Anthos können Sie auch Ihre On-Premise-Landschaft von der Hyperscaler-Konsole aus verwalten.
- In welchem Bereich müssen Sie möglicherweise damit leben, dass Sie übergangsweise oder sogar mittelfristig unterschiedliche Tools für Ihre Private Cloud und Ihre Public Cloud verwenden müssen?

Darüber hinaus sollten Sie nie die Abhängigkeiten zwischen den Welten außer Acht lassen. Die Wiederherstellung eines On-Premise-Systems in der Private Cloud funktioniert nur, wenn Sie für die Betriebssysteme und die

Datenbank die gleichen Konzepte verwendet haben und das Backup so erstellt wurde, dass die Tools in beiden Welten die Daten verarbeiten und wiederherstellen können.

7.2.2 Die Integration beider Welten in ein Konzept ist entscheidend

Integration als Schlüssel

Die Integration von Public-Cloud-Umgebungen in bestehende Betriebskonzepte hat, wie bereits erwähnt, viele unterschiedliche Aspekte. Während sich virtuelle Maschinen in der Public Cloud noch relativ einfach, z. B. über Agenten, in ein bestehendes Monitoringkonzept integrieren lassen, kann die Administration über eine andere Backup-Methode ungewohnt oder sogar fremd sein. Daher sollten Sie frühzeitig mit der Schulung der Fachkräfte beginnen. Wichtig ist es jedoch, dass bei einer Public-Cloud-Einführung nicht nur das Fachpersonal betroffen ist, sondern vielmehr ein Umdenken hin zu einer agilen Arbeitsweise stattfinden muss. Dieses Umdenken sollte vom Management ausgehen. Es geschieht in der Regel nicht von heute auf morgen. Weitere Erklärungen und Ausführungen hierzu finden Sie in Kapitel 5, »Betrieb von Cloud-Infrastrukturen«.

Erfolgreiche Cloud-Einführung

Die erfolgreiche Einführung einer Public Cloud und einer Hybrid-Cloud in Ihrem Unternehmen hängt nicht nur von den technischen Gegebenheiten und der Expertise der beteiligten Mitarbeitenden ab. Die Cloud ist keine Erweiterung Ihrer IT-Landschaft, sondern vielmehr ein Konzept. Um die Vorteile der Public Cloud sinnvoll zu nutzen, müssen Sie sich von gewohnten Denkmustern und Arbeitsweisen lösen. Nur wenn die Einführung der Cloud in Ihrem Unternehmen von einem guten Change Management begleitet wird, das den Sinn und das Ziel ganz klar kommuniziert, können Denkmuster und Arbeitsweisen angepasst werden. Dies gelingt aber nur, wenn diese Änderung vom Management unterstützt und vorgelebt wird. Damit geht auch die Anpassung von Zielen und Rahmenbedingungen einher.

Es gibt einige Lösungen, die Ihnen dabei helfen, der Gewöhnung an die neue Public-Cloud-Umgebung und den damit verbundenen Änderungen im Betrieb sowie der eventuell noch fehlenden Expertise im Team zu begegnen. Mithilfe einer einheitlichen Managementoberfläche, z. B. über *VMware*, die sowohl Ihre bestehende On-Premise-Landschaft als auch die neue Public-Cloud-Landschaft unterstützt, können Sie Ihr Team langsam an die Public Cloud heranführen.

VMWare und Hyper-V sind die Standards

VMware ist neben Microsoft Windows Hyper-V der zweite große Standard im Bereich der Servervirtualisierung. VMware hat einen Service entwickelt, der die Verwaltung von virtuellen Maschinen, Containerdiensten und Speicherservices im Hybrid- und Multi-Cloud-Modus ermöglicht. Die gewohnte VMware-Verwaltungsoberfläche ist in der VMware-Cloud-Version sofort vertraut und kann erste Hemmschwellen abbauen. Es ist zudem möglich, alle benötigten Services, wie z. B. IaaS und entsprechende VMware-Lizenzen, zentral einzukaufen und zu verwalten. Die hohe Integration erlaubt es sogar, virtuelle Maschinen direkt ohne Downtime in die Landschaft Ihres Hyperscalers zu überführen. Die SAP-spezifischen Rahmenbedingungen und Prozesse für eine Migration werden in Kapitel 8, »Der Weg in die Cloud«, näher beschrieben.

Es kann aus Betriebsführungssicht sinnvoll sein, VMware als Zwischenschicht für die tägliche Administration miteinzubinden. Es kann gerade am Anfang eine reizvolle Variante sein, komplexe und verteilte Landschaften einfach zu administrieren, indem die gleiche von VMware bekannte Oberfläche genutzt wird.

Hyperscaler-Funktionen

Neben dem Dritthersteller VMware haben aber auch die Hyperscaler selbst Dienste entwickelt, um virtuelle Server, Containerdienste und Speicher in verteilten Hybrid-Cloud- und Multi-Cloud-Landschaften in einer leicht zu bedienenden Oberfläche zu verwalten.

Dies ist z. B. mit Microsoft Azure Arc oder Google Anthos möglich. Bei AWS ist dies nur mit den Containerdiensten Amazon EKS Anywhere und Amazon ECS Anywhere möglich. Mit Azure Arc oder Google Anthos können Sie die Brücke zwischen den verschiedenen Welten einer hybriden Infrastruktur schlagen. Das kann etwa zwischen der Public Cloud und Ihrem On-Premise-Rechenzentrum sein oder auch für die Administration einer Multi-Cloud-Installation genutzt werden. Außerdem können sie dazu genutzt werden, virtuelle Maschinen in den Cloud-Umgebungen anderer Hyperscaler und Edge-Standorte in einen einheitlichen Betriebsablauf zu integrieren.

Fehlende Funktion bei AWS

AWS bietet mit EKS Anywhere und ECS Anywhere sowie CloudWatch eine ähnliche, aber weniger umfangreiche Funktion, die auch nicht zentralisiert ist. Allerdings können auch hier das Identity Management oder das Monitoring auf die Komponenten außerhalb von AWS erweitert werden. Beide sind ein Service mit einer Reihe von Technologien, um komplexe und verteilte Landschaften zu vereinfachen. Und beide bieten einen zentralen, einheitlichen und auf Selbstservice ausgelegten Managementansatz. Diese Funktion ist sowohl für Windows- und Linux-Server als auch für Kubernetes-Cluster konzipiert. Das Einsatzszenario ist nicht nur auf SAP-Systeme in Hyperscaler-Clouds beschränkt, sondern zielt auf alle Anwendungen und Datenbankservices ab. Mit solchen Services wie Azure Arc und Google Anthos soll eine möglichst große und einheitliche Herangehensweise für das Betriebskonzept ermöglicht werden. In den folgenden Schritten wird beispielhaft Azure Arc verwendet, Google Anthos funktioniert jedoch sehr ähnlich (siehe Abbildung 7.1).

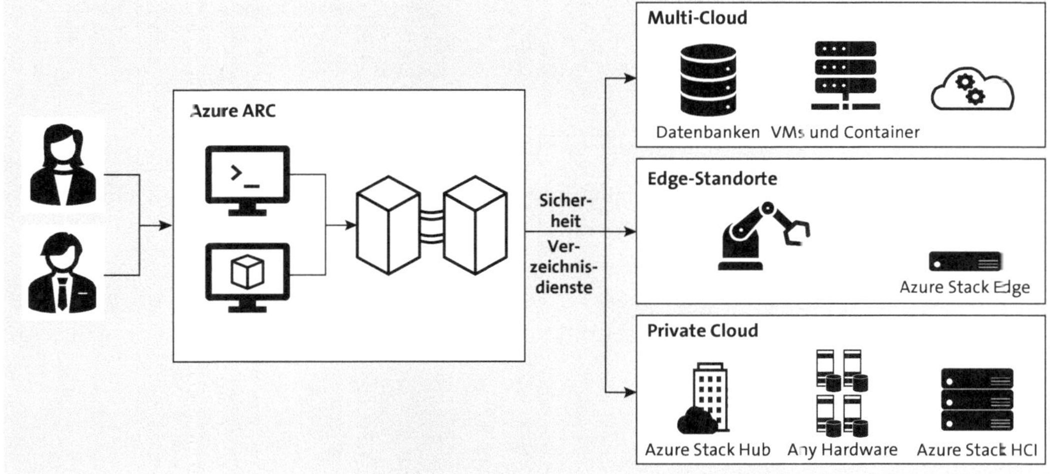

Abbildung 7.1 Übersicht von Azure-Arc-Verbindungen

Administration lokaler On-Premise-Server

Die Administration der zu kontrollierenden Server wird über einen lokal installierten Azure Connected Machine Agent realisiert. Mithilfe des Azure Connected Machine Agents wird aus einer Nicht-Azure-Maschine eine Azure-Ressource. Sobald eine Maschine mit dem Agenten »Arc-enabled« wurde, kann der Azure Resource Manager (kurz ARM), also die Microsoft-Azure-Weboberfläche, dazu verwendet werden, diesen Server zu konfigurieren und zu überwachen. Die Bereiche Governance, Security und Monitoring werden somit für alle Server, ob Azure oder nicht, vereinheitlicht. Der Agent kommuniziert über HTTPS (Port 443). Abbildung 7.2 veranschaulicht die Kommunikation zwischen Microsoft Azure und einem Nicht-Azure-Server.

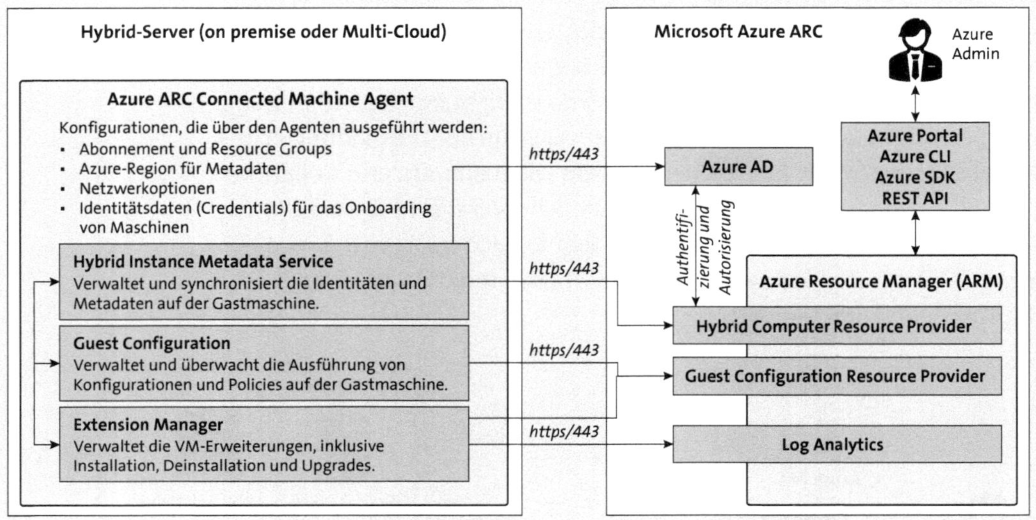

Abbildung 7.2 Vereinheitlichte Kommunikation zwischen einem Azure- und einem Nicht-Azure-Server

Unterstützte Funktionen

Ein so integrierter Server verhält sich in der Administration wie ein Azure-Server. Die Schlüsselfunktionen in Tabelle 7.1 werden dabei von Azure Arc unterstützt.

	Name der Funktion	Aufgabe der Funktion	Weiterführende Informationen
Monitoring	VM Insights	Monitoring der Betriebssystem-Performance und der Abhängigkeiten mit anderen Ressourcen	*http://s-prs.de/v923928*
	Log Analytics Agent	Sammlung von Logdaten (z. B. Performance, Events) des Betriebssystems oder von Applikationen auf dem Server	*http://s-prs.de/v923929*
	Log Analytics Workspace	Speichern der gesammelten Daten	*http://s-prs.de/v923930*
Governance	Azure Automanage-Computerkonfiguration	Zuweisung von Azure Policies zu Gastmaschinen für Audit-Einstellungen im Server	*http://s-prs.de/v923931*

Tabelle 7.1 Funktionen von Azure Arc

	Name der Funktion	Aufgabe der Funktion	Weiterführende Informationen
Protect	Microsoft Defender for Endpoint	Schutz von Nicht-Azure-Servern	*http://s-prs.de/v923932*
	Microsoft Defender für Cloud	Threat Detection, Vulnerability Management und proaktives Monitoring für potenzielle Sicherheitsbedrohungen	*http://s-prs.de/v923933*
	Microsoft Sentinel	Sammeln von sicherheitsrelevanten Events	*http://s-prs.de/v923934*
Configure	Azure Automation	häufige und zeitaufwendige Managementaufgaben unter Verwendung von PowerShell und Python Runbooks	*http://s-prs.de/v923935*
	Änderungsnachverfolgung in Azure Automation	eine Bewertung von Konfigurationsänderungen für installierte Software, Microsoft Services, Windows Registry, Dateien und Linux-Daemons	*http://s-prs.de/v923936*

Tabelle 7.1 Funktionen von Azure Arc (Forts.)

Weitere Informationsquellen zu Azure Arc

Die Voraussetzungen für den Einsatz des Azure-Arc-Agenten können Sie auf der Webseite von Microsoft unter dieser URL nachschauen: *https://learn.microsoft.com/de-de/azure/azure-arc/servers/prerequisites*. Allgemeine Informationen zu Azure Arc finden Sie bei Bedarf unter dieser URL: *https://learn.microsoft.com/de-de/azure/azure-arc/servers/overview*.

Für einen einfachen Einstieg bietet Microsoft auch ein Jumpstart-Projekt an, das ohne Vorkenntnisse gestartet werden kann und eine Schritt-für-Schritt-Anleitung für unterschiedliche Azure-Arc-Szenarien enthält (siehe *https://azurearcjumpstart.io/overview/*). Zwei der Szenarien beinhalten die Deployment-Schritte für verschiedene Windows- und Linux-Server und VMware vSphere. Darüber hinaus gibt es z. B. noch Szenarien für Kubernetes und Data- und Machine-Learning-Services.

7.2.3 Einfacher PoC mit Azure Arc Jumpstart

Mithilfe der Jumpstart ArcBox ist es möglich, schnell und einfach eine Sandbox aufzusetzen, um die ersten Erfahrungen mit der Arc-Technologie sammeln zu können (siehe Abbildung 7.3).

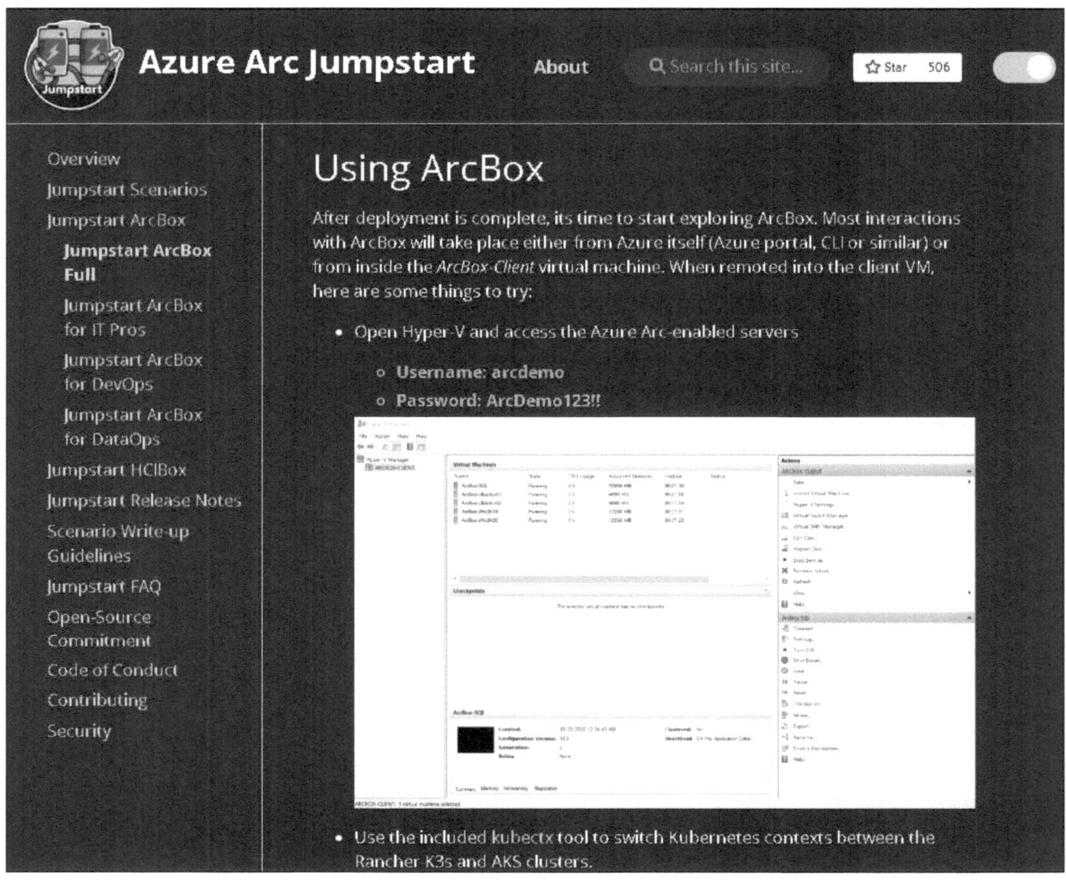

Abbildung 7.3 Jumpstart ArcBox (Quelle: https://azurearcjumpstart.io)

Einheitliches Update-Management

Ein weiteres Einsatzfeld von Azure Arc ist das einheitliche Update-Management für Linux und Windows in den jeweiligen Bereitstellungsformen. Die Architektur besteht dabei aus den folgenden Services (siehe Abbildung 7.4):

- **Log Analytics Workspace**
  Dieser Service ist ein Daten-Repository für Logdaten, die von Ressourcen in Azure, On-Premise-Systemen oder von anderen Cloud-Providern stammen.
- **Automation Hybrid Worker Solution**
  Dieser Service erstellt Hybrid Runbook Worker, die Azure Automation Runbooks auf Azure- und Nicht-Azure-Servern ausführen.
- **Automation Account**
  Dies ist ein Cloud-Service, der die Konfiguration und das Management über die Azure- und Nicht-Azure-Umgebungen automatisiert.

- **Hybrid Runbook Worker**
  Dabei handelt es sich um den Computer, der mit dem Hybrid Runbook Worker Feature konfiguriert ist. Er kann die Runbooks direkt auf dem Computer und alle Ressourcen der lokalen Umgebung ausführen.
- **Hybrid Runbook Worker Group**
  Dies ist eine Gruppe von Hybrid Runbook Workers, die aus Gründen der Hochverfügbarkeit genutzt werden.
- **Runbook**
  Dies ist eine Sammlung von verknüpften Aktivitäten, die in ihrer Summe einen Prozess oder eine Handlung automatisieren.
- **On-Premise-Server und VMs**
  Das sind Server und VMs mit Linux- oder Windows-Betriebssystem, die on premise untergebracht sind.
- **Azure VMs**
  Das sind Azure VMs mit Linux- oder Windows-Betriebssystem, die in Azure gehostet werden.

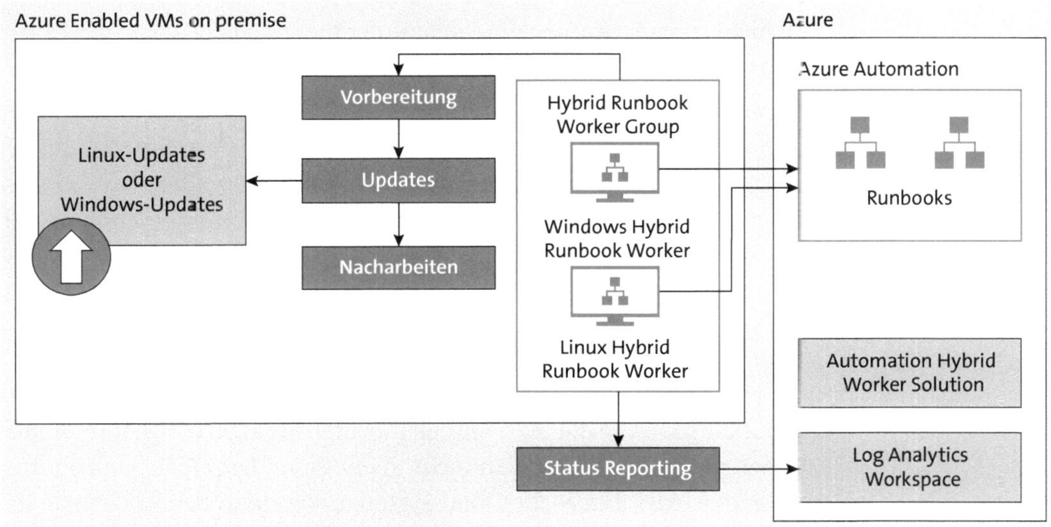

Abbildung 7.4 Schritte beim Update auf Azure Enabled VMs

Ganz grundsätzlich können SAP Workloads nur in einem von drei unterschiedlichen Varianten vorhanden sein:

- alle SAP-Workloads ausschließlich on premise
- alle SAP-Workloads ausschließlich in der Cloud
- eine gemischte Verteilung des SAP-Workloads

Gruppierung von SAP-Systemen

Unserer Erfahrung nach ist eine gemischte Verteilung der Workloads meist nur ein temporärer Zustand während der Cloud-Migration oder nur für ein speziell definiertes Setup gedacht. In den meisten Fällen wird eine klare Entscheidung getroffen, wo die SAP-Systeme betrieben werden sollen, und auf alle Systeme angewendet. Es gibt jedoch auch Szenarien, in denen SAP-Systeme als SaaS bereitgestellt werden. Dies ist eine andere Art der Bereitstellung, die jedoch nicht im Fokus dieses Buches steht. Unabhängig davon, wo sich die SAP-Workloads befinden, sollten Sie die Kommunikation der Systeme untereinander und mit den Schnittstellensystemen berücksichtigen. Achten Sie beispielsweise auf Datenmengen, auf Latenzzeiten des Netzwerkes und auf bestehende Kommunikationsrichtungen, wenn Sie SAP-Systeme planen oder gruppieren. In vielen Fällen befinden sich alle SAP-Systeme zunächst auf derselben Plattform. Während der Migration zwischen den Plattformen findet dann ein Mischbetrieb statt. Achten Sie darauf, dass immer die Systeme zeitgleich migriert werden, die auch viel miteinander kommunizieren und große Datenmengen austauschen, um Traffic-Kosten und Latenzprobleme zu vermeiden. Wir sehen einen starken Trend, SAP-Systeme in die Cloud zu migrieren. Langfristig wird die Cloud aus dem Betrieb nicht mehr wegzudenken sein, immer mehr an Bedeutung gewinnen und für verschiedene Szenarien und Services genutzt werden.

Nehmen wir nun an, Sie haben Ihren PoC erfolgreich abgeschlossen und entscheiden für Ihr Unternehmen, dass Sie von nun an eine Cloud-first-Strategie umsetzen. Eine solche Strategie können Sie sowohl auf Applikationsebene, also für jede Applikation einzeln, oder aber unternehmensweit für die gesamte IT-Landschaft festlegen.

7.2.4 Public-Cloud-Funktionen im eigenen Rechenzentrum nutzen

Nutzung von On-Premise-Services der Hyperscaler

Nicht alle Applikationen, die Ihr Unternehmen on premise betreibt, sind auch für die Cloud geeignet. Eventuell möchten Sie auch einige Ihrer Applikationen aus anderen Gründen nicht in der Cloud betreiben. Sie könnten entscheiden, dass Ihre Nicht-Cloud-Systeme, wie zuvor beschrieben, in Ihrem Rechenzentrum mithilfe von Azure Arc oder Google Anthos administriert werden. Wenn die On-Premise-Nutzung jedoch weiterhin erforderlich ist, wäre der nächste Schritt, Ihre On-Premise-Ressourcen um die speziellen Hardwareangebote der Hyperscaler zu ergänzen. Dafür können bei den verschiedenen Hyperscalern folgende Services genutzt werden:

- Microsoft Azure Stack HCI
- AWS Outpost
- Google Distributed Cloud

Fertige Cloud kaufen

Bei diesen Systemen handelt es sich um fertig bestückte Serverracks, die Sie bei den Hardwarepartnern der Hyperscaler, wie Dell, HP usw., einkaufen können. Auf diesen Systemen ist die Hyperscaler-Cloud vorinstalliert. Sie können diese Systeme nun an Ihr Rechenzentrum anschließen, mit Ihrem Public-Cloud-Konto verbinden und haben so eine Erweiterung der von Ihnen gewählten Public Cloud in Ihrem eigenen Rechenzentrum stehen. So profitieren Sie von den Vorteilen der Public Cloud und der Sicherheit Ihres eigenen Rechenzentrums.

Der Ausgewogenheit halber möchten wir Ihnen dieses Szenario am Beispiel von AWS Outpost darstellen. Es gilt jedoch auch für Azure Stack HCI und Google Distributed Cloud. In diesem Szenario könnten die SAP-Systeme in die AWS-Cloud migriert und die lokal benötigten Ressourcen von AWS Outpost bereitgestellt werden. Die AWS Outpost Racks werden mit redundanten Netzwerk-Switches und Stromversorgung geliefert. Die Lieferung und Installation erfolgt durch AWS. Als Kunde müssen Sie für Stellfläche, Strom, Netzwerkverbindung und Klimatisierung sorgen. Mit AWS Outpost Rack erhalten Sie lokal die benötigten Ressourcen an CPU, RAM und Speicher lokal bereitgestellt. Des Weiteren erhalten Sie mit AWS Outpost Rack auch On-Premise-Zugriff auf folgende AWS-Services:

- Rechenservices: Amazon EC2, Amazon ECS, Amazon EKS
- Speicherservices: Amazon EBS, Amazon S3
- Datenbankservice: Amazon RDS (PostgreSQL, MySQL, MS SQL Server)
- Analytics-Service: Amazon EMR

Übersicht der APIs bei AWS

Es stehen die gleichen APIs und Tools von AWS zur Verfügung, die auch in der jeweiligen lokalen AWS-Region verfügbar sind, dazu gehören:

- EC2 Auto Scaling Groups
- AWS CloudFormation
- Amazon CloudWatch
- AWS CloudTrail
- AWS Elastic Beanstalk
- AWS Cloud9

Mehr Informationen zu den AWS Outpost Racks finden Sie auf der Webseite von AWS unter diesem Link: *http://s-prs.de/v923937*.

Die genaue Rack-Konfiguration erfolgt auf Kundenwunsch mit Blades in den standardisierten Höheneinheiten (kurz HE) 1HE oder 2HE und mit oder ohne lokalen Speicher. Die folgenden EC2-Instanzen werden unterstützt:

- General Purpose M5
- Compute Intensive C5
- Memory Intensive R5
- Graphics Optimized G4
- I/O Intensive i3en

Nahtlose Integration von Edge und Cloud

Die nahtlose Erweiterung der Amazon Virtual Private Cloud (kurz VPC), also des virtuellen Netzwerkes von AWS, der AWS-Region zur Lokation des AWS Outpost Racks, erfolgt über die bekannten VPC-Komponenten der jeweiligen Region (siehe Abbildung 7.5). Da das Rack mit zwei physikalischen Switches ausgestattet ist, sollte die Anbindung ebenfalls redundant erfolgen. Die Uplink-Geschwindigkeit reicht von 8 × 1 GBit/s bis zu 4 × 100 GBit/s.

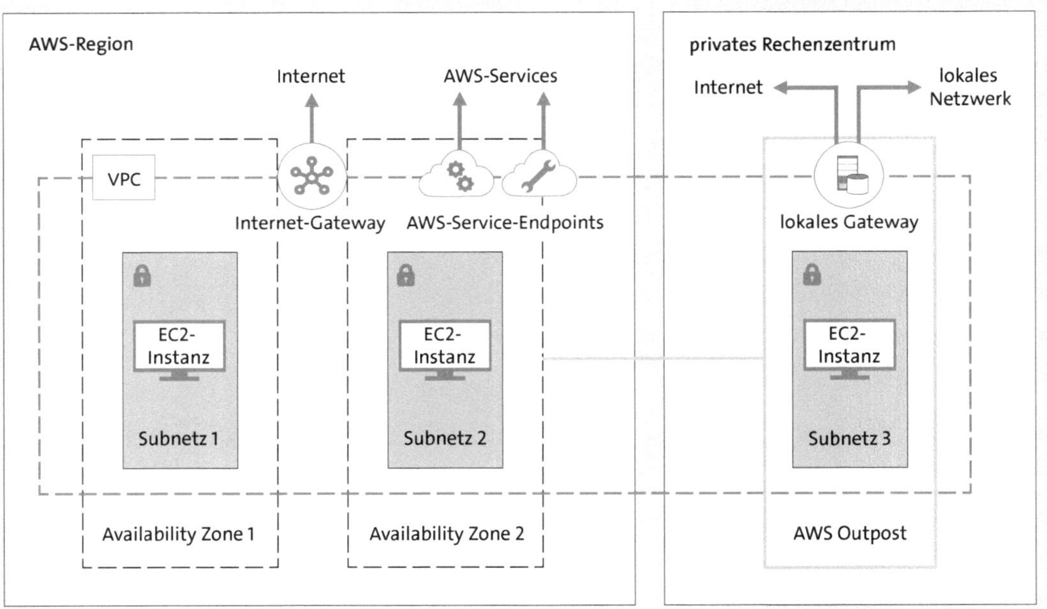

Abbildung 7.5 AWS-Outpost-Anbindung

Spezielle Verschlüsselung

Um die Daten lokal auf den Servern zu verschlüsseln, sind alle Server mit einem Nitro-Chip ausgestattet. Das Nitro-System ermöglicht die sicherste Cloud-Plattform, die die Instanzhardware und -firmware kontinuierlich überwacht, schützt und verifiziert. Alle ruhenden Daten werden mit einem speziellen Schlüssel verschlüsselt. Dieser Verschlüsselungsschlüssel befindet sich ausschließlich jeweils auf einem entfernbaren Speichergerät im Rack, sodass dieses Gerät am Ende der Laufzeit des Servers oder des Racks entfernt und zerstört werden kann.

Bisher haben wir nur sehr wenige AWS Outpost und Azure Stack HCI in unserer Laufbahn gesehen, da diese Systeme noch recht neu sind. Zudem haben sich unsere Kunden immer für einen Anbieter entschieden und nicht zwei oder gar drei Systeme parallel im eigenen Rechenzentrum betrieben. Ob sich das in Zukunft noch ändern wird und ob es eine Möglichkeit geben wird, diese miteinander zu verbinden, werden wir sehen.

7.3 Fallbeispiel 2: Servicemix

Mix aus IaaS und SaaS

Ein hybrides Szenario, das derzeit häufig von Unternehmen genutzt wird, ist eine Mischung aus IaaS- und SaaS-Diensten (Infrastructure as a Service und Software as a Service). Bei IaaS gehen wir in diesem Fall von einem On-Premise-Rechenzentrum aus und nicht von einem IaaS-Rechenzentrum in der Cloud. Für einen solchen Servicemix entscheiden sich Unternehmen z. B. dann, wenn entsprechende SAP-S/4HANA-Projekte noch anstehen und vor der Migration in die Cloud eine entsprechende Harmonisierung vorgenommen werden soll. Es kann aber auch sein, dass ein Unternehmen sich über Jahre hinweg ein eigenes Rechenzentrum aufgebaut hat und die Investitionskosten noch nicht abgeschrieben sind. In diesem Fall überlegt man meist bei neuen Applikationen oder einem Update der Anwendung, ob nicht eine entsprechende SaaS-Lösung in der Cloud oder bei SAP direkt zur Verfügung steht, um keine weiteren Kosten für die Anschaffung der Hardware in Kauf nehmen zu müssen. So kann die bestehende Hardware für die Transformationsprojekte weiterhin genutzt werden, um das Wachstum der Systeme voranzutreiben, ohne dass zusätzliche Investitionskosten entstehen.

Harmonisierung der Systeme bei der Cloud-Transformation

Bei Transformationsprojekten kommen sehr schnell IaaS-Services bei den Cloud-Providern zunächst zu den bestehenden Ressourcen im eigenen Rechenzentrum hinzu. Schließlich müssen Sie für den Übergangszeitraum die Ressourcen doppelt betreiben, bis die Transformation abgeschlossen ist und die alten Ressourcen de-kommissioniert werden können. Jedoch könnte es sein, dass Sie zunächst eine Änderung der Datenbank anstreben. Gerade bei Systemen, die über die Zeit gewachsen sind, kann es sehr aufwendig sein, bei den Programmen und Anwendungen wieder die gleiche Performance zu erreichen wie vor dem Wechsel. Außerdem werden bei Firmenzusammenschlüssen oder Kosteneinsparungen gerne Systeme zusammengelegt. Es kann also sein, dass die Daten von einem System in ein anderes übertragen werden müssen, um ein Rechenzentrum an einem anderen Standort aufzulösen, in dem die Daten bisher lokal gehalten wurden. Auch die Harmonisierung von Tools kann sinnvoll sein, gerade wenn Sie bisher z. B. zwei Jobeinplanungssysteme von unterschiedlichen Firmen genutzt haben.

Man könnte diese Harmonisierung zwar auch im Rahmen der Migration durchführen, es gibt jedoch einen wichtigen Grund, dies nicht zu tun: Je mehr Sie in einer Migration umsetzen wollen, desto komplexer wird sie. Außerdem kann es bei größeren Änderungen passieren, dass Sie nicht mehr nachvollziehen können, was die Änderung ursprünglich verursacht hat. Änderungen an der Datenbank und eine Umprogrammierung der Anwendung können dies zur Folge haben. Daher überführt man die Systeme in der Regel schrittweise in das neue Design.

Der sogenannte Big-Bang-Ansatz, wenn alle Systeme und Komponenten auf einen Schlag migriert werden, hat Vor- und Nachteile. Letztlich obliegt es dem Management und dem Business, zu entscheiden, was das Beste für das Unternehmen ist und wie die Geschäftsprozesse am wenigsten beeinflusst werden.

Umdenken auf allen Ebenen notwendig

An dieser Stelle möchten wir noch einmal auf Abschnitt 8.6, »Änderungen in der Unternehmenskultur«, verweisen. Eine Migration bzw. ein Wechsel in die Cloud beinhaltet auch meist ein Umdenken des Managements und der Mitarbeitenden – weg vom Wasserfallmodell hin zu agileren Methoden. Dies kostet zunächst Zeit und Geduld. Eine langsame Eingewöhnung in die Cloud und eine daraus resultierende Anpassung der Betriebskonzepte können daher gut erreicht werden, indem man schrittweise mit kleinen Anwendungen vorgeht und Erfahrungen sammelt (siehe Kapitel 5, »Betrieb von Cloud-Infrastrukturen«).

Dieses Vorgehen ermöglicht Ihnen, zu prüfen, welche Änderungen bei der Programmierung der großen Systeme gegebenenfalls vorgenommen werden müssen und welche Architekturänderungen an den IaaS-Systemen erforderlich sind. Die Systemarchitektur ist bei On-Premise- und Public-Cloud-Umgebungen meist sehr unterschiedlich. Da es in der Cloud andere Möglichkeiten der Hochverfügbarkeit gibt und die Maschinen agil skaliert werden können, werden Load Balancer, Webservices und zentrale Instanzen bzw. Applikationsinstanzen häufig auf jeweils eigene virtuelle Maschinen gelegt. So kann das Hochverfügbarkeitscluster im Fehlerfall eigenständig eine Umschaltung auf die Backup-Instanzen vornehmen. Sind jedoch zuvor mehrere Webservices gemeinsam mit Anwendungsservern auf einer Maschine und teilen sich die Ressourcen, dann muss man zuvor diese Komponenten voneinander trennen. Dabei müssen Sie je nach Architekturdesign eine ganze Reihe von Schnittstellen mitsamt der Firewall und den entsprechenden Kommunikationen anpassen. Diese Änderungen gleichzeitig mit einer Migration durchzuführen, erhöht die Komplexität jedoch unnötig. Gegebenenfalls kommt noch hinzu, dass die Protokolle geändert werden müssen, sollte immer noch HTTP statt HTTPS genutzt werden. Ein Vorprojekt, um die Protokollumstellungen und Architekturänderungen vorzunehmen, würde die Komplexität einer Migration verringern, und jeder und jede könnte sich auf das neue Design und die architektonischen Änderungen einstellen. Hinzu kommt, dass mit den SaaS-Komponenten erste Erfahrungen in Bezug auf das Monitoring und Reporting zur Verfügung stehen. So können Sie explorieren, ob die aktuellen Tools für das Monitoring und Backup weiterhin genutzt werden können oder ob Sie neue Tools einführen müssen.

Cloud Connector für den Zugriff auf die Cloud

Der Zugriff von On-Premise-Systemen auf Cloud-Systeme in der SAP BTP erfolgt meist mit dem Cloud Connector. Der Cloud Connector stellt eine Verbindung zwischen den On-Demand-Anwendungen in SAP BTP und den lokalen Systemen her. Abbildung 7.6 stellt diese Anbindung einmal grafisch dar.

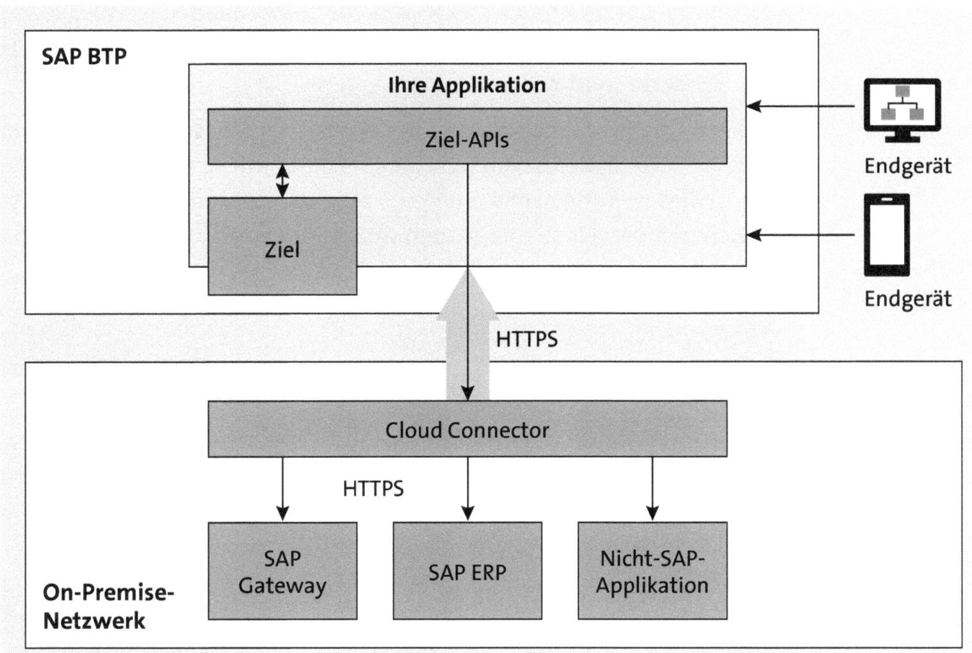

Abbildung 7.6 Anbindung von On-Premise-Systemen an Cloud-Systeme

Der Cloud Connector von SAP sollte in der On-Premise-Umgebung installiert werden und mindestens die Ausprägung einer zweiten Systemlandschaft haben. Sofern es keine anderen Sicherheits- oder Geschäftsanforderungen gibt, kann der Cloud Connector für den Zugriff auf alle Cloud-

Anwendungen genutzt werden. Wichtig ist nur: Wenn dieser nicht zur Verfügung steht, kann es je nach Anwendung sein, dass ein Zugriff auf die Cloud-Applikationen nicht möglich ist. Mit Cloud-Applikationen sind die Anwendungen gemeint, die meist als SaaS betrieben werden, und nicht die IaaS-Anwendungen.

Verfügbarkeit von Cloud-Konnektoren

Cloud-Konnectoren können so aufgebaut werden, dass ein Patchen und ein Betrieb fast ohne Ausfallzeit möglich sind. Je nach Kritikalität der Anwendung in der Cloud sollten Sie das von Anfang an beachten. Denn steht der Cloud-Konnektor einmal nicht zur Verfügung, ist der Weg in die Cloud und zu den Anwendungen verschlossen.

Mit den Erfahrungen aus dem Sicherheits- und Audit-Bereich bei den ersten SaaS-Anwendungen kann man als Unternehmen ebenfalls langsam das Change und Incident Management dahingehend anpassen, dass auch Cloud-Systeme und Changes enthalten sind. Neue Standard-Changes für Cloud-Systeme können definiert werden. Mithilfe einer Integration der Incidents können übergreifende Tickets erstellt und behandelt werden, wenn z. B. ein Fehler in der Cloud vorliegt, ohne dass dies in mehreren Tickettools manuell vermerkt werden muss.

Erfahrungen und Best Practices nutzen

Erfahrungen und Best Practices sind wichtig bei der Migration in die Cloud und dem Wechsel, daher ist ein hybrides Szenario mit schrittweiser Migration wie in diesem Fallbeispiel eine gute Möglichkeit, um die Erfahrungen und das Know-how selbst aufzubauen und mit der Zeit alle Services in die Cloud zu verlagern, sofern dies gewünscht ist.

7.4 Fallbeispiel 3: Multi-Hybrid-Cloud

Wenn Sie Ihre Systeme in einer Multi-Cloud-Umgebung auf mehrere Hyperscaler verteilen, ohne dabei IaaS-Komponenten zu betreiben, sondern nur SaaS-Dienste nutzen, vereinfacht dies Ihre Architektur erheblich. Sie müssen sich nicht um Netzwerk, Speicher, Services, Betriebssystem oder Datenbank kümmern. Dies wird Ihnen vom Hersteller abgenommen und der komplette Service bereitgestellt. In der Praxis ist dieses Szenario allerdings noch nicht anzutreffen. SaaS-Angebote halten zwar immer mehr Einzug in die Unternehmenswelt, machen aber bisher nur einen kleinen Teil der Unternehmenssoftware aus.

Multi-Clouds hingegen, also die gleichzeitige Nutzung von Diensten und Services mehrerer Cloud-Provider, sind mittlerweile ein fester Bestandteil im Betrieb von Unternehmen. So kann es sein, dass einige Ihrer Systeme als SaaS-Dienst direkt von SAP bezogen werden, wie z. B. SAP S/4HANA Cloud oder SAP SuccessFactors, und direkt genutzt werden. Der Zugriff erfolgt hier entweder direkt über das Internet oder wird über einen gesicherten Kanal wie eine VPN-Verbindung über Ihr lokales Rechenzentrum hergestellt. Weitere SAP-Systeme und Anwendungen, die noch zu viele Anpassungen aufweisen, um sie in eine SaaS-Lösung zu migrieren, können Sie dann als IaaS-Lösung z. B. in einer Public Cloud wie Microsoft Azure betreiben, und dies gegebenenfalls auch über mehrere Standorte und Länder verteilt für HA und DR (siehe Abschnitt 3.3, »Hochverfügbarkeit von Hyperscalern«, und Abschnitt 3.4, »Disaster Recovery«).

Verteilung von Workloads

Vielleicht betreiben Sie einige Ihrer Entwicklungssysteme bei AWS, und Ihre Big-Data-Anwendungen wurden in die Google Cloud migriert. Zusätzlich betreiben Sie noch Anwendungen in Ihrer Private Cloud, die bisher noch nicht migriert werden konnten. Für Ihr China-Geschäft haben Sie darüber hinaus noch eine zentrale Anwendung bei Alibaba laufen. Das ist kein konstruiertes Szenario. Eine solche Landschaft finden wir heute bei unseren größeren Kunden vor. In diesem Fall haben wir eine sehr komplexe Multi-Hybrid-Cloud-Struktur, die es zu betreiben und zu organisieren gilt. Dies betrifft den Fluss und die Absicherung der Daten, aber auch die Zugriffskontrolle, den Austausch von Daten zwischen den Systemen und die Einhaltung entsprechender SLAs oder KPIs.

Wenn Sie zu einer Multi-Vendor- und Multi-Hybrid-Cloud-Strategie übergehen, werden dieser Austausch und die Kommunikation in der Regel sehr komplex, da mehrere Abhängigkeiten wie SLAs, Betriebsgestaltung und zentrales Monitoring zu etablieren sind. Auf die einzelnen Punkte gehen wir im Folgenden ein.

7.4.1 Vereinheitlichung ist der Schlüssel

Zentralisierung des Monitorings ist wichtig

Die Zentralisierung des Monitorings z. B. im SAP Solution Manager und die Nutzung von zentralen Tools für das Incident und Change Management wie Splunk können von Vorteil sein, da Sie sonst für jede Cloud je eine einzelne Monitoringlösung und verschiedene Tickettools nutzen müssen. Das Problem ist dabei, dass Sie gerade bei Systemen, die untereinander Daten austauschen, aber nicht im gleichen Monitoring- oder Ticketsystem betrieben werden, schnell den Überblick verlieren. Daher ist es sinnvoll, diese Punkte beim Einsatz mehrerer Clouds zu harmonisieren und zu zentralisieren.

Hardware und Facility fallen weg

Beim Multi-Cloud-Betrieb müssen Sie in der Regel einige Punkte weniger selbst erledigen, dazu gehört z. B. das Hardwaremanagement. Je mehr PaaS- oder SaaS-Dienste Sie einsetzen, desto mehr reduziert sich der Aufwand in Ihrem Betrieb, da hier mehr Aufgaben vom Hersteller übernommen werden, z. B. Speichermanagement und Backup. Was Sie in der Regel noch selbst tun müssen, sind Aufgaben zu erfüllen, wie etwa das Transportmanagement und die regelmäßigen Restarts beim IaaS-Betrieb oder das Patchen der Betriebssysteme und Applikationen. Auch das Berechtigungs- und Zugangsmanagement bleibt stets in Ihrem Verantwortungsbereich. Nutzen Sie daher Tools, die von allen genutzten Hyperscalern unterstützt werden und die gegebenenfalls eine Automatisierung von Neustarts und Aufgaben des täglichen Betriebs in allen Umgebungen ermöglichen. Eine entsprechende Übersicht der Möglichkeiten haben wir in Kapitel 8, »Der Weg in die Cloud«, für Sie bereitgestellt. Sofern die SaaS-Anwendungen nicht alle bei einem Cloud-Provider gehostet und betrieben werden, was oft der Fall ist, sollten Sie sich überlegen, welche Tools bei welchem Provider führend sind, von den anderen Providern ebenfalls unterstützt werden und welche Funktionalitäten gegebenenfalls neutral mit einem unabhängigen Tool aufgebaut werden sollten. Gerade Letzteres kann eine gewisse Neutralität mit sich bringen, die von Vorteil sein kann, wenn mehr als ein Cloud-Provider involviert ist.

SaaS-Komponenten und auch einige PaaS-Anwendungen können relativ autark betrieben werden. Wichtig ist nur, dass Sie die folgenden Punkte bedenken:

- eine einheitliche Anbindung und ein einheitliches Design der Schnittstellen
- abgestimmte Protokolle vom Betrieb, dem Audit und von den Providern für die Kommunikation
- einheitliche Zugriffskonzepte, da eine Lösung wie Single Sign-on über mehrere Clouds einen gewissen Konfigurations- und Pflegeaufwand darstellt
- einheitliche Service Level Agreements und KPIs
- abgestimmte Datenschutz- und Datensicherheitskonzepte
- eine einheitliche Ausrichtung in Bezug auf übergreifendes Monitoring, Reporting sowie Change und Incident Management
- ein zentralisiertes Backup- und Restore-Konzept für eine Konsistenz der Daten, sofern die Daten im Notfall gleichzeitig zurückgesichert werden müssen
- zentrale Middleware- oder Schnittstellensysteme
- E-Mail-Anbindung für die Kommunikation aus dem SAP-System heraus

SaaS- und PaaS-Services kontrollieren

Denken Sie nicht, dass Sie mit SaaS- und PaaS-Komponenten den gesamten Aufwand an den Hersteller abgeben. Die Hersteller stellen die Anwendung bzw. die Grundlage für die Anwendung zur Verfügung. Sie müssen sich also nicht darum kümmern, wie z. B. eine Hochverfügbarkeit umgesetzt wird oder wie Backups konfiguriert werden. Sie sollten jedoch mit Ihrem Provider besprechen, wie mit den genannten Punkten umzugehen ist.

Wir können Ihnen nicht die eine Lösung aufzeigen, was nun ein geeigneter Mix aus Cloud-Serviceprovidern und SaaS-Anbietern ist, auch nicht, wenn wir uns auf die reine Betrachtung der SAP-Anwendungen beschränken. Der richtige Mix aus IaaS, PaaS und SaaS hängt wiederum ganz von Ihren individuellen Bedürfnissen und den von Ihnen genutzten Applikationen und Services ab. Man könnte z. B. verschiedene Services der SAP BTP einkaufen und zusätzlich eigene Anwendungen schreiben und nach einer entsprechenden Validierung bei einem der Cloud-Provider betreiben. Die Möglichkeiten sind hier sehr weitreichend, und dem Mix von Anwendungen und Anbietern sind kaum Grenzen gesetzt. Wichtig ist in jedem Fall nur, dass Sie sich vorab Gedanken über die Integration und Implementierung in Ihr bestehendes Netzwerk und Ihren bestehenden Betrieb machen. Beginnen Sie mit einer gründlichen Analyse Ihrer Applikations- und Infrastrukturlandschaft.

Fortführung eines Betriebskonzepts

Die Nutzung von Hyperscalern hat ebenfalls Auswirkungen auf das Betriebskonzept, das in Kapitel 5, »Betrieb von Cloud-Infrastrukturen«, beschrieben worden ist. In der Regel machen Hyperscaler den Betrieb in den folgenden Punkten wiederum komplexer:

- Netzwerkdesign und Anbindung an das bestehende Unternehmensnetzwerk
- Standards in SAP, Ihren Anwendungen, den Betriebssystemen und den Datenbanken
- vereinheitlichte SLAs und KPIs
- zentrales Ticketmanagement
- zentrales Change und Incident Management
- Steuerung des Cloud-Providers
- zentrale Automatisierungslösungen
- Minimierung von Auszeiten und zentrale Wartungsplanung
- Komplexität in der Abstimmung und Kommunikation

Die Verwendung unterschiedlicher Hyperscaler als Strategie

Der Betrieb ist grundsätzlich auch mit mehreren Hyperscalern problemlos möglich. Es kann sogar eine Strategie sein, um Kosten zu senken und immer die neuesten Technologien zu nutzen. Viele neue Applikationen werden mittlerweile als PaaS oder SaaS entwickelt, damit Sie direkt mit der Nutzung dieser Dienste starten können. Denn ein entsprechender Aufbau und die Kosten sowie das Wissen, das notwendig ist, um die Anwendungen als IaaS zu betreiben, haben viele Unternehmen in der Vergangenheit oftmals davor zurückschrecken lassen, in die Public Cloud zu gehen. Der Multi-Cloud-Betrieb wird derzeit jedoch immer beliebter, da die Komplexität im Betrieb solcher Umgebungen mit der Zentralisierung und Harmonisierung von Managementtools sinkt. Es ist in der heutigen Zeit auch kein Thema, wenn man sich vorab ein paar Gedanken macht, damit das Ganze nicht zu komplex wird und trotzdem noch beherrschbar bleibt.

Kaufen Sie eine SaaS-Lösung ein, haben Sie in der Regel keine Wahlmöglichkeiten z. B. bezüglich der Datenbank, des Betriebssystems oder des Aufbaus der Infrastruktur. Jedoch können Sie Einfluss auf die SLAs und KPIs sowie die Automatisierung und das Ticket- und Change Management nehmen – und Sie sollten das auch tun. Je mehr Lieferanten Sie in Ihrem Portfolio haben, desto mehr Ticketsysteme gibt es, und nicht alle lassen sich mit Ihrem hauseigenen Ticketsystem koppeln. Auch die Anforderungen sind bei den Providern mitunter sehr unterschiedlich. Die Anfrageformulare und die Reportings und Abrechnungen der Provider sehen zumeist sehr unterschiedlich aus. Nehmen Sie Einfluss auf die Wahl des Tools Ihres Lieferanten und sorgen Sie dafür, dass alle Systeme bei Ihnen zentral zusammenlaufen. Sonst haben Sie am Ende ein komplexes System aus Infrastruktur, Management, Kommunikationswegen, SLAs und KPIs, das Sie nicht mehr beherrschen können.

SLAs Ende zu Ende definieren und überwachen

Stellen Sie sicher, dass das Service Level Agreement einheitlich ist und ein Monitoring und Reporting Ende zu Ende erfolgt. Hier kann es gegebenenfalls notwendig sein, zusätzliche Tools einzusetzen, Personal im eigenen Team damit zu beauftragen oder entsprechende Services bei Serviceintegratoren einzukaufen, damit die einzelnen Hyperscaler Ihnen gegenüber am Ende als Einheit in Erscheinung treten.

Die Betriebsprozesse und die Automatisierung sind so anzupassen, dass sie für alle Hyperscaler funktionieren. Gleiches gilt für die Berechtigungen, das Zugangsmanagement, die Sicherheitsanforderungen und die Protokollierung von Aktionen für die Audits. Wenn man sich am Anfang die Mühe macht, hier Standards und Synergien zu schaffen, erleichtert das den späteren Betrieb. Gleichzeitig vermeiden Sie, dass falsche Schlüsse gezogen werden. Denn wenn die Reportings auf unterschiedlichen Basisdaten beruhen, z. B. in Bezug auf Nutzung und Kosten, kann es sein, dass falsche Rückschlüsse gezogen werden, warum die eine Anwendung günstiger ist als die andere.

Es gibt spezielles Fachpersonal, das Sie zu diesen Punkten beraten kann und Erfahrungen in der Implementierung mehrerer Lieferanten hat. Auf Kongressen oder in entsprechenden Arbeitsgruppen kann man sich dazu austauschen. Das Rad muss hier in der Regel nicht neu erfunden werden. Viele Services und Provider haben sich genau darauf spezialisiert, diese Vereinheitlichung zu unterstützen.

Ganzheitliches Monitoring über alle Plattformen hinweg etablieren

Es gibt ebenfalls ganzheitliche Monitoringlösungen, die alle Daten der verschiedenen Plattformen harmonisieren und damit die Abhängigkeiten und Auswirkungen zeigen, wenn eine Komponente ausfällt. Dies kann Synergien schaffen und Aufwand vermeiden. Nehmen wir beispielsweise an, ein zentrales Schnittstellensystem fiele aus, das Daten an alle Clouds liefert, z. B. ein SAP-Process-Integration-System oder ein zentrales ERP-System im Monatsabschluss. Das hätte zur Folge, dass alle externen Dienstleister zeitgleich vor der Herausforderung stünden, dass sie Fehler in den Anwendungen sehen, die sie betreuen. Es würden Analysen gemacht und die Ansprechpartner über die notwendigen Tickets benachrichtigt, die in der Regel hierzu erstellt werden. Würde dagegen eine zentrale Seite die Serviceprovider proaktiv darüber informieren, dass es Probleme gibt, und zwar nicht per E-Mail, sondern in einem zentralen Tool, könnte das vieles vereinfachen. Alle Parteien könnten sehen, ob gerade Wartungen stattfinden, ob ein System Probleme hat oder gerade ein Problem vorherrscht. So könnten alle Serviceintegratoren oder MSPs entsprechend reagieren und erhielten regelmäßige Updates.

Zentrale Tools nutzen

Zu diesem Zweck gibt es zentrale Change- und Incident-Tools mit Webanwendungen, in denen diese Informationen ersichtlich sind. Leider wird bei der entsprechenden Kommunikation oftmals noch auf E-Mails gesetzt, und das notwendige Stakeholder-Management bei Multi-Provider- und Multi-Vendor-Systemen gestaltet sich mehr als schwierig. Auch das Reporting lässt sich ganzheitlich gestalten. Wenn die Lieferanten wissen, was gefordert wird, und Standards liefern – gegebenenfalls auch in Rohdaten –, kann man diese individuell aufbereiten. Dafür fallen allerdings zusätzliche Kosten an. Bei kleineren Umgebungen mit IaaS, PaaS und SaaS werden diese Verbesserungsansätze nicht in dem Maße zum Tragen kommen. Je komplexer die Landschaft jedoch wird und je mehr Standorte auf die Systeme und den Betrieb aller Hyperscaler angewiesen sind, desto einfacher wird es mit diesen zentralen Lösungen.

Das Fazit an dieser Stelle lautet also, dass Sie problemlos mehrere Hyperscaler betreiben können. Jedoch sollten Sie je nach Landschafts- und Anwendungsvielfalt zusätzliche Punkte in das Betriebskonzept mit aufnehmen und gegebenenfalls die Notfall- und Wiederherstellungspläne anpassen. Da die Systeme als Einheit fungieren, müssen sie auch als Einheit zurückgespielt oder synchronisiert werden. Solche Betriebskonzepte inklusive Notfall- und Wiederherstellungsplänen sind in den Standard-SaaS-Produkten allerdings nicht grundsätzlich enthalten, ebenso wenig ein einheitliches Reporting, Monitoring und Change sowie Incident Management. Somit kann es entsprechend schwierig sein, bei den Applikationen in den unterschiedlichen Clouds die Übersicht zu behalten.

7.4.2 Anbindung bei Multi-Cloud-Umgebungen

Technische Anbindung schafft Synergien

Die Anbindung mehrere Hyperscaler erfolgt in der Regel für alle gleich, d. h., es sind immer ähnliche Schritte für die technische und fachliche Anbindung zu gehen. Sofern nicht alle Daten in den Clouds liegen, wird zwischen den On-Premise-Rechenzentren und den Clouds eine entsprechende VPN-Verbindung aufgebaut. Sofern ein großer Datenaustausch zwischen den Rechenzentren erfolgt, wird noch eine gesonderte Leitung bei Ihrem Telekommunikationsanbieter beauftragt, ansonsten werden die Standardanbindungen genutzt. Die Nutzung des Standards hat den Vorteil, dass keine zusätzlichen Kosten entstehen, und ist daher durchaus beliebt. Eine VPN-Verbindung, ob mit oder ohne dedizierter Direktverbindung durch Ihren Telekommunikationsanbieter, erhöht auf jeden Fall die Sicherheit, da die Zugriffe nicht über das öffentliche Internet erfolgen.

Einen Punkt sollten Sie bei der Anbindung nie außer Acht lassen. Es werden SMEs und Enterprise-Architekten und -Architektinnen benötigt, die den Netzwerkkolleginnen und -kollegen erklären, was freigeschaltet werden muss. Dies wird in der Regel unterschätzt, ist aber elementar. Die Freischaltung betrifft dabei nicht nur die Systeme, die untereinander kommunizieren müssen, sondern auch die Zugriffe der User von ihren Endgeräten, das Monitoring, das Backup und die Telemetriedaten sowie die notwendigen Freischaltungen für definierte Datentransfers zu Testsystemen und den Zugriff eventuell weiterer Tools.

Netzwerkverbindungen für die zentrale Kommunikation

Eine Hauptaufgabe im Rahmen der Migration besteht darin, die entsprechenden Netzwerkverbindungen zu definieren und mit den Personen abzustimmen, die für den Cloud-Provider und die Firewalls zuständig sind, und die Freischaltungen zu veranlassen. Ist das System neu, kann man auf der grünen Wiese anfangen. Nur wenn die Systeme historisch gewachsen sind und sich die Verantwortlichkeiten in den letzten Jahren geändert haben, ist es nahezu unmöglich, die notwendigen Schritte ohne zusätzliche Abstimmungstermine zu definieren. Eine unzureichende Dokumentation macht sich vor allem dann bemerkbar, wenn undokumentierte VPN-Verbindungen bestehen oder aber undokumentierte Workarounds etabliert wurden, von deren Existenz im schlimmsten Fall niemand mehr weiß.

Gerne wird der SAP-Router genommen, um externen Partnern oder auch Lokationen den Zugriff auf die SAP-Systeme zu ermöglichen. Da der SAP-Router stets ein Bein in Ihrem Netzwerk und eins im öffentlichen Netz hat, ist dies auf den ersten Blick erstrebenswert und einfach. Im Hinblick auf die Sicherheit und die Wartung wird es schon schwieriger, denn der SAP-Router stellt die Verbindung zu Ihren SAP-Systemen dar. Die Verbindung sollte nicht mit anderen Zugriffen vermischt werden, da dies schnell zu einem Sicherheitsrisiko werden kann. Diesen Aufbau nachträglich aufzuräumen, ist komplex. Außerdem wissen alle Administratorinnen und Administratoren, dass das, was einmal funktioniert, nur ungern wieder umgestellt wird.

Netzwerkpläne und Kommunikationsübersichten

Sehen Sie von solchen Workarounds also unbedingt ab. Erstellen Sie stattdessen mit dem Netzwerkteam einen Anbindungs- und Netzwerkplan mitsamt den notwendigen Schnittstellenlisten für alle internen oder externen Systeme und Zugriffe. Folgen Sie dabei immer den neuesten Sicherheits- und Standardprotokollen, und Sie ersparen sich in Zukunft eine Menge Arbeit. Außerdem stellen Cloud-Provider in der Regel stets die Standardfrage nach Quelle, Ziel und Port.

Erstellen Sie die Kommunikationsmatrix auf Basis des Zero-Trust-Modells, d. h., es werden keine großen Netze geöffnet oder ganze IP-Ranges, denn das würde eine Firewall und das entsprechende Sicherheitskonzept wieder obsolet machen. Trauen Sie niemandem und geben Sie allen Mitarbeitenden und jedem System nur genau den Zugriff, der mindestens für die Arbeit benötigt wird. Re-authentifizieren Sie Verbindungen regelmäßig.

[!]

Besonderes Augenmerk gilt Ihrem Sicherheitskonzept

Um ein geeignetes Sicherheitskonzept in Ihrem Unternehmen umzusetzen, sollten Sie sich an folgendem einprägsamen Grundsatz orientieren: So viel wie nötig, so wenig wie möglich. Das bedeutet, dass Sie jedem System, jeder Verbindung, jedem Mitarbeiter und jeder Mitarbeiterin genau die Freigaben erteilen, die für die Erledigung der Aufgaben mindestens notwendig sind, aber nicht mehr. Das Gleiche gilt für das Netzwerkzonenkonzept und die Freischaltung in Firewalls. Legen Sie Ihre Datenbank z. B. in ein eigenes Subnetz und erlauben Sie nur der IP Ihrer Applikation auf dem benötigten Port mit diesem Subnetz zu kommunizieren. So kann kein unbefugter Zugriff erfolgen.

Die Architekturen von Multi-Cloud-Landschaften unterscheiden sich nur wenig von denen einer hybriden Umgebung. Jedoch müssen Sie, um sicherzustellen, dass Sie überall das gleiche SLA gewährleisten können, entsprechende Konfigurationsanpassungen an Ihrem High-Level-Design und Änderungen an den Systemen durchführen. Beachten Sie hierbei, wie in Kapitel 3, »Verfügbarkeit von Cloud-Infrastrukturen«, beschrieben, die SLAs jeder einzelnen Komponente. Diese sind natürlich von Cloud-Anbieter zu Cloud-Anbieter unterschiedlich. Um nun das gleiche SLA für ein Gesamtsystem über mehrere Anbieter zu erreichen, müssen Sie die Konfigurationen eventuell leicht ändern. Außerdem müssen die Anbindungen zwischen den Clouds genauso wie auch die Anbindung an Ihr Netzwerk so ausgelegt werden, dass sie redundant sind und dass es im Fehlerfall nicht zu Problemen kommen kann.

Der Zugriff und die Administration in einer Multi-Cloud-Umgebung bringen ebenfalls Herausforderungen mit sich. Da jede Cloud eigene Zugriffe und Passwörter hat, wird es für die Administratorinnen und Administratoren nicht einfacher, wenn keine entsprechenden Active-Directory- und Single-Sign-on-Konzepte vorliegen und in die Cloud-Umgebungen integriert werden.

In der Regel bevorzugt jedes Unternehmen, einen einzigen Ansprechpartner für ein Themengebiet zu haben. Das gilt auch für die Public Cloud, nur ist dies schwer umzusetzen, da die Services meist global in verschiedenen Clouds zur Verfügung stehen und entsprechend gewartet werden müssen. Dessen sollte man sich immer bewusst sein. Da ebenfalls viele Drittanbieter-Softwaretools in die Cloud verlegt werden, damit diese von Ihnen nicht mehr lokal im Rechenzentrum installiert und betrieben werden müssen, sind dann auch nur noch die entsprechenden Clouds anzubinden. Die Anbieter werden in dem Fall oft frei gewählt, und es kann schnell dazu kommen, dass neben der präferierten Cloud des Unternehmens weitere Clouds in den Betrieb zu integrieren sind. Diese Integration wirkt sich auf den Datenschutz und die Datensicherheit, genauso aber auch auf die Audits, die Security, das SLA, die KPIs sowie auf alle Faktoren des Betriebs und der Serviceerbringung aus. Die Aufwände zur Koordination können daher für Sie und den präferierten Serviceprovider Ihrer Wahl sehr schnell sehr groß werden. In diesem Fall empfehlen wir neben dem bereits bestehenden Providermanagement den Aufbau eines Architekturteams, sofern nicht schon vorhanden, das die Landschaft stets im Blick hat.

7.4.3 Komplexität vermeiden

Harmonisieren von Systemen

Sofern es um neue Schnittstellen oder Anforderungen geht, sollte geprüft werden, ob die Anwendung bzw. Applikation nicht in eine der bestehen Cloud-Lösungen implementiert und überführt werden kann. Sofern dies im ersten Schritt nicht direkt möglich ist, sollte die Harmonisierung frühzeitig eingeplant werden. Bei dieser Harmonisierung kann es sich um größere Anpassungen wie einen Datenbank- oder Betriebssystemwechsel handeln, was gegebenenfalls begründet, dass eine sofortige Überführung nicht im ersten Schritt möglich ist.

Aber auch im Sinne der Betriebskosten, der anfallenden Lizenzkosten und der Übersichtlichkeit sollte von der Strategie, nicht mehr als zwei verschiedene Datenbanken und Betriebssysteme im Betrieb zu haben, nur in Ausnahmefällen abgewichen werden. Denn bei der ganzen Globalisierung und den einzelnen Möglichkeiten sollte man stets das erforderliche Know-how nicht vergessen. Jede Cloud hat besondere Features, wie in Kapitel 1, »Einführung«, und Kapitel 2, »Die wichtigsten Hyperscaler«, vorgestellt. Und so verhält es sich auch bei Datenbanken und den Betriebssystemen. Es sind stets unterschiedliche Parameter und Patches einzuspielen. Je komplexer die Landschaft ist, desto mehr Mitarbeitende werden Sie benötigen, die sich mit den Besonderheiten auskennen. Außerdem ist das Risiko sehr hoch, dass auch bei der Entwicklung selbst gegebenenfalls mal eine Besonderheit oder Einschränkung vergessen wird und erst beim Test auffällt, dass der Parameter nur auf bestimmten Plattformen funktioniert. Daher ist es meist im Interesse aller, die Architektur nicht allzu komplex aufzusetzen, sofern man nicht entsprechende Organisationen und Koordinationen zusätzlich vorhalten möchte.

Bottlenecks der Betreiber

Der Vorteil der Multi-Cloud ist, dass man gefühlt aus dem Unendlichen schöpfen kann. In der Regel ist die Bereitstellung neuer Maschinen – selbst in großen Mengen – kein Problem. Natürlich kann es hier und da zu Engpässen bei besonderen Maschinentypen kommen, z. B. wenn es sich um sehr große Maschinen oder die neuesten Modelle handelt, da gegebenenfalls der Bedarf kurzfristig sehr hoch sein kann. Anders verhält es sich, wenn es plötzlich einen Ansturm auf besondere Standorte gibt, hier kann es durchaus zu Verzögerungen kommen. Gerade die Erfahrungen der letzten Monate haben uns gezeigt, dass politische Ereignisse dazu führen können, dass große Länder als Provider für entsprechende Services zeitweise nicht mehr zur Verfügung stehen. Ein Konflikt oder eine Umweltkatastrophe oder andere äußere Einflüsse können dazu führen, dass Hunderte bzw. Tausende Systeme in kurzer Zeit umgesiedelt werden müssen. In diesem Fall ist es für alle Provider schwierig, diese Anforderung unmittelbar zu erfüllen. Die Clouds und deren Rechenzentren werden in dem Fall meist ad hoc vergrößert, und seitens der Cloud-Provider wird schnell auf die Veränderungen reagiert. Wenn eine Veränderung jedoch sehr überraschend auftritt, ist nicht auszuschließen, dass gegebenenfalls einmal nicht alle Systeme binnen kürzester Zeit bereitgestellt werden können.

Entsprechende Planungen und Reservierungen können hier helfen. Wenn es sich um kleine Landschaften mit einer geringen Anzahl an Systemen handelt, ist es meistens kein Problem, vorbeugende Maßnahmen zu ergreifen. Aber gerade bei sehr großen Migrationen mit Hunderten von Systemen oder einem laufenden Transformationsprojekt und neuen Systemen kann dies einen enormen Einfluss haben. Planen Sie solche Einflüsse je nach Projektgröße und Betrieb mit ein. So können Überraschungen vermieden werden.

7.4.4 Datenschutz beachten

Datenhaltung und Regularien

Bei einigen Systemen und Daten aus Applikationen ist es aus Audit- oder Unternehmenssicht notwendig, dass diese die Grenzen Deutschlands niemals verlassen. Gerade bei einem Cloud-Konzept sollten Sie darauf achten, in welche Zonen die Daten gegebenenfalls repliziert werden. Bei IaaS-Projekten und -Betrieb kann man dies meist sehr gut selbst steuern und gewährleisten, indem man das Architekturkonzept entsprechend anpasst und sicherstellt, dass die Daten nur in Deutschland verfügbar sind und repliziert werden. Bei einem SaaS-Service kauft man einen fertigen Service ein. Ob die Daten an andere Standorte repliziert werden, kann man meist nicht direkt erkennen oder beeinflussen. Daher ist es zu empfehlen, bei der Auswahl des notwendigen Service auch darauf zu achten, ob es gegebenenfalls Einschränkungen bezüglich des Datenflusses oder der Datenhaltung gibt. Beachten Sie, dass einige Diensteanbieter zwar angeben, dass Daten nur in Deutschland gespeichert werden. Fragen Sie aber unbedingt nach, ob Ihre Daten auch ausschließlich in Deutschland verarbeitet werden. Es reicht nicht aus, wenn zwar Ihre gespeicherten Daten (auch *Data at Rest* genannt) die Grenzen nicht verlassen, aber zur Verarbeitung (auch *Data in Process* genannt) in ein anderes Land transferiert werden.

Datenhaltung in Deutschland

Ein häufig genanntes Beispiel sind die Personaldaten von Unternehmen. Je nach Unternehmen ist der Wunsch groß, dass die Daten Deutschland oder Europa nicht verlassen. Bei den Personaldaten kann es sich um die Daten Ihres Unternehmens oder auch um die Stammdaten bzw. Personaldaten Ihrer Kunden handeln, wenn Sie z. B. ein Dienstleister mit Datenverarbeitungsvereinbarung sind. Auch wenn die Globalisierung immer weiter voranschreitet, haben Sie bezüglich der Datenhaltung und des Datentransfers ins Ausland entsprechende Mitspracherechte. Ebenso kann es umgekehrt ausländische Regelungen geben, die verlangen, dass Daten aus diesem Land nicht auf Systemen außerhalb dieses Landes, z. B. in Deutschland, liegen und auch nur von Personen aus diesem Land administriert werden dürfen. Solche Daten, in der Regel von Unternehmen mit hochsensiblen Daten, die direkt oder indirekt für die Regierung eines Landes arbeiten, unterliegen oft der Exportkontrolle.

Dies betrifft auch ausländische Firmen, auch bei diesen kann es entsprechende Einschränkungen geben. Manchmal werben Firmen sogar damit, dass die Daten nur im Inland verarbeitet werden und auch die Arbeit nur dort erledigt wird. Dies hat den Vorteil, dass Arbeitsplätze im eigenen Land gesichert werden. Es kann aber genauso gut sein, dass es einfach nicht erlaubt ist, dass die Daten das entsprechende Land verlassen.

Zugriff auf Daten regulieren

Wichtig ist in diesem Zusammenhang, nicht nur den Datenfluss zu betrachten, sondern auch den Zugriff auf die Daten. Es ist auch möglich, die Daten im eigenen Land zu belassen, doch die Administration von außen zu erlauben. Hier gilt es, entsprechend zu prüfen, ob dies datenschutzrechtlich bzw. datensicherheitstechnisch zulässig ist und welche Anforderungen und Regelungen gegebenenfalls zu beachten sind, damit eine entsprechende Administration möglich wird.

Vielleicht fragen Sie sich, wo hier das Problem liegt. In Zeiten von Homeoffice und Corona sind es viele gewohnt, in ihren eigenen vier Wänden zu arbeiten. Tatsache ist aber, dass der Zugriff auf Kundendaten vor der Coronapandemie unter Umständen per Standort reguliert war. So durften viele Mitarbeitende nur auf Unternehmensdaten zugreifen, wenn sie sich auf dem Firmengelände befunden haben. Entsprechende Zugriffe auf Betriebssystemebene und Restores waren nur von Gebäuden und definierten Stellen innerhalb Europas aus erlaubt. Im Ausland gab es entsprechende Regularien, die Heimarbeit verboten haben, da die Verbindungen nicht sicher waren oder nicht sichergestellt werden konnte, dass die Arbeit ohne Unterbrechung möglich ist, wie z. B. bei einem Stromausfall oder Naturkatastrophen.

Homeoffice und vertragliche Nebenwirkungen

Mittlerweile sitzen viele Mitarbeitende aber wieder in ihren Büros, und die Regularien müssen eingehalten werden. Dies betrifft die On-Premise- und Cloud-Systeme, da hier keine Unterschiede gemacht werden und der Zugriff auf die entsprechende Cloud meist auch durch zusätzliche Systeme geschützt ist. Da es sich um Bestandsverträge handelt, können diese nicht einfach geändert werden. Oftmals laufen die Verträge noch eine gewisse Zeit, und die neuen Systeme greifen auf die gleichen Regularien zu. Hierzu ist es wichtig, das entsprechende Vertragsteam und die Sicherheitsverantwortlichen frühzeitig einzubinden, um Überraschungen zu vermeiden.

Homeoffice ist ein Luxus, der leider noch kein Standard bei dem Betrieb und Zugriff auf entsprechende Systeme ist. Je mehr Verantwortung Sie über den Betrieb abgeben, desto weniger Einfluss haben Sie darüber, wie der Service erbracht wird. Bei IaaS kann man noch sehr gut auf diese Punkte Einfluss nehmen, bei PaaS oder SaaS wird das leider nur noch schwer möglich sein, was zusätzliche Freigaben und Klärungen mit der Rechtsabteilung bedarf. Bitte planen Sie diese Schritte rechtzeitig ein.

7.4.5 Das richtige Shoring-Modell

Onshore-, Nearshore- und Offshore-Modelle

In Kapitel 5, »Betrieb von Cloud-Infrastrukturen«, sind wir bereits auf den Betrieb von Hyperscalern eingegangen. Da Rechenzentren, der Betrieb und der Support aber weltweit angeboten werden, wollen wir an dieser Stelle einen kleinen Exkurs zum Thema Onshore, Nearshore und Offshore machen. *Onshore* bezeichnet dabei Ressourcen im gleichen Land, bei uns wären das dann z. B. deutsche Mitarbeitende. *Nearshore* verlässt die Landesgrenzen und lagert, wenn möglich, in günstigere Nachbarländer oder nahe Länder aus, wie z. B. Polen oder Rumänien. Mit *Offshore* sind in der Regel Länder gemeint, die weiter entfernt sind und bei denen das Gehaltsgefälle entsprechend niedriger ist. Aktuell werden hier sehr oft Indien, Marokko, Tunesien, aber auch Argentinien, Chile oder Kolumbien bevorzugt.

In den letzten 20 Jahren hat sich viel gewandelt. Früher wurden die Systeme der meisten Unternehmen in Deutschland gewartet und betrieben. Das entsprechende Fachpersonal hat nicht nur die täglichen Aufgaben des Betriebs wahrgenommen, sondern auch Beratungen und komplexere Themen abgedeckt. Dies hat dazu geführt, dass auch einfache Aufgaben von Expertinnen und Experten durchgeführt worden sind und dementsprechend teuer waren. Die Verlagerung betrieblicher Aktivitäten gab es in Europa schon vor 20 Jahren. Zu diesem Zeitpunkt wurden oft Teile des Betriebs z. B. an einen Standort wie Budapest ausgelagert, um dort tägliche Run-Aktivitäten auszuführen und günstiger erbringen zu lassen. Es mussten Dokumentationen erstellt werden, mit denen alle Parteien umgehen konnten. Sprachliche Barrieren gab es so gesehen nie, da Englisch damals schon oft als Lingua franca galt.

Mittlerweile sind deutschsprachige Dienste im Nearshore-Bereich etabliert. Das Thema Offshore hat sich über die Jahre ebenfalls gewandelt. Indien ist z. B. eines der Länder der Wahl. Entsprechende interessante IT-Standorte gibt es von zahlreichen Cloud-Providern und Managed-Service-Providern in vielen dieser Länder. Es findet ein regelrechtes Wetteifern potenzieller Arbeitgeber um die Ressourcen statt. Neben finanziellen Anreizen wird auch mit sozialen Leistungen wie attraktiven Arbeitszeiten oder einem besonderen Arbeitsumfeld und schicken Großstattbüros geworben. Es geht beim Anwerben neuer Mitarbeitenden auch im Offshore-Bereich schon lange nicht mehr nur um die finanzielle Vergütung.

Eine Zusammenarbeit von Onshore- und Offshore-Kolleginnen und -Kollegen bringt aber ebenso Herausforderungen mit sich. Bei den Zeitzonen ergeben sich bei der Zusammenarbeit mit Europa noch die meisten Überschneidungen. Geht es aber weiter in den US-amerikanischen Markt, sind entsprechende Nachtschichten erforderlich und dies ebenfalls von Expertinnen und Experten, um den Kunden und Kolleginnen bzw. Kollegen den richtigen Support zur Verfügung zu stellen.

Auswirkungen der kulturellen Besonderheiten

Bei den kulturellen Besonderheiten sollte man stets versuchen, Missverständnisse zu vermeiden. Einige Kulturen sind sehr direkt, andere tun sich schwer damit, nein zu sagen. Hier ist eine entsprechende Vermittlung und auch ein kulturelles Training zwischen den Parteien notwendig, um ein harmonisches Miteinander zu gewährleisten. Entsprechende interkulturelle Workshops stehen zumeist auf allen Seiten ebenfalls auf der Agenda. Im Rahmen der Globalisierung sollten Sie jedoch nicht vergessen, die Qualität und die Entwicklung im Auge zu behalten. In den letzten Jahren hat sich somit bei allen Providern der Einsatz von Kolleginnen und Kollegen sowohl vor Ort als auch im Ausland etabliert.

Es gibt Auftraggeber, die gerne auf Deutsch oder Französisch betreut werden wollen, oder es besteht der Wunsch, dass die Kolleginnen und Kollegen vor Ort arbeiten. Natürlich hat sich der letzte Punkt in den letzten zwei Jahren im Zuge der Coronapandemie ebenfalls stark verändert, jedoch gibt es einfach Vorteile, wenn man etwas vor Ort gemeinsam besprechen und ausarbeiten kann. Auch der direkte, persönliche Kontakt mit den Projektmitarbeitenden ist auf beiden Seiten wichtig. Zwar können auch Videokonferenzen dafür ein geeigneter Ersatz sein, aber gerade aufgrund der Erfahrungen der letzten Jahre besteht oft der Wunsch, sich wieder vor Ort zu sehen und zu besprechen. Den berühmten Mittelweg zu finden, ist nicht so einfach. Kosten sollen nicht ausufern, aber der Service soll weltweit in einem qualitativ und quantitativ guten Zustand erbracht werden. Die Lösung liegt meist in einer Mischung aus Onshore-, Nearshore- und Offshore-Ressourcen, dem sogenannten *Best- oder Rightshoring-Ansatz*. Bei Cloud-Providern spricht man auch vom Supportmodell *Follow-the-Sun*.

Follow-the-Sun

Beim Follow-the-Sun-Modell übergeben die einzelnen Regionen entsprechende Tickets und Supportanfragen an die nächste Zeitzone. So kann der Public-Cloud-Kunde auch in der Nacht einen entsprechenden Support erhalten, und die Produktion und die Geschäftsprozesse werden nicht beeinflusst. Beachten Sie bei den Modellen Follow-the-Sun und Offshoring jedoch, ob die Daten aus dem Ausland abgerufen und eingesehen werden dürfen. Es gibt Daten, die nicht außerhalb von Deutschland oder Europa abgerufen werden dürfen. Dies steht meist in den entsprechenden Sicherheitsregularien der Systeme. Sofern eine entsprechende Vereinbarung und ein gesicherter Zugriff per Ausnahme nicht zugesichert werden können, muss dies bei der Wartung bedacht werden.

Ebenfalls ist zu beachten, dass man im Fall einer Private Cloud nicht alles remote machen kann. Es wird immer Aktionen wie einen harten Neustart der Maschinen oder einen Wechsel von Hardware geben, für die die Mitarbeitenden unterstützend vor Ort zur Verfügung stehen müssen. Das wird beim Einsatz von Offshore-Arbeitskräften gerne vergessen. Die Zeiten haben sich gewandelt, viele möchten zwar remote arbeiten, aber leider ist das noch nicht immer möglich.

7.4.6 Souveräne Regionen

Spezialangebot Governance Clouds

Im Folgenden wollen wir noch kurz auf *Governance Clouds* und andere Formen von souveränen Regionen eingehen. Die Governance Clouds sind nicht zu verwechseln mit der sogenannten Cloud Governance. Cloud Governance beschreibt die Einhaltung der Regularien zur sicheren und nachvollziehbaren Nutzung von Anwendungen und Daten in der Cloud. Sie verfolgt das Ziel, zu jeder Zeit die Kontrolle über die Daten und Anwendungen zu behalten und das in technischen, betrieblichen, rechtlichen, sicherheitsrelevanten und organisatorischen Fragen.

Souveräne Regionen

Der Begriff Governance Clouds hingegen bezieht sich auf bestimmte Cloud-Regionen der Hyperscaler, die nicht mit dem Rest des globalen Netzwerkes der Hyperscaler verbunden sind. In Abbildung 7.7 sehen Sie beispielhaft die Cloud-Region USA-West der GovCloud von AWS. Auch Microsoft und Google haben speziell für die Regierung bereitgestellte Cloud-Regionen. Diese Regionen unterliegen einem entsprechend hohen Sicherheitsstandard und sind für die Systeme der US-Regierung gedacht.

Neben den Governance Clouds gibt es noch andere Formen souveräner Regionen der Hyperscaler, z. B. in China. Diese Regionen sind ebenfalls teilweise vom Rest des Hyperscaler-Netzwerkes abgekoppelt, nicht weil Sie für die Regierung Chinas bereitgestellt werden, sondern weil die chinesische Regierung einen Zugang zu den Daten in der Cloud haben möchte und die Hyperscaler so vermeiden, dass Sie auch in andere Regionen spähen könnte.

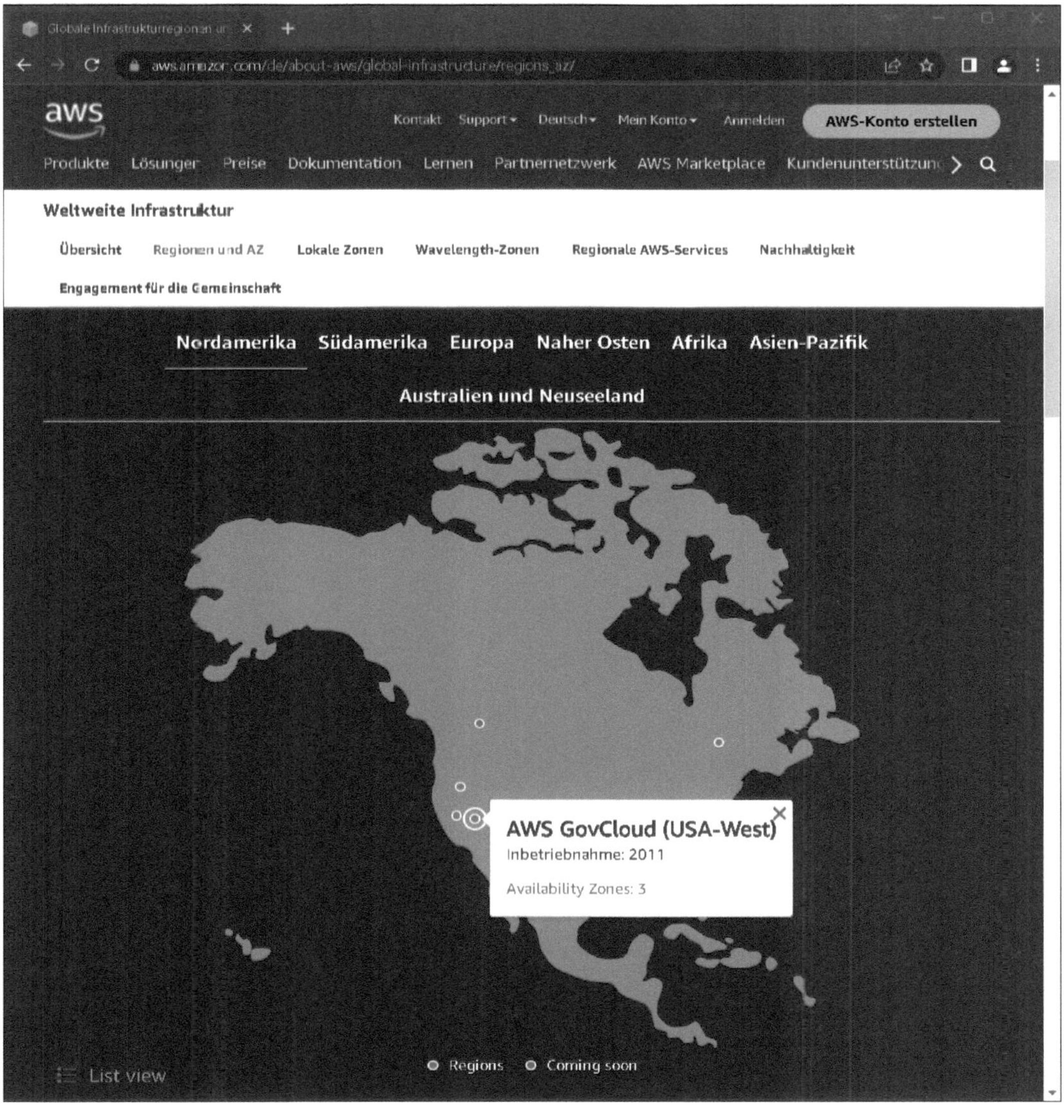

Abbildung 7.7 AWS-Governance-Cloud-Region USA-West (Quelle: AWS)

Souveräne Region von Microsoft in Deutschland

Im Jahr 2016 hat Microsoft eine Kooperation mit T-Systems im Sinne eines Datentreuhänders etabliert. Diese wurde speziell für deutsche Kunden entwickelt. Die Aufhebung des Safe-Harbor-Abkommens durch den EuGH im Jahr 2015 stellte alle US-Cloud-Anbieter vor rechtliche Probleme. Microsoft hat 2016 eine kreative Lösung für dieses Problem auf den Markt gebracht: deutsche Rechenzentren für Microsoft-Azure-Cloud-Services mit T-Systems als Datentreuhänder. Das Ganze war für einen Aufpreis von ca. 25 % gegenüber dem globalen Angebot erhältlich. Diese rechtliche Konstruktion sollte das US-Recht untergraben, mit dem US-Behörden der Zugriff auf Daten erlaubt wird. Microsoft hätte zwar weiterhin von den US-Behörden aufgefordert werden können, Daten der Cloud-Kunden in diesem Modell herauszugeben. Dies wäre aber aus technischen Gründen (fehlende Zugriffsrechte) nicht möglich gewesen. Sie als Kunde der Microsoft Deutschland Cloud konnten neben Microsoft Azure Services und Office 365 aus diesen deutschen Rechenzentren heraus nutzen, die nicht mit dem Microsoft Global Backbone verbunden waren. Dieses Modell war jedoch weniger erfolgreich, als erwartet. Im Jahr 2018 hat Microsoft diese souveränen Regionen in Deutschland wieder geschlossen.

Kapitel 8
Der Weg in die Cloud

Wenn das Cloud-Design fertig ist, kommt der letzte Schritt. In diesem Kapitel widmen wir uns der Frage, wie Sie Ihre Systeme in die Cloud migrieren und was Sie dabei beachten müssen.

In diesem Kapitel beschreiben wir den Weg von Systemen in die Cloud – von der Idee über das Design bis hin zur eigentlichen Migration. Dabei stellen wir Ihnen Best Practices aus den Migrationsprojekten der letzten 20 Jahre vor. Wir klären außerdem, wann eine Migration in einem Schritt erfolgen kann und wann es sinnvoller ist, die SAP-Landschaft vorab zu aktualisieren. In Abschnitt 8.1 gehen wir auf die gängigsten Migrationskonzepte ein, vergleichen in Abschnitt 8.2 die einzelnen Migrationsmethoden und erläutern in Abschnitt 8.3 bis Abschnitt 8.5, welche Schritte Sie bei und nach einer Migration in die Cloud einplanen sollten. In Abschnitt 8.6 beschreiben wir, welche Änderungen in der Unternehmenskultur sich für die Mitarbeitenden vor, während und nach der Migration in die Cloud ergeben können. Da sich viele Unternehmen von der Migration in die Cloud Kosteneinsparungen versprechen, gehen wir in Abschnitt 8.7, »Finanzielle Betrachtungen«, auf diesen Punkt genauer ein. Wir klären, ob und wann es aus finanzieller Sicht sinnvoll ist, die Infrastruktur zeitweise abzuschalten, wenn sie nicht benötigt wird, und gehen auf weitere Einsparpotenziale ein. Wir schließen das Kapitel mit einem der wichtigsten Themen unserer aktuellen Zeit und klären in Abschnitt 8.8, warum die Public Cloud so wichtig für die Nachhaltigkeit von IT-Infrastrukturen ist und welchen Beitrag Sie damit zum Erhalt unseres Planeten leisten.

8.1 Migrationskonzepte

Wie geht man eine Migration an?

Der Weg eines SAP-Systems in die Cloud besteht aus vielen kleinen Arbeitsschritten. Deshalb ist es wichtig, dass Sie vorab einen Plan erstellen und einzelne Etappenziele definieren, auch Meilensteine genannt. Wenn Sie sich vor einer Cloud-Migration z. B. keine Gedanken über das zukünftige Design machen, riskieren Sie doppelten Aufwand. Im schlimmsten Fall müssen Sie wegen ungeplanter Nacharbeiten mit einer längeren Downtime rechnen, als ursprünglich geplant. Es ist auch sinnvoll, dass Sie die einzelnen Migrationsmöglichkeiten genau kennen und einzelne bevorstehende Betriebsabläufe miteinander verknüpfen. Steht beispielsweise in naher Zukunft ein Betriebssystem-Update auf dem Wartungsplan, können Sie dieses mit der Migration verbinden und das Zielsystem gleich mit dem aktuellen Betriebssystem ausstatten.

Außerdem sollten Sie sich frühzeitig Gedanken darüber machen, wie und wann die alten Systeme abgebaut werden und welche Schritte dabei zu beachten sind.

8.2 Vergleich der Migrationsmethoden

Die richtige Ist-Analyse für den Erfolg

Die Migration in die Cloud kann auf unterschiedliche Arten erfolgen. Bevor der Weg in die Cloud eingeschlagen wird, sollten Sie jedoch prüfen, ob es Abhängigkeiten gibt, die schon vor der eigentlichen Migration umgesetzt werden müssen. So kann es sein, dass das Betriebssystem und die Datenbank vorher ein Update benötigen, oder aber, dass ein Applikationsserver nicht mehr gemeinsam mit der Zentralinstanz auf einer VM laufen soll und die Zugriffe auf die Systeme künftig über das verschlüsselte Protokoll HTTPS statt über HTTP erfolgen sollen. In diesen Fällen ist es sinnvoll, diese Aktivitäten bereits vor der Migration durchzuführen, um die Komplexität der eigentlichen Migration nicht unnötig zu erhöhen. Denn je mehr Vorgänge in einer Auszeit während der Migration stattfinden, desto komplexer wird die Migration und gegebenenfalls auch die Fehleranalyse, wenn etwas nicht wie geplant funktioniert. Auch die Projektlaufzeiten können sich erheblich verlängern. Daher sollten Sie die Vor- und Nachteile einer konsolidierten Cloud-Migration stets gut abwägen. Manchmal ist es sinnvoll, zuerst in die Cloud zu migrieren und danach weitere Anpassungen vorzunehmen. Letztendlich wird die Planung davon beeinflusst, wie viel Zeit für die Migration zur Verfügung steht und welches Ziel das Unternehmen mit dieser Migration verfolgt. In letzter Zeit wird häufig zuerst in die Public Cloud migriert und werden erst danach weitere Schritte und Anpassungen vorgenommen, um möglichst schnell die Vorteile der Public Cloud in Bezug auf Nachhaltigkeit zu erreichen.

[+]

Komplexität reduzieren

Bitte gestalten Sie die Migrationsplanung nie zu komplex. Die Kombination von Migration, Patching und Architekturänderungen reduziert zwar die Anzahl der Auszeiten, erschwert aber die Fehlersuche. Dies kann sich insofern negativ auf die Migration auswirken, als dass die Auszeit aufgrund der komplexen Fehlersuche verlängert oder im schlimmsten Fall die Migration abgebrochen werden muss.

Die sieben R-Faktoren

Bei den technischen Migrationsmöglichkeiten spricht man oft von den sieben *R-Faktoren*, die bei einer Cloud-Migration eine Rolle spielen. Die sieben R-Faktoren sind:

- Rehost
- Relocate
- Replatform
- Refactoring
- Retire
- Repurchase
- Retain

Da im Rahmen einer Cloud-Migration in der Regel ein oder mehrere der sieben R-Faktoren zum Einsatz kommen, werden wir diese hier kurz erläutern und auf die verschiedenen Möglichkeiten der Migration durch Nutzung der R-Faktoren eingehen.

Rehost

Rehost bezeichnet dabei die klassische *Lift-and-Shift-Migrationsmethode*. Das heißt, das im Regelfall bereits virtualisierte System wird von einer On-Premise-Umgebung 1 : 1 in die neue Public-Cloud-Umgebung geschoben, von einem Virtualisierungs-Host auf einen anderen. Daher nennt man diese Methode Rehosting. Einer der wichtigsten Schritte bei dieser Methode ist es, dafür zu sorgen, dass sowohl die Schnittstellen noch funktionieren als auch immer noch der gleiche Zugriff auf alle Dokumente, Daten und Umsysteme wie vor der Migration besteht. Der Vorteil dieser Methode besteht darin, dass keine Änderungen an der Software vorgenommen werden müssen – weder im Code noch in der Architektur. Nahezu jede Applikation, ob SAP oder nicht, lässt sich so schnell und direkt mit geringem Risiko und minimaler Unterbrechung des Geschäftsprozesses migrieren.

Da sich weder Applikation noch Service in der Architektur ändern, sind die Security- und Compliance-Freigaben auch nach der Migration noch valide und müssen nur der neuen Umgebung angepasst werden. Größere Anpassungen und zusätzliche Freigaben sind in der Regel nicht notwendig. Der Nachteil besteht darin, dass nicht alle Vorteile der Public Cloud genutzt werden können. Zum einen werden bei dieser Migrationsmethode bei dem Hyperscaler Ihrer Wahl reine IaaS-Dienste verwendet, zum anderen werden keine Änderungen an der Architektur der Infrastruktur vorgenommen. Auf diese Weise verzichten Sie auf die Vorteile von verteilten Workloads (siehe Abschnitt 4.2.4, »Weitere Architekturüberlegungen«, zum Thema Scale-up und Scale-out) oder auf die Nutzung von PaaS-Angeboten. Diese können bei Bedarf aber auch später implementiert werden.

Wenn ein System mit Lift und Shift migriert wird, wird keine Hochverfügbarkeit verwendet. Sie profitieren auch nicht von den Möglichkeiten der Availability Sets und Availability Zones. Datenbank, SAP-Applikation und Load Balancer befinden sich im Zweifelsfall auch wieder auf der gleichen VM und werden bei dieser Migrationsmethode dann auch in der Public Cloud nicht getrennt. Sind die Systeme nicht für die Cloud optimiert und angepasst, kann es weiterhin zu Latenzproblemen oder Performanceeinbußen kommen. Applikationen, die schon vor der Migration in die Cloud Probleme mit Antwortzeiten oder gegebenenfalls der Datenstruktur hatten, können nach der Migration noch größere Probleme bekommen, da die Ursache schwer zu finden ist und die Anpassungen sehr umfangreich werden können.

Bei den Applikationen unterscheiden wir an dieser Stelle nicht genauer. Es ist egal, ob es sich um ein SAP-ERP-System mit Datenbank, eine Java-Entwicklung oder um ein Dual-Stack-System handelt. Die Auswirkungen sind immer dieselben. Weiterhin kann die Migration scheitern, wenn die Anforderungen der Applikation nicht der Cloud-Konfiguration angepasst werden. Da die IP-Adresse bei der Migration nicht übernommen werden kann, kann es schwierig sein, diese Konfiguration in der Cloud nachzubilden, wenn nur eine einzige IP-Adresse für Datenbank, Applikation und den Load Balancer verwendet wurde.

Einer der Hauptgründe für das Scheitern von Migrationen ist der, dass Schnittstellen fehlen oder dass die Kommunikation mit dem umliegenden System nicht vor der Migration möglich ist und die Geschäftsprozesse dadurch nicht wie gewünscht funktionieren. Überlegen Sie daher gut, welche Risiken vom Unternehmen getragen werden können. Die Methode Lift and Shift wird oft dafür genutzt, bereits virtualisierte Maschinen in großem Umfang schnell in die Cloud zu migrieren, z. B. damit Sie keine neue Hardware anschaffen müssen, weil Sie schnell Ihre eigenen Rechenzentren abbauen oder die Nachhaltigkeit Ihres Unternehmens erhöhen wollen. Achten Sie hier auf die Kosten: Reine IaaS-Nutzung ist die teuerste Art und Weise, eine Public Cloud zu nutzen.

Relocate

Relocate bezeichnet die Lift-and-Shift-Methode auf Hardwareebene. Das bedeutet, dass die Serverracks selbst physisch von einem Ort an einen anderen Ort gebracht werden. Hierfür müssen Sie keine neue Hardware kaufen.

Code- sowie funktionelle Änderungen sind bei dieser Art der Migration nicht notwendig. Diese Methode wird meist nur verwendet, wenn Sie selbst eine neue Private Cloud in einem neuen Rechenzentrum aufbauen und einen Teil der alten Infrastruktur unverändert in das neue Rechenzentrum mitnehmen. Dabei gilt es zu beachten, dass die Hardware den Anforderungen des neuen Rechenzentrums entsprechen muss und problemlos in den Betrieb, die Architektur und das Netzwerk integriert werden kann. Ein weiteres mögliches Szenario ist, dass Sie Ihren IT-Betrieb auslagern und Ihr Outsourcing-Partner einen Teil oder die gesamte IT-Infrastruktur aus Ihrem Rechenzentrum physisch in sein eigenes Rechenzentrum mitnimmt.

In der Regel ist es nicht möglich, die Hardware bei einer Migration zu Microsoft, Amazon, Google oder zu einem anderen Hyperscaler zu überführen. Das wird nur in Ausnahmefällen genehmigt, wenn das zu erwartende Volumen groß genug ist und es gute Gründe für eine Relocation gibt. Eine solche Migration sollte nur in Zusammenarbeit mit einem sehr erfahrenen Umsetzungspartner durchgeführt werden. Die Rechenzentren der Cloud-Provider haben sehr hohe Anforderungen, und die Bereitstellung des Compute-Service gehört zu einer der zentralen Leistungen der Anbieter selbst. Relocate eignet sich aber z. B. als Methode, wenn Sie entweder selbst ein neues Rechenzentrum aufbauen oder Ihre IT-Landschaft zu einem Partner outsourcen und dieser Ihre Hardware oder zumindest Teile davon übernimmt und Sie physisch in sein eigenes Rechenzentrum überführt.

Replatform

Die Methode *Replatform* geht einen Schritt weiter. Die benötigte Infrastruktur wird im Ziel neu aufgebaut und die verwendete Software, wie z. B. SAP S/4HANA, mit allen Anpassungen und Konfigurationen neu installiert. Anschließend werden nur die Daten in die neue Datenbank migriert. Hierbei haben Sie die Möglichkeit, die Konfiguration den neuen Möglichkeiten anzupassen und Gebrauch von HA und DR zu machen.

Die Applikationen werden dabei ohne größere Änderungen in die Cloud migriert, die Vorteile der Cloud aber teilweise genutzt. Die Kernarchitektur der Applikationen wird bei der Replatform-Strategie nicht angepasst. Auch funktionale Änderungen an der Software werden nicht durchgeführt. Anpassungen am Code, die für die neue Umgebung notwendig sind, sind hingegen erlaubt. Ebenfalls können zusätzliche Sicherheits-Updates eingespielt werden. *Sicherheits-Updates* sind Softwarepakete, die von Herstellern wie SAP, Red Hat, SUSE oder Cloud-Providern zur Verfügung gestellt werden, um erkannte Sicherheitslücken im Produkt – sei es Software oder Hardware – zu beheben.

Sie können z. B. auch den Kommunikationspfad anpassen, d. h., wie die Programme mit der Datenbank kommunizieren, um die Vorteile der Automatisierung und der elastischen Datenbankinfrastruktur zu nutzen. Auch Anpassungen bei der Skalierung und der Nutzung reservierter Ressourcen können von Vorteil sein, was meistens mit kleinen Änderungen an der Applikation umsetzbar ist. Um sicherzustellen, dass in der Cloud die notwendigen Ressourcen zur Verfügung stehen, reservieren viele Kunden vorab bestimmte Ressourcen bei ihrem Hyperscaler. Dies ist gerade bei spezieller Hardware oder der Nutzung von Maschinen sinnvoll, für die sonst eine gewisse Vorlaufzeit entstehen könnte.

Ein Vorteil des Replatformings ist die Kosteneffizienz, da keine großen Entwicklungsprojekte aufgesetzt werden müssen. Außerdem können Sie klein anfangen und entsprechend den Anforderungen skalieren. Die Workloads können in die Cloud migriert werden. Sie können so mit der Cloud erste Experimente durchführen und Erfahrungen sammeln, bevor weitere Workloads migriert werden müssen. Hinzu kommt, dass cloudnative Funktionen wie Auto-Scaling, Managed Storage, Infrastructure as Code (IaC) und viele weitere Funktionen eingesetzt werden können.

Nachteile des Replatformings können sein, dass der Aufwand unterschätzt wird und am Ende ein Refactoring-Projekt umgesetzt werden muss. Weiterhin ist ein gewisses Maß an Automatisierung notwendig, da die Workloads in der Cloud nach der Migration nicht mehr manuell betrieben werden sollten. Dafür sollten Sie eine gewisse Zeit und Aufwand in die Basisautomatisierung investieren, um die nötige Flexibilität beim Betrieb in der Cloud gewährleisten zu können. Die zeitlichen Aufwände können später im Betrieb sehr dienlich sein. Wie hoch der Aufwand ist, hängt von den Erfahrungen mit der Automatisierung ab und wie viel automatisiert werden soll bzw. automatisiert werden kann. Es sollte auf bekannte Cloud-Komponenten gesetzt werden. Spezialanforderungen bringen oft viele Änderungen in der Applikation mit sich und sind sehr aufwendig. Die Rückkehr zum Standard ist dabei nicht immer ganz einfach durchzusetzen.

Refactoring

Werden die Applikationen vollständig der Cloud-Umgebung angepasst, um die Möglichkeiten der Cloud voll auszunutzen, spricht man in der Regel vom *Refactoring*, also von der teilweisen oder vollständigen Neuentwicklung einer Applikation oder Funktion. Wollen Sie z. B. mit Ihrem SAP-ERP-System zu SAP S/4HANA Cloud wechseln, können Sie Ihre bestehenden Anpassungen nicht mitnehmen, da diese zuvor aus Ihrem System herausgelöst werden müssen (siehe dazu Abschnitt 2.5.2, »SAP als SaaS-Anbieter«).

Diese Systemanpassungen können Sie vorab als externe Erweiterung z. B. auf der SAP BTP neu entwickeln. Die auf der SAP BTP neu erstellten Anwendungen können Sie dann an Ihrem neuen SAP-S/4HANA-System andocken, anstatt sie wie bisher direkt in das System zu integrieren. Dies erleichtert die spätere Wartung sowohl der Anpassung als auch des SAP-S/4HANA-Systems.

Das Refactoring ist dadurch viel komplexer als andere Migrationsverfahren, da die Applikationsänderungen zusätzliche Tests seitens der Fachabteilung nach sich ziehen, um sicherzustellen, dass die Funktionalität nach dem Refactoring noch genauso gegeben ist. Außerdem zählt Refactoring zu den teureren Migrationen in die Cloud. Gleichzeitig jedoch kann es den schnellsten Return on Invest bringen, wenn die Systeme einmal in der Cloud laufen. Beachten Sie, dass dieses nur mit selbst hergestellter Software funktioniert, da Sie gekaufte Applikationen in der Regel nicht selbst auf Codeebene anpassen oder gar neu entwickeln können. Häufig sind beim Refactoring vollständige Anpassungen in der Applikationsarchitektur notwendig. Die Vorteile der Strategie sind daher perspektivisch zu betrachten. Zukünftige Kosten können mit den entsprechenden Anpassungen deutlich verringert werden. Außerdem können cloudnative und Mikroservicearchitekturen viel besser und viel schneller auf neue Anforderungen reagieren, indem neue Features hinzugefügt oder existierende Funktionen schnell angepasst werden können.

Entsprechende Anforderungen haben zusätzlich einen positiven Einfluss auf die *Resilienz* einer Applikation bzw. eines Systems, da sie die Applikationen widerstandsfähiger gegen Fehler machen können. Die Entkopplung von Applikationen und die Nutzung von Managed Solutions erhöht die Hochverfügbarkeit eines Systems enorm. Die Nachteile der Refactoring-Methode entstehen durch das Nutzen nativer Cloud-Funktionen eines Hyperscalers. Je cloudnativer eine Applikation ist, desto mehr ist sie auf diesen Public-Cloud-Anbieter zugeschnitten, und Sie erzeugen so einen sogenannten Vendor-Lock-in. Ein Vendor-Lock-in bezeichnet eine Situation, in der Sie so sehr auf Dienste und Services eines Hyperscalers angewiesen sind, dass eine Migration zu einem anderen Anbieter quasi unmöglich ist.

Retired

Wenn Applikationen nicht mehr benötigt werden, können sie gelöscht, stillgelegt oder »in den Ruhestand geschickt« (engl. *retired*) werden. Man spricht hierbei von der Methode *Retire*. Die Systeme können dann, wie in Abschnitt 8.5, »Schritte nach einer Migration«, beschrieben, abgebaut und gelöscht werden. Da gerade bei einer Migration eine gewisse Art von Inventarisierung stattfindet, wird das Unternehmen häufig den Kosten-Nutzen-Aspekt berücksichtigen. Wird die Applikation nur noch selten oder gar nicht mehr genutzt, stehen die Migrationskosten und die neuen Cloud-Kosten gegebenenfalls nicht mehr im Verhältnis zum Nutzen, das System oder die Applikation in der neuen Umgebung zu betreiben. Daher werden die Systeme im Rahmen der Migration abgebaut. Dabei handelt es sich meist um Systeme, die vor der Migration gelöscht werden sollten, wie z. B. alte Historiensystem, die bereits archiviert worden sind, aber nie abgeschaltet wurden, oder alte SAP-Systeme, deren Daten bereits in ein neues System übertragen worden sind, aber nie abgeschaltet wurden. Im Laufe der Zeit kann es auch vorkommen, dass mehrere SAP-Solution-Manager-Systeme in unterschiedlichen Release-Ständen betrieben werden. Alte, nicht mehr genutzte System können dann abgeschaltet oder harmonisiert werden. Im Rahmen einer großen Migration ist dann der Zeitpunkt gekommen, hier einmal aufzuräumen.

Repurchase

Bei der Methode *Repurchase* wird die Applikation gegen eine aktuellere oder neue Lösung oder Applikation meistens des gleichen Herstellers ausgetauscht und nur die Daten werden migriert. Die alte Applikation wird anschließend ebenfalls gelöscht bzw. abgebaut. Ein klassisches Beispiel dafür ist z. B. der Wechsel einer On-Premise-Lösung zu einer Software-as-a-Service-Lösung, bei der der Hersteller den kompletten Service erbringt. Alte Lizenzen können in der Regel umgewandelt werden, da dem Vendor daran gelegen ist, den kompletten Service als Lösung zu erbringen.

Wenn Sie z. B. bei der Migration von Ihrem alten SAP-ERP-System auf SAP S/4HANA die HR-Funktionalität nicht mit migrieren und stattdessen auf SAP SuccessFactors, die cloudbasierte Lösung für HCM-Prozesse, setzen, dann ist das ein Beispiel für ein Repurchase. Ein weiteres Beispiel ist der Wechsel von Ihrem On-Premise-SAP-ERP-System zu SAP S/4HANA Cloud. Auch hier handelt es sich um eine Neuanschaffung einer SaaS-Lösung im Gegensatz zur bisherigen On-Premise-Variante.

Retain

Zu guter Letzt gibt es noch die Option *Retain*, d. h., einige Applikationen werden weiterhin in On-Premise-Lösungen betrieben. Das ist z. B. der Fall, wenn Applikationen aktuell nicht so einfach in die Cloud zu überführen oder die Applikationen für die Cloud nicht freigegeben sind und somit in einem eigenen Rechenzentrum betrieben oder in ein On-Premise-Rechenzentrum für Managed Services ausgelagert werden müssen. Ein anderer Fall kann sein, dass diese Applikation nur noch eine begrenzte Lebens- oder Einsatzdauer hat und dann ebenfalls später einmal »retired« werden soll. Dann sind der Aufwand und damit die Kosten für eine Cloud-Migration solch einer Applikation eventuell nicht mehr zu rechtfertigen. Diese Applikation wird dann noch für eine begrenzte Zeit weiter in Ihrer alten Infrastruktur betrieben, bis sie nicht mehr benötigt wird.

Nachdem Sie eine gründliche Bewertung aller Ihrer Applikationen durchgeführt haben, entscheiden Sie sich pro Applikation für eine dieser sieben Migrationsarten und müssen dann die Migration jeder einzelnen Applikation planen. Dabei beschreibt eine Applikation immer ein komplettes SAP-

System, d. h. je nachdem mit Datenbank, mit Java oder ohne weitere Komponenten, die zur Applikation gehören.

8.3 Ablauf einer Migration

Migrations-Scope definieren

Am Anfang jeder Migration steht die Definition des *Migrations-Scopes*, also der Inhalte, die in die Migration einbezogen werden sollen. Erstellen Sie einen Plan, was alles migriert werden soll, welche Systeme neu installiert werden, welche Anpassungen erlaubt sind und welche Anpassungen eher nachgelagert vorgenommen oder bereits vor der Migration erledigt werden sollten. Dabei ergibt sich für jeden SAP-Kunden aktuell die Frage, ob mit der Migration ein entsprechender Umstieg auf SAP S/4HANA vorgenommen werden soll oder ob erst eine Migration in die Cloud mit nachgelagertem Umstieg sinnvoller ist.

Die Wartung der ERP-Vorgängersysteme wird im Jahr 2027 aufgehoben (siehe Abschnitt 1.1.1, »SAPs ERP-System und die Business Suite«), die sehr kostspielige erweiterte Wartung wird spätestens im Jahr 2030 enden. Somit steht für viele SAP-Kunden neben der Cloud-Migration auch der Sprung auf SAP S/4HANA an, da hier eine entsprechende Supportzusage bis mindestens 2040 vorliegt.

Da SAP S/4HANA neben der In-Memory-Datenbanktechnologie SAP HANA noch weitere neue technische Ansätze verfolgt, ist der entsprechende Aufwand, den die Migration mit sich bringt, sowohl zeitlich als auch aus Kostengründen nicht zu unterschätzen. Bei dieser Migration wird nicht nur eine reine Datenbankmigration vorgenommen, die komplette ERP-Landschaft ist betroffen und muss angepasst werden. Die entsprechenden Vorteile dieser Migration liegen auf der Hand, da neben dem längeren Support sehr viele neue Funktionen, die Vereinfachung der Prozesse und die Bereinigung Ihres Ausgangssystems im Vordergrund stehen.

8.3.1 Greenfield vs. Brownfield

Bei der Migration haben Sie die Wahl zwischen einer Greenfield-Implementierung, bei der Sie sich von Altlasten trennen und Ihr Projekt ganz von vorne auf einer noch grünen Wiese beginnen, und einer Brownfield-Implementierung, bei der Sie Ihre bestehenden und bewährten Prozesse und Daten in ein neues System übernehmen. Die technischen Möglichkeiten und Ansätze dieser Methoden könnten dabei nicht unterschiedlicher sein. Sie reichen von einer kompletten Neuinstallation über die selektive Migration von Teilen des Systems bis hin zu einer vollständigen Konvertierung des ganzen SAP-Systems. Welche Migrationsmethode die beste für Ihr Unternehmen ist, hängt unserer Erfahrung nach z. B. von folgenden Kriterien ab:

- Wie sind Aufbau und Ausprägung der vorhandenen IT-Systemlandschaft?
- Handelt es sich um einen On-Premise- oder Cloud-Betrieb?
- Wie sieht die Ausgangskonfiguration bei Ihnen aus?
- Welches Risiko ist bei der Migration tragbar?
- Wie steht es um das Know-how der Mitarbeitenden?
- Wie sind die organisatorischen Strukturen aufgebaut?
- Was sind die kurz-, mittel- und langfristigen strategischen Ziele der Unternehmung?

Greenfield-Ansatz

Bei einem *Greenfield-Ansatz* wird das System komplett neu implementiert. Die SAP-Umgebung wird auf der sogenannten grünen Wiese neu aufgebaut. Damit werden vorhandene Systeme aufgegeben und durch eine neue SAP S/4HANA Cloud Edition ersetzt. Es werden die Daten der existierenden SAP- und Nicht-SAP-Applikationen schrittweise konvertiert und in die neue Landschaft übertragen. Einer der klaren Vorteile ist hier die Rückkehr zum Standard, womit sich Unternehmen von Altlasten, wie etwa tief in den Code des ERP oder der Datenbank eingreifende Anpassungen, befreien können. Der Greenfield-Ansatz eignet sich z. B. besonders dann, wenn Sie planen, die SAP S/4HANA Cloud, Public Edition zu wählen. Bei dieser SaaS-Version von SAP können Sie keine alten Anpassungen aus Ihrem bestehenden System mitnehmen.

Der Greenfield-Ansatz ist am besten für Sie geeignet, wenn Sie das volle Potenzial von SAP S/4HANA ausnutzen und gleichzeitig Ihre Datenqualität verbessern wollen. SAP S/4HANA ist die Basis für ganz neue Geschäftsmodelle und Zukunftstechnologien. Sie profitieren von mehr Geschwindigkeit, Flexibilität und Innovation in Ihren Geschäftsprozessen.

Vor- und Nachteile des Greenfield-Ansatzes

Konkret bietet der Greenfield-Ansatz demnach folgende Vorteile:

- vollständig neue und einheitliche Systemlandschaft
- mehr Flexibilität durch Standardisierung
- Nutzung der SAP-Standardprozesse und Best Practices
- Reduzierung der Komplexität und weniger Altlasten aus Ihren Systemen
- Nutzung des gesamten Potenzials von SAP S/4HANA
- schnellerer Zugang zu neuen Funktionen

- Optimierung der Betriebskosten durch die Nutzung einer Cloud
- aufgeräumte Datenbank

Es gibt jedoch auch Nachteile beim Einsatz des Greenfield-Ansatzes:

- hoher Testaufwand für die neuen Prozesse
- längere Projektlaufzeit durch zusätzliche Analysen und Planung
- zusätzliches Change Management notwendig
- zusätzliches Training der User notwendig
- anfänglich höhere Projektkosten durch den Umstieg

Beim Greenfield-Ansatz kommen sowohl die Replatform-Methode, wenn Sie selbst in der Cloud SAP S/4HANA Cloud, Private Edition neu aufbauen, als auch die Repurchase-Methode zum Einsatz, wenn Sie SAP S/4HANA Cloud, Public Edition als SaaS-Lösung neu einkaufen und anschließend nur Ihre konvertierten Daten migrieren (siehe dazu Abschnitt 8.2, »Vergleich der Migrationsmethoden«).

Brownfield-Ansatz

Beim *Brownfield-Ansatz* wird das Konzept einer schrittweisen Umstellung und Konvertierung verfolgt. Die Systeme erhalten ein Upgrade, jedoch können Systemindividualisierungen, sofern gewünscht, zunächst mit übernommen werden. Unterstützt werden die Migrationen durch bereits existierende Lösungen wie den *Software Update Manager* und die *SAP Database Migration Option* (kurz DMO). Der Vorteil des Brownfield-Ansatzes ist ganz klar die Beibehaltung der von Ihnen hinzugefügten Individualisierungen, während parallel dazu die Systemlandschaft konsolidiert, standardisiert und modernisiert wird.

In der Regel erfolgt zunächst eine As-is-Migration mit der Rehost-Methode. Anschließend wird Ihr System schrittweise durch ein Upgrade auf SAP S/4HANA Cloud, Private Edition umgestellt. Dabei wird zunächst die Datenbank auf SAP HANA migriert, sofern Sie SAP HANA noch nicht verwenden. Anschließend wird die Applikation selbst von SAP ERP auf SAP S/4HANA umgestellt.

Vor- und Nachteile des Brownfield-Ansatzes

Die Vorteile einer Brownfield-Implementierung finden Sie hier auf einen Blick:

- schnellere Migration und weniger Aufwand
- Beibehaltung Ihrer Systemanpassungen und aller historischen Daten
- geringere Unterbrechungen im Betriebsablauf
- wenig Change Management
- in der Regel geringere Projektkosten

Die Nachteile einer Brownfield-Implementierung sind folgende:

- Komplexe Systeme bleiben auch nach der Migration komplex und pflegeaufwendig.
- wenig Möglichkeiten, von den neuen SAP-S/4HANA-Funktionen zu profitieren
- geringes Potenzial, die Prozesse aufzuräumen und zu modernisieren

Selective Data Transition

Zu guter Letzt gibt es noch die Möglichkeit einer *Selective Data Transition*, ehemals *Landscape-Transformation* genannt. Hierbei handelt es sich um eine Methode, die die existierenden SAP-Systeme in einem neuen SAP-S/4HANA-System technisch konsolidiert. Mehrere in Ihrem Unternehmen bestehende ERP-Lösungen können dadurch in ein Zielsystem zusammengeführt werden. Es findet eine selektive Transformation der Konfigurationen und Daten statt.

Vor- und Nachteile der Selective Data Transition

Zu den Vorteilen der Selective Data Transition gehören:

- nur minimale Anpassungen bei der Migration an den Prozessen und Daten
- Auswahl der für die Migration notwendigen Daten und Prozesse, Aussortierung der nicht mehr benötigten Prozesse und Daten
- weniger aufwendig als ein Greenfield-Ansatz

Die Nachteile einer Selective Data Transition finden Sie hier im Überblick:

- langfristig die gleichen Probleme wie bei einem Brownfield-Ansatz, da viele Altlasten mitgenommen werden
- keine Reduzierung der Komplexität des Systems

8.3.2 Planung der Migration

Nachdem geklärt ist, welche Systeme migriert werden sollen, stellt sich eine der wichtigsten Fragen, die Sie sich in jedem Projekt stellen müssen: Wie werden die SAP-Systeme nun am besten migriert? Diese Frage ist nicht einfach zu beantworten, da folgende Faktoren von Bedeutung sind:

- Wie lang ist die maximal mögliche Downtime? Die Antwort auf diese Frage beeinflusst die Migrationsmethode maßgeblich.
- Was ist die Zielumgebung (IaaS oder SaaS)? Das beeinflusst die Migrationsstrategie.
- Welche Zieldatenbank und welches Zielbetriebssystem sind gewünscht (nur IaaS)? Die Konfiguration hat Einfluss auf das Zieldesign der Infrastruktur.

- Wie ist die Datenbankgröße? Das beeinflusst die Migrationszeit und damit auch die Kosten.
- Wie komplex ist die Systemlandschaft? Sollte eher ein Greenfield-Ansatz verwendet werden, um die Komplexität zu reduzieren, oder kann ein Brownfield-Ansatz verwendet werden, weil das System bereits relativ standardisiert aufgebaut ist?
- Sollen Änderungen an der Architektur vorgenommen werden?

Schon bei der Abstimmung der entsprechenden Downtime kann es zu ersten Diskussionen zwischen den einzelnen Verantwortlichen kommen. Oftmals wird vergessen, dass die Downtime nicht nur die Zeit ist, in der das System migriert wird, vielmehr fängt eine Downtime an, wenn das System als Vorbereitung auf die Migration gestoppt wird und die Benutzer nicht mehr darauf zugreifen können. Entsprechende Arbeiten, die in der Ausgangsumgebung offline zu erledigen sind, müssen Sie hier also einplanen. Danach beginnt die eigentliche Migration und nach der Migration folgen noch die technischen und fachlichen Tests, bevor das System freigegeben werden kann. Erst nach der Systemfreigabe wird das System wieder in Betrieb genommen, d. h., die Schnittstellen müssen anlaufen, die Jobs müssen im System gestartet werden und die Daten, die während der Migration angefallen sind, aber nicht verarbeitet werden konnten, müssen nachverarbeitet werden. Erst dann ist die Downtime beendet und das System wieder nutzbar.

8.3.3 Runbooks

Migrationsschritte

Bevor es zu der eigentlichen Migration kommt, gibt es einen wichtigen Aspekt, den Sie unbedingt berücksichtigen sollten: die Erstellung eines Migrationsplans, des *Runbooks*. Ein solches Runbook enthält eine Auflistung und Beschreibung aller Schritte, die für eine solche Migration notwendig sind. Auf diese Weise verhindern Sie, dass während der Migration Fehler auftreten oder später beim Testen festgestellt wird, dass Teile fehlen. Die Runbooks beginnen mit der Bereitstellung der leeren Zielumgebung einschließlich der notwendigen Vorbereitungen. Das Runbook endet mit dem Abbau der Altsysteme in der Altumgebung.

Es ist eine Art Kochbuch, das alle Fragen zu den einzelnen Schritten, den Verantwortlichkeiten, dem Ablauf und der zeitlichen Planung beantworten sollte. Weiterhin sind die Abstimmung der technischen und fachlichen Tests sowie ein abgestimmtes Architekturdesign für die neue Umgebung enthalten. Zudem beinhaltet der Migrationsplan die entsprechenden Dokumentationen für jedes zu migrierende System. Der Migrationsplan zeigt Ihrem Migrationsteam, zu welchem Zeitpunkt welches System migriert werden soll. So können Sie Abhängigkeiten zwischen den Systemen erkennen und gerade bei sehr komplexen Systemlandschaften genau sehen, wie viel Zeit für Tests eingeplant ist. Meist sind die Zeiten zwischen dem Entwicklungs- und dem Testsystem sehr kurz, da die Testsysteme ein möglichst genaues Abbild der Produktion darstellen sollten und in der Regel erst mit Umsystemen und angeschlossenen Systemen getestet werden kann. Planen Sie mindestens eine Woche zwischen den einzelnen Migrationen ein. Wenn die Zeitabstände zu kurz sind, kann es sein, dass Fehler zu spät entdeckt werden und sich das nächste System vielleicht schon in der Migration befindet.

Sequenz von Abläufen

Umfangreichere Schritte können in weitere Dokumente ausgelagert sein, wie z. B. die Testbeschreibung und die Schnittstellenübersicht. Das Runbook gibt die Sequenz der Abläufe wieder und dokumentiert die tatsächliche Dauer der Migrationsschritte. Das ist wichtig für die zeitliche Planung der nachfolgenden Migrationen. Sie sollten wissen, wie lange die folgenden Schritte voraussichtlich dauern werden:

- Stoppen des Systems
- Senden der Daten synchron an die angebundenen Systeme
- Erstellen eines letzten Backups
- Entnahme der Checksummen oder Bilanzübersichten vor der Migration
- Durchführung der Migration mit der ausgewählten Methode und Strategie
- Starten des Systems in der neuen Zielumgebung
- Prüfung und Dokumentation der erfolgreichen Migration mit Checksummen und Bilanzen
- Durchführung eines Backups in der neuen Umgebung
- Durchführung technischer Tests wie ein allgemeiner Systemcheck und ein Check der Schnittstellen auf Basisseite
- Durchführung fachlicher Tests
- Vorbereitung der Freigabe
- Durchführung der eigentlichen Freigabe
- Starten des Systems und Öffnen der Schnittstellen in der richtigen Reihenfolge
- zeitlich begrenzte Betreuung der Systeme durch das Projektteam während der Rückübergabe in den Betrieb (Hypercare-Phase)

Ansprechpartner auf einen Blick finden

Weiterhin sind im Runbook die Namen der Verantwortlichen für die einzelnen Aufgaben sowie Schichtpläne für die Migration hinterlegt. Gerade für die Migration der produktiven Systeme sollten Sie sicherstellen, dass folgende Personen immer direkt zu erreichen sind:

- Projektmanagement aller beteiligten Parteien (aus Ihrem Betrieb, vom Hyperscaler, von Ihrem Umsetzungspartner, gegebenenfalls von SAP selbst)
- Migrationsverantwortliche, dies betrifft die technischen und fachlichen Verantwortlichen
- Architektinnen und Architekten, die die Architektur der alten und neuen Umgebung kennen
- verantwortliche Person aus dem Betrieb für:
  - SAP-Basisbetrieb
  - Unix/Linux-Subject-Matter-Expert
  - Berechtigungen in der Infrastruktur und im SAP-System
  - Datenbankverantwortliche
  - Netzwerk-Subject-Matter-Expert, der oder die sich auch mit der Firewall und den Sicherheitseinstellungen auskennt
  - Verantwortliche für Backup und Restore
- verantwortliche Person aus dem Infrastrukturteam, da das Team in der Regel für den Aufbau der neuen Systeme verantwortlich ist
- Sonderteams, wie z. B. spezielle verantwortliche Person für Schnittstellen des angeschlossenen Systems oder zusätzliche Netzwerkteams
- verantwortliche Person für die Tests
- verantwortliche Person von SAP, dem Datenbanklieferanten (wenn nicht SAP) und eine verantwortliche Person Ihres Hyperscalers

Um wertvolle Zeit zu sparen und eine »Flut« an E-Mails zu umgehen, kann es sinnvoll sein, diese Teams in Kollaborationstools zusammenzubringen, etwa Microsoft Teams, Slack, Rocket.Chat, Mattermost, Google Chat oder was auch immer Sie in Ihrem Unternehmen benutzen. Beachten Sie dabei stets, welche Informationen Sie mit wem teilen möchten, und erstellen Sie am besten separate Kanäle für die verschiedenen Teams. Das reduziert die Informationsflut für jeden Einzelnen und sorgt dafür, dass jeder und jede nur die Informationen erhält, die für seinen oder ihren Bereich wichtig sind.

Kommunikation und Stakeholder-Management

Eine intensive Kommunikation ist gerade für das *Stakeholder-Management* sowohl für Sie intern als auch zu Ihren externen Partnern enorm wichtig. Als Stakeholder bezeichnet man die Schlüsselpersonen im Unternehmen, die an einem solchen Projekt wie einer Migration beteiligt sind. Dazu gehören die Auftraggeber, Ansprechpartner auf Fachbereichsseite, die Verantwortlichen im IT-Management oder die Unternehmensleitung. Neben den Stakeholdern gibt es noch eine weitere Personengruppe, die weniger prominent auftritt, aber z. B. von den Stakeholdern vor wichtigen Entscheidungen um Rat und um ihre Meinung gebeten wird. Die Personen dieser Gruppe werden als *Hidden Champions* oder *Hidden Stakeholder* bezeichnet. Auch wenn sie formal keine Weisungsbefugnis oder Managementposition innehaben, wird oft großer Wert auf die Meinung dieser Expertinnen und Experten gelegt. Wenn die Stakeholder und die Hidden Champions nicht richtig in die Kommunikation eingebunden werden oder die Kommunikation nicht gelingt, kann das sogar zum Scheitern des Projekts führen. Deswegen sollten Sie darauf achten, dass die Einträge in den Runbooks nachvollziehbar formuliert sind, da es immer sein kann, dass diese von Personen gelesen werden, die nicht aktiv an der Migration mitwirken. Außerdem hilft dies auch beim Verständnis im eigenen Team und der Abarbeitung und Koordination durch die Migrationsverantwortlichen und verhindert Missverständnisse.

Es ist wichtig, dass die Pläne von allen Mitwirkenden unabhängig vom technischen Level gelesen und verstanden werden können. Eine sehr technische Sprache, die von Außenstehenden möglicherweise nicht verstanden werden kann, ist hier deshalb nicht angebracht. Diese Art der Kommunikation, also das Reden miteinander, der Umgang mit Konflikten, mit kulturellen Unterschieden und auch die Erklärung der technischen Sachverhalte auf einem Level, das alle Beteiligten verstehen, ist einer der Erfolgsfaktoren für eine erfolgreiche Migration. Dies erfordert viel Erfahrung, die es der Projektleitung und dem Lead-Architekten bzw. der Lead-Architektin ermöglichen, die Sprache aller Beteiligten zu sprechen und entsprechend zu übersetzen.

8.3.4 System-Freeze

Umstritten sind *Freezes* während einer Migration. Ein Freeze ist ein Zeitpunkt, der meist zwischen den einzelnen Migrationen ausgerufen wird, in dem das SAP-System »eingefroren« wird. Dadurch ändern sich die Daten im System nicht mehr und somit bleibt der Datenstand von der Migration unbeeinflusst. Der Freeze geht nach unserer Erfahrung meistens eine Woche vor der ersten Migration in dem untersten System los. Dies soll sicherstellen, dass entsprechende Tests nicht beeinflusst werden und das Team ruhig in die Migration starten kann.

Soft Freezes und Hard Freezes

Es gibt *Soft Freezes* und *Hard Freezes*. Während bei Soft Freezes in der Regel nur gravierende Änderungen, wie Datenbank- und Betriebssystem-Patching und das Einspielen von Support Packages verboten sind, sind im Hard Freeze auch keine Transporte erlaubt.

Bei der Definition von Freeze-Zeiten handelt es sich um eine gängige Praxis, und erfahrungsgemäß sollten Sie das für Ihr Projekt strikt beibehalten. Änderungen am System selbst können direkten Einfluss auf die Migration haben. Ändert sich auch nur ein Parameter auf Betriebssystem- oder Datenbankebene, kann es sein, dass die Migration abrupt abbricht. Größere Aktionen wie Patches sollten Sie grundsätzlich in der Zeit der Umstellung unterlassen, da Sie im Fehlerfall nie genau wissen, woher der Fehler gekommen ist. Hinzu kommt, wenn Teile der Landschaft schon in der Cloud sind, müssen Tests so erfolgen, dass im Fall eines Audits keine Beanspruchungen entstehen können. Ein Cloud-System unterscheidet sich von einem On-Premise-System. Daher können Tests und das Verhalten nach der Migration voneinander abweichen. Aus diesem Grund gibt es die Freezes, um die Migration so reibungslos wie möglich zu gestalten und die Tests nachvollziehbar und »gleich« zu halten.

Transport Freeze

Anders verhält es sich mit einem *Transport Freeze*. Hier wird das zentrale Transportmanagement in *SAP Transportation Management* (kurz SAP TM) in der Regel geblockt, sodass Entwicklungen, Hinweise und Korrekturen nicht automatisch vom Entwicklungssystem über das Testsystem in das Produktivsystem transportiert werden. Mit jedem Transport können Änderungen in das System gelangen, die die Migration beeinflussen. Daher sollten Sie administrative und technische Änderungen kurz vor und während der Migration ebenfalls unterlassen. Bei solchen Änderungen könnte es sich um eine Änderung in der Datenbankstruktur oder um SAP-Hinweise handeln, die Änderungen direkt in die Datenbank einspielen. Auch Änderungen auf Prozessebene können die Tests und das Verhalten des Systems stark beeinflussen.

Bei Human-Resources-Management-Systemen werden regelmäßige SAP-Hinweise veröffentlicht, damit offizielle Änderungen für die Abrechnung und den Umgang mit den personenbezogenen Daten eingespielt werden können. Werden diese Änderungen nicht zeitnah eingespielt, ist die Fachabteilung in der Regel nicht sehr erfreut. Aber auch solche kleinen Änderungen sollten im Hard Freeze strikt untersagt werden. Der Hard Freeze sollte immer drei bis vier Tage vor der eigentlichen Migration des Systems starten, und er endet meist ebenfalls drei bis vier Tage nach der Migration.

Der Freeze gilt nicht nur für die Migration von produktiven Umgebungen. Auch vor und während der Umstellung von Qualitätssicherungs- und Produktivsystem wird allgemein empfohlen, den Freeze ebenfalls komplett durchzuziehen. Jede Änderung in diesen Systemen hätte sonst sofortige Auswirkungen auf die produktive Migration. Daher sollten Sie in dieser Zeit die Änderungen so gering wie möglich halten bzw. am besten keine Änderungen am System vornehmen. Sind Änderungen unbedingt notwendig, sollten die Auswirkungen auf die fachlichen und technischen Tests vorab geprüft und zusätzlich freigegeben werden. Ein entsprechender Prozess ist in dieser Zeit sinnvoll und auch hilfreich für die Nachvollziehbarkeit und Dokumentation.

Notfallplan im Freeze

Was sind die Unterschiede, die beim Umgang mit Änderungen während des Freeze zu bedenken sind? Während der Transport zwischen den Systemen die Migration beeinflusst und gerade die Testergebnisse zwischen Qualitätssicherungs- und Produktivsystem obsolet machen kann, sollten Sie ebenso auf den Umgang mit Transporten achten, wenn eines der Systeme aufgrund der Migration zeitweise nicht vorhanden ist. Wenn das Produktivsystem oder das Testsystem nicht verfügbar sind, kann es Notfallpläne geben, um den Betrieb weiter zu gewährleisten. Wenn das Entwicklungssystem nicht vorhanden ist, können auch keine Notfallkorrekturen angelegt werden.

An dieser Stelle gibt es zwei Möglichkeiten. Bei der ersten Möglichkeit führen Sie die Notfalländerung im Testsystem durch und transportieren diese Änderung dann in das produktive System. Sobald das Entwicklungssystem wieder nutzbar ist, werden die Änderungen auch in das Entwicklungssystem eingespielt, sodass alle Systeme wieder auf dem gleichen Stand sind. Bei einer reinen Migration mit anschließender Transformation ist dies eine praktikable Methode. Wenn Sie aber gleichzeitig mit der Migration auch eine Transformation durchführen, ist die Sache ein wenig komplexer. Während Sie die ersten Systeme wie das Entwicklungssystem und eventuell auch das Testsystem bereits in die Cloud und auf SAP S/4HANA Cloud transformiert haben, läuft das produktive System noch als SAP ERP in Ihrer alten Umgebung. Wenn Sie nun einen Notfallwechsel für das noch produktive Altsystem durchführen müssen, erzeugen Sie eine Inkonsistenz mit den bereits migrierten und transformierten Systemen.

Dual Maintenance

Aus diesem Grund gibt es als zweite Möglichkeit den Dual-Maintenance-Ansatz. Wie in Abbildung 8.1 zu sehen, bedeutet dies, dass Sie das Entwicklungs- und das Testsystem sowohl in der alten Umgebung als auch in der neuen Umgebung parallel betreiben. Alle Änderungen müssen dann, sofern sie für das neue SAP-S/4HANA-Private-Cloud-System relevant sind, in beiden Systemen vorgenommen werden. Dabei ist sicherzustellen, dass die

Änderung konsistent auch in beiden Umgebungen vollständig funktioniert.

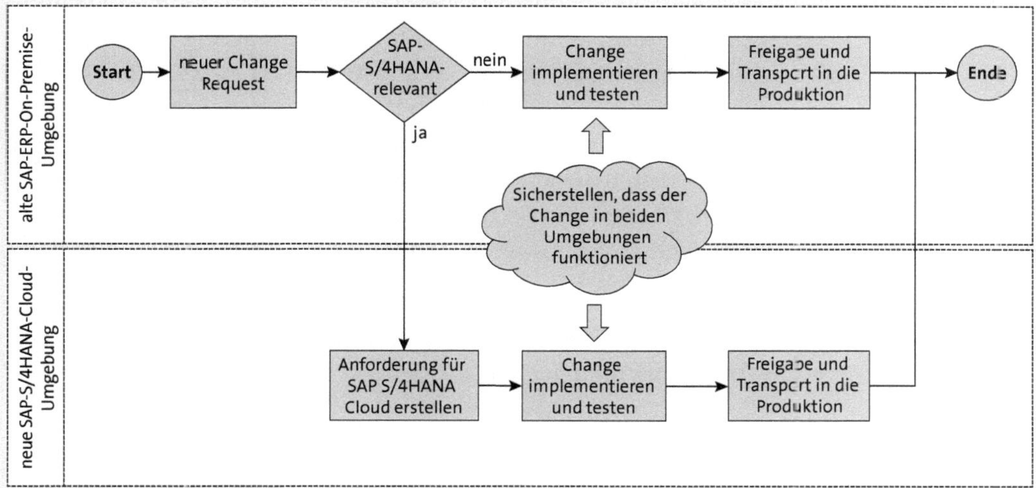

Abbildung 8.1 Organisatorischer Ablauf bei einer Dual Maintenance (Quelle: blog.sap.com)

Wenn kein Testsystem eingesetzt wird, verhält es sich komplexer. Transporte von Entwicklungen in Produktion direkt einzuspielen ist eher unüblich. Hintergrund ist der, dass die Transportlandschaft meist über entsprechende Tools verwaltet wird. Das anzupassen ist zusätzlicher Aufwand, der eigentlich nicht notwendig ist. Viel häufiger wird in der Praxis in diesem Fall das Produktivsystem geöffnet, und die Änderungen werden direkt in der Produktion vorgenommen. Dies muss aber unbedingt in einem Change ausführlich dokumentiert werden, da dies immer in einem Audit geprüft wird, und es muss ebenfalls sichergestellt werden, dass das Produktivsystem danach auch direkt wieder geschlossen wird.

So ein Vorgang muss streng überwacht werden und sollte nur im Notfall vorgenommen werden. Sofern Transporte vom Entwicklungs- in das Produktivsystem direkt über das Betriebssystem eingespielt werden, sollten Sie das ebenfalls sehr gründlich dokumentieren. Wichtig ist es, sobald alle Systeme wieder da sind, die Änderungen in allen Systemen der Landschaft implementiert zu haben, damit die Änderungen durchgängig vorhanden sind.

Für die Kontrolle der Transporte und Freezes werden zumeist zusätzliche Mitarbeitende gebraucht, die die Transporte und Änderungen bewerten und im Zweifel im Projektteam besprechen.

8.3.5 Handover

Handover zwischen Betrieb und Projekt

Ebenfalls fester Bestandteil einer Migration ist das *Handover*, also die Übergabe zwischen den verantwortlichen Teams. Es geht darum, wer wann als erster Ansprechpartner im Fehlerfall fungiert bzw. wer gerade für den reibungslosen Betrieb des Systems verantwortlich ist. Es ist üblich, dass mit einer Migration die SLAs für das System ausgesetzt werden. Damit beginnt mit dem Handover vom Betriebsteam zum Projektteam meist ein Freeze in den SLAs. Gehen Sie am besten gemeinsam eine Checkliste durch, um sicherzustellen, dass vorausgegangene Fehler nicht im Nachhinein der Migration zugeschrieben werden. Dabei sollten Sie besonders auf die folgenden Punkte achten:

- die Anbindung an den Service Marketplace
- die Passwörter für den User `DDIC` und SAP (SAP Superuser) und gegebenenfalls die Datenbank-Superuser
- die Dokumentation zentraler Transaktionen, wie z. B. SM50, SM51, SM21, ST22, RZ04, RZ03, SDCCN, SDCC3, SDCC4
- die Dokumentation von Besonderheiten des Systems
- die gemeinsame Prüfung entsprechender Schnittstellen und Dateisysteme
- die zentrale Konfiguration zu Systemen wie dem SAP Solution Manager, SAP Process Integration zur Schnittstellenverwaltung, Job Scheduling zur Jobeinplanung, Printing zum Drucken aus den SAP-Systemen heraus etc.

Ticketbearbeitung

Während der Migration ist das Migrationsteam für das System verantwortlich. Es ist wichtig, frühzeitig zu klären, wie mit den Tickets in dieser Zeit umgegangen wird. Da das Betriebsteam auch weiterhin normalerweise alle Tickets bekommen wird, werden diese Tickets meist direkt geschlossen und mit einem Kommentar versehen, dass sich das System in einer Migration befindet, oder die Tickets werden auf »Hold« gesetzt, das wird in der Regel in Bezug auf die SLAs nicht gerne gesehen, da sich damit auch die gemessene Bearbeitungszeit der Tickets automatisch erhöht. Das Gleiche passiert mit Änderungsanfragen über Changes. Auch diese Anfragen müssen angehalten oder unbeantwortet zurückgeschickt werden, mit dem Vermerk, dass sich das System im Freeze einer Migration befindet und gerade keine Änderungen möglich sind.

Ob das Migrationsteam in einer gesonderten Ticketqueue arbeitet oder aber die bestehenden Queues mitbenutzt, ist ein zentraler Punkt, der zu klären ist. Denn diese zusätzliche Ticketqueue muss im Zweifel ebenfalls rund um die Uhr überwacht werden, und auch nach einer Migration können hier noch Tickets zugewiesen werden. Da aber dann keiner mehr nach den Tickets schaut, kommt es gerne mal zu unbemerkten Langläufern, also Tickets, die unbemerkt und unbeachtet bleiben. Hier stellt sich dann meistens die Frage nach den Verantwortlichkeiten. Migrationsteams sind in der Regel nicht groß genug, um über einen längeren Zeitraum hinweg einen 24/7-Support gewährleisten zu können und entsprechende SLA-Zeiten einzuhalten. Klären Sie daher beim Handover genau, ob es für das Projektteam eine eigene Ticketqueue während der Migrationszeit geben soll und was mit dieser passiert, nachdem die Hypercare-Phase abgeschlossen wurde und die Verantwortlichkeit des Systems wieder beim Betriebsteam liegt

8.3.6 Technische und fachliche Tests

Dass die technischen und fachlichen Tests (engl. *Business Tests*) Teil der Migration sind, wird leider oft vergessen. Wir empfehlen jedoch, die Geschäftskernprozesse und Schnittstellen vor dem Go-live ausführlich zu testen, damit es später im normalen Betrieb keine Überraschungen gibt. Diese Tests geben Ihnen eine entsprechende Sicherheit für den späteren Betrieb und vermeiden Produktionsausfälle nach dem Go-live.

Fallback und Go-live

Mit einem Go-live entscheiden Sie sich gleichzeitig gegen ein *Fallback* In dem positiven Fall eines Go-lives entscheiden alle Beteiligten zusammen, dass das System in der Cloud einsatzbereit ist und dass es produktiv zu setzen ist. Sollten die Tests jedoch fehlschlagen und keine kurzfristige Korrektur möglich sein, muss ein Fallback zurück auf die alte Umgebung vorgenommen werden. Es sollte von Ihnen und Ihrem Umsetzungspartner sichergestellt werden, dass die Entscheidung mit entsprechender Informationsgrundlage gemeinsam getroffen werden kann. In der Regel basiert eine solche Entscheidung darauf, ob die technische Migration erfolgreich war, die Checksummen und Checkreports gleiche Werte aufzeigen, die technischen und fachlichen Tests erfolgreich waren und das System die gleiche oder eine bessere Performance wie vor der Migration ausweist. Gibt es hier keine Fehler, steht einem Go-live nichts entgegen und die *Hypercare-Phase*, in der das System vom Projektteam zusätzlich unterstützt und überwacht wird, beginnt. Die Hypercare-Phase beschreibt dabei einen Zeitraum von in der Regel vier Wochen. In dieser Zeit unterstützt das Migrationsteam den Betrieb bei auftretenden Fehlern mit seinen Erfahrungen aus der Migration. Außerdem wird dem Betrieb so die Möglichkeit gegeben, sich in der neuen Umgebung einzuarbeiten. Da nicht direkt in den ersten 24 Stunden nach einer Migration alle Jobs oder Funktionen genutzt werden, nutzt man in der Regel die Laufzeit von einem Monat, um einen Monatsabschluss bzw.

einen Monatswechsel nach einer Migration unter Beobachtung durchzuführen.

Im Laufe der Jahre haben wir schon eine ganze Reihe von Migrationen begleitet. Dabei haben wir Migrationen schon an Kleinigkeiten scheitern sehen, die ganz leicht hätten vermieden werden können. Achten Sie daher vor der Migration immer darauf, dass alle Dokumentationen vollständig und aktuell sind. Dies gilt insbesondere für die Passwörter der technischen Benutzer und der Systembenutzer, die für den Zugriff auf andere Systeme über die Schnittstellen benötigt werden. Nichts ist ärgerlicher, als wenn eine eigentlich erfolgreiche Migration daran scheitert, dass wegen fehlender Passwörter einige Schnittstellen nicht funktionieren. Dabei kann es sein, dass eine Passwortänderung nicht dokumentiert wurde oder einfach ganz verloren gegangen sind. Das Zurücksetzen der technischen User gestaltet sich bei Umsystemen manchmal als schwierig und kann schon einmal einige Zeit in Anspruch nehmen.

Technische und fachliche Tests

Für die technischen und fachlichen Tests ist im Runbook oft nur ein gewisses Zeitfenster eingeplant, wobei in der Regel erst die technischen Tests abgeschlossen sein müssen, bevor die fachlichen Tests beginnen. Für die Durchführung der technischen sowie für die fachlichen Tests sind in der Regel weitere Dokumentationen notwendig, denn es dürfen nur Tests durchgeführt werden, die das System nicht ändern. Das heißt, Sie können in der Dokumentation nachschauen, wie das Schnittstellensystem erreichbar ist, ohne die Übertragung von Daten zu starten. Ebenso sollten auch nach der Testfreigabe keine Daten in das System selbst laufen. Der Hintergrund, warum keine Daten im noch nicht freigegebenen System geändert werden sollten, ist der, dass die Daten gegebenenfalls verloren wären, sollte es zu einem Fallback kommen, weil die Tests nicht erfolgreich waren. In diesem Fall müssten die Daten manuell wieder in das alte System eingespielt werden. Viele Schnittstellensysteme können Daten nicht erneut senden, und damit würde im Fall eines Fallbacks zusätzlicher Aufwand entstehen, und gegebenenfalls wären die Daten nicht mehr konsistent. Wenn man nicht alle Schnittstellenkanäle schließt, kann es außerdem passieren, dass das System überlastet wird, da eine Migration meist mehr als 24 Stunden dauert und danach viele Daten zur Verarbeitung anstehen. Sind alle Schnittstellenkanäle offen, können Prozesse für die eigentliche Testdurchführung überlastet sein, was ein Testen unmöglich machen kann.

Um die Übertragung von Daten zwischen verbundenen Systemen zu verhindern, können Sie die technischen User sperren. Vor einer Migration werden in der Regel alle User außer den Migrations-Usern gesperrt, sodass nach einer Migration durch Entsperren der User sehr genau gesteuert werden kann, wann Last, Daten und User wieder auf das System zurückkehren. Bei den technischen Tests werden daher in der Regel die Schnittstellen mit einem *Ping* und *Telnet* getestet. Bei einem Ping wird geprüft, ob das Zielsystem zu erreichen ist, also die Firewall und die Verbindung geöffnet sind. Mithilfe des Telnet-Kommandos kann man überprüfen, ob auch der entsprechende Port freigeschaltet ist. Zusätzlich wird das System in den Basistransaktionen überprüft und ob es Alerts auf der Datenbank- oder SAP-Ebene gibt.

Fachliche Tests mit richtiger Erwartungshaltung

Die Koordination von fachlichen Tests kann eine Herausforderung darstellen. Sie müssen wissen, welche technischen User und Jobs neben den Test-Usern benötigt werden, um einen Test durchzuführen. Sonst kann der Test fehlschlagen, obwohl das System einwandfrei funktioniert. Bei den technischen Usern sollten Sie darauf achten, dass ein solcher User nur die freigegebenen Daten überträgt und nicht eine Warteschlange mit unzähligen Einträgen geöffnet wird. Die Jobs sollten manuell durchgeführt werden, indem die Programme direkt im System ausgeführt werden. Sofern dies nicht möglich ist, sollten die Jobs im System nur einmalig manuell freigegeben und nicht versehentlich Folgejobs gestartet werden.

8.3.7 Acceptance to Run

Sobald die Migration abgeschlossen ist, findet die Rückübergabe vom Projektteam zum Betriebsteam statt (siehe Abschnitt 8.3.5, »Handover«). Dies bezeichnet man als *Acceptance to Run* (kurz ATR). Hierbei gehen beide Teams die gleiche Liste wie vor der Migration erneut durch. Das Betriebsteam prüft folgende Aspekte:

- Verfügt das System über ein Backup?
- Geben die Basistransaktionen den gleichen Output wie vor der Migration aus?
- Funktioniert das Monitoring wie vorgesehen?
- Sind die Systeme an die wichtigsten Schnittstellensysteme angebunden?
- Ist das Dateisystem konsistent und funktional?
- Funktioniert die Anbindung an den SAP Solution Manager?
- Sind die Verbindungen zu anderen Systemen über die SAP Process Integration wiederhergestellt?
- Funktioniert das Job Scheduling zur Jobeinplanung reibungslos?
- Sind die Drucker angebunden und ist das Drucken aus den SAP-Systemen heraus möglich?

Es ist sinnvoll, dass der ATR noch in der eigentlichen Migrationsphase durchgeführt wird. So liegt mit der Freigabe des Systems die Verantwortung für das System wieder beim Betriebsteam.

High-Level-Design

Die Architektur der neuen Umgebung richtet sich immer nach dem High-Level-Design-Dokument. Das Dokument beschreibt, wie die neue Systemlandschaft aufgebaut ist, wie die Netzwerkzonen aufgeteilt sind, wie die Umgebungen für Produktion und Nicht-Produktion gestaltet sind und vieles mehr.

Es ist ein generelles und zentrales Dokument, das die neue Umgebung auf einer Architekturebene beschreibt. Es beschreibt, wie z. B. die Hochverfügbarkeit für Test und Produktion aufgebaut ist, wie die Applikation in der Produktion vor einen Ausfall gesichert ist, wie zentrale Komponenten wie SAP-Router und Cloud Connector in die Landschaft eingelassen sind oder welche Security-Anforderungen wie umgesetzt wurden.

[»]

Was kommt ins High-Level-Design?

Falls Sie sich fragen, was in ein High-Level-Design aufgenommen werden sollte und was nicht, sollten Sie immer den Sinn und Nutzen dieser Art Dokumente abwägen. Ein High-Level-Design gibt das Big Picture wieder und sollte nicht ständig wegen kleinerer Systembesonderheiten angepasst werden müssen. Daher ist es wichtig, eine richtige Ebene der Beschreibung zu finden, sodass alle wichtigen Informationen und Grundlagen vorhanden sind, aber das Dokument weder zu oberflächlich noch zu detailliert ist.

High-Level-Design vs. Systemdokumentation

Die Dokumentation der einzelnen Systeme inklusive eines Systembildes, der notwendigen Schnittstelleninformationen und des Zieldesigns für das System wird meist in einer gesonderten Systemdokumentation bereitgestellt und freigegeben. Diese Dokumente beinhalten eine komplette SAP-Landschaft und beschreiben alle notwendigen Informationen, technisch und organisatorisch, die für das System wichtig sind. So kann im Zweifel das einzelne Dokument angepasst werden, und das High-Level-Design gilt als Grunddokument und Grundlage, auf das immer verwiesen wird.

Tests als Qualitätssicherung des High-Level-Designs

Damit das Design funktioniert, sollten immer vor der eigentlichen produktiven Migration Tests stattfinden. Das bietet sich z. B. an, wenn für eine Datenbankreplikation ein leeres System installiert worden ist und das System inklusive Applikationsserver und Load Balancer aber ohne Daten in der neuen Umgebung läuft. In diesem Fall können Sie vor der Migration Hochverfügbarkeitstests durchführen und dokumentieren, ob die Hochverfügbarkeit der Datenbank und der Applikation für alle konfigurierten Fehlerfälle funktioniert hat. Mit diesen Tests wird ein *Quality Gate* geschaffen, das sicherstellt, dass die Cluster richtig konfiguriert worden sind. Diese Qualitätsprüfung kann sich bei einer späteren Fehleranalyse als sehr hilfreich erweisen, denn reagiert das Cluster nach der Migration nicht wie erwartet, müssen Sie sicherstellen, dass die Konfiguration richtig vorgenommen worden ist. Auch Backup- und Restore-Tests sollten Sie auf diese Weise durchführen, um weitere Quality Gates zu schaffen. Die Tests sollten zusammen mit dem Betriebsteam erfolgen, sodass Sie bereits erste Erfahrungen mit der neuen Umgebung sammeln können. Das ist ohne Probleme mit leeren Systemen möglich, in die noch keine Datenmigration erfolgt ist. Im späteren Betrieb sind solche Tests in der Regel eher schwierig umzusetzen.

Alle diese Schritte sollen dabei helfen, sicherzustellen, dass das High-Level-Design umgesetzt worden und die Verfügbarkeit der Systeme gegeben ist. Abbildung 8.2 zeigt die einzelnen Phasen, also die Migration eines Three-Tier-Systems mit Entwicklungs-, Test- und Produktivsystem, und die Schritte Downtime, ATR und Hypercare. Wenn Sie statt eines eher typischen Three-Tier-Systems ein Four-Tier- oder gar ein Five-Tier-System haben, müssen Sie diesen Phasenplan natürlich entsprechend adaptieren.

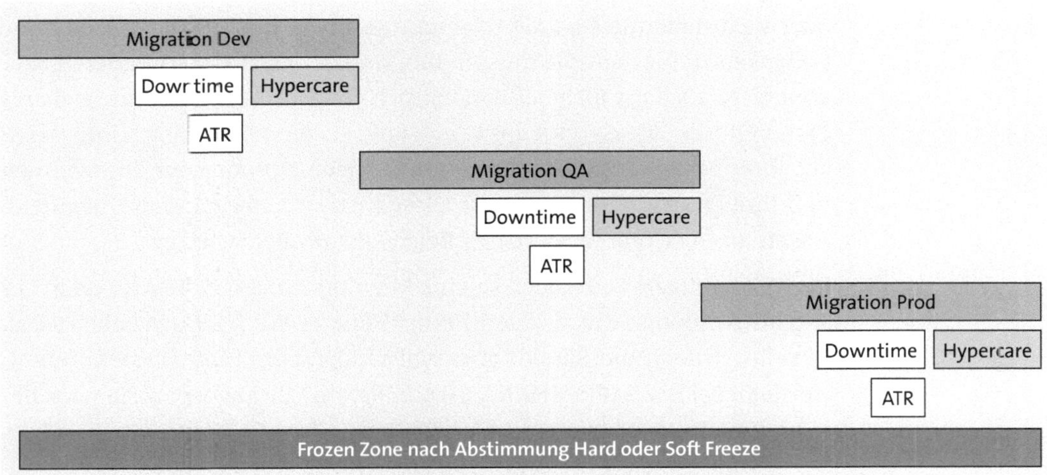

Abbildung 8.2 Überblick über die einzelnen Migrationsphasen und Migrationsschritte

Erfahrungen sind bei jeder Cloud-Migration und Transformation der Dreh- und Angelpunkt. Sofern Sie sich mit einer Cloud-Migration beschäftigen, ist es sinnvoll, dass die IT-Expertinnen und -Experten ihre Erfahrungen und Herangehensweise auf Technologiekongressen oder bei Seminaren mit anderen Unternehmen und IT-Fachpersonal austauschen.

Gerade ein Austausch zum Thema Lessons Learned und Best Practices kann die eigene Migrationsplanung um einen gewaltigen Schritt vorwärtsbringen. Daher ist es auch bei der Migrationsplanung, Migrationsdurchführung und dem späteren Betrieb unabdingbar, das Wissen im Unternehmen frühzeitig aufzubauen, sodass schon vor der eigentlichen Migration erste Erfahrungen vorhanden sind. Dieses Buch bietet Ihnen dafür die beste erste Grundlage.

8.4 Die Wahl des richtigen Migrationsverfahrens für Ihr SAP-System

Da es, wie Sie in Abschnitt 8.2, »Vergleich der Migrationsmethoden«, gelesen haben, viele unterschiedliche Möglichkeiten gibt, ein SAP-System in die Cloud zu migrieren, stellen Sie sich als Projektleiter oder Projektleiterin nun die Frage, welche wohl die richtige für Ihr System ist.

Die Wahl des richtigen Migrationsverfahrens hängt stark davon ab, wie Ihre Zielarchitektur gestaltet ist. Wenn Sie künftig SAP S/4HANA Cloud, Public Edition nutzen wollen, brauchen Sie sich um den Aufbau der Infrastruktur oder die Installation des SAP-Anwendungsservice und der Datenbank keine Gedanken zu machen. Sie müssen Ihre Anpassungen nicht migrieren bzw. können es auch gar nicht. Es handelt sich dabei um ein sofort einsetzbares Cloud-ERP als SaaS-Service direkt von SAP. Sie müssen lediglich Ihre Daten aus Ihrer bestehenden Datenbank in das neue ERP-Angebot übernehmen und Ihre Prozesse konfigurieren. Diese Methode spiegelt den Greenfield-Ansatz aus Abschnitt 8.3.1, »Greenfield vs. Brownfield«, wider.

Der viel häufigere Fall jedoch ist eine Migration zu SAP S/4HANA oder SAP S/4HANA Cloud, Private Edition. Bei der Version SAP S/4HANA haben Sie alles selbst in der Hand. Sie sind auch vollständig selbst für Ihr System verantwortlich. Bei der SAP S/4HANA Cloud, Private Edition geben Sie nach der Migration die Verantwortung für den Betrieb Ihres SAP-Systems an SAP ab. SAP kümmert sich dann fortan um die Wartung und die Pflege Ihrer Cloud-Infrastruktur und um die Basisfunktionen von SAP S/4HANA.

Sprechen Sie mit Ihrer Architektin bzw. Ihrem Architekten und dem Team, das nach der Migration für den Betrieb verantwortlich ist, um das bestmögliche Migrationsverfahren für das von Ihnen gewählte Design der Zielarchitektur zu finden. In diesem Abschnitt besprechen wir die möglichen Migrationsverfahren für ein SAP-S/4HANA-System, das von Ihnen selbst migriert und betrieben wird. Die Wahl des Hyperscalers spielt dabei zunächst einmal keine wesentliche Rolle. Die Verfahren sind auch für eine Migration auf SAP S/4HANA Cloud, Private Edition adaptierbar.

Für die Migration Ihres SAP-Systems kommen in der Regel nur ein Rehosting oder ein Replatforming infrage. Beim Rehosting wird davon ausgegangen, dass das bestehende System bereits in einer virtualisierten Umgebung läuft. Hierbei wird der virtualisierte Server, auch *Virtual Machine* (kurz VM) genannt, vollständig in die neue Umgebung kopiert und dort einfach neu gestartet. Dieses Verfahren eignet sich besonders für historische Systeme, also solche, die nicht mehr aktiv genutzt werden und nur noch zu Archivierungszwecken vorhanden sind. Für diese Altsysteme, die in der Regel auch nicht mehr gepflegt und gewartet werden, gibt es oft keinen Support mehr von SAP, vom verwendeten Betriebssystem oder vom Datenbankhersteller. Der Aufwand für ein Update steht meist in keinem Verhältnis zum Nutzen.

Migration auf VM-Ebene

Zum Kopieren einer solchen vollständigen virtuellen Maschine werden oft entsprechende *Virtual-Machine-Tools* verwendet. Bei den VM-Tools handelt es sich um Tools, wie z. B. Platespin, Carbonite oder ähnliche. Natürlich bringen auch die Hyperscaler selbst entsprechende Tools mit, die eine VM im Ganzen von A nach B transferieren können. Mit Google Cloud Migrate for Compute Engine, Microsoft Azure Migrate oder AWS Cloud Migration sind Sie in der Lage, schnell und einfach die ganze Maschine auf die neue Umgebung umzuziehen. Beachten Sie, dass Sie bei einem solchen Verfahren lediglich eine 1:1-Kopie anlegen. Ein Update des Betriebssystems oder ein Versions-Upgrade der Software oder der Datenbank ist hierbei natürlich nicht möglich.

Beim Replatforming hingegen haben Sie die Möglichkeit, die Zielumgebung und das Zielsystem zu verändern und zu aktualisieren. Dies kann durch ein kleines Betriebssystem-Update auf eine neue SLES- oder RHEL-Version oder ein Datenbank-Update geschehen. Es kann aber auch sein, dass Sie die gesamte Architektur ändern und z. B. die neuen HA- und DR-Mechanismen der Hyperscaler nutzen und gleichzeitig die Applikation von SAP ECC auf SAP S/4HANA und die Datenbank von Oracle auf SAP HANA ändern. Dabei gibt es verschiedene Varianten des Replatformings:

- eine homogene Systemkopie
- eine heterogene Systemkopie
- eine Neuinstallation
- eine Neuinstallation mit Export und Import der Daten aus der Datenbank
- eine Neuinstallation mit Datenbank-Backup und -Restore
- eine Neuinstallation mit Datenbanksynchronisation

[»]

Systemkopie und Migration

Systemkopie und Migration werden dabei oft im gleichen Kontext verwendet, was häufig für Verwirrung sorgt, da in der Regel eine Systemkopie im Betrieb eher als Refresh eines Testsystems mit Daten aus z. B. der Produktion verstanden wird. Eine Migration hingegen ist oft sehr komplex und mit umfangreichen Änderungen verbunden. Daher sollte man sich auf ein einheitliches Wording einigen, um Missverständnissen vorzubeugen.

Homogene Systemkopie

Bei einer *homogenen Systemkopie* ändern sich das Betriebssystem und die Datenbank nicht, d. h., es kann kein Wechsel zwischen verschiedenen Betriebssystemen z. B. von Windows nach SUSE oder ein Wechsel der Datenbank von Oracle nach SAP HANA stattfinden. Im Zuge der Systemkopie kann nur ein n+1-Update der Version des bestehenden Betriebssystems oder der Datenbank erfolgen. Man könnte z. B. von SUSE 14 auf SUSE 15 wechseln. Es sind keine besonderen Services notwendig und keine Zertifizierungen, um eine solche Migration durchzuführen. Sie müssen nur sicherstellen, dass die Art der Systemkopie von SAP unterstützt wird, damit es nach der Migration keine Probleme mit dem SAP-Support gibt. Der Restore aus einem Backup ist dabei eine gängige Methode. Dieses Vorgehen ist mit einer entsprechenden Ausfallzeit verbunden, während der das System nicht zur Verfügung steht, da die entsprechenden Arbeiten durchgeführt werden müssen, ohne dass User am System arbeiten. Nach dem Stopp des Systems wird erst ein *Offline-Backup* erstellt, dieses wird anschließend in die neue Cloud-Umgebung kopiert, wo dann der entsprechende Restore stattfindet. Die homogene Systemkopie ist ein Klassiker und eine bewährte Migrationsmethode. Diese Methode eignet sich am besten für kleinere Systeme, in denen Applikation und Datenbank auf der gleichen Maschine laufen. Je nach Datenbankgröße kann es bei dieser Migrationsmethode im Vergleich zu anderen Methoden zu langen Auszeiten kommen.

Heterogene Systemkopie

Bei *heterogenen Systemkopien* kann die Datenbankversion oder das Betriebssystem verändert werden, z. B. von Oracle auf SAP HANA oder von Windows auf SLES oder RHEL. Größere Sprünge in dem Betriebssystem oder bei Datenbankversionen sind ebenfalls möglich, sofern es keine SAP-Hinweise mit Einschränkungen gibt. Das heißt, man kann mehrere Versionen in der Datenbank und im Betriebssystem überspringen und – sofern freigegeben – direkt auf eine aktuelle Version umsteigen. Es können aber Zwischenschritte erforderlich sein und Sie müssen das Update auf ein neues Release über zwei Schritte durchführen. Sie sollten sich dabei immer vergewissern, dass die Vorgehensweise unterstützt wird und von allen beteiligten Herstellern freigegeben ist. Prüfen Sie deshalb immer im *SAP Support Portal*, ob die Art der Migration unterstützt wird und welche Abhängigkeiten zu Betriebssystem und Datenbank gegeben sind. Theorie und Praxis weisen da zum Teil kleine Unterschiede auf, die frühzeitig eingeplant werden sollten. Teilweise sind Methoden zwar von SAP freigegeben, aber nicht vom entsprechenden Lieferanten des Betriebssystems. Andersherum kann es auch sein, dass die Hersteller eine Version unterstützen, aber SAP nicht. Schon kleine Abweichungen in den Versionen können dabei zu Verwirrung darüber führen, was freigegeben ist und was nicht. Für heterogene Systemkopien sollten die für die Migration zuständigen Architektinnen und Architekten am besten SAP-zertifiziert sein, um diese Abhängigkeiten zu verstehen und das entsprechende Vorgehen zu kennen.

Heterogene Systemkopien beginnen in der Regel mit einem *Proof of Concept* (kurz PoC). Dies ist sinnvoll, da bei Datenbankänderungen auch Änderungen im Quellcode notwendig sein können. Außerdem sollte ein entsprechender SAP-Service vor und nach der Migration eingeplant werden, um die Systeme in der alten und neuen Umgebung hinsichtlich ihres Antwortzeitverhaltens und der Performance vergleichen zu können. Diese Art der Migration erfordert zumeist eine wesentlich längere Vorbereitungszeit als eine homogene Systemkopie. Der PoC sollte in Umfang und Systemaufbau dem zu migrierenden produktiven System weitgehend entsprechen. Für gewöhnlich wird hierzu das Test- bzw. das QA-System verwendet. Aus diesem Grund ist es wichtig, dass Ihre Testsysteme die gleiche Architektur und den gleichen Datenbestand wie Ihre Produktivsysteme aufweisen, da Sie sonst für einen solchen PoC oder eine Testmigration direkte Datenextrakte aus dem Produktivsystem verwenden müssten, was zu unnötigen Störungen im Betriebsablauf führen kann.

Neuinstallation

Eine *Neuinstallation* bietet sich immer dann an, wenn die Daten im System nicht relevant sind. Einen SAP-Applikationsserver kann man in der Regel direkt einfach in der Zielumgebung in der neuesten Version frisch installieren. Das gilt z. B. auch für Load Balancer, SAP-Router und SAP-Cloud-Konnektoren. Bei einer Neuinstallation haben Sie auch die größten Freiheiten bei der Anpassung der Architektur. Sie können nun statt Ihres vorherigen Single-VM-Setups einen HA- oder einen DR-Ansatz bzw. einen HA-und-DR-Ansatz verfolgen. Sie können das Betriebssystem wechseln oder aktualisieren und die neueste Version Ihrer Applikation wählen. Solange Sie keine Daten migrieren müssen, ist dies der einfachste Weg. Sie müssen lediglich nach Abschluss der Neuinstallation von der alten Applikation auf die neue schwenken.

Neuinstallation mit Export/Import

Bei einer Neuinstallation mit einem klassischen Datenbankexport und -import spricht man im Prinzip von einer erweiterten heterogenen Systemkopie. Dieses Verfahren wird aber auch bei *Java-Migrationen* eingesetzt. Der Vorteil gegenüber anderen Methoden ist der, dass nur der Inhalt der Datenbank exportiert und in der sonst völlig neu installierten Zielumgebung wieder importiert wird. Damit findet gleichzeitig automatisch eine Reorganisation der Datenbankeinträge statt. Durch die eingebundene Reorganisation werden die Datenbanken oft kleiner, was sich positiv auf die Performance und die Betriebskosten auswirken kann.

Da diese Exporte gerade bei sehr großen Datenbanken in der Praxis oft nicht auf Anhieb funktionieren, sollte dieses Verfahren zunächst in einem PoC bzw. in einer Testmigration ausprobiert werden, um die benötigten Laufzeiten für den Export und den Import der Daten zu ermitteln. Auf diese Weise können der Export und Import der Daten für die Migration des Produktivsystems so vorbereitet und optimiert werden, dass die Daten möglichst schnell exportiert und importiert werden können. Die Exporte hängen im Wesentlichen davon ab, welche Tabellen die größten sind und wie viele große Tabellen es überhaupt gibt. Hier kann ein großer Unterschied zwischen einem konfigurierten, d. h. einem optimierten Export und Import, und einem nicht optimierten Export und Import bestehen. Wenn Sie den Export nicht konfigurieren, werden die Daten in beliebiger Reihenfolge aus dem System exportiert. Tabellen sind in der Regel nicht alle gleich groß, daher kann eine Analyse und Priorisierung der Tabellen einen signifikanten Unterschied in der Laufzeit bedeuten. Erfahrungsgemäß dauert es länger, wenn das System am Anfang viele kleine Tabellen und am Ende die großen Tabellen exportiert. Möchten Sie die Laufzeiten optimieren, können Sie die Reihenfolge des Exports angeben und ebenfalls große Tabellen splitten. So können Sie auch vermeiden, dass nicht benötigte Tabellen exportiert werden und Sie lange auf den Export einer wichtigen Z-Tabelle warten (eine selbst erstellte Tabelle, die nicht in der Standardkonfiguration des SAP-Systems vorhanden ist).

Beim Export und Import der Datenbank spielt Erfahrung eine große Rolle. In der Regel brauchen Sie für die Konfiguration eines Datenbankexports Vorerfahrungen aus mindestens zwei gleichartigen Migrationen, um die Möglichkeiten richtig einschätzen und nutzen zu können. Auch wenn der Export und der Import dadurch länger dauern werden, raten wir Ihnen, eher die Standardkonfiguration zu verwenden. Wenn man die Exportreihenfolge selbst konfiguriert, muss man das System und die Abhängigkeiten genau kennen, sonst sind sehr viele Testmigrationen nötig, um eine passende Exportkonfiguration zu finden. Ein konfigurierter Standardexport kann schneller sein.

Datenbank-Backup

Die Neuinstallation Ihres SAP-Systems mit einem *Datenbank-Backup und -Restore* eignet sich ähnlich wie das Rehosting für kleinere Systeme, bei denen aber die Applikation und die Datenbank getrennt voneinander auf verschiedenen Maschinen laufen. Der Ablauf einer solchen Migration ist recht einfach. Nachdem Sie die zu nutzende Infrastruktur in Ihrer Cloud-Zielumgebung hergestellt haben, installieren Sie auf der einen Maschine zunächst die Applikation neu und auf der anderen Maschine stellen Sie Ihre Datenbank aus Ihrem zuvor hochgeladenen Backup des zu migrierenden Systems per Restore wieder her.

Diese Methode wird oft bei Historien- oder Projektsystemen genutzt, da hier die Dauer der Auszeit in der Regel keine Rolle spielt. Zudem kann man mithilfe dieser Methode gleich das Backup- und Restore-Verhalten der neuen Cloud-Umgebung testen und dokumentieren. Das hilft Ihnen bei einem späteren Audit sehr.

Datenbanksynchronisation

Eine der mittlerweile am häufigsten genutzten Varianten des Replatformings ist die Neuinstallation mit einer *Datenbanksynchronisation*. Hierbei wird wie beim Export/Import die Cloud-Infrastruktur vollständig in der neuen Zielumgebung bereitgestellt. Auf dieser werden dann die Applikation sowie die Datenbank neu installiert. Wichtig ist bei dieser Datenbanksynchronisation, dass die Datenbank in genau der gleichen Version installiert wird, in der sie In Ihrer Quelllandschaft derzeit vorliegt. Der Vorteil dieser Migrationsvariante liegt darin, dass Sie nun zunächst einmal die kompletten Datenbankinhalte per Synchronisierung von Ihrer alten Datenbank in die Datenbank in Ihrer neuen Umgebung transferieren. Während dieser Zeit kann das Quellsystem normal weiterverwendet werden. Diese initiale Synchronisation kann je nach Systemgröße recht lange dauern und das Netzwerk stark belasten. Nachdem diese initiale Synchronisation abgeschlossen ist, wird dann die Downtime gestartet und nur noch die Deltasynchronisation durchgeführt. Während der Deltasynchronisation werden nur noch die Änderungen synchronisiert, die seit der initialen Synchronisation durch die Weiterverwendung des Systems entstanden sind. Nach dem Failover, also dem Umschalten auf die neue Umgebung per DNS-Eintrag, kann das System bereits wiederverwendet werden. Auf diese Weise wird die Downtime, d. h. die Zeit, in der das System nicht genutzt werden kann, sehr kurz gehalten. Lediglich der Konsistenzcheck nach dem ersten Start der Datenbank bleibt bezüglich der Laufzeit ein kleines Risiko, da dies vorab schlecht abzuschätzen ist.

[»]

Migrationsleitungen getrennt von Betriebsleitungen im Netzwerk

Planen Sie am besten für die Zeit der Migration eine separate Datenleitung in Ihre Kosten mit ein. Die Übertragung der Daten eines großen SAP-Systems während und je nach Methode auch vor einer Migration sollte stets über eine gesonderte Leitung erfolgen, um den Betriebsablauf anderer Applikationen und Dienste in Ihrem Netzwerk nicht zu stören. Der Datendurchsatz der Leitung hat dabei einen sehr großen Einfluss auf die Dauer der Migration. Daher sollte die zusätzliche Datenleitung entsprechend groß dimensioniert werden, um im Zweifel auch mehrere Migrationen parallel bedienen zu können.

Hyperscaler als Berater

Auch der von Ihnen gewählte Hyperscaler hat ein großes Interesse daran, dass Ihre Migration reibungslos verläuft und Sie anschließend mit der Performance und dem Betrieb zufrieden sind. Schließlich möchte er, dass Sie in Zukunft immer mehr von seiner Cloud nutzen. Aus diesem Grund bieten Ihnen die Hyperscaler unterschiedliche Arten von Unterstützung bei der Migration. Nutzen Sie daher auf jeden Fall auch die Erfahrung des von Ihnen gewählten Hyperscalers und fragen Sie Ihren Ansprechpartner nach Hilfe und Beratung für das vorliegende Projekt.

Jeder Cloud-Provider stellt Ihnen kostenfrei eigene Leitfäden und Best Practices sowie unterschiedliche Tools zur Verfügung. Je nach Größe des Projekts erhalten Sie auch kostenfreie Unterstützung in Form eines Architekten oder SMEs. Microsoft, AWS und Google haben darüber hinaus viele Informationen auch öffentlich auf Ihren Internetseiten verfügbar gemacht. Mit den Preiskalkulatoren können Sie zusätzlich vor der Migration die späteren Kosten im Voraus schätzen.

[»]

Frameworks der Hyperscaler

Alle Hyperscaler haben ihre eigenen Frameworks veröffentlicht, um Ihnen die Migration in die Cloud zu erleichtern. Diese finden Sie auf den folgenden Informationsseiten:

- Microsoft Cloud Adoption Framework
  http://s-prs.de/v923938
- AWS Well-Architected Framework
  http://s-prs.de/v923939
- Google Cloud Adoption Framework
  http://s-prs.de/v923940
- Alibaba Cloud Adoption Framework
  http://s-prs.de/v923941

Microsoft Cloud Adoption Framework

Microsoft empfiehlt Kunden das *Microsoft Cloud Adoption Framework*, um die Implementierung vorzunehmen, die Migration zu planen, zu steuern, zu verwalten und zu optimieren. Das Microsoft Cloud Adaption Framework ist wie auch die Adoption Frameworks der anderen Hyperscaler eine Art Leitfaden und bietet bewährte Methoden, Tools und eine Dokumentation, die von Geschäftsführenden, IT-Fachkräften sowie Cloud-Architektinnen und Cloud-Architekten benötigt werden, um Ihre kurz- und langfristigen Unternehmensziele zu erreichen. So können die Frameworks z. B. wie in Abbildung 8.3 genutzt werden, um die Bereitschaft einer Cloud-Migration im eigenen Unternehmen zu analysieren. Es wird dabei geprüft, ob es z. B. schon einen Migrationsplan gibt, ob das technische Wissen vorhanden ist und ob das Management und die Governance-Abteilung auf die Migration vorbereitet sind. Sofern wesentliche Punkte noch nicht vorbereitet sind, wie hier im Beispiel der Business Case oder die technischen Skills, kann man frühzeitig Abhilfe schaffen und die Punkte nachbessern, bevor es während oder nach der Migration dann zu Fehlern oder zu technischen oder organisatorischen Problemen kommt.

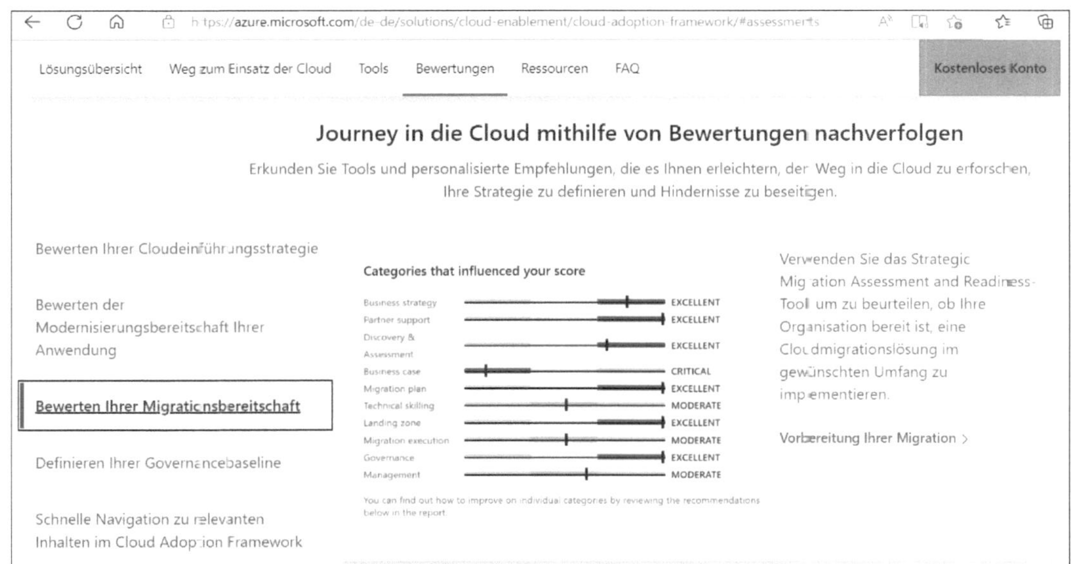

Abbildung 8.3 Microsoft Cloud Adoption Framework und die Bewertung der Migrationsbereitschaft (Quelle: Microsoft Azure)

Natürlich bietet Microsoft auch die Begleitung und Durchführung der Migration in die Cloud an. Sofern Erfahrungen im eigenen Unternehmen fehlen, kann es daher sinnvoll sein, die Microsoft-Azure-Architektinnen und -Architekten in die ersten Planungen miteinzubeziehen und mit

Microsoft zusammen an den Konzepten zu arbeiten. Da dies jedoch zusätzliche Kosten verursacht, sollten Sie mit Ihrer IT-Abteilung entscheiden, ob eine Zusammenarbeit mit Microsoft notwendig ist oder ob nicht Ihre IT-Fachkräfte gegebenenfalls selbst genügend Erfahrung haben, um die Lücken schnell zu schließen und die Migration unterstützen oder durchführen zu können.

Weiterhin bieten Ihnen alle Hyperscaler entsprechende Migrationstools an, die Ihnen den Umstieg in die Cloud erleichtern. Bitte beachten Sie, dass diese in der Regel immer auf eine Lift-and-Shift-Migration (Rehosting) abzielen und somit für Ihre SAP-Migration nur in manchen Fällen eingesetzt werden können.

AWS Application Migration Service

Bei AWS minimiert der *AWS Application Migration Service* den Aufwand der Migration in die Cloud (siehe Abbildung 8.4).

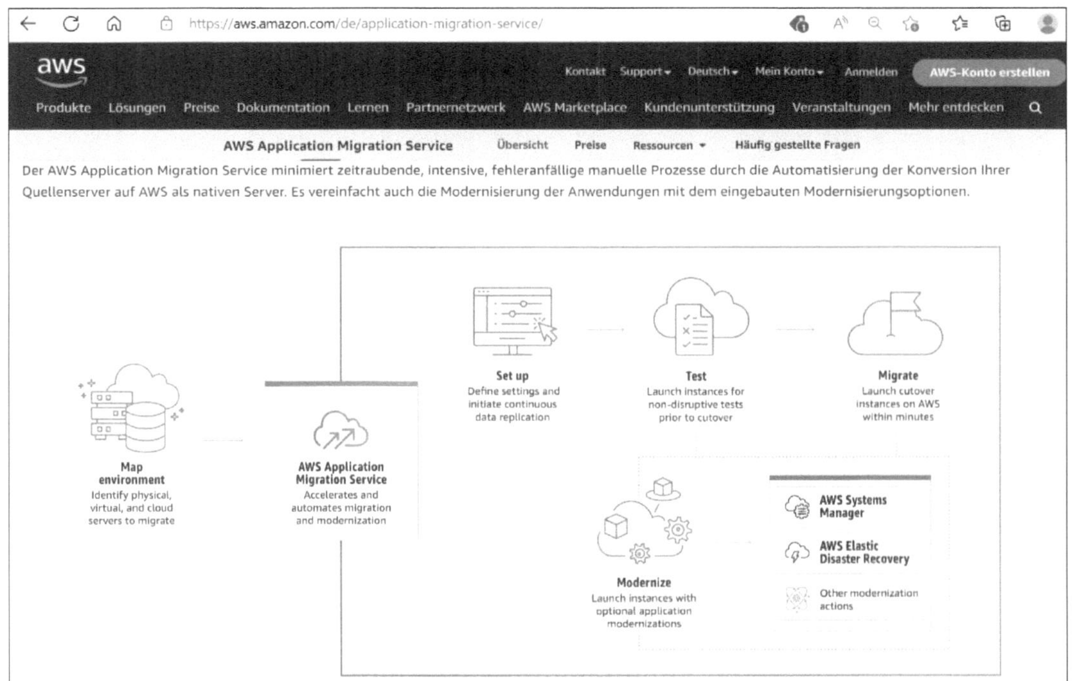

Abbildung 8.4 AWS Application Migration Service (Quelle: AWS)

Hierbei wird der Quellserver automatisch so konvertiert, dass er nativ auf AWS laufen kann. Es vereinfacht die Migration enorm, da der gleiche Prozess automatisiert für eine Vielzahl von Anwendungen genutzt werden kann. Der Aufbau der Umgebung, das Testen und die Migration werden automatisiert mit minimaler Unterbrechung durchgeführt. Zusätzlich werden während der Migration Modernisierungen durchgeführt, wie die Anbindung an den *AWS Systems Manager* oder das *AWS Elastic Disaster Recovery*. Der AWS Systems Manager wurde in Abschnitt 5.2.3, »Monitoring mit AWS«, näher beschrieben. Beim AWS Elastic Disaster Recovery handelt es sich um ein Tool, das eine skalierbare und kostengünstige Wiederherstellung von Anwendungen in AWS ermöglicht. AWS bietet weiteren Support und Beratung bei der Überführung der Systeme in Ihre Cloud an. Gerade bei der Nutzung der AWS-eigenen Tools kann eine Beratung oder die Durchführung einer Schulung sinnvoll sein.

Bei der Google Cloud können Sie sich mit der Funktion *Migrate to Virtual Machines* das Leben etwas leichter machen. Google bietet damit einen Service an, mit dem Sie entweder einzelne Applikationen unkompliziert von Ihrer On-Premise-Umgebung in die Google Cloud migrieren können oder gleich Hunderte oder Tausende auf einmal. Die Voraussetzung dafür ist, dass Ihr Rechenzentrum mit VMware virtualisiert ist. Wie Sie in Abbildung 8.5 sehen können, wird der Migrate Connector in Ihrem Rechenzentrum installiert und verbindet sich mit dem vSphere-Server – dadurch erhält der Connector Zugriff auf jede virtuelle Maschine in Ihrem VMware-Cluster.

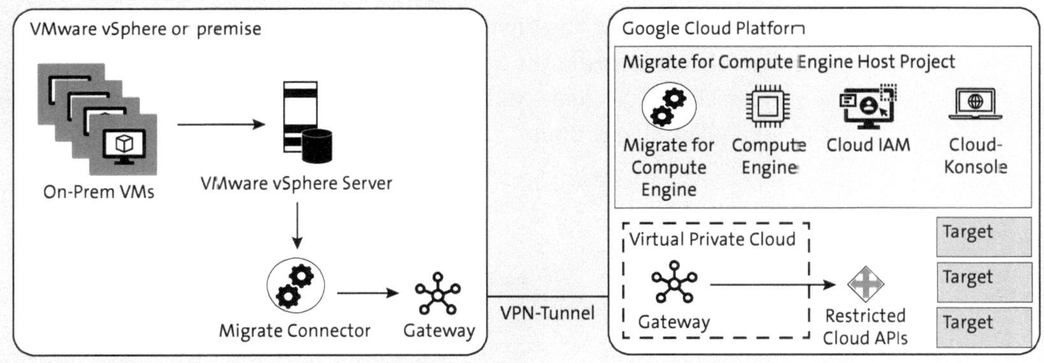

Abbildung 8.5 Migrate to Virtual Machines von Google Cloud Platform (Quelle: Google)

Zur Sicherheit sollten Sie eine VPN-Verbindung zwischen Ihrem Rechenzentrum und der Google Cloud aufbauen. Das ist nicht Voraussetzung für die Migration über den Migrate Connector, wird von uns aber empfohlen. Über eine sehr einfach zu bedienende Konsole in der Google Cloud können Sie nun einzelne Applikationen oder gleich ganze Gruppen von Applikationen und VMs in die Google Cloud verschieben. Im Google-Cloud-Host-

Projekt aktivieren Sie dann die API *Migrate to virtual machines* und verwalten die Migrationsquellen (engl. *Sources*) und die Migrationsziele (engl. *Targets*). Die Google-Cloud-Konsole ist die grafische Benutzeroberfläche der Google Cloud, über die Sie alles steuern. Integrierte Tests ermöglichen eine schnelle und einfache Validierung vor der Migration.

Microsoft Azure Migrate

Auch Microsoft bietet mit dem *Microsoft Azure Migrate* eine Sammlung von Tools für die Vorbereitung der Migration sowie für die Durchführung selbst an. Wie auch Google Cloud Migrate to Virtual Machines oder der AWS Application Migration Service setzt Azure Migrate beim Hypervisor an. Die Voraussetzung für die Nutzung von Microsoft Azure Migrate ist daher auch ein mit VMware oder Hyper-V virtualisiertes Cluster, auf dem ein entsprechender Agent installiert wird. Von dort aus können die virtuellen Maschinen übersichtlich und schnell aus der Microsoft-Azure-Konsole heraus als 1:1-Kopie nach Microsoft Azure migriert werden. Wie Sie in Abbildung 8.6 sehen, kann auch hier die Downtime sehr gering gehalten werden, da ähnlich wie bei der Synchronisation der Datenbank die virtuelle Maschine zunächst im laufenden Betrieb in die Cloud repliziert wird. Nach Abschluss der initialen Replikation wird eine permanente Delta-Replikation durchgeführt. Das bedeutet, dass die sich ergebenden Änderungen immer wieder in die Cloud repliziert werden. Anschließend wird die Migration zunächst getestet und bei Erfolg die eigentliche Migration auf die neue Umgebung durchgeführt, indem die alte Maschine abgeschaltet wird und alle Anfragen automatisch auf die neue Maschine umgeleitet werden. Danach wird die Delta-Replikation gestoppt.

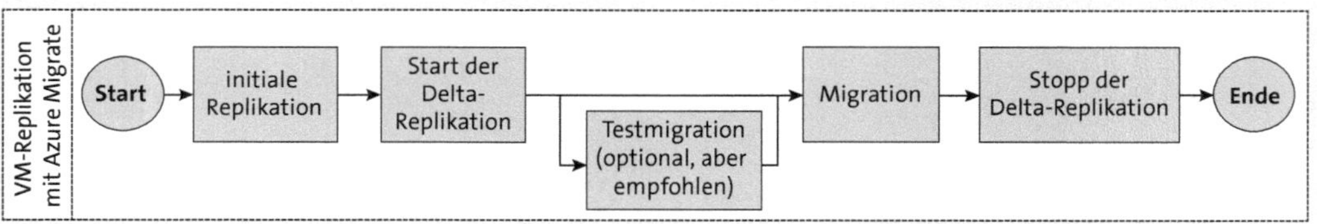

Abbildung 8.6 Ablauf einer Migration mit Azure Migrate (Quelle: Micosoft Azure)

Generell ist es sinnvoll, vor einer Migration mit dem Cloud-Anbieter über die individuellen Möglichkeiten von Support, Automatisierung und Tools zu sprechen. Meist ist nicht die technische Anbindung die Herausforderung, sondern vielmehr sind es der Datenaustausch und die Anpassung der Datenstruktur.

8.5 Schritte nach einer Migration

Erfahrungen und Wissen garantieren eine erfolgreiche Migration

Die Migrationen wurden erfolgreich abgeschlossen, die Hypercare-Phase ist vorüber und der Betrieb hat den ATR (siehe Abschnitt 8.3.7, »Acceptance to Run«) akzeptiert. Allerdings gibt es auch nach einer Migration noch ein paar wichtige Schritte, die Sie klären und durchführen müssen. In diesem Abschnitt erklären wir Ihnen, was Sie dabei beachten sollten.

Es kann sein, dass das Betriebsteam auch nach der Umstellung noch weitere Unterstützung bei der Handhabung der neuen Technologien benötigt. Gerade nach dem ATR sollte das Migrationsteam deshalb bei den ersten Wartungen weiterhin als Support zur Verfügung stehen.

Sind alle Dokumente auf dem neuesten Stand?

Prüfen Sie, ob alle notwendigen Betriebsdokumente aktuell und die neuen Notfallpläne an alle zuständigen Mitarbeitenden verteilt worden sind. Stellen Sie sicher, dass die Migration umfassend dokumentiert wurde, dazu gehört der Nachweis über den Ablauf zum Stopp und Start von Systemen sowie den Ablauf der Migration. Auch Zwischenfälle, die im Rahmen einer Migration gemeldet worden sind, sollten Sie dokumentieren. Bei der nächsten Einspielung von Support Packages oder größeren Wartungen könnte es zu ähnlichen Fehlern kommen. Daher sollte man die gewonnenen Erfahrungen in einer Wissensdatenbank sammeln, damit die Informationen nicht verloren gehen.

Ebenso sollten die Änderungen und durchgeführten Aktivitäten revisionssicher inklusive der notwendigen Dokumentationen abgelegt werden. Das ist notwendig, wenn z. B. im Rahmen der Migration Notfallverfahren genutzt oder Systeme geöffnet worden sind, um in einem entsprechenden Freeze Änderungen direkt in der Produktion vorzunehmen. System-Audits analysieren meistens das komplette letzte Jahr und greifen per Zufall Änderungen heraus, die am System durchgeführt worden sind. Da bei Migrationen oft zusätzliche Transporte und Änderungen bzw. Changes notwendig sind, ist die Wahrscheinlichkeit hoch, dass eine der Aktivitäten im Nachgang begründet werden muss. Zudem lautet eine der goldenen Regeln im Betrieb: Es darf keine Änderung an einem System geben, ohne dass diese entsprechend dokumentiert ist.

Neben dem erfolgreichen Projektabschluss und dem Release des Systems in die Produktion sollten Sie auch den Abbau der Altsysteme in der On-Premise-Umgebung oder der alten Umgebung beachten. Denn doppelt laufende Systeme können sehr teuer werden. Sie sollten sich außerdem Gedanken darüber machen, wie lange die Backups vom alten System noch aufgehoben werden und welche Daten zu welchem Zeitpunkt gelöscht werden können.

Umgang mit dem Löschen von Daten

Wir empfehlen, Daten nach einer Migration mindestens sechs Wochen aufzuheben, um sicherzugehen, dass keine Daten verloren gegangen sind oder Daten nicht gelesen werden können. Nach sechs Wochen ist ein kompletter Monatszyklus einmal durchlaufen worden. Zusätzlich eingekaufte Services seitens SAP wurden durchgeführt und ein Zugriff auf Daten aus dem Altsystem ist nur in den seltensten Fällen notwendig.

Nichtdestotrotz sollten Sie das Datenbank-Backup vor der Migration und die entsprechenden Systemdaten wie die Dateisystemstruktur, den Inhalt der SAP-Verzeichnisse, entsprechende Migrationslogs auf Betriebssystemebene auf einem geeigneten Medium nach der Migration sichern. Je nach Größe kann es sich um eine Festplatte oder eine CD handeln. In der Regel werden sogar zwei unabhängige Datenelemente erstellt, bevor die Freigabe zur eigentlichen Löschung des Systems auf Rechenleistungs- und Speicherebene erfolgen kann. Inwieweit diese Datensicherung notwendig ist, hängt vom System ab. So kann es dazu kommen, dass im Rahmen einer Migration bzw. des Abschaltens eines Rechenzentrums Systeme einfach gestoppt und nicht in die Cloud migriert werden, weil sie gar nicht mehr benötigt werden. Diese Systeme werden dann »retired«, also »in den Ruhestand versetzt« (siehe dazu Abschnitt 8.2, »Vergleich der Migrationsmethoden«).

Wichtig ist es nur, die Daten und Dokumente, die im Rahmen einer Migration erstellt worden sind, zusätzlich zu sichern. Auch bei einem Wechsel Ihres Providers oder Ihres MSPs sollte eine solche Sicherung erfolgen, da erst mit der Übergabe der Daten und durch das Gegenzeichnen des Empfangs der Daten die Verantwortung von einem Provider auf den anderen übergeht.

Das Abschalten eines Systems bedeutet jedoch nicht automatisch, dass die Daten nicht gesichert werden müssen. Viele Systeme haben eine langjährige Aufbewahrungspflicht. Diese zusätzliche Sicherung sollte zur eigenen Sicherheit durchgeführt und auch vom Systemverantwortlichen gegengezeichnet werden.

Abbau von Systemen

Sobald die Systeme in der alten Umgebung nicht mehr gebraucht werden, können sie abgebaut werden. Hierbei ist es wichtig, die Daten nicht einfach willkürlich zu löschen. Sofern es vorab schon Abbauprozesse gab, sollten diese Prozesse adaptiert werden. In dem Fall wird nicht direkt die ganze Landschaft gelöscht, aber die notwendigen Systeme, die bereits migriert worden sind, können gelöscht werden. Der Abbau sollte dabei immer von der Applikation hin zur Infrastruktur erfolgen. Das heißt, im ersten Schritt stellen Sie sicher, dass die alten Systemdaten nicht mehr als Schnittstelle in angebundenen Systemen auftauchen, dass die SAP-Systeme SAP Process Integration und SAP Solution Manager keine Datenleichen haben und die

Datei **etc/hosts** entsprechend aufgeräumt ist. **etc/hosts** ist eine zentrale Datei, die ein SAP-System im Betriebssystem ablegt, um die Daten zu den Umsystemen inklusive der IP-Adressen vorzuhalten. Es ist daher wichtig, dass diese Datei immer aktuell ist, um sicherzustellen, dass es in der Kommunikation keine Probleme gibt.

Im nächsten Schritt löschen Sie die SAP-Daten der Altumgebung. Achten Sie darauf, dass nicht versehentlich zentrale Domain-Name-System-Einträge (kurz DNS-Einträge), die gegebenenfalls schon auf das neue System zeigen, also die Verbindung zu den neuen Systemen ermöglichen, gelöscht werden. DNS-Einträge beinhalten die Zuordnung von Domain-Namen zu IP-Adressen und können wie eine zentrale Auskunftei genutzt werden. Sie sollten außerdem die Configuration Management Database (CMDB) so anpassen, dass die alten Server, aber nicht das SAP-System an sich gelöscht werden. Überprüfen Sie Dokumentationen und Wissensdatenbankeinträge auch auf z. B. alte IP-Adressen oder hinfällige Schritte. Es wäre z. B. wenig hilfreich, wenn die Dokumentation für den Stopp eines Systems nicht angepasst würde. Mit der Cloud kommen neue Clustertechnologien in Ihre Landschaft, und ein altmodischer Stopp könnte gegebenenfalls einen ungewollten Fail-over auslösen.

Sind alle Daten der SAP-Systeme gelöscht, kann man den Mitarbeitenden der Infrastruktur Bescheid geben, dass ihrerseits die letzten Aufräumarbeiten erfolgen können.

Abbau von On-Premise-Systemen

Im eigenen Rechenzentrum oder in der Private Cloud ist es üblich, einen Host, also die Hardware, für mehrere SAP-Systeme gleichzeitig zu nutzen. Vermeiden Sie daher unbedingt, eine ganze Einheit wie ein Rack oder ein Blade vollständig zu löschen, da sich neben dem zu löschenden SAP-System auch noch etwas anderes darauf befinden könnte, das noch benötigt wird. Löschen Sie daher nur die virtuelle Maschine in der Verwaltung Ihres virtuellen Clusters. Besonders schwierig wird es bei Dateisystemen. Es ist nicht leicht zu erkennen, welche Applikationen auf ein Dateisystem zugreifen. Stellen Sie unbedingt sicher, dass keine Abhängigkeiten mehr zu einem Dateisystem bestehen, bevor Sie es mitsamt seinen Daten löschen.

In einem Projektplan sollten die Kosten und Aufwände immer transparent dargelegt sein. Denn die Löschung der Daten und Systeme und damit das Abschließen des Projekts bedarf Mitarbeitender und Projektressourcen, die oft in den Kostenberechnungen einer Migration vergessen werden.

Mit dem richtigen Abbau von Systemen nach einer Migration verhindern Sie Systemleichen und sparen wiederum Zeit und Geld für die Fehlersuche.

8.6 Änderungen in der Unternehmenskultur

Cloud-Migrationsprojekte oder der Aufbau von Systemen in der Cloud gehen unweigerlich mit einem Wandel der Unternehmenskultur einher. Strukturelle Änderungen in Ihrem Geschäft sind daher ein zentraler Aspekt bei der Nutzung von Cloud-Services. Im folgenden Abschnitt beschreiben wir, welche Änderungen eine Migration in die Cloud in Ihrer Unternehmenskultur mit sich bringen kann.

Agile Arbeitsweise

Eine der wesentlichsten Änderungen, die eine Cloud-Umstellung bewirkt, ist die Änderung der Arbeitsweise von dem früher oft genutzten *Wasserfallmodell* hin zu einem agilen Vorgehen. Die Erfahrung der letzten Jahre hat gezeigt, dass es generell von Vorteil ist, mit einer Migration in die Cloud auch die Arbeitsweise auf eine agile Methode umzustellen. Daher möchten wir an dieser Stelle wichtige Begriffe definieren. Beim Wasserfallmodell handelt es sich um ein lineares Planungsmodell aus dem traditionellen Projektmanagement. Dabei wird das Projekt in mehrere Phasen unterteilt, die in der Regel sequenziell abgearbeitet werden. Eine agile Arbeitsweise bedeutet, es kann schneller auf Fehler und neue Anforderungen eingegangen werden. Weiterhin werden die Systeme und Applikationen so aufgebaut, dass in kleinen abgesteckten Phasen, *Sprints* genannt, die Änderungen für die nächste Einführung implementiert und getestet werden. Änderungen können so viel schneller produktiv gebracht und Fehler beseitigt werden.

Scrum oder das *Scaled Agile Framework* (kurz SAFe) bietet gängige Methoden für eine agile Projektgestaltung. Mit einer agilen Arbeitsweise kann somit viel schneller auf Änderungen eingegangen werden und diese können schneller produktiv gesetzt werden als beim herkömmlichen Wasserfallmodel. Daher ist es durchaus sinnvoll, wie weiter oben kurz aufgeführt, die Migration in die Cloud auch mit einem Wechsel der Arbeitsweise zu verbinden, da die Hyperscaler bereits agil arbeiten und die Cloud darauf ausgelegt ist, schnell auf die Anforderungen der Kunden zu reagieren. Hierbei kann es sich um neue Anforderungen handeln oder um entsprechende Erfahrungen, die sich mit der Zeit ergeben haben (Lessons Learned).

Scrum

Scrum bezeichnet dabei ein Vorgehensmodell des Projekt- und Produktmanagements zur agilen Softwareentwicklung. Scrum zeichnet sich durch schlanke Prozesse, schrittweise Entwicklung und regelmäßige Feedbackschleifen aus. Neben der Softwareentwicklung wird es auch immer häufiger in anderen IT-Bereichen angewandt. Wie Sie in Abbildung 8.7 sehen, hat dabei der Product Owner (kurz PO) das fertige Produkt in der Verantwortung und definiert das Product Backlog, also die Teile, die noch zu erledigen sind. Gemeinsam mit dem Scrum Master (kurz SM) und den Engineers (kurz EN) wird zu Beginn eines jeden Sprints bei der Sprint-Planung das Sprint-Backlog festgelegt, also die Teile des Produkt-Backlogs, die das Team während des Sprints umsetzen möchte. Das Team arbeitet agil gemeinsam an den Aufgaben und trifft sich täglich mindestens einmal, um den Fortschritt zu besprechen. Ein Sprint kann dabei zwischen einer und vier Wochen lang sein. Am Ende des Sprints wird das Inkrement, also der Teil, der während des Sprints umgesetzt worden ist, begutachtet und abgenommen. In der Retrospektive werden die gesammelten Erfahrungen (Lessons Learned) aus dem letzten Sprint zusammengestellt und für künftige Sprints berücksichtigt.

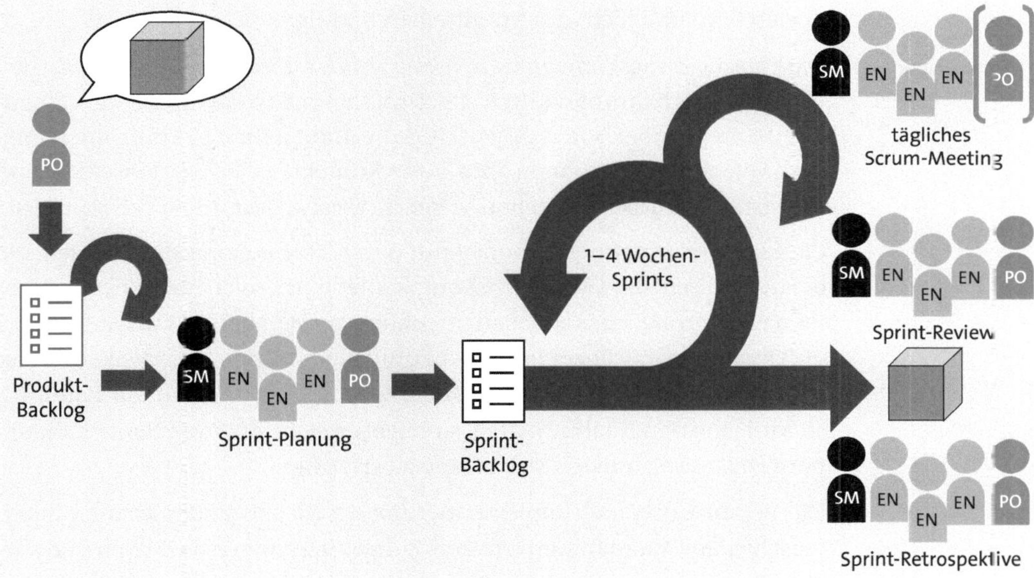

Abbildung 8.7 Das Scrum-Vorgehensmodell (Quelle: Scrum.org)

SAFe

SAFe beschreibt ein Scaled Agile Framework und beinhaltet ein Set grundlegender Prinzipien, Prozesse und Best Practices, das großen Unternehmen dabei helfen soll, agile Methoden, wie z. B. Scrum, im ganzen Unternehmen zu adaptieren, um qualitativ bessere Produkte und Services zu entwickeln.

Umdenken geht beim Management los

Bei agilen Arbeitsweisen entscheidet das Team über die Umsetzung von Projekten. Es müssen gemeinsam die Vor- und Nachteile abgewogen und die Seiteneffekte betrachtet werden. Dann wird zusammen entschieden, was wann am besten implementiert wird und wie die Implementierung erfolgen soll. Dabei ist es wichtig, dass auch das Management eine agile Arbeitsweise vorlebt. Wir empfehlen entsprechende Schulungen, um die Arbeitsweise aller Beteiligten im Unternehmen den neuen Methoden anzupassen. Es kann dabei helfen, wenn man sich als Firma neue Ziele setzt, wie z. B. Nutzerfeedback schnell aufzunehmen und umzusetzen oder Fehler schon mit der nächsten Auslieferung – sofern möglich – zu beheben. Eine Kultur des Experimentierens ist notwendig für kreative Ideen und Produkte. Ebenfalls ist Mut zu Fehlern wichtig, denn nur durch Fehler kann man lernen. Sorgen Sie für eine Kultur, die Services und Produkte unternehmensweit ausrollt und die Stärken und Funktionen der Regionen zusammenführt. Nehmen Sie von dem früheren Silodenken einzelner Abteilungen inklusive der festen Abläufe und der festen Verantwortlichkeiten und Zuständigkeiten Abstand und etablieren Sie innovatives Denken und Mut zu Änderungen. Es ist eine Kultur notwendig, in der mutiges Verhalten honoriert wird und nicht nur unmittelbarer Erfolg.

Entscheidungskompetenz verlagert sich

Die Entscheidungskompetenz in Bezug auf IT-Projekte und auch im Betrieb wandert von Führungskräften des Unternehmens oft hin zu den Cloud-Fachkräften. Dabei ist das gegenseitige Vertrauen für den Erfolg unabdingbar. Mitarbeitende können ihre volle Kompetenz besser einsetzen und selbstständig Risiken eingehen, wenn sie wissen, dass ihnen vertraut wird.

Cloud-Transformationen können nur durch Teams gemeistert werden, die die dynamische und kulturelle Komplexität eines solchen Projekts zusammen meistern. Um das zu schaffen, sollte, wie zuvor bereits kurz aufgeführt, die Organisation frühzeitig über zukünftige Strategien nachdenken. Wenn der Zielzustand der Organisation definiert und der Istzustand bekannt ist, so wird eine Gap-Analyse helfen, zu zeigen, welche Änderungsmaßnahmen notwendig sind, um den Zielzustand zu erreichen.

Die Verankerung und Implementierung des Zielzustandes können durch verschiedene Maßnahmen erfolgen. Zum einen können die Rollen und Karrierepfade angepasst werden. So können sich neue Karrieremöglichkeiten z. B. als agiler Coach, Scrum Master oder Cloud-Fachkraft ergeben. Zum anderen können Coaching-Programme Führungskräfte für die neuen Arbeitsweisen sensibilisieren.

Enthusiasmus als Motivation

Wenn über die Zeit eine Unternehmenskultur entsteht, in der sich jede Mitarbeiterin und jeder Mitarbeiter individuell einbringen kann, ist ein großer Schritt in Richtung Cloud-Technologie getan. Da sich ständig neue Services und Technologien entwickeln, sollte der Enthusiasmus der Mitarbeitenden für neue Technologien geweckt werden, sodass sie sich für neue Ideen begeistern. Ein Out-of-the-box-Denken sollte unterstützt und der Wunsch nach innovativen und verrückten Ideen angeregt werden. Wichtig ist dabei, dass die neuen Ideen nicht direkt durch das Umfeld ausgebremst und Mitarbeitende dadurch abgeschreckt werden. Awards oder das Hervorheben einer innovativen Idee in größerer Runde können die Mitarbeitenden motivieren. Wie man sich diesen Herausforderungen und der Kulturänderung stellt, wird am Ende für jedes Unternehmen unterschiedlich ausfallen. Wir empfehlen Ihnen an dieser Stelle, nicht zu lange zu warten und sich frühzeitig Gedanken zu machen.

8.7 Finanzielle Betrachtungen

Bei der Migration Ihres SAP-Systems in die Cloud geht es vor allem darum, Ihre wichtigsten IT-Systeme zu modernisieren, besser abzusichern und insgesamt agiler und belastbarer zu machen. So können Sie von den neuesten Innovationen eines SAP-S/4HANA-Cloud- oder eines SAP-BW/4HANA-Systems profitieren. Auch wenn die Hyperscaler insgesamt gerne damit werben, dass Sie bei einem Wechsel in die Cloud bis zu 70 % Ihrer Infrastrukturkosten einsparen können, sollten Sie nicht zu hohe Erwartungen in dieses Projekt setzen. Allein der Wechsel von einer proprietären Datenbank auf die moderne In-Memory-Datenbank SAP HANA sorgt dafür, dass Sie Ihre Infrastruktur aufgrund des wesentlich höheren Bedarfs an Prozessoren und Arbeitsspeicher deutlich größer dimensionieren müssen als für Ihre alte Datenbank. Aber Sie sparen natürlich auch einen nicht unerheblichen Teil der Kosten für den laufenden Betrieb dieser Infrastruktur. Sie haben keine Kosten mehr für das Hardwaremanagement und können die Anzahl der Prozessoren und die Größe des Arbeitsspeichers in wenigen Minuten ändern und die Cloud-Infrastruktur kontinuierlich Ihrem Bedarf anpassen. Auch um Facility Management, redundante Strom- und Internetversorgung sowie Kühlung müssen Sie sich nicht mehr kümmern. Das übernimmt der Hyperscaler für Sie.

Doch dass die Cloud-Infrastruktur billiger ist als lokale Lösungen, trifft nicht immer zu. Das erreichen Sie nur in größerem Maßstab, wenn sie umfangreichen Gebrauch von PaaS und cloudnativen Diensten machen. Das trifft auf die meisten SAP-Systeme, die Sie in die Cloud migrieren, gar nicht zu. Es ist zwar möglich, die monatlichen Infrastrukturkosten zu senken, dass Sie nun aber in großem Umfang Infrastrukturkosten einsparen, sollten Sie nicht erwarten. Die Höhe der zu erwartenden Kosten für Ihr Unternehmen hängt auch davon ab, welches Cloud-Preismodell Sie wählen (siehe Abschnitt 1.5, »Abrechnungsmodelle«) und wie effizient Sie Ihre Cloud-Services betreiben. Nicht zu vernachlässigen, ist jedoch der Effekt, dass Ihre Cloud-Infrastruktur nun nicht mehr als Investitionsbudget (CAPEX), sondern fortan als Betriebskosten (OPEX) verbucht wird und Sie den vollen Betrag im laufenden Jahr steuerlich geltend machen können.

8.7.1 Return on Investment

ROI bei Migrationen

Beachten Sie, dass die anfänglichen Investitionen für die Cloud-Migration und anschließende Optimierung kurzfristig einen negativen Effekt auf Ihren Return on Investment (kurz ROI) erzeugen (siehe *https://kinsta.com/de/blog/cloud-marktanteil/*). Eine Cloud-Migration senkt nicht kurzfristig die Kosten. Die Umstellung muss geplant und durchgeführt werden. Wenn die Systeme schon Jahre in Ihrem Rechenzentrum on premise betrieben worden sind, kommt es oft vor, dass auch die Datenarchitektur nicht mehr aktuell ist. Teilweise laufen Systeme noch zusammen auf einer VM, anstatt Applikation und Datenbank zu trennen und je auf einer eigenen VM zu betreiben. Gegebenenfalls sind zusätzliche Komponenten wie SAP Web Dispatcher aktiv, um eine Kommunikation mit Umsystemen zu ermöglichen, was aber nach dem Umzug in die Cloud dann nicht mehr notwendig ist. Somit fallen während der Migration oder davor oft zusätzliche Projekte an, die die Systeme auf die Cloud vorbereiten. Diese Kosten sollten Sie mit einplanen.

Neue Systeme werden in der Regel direkt in der Cloud aufgebaut. Das Design wird dann von vornherein so ausgelegt, dass alle Anforderungen aus dem SLA erfüllt und auch die Softwareversionen der Systeme auf dem aktuellen Stand sind. Anders sieht es mit Systemen aus, die schon viele Jahre in Betrieb sind. Dort sind die Softwareversionen oder das Architekturdesign aus ganz unterschiedlichen Gründen möglicherweise nicht mehr ganz aktuell. Häufig sind auch die Dokumentationen, wie z. B. die Schnittstellenliste, nach einem mehrmaligen Wechsel verantwortlicher Personen über all die Jahre nicht mehr aktuell. Das kann dazu führen, dass schließlich bei der Cloud-Umstellung Migrations- und Architektur-Updates vermischt werden und somit auch die Kosten für die Migration und die Kosten der Architektur-Updates nicht getrennt werden können. Wenn z. B. Schnittstellen noch alte Protokolle nutzen und diese während der Migration umgestellt werden, oder statt des vorherigen Single-Instance-Designs nun ein HA-Design gewählt wird, vermischen sich die Kosten der Migration mit denen der Anpassungen des Systems während der Migration. Sollte es sich um wenige kleine Änderungen handeln, ist das nicht gravierend. Sind aber weitreichende technische Änderungen während der Migration durchzuführen, können die hierfür anfallenden Kosten sehr schnell nachhaltig die Migrationskosten beeinflussen.

Betriebskosten der Cloud

Hinzu kommen Kosten für das Training Ihrer Mitarbeitenden im Umgang mit der Cloud. Sofern Sie bisher noch keine Erfahrungen mit der Cloud gemacht haben und Ihre SAP-Systeme nicht gut auf die neue Umgebung zugeschnitten sind, werden Ihre Infrastrukturkosten anfangs wahrscheinlich etwas höher liegen als zuvor. Mit der Zeit werden die Anpassungen besser und die Nutzung der neuen Möglichkeiten vertrauter.

Bedenken Sie auch, dass Historiensysteme Anforderungen an den Betrieb stellen, die mit den Betriebsmodellen abzugleichen sind. Oft müssen Systeme noch Jahrzehnte nach dem eigentlichen Betrieb gelagert werden, damit sie für den Fall, dass es zu Audits kommt, verfügbar sind. Wie auch in Ihrem On-Premise-Rechenzentrum stößt auch die Cloud hier teilweise an ihre Grenzen, da die SAP-Version, die Datenbankversion und die Betriebssystemversion oftmals schon aus der Wartung gelaufen sind. Damit ist auch der Betrieb von Altsystemen in der Cloud nicht immer leicht zu gewährleisten und stellt das ganze Betriebsmodell manchmal auf den Kopf. Deswegen planen Sie unbedingt anfangs höhere Kosten für die Migrationen solcher Systeme und die Anpassungen im Betrieb mit ein.

Umdenken in der Organisation ist wichtig

Auch wenn Sie beispielsweise zu SAP SuccessFactors oder SAP S/4HANA Cloud, Public Edition wechseln, also zu einem SaaS-Service, dessen Betrieb vollständig vom Anbieter übernommen wird, entstehen für Sie Migrations- und Betriebskosten für diese Services. SaaS läuft nicht einfach in der Cloud und wird abgerechnet. Sie müssen Schnittstellen definieren, anbinden und warten. Sie müssen definieren, welches Ticketsystem dabei führend ist und wie das Applikationsteam bei Alerts entsprechend benachrichtigt wird. Es ist aus diesem Grund wichtig, eine *RACI-Matrix* mit den Anbietern aufzustellen und sich um einheitliche Dokumentationen, Audit, Monitoring und Betriebsmodelle Gedanken zu machen.

RACI-Matrix

Eine RACI-Matrix beschreibt die Beteiligung verschiedener Rollen an der Erledigung von Aufgaben oder Ergebnissen für ein Projekt oder einen Geschäftsprozess. RACI ist dabei ein Akronym, das sich von den vier Hauptverantwortlichkeiten ableitet, die am häufigsten verwendet werden (aus dem Englischen):

- *Responsible* (verantwortlich = Ausführende der Arbeit)
- *Accountable* (rechenschaftspflichtig = für die Erledigung der Aufgabe verantwortlich)
- *Consulted* (konsultiert = jemand, dessen oder deren Meinung eingeholt wird)
- *Informed* (informiert = wird über den Fortschritt auf dem Laufenden gehalten)

Es dient der Klärung und Definition von Rollen und Verantwortlichkeiten in funktions- oder abteilungsübergreifenden Projekten und Prozessen.

Das bedeutet, dass Sie je nach Anbietermodell, SaaS oder IaaS, Kosten für den Betrieb einplanen müssen. Dies betrifft zum einen den Service für die Cloud-Infrastruktur oder auch die Kosten für zusätzlich eingekaufte Serviceleistungen zu Ihrem SaaS-Produkt. Hinzu kommen die Kosten für die Migration inklusive eines eventuellen Architekturwechsels oder auch eines Technologie-Updates.

[»]

Cloud-Connector-Architektur für Cloud-24/7-Betrieb

Stellen Sie sich die Frage, ob Ihr Cloud Connector alle Anforderungen erfüllt, um bei Bedarf unterbrechungsfrei gepatcht werden zu können. In der Vergangenheit war dies keine zentrale Anforderung bei einer Migration, aber da Sie nun On-Premise-Systeme mit Cloud-Systemen verbinden möchten, sollte die neue Architektur Hochverfügbarkeit und ein reibungsloses Patching ermöglichen, da sich sonst die On-Premise-Systeme bei Wartungsarbeiten nicht mit der Cloud verbinden können. Daher müssen nicht nur Ihre produktiven ERP- oder BW-Systeme hoch verfügbar gemacht werden, sondern auch umgebende Systeme wie der Cloud Connector von SAP.

SAP-Architektinnen und SAP-Architekten, die das Team, den Betrieb, die Organisation und die Applikationen gut kennen, können Ihnen bei den Prozessen helfen und Sie beraten.

Neben dem Providermanagement und den Betriebsverantwortlichen sollten Sie vorab festlegen, welche weiteren Services von Ihren eigenen Teams erbracht werden können, um Kosten zu sparen, weil keine externe Beratung oder externer Support hierfür notwendig sind.

Welches Wissen sollte im Unternehmen verbleiben?

Eines darf bei jeder Kosteneinsparung nie vergessen werden: Wenn Sie das gesamte interne Wissen auslagern, machen Sie sich als Unternehmen von externen Providern und Ressourcen abhängig, sodass zukünftige Entscheidungen nicht mehr ohne externe Hilfe getroffen werden können. Das ist in der Regel ab einer bestimmten Organisationsgröße wenig ratsam.

Handelt es sich um einen kleinen SaaS-Service oder eine überschaubare Systemlandschaft, ist das zunächst nicht schlimm. Nichtsdestotrotz sollten Sie nicht nur die Kostenersparnis im Auge behalten, sondern auch die Vorteile, wenn Sie unabhängig von Providern sind. Im besten Fall haben Sie also im eigenen Betrieb Fachkräfte für einen reibungslosen Service ebenso wie geschultes Sicherheitspersonal und Mitarbeitende, die die Architektur der nächsten Jahre planen können und über Technologiewechsel und Kosteneinsparungen Bescheid wissen und Kostenkalkulationen auch fachlich untermauern können.

Abschließend wollen wir festhalten, dass die Kostenplanung für Umstellungsprojekte insgesamt umfangreich und individuell ist. Sie müssen nicht nur die reinen Kosten für den Cloud-Service berücksichtigen, sondern ebenso die Projekt- und Betriebskosten. Tabelle 8.1 gibt Ihnen noch einmal einen Überblick über die zu erwartenden Kosten, die bei einer Cloud-Migration anfallen können.

Kosten des Cloud-Service	Projekt- und Betriebskosten
■ Infrastruktur, z. B. für Rechenleistung und Speicher ■ Netzwerkkosten, z. B. für Übertragung der Systeme in die Cloud oder zwischen den Systemen ■ zentrale SAP-Services, z. B. SAP-Router, Cloud Connector, SAP GUI	■ Kosten für eine Technologieanpassung, um eine Applikation oder ein System für die Migration in die Cloud vorzubereiten ■ Migrationskosten ■ Betriebskosten in der Cloud ■ Schulungen ■ Providersteuerung ■ Security und Audit ■ Architektinnen und Architekten, Betrieb und Applikationsdesign ■ Help Desk ■ zukünftige Strategieausrichtung und Kostenkalkulation

Tabelle 8.1 Übersicht möglicher Migrationskosten in der Cloud

Die Tabelle ließe sich noch fortführen, aber wir hoffen, dass wir Ihnen mit den aufgeführten Punkten einen guten Überblick über mögliche anfallende Kosten vermitteln konnten. Prüfen Sie bitte genau, an welchen Stellen es sinnvoll ist, IT-Kosten, Services und Wissen auszulagern. Oftmals ist ein nachträglicher interner Wissensaufbau kostspieliger, als von Anfang an geschultes Personal zu beschäftigen.

8.7.2 FinOps

Wenn Sie in die Cloud migrieren, sollten Sie sich auch direkt vom ersten Tag an mit *FinOps* beschäftigen. FinOps, kurz für *Financial Operations*, ist eine sich seit einiger Zeit entwickelnde Cloud-Finanzmanagement-Disziplin und kulturelle Praxis, die es Unternehmen ermöglicht, maximalen Geschäftswert durch die Nutzung der Public Cloud zu erzielen, indem sie Engineering-, Finanz-, Technologie- und Geschäftsteams bei datengesteuerten Ausgabenentscheidungen unterstützt. Im Kern ist FinOps eine kulturelle Praxis und nicht als Einmalprojekt, sondern als kontinuierlicher Optimierungsprozess gemeint. Grundsätzlich lässt sich FinOps in drei Phasen einteilen.

Drei Phasen von FinOps

In der ersten Phase wird zunächst einmal Transparenz geschaffen und es werden die notwendigen Informationen über die laufenden Ausgaben und die Monitoringwerte der Komponenten ermittelt. Eine entsprechende Prognose der zu erwartenden Ausgaben in der Cloud wird auf Dashboards und in Reports erzeugt. Dieser Schritt ist nicht so trivial, wie er klingt. Sofern man nur ein einziges Cloud-Projekt hat oder nur eine einzige Applikation in die Cloud migriert hat, ist klar, dass alle anfallenden Cloud-Kosten auch zu dieser Applikation gehören. Dies ist jedoch selten der Fall. Sobald Sie mehrere Applikationen in der Cloud betreiben, ist es auf der monatlichen Rechnung nicht mehr ersichtlich, welche Services und damit auch welche Kosten für welches Projekt und welche Applikation ausgegeben wurden.

Das Mittel der Wahl ist hier eine entsprechende Kennzeichnung. Bei allen Cloud-Anbietern kann jede einzelne Ressource mit sogenannten Tags versehen werden. Dabei handelt es sich um nichtfunktionale Informationen, die Sie selbst hinzufügen können. Ein Tag ist ein Paar aus einem Schlüssel und einem Wert. Sie können das Tagging verwenden, um Ihre Cloud-Ressourcen in einem Bericht zu klassifizieren. Verwenden Sie dabei am besten verschiedene Schlüssel aus drei Kategorien. In der ersten Kategorie haben Sie Schlüssel, mit denen Sie Ihre Ressourcen schnell durchsuchen können. Dies kann ein Anwendungsname, eine Kontaktperson, eine Abteilung oder Ähnliches sein. In der zweiten Kategorie haben Sie Schlüssel, mit denen Sie Ihre Ressourcen in Berichten und Tools wie einer CMDB oder einem internen Finanzmanagementsystem automatisch zuordnen können. Dazu gehören Applikations-IDs, Account-IDs, Personalnummern und ähnliche IDs, die Sie in Ihren internen Systemen zur Identifikation verwenden. In der letzten Kategorie verwenden Sie Tags, die für die Automatisierung Ihrer Infrastruktur relevant sind. Dazu gehören Tags, die definieren, zu welcher Umgebung die Ressource gehört, z. B. Produktion, Test oder Entwicklung. Dies können Sie nutzen, um Entwicklungs- und Testsysteme über Nacht oder am Wochenende automatisiert herunterzufahren, während die Produktion 24/7 online bleibt.

Sie können Tags verwenden, die definieren, ob eine Ressource zu einem System für besonders sensitive Daten gehört. Diesen Ressourcen werden dann automatisiert entsprechende Policies zugeordnet. Alle Tags helfen Ihnen, Ihre Ressourcen zu organisieren und richtig zuzuordnen. Wichtig ist, dass Sie das Hinzufügen der Tags erzwingen. Dies ist auch über Regeln und Policies bei Ihrem Cloud-Provider möglich. Andernfalls erhalten Sie lückenhafte Daten, und das ist genauso schlecht wie gar keine Informationen.

Erste Einsparungen schnell erreichen

In der zweiten Phase werden erste Erkenntnisse aus der Visualisierung der Daten in der ersten Phase gewonnen. Maschinentypen, die Sie langfristig benötigen, können Sie beim Hyperscaler für ein oder drei Jahre vorreservieren. Auf diese Weise reduzieren Sie die Kosten über die gesamte Laufzeit. Für Maschinen, die nur selten benötigt werden und die eher für Testszenarien eingesetzt werden, kann man sogenannte Burst oder Spot Instances kaufen. Das sind Instanzen, bei denen Ihnen nicht durchgängig die volle Leistung versprochen wird. Dafür sind diese aber sehr günstig zu haben. Sie können Maschinen ausmachen, die nicht voll genutzt werden und diese auf einen kleineren Typ herunterskalieren. Sie können eventuell ungenutzte Ressourcen identifizieren und löschen (engl. *Waste Management*, also übersetzt Abfallmanagement). Sie können überprüfen, ob für manche Maschinen nicht ein anderer Typ mit einem anderen Verhältnis von CPU und RAM sinnvoll ist und so eventuell noch etwas einsparen. Auf diese Weise können Sie unter Umständen sehr kurzfristig signifikante Einsparungen erzielen.

FinOps ist kontinuierlich

In der dritten Phase wird FinOps langfristig in Ihren IT-Betrieb und, begleitet vom Change Management, in Ihre gesamte Organisation implementiert. So sorgen Sie fortan für eine kontinuierliche Optimierung Ihrer Cloud-Ausgaben (siehe Abbildung 8.8) und eine optimale Verwendung Ihrer Investition. Alle durchgeführten Optimierungen werden protokolliert und die daraus gewonnenen Erkenntnisse fließen in zukünftige Entscheidungen ein. Die erstellten Dashboards und Reports werden laufend angepasst und verfeinert. Es werden laufend Optimierungen gesucht und umgesetzt, die aktuellen Ausgaben mit dem Budget verglichen und die Prognosen (der Forecast) aktualisiert.

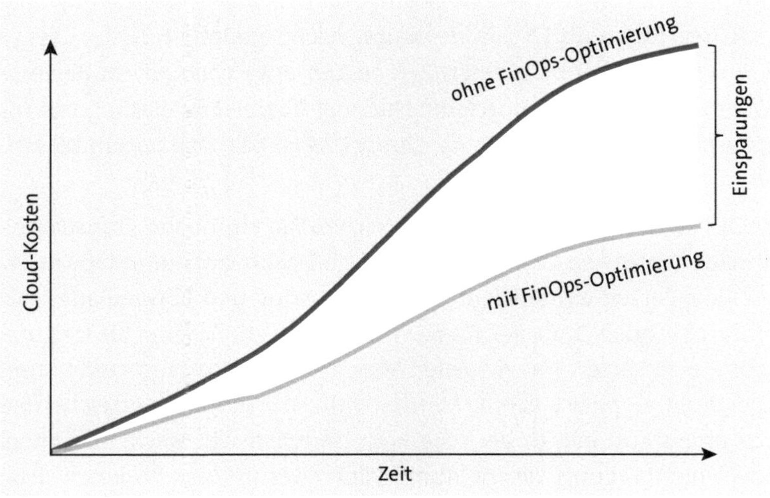

Abbildung 8.8 Einsparpotenzial mit FinOps-Optimierung

Bei der Verwendung von Cloud-Computing haben viele Unternehmen Schwierigkeiten damit, ihre monatlichen Kosten zu verwalten und zu prognostizieren. Viele Unternehmen bauen nicht rechtzeitig die dazu passende Kultur auf und haben nicht die richtige Governance-Struktur. Alle Mitarbeitenden, die für Ressourcen in der Cloud verantwortlich sind, sind auch für die damit in Zusammenhang stehenden Kosten und den damit verbundenen verantwortungsvollen Umgang verantwortlich. Ihre Unternehmens-Governance muss diese Selbstverantwortung abbilden und fördern. Wenn alle ihre Verantwortung für die Finanzen an das Rechnungswesen oder den Einkauf abgeben, sorgt dies nur dafür, dass die Kosten weiter steigen werden. Es ist leicht, neue Ressourcen in Sekunden zu deployen und somit Kosten zu verursachen. Geben Sie Ihren Mitarbeitenden die Freiheit, zu entscheiden, welche Ressourcen die richtigen sind, aber auch gleichzeitig die Verantwortung, schonend mit dem Unternehmensbudget umzugehen.

FinOps und Kulturwandel

Andernfalls sind Sie schnell mit unerwarteten Ausgaben und den daraus resultierenden Schwierigkeiten konfrontiert. Wenn Sie keine Tagging-Strategie implementieren, werden Sie Probleme damit haben, die verantwortlichen Elemente, Services und Teams zu identifizieren, die Ihre Kosten in die Höhe treiben. Herkömmliche Kostenmanagementpraktiken können das Problem nicht lösen, da Cloud-Umgebungen sehr dynamisch sind und einen kontinuierlichen Optimierungsansatz erfordern. Je früher Sie FinOps und den damit verbunden Kulturwandel in Ihrem Unternehmen implementieren, desto weniger Geld verlieren Sie durch unkontrollierte Ausgaben in der Cloud. FinOps stellt als ganzheitliche Disziplin sicher, dass Sie kontinuierlich Ihre Public-Cloud-Ausgaben überprüfen und optimieren, z. B. durch das Herunterfahren von Komponenten, die Sie derzeit nicht benötigen (siehe Abschnitt 1.5.1, »Abrechnung nach Zeiteinheit«), oder das Löschen von nicht mehr benötigten Ressourcen etwa nach einem Restore-Test. Oder Sie sparen Geld durch die Nutzung flexibler Skalierung von Infrastrukturkomponenten (siehe Abschnitt 1.3.4, »Skalierbarkeit und Elastizität«).

Transparenz und Kontrolle

Mit FinOps in Ihrem Unternehmen erreichen Sie eine hohe Transparenz über Ihre dynamischen Cloud-Kosten. Durch Dashboards und Reports erreichen Sie jederzeit ein effizientes Kostentracking und können auf Basis guter Informationen Optimierungen vornehmen. Reservieren Sie langfristig benötigte Instanzen von virtuellen Maschinen für drei Jahre und sparen Sie so bei Ihrem Hyperscaler eine Menge Geld. Darüber hinaus erreichen Sie dadurch einen Zustand, in dem Sie kontinuierlich überwachen können, durch welche Abteilung, welche Applikation oder welches Projekt welche Cloud-Kosten verursacht werden. Auf diese Weise können Sie dann entweder sogenannte Show-Back-Modelle (interne Visualisierung von verursachten Cloud-Kosten an die Verantwortlichen) oder gar Charge-Back-Modelle (interne Weiterverrechnung von verursachten Cloud-Kosten) implementieren.

8.8 Nachhaltigkeit von Cloud-Infrastrukturen

Die Nachhaltigkeit von IT-Systemen gewinnt mehr und mehr an Bedeutung. Aber was heißt Nachhaltigkeit in Bezug auf die Cloud? Nachhaltigkeit und eine nachhaltige Entwicklung bedeuten, dass bewusst mit den zur Verfügung stehenden Ressourcen umgegangen und nicht mehr verbraucht als produziert wird, sodass die zukünftigen Generationen in ihrem Handeln nicht eingeschränkt werden.

Einfluss auf die Nachhaltigkeit

Inwieweit wirkt sich ein Wechsel in die Cloud aus? Je zentraler ein System aufgebaut ist, desto weniger CO_2 wird lokal produziert. Jedes Rechenzentrum verbraucht Strom für die Kühlung, die Server und die Heizung. Hinzu kommt, dass die Hardware hergestellt, transportiert und aufgebaut werden muss inklusive des Netzwerkes. Wenn nur ein Teil der Hardware im eigenen Rechenzentrum genutzt werden kann und somit Hardwareschränke eingesetzt werden, die nicht voll ausgenutzt werden und regelmäßig erneuert werden müssen wie auch Speicher, Rechenleistung und zentrale Netzwerkkomponenten, ist das Verhältnis zwischen Nutzen und Verbrauch nicht optimal. Die Notfallstromversorgung muss ebenfalls betrachtet werden. Notfallstromgeneratoren, die mit Diesel betrieben werden, stehen auch heute noch sehr oft in vielen Rechenzentren, damit die Systeme bei einem Stromausfall weiterhin betrieben werden können. Wird das Rechenzentrum dabei aber nicht voll genutzt, sind die Anschaffungs- und Wartungskosten viel zu hoch. Außerdem muss das Anlaufen der Notfallversorgung regelmäßig getestet werden.

Werden die Systeme hingegen zentral in einer Cloud aufgebaut, wird weniger CO_2 generiert. Der Grund ist einfach: Zum einen können die Hyperscaler Ihre Ressourcen optimaler ausnutzen und haben durch die schlichte Größe mehr Möglichkeiten für eine maximale Auslastung einer jeden Komponente. Zum anderen können die Hyperscaler aufgrund ihrer Größe und ihrer Finanzstärke in die Weiterentwicklung Ihrer Rechenzentren investieren.

Viele Unternehmen sind sich der Klimabilanz ihrer IT gar nicht bewusst. Dabei wächst der Druck gerade seit Beginn der Pandemie immer weiter. Nicht einmal jedes fünfte Unternehmen weiß, wie es seinen CO_2-Fußabdruck messen könnte. Dabei steht das Thema Nachhaltigkeit immer häufiger auf der Agenda vieler Unternehmen.

Die Unternehmensberatung Accenture hat vor einiger Zeit in einer Marktanalyse herausgefunden, dass 5,9 % der weltweiten CO_2-Emissionen eingespart werden könnten, wenn alle Accenture-Kunden in die Cloud migrieren würden. Erinnern wir uns an die Studie aus Abschnitt 1.3.9, »Nachhaltigkeit«, zurück. Dort wird angegeben, dass die globale IT für ca. 3,8 % aller weltweiten CO_2-Emissionen verantwortlich ist. Etwa ein Drittel davon entfällt auf Rechenzentren. Schon hier gehen die Schätzungen weit auseinander. Das zeigt, wie unsicher die Schätzmethoden noch sind und dass es noch viel Raum für Fehlinterpretationen gibt. Nichtsdestotrotz ist uns allen bewusst, dass das Thema Nachhaltigkeit und hier insbesondere der Ausstoß von Treibhausgasen noch nie so wichtig war wie heute und uns alle betrifft. Unabhängig von der Aktualität der Werte ist der Trend klar erkennbar. Der Bedarf an IT-Systemen steigt weiterhin in immer größeren Sprüngen und wird in absehbarer Zeit nicht abnehmen.

Grundsätzlich sei gesagt, dass es allein aus Effizienzgründen richtig ist, zu einem Hyperscaler zu wechseln und Ihr eigenes Rechenzentrum stillzulegen. Bedenken Sie z. B. die Überkapazität in Ihrem Rechenzentrum, also die Rechenleistung und den Speicher, die derzeit noch nicht benötigt werden, aber als Backup für Lastspitzen oder zukünftigen Bedarf schon einmal bereitstehen. Sie kaufen sehr wahrscheinlich nicht jeden Monat neue Rechen- und Speicherkomponenten gemäß Ihrem Datenwachstum ein. Das Risiko, dass eine Lieferung nicht rechtzeitig eintrifft oder sich die Datenzuwachsrate stärker erhöht, als geplant, ist viel zu groß. Daher haben Sie oft viel mehr Speicherkapazität, als Sie tatsächlich benötigen. Wahrscheinlich planen Sie für ein Jahr oder gar für drei Jahre im Voraus. Wenn nun ein einzelnes Rechenzentrum in die Cloud umzieht, ist dadurch noch nicht viel gewonnen. Wenn aber gleich Tausende Rechenzentren in die Public Cloud umgezogen werden und der Hyperscaler durch Optimierung eben nicht tausendfach Überkapazitäten bereithält, spart das eine Menge Kapazität und somit auch CO_2 ein. Gleichsam investieren die Hyperscaler in die Erforschung von noch effizienteren Rechenzentren und Hardwarekomponenten. So können Sie davon ausgehen, dass die Effizienz dieser Rechenzentren viel höher ist, als es in Ihrem eigenen Rechenzentrum möglich wäre.

Zielgröße ökologischer Fußabdruck

Jedes Unternehmen sollte sich Gedanken machen, wie sein ökologischer Fußabdruck aussehen soll. Viele Hardwareprovider arbeiten bereits daran, den Energieverbrauch ihrer Systeme zu verringern. Umweltfreundliche Kühlung und die Nutzung von erneuerbaren Energien für die Stromversorgung spielen eine wesentliche Rolle im Rechenzentrum der Zukunft. Ebenfalls werden immer mehr *OLEDs* für die Beleuchtung eingesetzt, ob bei Displayanzeigen oder allgemein im Bereich der Beleuchtung. Dabei handelt es sich um organische lichtemittierende Dioden, das bedeutet, es sind flache Leuchtmittel aus organischen halbleitenden Materialien, die für die Lichtproduktion nur einen Bruchteil des Stroms herkömmlicher LEDs benötigen.

Ziele für die Nachhaltigkeit

Google gibt z. B. an, das erste Unternehmen seiner Größe zu sein, das 100 % mit erneuerbaren Energien arbeitet. Die Energieversorgung erfolgt durch Nutzung von Solarenergie und Windkraft. Aus diesem Grund sind die zentralen Cloud-Services von Google teilweise siebenmal energieeffizienter, als es bei einem Betrieb von On-Premise-Rechenzentren der Fall wäre. Weiterhin setzt Google auf künstliche Intelligenz (kurz KI), um seine Rechenzentren zu optimieren. So erkennt die KI z. B., wenn sich die Temperatur einer Hardware verändert, und passt die Energiemenge, die zur Kühlung notwendig ist, automatisch an.

Microsoft hingegen hat sich das Ziel gesetzt, bis 2030 kohlenstoffnegativ zu werden und bis 2050 mehr Kohlenstoff aus der Umwelt zu entfernen, als es seit der Gründung im Jahre 1975 jemals ausgestoßen hat. Microsoft setzt dabei auf die Nutzung von erneuerbaren Energien, investiert aber zusätzlich in neue Technologien zur Reduzierung und Entfernung von Kohlenstoff aus der Luft. Hinzu kommt, dass Microsoft mit alternativen Ideen für Rechenzentren experimentiert. Es wird z. B. eine Unterwasser-Rechenzentrumsanlage vor der Küste von Schottland getestet. Das Rechenzentrum soll dabei gekühlt werden, ohne zusätzlichen Strom zu verbrauchen, weiterhin soll die Ausfallsicherheit um ein Vielfaches höher sein.

Auch AWS hat entsprechende Versprechen abgegeben. So will es bis 2040 in all seinen Geschäftsbereichen mit einer Netto-Null-Kohlenstoffbilanz seinen Beitrag für einen ökologischen Fußabdruck leisten. Das Data Center Alley in Virginia ist für 70 % des weltweiten Internetverkehrs verantwortlich. Greenpeace zufolge verbrauchen diese Rechenzentren in einem Jahr so viel Energie wie 1,4 Millionen US-Haushalte.

Eine Selbstverpflichtung jedes Unternehmens und entsprechende Ziele für einen geringeren Energieverbrauch und die Vermeidung von CO_2 sind ein wichtiger Wegweiser für eine grünere und nachhaltigere Zukunft. Leisten Sie einen Beitrag zu einer nachhaltigeren Zukunft, indem Sie Ihre SAP-Systeme in eine Hyperscaler-Cloud migrieren.

Anhang A
Glossar

Acceptance to Run (ATR) Ein Prozess, bei dem das Run-Team und der Betrieb die Verantwortung für das System übernehmen oder diese nach einer größeren Aktion oder Änderung vom Projektteam zurückerhalten.

Active Directory (AD), Ein Verzeichnisdienst von Microsoft, der eine wichtige Rolle bei der Verwaltung von Windows-Netzwerken spielt.

Amazon Elastic Compute Cloud (EC2) Eine instanziierte virtuelle Servercomputer bei AWS, auch als virtuelle Maschinen (VM) bezeichnet.

Amazon Web Services (AWS) Ein US-amerikanisches Cloud-Computing-Unternehmen, das im Jahre 2006 als Tochterunternehmen des bekannten amerikanischen Onlinehändlers Amazon gegründet wurde.

Audit Die Überprüfung eines Systems, bei der in einem Untersuchungsverfahren, die Einhaltung von Vorgaben, Standards oder Richtlinien kontrolliert und dokumentiert wird. Es gibt verschiedene Arten von Audits, darunter z. B. Betriebsaudits, Sicherheitsaudits, interne Audits und externe Audits.

Automatisierung Eine Technologie mit minimalem Benutzereingriff.

Autoscaling Eine automatische Erhöhung der genutzten Ressourcen nach Bedarf. Dies geschieht normalerweise automatisch, wenn es so konfiguriert wurde.

Availability Zone (AZ) Sind in jeder Region mindestens zwei, oft auch drei isolierte Rechenzentren oder Standorte verfügbar, spricht man von Availability Zones.

Backup Eine Kopie der wichtigsten Daten an einem sicheren Ort.

Betriebshandbuch Handbuch, in dem alle Maßnahmen und Informationen, die für den Betrieb eines IT-Systems notwendig sind, festgehalten werden.

Betriebskonzept Enthält in der Regel ein Betriebs- und Notfallhandbuch, in dem die Betriebsorganisation und die einzuhaltenden Regeln detailliert beschrieben sind.

Brownfield-Ansatz Das Konzept der schrittweisen Umstellung und Konvertierung. Dabei wird auf bestehende Strukturen und Architekturen zurückgegriffen, die später angepasst werden.

Business Impact Analysis (BIA) Analyse, bei der die Auswirkungen von Ausfällen von Komponenten und Systemen dargestellt und wenn möglich quantifiziert werden. Daraus ergibt sich der sogenannte Schutzbedarf von Systemen.

Bring your own License (BYOL) Lizenzmodell, bei dem Unternehmen ihre Lizenzen flexibel lokal oder in der Cloud nutzen können. Bestehende Lizenzen können in der Cloud weiter genutzt werden.

Capital Expenditures, (CapEx) Investitionsausgaben oder aktivierungsfähige Investitionskosten, die sich darauf beziehen, wie ein Unternehmen seine Investitionskosten über die Nutzungsdauer eines Assets verteilt oder abschreibt.

Chargeback-Modell Modell, bei dem die Kosten für die Nutzung von IT-Ressourcen den Budgets der nutzenden Abteilungen zugerechnet werden.

Cloud Adoption Framework Ein von Microsoft für Azure bereitgestelltes

Framework mit bewährten Anleitungen zur Beschleunigung der Cloud-Reise.

Cloud Computing Modell, bei dem gemeinsam genutzte IT-Ressourcen, z. B. in Form von Servern, Datenspeichern oder Anwendungen, bei Bedarf – in der Regel über das Internet und geräteunabhängig – zeitnah und mit geringem Aufwand als Dienstleistung zur Verfügung gestellt und nach Nutzung abgerechnet werden.

Cloud-First-Strategie Eine Unternehmensstrategie, nach der jedes neue Produkt und jeder neue Service mit dem Blick auf die Cloud konzipiert wird.

Code of Conduct Verhaltenskodex eines Unternehmens, d. h. Sammlung von Verhaltensweisen und Regeln (rechtlich, soziale oder ethische), die für die Mitarbeitenden des Unternehmens gelten.

Compliance Einhaltung von Regeln, Gesetzen und Richtlinien sowie von behördlichen Anforderungen an Unternehmen.

Compliance-Standards Standardisierte regulatorische Anforderungen, die erfüllt werden müssen, oder spezifische Datenschutzanforderungen.

Compliance-Management-Systeme (CMS) Gesamtheit der in einer Organisation eingerichteten Maßnahmen, Strukturen und Prozesse, die in einer Organisation zur Sicherstellung der Regelkonformität eingerichtet sind.

Configuration Management Database (CMDB) Eine Datenbank, die zur Verwaltung, Dokumentation, Verknüpfung und Nachverfolgung von IT-Konfigurationselementen.

Continuous Integration and Continuous Development (CI/CD) Eine Reihe von Prozessen, die Softwareentwicklerinnen und Softwareentwickler dabei unterstützen, Codeänderungen häufiger und zuverlässiger bereitzustellen. CI/CD ist ein Teil von DevOps und trägt dazu bei, den Softwareentwicklungszyklus zu verkürzen.

Current Mode of Operation (CMO) Modus, in dem ein System vor der Migration betrieben wurde, d. h. das aktuelle Betriebsmodell vor den geplanten Änderungen.

Datenbank-as-a-Service (DBaaS) Service, bei dem die Datenbank als Service von einem Cloud Provider bezogen wird. Der Cloud Provider stellt alle Funktionen und Dienste bereit, die für den Betrieb der Datenbank erforderlich sind.

Datenschutz Schutz der personenbezogenen Daten jedes Einzelnen vor unberechtigter Erhebung, Verarbeitung, Veränderung oder Weitergabe. In den Datenschutzgesetzen ist genau festgelegt, wie diese Daten zu schützen sind.

Datenschutz-Grundverordnung (DSGVO) Der Datenschutz in Deutschland wird im Wesentlichen durch die zwei Gesetze Datenschutz-Grundverordnung (DSGVO) und das Bundesdatenschutzgesetz (BDSG-neu) geregelt

Datensicherheit Schutz digitaler Daten vor unerwünschten Handlungen und zerstörerischen Aktivitäten durch unbefugte Benutzer.

DAX30-Unternehmen Der DAX ist der wichtigste deutsche Aktienindex. Er misst aktuell die Wertentwicklung der 30 größten und liquidesten Unternehmen des deutschen Aktienmarktes.

Demand Management Konzepte, um die Nachfrage nach Gütern oder Dienstleistungen in Einklang mit den jeweiligen Geschäftsprozessen in Einklang zu bringen. Ein klassisches Demand Management von Cloud-Anbietern ist die Bereitstellung der benötigten Services.

Disaster Recovery (DR) Alle Maßnahmen und Aktionen, die nach einem Ausfall oder Teilausfall von Komponenten in der Technik eingeleitet werden. Hierbei wird neben der Datenwiederherstellung auch das Ersetzen nicht mehr benutzbarer Infrastruktur, Hardware und Organisation berücksichtigt.

DevOps DevOps ist eine Sammlung unterschiedlicher technischer Methoden und eine Kultur zur Zusammenarbeit zwischen Softwareentwicklung und IT-Betrieb.

Disaster Tolerance (DT) Die Fähigkeit eines Systems, eine Anwendung auf einem alternativen Cluster wiederherzustellen, wenn das primäre Cluster ausfällt. Die Disaster Tolerance oder Notfalltoleranz basiert dabei auf einer Datenreplikation und einem Failover.

Downtime Die Zeit, in der ein System nicht zur Verfügung steht, dies kann geplant oder ungeplant sein.

Embrace Ein von SAP aufgesetztes Projekt, um gemeinsam mit den Hyperscaler-Partnern eine Go-to-Market-Strategie auszuarbeiten und die Cloud Adoption gemeinsamer Kunden zu beschleunigen.

Enterprise Agreement (EA) Ein Nutzungsvertrag oder eine Vereinbarung mit dem Hyperscaler über die Nutzung seiner Dienste durch die Kunden.

ERP-Software Von SAP hergestellte Enterprise-Resource-Planning-Software.

Fallback Die aktive Entscheidung, einen Change abzubrechen und den Ursprungszustand wieder herzustellen.

Fehler-Ursachen-Analysen (engl. Root Cause Analysis, RCA) Analyse, um die Ursache für ein bestimmtes Problem zu ermitteln.

FinOps Abkürzung für »Financial Operations«. Ist eine sich entwickelnde Disziplin und kulturelle Praxis des Cloud-Finanzmanagements, die es Unternehmen ermöglicht, den Geschäftswert aus der Nutzung der Public Cloud zu maximieren, indem sie Engineering-, Finanz-, Technologie- und Business-Teams dabei unterstützt, datengestützte Ausgabenentscheidungen zu treffen.

Future Model of Operation (FMO) Das zukünftige Operation-Modell eines Unternehmens, das in der Regel nach einer Migration das CMO-Modell (siehe Current Mode of Operation (CMO) ablöst.

Follow-the-Sun Modell, bei dem die einzelnen Regionen entsprechende Tickets und Supportanfragen an die nächste Zeitzone übergeben.

Freeze Der Freeze beschreibt die Zeit wo das System oder die Applikation nur eingeschränkt zur Verfügung steht. Es wird zwischen einem Soft- und einem Hard Freeze unterschieden.

Geschäftsprozess Ein Prozess des Prozessmanagements, der Unternehmen bei der Erreichung ihrer Unternehmensziele unterstützt. Dabei werden bestehende Geschäftsfelder bearbeitet und neue Geschäftsfelder entwickelt.

Google Cloud Platform (GCP) Plattform, die zusammen mit Google Workspace und den Unternehmensversionen von Android und Chrome OS die Google Cloud bildet.

Greenfield Wird der Greenfield-Ansatz verfolgt, wird das System komplett neu implementiert. Die SAP-Umgebung wird auf der sogenannten grünen Wiese neu aufgebaut.

GxP-System Gibt Richtlinien für eine gute Arbeitspraxis vor, vor allem in der Pharma-Welt.

High Availability (HA) Fähigkeit eines Systems, trotz Ausfalls einer oder mehrere Komponenten den Betrieb zu gewährleisten, indem in der Regel in ein Ausfallrechenzentrum oder eine zweite Seite geschwenkt wird.

High Level Design (HLD) Allgemeines Systemdesign, das sich auf das Gesamtsystemdesign bezieht. Es beschreibt die allgemeine Architektur der SAP-Landschaft und der Anwendung. Es umfasst die Beschreibung der Systemarchitektur, das Datenbankdesign, eine kurze Beschreibung der Systeme, Dienste, Plattformen und die Beziehungen zwischen den einzelnen Modulen. Es wird auch als Makroebenendesign bezeichnet.

Hub-and-Spoke-Architektur Allgemein ist damit gemeint, dass die Verbindung zwischen zwei Endpunkten A und B nicht direkt, sondern über einen Zentralknoten Z, die Nabe (engl. *Hub*), geführt wird. Die Verbindungen der Endknoten A und B zum Knoten Z bezeichnet man hierbei als Speichen (engl. *Spoke*).

Hypercare Zeitraum nach einer größeren Aktion bzw. einem Change in einem System, in dem das System oder die Applikation gesondert überwacht wird. Dies geschieht in der Regel nach Migrationen, größeren Patches oder größeren Ausfällen.

Hyperscaler Cloud-Anbieter, die in der Lage sind, ihre IT-Landschaft in großem Umfang anzupassen. In der Datenverarbeitung bzw. IT wird immer dann von Skalierung (aus dem Englischen *scale*) gesprochen, wenn die Architektur der IT-Umgebung die Fähigkeit besitzt, sich dynamisch an das Nutzerverhalten anzupassen.

Hybrid Cloud Die Mischung aus Mix aus Private und Public Cloud, d. h. Dienste und Anwendungen werden sowohl in der Private als auch in der Public Cloud gehostet.

Identity and Access Management (IAM) Vorgehen, das in Unternehmen für eine zentrale Verwaltung von Identitäten und Zugriffsrechten auf unterschiedliche Systeme und Applikationen sorgt. Die Authentifizierung und Autorisierung der User sind zentrale Funktionen des IAM.

Infrastructure-as-a Service (Iaas) Einkauf einer Infrastruktur als Service. Der Betrieb und die notwendigen Aufgaben werden dabei vom entsprechenden Provider vorgenommen

Infrastructure-as-Code-Systeme (IaC) Modell, bei dem Anbieter wie z. B. Terraform, Ansible, Puppet oder SaltStack genutzt werden, um vollständig automatisiert eine neue Infrastrukturumgebung aufzubauen.

Input-Output-Per-Second-Rate (IOPS-Rate) Die maximale Anzahl an Lese- und Schreiboperationen pro Sekunde.

IT-Strategie Spiegelt die mittel- und langfristigen IT-Ziele eines Unternehmens wider und wie diese erreicht werden sollen. Der IT-Prozess ist in seiner gesamten Komplexität betroffen und die Ziele können sich im Bereich der Automatisierung, der Serviceverbesserung sowie der Produktweiterentwicklung wiederfinden.

Kernel Zentraler Bestandteil des Betriebssystems, der Datenbank und der Applikation, oft auch als Betriebssystemkern bezeichnet. Er legt die Prozess- und Datenorganisation fest, auf der die anderen Komponenten des Betriebssystems aufbauen. Je nach Einsatzzweck gibt es verschiedene Arten von Kerneln.

Key Performance Indicators (KPIs) Schwellwerte, die mit dem Provider für ein System vereinbart worden sind. Diese Schwellwerte beziehen sich in der Regel auf Performance-Regulierungen, um einen reibungslosen Betrieb zu gewährleisten.

Künstliche Intelligenz Eine KI überträgt das menschliche Lernen und Denken auf den Computer und ihm damit Intelligenz zu verleihen. Somit muss der Computer nicht für jeden Zweck programmiert werden, er kann eigenständig Antworten finden und selbstständig Probleme lösen.

Landing Zone Eine gut strukturierte, skalierbare und sichere Multi-Account-Umgebung. Dies ist ein Ausgangspunkt, von dem aus Ihr Unternehmen Workloads und Anwendungen schnell starten und bereitstellen kann, ohne sich auf Ihre Sicherheits- und Infrastrukturumgebung verlassen zu müssen.

Landscape Management Database (LMDB) Das zentrale Repository für Landschaftsinformationen vom SAP Solution Manager.

Landscape-Transformation Methode, die die existierenden SAP-Systeme in einem neuen SAP-S/4HANA-System technisch konsolidiert.

Lastverteilung Verteilung der Last, also des Loads, auf mehrere Server zu gleichen und ausgewogenen Teilen.

Latency Die Zeit zwischen einem Befehl und der erwarteten Antwort. Es kann dabei zu einer Verzögerung kommen, verursacht durch unterschiedlichste Faktoren wie z. B. durch das Netzwerk, die Bandbreite oder dadurch, dass das Schnittstellensystem nicht verfügbar ist, oder verspätet antwortet.

Managed Service Provider (MSP) Provider, der die bei ihm eingekauften Services end-to-end liefert. Neben der Erbringung von Infrastruktur kann es sich auch um Software, Applikation oder Support handeln.

Microsoft Azure Eine Cloud-Computing-Plattform von Microsoft.

Migration Der Prozess, Systeme bzw. Applikationen in die Public und Private Cloud umzuziehen, dabei können verschiedene Änderungen mit der Migration vorgenommen werden, wie Designänderungen oder Änderungen am Betriebssystem oder der Datenbank.

Migration Acceleration Program Funding-Programm von AWS.

Monitoring Die Überwachung von Systemen und Applikationen. Es gibt verschiedene Arten von Monitoring, wie z. B. System-, Datenbank- oder Applikationsmonitoring.

Multi Cloud Die Kombination von mehreren Public Clouds

Notfallhandbuch Ein Handbuch, in dem systembezogen beschrieben wird, wie der Betrieb aufrechterhalten werden kann, wenn das entsprechende SAP-System nicht mehr zur Verfügung steht.

On premise Nutzer- und Lizenzmodell für serverbasierte Programme. Die Server stehen dabei meist lokal in einem physischen Rechenzentrum.

Operational Expenditures, (OpEx) Operative Ausgaben, die noch im selben Jahr steuerlich geltend gemacht werden können.

Platform-as-a-Service (PaaS) Der Einkauf einer Plattform als Service. Der Betrieb und die notwendigen Aufgaben werden dabei vom entsprechenden Provider vorgenommen.

Pay-as-you-go Eine Abrechnungsmethode, bei der nur der eigentliche Verbrauch von Rechenleistung und Speicher abgerechnet wird.

Product Availability Matrix (PAM) Eine Matrix, die von Providern von Software und Hardware bereitgestellt und eine Übersicht gibt, unter welchen Bedingungen die Software oder die Hardware in Kombination mit anderen Produkten freigegeben ist.

Public-Cloud-Anbieter Cloud-Infrastruktur-Anbieter, bei dem die bereitgestellten Services z. B. über ein Webportal öffentlich über das Internet zugänglich sind.

Rapid Assessment & Migration Program (RAMP) Funding-Programm von Google Cloud

Rechenzentrum Ein Gebäude oder Räumlichkeiten, in denen Rechenkapazität zentral für das eigene Unternehmen oder für mehrere Unternehmen zur Verfügung gestellt wird.

Recovery Point Objective (RPO) Die Datenmenge, die innerhalb eines für ein Unternehmen relevanten Zeitraums verloren gehen kann, bevor ein signifikanter Schaden eintritt, und zwar vom Zeitpunkt eines kritischen Ereignisses bis zum vorherigen Backup.

Recovery Time Objective (RTO) Der Zeitraum, in dem eine Anwendung, ein System und/oder ein Prozess ausfallen kann, ohne dass es zu einem signifikanten Schaden für das Unternehmen kommt, sowie die Zeit, die benötigt wird, um die Anwendung und ihre Daten wiederherzustellen.

Red Hat Enterprise Linux (RHEL) Ein Betriebssystem, das von Red Hat zur Verfügung gestellt wird.

Request to Fulfill Die Bearbeitung von Serviceanfragen.

Reserved Instance (RI) Ein Discount-Abrechnungsmodell, bei dem Unternehmen erhebliche Preisnachlässe gegenüber den Standardpreisen für On-Demand-Cloud-Computing erhalten, wenn sie sich zu einem bestimmten Nutzungsumfang oder einer bestimmten Nutzungsdauer verpflichten.

RISE with SAP Business-Transformation-as-a-Service (BTaaS) von SAP, das alle Services umfasst, um ein Unternehmen in die Cloud zu transformieren und um zu einem intelligenten Unternehmen zu machen.

Return of Investment (ROI) Kennzahl, die angibt, welcher Wert aus der Investition zurückfließen soll, bzw. welche Verzinsung oder Rendite das gesamte im Unternehmen eingesetzte Kapital erwirtschaftet hat. Der ROI gibt das Gewinnziel oder genauer gesagt den prozentualen Anteil des Gewinns am Gesamtkapital an.

Private Cloud Lokales Rechenzentrum, in dem die Services eigenständig bereitgestellt werden oder dediziert für einen Kunden von einem Provider bereitgestellt werden, was eine entsprechende Infrastruktur und ein Rechenzentrumskonzept voraussetzt.

Public Cloud Cloud, die von Providern angeboten wird und in der entsprechende Services eingekauft und zentral genutzt werden können, ohne dass die Rechenhardware selbst angeschafft werden muss.

RACI-Matrix Eine Matrix zur Darstellung von Verantwortlichkeiten. RACI steht als Akronym für **R**esponsible, **A**ccountable, **C**onsulted und **I**nformed.

Scaled Agile Framework (SAFe) Ein Framework, das eine Reihe von Grundprinzipien, Prozessen und Best Practices enthält, die großen Unternehmen dabei helfen sollen, agile Methoden wie z. B. Scrum im gesamten Unternehmen zu adaptieren, um qualitativ bessere Produkte und Services zu entwickeln.

Service-Portfolio Beschreibung der Services, die ein Provider oder eine Firma zur Verfügung stellt.

SAP Business Warehouse (SAP BW) SAPs Enterprise-Data-Warehouse-Produkt. das Geschäftsinformationen aus nahezu jeder Quelle transformieren, konsolidieren und diese entsprechend darstellen kann.

SAP Business Suite Ein Bündel von Geschäftsanwendungen, die die Integration von Informationen und Prozessen, Zusammenarbeit, branchenspezifische Funktionalität und Skalierbarkeit bieten. Sie basiert auf der Technologieplattform NetWeaver von SAP.

SAP Business Technology Platform (SAP BTP) Plattform, auf der seit 2021 alle SAP-Cloud-Funktionen bereitgestellt werden.

SAP Cloud ALM Application-Lifecylce-Management-Suite von SAP, die vor allem bei Kunden eingesetzt werden soll, die Cloud-Lösungen nutzen.

SAP Data Custodian SAP-Lösung, um nachzuvollziehen, wo sich Daten in der Cloud befinden, wer sie zuletzt bewegt, verarbeitet, genutzt, verändert oder abgerufen hat und wann. SAP Data Custodian beinhaltet neben vielen integrierten Vorlagen auch unterschiedlichste gesetzliche Regelungen, wie die Datenschutz-Grundverordnung (DSGVO) oder auch GDPR (General Data Protection Regulation) genannt, das chinesische Cybersicherheitsgesetz (CCFR), aber auch kontextbezogene Zugriffskontrollen, damit Kunden die Kontrolle über ohre Daten behalten.

SAP Early Watch Alert Service, der eine Übersicht über die eigenen SAP-Systeme gibt, im SAP Solution Manager konfiguriert wird und wöchentlich für die Erkennung von Sicherheitsrisiken, Fehlern oder Engpässen zur Verfügung steht.

SAP ERP Central Component (SAP ECC) Ein ERP-System von SAP, das in der Regel on premise betrieben wird. SAP ECC war das bisherige Kernprodukt aus dem Hause SAP SE.

SAP Fiori Eine Benutzeroberfläche, die für Business-Anwendungen eine mit Verbraucher-Apps vergleichbare Benutzererfahrung bietet. Mit SAP Fiori kann die Benutzererfahrung von SAP-Anwendungen auf jedem beliebigen Gerät vereinfacht und personalisiert werden.

SAP Focused Run Service, der SAP-Systeme überwacht und analysiert und durch entsprechende Alarmierung über die Veränderung des Systemzustandes informiert.

SAP HANA Von SAP 2010 entwickelte Datenbank mit neuer In-Memory-Technologie. Die Datenbank kann klassisch auf virtualisierter Hardware (VM) betrieben oder von SAP selbst als DBaaS aus der SAP

BTP heraus bezogen werden. Darüber hinaus kann SAP HANA in der Public Cloud betrieben werden.

SAP HANA Cloud Platform, SAP Cloud Platform Ehemalige PaaS-Plattform von SAP, die später mit der SAP BTP kombiniert wurde.

SAP HANA Enterprise Cloud Infrastructure-as-a-Service-Private-Cloud-Lösung, bei der SAP seinen Kunden das eigene Rechenzentrum bereitgestellt.

SAP Landscape Management Eine Orchestrierungslösung, die helfen soll, den Betrieb zu vereinfachen, zu automatisieren und die Administration zu zentralisieren. Sie kann sowohl für On-Premise-, Public-Cloud-, Private-Cloud-Systeme als auch für hybride Umgebungen eingesetzt werden.

SAP Application Performance Standard (SAPS) Eine hardwareunabhängige Maßeinheit für die Performance eines SAP-Systems.

SAP SE Ein börsennotierter Softwarekonzern mit Sitz im baden-württembergischen Walldorf. Nach Umsatz ist SAP das größte europäische sowie das weltweit drittgrößte börsennotierte Softwareunternehmen.

SAP S/4HANA Eine ERP-Softwarelösung der SAP SE und Nachfolger des bisherigen Kernprodukts SAP ECC. Das S steht für *simple* oder *suite*. Die 4 steht für die vierte Produktgeneration der SAP-HANA-Datenbanktechnologie. SAP S/4HANA ist auch unter dem Namen SAP Business Suite 4 SAP HANA bekannt.

SAP Solution Manager Eine Sammlung von Werkzeugen, Inhalten und Services von SAP zur Unterstützung der Einführung und des späteren Betriebs ihrer Unternehmensapplikationen.

Scale out Verfahren, das in der Regel bei Clustern verwendet wird, die aus mehreren Maschinen bestehen, es wird horizontal skaliert, indem weitere Maschinen dazu genommen werden.

Scale up Verfahren, in dem die bestehenden Ressourcen vertikal skaliert werden, also eine höhere Konfiguration in CPU und RAM für die virtuellen Maschinen verwenden.

Scrum Ein Vorgehensmodell des Projekt- und Produktmanagements zur agilen Softwareentwicklung.

Secure Network Communication (SNC) Ermöglicht die SNC Client Encryption, die die Verschlüsselung und sichere Kommunikation zwischen dem Client und dem SAP-System ermöglicht.

Security Information and Event Management (SIEM) Ein zentrales System, um je nach Konfiguration die gesamte oder ausgewählte Teile der IT-Sicherheit von Unternehmen zu überwachen.

Service Level Agreement (SLA) Vertrag, der angibt, wie ein Service zu erbringen ist. Dies betrifft in der Regel die Verfügbarkeiten und weitere KPIs, die für den Betrieb des Kunden eine wichtige Rolle spielen.

Showback-Modell Showbacks bieten abteilungsspezifischen Einblick in die Nutzung von IT-Ressourcen, ohne den Abteilungen ihre Nutzung in Rechnung zu stellen (siehe auch Chargeback-Modell).

System Integrator (SI) Eine Einzelperson oder eine Organisation, die unternehmensweite IT-Anwendungen innerhalb einer Organisation implementiert.

Sharing Model Modell, das angibt, wie die Ressourcen des Supportes, Projektes oder des Betriebs verteilt sind. Man unterscheidet zwischen Onshore, Nearshore und Offshore. *Onshore* bezeichnet dabei Ressourcen im gleichen Land, also z. B. deutsches Personal. *Nearshore* verlässt die Landesgrenzen und lagert, wenn möglich, in günstigere Nachbarländer oder nahe Länder aus, wie z. B. Polen, Rumänien oder die Ukraine. Mit *Offshore* sind in der Regel entferntere Länder gemeint, in denen das Gehaltsgefälle größer ist, also z. B. Indien, Marokko oder Argentinien, Chile.

Sieben R-Faktoren Bei den technischen Migrationsmöglichkeiten spricht man oft von den sieben R-Faktoren, die bei einer

Cloud-Migration eine Rolle spielen. Die sieben R-Faktoren sind: Rehost, Relocate, Replatform, Refactoring, Retire, Repurchase and Retain.

Single Sign-on (SSO) Authentifizierungsmethode, mit der die Anmeldung in den Anwendungen und Systemen in der IT-Landschaft zentral und für die Endanwenderinnen und Endanwender unkompliziert durchgeführt werden kann.

Snapshot Ein Mechanismus, der eine Momentaufnahme von Daten liefert und die Änderungen der Daten nach Erzeugen des Snapshots protokolliert. Snapshots werden oft als Datensicherungstechnologie eingesetzt.

Software-as-a-Service (SaaS) Einkauf einer Software als Service. Der Betrieb und die notwendigen Aufgaben werden dabei vom entsprechenden Provider vorgenommen.

Software defined Datacenter Ein vollständig virtualisiertes Rechenzentrum.

Subject Matter Expert (SME) Erfahrene Kolleginnen und Experten, die sich mit einer bestimmten Technologie oder einem System entsprechend tiefgründig auskennen.

SUSE Linux Enterprise Server (SLES) SUSE Linux Enterprise Server ist eine Linux-Distribution von SUSE und wird gerne als Betriebssystem Unternehmen eingesetzt, da keine Lizenzkosten entstehen.

Systemkopie Der Vorgang, bei dem Systeme z. B. von einem Produktivsystem auf ein Test- oder Projektsystem (homogene Systemkopie) oder z. B. in eine Cloud unter Beibehaltung des Systemnamens (heterogene Systemkopie) kopiert werden.

Tag/Tagging Möglichkeit, um Ressourcen zu strukturieren und zu organisieren. Ein Tag ist ein Name-Wert-Paar, das jeder Ressource bei dem Hyperscaler zugeordnet werden kann.

Transparent Data Encryption (TDE) Eine Technologie, die zum Schutz der Datenbank beiträgt, indem sie verhindert, dass ein Angreifer die Datenbank umgehen kann, um vertrauliche Informationen direkt aus dem Speicher zu lesen. Die Verschlüsselung wird durch eine Data-at-Reside-Verschlüsselung auf der Datenbankschicht erzwungen.

Uptime Die Zeit, die ein System in Betrieb ist und ohne Ausfälle oder Einschränkungen zur Verfügung steht.

Virtuelle Netze (VNet) Netzwerke, die Software verwenden, um virtuelle Geräte und Maschinen standortunabhängig zu verbinden.

Wartungs- und Releaseplanung Planung von Wartungen und einzelnen Releases im Betrieb, um diese rechtzeitig dem Kunden und dem Business sowie dem Provider zu kommunizieren.

Wartungs- und Servicevertrag Vertrag, in dem das Wartungsabkommen mit dem Provider und die Beschreibung und Definition der Services, die vom Provider erbracht werden, festgehalten werden.

Zero-Downtime-Setup Setup, bei dem Aktualisierungen und Wartungsarbeiten im laufenden Betrieb ohne Downtime erfolgen können. Das System steht dadurch fast ohne Auszeiten im Betrieb zur Verfügung.

Anhang B
Literatur- und Quellenverzeichnis

- Alibaba Group (2023): Consumption, Cloud and Globalization are our three strategic areas, *https://www.alibabagroup.com/en-US/about-alibaba-businesses*
- Alper, Alexandra (2022): Exclusive: U.S. examining Alibaba's cloud unit for national security risks – sources, *https://www.reuters.com/technology/exclusive-us-examining-alibabas-cloud-unit-national-security-risks-sources-2022-01-18/*
- Amazon Web Services (2022): Amazon CloudWatch, *https://aws.amazon.com/de/cloudwatch/*
- Amazon Web Services (2022): Application Migration Service, *https://aws.amazon.com/de/application-migration-service*
- Amazon Web Services (2022): Automatically back up SAP HANA databases using Systems Manager and EventBridge, *https://docs.aws.amazon.com/prescriptive-guidance/latest/patterns/automatically-back-up-sap-hana-databases-using-systems-manager-and-eventbridge.html*
- Amazon Web Services (2022): AWS Automatisierungen für die SAP-Verwaltung und den Betrieb, *https://docs.aws.amazon.com/de_de/prescriptive-guidance/latest/strategy-sap-automation/automations.html*
- Amazon Web Services (2023): Amazon EC2 Dedicated Hosts – Preise, *https://aws.amazon.com/de/ec2/dedicated-hosts/pricing/?nc1=h_ls*
- Amazon Web Services (2023): Amazon EC2 instance types for SAP on AWS, *https://docs.aws.amazon.com/sap/latest/general/ec2-instance-types-sap.html*
- Amazon Web Services (2023): AWS-SAP-Kompetenzpartner, *https://aws.amazon.com/de/sap/partner-solutions*
- Amazon Web Services (2023): Cloud Computing mit AWS, *https://aws.amazon.com/de/what-is-aws/*
- Amazon Web Services (2023): Erste Schritte mit SAP on AWS, *https://aws.amazon.com/de/sap/get-started/*

- Amazon Web Services (2023): Globale AWS-Infrastruktur, *https://aws.amazon.com/de/about-aws/global-infrastructure/?nc2=h_ql_le_int_gi*
- Amazon Web Services (2023): Globales Netzwerk, *https://aws.amazon.com/de/about-aws/global-infrastructure/global_network/*
- Amazon Web Services (2023): Magic Quadrant 2022 für Cloud-Infrastrukturen und Plattformdienste, *https://aws.amazon.com/de/resources/analyst-reports/22-global-gartner-mq-cips/*
- Amazon Web Services (2023): Regionen und Availability Zones, *https://aws.amazon.com/de/about-aws/global-infrastructure/regions_az/*
- Amazon Web Services (2023): RISE with SAP on Amazon Web Services, *https://pages.awscloud.com/GLOBAL-partner-DL-SAP-PCE-Solution-Brief-2021-learn.html*
- Amazon Web Services (2023): SAP Business One certified instances, version for SAP HANA, *https://docs.aws.amazon.com/sap/latest/general/sap-b1-aws-ec2.html*
- Amazon Web Services (2023): SAP HANA certified instances, *https://docs.aws.amazon.com/sap/latest/general/sap-hana-aws-ec2.html*
- Amazon Web Services (2023): SAP in AWS – Häufig gestellte Fragen, *https://aws.amazon.com/de/sap/faq/*
- Amazon Web Services (2023): SAP in AWS, *https://aws.amazon.com/de/sap/*
- Amazon Web Services (2023): SAP NetWeaver certified instances, *https://docs.aws.amazon.com/sap/latest/general/sap-netweaver-aws-ec2.html*
- Amazon Web Services (2023): VMware Cloud on AWS, *https://aws.amazon.com/de/vmware/*
- Arora, Ashish (2021): Mehr Nachhaltigkeit durch den Wechsel in die Cloud, *https://www.cloudcomputing-insider.de/mehr-nachhaltigkeit-durch-den-wechsel-in-die-cloud-a-1025158/*
- BBC News (2020): Alibaba says its technology won't target Uighurs, *https://www.bbc.com/news/business-55359315*
- Bernau, Varinia (2013): Eher heiter als wolkig, *https://www.sueddeutsche.de/wirtschaft/geschaeft-zwischen-amazon-und-der-cia-eher-heiter-als-wolkig-1.1728299*

- Brandt, Matthias (2020): Amazon ist die Nummer 1 in der Cloud, *https://de.statista.com/infografik/20802/weltweiter-marktanteil-von-cloud-infrastruktur-dienstleistern/*
- Cisco (2021): Cisco Intersight Platform Solution Overview, *https://www.cisco.com/c/en/us/products/collateral/cloud-systems-management/intersight/intersight-platform-so.html*
- Cisco (2022): See it all. Manage it all. From one platform, *https://www.cisco.com/site/us/en/products/computing/hybrid-cloud-operations/intersight-platform/index.html*
- Clark, Jack (2012): How Amazon exposed its guts: The History of AWS's EC2, *https://www.zdnet.com/article/how-amazon-exposed-its-guts-the-history-of-awss-ec2/*
- Cloudflare (2023): Was ist eine Public Cloud? | Public vs. Private Cloud, *https://www.cloudflare.com/de-de/learning/cloud/what-is-a-public-cloud/*
- Cremer, Luca (2021): SAP Security – Welche Tools und Services eignen sich für was?, *https://rz10.de/sap-security/welche-tools-eignen-sich-fuer-was/*
- Fesko, Sean (2021): What Is RISE with SAP?, *http://blog.sap-press.com/what-is-rise-with-sap*
- Freitag et al (2021): The real climate and transformative impact of ICT: A critique of estimates, trends, and regulations, *https://www.cell.com/patterns/fulltext/S2666-3899(21)00188-4?_*
- G2 (2022): Compare Cloud Infrastructure Automation Software, *https://www.g2.com/categories/cloud-infrastructure-automation*
- Gambit Wiki (2023): SAP HEC – ein Weg in die Cloud, *https://www.gambit.de/wiki/sap-hec-ein-weg-in-die-cloud/*
- Gambit Wiki (2023): Was ist die SAP Analytics Cloud?, *https://www.gambit.de/wiki/was-ist-die-sap-analytics-cloud/*
- Google Cloud (2022): Beispiel-Dashboards installieren, *https://cloud.google.com/monitoring/dashboards/dashboard-templates*
- Google Cloud (2022): Cloud Monitoring, *https://cloud.google.com/monitoring?hl=de#section-7*
- Google Cloud (2022): Cloud Storage Backint-Agent für SAP HANA, *https://cloud.google.com/solutions/sap/docs/sap-hana-backint-overview?hl=de*
- Google Cloud (2022): Google Cloud Managed Service for Prometheus, *https://cloud.google.com/stackdriver/docs/managed-prometheus?hl=de*

- Google Cloud (2023): Übersicht: SAP in Google Cloud, *https://cloud.google.com/solutions/sap/docs/overview-of-sap-on-google-cloud*
- Google Developer Blog (2008): Introducing Google App Engine + our new blog, *https://googleappengine.blogspot.com/2008/04/introducing-google-app-engine-our-new.html*
- Harmes, Tobias (2021): NIST Cybersecurity Framework, *https://rz10.de/knowhow/nist-cybersecurity-framework/*
- Jones, Edward (2023): Cloud Marktanteil – ein Blick auf das Cloud-Ökosystem im Jahr, *https://kinsta.com/de/blog/cloud-marktanteil/*
- Kapur, Khushboo (2021): SAP IDM Integration with SAP Access Control, *https://blogs.sap.com/2021/08/18/sap-idm-integration-with-sap-access-control/*
- Kinsta (2023): AWS Marktanteil: Umsatz, Wachstum & Wettbewerb (2023), *https://kinsta.com/de/aws-marktanteil/*
- Knowledgenile (2022): 14 Best Cloud Infrastructure Automation Tools, *https://www.knowledgenile.com/blogs/cloud-infrastructure-automation-tools/?nowprocket=1*
- Länger, Klaus (2017): Was sind Hyperscaler?, *https://www.it-business.de/was-sind-hyperscaler-a-664638/*
- Laube, Helene (2018): Kampf um die Cloud: So balgen sich die Tech-Riesen, *https://www.handelszeitung.ch/unternehmen/kampf-um-die-cloud-so-balgen-sich-die-tech-riesen*
- Lee, Thomas und Saueressig, Thomas (2019): Allgemeine Verfügbarkeit von SAP Data Custodian für Microsoft Azure, *https://news.sap.com/germany/2019/06/data-custodian-microsoft-azure*
- Microsoft (2022): Automation, *https://azure.microsoft.com/de-de/products/automation*
- Microsoft (2022): Azure Monitor – Übersicht, *https://learn.microsoft.com/de-de/azure/azure-monitor/overview*
- Microsoft (2022): Für Unternehmen konzipiertes Framework für die Automatisierung von SAP-Bereitstellungen in Azure – Praxislab, *https://learn.microsoft.com/de-de/azure/virtual-machines/workloads/sap/automation-tutorial*
- Microsoft (2022): Microsoft Cloud Adoption Framework für Azure, *https://azure.microsoft.com/de-de/solutions/cloud-enablement/cloud-adoption-framework/#overview*

- Microsoft (2022): SAP in Azure Deployment Automation Framework, *https://learn.microsoft.com/de-de/azure/virtual-machines/workloads/sap/automation-deployment-framework*
- Microsoft (2022): Tutorial: Sichern von SAP HANA-Datenbanken auf einem virtuellen Azure-Computer, *https://learn.microsoft.com/de-de/azure/backup/tutorial-backup-sap-hana-db*
- Microsoft (2022): Vorgehensweise zum Migrieren und Modernisieren, *https://azure.microsoft.com/de-de/migration/migration-journey/#how-to-migrate*
- Microsoft (2022): Was ist Azure Automation?, *https://learn.microsoft.com/de-de/azure/automation/overview*
- Microsoft Azure (2023): Cloud economics, *https://azure.microsoft.com/en-us/solutions/cloud-economics*
- Microsoft Azure (2023): Global Infrastructure, *https://infrastructuremap.microsoft.com/explore?info=region_northeurope*
- Microsoft Azure (2023): SAP in Azure, *https://azure.microsoft.com/de-de/solutions/sap/#overview*
- Microsoft Partner (2023): Intelligent Cloud: Azure Toolkit, *https://partner.microsoft.com/en-my/community/my-partner-hub/intelligent-cloud/funding*
- Miller, Ron (2021): The cloud infrastructure market hit $129B in 2020, Ron Miller auf Tech Crunch, 04.02.2021, *https://techcrunch.com/2021/02/04/the-cloud-infrastructure-market-hit-129b-in-2020/?*
- Mooney, Gavin (2018): What is SAP C/4HANA and why should you care?, *https://blogs.sap.com/2018/08/08/what-is-sap-c4hana-and-why-should-you-care/*
- Müller, Dr. Dietmar und Karlstetter, Florian (2017): Amazon Web Services im Überblick, *https://www.cloudcomputing-insider.de/amazon-web-services-im-ueberblick-a-581787/*
- Muth, Max (2019): In welcher Cloud sind deutsche Daten sicher?, *https://www.sueddeutsche.de/digital/amazon-cloud-aws-bundespolizei-bundescloud-datenschutz-usa-1.4429775-2*
- Netapp (2020): 3 Cloud Migration Approaches and Their Pros and Cons, *https://bluexp.netapp.com/blog/cvo-blg-cloud-migration-approach-rehost-refactor-or-replatform*
- Neue Zürcher Zeitung (2021): China verhängt Milliardenstrafe gegen Internetriese Alibaba – angeblich wegen Verstoss gegen Wettbewerbsrecht, *https://www.nzz.ch/wirtschaft/china-verhaengt-milliardenstrafe-gegen-internetriese-alibaba-ld.1611231*

- NTT Data (2017): Ready or Not? Infrastruktur Voraussetzungen für den Betrieb von SAP HANA, *https://nttdata-solutions.com/ch/blog/ready-or-not-infrastruktur-voraussetzungen-fuer-den-betrieb-von-sap-hana/*
- Oracle (2019): Upgrade and Migrate to Oracle Database 19c, *https://www.oracle.com/a/tech/docs/twp-upgrade-oracle-database-19c.pdf*
- Oracle (2022): Oracle Advanced Security, *https://www.oracle.com/de/security/database-security/advanced-security/#rc30p1*
- Peitz, Dirk (2018): Dieser Konzern ist überall, *https://www.zeit.de/digital/internet/2018-09/google-geburtstag-20-jahre-internet*
- Perler, Luca (2018): Larry Ellison stellt die Cloud 2.0 vor und kritisiert AWS, *https://www.com-magazin.de/news/cloud/larry-ellison-stellt-cloud-20-kritisiert-aws-1595219.html*
- Personio (2022): Code of Conduct: Definition, Muster und Beispiele für einen Verhaltenskodex, *https://www.personio.de/hr-lexikon/code-of-conduct/*
- Peterson, Mike (2021): Apple is now Google's largest corporate customer for cloud storage, *https://appleinsider.com/articles/21/06/29/apple-is-now-googles-largest-corporate-customer-for-cloud-storage*
- Pluim, Peter (2020): SAP HANA Enterprise Cloud, Customer Edition, Is Ready for Business, *https://news.sap.com/2020/10/sap-hana-enterprise-cloud-customer-edition-ready-for-business/*
- Rüdiger, Ariane und Ostler, Ulrike (2019): Was ist Hochverfügbarkeit, und von Datacenter Insider, *https://www.datacenter-insider.de/was-ist-hochverfuegbarkeit-a-821602/*
- Runibex Technology Group (2019): The top reasons to move your SAP deployment to the cloud, *https://runibex.com/2019/06/07/the-top-reasons-to-move-your-sap-deployment-to-the-cloud/*
- SAP (2013): Mehr Erfolg für Ihre Projekte mit gezielten SAP-Services, Schulungen und Partnern, *https://www.sap.com/germany/services-support/service-offerings.html*
- SAP (2018): SAP (2022): RISE with SAP - Business Process Transformation Starter Pack for RISE with SAP, SAP online, *https://www.sap.com/documents/2022/01/f0c90728-157e-0010-bca6-c68f7e60039b.html*
- SAP (2022): SAP Cloud for Customer System and Software Requirements, *https://help.sap.com/doc/37e909308a2d42bb97e2af4232ecdc3a/CLOUD/en-US/system_andsoftwarerequirements.pdf*

- SAP (2022): SAP Cloud Identity Access Governance, *https://www.sap.com/germany/products/financial-management/cloud-iam.html*
- SAP (2022): SAP Data Custodian, *https://www.sap.com/products/financial-management/data-custodian.html*
- SAP (2022): SAP Landscape Management, *https://www.sap.com/products/technology-platform/landscape-management.html*
- SAP (2022): Was ist Datenbanksicherheit?, *https://www.sap.com/germany/products/technology-platform/hana/features/security.html#encryption*
- SAP (2023): Cloud 101: What is cloud computing technology?, *https://www.sap.com/insights/what-is-cloud-computing.html*
- SAP (2023): SAP Cloud Appliance Library, *https://cal.sap.com/*
- SAP (2023): Geschäftsbericht, *https://www.sap.com/docs/download/investors/2022/sap-2022-q4-statement.pdf*
- SAP Help Portal (2022): Funktionsweise von SNC Client Encryption, *https://help.sap.com/doc/saphelp_snc70/7.0/de-DE/38/ac67ee22ef49b5818b574956532f27/content.htm?no_cache=true*
- SAP Help Portal (2022): Cloud Connector, *https://help.sap.com/docs/CP_CONNECTIVITY/cca91383641e40ffbe03bdc78f00f681/e6c7616abb5710148cfcf3e75d96d596.html*
- SAP Help Portal (2022): Storage Snapshots, *https://help.sap.com/docs/SAP_HANA_PLATFORM/6b94445c94ae495c83a19646e7c3fd56/ac114d4b34d542b99bc390b34f8ef375.html?locale=en-US*
- SAP Help Portal (2022): TCP/IP Ports of All SAP Products, *https://help.sap.com/docs/Security/575a9f0e56f34c6e8138439eefc32b16/616a3c0b1cc748238de9c0341b15c63c.html*
- SAP Support (2022): Guided Self Services, *https://support.sap.com/en/offerings-programs/enterprise-support/enterprise-support-academy/guided-self-services.html*
- SAP Support (2022): System Monitoring, *https://support.sap.com/en/alm/solution-manager/expert-portal/system-monitoring.html?anchorId=section_1238440346*
- Schießl, Tobias (2022): Ihre Cloud-Strategie mit der SAP Business Technology Platform: Cloud Foundry erklärt, *https://mission-mobile.de/mobility-infrastruktur/sap-btp/ihre-cloud-strategie-mit-der-sap-business-technology-platform-cloud-foundry-erklaert/*

- Schonschek, Oliver (2021): Vertraulichkeit: Was heißt das im Datenschutz?, *https://www.datenschutz-praxis.de/tom/vertraulichkeit-was-heisst-das-im-datenschutz/*
- Singh, Digendra (2020): Automation SAP Kernel Upgrade maintenance using LVM tool, *https://blogs.sap.com/2020/03/17/automation-sap-kernel-upgrade-maintenance-using-lvm-tool/*
- Spadafora, Anthony (2023): Alibaba Cloud servers hacked to mine Monero cryptocurrency, *https://www.techradar.com/news/alibaba-cloud-servers-hacked-to-mine-monero-cryptocurrency*
- Statista (2023): Annual revenue of Amazon Web Services (AWS) from 2013 to 2021, *https://www.statista.com/statistics/233725/development-of-amazon-web-services-revenue/*
- Steiner, Matthias (2012): SAP NetWeaver Cloud – We're open!, *https://blogs.sap.com/2012/05/12/sap-netweaver-neo-were-open/*
- Stoschek, Sebastian (2021): Extend your LaMa herd to the cloud, *https://blogs.sap.com/2021/02/16/extend-your-lama-herd-to-the-cloud/*
- Subatin, Lucia und Blawn, Jeremy (2022): Google Cloud Cortex Framework extends offering in latest release and beyond, *https://cloud.google.com/blog/products/data-analytics/google-cloud-cortex-gains-extended-use-cases-in-latest-release-for-sap?hl=en*
- Synergy Research Group (2020): Incremental Growth in Cloud Spending Hits a New High while Amazon and Microsoft Maintain a Clear Lead, *https://www.srgresearch.com/articles/incremental-growth-cloud-spending-hits-new-high-while-amazon-and-microsoft-maintain-clear-lead-reno-nv-february-4-2020*
- Synergy Research Group (2022): As Quarterly Cloud Spending Jumps to Over $50B, Microsoft Looms Larger in Amazon's Rear Mirror, *https://www.srgresearch.com/articles/as-quarterly-cloud-spending-jumps-to-over-50b-microsoft-looms-larger-in-amazons-rear-mirror*
- The New York Times (2020): As China Tracked Muslims, Alibaba Showed Customers How They Could, Too, *https://www.nytimes.com/2020/12/16/technology/alibaba-china-facial-recognition-uighurs.html*
- Tißler, Jan (2019): Amazon Web Services: Das (fast) unsichtbare Rückgrat des Internets, *https://upload-magazin.de/33219-amazon-web-services*
- Tonse, Misaq (2020): SAP HANA Enterprise Cloud Vs SAP Cloud Platform Vs SAP HANA Cloud, *https://blogs.sap.com/2020/09/24/sap-hana-enterprise-cloud-vs-sap-cloud-platform-vs-sap-hana-cloud/*

- T-Systems (2023): SAP® on AWS: SAP®-Systeme in der Cloud sicher betreiben, *https://www.t-systems.com/de/de/digital/sap-solutions/sap-on-aws*
- Uhlenkamp, Insa und Dr. Diez, Galia (2022): Cloud-Kultur als Erfolgsfaktor für Cloud Transformationen, *https://www.hogrefe.com/de/thema/cloud-kultur-als-erfolgsfaktor-fuer-cloud-transformationen*
- van Kempen, Denys (2020): At Your Service: SAP HANA in the Cloud | SAP HANA 2.0 – An Introduction, *https://blogs.sap.com/2020/03/08/at-your-service-sap-hana-2.0-an-introduction/*
- van Kempen, Denys (2020): SAP (HANA) Cheat Sheet, *https://blogs.sap.com/2020/05/09/sap-hana-cheat-sheet/*
- Wittbecker, Thomas (2021): Verfügbarkeit von IT-Systemen berechnen, *https://blog.adacor.com/berechnung-von-verfuegbarkeit-ausfallzeiten_912.html*

Das Autorenteam

Steffi Dünnebier ist Diplom-Informatikerin und arbeitet als Managing Enterprise-Architektin bei Capgemini. Sie hat 20 Jahre Erfahrung in der SAP-Technologieberatung, Applikationsberatung und Betriebsberatung. Sie hat bereits am ersten Buch zum SAP Solution Manager bei SAP PRESS mitgearbeitet. Bei Capgemini berät sie Kunden aus allen Branchen zur optimalen SAP-Architektur, der Migration in die Cloud und zur Gestaltung des SAP-Betriebs. Aktuell liegt ihr Schwerpunkt in der Beratung und Durchführung von SAP Public Cloud Migrationen. Ihre langjährige Erfahrung macht sie zu einer geschätzten Expertin für SAP-Migrationen und den SAP-Betrieb. Dabei behält sie immer den Überblick und hat auch Themen wie Berechtigungen, Audit und Compliance im Blick. Vor ihrem Wechsel in die Beratung war sie selbst auf Kundeseite für SAP-Systeme verantwortlich. Das macht sie zur idealen Ansprechpartnerin, um ein einheitliches Verständnis zwischen SAP, Serviceprovider und Kunden zu schaffen und passende Lösungen zu entwickeln.

Uwe Zabel ist Diplom-Kaufmann und arbeitet als Microsoft Cloud Capability Manager im erweiterten Leadership-Team von Capgemini, einer der weltweit führenden Anbieter von Management- und IT-Beratung. Sein Fokus liegt auf dem Microsoft-Cloud-Ökosystem. Er verantwortet und entwickelt das Microsoft-Cloud-Portfolio und den Ausbau des Microsoft-Cloud-Geschäfts. Als erfahrener Managing Enterprise-Architekt und Trusted Advisor seiner Kunden, gestaltet er seit mehr als 10 Jahren die Cloud-Transformation von SAP- und Nicht-SAP-Anwendungen. Zusammen mit seinem Expertenteam berät er mittlere und große Unternehmen aus unterschiedlichen Bereichen auf ihrem erfolgreichen Weg in die Cloud. Gemeinsam mit seinen Kunden, Microsoft und seinem Expertenteam gestaltet er innovative Cloud-Lösungen und hilft so seinen Kunden, von immer neuen Services zu profitieren.

Index

B

C

D

E

F

G

H

I

T

U

V

W

Z

So meistern Sie Ihr Konvertierungsprojekt!

SAP S/4HANA in der Cloud oder On-Premise? Systemkonvertierung oder Neuimplementierung? Für jedes Szenario liefert Ihnen diese 4., aktualisierte Auflage unseres Bestsellers die richtige Anleitung. Schritt für Schritt unterstützt Sie das Buch bei Ihrem Migrationsprojekt, erklärt Ihnen wichtige Tools wie das SAP S/4HANA Migration Cockpit und den SAP S/4HANA Migration Object Modeler und zeigt Ihnen, wie Sie Ihr neues SAP-S/4HANA-System einrichten.

714 Seiten, gebunden, 89,90 Euro, ISBN 978-3-8362-9364-8
www.rheinwerk-verlag.de/5654

Alle Services und Funktionen der SAP BTP im Überblick

Kennen Sie schon die Funktionen der SAP Business Technology Platform? Mit diesem Buch erhalten Sie eine aktuelle Einführung in alle Bereiche dieser Cloud-Plattform zur Entwicklung, Integration und Administration hybrider Systemlandschaften. Sie erfahren, welche Services Ihnen in den verschiedenen Umgebungen zur Verfügung stehen und für welche Anwendungsfälle Sie sie gewinnbringend einsetzen können.

371 Seiten, gebunden, 79,90 Euro, ISBN 978-3-8362-8594-0

www.rheinwerk-verlag.de/5384

Bringen Sie Ihr ERP-System in die Cloud!

Welche Möglichkeiten bietet SAP S/4HANA Cloud Ihrem Unternehmen? Lernen Sie anhand von detaillierten Beschreibungen und Screenshots das neue Cloud-ERP-System von SAP kennen: von Kernfunktionen wie Finanzen und Logistik über das Reporting mit Embedded Analytics und KPIs hin zu den neuesten intelligenten Technologien. Erfahren Sie, wie die Einführung in Ihrem Unternehmen gelingt, welche Möglichkeiten der Integration und Erweiterung es gibt und was der Umstieg für den Arbeitsalltag bedeutet.

620 Seiten, gebunden, 79,90 Euro, ISBN 978-3-8362-8896-5

www.rheinwerk-verlag.de/5500

Für ein gelungenes Stammdatenmanagement

Sie möchten die Stammdaten Ihres Unternehmens verwalten oder reibungslos in SAP S/4HANA migrieren? In diesem Buch lernen Sie, wie Sie mit SAP Master Data Governance ein zentralisiertes und flexibles Stammdatenmanagement betreiben und Ihre Daten in andere Systeme exportieren. Die Autoren zeigen Ihnen anhand von Fallbeispielen, wie Sie Ihre Stammdaten verwalten, sodass die Geschäftsprozesse verbessert werden und der Unternehmenserfolg maximiert werden kann.

522 Seiten, gebunden, 89,90 Euro, ISBN 978-3-8362-9409-6

www.rheinwerk-verlag.de/5665